GAODENGYUANXIAO TONGJIXUE JINGPINJIAOCAI

高等院校统计学精品教材

最优化理论与方法

—基于Python的实现

编著 / 高海燕 黄恒君

中国统计出版社
China Statistics Press

图书在版编目(CIP)数据

最优化理论与方法：基于 Python 的实现/高海燕，黄恒君编著.
—北京：中国统计出版社，2023.12

ISBN 978-7-5230-0377-0

Ⅰ.①最… Ⅱ.①高… ②黄… Ⅲ.①软件工具-程序设计 Ⅳ.①TP311.561

中国国家版本馆 CIP 数据核字(2023)第 242347 号

最优化理论与方法——基于 Python 的实现

作　　者/ 高海燕　黄恒君
责任编辑/ 罗　浩
执行编辑/ 宋怡璇
封面设计/ 李雪燕
出版发行/ 中国统计出版社有限公司
地　　址/ 北京市丰台区西三环南路甲 6 号　邮政编码/100073
电　　话/ 邮购（010）63376909　书店（010）68783171
网　　址/ http://www.zgtjcbs.com
印　　刷/ 三河市双峰印刷装订有限公司
经　　销/ 新华书店
开　　本/ 787×1092mm　1/16
字　　数/ 628 千字
印　　张/ 28
版　　别/ 2023 年 12 月第 1 版
版　　次/ 2023 年 12 月第 1 次印刷
定　　价/ 89.00 元

前　言

最优化理论与方法涉及到数学、计算机科学、工程学等多个学科，已广泛应用于科学研究、工程设计、经济管理等诸多领域。机器学习、人工智能的发展也离不开最优化理论的支撑。传统的最优化教材往往偏重于理论阐述，缺乏实际应用案例和编程实现的指导。这使得读者很难将理论知识应用到解决实际问题当中，也无法真正理解最优化方法的核心思想。基于上述原因，我们编写了本教材，以进一步满足相关科研工作者及学生等群体对这一领域知识的学习和研究需求，为其提供更优质的教学资源。

本教材内容涵盖了最优化方法的基础数学知识、最优化概述、无约束优化方法、有约束优化方法、凸优化方法、最小二乘问题以及最优化方法的实例应用。每个章节在介绍相关理论的基础上，通过具体实例和算法示例进行阐述，以帮助读者更好地理解和应用所学知识。同时，本教材结合 Python 编程来帮助读者更好地理解最优化方法的基本思想、原理和算法框架，通过大量的例题加深对知识的理解和应用。我们相信，本教材能够为读者掌握最优化方法的关键思想和核心内容，解决相关实际问题提供帮助。

本教材有如下几个特点。一是将最优化方法的基础数学知识作为教材的起点，为读者掌握最优化理论提供了必要的数学基础，帮助读者更好地理解最优化理论原理和算法。二是在介绍每种最优化方法时，注重讲解其基本思想、原理和算法框架，通过清晰的讲解和丰富的例题，帮助读者深入理解每种方法的核心思想、提升最优化方法解决实际问题的能力。三是强调理论与实践的结合，通过具体的编程实例，帮助读者利用 Python 编写最优化方法的代码。四是提供丰富的习题和实例应用，供读者巩固所学知识并拓展应用能力，更好地掌握最优化方法的实际应用，以培养解决实际问题的能力。

本书由兰州财经大学高海燕教授和黄恒君教授合作完成，负责全书的设计、编写、修改和定稿等工作。感谢兰州财经大学统计与数据科学学院部分研究生辛勤的付出，其中丁转霞参与了第一章节内容的编写和代码编程；赵静娴和刘畅参与了第二章节内容的编写和代码编程；马玉洋参与了第三章节内容的编写和代码编程；李唯欣参与了第四章节内容的编写和代码编程；程莞莞参与了第五章节内容的编写和代码编程；张悦参与了第六章节内容的编写和代码编程；赵芳芳参与了第七章节内容的编写和代码编程；马文娟参与了第八章节内容的编写和代码编程；此外，全书的校对、审核和课件制作由马文娟、张悦、赵静娴、刘畅、丁转霞、马玉洋和贺文蕙参与完成。

本书的出版得到了甘肃省 2022 年度重点人才项目“数字经济与社会计算交叉协同创新与人才培养”、中央引导地方科技发展项目“城市计算方法体系构建及甘肃智慧城市应用”（YDZX20216200001876）和兰州财经大学高等教育研究重点项目（LJZ202302）的资助。感谢兰州财经大学统计与数据科学学院、甘肃省数字经济与社会计算科学重点实验室对教材编写给予的大力支持。该教材初稿作为讲义已在兰州财经大学本科生课程《最优化方法》和研究生课程《最优化理论与方法》教学中试用，相关老师和同学们也提出了宝贵的修改意见，在此深表感谢！编者在撰写过程中参考并引用了国内外专家学者的相关论著和文献，也借鉴了一些网络资源，对此由衷地表示感激！

由于编者的学识有限，本教材难免存在不妥或错漏之处，诚请专家和读者批评指正。

编　者

2023 年 12 月

序

本书是一本实用性强的教材，在阐述最优化理论与方法时给出了严格的数学推导和证明，并力求以自然直观的方式进行讲解，使读者能够快速理解所学知识。首先，本书回顾了最优化理论与方法所需的数学知识，帮助读者建立起必要的数学基础。其次，本书介绍了 Python 编程的基础知识，Python 是实现最优化方法的工具。然后，本书系统地介绍了无约束优化方法和有约束优化方法的基本理论、基本思想、算法框架以及代码实现。在这些内容的阐述中，作者通过典型应用实例帮助读者更好地理解和掌握最优化思想。此外，本书还涵盖了凸优化方法、最小二乘问题，通过具体的案例和实验结果，展示了这些方法的应用效果。各章均提供了丰富的习题，帮助读者巩固所学知识。本书提供配套自学和教学资源，包括例题的 Python 程序源代码、教学课件和课后习题答案等，便于读者自学和教师组织教学。

本书可作为运筹学、计算数学、机器学习、计算机科学、数据科学和统计学等专业的本科生、研究生和相关研究人员的教材或参考书目。对于希望自学最优化理论与方法的读者来说，本书更是一本必备的入门教材。通过本书的学习，读者不仅可以掌握最优化的基本理论与方法，还能够通过 Python 编程实现这些算法。无论是在学术研究还是实际工作中，本书都能为读者提供强有力的支持和指导。

读者可通过扫描下方二维码下载本教材提供的配套资源。

章节源代码　　　　教材配套课件

目　录

第 1 章　最优化基础知识

工欲善其事必先利其器

在学习最优化理论与方法之前，我们需要具备一定的数学基础，以便更好地理解和应用最优化理论与方法，提高问题求解的能力和效率。本章将介绍最优化理论与方法的数学预备知识，主要包括向量与矩阵范数、导数、凸集、凸函数与函数的可微性等方面的内容，为理解和求解最优化问题提供理论基础和有效的基本工具。

1.1　向量和矩阵范数

本节介绍向量和矩阵范数的有关知识。向量和矩阵范数是一种衡量向量和矩阵大小或距离的度量方式，能够帮助我们约束和规范最优化问题的形式、设计和评估最优化算法、分析和求解最优化问题等。

1.1.1　向量范数

向量空间（Vector Space）　令 $\mathcal{F}$ 是一个数域，V 是一个非空集合。我们把 V 中的元素叫作向量（Vector），$\mathcal{F}$ 中的元素叫作标量（Scalar）。如果下列条件被满足，就称 V 是 $\mathcal{F}$ 上的一个向量空间：

（1）在 V 中定义了一个加法。对于 V 中任意两个元素 $\boldsymbol{\alpha}$，$\boldsymbol{\beta}$，有 V 中一个唯一确定的向量与之对应，这个向量称为 $\boldsymbol{\alpha}$ 与 $\boldsymbol{\beta}$ 的和，记作 $\boldsymbol{\alpha}+\boldsymbol{\beta}$；

（2）有一个标量与向量的乘法（数乘）。对于 $\mathcal{F}$ 中每一个数 a 与 V 中每一个向量 $\boldsymbol{\alpha}$，有 V 中唯一确定的向量与之对应，这个向量称为 a 与 $\boldsymbol{\alpha}$ 的积，记作 $a\boldsymbol{\alpha}$；

（3）向量的加法和数乘满足下列运算律：

① $\boldsymbol{\alpha}+\boldsymbol{\beta}=\boldsymbol{\beta}+\boldsymbol{\alpha}$；

② $(\boldsymbol{\alpha}+\boldsymbol{\beta})+\boldsymbol{\gamma}=\boldsymbol{\alpha}+(\boldsymbol{\beta}+\boldsymbol{\gamma})$；

③ 在 V 中存在零向量 $\mathbf{0}$，对每一个 $\boldsymbol{\alpha}\in V$，都有 $\boldsymbol{\alpha}+\mathbf{0}=\boldsymbol{\alpha}$；

④ 对每一个 $\boldsymbol{\alpha}\in V$，都存在 $\boldsymbol{\alpha}'\in V$，使得 $\boldsymbol{\alpha}+\boldsymbol{\alpha}'=\mathbf{0}$。$\boldsymbol{\alpha}'$ 称为 $\boldsymbol{\alpha}$ 的负向量；

⑤ $a(\boldsymbol{\alpha}+\boldsymbol{\beta})=a\boldsymbol{\alpha}+a\boldsymbol{\beta}$；

⑥ $(a+b)\boldsymbol{\alpha}=a\boldsymbol{\alpha}+b\boldsymbol{\alpha}$；

⑦ $a(b\boldsymbol{\alpha})=(ab)\boldsymbol{\alpha}$；

⑧ $1\boldsymbol{\alpha}=\boldsymbol{\alpha}$。

这里 $\boldsymbol{\alpha}$、$\boldsymbol{\beta}$、$\boldsymbol{\gamma}$ 是 V 中的任意向量，a、b 是 $\mathcal{F}$ 中的任意数。

欧氏空间（Euclidean Space） 设 V 是实数域 $\mathbb{R}$ 上的一个向量空间。对 V 中任意两个向量 $\boldsymbol{\alpha},\boldsymbol{\beta}$，有一个确定的实数与之对应，记作 $\langle\boldsymbol{\alpha},\boldsymbol{\beta}\rangle$，称为 $\boldsymbol{\alpha}$ 与 $\boldsymbol{\beta}$ 的内积（Inner Product），并且满足下列条件：

（1）对称性：$\langle\boldsymbol{\alpha},\boldsymbol{\beta}\rangle=\langle\boldsymbol{\beta},\boldsymbol{\alpha}\rangle$；

（2）数乘：$\langle k\boldsymbol{\alpha},\boldsymbol{\beta}\rangle=k\langle\boldsymbol{\alpha},\boldsymbol{\beta}\rangle$；

（3）可加性：$\langle\boldsymbol{\alpha}+\boldsymbol{\beta},\boldsymbol{\gamma}\rangle=\langle\boldsymbol{\alpha},\boldsymbol{\gamma}\rangle+\langle\boldsymbol{\beta},\boldsymbol{\gamma}\rangle$；

（4）正定性：$\langle\boldsymbol{\alpha},\boldsymbol{\alpha}\rangle\geqslant 0$，当且仅当 $\boldsymbol{\alpha}=\mathbf{0}$ 时，$\langle\boldsymbol{\alpha},\boldsymbol{\alpha}\rangle=0$。

这里 $\boldsymbol{\alpha}$、$\boldsymbol{\beta}$、$\boldsymbol{\gamma}$ 是 V 中的任意向量，k 是 $\mathcal{F}$ 中的任意实数，那么 V 称为对这个内积来说的一个欧几里得空间，简称欧氏空间。

向量 $\boldsymbol{x}=(x_1,x_2,\cdots,x_n)^T$ 的分量都是实数，即 $x_i\in\mathbb{R}$，称 $\boldsymbol{x}$ 为 n 维实向量，记作 $\boldsymbol{x}\in\mathbb{R}^n$。复向量是由复数 $x_i\in\mathbb{C}$（$i=1,\cdots,n$）组成的向量，复向量组成的集合记为 $\mathbb{C}^n$。

内积定义了向量空间中一个向量的长度，它是几何长度的推广，利用这个长度的概念我们可以讨论极限、逼近的问题。在分析解决这些问题时最重要的是利用了长度的基本性质、非负性、齐次性和三角不等式。在向量空间中，范数是一种将向量映射到非负实数的函数。范数可以用来衡量向量的大小、长度或距离。范数是函数的一种特例。

定义 1.1（向量范数） 若对任意的 $\boldsymbol{x}\in\mathbb{C}^n$ 都有一个实数 $\|\boldsymbol{x}\|$ 与之对应，且满足：

（1）非负性：$\boldsymbol{x}\neq\mathbf{0}$ 时，$\|\boldsymbol{x}\|>0$，当 $\boldsymbol{x}=\mathbf{0}$ 时，$\|\boldsymbol{x}\|=0$；

（2）齐次性：对任意的 $k\in\mathbb{C}$，$\|k\boldsymbol{x}\|=|k|\cdot\|\boldsymbol{x}\|$；

（3）三角不等式：对任意的 $\boldsymbol{x},\boldsymbol{y}\in\mathbb{C}^n$ 都有

$$\|\boldsymbol{x}+\boldsymbol{y}\|\leqslant\|\boldsymbol{x}\|+\|\boldsymbol{y}\|$$

则称 $\|\boldsymbol{x}\|$ 为 $\mathbb{C}^n$ 上的向量范数，简称向量范数（Vector Norm）。

下面给出向量范数的一些性质：

（1）$\|\mathbf{0}\|=0$；

（2）$\boldsymbol{x}\neq 0$ 时，$\left\|\dfrac{1}{\|\boldsymbol{x}\|}\boldsymbol{x}\right\|=1$；

（3）对任意 $\boldsymbol{x}\in\mathbb{C}^n$，有 $\|-\boldsymbol{x}\|=\|\boldsymbol{x}\|$；

（4）对任意 $\boldsymbol{x},\boldsymbol{y}\in\mathbb{C}^n$，有 $\|\boldsymbol{x}\|-\|\boldsymbol{y}\|\leqslant\|\boldsymbol{x}-\boldsymbol{y}\|$

设 $\boldsymbol{x}=(x_1,x_2,\cdots x_n)^T\in\mathbb{C}^n$，常用的向量范数有：

① 1-范数

$$\|\boldsymbol{x}\|_1=\sum_{i=1}^{n}|x_i|$$

② 2-范数（欧氏范数）

$$\|\boldsymbol{x}\|_2=\left(\sum_{i=1}^{n}|x_i|^2\right)^{\frac{1}{2}}=\sqrt{\boldsymbol{x}^T\boldsymbol{x}}=\sqrt{\langle\boldsymbol{x},\boldsymbol{x}\rangle}$$

通常默认的下标是 2，指的是 2-范数，所以可以省略，记为 $\|\boldsymbol{x}\|$。

③ p-范数

$$\|\boldsymbol{x}\|_p=\left(\sum_{i=1}^{n}|x_i|^p\right)^{\frac{1}{p}},\quad 1\leqslant p\leqslant\infty$$

④ ∞-范数（Chebyshev 范数）

$$\|\boldsymbol{x}\|_\infty=\max_{1\leqslant i\leqslant n}|x_i|$$

这里 1-范数和 2-范数可以分别视为 p-范数取 $p=1$ 和 $p=2$ 时的特殊情况，∞-范数可以视为 p-范数当 $p\to\infty$ 时的特殊情形。对向量的 2-范数，有常用的柯西（Cauchy）不等式，将向量的内积和范数联系起来。

命题 1.1（柯西不等式）　设 $\boldsymbol{x},\boldsymbol{y}\in\mathbb{C}^n$，则

$$|\langle\boldsymbol{x},\boldsymbol{y}\rangle|=|\boldsymbol{x}^T\boldsymbol{y}|\leqslant\|\boldsymbol{x}\|\|\boldsymbol{y}\|$$

当且仅当 $\boldsymbol{x}$ 与 $\boldsymbol{y}$ 线性相关时等号成立。

1.1.2　矩阵的迹

定义 1.2（矩阵的迹）　n 阶矩阵 $\boldsymbol{A}$ 的对角元素之和称为 $\boldsymbol{A}$ 的迹，记作 $\mathrm{tr}(\boldsymbol{A})$，即有

$$\mathrm{tr}(\boldsymbol{A})=a_{11}+\cdots+a_{nn}=\sum_{i=1}^{n}a_{ii}$$

矩阵的迹有以下常用性质：

（1）若 $\boldsymbol{A}$ 和 $\boldsymbol{B}$ 均为 $n\times n$ 矩阵，a 和 b 是常数，则 $\mathrm{tr}(a\boldsymbol{A}\pm b\boldsymbol{B})=a\mathrm{tr}(\boldsymbol{A})\pm b\mathrm{tr}(\boldsymbol{B})$；

（2）任意一个矩阵 $\boldsymbol{A}$ 和其转置矩阵 $\boldsymbol{A}^T$ 的迹相等，即 $\mathrm{tr}\left(\boldsymbol{A}^T\right)=\mathrm{tr}(\boldsymbol{A})$；

（3）若 $\boldsymbol{A}$ 是 $m\times n$ 矩阵，$\boldsymbol{B}$ 是 $n\times m$ 矩阵，则 $\mathrm{tr}(\boldsymbol{AB})=\mathrm{tr}(\boldsymbol{BA})$；

$$\mathrm{tr}(\boldsymbol{AB})=\sum_{i=1}^{n}(\boldsymbol{AB})_{ii}=\sum_{i=1}^{n}\sum_{j=1}^{m}a_{ij}b_{ji}=\sum_{j=1}^{m}\sum_{i=1}^{n}b_{ji}a_{ij}=\sum_{j=1}^{m}(\boldsymbol{AB})_{jj}=\mathrm{tr}(\boldsymbol{BA})$$

上述性质可进一步推导，对于 $\boldsymbol{A}$、$\boldsymbol{B}$、$\boldsymbol{C}$ 三个方阵，可以循环改变乘积中的顺序，则

$$\mathrm{tr}(\boldsymbol{ABC})=\mathrm{tr}(\boldsymbol{BCA})=\mathrm{tr}(\boldsymbol{CAB})$$

特别地，$\mathrm{tr}(\boldsymbol{ABC})\neq\mathrm{tr}(\boldsymbol{ACB})$。

如果 $\boldsymbol{A}$、$\boldsymbol{B}$、$\boldsymbol{C}$ 是同型方阵且是对称矩阵，其乘积的迹在所有排列下都不会改变，则

$$\mathrm{tr}(\boldsymbol{ABC})=\mathrm{tr}(\boldsymbol{BCA})=\mathrm{tr}(\boldsymbol{CAB})=\mathrm{tr}(\boldsymbol{ACB})=\mathrm{tr}(\boldsymbol{BAC})=\mathrm{tr}(\boldsymbol{CBA})$$

（4）相似矩阵的迹相等，即如果矩阵 $\boldsymbol{A}$ 和 $\boldsymbol{B}$ 相似，存在可逆矩阵 $\boldsymbol{P}$，使得 $\boldsymbol{B}=\boldsymbol{PAP}^{-1}$，则有 $\mathrm{tr}(\boldsymbol{B})=\mathrm{tr}\left(\boldsymbol{PAP}^{-1}\right)=\mathrm{tr}\left(\boldsymbol{AP}^{-1}\boldsymbol{P}\right)=\mathrm{tr}(\boldsymbol{A})$；

（5）n 阶方阵的迹等于其特征值 $\lambda_1,\cdots,\lambda_n$ 之和，即 $\operatorname{tr}(\boldsymbol{A})=\lambda_1+\cdots+\lambda_n$；并且对于 $\forall\ k\in\mathbb{N}$，有

$$\operatorname{tr}\left(\boldsymbol{A}^k\right)=\sum_{i=1}^{n}\lambda_i^k$$

（6）已知 $\boldsymbol{A}_{m\times m}$，$\boldsymbol{B}_{m\times n}$，$\boldsymbol{C}_{n\times m}$，$\boldsymbol{D}_{n\times n}$，则分块矩阵的迹满足

$$\operatorname{tr}\begin{pmatrix}\boldsymbol{A} & \boldsymbol{B}\\ \boldsymbol{C} & \boldsymbol{D}\end{pmatrix}=\operatorname{tr}(\boldsymbol{A})+\operatorname{tr}(\boldsymbol{D})$$

1.1.3 矩阵范数

对于一个 $m\times n$ 矩阵，某行的所有 n 个元素组成 n 维向量，某列的所有 m 个元素组成 m 维向量，可以按照定义向量范数的方法来定义矩阵范数，但是矩阵之间还有矩阵的乘法，在研究矩阵范数时应该予以考虑。

定义 1.3（矩阵范数） 若对于任意的 $\boldsymbol{A}\in\mathbb{C}^{n\times n}$ 都有一个实数 $\|\boldsymbol{A}\|$ 与之对应，且满足:

（1）非负性: $\|\boldsymbol{A}\|\geqslant 0$，且 $\|\boldsymbol{A}\|=0$ 当且仅当 $\boldsymbol{A}=\boldsymbol{0}$;

（2）齐次性: $\|\alpha\boldsymbol{A}\|=|\alpha|\|\boldsymbol{A}\|$，$\forall\ \alpha\in\mathbb{C}$;

（3）三角不等式: $\|\boldsymbol{A}\|+\|\boldsymbol{B}\|\leqslant\|\boldsymbol{A}\|+\|\boldsymbol{B}\|$，$\boldsymbol{A},\boldsymbol{B}\in\mathbb{C}^{n\times n}$;

（4）相容性: $\|\boldsymbol{AB}\|\leqslant\|\boldsymbol{A}\|\|\boldsymbol{B}\|$，$\boldsymbol{A},\boldsymbol{B}\in\mathbb{C}^{n\times n}$。

则称 $\|\boldsymbol{A}\|$ 为 $\mathbb{C}^{n\times n}$ 上矩阵 $\boldsymbol{A}$ 的范数，简称矩阵范数。

由于定义中的前三条与向量范数一致，因此矩阵范数具有与向量范数相似的性质，如:

$$\|-\boldsymbol{A}\|=\|\boldsymbol{A}\|,\quad \big|\|\boldsymbol{A}\|-\|\boldsymbol{B}\|\big|\leqslant\|\boldsymbol{A}-\boldsymbol{B}\|$$

设矩阵 $\boldsymbol{A}=(a_{ij})\in\mathbb{C}^{n\times n}$，常见的矩阵范数有:

（1）1-范数（列模）

$$\|\boldsymbol{A}\|_1=\max_{1\leqslant j\leqslant n}\sum_{i=1}^{n}|a_{ij}|$$

1-范数也称为列和范数，即所有矩阵列向量绝对值之和的最大值。

（2）2-范数（谱模）

$$\|\boldsymbol{A}\|_2=\sqrt{\lambda_{\max}\left(\boldsymbol{A}^T\boldsymbol{A}\right)}=\sqrt{\max_{1\leqslant i\leqslant n}|\lambda_i|}$$

2-范数也称为谱范数，即矩阵 $\boldsymbol{A}^T\boldsymbol{A}$ 的最大特征值开平方根，其中 λ_i 为 $\boldsymbol{A}^T\boldsymbol{A}$ 的特征值。注意到，矩阵的 2-范数和向量的 2-范数计算方式不一样，不过可以类比 F-范数的计算方式。

（3）Frobenius 范数

$$\|\boldsymbol{A}\|_F=\sqrt{\operatorname{tr}\left(\boldsymbol{A}^T\boldsymbol{A}\right)}=\left(\sum_{i=1}^{n}\sum_{j=1}^{n}a_{ij}^2\right)^{\frac{1}{2}}$$

Frobenius 范数简称 F-范数，即矩阵元素绝对值的平方和再开平方根。它通常也称为矩阵的 L_2-范数。

（4）∞-范数（行模）

$$\|\boldsymbol{A}\|_\infty = \max_{1\leqslant i\leqslant n}\sum_{j=1}^{n}|a_{ij}|$$

∞-范数也称为行和范数，即所有矩阵行向量绝对值之和的最大值。

（5）核范数

$$\|\boldsymbol{A}\|_* = \sum_{i=1}^{\min\{m,n\}}\sigma_i = \sum_{i=1}^{r}\sigma_i = \operatorname{tr}\left(\sqrt{\boldsymbol{A}^T\boldsymbol{A}}\right)$$

其中 σ_i 为奇异值，$r = \operatorname{rank}(\cdot)$ 表示的是非零奇异值的个数。核范数实则表示奇异值或特征值的和，这个范数可以用来低秩表示。因为最小化核范数，相当于最小化矩阵的秩。

1.1.4　矩阵内积、克罗内克积和哈达玛积

1. 矩阵的内积

两个同型矩阵 $\boldsymbol{A}$、$\boldsymbol{B}$ 对应分量乘积之和为一个标量，称为矩阵 $\boldsymbol{A}$ 与 $\boldsymbol{B}$ 的内积，记作 $\langle\boldsymbol{A},\boldsymbol{B}\rangle$，则

$$\langle\boldsymbol{A},\boldsymbol{B}\rangle = \operatorname{tr}\left(\boldsymbol{A}^T\boldsymbol{B}\right)$$

这与向量的内积、点积、数量积的定义相似。

例如，计算矩阵 $\boldsymbol{A} = \begin{pmatrix} 1 & 2 \\ 3 & 4 \end{pmatrix}$ 与 $\boldsymbol{B} = \begin{pmatrix} 5 & 6 \\ 7 & 8 \end{pmatrix}$ 的内积，则

$$\langle\boldsymbol{A},\boldsymbol{B}\rangle = 1\times5+2\times6+3\times7+4\times8 = 70$$

2. 矩阵的克罗内克积

克罗内克积（Kronecker Product）是两个任意大小的矩阵 $\boldsymbol{A}$ 与 $\boldsymbol{B}$ 间的运算，结果是一个矩阵，记作 $\boldsymbol{A}\otimes\boldsymbol{B}$。克罗内克积也称直积（Direct Product）或者张量积（Tensor Product）

如果 $\boldsymbol{A}$ 是一个 $m\times n$ 的矩阵，而 $\boldsymbol{B}$ 是一个 $p\times q$ 的矩阵，克罗内克积则是一个 $mp\times nq$ 的分块矩阵

$$\boldsymbol{A}\otimes\boldsymbol{B} = (a_{ij}\boldsymbol{B}) = \begin{pmatrix} a_{11}\boldsymbol{B} & \cdots & a_{1n}\boldsymbol{B} \\ \vdots & \ddots & \vdots \\ a_{m1}\boldsymbol{B} & \cdots & a_{mn}\boldsymbol{B} \end{pmatrix}$$

更具体地可表示为

$$
\boldsymbol{A}\otimes\boldsymbol{B}=\begin{pmatrix}
a_{11}b_{11} & a_{11}b_{12} & \cdots & a_{11}b_{1q} & \cdots & a_{1n}b_{11} & a_{1n}b_{12} & \cdots & a_{1n}b_{1q}\\
a_{11}b_{21} & a_{11}b_{22} & \cdots & a_{11}b_{2q} & \cdots & a_{1n}b_{21} & a_{1n}b_{22} & \cdots & a_{1n}b_{2q}\\
\vdots & \vdots & \ddots & \vdots & & \vdots & \vdots & \ddots & \vdots\\
a_{11}b_{p1} & a_{11}b_{p2} & \cdots & a_{11}b_{pq} & \cdots & a_{1n}b_{p1} & a_{1n}b_{p2} & \cdots & a_{1n}b_{pq}\\
\vdots & \vdots & & \vdots & \ddots & \vdots & \vdots & & \vdots\\
\vdots & \vdots & & \vdots & & \vdots & \vdots & & \vdots\\
a_{m1}b_{11} & a_{m1}b_{12} & \cdots & a_{m1}b_{1q} & \cdots & a_{mn}b_{11} & a_{mn}b_{12} & \cdots & a_{mn}b_{1q}\\
a_{m1}b_{21} & a_{m1}b_{22} & \cdots & a_{m1}b_{2q} & \cdots & a_{mn}b_{21} & a_{mn}b_{22} & \cdots & a_{mn}b_{2q}\\
\vdots & \vdots & \ddots & \vdots & & \vdots & \vdots & \ddots & \vdots\\
a_{m1}b_{p1} & a_{m1}b_{p2} & \cdots & a_{m1}b_{pq} & \cdots & a_{mn}b_{p1} & a_{mn}b_{p2} & \cdots & a_{mn}b_{pq}
\end{pmatrix}
$$

例如

$$
\begin{pmatrix}1 & 2\\3 & 1\end{pmatrix}\otimes\begin{pmatrix}0 & 3\\2 & 1\end{pmatrix}=\begin{pmatrix}
1\cdot 0 & 1\cdot 3 & 2\cdot 0 & 2\cdot 3\\
1\cdot 2 & 1\cdot 1 & 2\cdot 2 & 2\cdot 1\\
3\cdot 0 & 3\cdot 3 & 1\cdot 0 & 1\cdot 3\\
3\cdot 2 & 3\cdot 1 & 1\cdot 2 & 1\cdot 1
\end{pmatrix}=\begin{pmatrix}
0 & 3 & 0 & 6\\
2 & 1 & 4 & 2\\
0 & 9 & 0 & 3\\
6 & 3 & 2 & 1
\end{pmatrix}
$$

$$
\begin{pmatrix}a_{11} & a_{12}\\a_{21} & a_{22}\\a_{31} & a_{32}\end{pmatrix}\otimes\begin{pmatrix}b_{11} & b_{12} & b_{13}\\b_{21} & b_{22} & b_{23}\end{pmatrix}=\begin{pmatrix}
a_{11}b_{11} & a_{11}b_{12} & a_{11}b_{13} & a_{12}b_{11} & a_{12}b_{12} & a_{12}b_{13}\\
a_{11}b_{21} & a_{11}b_{22} & a_{11}b_{23} & a_{12}b_{21} & a_{12}b_{22} & a_{12}b_{23}\\
a_{21}b_{11} & a_{21}b_{12} & a_{21}b_{13} & a_{22}b_{11} & a_{22}b_{12} & a_{22}b_{13}\\
a_{21}b_{21} & a_{21}b_{22} & a_{21}b_{23} & a_{22}b_{21} & a_{22}b_{22} & a_{22}b_{23}\\
a_{31}b_{11} & a_{31}b_{12} & a_{31}b_{13} & a_{32}b_{11} & a_{32}b_{12} & a_{32}b_{13}\\
a_{31}b_{21} & a_{31}b_{22} & a_{31}b_{23} & a_{32}b_{21} & a_{32}b_{22} & a_{32}b_{23}
\end{pmatrix}
$$

克罗内克积具有以下性质：

（1）对于矩阵 $\boldsymbol{A}_{m\times n}$ 和 $\boldsymbol{B}_{p\times q}$，一般有 $\boldsymbol{A}\otimes\boldsymbol{B}\neq\boldsymbol{B}\otimes\boldsymbol{A}$。

（2）任意矩阵与零矩阵的克罗内克积等于零矩阵，即 $\boldsymbol{A}\otimes\boldsymbol{0}=\boldsymbol{0},\boldsymbol{0}\otimes\boldsymbol{A}=\boldsymbol{0}$。

（3）若 a 和 b 为常数，有

$$a\boldsymbol{A}\otimes b\boldsymbol{B}=ab(\boldsymbol{A}\otimes\boldsymbol{B})$$

（4）对于矩阵 $\boldsymbol{A}_{m\times n}$，$\boldsymbol{B}_{n\times k}$，$\boldsymbol{C}_{l\times p}$，$\boldsymbol{D}_{p\times q}$，有

$$\boldsymbol{AB}\otimes\boldsymbol{CD}=(\boldsymbol{A}\otimes\boldsymbol{C})(\boldsymbol{B}\otimes\boldsymbol{D})$$

（5）对于矩阵 $\boldsymbol{A}_{m\times n}$，$\boldsymbol{B}_{p\times q}$，$\boldsymbol{C}_{p\times q}$，有

$$\boldsymbol{A}\otimes(\boldsymbol{B}\pm\boldsymbol{C})=\boldsymbol{A}\otimes\boldsymbol{B}\pm\boldsymbol{A}\otimes\boldsymbol{C}$$

$$(\boldsymbol{B}\pm\boldsymbol{C})\otimes\boldsymbol{A}=\boldsymbol{B}\otimes\boldsymbol{A}\pm\boldsymbol{C}\otimes\boldsymbol{A}$$

（6）若矩阵 $\boldsymbol{A}$ 和 $\boldsymbol{B}$ 分别有广义逆矩阵 $\boldsymbol{A}^{\dagger}$ 和 $\boldsymbol{B}^{\dagger}$，则

$$(\boldsymbol{A}\otimes\boldsymbol{B})^{\dagger}=\boldsymbol{A}^{\dagger}\otimes\boldsymbol{B}^{\dagger}$$

特别地，若 $\boldsymbol{A}$ 和 $\boldsymbol{B}$ 是可逆的方阵，则

$$(\boldsymbol{A}\otimes\boldsymbol{B})^{-1}=\boldsymbol{A}^{-1}\otimes\boldsymbol{B}^{-1}$$

（7）对于矩阵 $\boldsymbol{A}_{m\times n}$，$\boldsymbol{B}_{p\times q}$，有

$$(\boldsymbol{A}\otimes\boldsymbol{B})^T=\boldsymbol{A}^T\otimes\boldsymbol{B}^T$$

$$(\boldsymbol{A}\otimes\boldsymbol{B})^H=\boldsymbol{A}^H\otimes\boldsymbol{B}^H$$

$$\text{rank}(\boldsymbol{A}\otimes\boldsymbol{B})=\text{rank}(\boldsymbol{A})\text{rank}(\boldsymbol{B})$$

其中 $\boldsymbol{A}^H$ 表示复矩阵 $\boldsymbol{A}$ 的共轭转置，即对每个元素取共轭，然后对整个矩阵转置。

（8）对于矩阵 $\boldsymbol{A}_{m\times m}$，$\boldsymbol{B}_{n\times n}$，有

$$\det(\boldsymbol{A}\otimes\boldsymbol{B})=(\det(\boldsymbol{A}))^n(\det(\boldsymbol{B}))^m$$

$$\text{tr}(\boldsymbol{A}\otimes\boldsymbol{B})=\text{tr}(\boldsymbol{A})\text{tr}(\boldsymbol{B})$$

（9）对于矩阵 $\boldsymbol{A}_{m\times n}$，$\boldsymbol{B}_{m\times n}$，$\boldsymbol{C}_{p\times q}$，$\boldsymbol{D}_{p\times q}$，有

$$(\boldsymbol{A}+\boldsymbol{B})\otimes(\boldsymbol{C}+\boldsymbol{D})=\boldsymbol{A}\otimes\boldsymbol{C}+\boldsymbol{A}\otimes\boldsymbol{D}+\boldsymbol{B}\otimes\boldsymbol{C}+\boldsymbol{B}\otimes\boldsymbol{D}$$

（10）对于矩阵 $\boldsymbol{A}_{m\times n}$，$\boldsymbol{B}_{k\times l}$，$\boldsymbol{C}_{p\times q}$，$\boldsymbol{D}_{r\times s}$，有

$$(\boldsymbol{A}+\boldsymbol{B})\otimes(\boldsymbol{C}+\boldsymbol{D})=\boldsymbol{A}\otimes\boldsymbol{B}\otimes\boldsymbol{C}\otimes\boldsymbol{D}$$

（11）若 $\boldsymbol{\alpha}_i$ 是矩阵 $\boldsymbol{A}$ 的特征值 λ_i 对应的特征向量，$\boldsymbol{\beta}_i$ 是矩阵 $\boldsymbol{B}$ 的特征值 μ_i 对应的特征向量，则 $\boldsymbol{\alpha}_i\otimes\boldsymbol{\beta}_i$ 是矩阵 $\boldsymbol{A}\otimes\boldsymbol{B}$ 的特征值 $\lambda_i\mu_i$ 对应的特征向量，也是其特征值 $\lambda_i+\mu_i$ 对应的特征向量。

（12）对于矩阵 $\boldsymbol{A}_{m\times n}$，$\boldsymbol{B}_{p\times q}$，有

$$(\boldsymbol{A}\otimes\boldsymbol{B})\otimes\boldsymbol{C}=\boldsymbol{A}\otimes(\boldsymbol{B}\otimes\boldsymbol{C})$$

（13）对于矩阵 $\boldsymbol{A}_{m\times n}$，$\boldsymbol{B}_{p\times q}$，$\boldsymbol{C}_{n\times r}$，$\boldsymbol{D}_{q\times s}$，有

$$(\boldsymbol{A}+\boldsymbol{B})\otimes(\boldsymbol{C}+\boldsymbol{D})=\boldsymbol{AC}\otimes\boldsymbol{BD}$$

3. 矩阵的哈达玛积

矩阵 $\boldsymbol{A}=(a_{ij})\in\mathbb{C}^{m\times n}$ 与 $\boldsymbol{B}=(b_{ij})\in\mathbb{C}^{m\times n}$ 的哈达玛积（Hadamard Product），记作 $\boldsymbol{A}\odot\boldsymbol{B}$，它仍然是一个 $m\times n$ 矩阵，定义为

$$\boldsymbol{A}\odot\boldsymbol{B}=(a_{ij}\times b_{ij})=\begin{pmatrix}a_{11}b_{11} & a_{12}b_{12} & \cdots & a_{1n}b_{1n}\\ a_{21}b_{21} & a_{22}b_{22} & \cdots & a_{2n}b_{2n}\\ \vdots & \vdots & \ddots & \vdots\\ a_{m1}b_{m1} & a_{m2}b_{m2} & \cdots & a_{mn}b_{mn}\end{pmatrix}$$

哈达玛积也称为 Schur 积或者逐元素乘积。

下面两个定理描述了矩阵的哈达玛积与迹之间的关系：

定理 1.1　设 $\boldsymbol{A}=(a_{ij})$, $\boldsymbol{B}=(b_{ij})$, $\boldsymbol{C}=(c_{ij})$ 为 $m\times n$ 矩阵，$\boldsymbol{1}=(1,1,\cdots,1)^T$ 为 $n\times 1$ 维向量，$\boldsymbol{D}=\text{diag}\,(d_1,d_2,\cdots,d_m)$，其中 $d_i=\sum\limits_{j=1}^{n}a_{ij}$，则

$$\text{tr}\left(\boldsymbol{A}^T(\boldsymbol{B}\odot\boldsymbol{C})\right)=\text{tr}\left(\left(\boldsymbol{A}^T\odot\boldsymbol{B}^T\right)\boldsymbol{C}\right)$$

$$\mathbf{1}^T \boldsymbol{A}^T(\boldsymbol{B} \odot \boldsymbol{C})\mathbf{1} = \operatorname{tr}\left(\boldsymbol{B}^T \boldsymbol{D} \boldsymbol{C}\right)$$

定理 1.2 设 $\boldsymbol{A} = (a_{ij})$，$\boldsymbol{B} = (b_{ij})$，$\boldsymbol{C} = (c_{ij})$ 为 n 阶矩阵，$\mathbf{1} = (1, 1, \cdots, 1)^T$ 为 $n \times 1$ 维向量，假设 $\boldsymbol{M} = \operatorname{diag}(\mu_1, \mu_2, \cdots, \mu_n)$ 是一个 n 阶对角矩阵，而 $\boldsymbol{m} = \boldsymbol{M}\mathbf{1}$ 为 $n \times 1$ 维向量，则有

$$\operatorname{tr}\left(\boldsymbol{A}\boldsymbol{M}\boldsymbol{B}^T\boldsymbol{M}\right) = \boldsymbol{m}^T(\boldsymbol{A} \odot \boldsymbol{B})\boldsymbol{m}$$

$$\operatorname{tr}\left(\boldsymbol{A}\boldsymbol{B}^T\right) = \mathbf{1}^T(\boldsymbol{A} \odot \boldsymbol{B})\mathbf{1}$$

$$\boldsymbol{M}\boldsymbol{A} \odot \boldsymbol{B}^T\boldsymbol{M} = \boldsymbol{M}\left(\boldsymbol{A} \odot \boldsymbol{B}^T\right)\boldsymbol{M}$$

哈达玛积具有以下性质：

（1）若 $\boldsymbol{A}$、$\boldsymbol{B}$ 均为 $m \times n$ 矩阵，则

$$\boldsymbol{A} \odot \boldsymbol{B} = \boldsymbol{B} \odot \boldsymbol{A}$$

$$(\boldsymbol{A} \odot \boldsymbol{B})^T = \boldsymbol{A}^T \odot \boldsymbol{B}^T$$

$$(\boldsymbol{A} \odot \boldsymbol{B})^H = \boldsymbol{A}^H \odot \boldsymbol{B}^H$$

$$(\boldsymbol{A} \odot \boldsymbol{B})^* = \boldsymbol{A}^* \odot \boldsymbol{B}^*$$

（2）任何一个 $m \times n$ 矩阵 $\boldsymbol{A}$ 与 $m \times n$ 零矩阵 $\mathbf{0}_{m\times n}$ 的哈达玛积等于 $m \times n$ 零矩阵，即

$$\boldsymbol{A} \odot \mathbf{0}_{m\times n} = \mathbf{0}_{m\times n} \odot \boldsymbol{A} = \mathbf{0}_{m\times n}$$

（3）若 c 为常数，则

$$c(\boldsymbol{A} \odot \boldsymbol{B}) = (c\boldsymbol{A}) \odot \boldsymbol{B} = \boldsymbol{A} \odot (c\boldsymbol{B})$$

（4）矩阵 $\boldsymbol{A}_m = (a_{ij})$ 与单位矩阵 $\boldsymbol{I}_m$ 的哈达玛积为 m 阶对角矩阵，即

$$\boldsymbol{A} \odot \boldsymbol{I}_m = \boldsymbol{I}_m \odot \boldsymbol{A} = \operatorname{diag}(\boldsymbol{A}) = \operatorname{diag}\left(a_{11}, a_{22}, \cdots, a_{mm}\right)$$

（5）若 $\boldsymbol{A}$、$\boldsymbol{B}$、$\boldsymbol{C}$、$\boldsymbol{D}$ 均为 $m \times n$ 矩阵，则

$$\boldsymbol{A} \odot (\boldsymbol{B} \odot \boldsymbol{C}) = (\boldsymbol{A} \odot \boldsymbol{B}) \odot \boldsymbol{C} = \boldsymbol{A} \odot \boldsymbol{B} \odot \boldsymbol{C}$$

$$(\boldsymbol{A} \pm \boldsymbol{B}) \odot \boldsymbol{C} = \boldsymbol{A} \odot \boldsymbol{C} \pm \boldsymbol{B} \odot \boldsymbol{C}$$

$$(\boldsymbol{A} + \boldsymbol{B}) \odot (\boldsymbol{C} + \boldsymbol{D}) = \boldsymbol{A} \odot \boldsymbol{C} + \boldsymbol{A} \odot \boldsymbol{D} + \boldsymbol{B} \odot \boldsymbol{C} + \boldsymbol{B} \odot \boldsymbol{D}$$

（6）若 $\boldsymbol{A}$、$\boldsymbol{C}$ 为 $m \times m$ 矩阵，并且 $\boldsymbol{B}$，$\boldsymbol{D}$ 为 $n \times n$ 矩阵，则

$$(\boldsymbol{A} \oplus \boldsymbol{B}) \odot (\boldsymbol{C} \oplus \boldsymbol{D}) = (\boldsymbol{A} \odot \boldsymbol{C}) \oplus (\boldsymbol{B} \odot \boldsymbol{D})$$

其中 $\boldsymbol{A} \oplus \boldsymbol{B}$ 是 $\boldsymbol{A}$ 与 $\boldsymbol{B}$ 的直和，它是一个 $(m+n) \times (m+n)$ 矩阵，定义为

$$\boldsymbol{A} \oplus \boldsymbol{B} = \begin{pmatrix} \boldsymbol{A} & \boldsymbol{O}_{m\times n} \\ \boldsymbol{O}_{n\times m} & \boldsymbol{B} \end{pmatrix}$$

（7）若 $\boldsymbol{A}$、$\boldsymbol{B}$、$\boldsymbol{C}$ 为 $m \times n$ 矩阵，则

$$\operatorname{tr}\left(\boldsymbol{A}^T(\boldsymbol{B} \odot \boldsymbol{C})\right) = \operatorname{tr}\left(\left(\boldsymbol{A}^T \odot \boldsymbol{B}^T\right)\boldsymbol{C}\right)$$

（8）若 $\boldsymbol{A}$，$\boldsymbol{B}$，$\boldsymbol{D}$ 为 $m \times m$ 矩阵，$\boldsymbol{D}$ 为对角矩阵，则

$$(\boldsymbol{D}\boldsymbol{A}) \odot (\boldsymbol{B}\boldsymbol{D}) = \boldsymbol{D}(\boldsymbol{A} \odot \boldsymbol{B})\boldsymbol{D}$$

（9）若 $m \times m$ 矩阵 $\boldsymbol{A}$，$\boldsymbol{B}$ 是正定的（或半正定），则它们的哈达玛积 $\boldsymbol{A} \odot \boldsymbol{B}$ 也是正定（或半正定）的。

1.1.5　矩阵求导

1. 标量求导

标量 y 对 n 维列向量 $\boldsymbol{x} = (x_1, \cdots, x_n)^T$ 进行求导，结果还是一个 n 维列向量

$$\frac{\partial y}{\partial \boldsymbol{x}} = \left(\frac{\partial y}{\partial x_1}, \cdots, \frac{\partial y}{\partial x_n}\right)^T$$

标量 y 对 n 维行向量 $\boldsymbol{x}^T = (x_1, \cdots, x_n)$ 进行求导，结果还是一个 n 维行向量

$$\frac{\partial y}{\partial \boldsymbol{x}^T} = \left(\frac{\partial y}{\partial x_1}, \cdots, \frac{\partial y}{\partial x_n}\right)$$

向量对标量的求导和标量对向量的求导同理，即向量的每个分量对标量进行求导就可以了，最后得到的是和原向量形状一样的向量。无论是标量对矩阵还是矩阵对标量的求导都是遵循逐个分量进行，与前面向量对标量和标量对向量的求导同理。因此，无论是矩阵、向量对标量求导，或者是标量对矩阵、向量求导，其结论都是一样的——等价于对矩阵（向量）的每个分量求导，并且保持维数不变。

2. 向量求导

对于向量求导，可以先将向量看作一个标量，使用标量求导法则，然后将向量形式化为标量进行。例如，计算行向量对列向量求导：

m 维行向量 $\boldsymbol{y}^T = (y_1, y_2, \ldots, y_m)$ 对 n 维列向量 $\boldsymbol{x} = (x_1, x_2, \ldots, x_n)^T$ 求导，得到 $n \times m$ 矩阵

$$\frac{d\boldsymbol{y}^T}{d\boldsymbol{x}} = \begin{pmatrix} \dfrac{\partial y_1}{\partial x_1} & \dfrac{\partial y_2}{\partial x_1} & \cdots & \dfrac{\partial y_m}{\partial x_1} \\ \dfrac{\partial y_1}{\partial x_2} & \dfrac{\partial y_2}{\partial x_2} & \cdots & \dfrac{\partial y_m}{\partial x_2} \\ \vdots & \vdots & \ddots & \vdots \\ \dfrac{\partial y_1}{\partial x_n} & \dfrac{\partial y_2}{\partial x_n} & \cdots & \dfrac{\partial y_m}{\partial x_n} \end{pmatrix}$$

m 维列向量 $\boldsymbol{y} = (y_1, y_2, \ldots, y_m)^T$ 对 n 维行向量 $\boldsymbol{x}^T = (x_1, x_2, \ldots, x_n)$ 求导，得到 $m \times n$ 矩阵

$$\frac{d\boldsymbol{y}}{d\boldsymbol{x}^T}=\begin{pmatrix}\frac{\partial y_1}{\partial x_1} & \frac{\partial y_1}{\partial x_2} & \cdots & \frac{\partial y_1}{\partial x_n}\\ \frac{\partial y_2}{\partial x_1} & \frac{\partial y_2}{\partial x_2} & \cdots & \frac{\partial y_2}{\partial x_n}\\ \vdots & \vdots & \ddots & \vdots\\ \frac{\partial y_m}{\partial x_1} & \frac{\partial y_m}{\partial x_2} & \cdots & \frac{\partial y_m}{\partial x_n}\end{pmatrix}$$

行向量对行向量求导或者列向量对列向量求导，可以根据需要进行调整，调整为行向量对列向量求导或是列向量对行向量求导。

3. 矩阵求导

与向量求导类似，先将矩阵看作一个标量，再使用标量对矩阵的运算进行。

例如，计算矩阵对列向量求导。设 $\boldsymbol{Y}=\begin{pmatrix}y_{11} & \cdots & y_{1n}\\ \vdots & \ddots & \vdots\\ y_{m1} & \cdots & y_{mn}\end{pmatrix}$ 是 $m\times n$ 矩阵，$\boldsymbol{x}=(x_1,\cdots,x_p)^T$ 是 p 维列向量，有

$$\frac{\partial \boldsymbol{Y}}{\partial \boldsymbol{x}}=\left(\frac{\partial \boldsymbol{Y}}{\partial x_1},\cdots,\frac{\partial \boldsymbol{Y}}{\partial x_p}\right)$$

4. 常用的向量和矩阵求导公式

（1）若 $\boldsymbol{a}=(a_1,a_2,\cdots,a_n)^T$ 为常数向量，$\boldsymbol{x}=(x_1,x_2,\cdots,x_n)^T$，有

$$\frac{\partial\left(\boldsymbol{x}^T\boldsymbol{a}\right)}{\partial \boldsymbol{x}}=\frac{\partial\left(\boldsymbol{a}^T\boldsymbol{x}\right)}{\partial \boldsymbol{x}}=\boldsymbol{a}$$

（2）若 $\boldsymbol{x}=(x_1,x_2,\cdots,x_n)^T$，有 $\frac{\partial \boldsymbol{x}^T\boldsymbol{x}}{\partial \boldsymbol{x}}=2\boldsymbol{x}$。

（3）若 $\boldsymbol{A}_{n\times n}=(a_{ij})$ 是常数矩阵，$\boldsymbol{x}=(x_1,x_2,\cdots,x_n)^T$，则 $\frac{\partial \boldsymbol{x}^T\boldsymbol{A}\boldsymbol{x}}{\partial \boldsymbol{x}}=\boldsymbol{A}\boldsymbol{x}+\boldsymbol{A}^T\boldsymbol{x}$。

（4）若 $\boldsymbol{a}=(a_1,a_2,\cdots,a_m)^T$，$\boldsymbol{b}=(b_1,b_2,\cdots,b_n)^T$ 为常数向量，$\boldsymbol{X}_{m\times n}=(x_{ij})$，则

$$\frac{\partial\left(\boldsymbol{a}\boldsymbol{X}^T\boldsymbol{b}\right)}{\partial \boldsymbol{X}}=\boldsymbol{a}\boldsymbol{b}^T$$

（5）若 $\boldsymbol{a}=(a_1,a_2,\cdots,a_n)^T$，$\boldsymbol{b}=(b_1,b_2,\cdots,b_m)^T$ 为常数向量，$\boldsymbol{X}_{m\times n}=(x_{ij})$，则

$$\frac{\partial\left(\boldsymbol{a}^T\boldsymbol{X}^T\boldsymbol{b}\right)}{\partial \boldsymbol{X}}=\boldsymbol{b}\boldsymbol{a}^T$$

（6）若 $\boldsymbol{A}$ 是 $m\times n$ 矩阵，$\boldsymbol{B}$ 是 $n\times m$ 矩阵，则 $\frac{\partial \boldsymbol{tr}(\boldsymbol{A}\boldsymbol{B})}{\partial \boldsymbol{A}}=\boldsymbol{B}^T$。

（7）若 $\boldsymbol{A}$、$\boldsymbol{B}$、$\boldsymbol{C}$ 是 $n\times n$ 矩阵，则 $\frac{\partial \mathrm{tr}\left(\boldsymbol{A}\boldsymbol{B}\boldsymbol{A}^T\boldsymbol{C}\right)}{\partial \boldsymbol{A}}=\boldsymbol{C}\boldsymbol{A}\boldsymbol{B}+\boldsymbol{C}^T\boldsymbol{A}\boldsymbol{B}^T$。

证明 (1)

$$\frac{\partial\left(\boldsymbol{x}^T\boldsymbol{a}\right)}{\partial\boldsymbol{x}}=\frac{\partial\left(\boldsymbol{a}^T\boldsymbol{x}\right)}{\partial\boldsymbol{x}}=\frac{\partial\left(a_1x_1+a_2x_2+\cdots+a_nx_n\right)}{\partial\boldsymbol{x}}$$

$$=\begin{pmatrix}\dfrac{\partial\left(a_1x_1+a_2x_2+\cdots+a_nx_n\right)}{\partial x_1}\\ \dfrac{\partial\left(a_1x_1+a_2x_2+\cdots+a_nx_n\right)}{\partial x_2}\\ \vdots\\ \dfrac{\partial\left(a_1x_1+a_2x_2+\cdots+a_nx_n\right)}{\partial x_n}\end{pmatrix}$$

$$=\begin{pmatrix}a_1\\a_2\\\vdots\\a_n\end{pmatrix}=\boldsymbol{a}$$

证明 (2)

$$\frac{\partial\left(\boldsymbol{x}^T\boldsymbol{x}\right)}{\partial\boldsymbol{x}}=\frac{\partial\left(x_1^2+x_2^2+\cdots+x_n^2\right)}{\partial\boldsymbol{x}}=\begin{pmatrix}\dfrac{\partial\left(x_1^2+x_2^2+\cdots+x_n^2\right)}{\partial x_1}\\ \dfrac{\partial\left(x_1^2+x_2^2+\cdots+x_n^2\right)}{\partial x_2}\\ \vdots\\ \dfrac{\partial\left(x_1^2+x_2^2+\cdots+x_n^2\right)}{\partial x_n}\end{pmatrix}$$

$$=\begin{pmatrix}2x_1\\2x_2\\\vdots\\2x_n\end{pmatrix}=2\begin{pmatrix}x_1\\x_2\\\vdots\\x_n\end{pmatrix}=2\boldsymbol{x}$$

证明 (3)

$$\frac{\partial\left(\boldsymbol{x}^T\boldsymbol{A}\boldsymbol{x}\right)}{\partial\boldsymbol{x}}=\frac{\partial\begin{pmatrix}a_{11}x_1x_1+a_{12}x_1x_2+\cdots+a_{1n}x_1x_n\\+a_{21}x_2x_1+a_{22}x_2x_2+\cdots+a_{2n}x_2x_n\\+\cdots+a_{n1}x_nx_1+a_{n2}x_nx_2+\cdots+a_{nn}x_nx_n\end{pmatrix}}{\partial x}$$

$$=\begin{pmatrix}(a_{11}x_1+a_{12}x_2+\cdots+a_{1n}x_n)+(a_{11}x_1+a_{21}x_2+\cdots+a_{n1}x_n)\\(a_{21}x_1+a_{22}x_2+\cdots+a_{2n}x_n)+(a_{12}x_1+a_{22}x_2+\cdots+a_{n2}x_n)\\\vdots\\(a_{n1}x_1+a_{n2}x_2+\cdots+a_{nn}x_n)+(a_{1n}x_1+a_{2n}x_2+\cdots+a_{nn}x_n)\end{pmatrix}$$

$$
= \begin{pmatrix} a_{11}x_1 + a_{12}x_2 + \cdots + a_{1n}x_n \\ a_{21}x_1 + a_{22}x_2 + \cdots + a_{2n}x_n \\ \vdots \\ a_{n1}x_1 + a_{n2}x_2 + \cdots + a_{nn}x_n \end{pmatrix} + \begin{pmatrix} a_{11}x_1 + a_{21}x_2 + \cdots + a_{n1}x_n \\ a_{12}x_1 + a_{22}x_2 + \cdots + a_{n2}x_n \\ \vdots \\ a_{1n}x_1 + a_{2n}x_2 + \cdots + a_{nn}x_n \end{pmatrix}
$$

$$
= \begin{pmatrix} a_{11} & a_{12} & \cdots & a_{1n} \\ a_{21} & a_{22} & \cdots & a_{2n} \\ \vdots & \vdots & \ddots & \vdots \\ a_{n1} & a_{n2} & \cdots & a_{nn} \end{pmatrix} \begin{pmatrix} x_1 \\ x_2 \\ \vdots \\ x_n \end{pmatrix} + \begin{pmatrix} a_{11} & a_{21} & \cdots & a_{n1} \\ a_{12} & a_{22} & \cdots & a_{n2} \\ \vdots & \vdots & \ddots & \vdots \\ a_{1n} & a_{2n} & \cdots & a_{nn} \end{pmatrix} \begin{pmatrix} x_1 \\ x_2 \\ \vdots \\ x_n \end{pmatrix}
$$

$$
= \boldsymbol{A}\boldsymbol{x} + \boldsymbol{A}^T\boldsymbol{x}
$$

证明 （4）

$$
\frac{\partial\left(\boldsymbol{a}^T\boldsymbol{X}\boldsymbol{b}\right)}{\partial \boldsymbol{X}} = \frac{\partial \begin{pmatrix} a_1b_1x_{11} + a_1b_2x_{12} + \cdots + a_1b_nx_{1n} \\ + a_2b_1x_{21} + a_2b_2x_{22} + \cdots + a_2b_nx_{2n} \\ + \cdots + a_mb_1x_{m1} + a_mb_2x_{m2} + \cdots + a_mb_nx_{mn} \end{pmatrix}}{\partial \boldsymbol{X}}
$$

$$
= \begin{pmatrix} a_1b_1 & a_1b_2 & \cdots & a_1b_n \\ a_2b_1 & a_2b_2 & \cdots & a_2b_n \\ \vdots & \vdots & \ddots & \vdots \\ a_mb_1 & a_mb_2 & \cdots & a_mb_n \end{pmatrix}_{m\times n}
$$

$$
= \begin{pmatrix} a_1 \\ a_2 \\ \vdots \\ a_m \end{pmatrix} (b_1, b_2, \cdots, b_n) = \boldsymbol{a}\boldsymbol{b}^T
$$

证明 （5）因为标量的转置等于标量本身，所以有

$$
\frac{\partial\left(\boldsymbol{a}^T\boldsymbol{X}^T\boldsymbol{b}\right)}{\partial \boldsymbol{X}} = \frac{\partial\left(\boldsymbol{a}^T\boldsymbol{X}^T\boldsymbol{b}\right)^T}{\partial \boldsymbol{X}} = \frac{\partial\left(\boldsymbol{b}^T\boldsymbol{X}\boldsymbol{a}\right)}{\partial \boldsymbol{X}} = \boldsymbol{b}\boldsymbol{a}^T
$$

证明 （6）

$$
\frac{\partial \mathrm{tr}(\boldsymbol{A}\boldsymbol{B})}{\partial \boldsymbol{A}} = \frac{\partial \sum\limits_{i=1}^{m}\sum\limits_{j=1}^{n} a_{ij}b_{ji}}{\partial \sum\limits_{i=1}^{m}\sum\limits_{j=1}^{n} a_{ij}} = \sum_{i=1}^{m}\sum_{j=1}^{n} b_{ji} = \boldsymbol{B}^T
$$

证明 (7)

$$\frac{\partial \mathrm{tr}\left(\boldsymbol{A}\boldsymbol{B}\boldsymbol{A}^T\boldsymbol{C}\right)}{\partial \boldsymbol{A}} = \frac{\partial \mathrm{tr}\left(\boldsymbol{A}^T\boldsymbol{C}\boldsymbol{A}\boldsymbol{B}\right)}{\partial \boldsymbol{A}} = \frac{\partial \mathrm{tr}\left(\boldsymbol{A}\boldsymbol{C}^T\boldsymbol{A}^T\boldsymbol{B}^T\right)}{\partial \boldsymbol{A}}$$
$$= \boldsymbol{C}\boldsymbol{A}\boldsymbol{B} + \left(\boldsymbol{B}\boldsymbol{A}^T\boldsymbol{C}\right)^T = \boldsymbol{C}\boldsymbol{A}\boldsymbol{B} + \boldsymbol{C}^T\boldsymbol{A}\boldsymbol{B}^T$$

5. 梯度与 Hessian 矩阵

定义 1.4(梯度) 给定函数 $f:\mathbb{R}^n \to \mathbb{R}$,且 f 在点 $\boldsymbol{x}$ 的某个邻域内有意义,若存在向量 $\boldsymbol{g} \in \mathbb{R}^n$ 满足

$$\lim_{\boldsymbol{p}\to\boldsymbol{0}} \frac{f(\boldsymbol{x}+\boldsymbol{p}) - f(\boldsymbol{x}) - \boldsymbol{g}^T\boldsymbol{p}}{\|\boldsymbol{p}\|} = 0 \tag{1.1}$$

其中 $\|\cdot\|$ 是任意的向量范数,称 f 在点 $\boldsymbol{x}$ 处可微 (或 Fréchet 可微),此时 $\boldsymbol{g}$ 称为 f 在点 $\boldsymbol{x}$ 处的梯度(Gradient),记作 $\nabla f(\boldsymbol{x})$,如果对区域 $\mathcal{D}$ 上的每一个点 $\boldsymbol{x}$ 都有 $\nabla f(\boldsymbol{x})$ 存在,则称 f 在 $\mathcal{D}$ 上可微。

若 f 在点 $\boldsymbol{x}$ 处的梯度存在,式 (1.1) 中令 $\boldsymbol{p} = \varepsilon \boldsymbol{e}_i$,$\boldsymbol{e}_i$ 是第 i 个分量为 1 的单位向量,可知 $\nabla f(\boldsymbol{x})$ 的第 i 个分量为 $\dfrac{\partial f(\boldsymbol{x})}{\partial x_i}$,则

$$\nabla f(\boldsymbol{x}) = \left(\frac{\partial f(\boldsymbol{x})}{\partial x_1}, \frac{\partial f(\boldsymbol{x})}{\partial x_2}, \cdots, \frac{\partial f(\boldsymbol{x})}{\partial x_n}\right)^T$$

如果只关心一部分变量的梯度,可以通过对 ∇ 加下标来表示。例如,$\nabla_{\boldsymbol{x}} f(\boldsymbol{x},\boldsymbol{y})$ 表示将 $\boldsymbol{y}$ 视为常数时 f 关于 $\boldsymbol{x}$ 的梯度。

对应于一元函数的二阶导数,对于多元函数我们可以定义其 Hessian 矩阵。

定义 1.5(Hessian 矩阵) 如果函数 $f(\boldsymbol{x}):\mathbb{R}^n \to \mathbb{R}$ 在点 $\boldsymbol{x}$ 处的二阶偏导数 $\dfrac{\partial^2 f(\boldsymbol{x})}{\partial x_i \partial x_j}$,$i,j = 1,2,\cdots,n$ 都存在,则

$$\nabla^2 f(\boldsymbol{x}) = \begin{pmatrix} \dfrac{\partial^2 f(\boldsymbol{x})}{\partial x_1^2} & \dfrac{\partial^2 f(\boldsymbol{x})}{\partial x_1 \partial x_2} & \cdots & \dfrac{\partial^2 f(\boldsymbol{x})}{\partial x_1 \partial x_n} \\ \dfrac{\partial^2 f(\boldsymbol{x})}{\partial x_2 \partial x_1} & \dfrac{\partial^2 f(\boldsymbol{x})}{\partial x_2^2} & \cdots & \dfrac{\partial^2 f(\boldsymbol{x})}{\partial x_2 \partial x_n} \\ \vdots & \vdots & \ddots & \vdots \\ \dfrac{\partial^2 f(\boldsymbol{x})}{\partial x_n \partial x_1} & \dfrac{\partial^2 f(\boldsymbol{x})}{\partial x_n \partial x_2} & \cdots & \dfrac{\partial^2 f(\boldsymbol{x})}{\partial x_n^2} \end{pmatrix}$$

称为 f 在点 $\boldsymbol{x}$ 处的 Hessian 矩阵。

当 $\nabla^2 f(\boldsymbol{x})$ 在区域 $\mathcal{D}$ 上的每个点 $\boldsymbol{x}$ 处都存在时,称 f 在 $\mathcal{D}$ 上二阶可微。若 $\nabla^2 f(\boldsymbol{x})$ 在 $\mathcal{D}$ 上还连续,则称 f 在 $\mathcal{D}$ 上二阶连续可微,可以证明此时 Hessian 矩阵是对称矩阵。

当 $f:\mathbb{R}^n \to \mathbb{R}^m$ 是向量值函数时,我们可以定义它的雅可比(Jacobi)矩阵 $J(\boldsymbol{x}) \in \mathbb{R}^{m\times n}$,它的第 i 行是分量 $f_i(\boldsymbol{x})$ 梯度的转置,即

$$J(\boldsymbol{x})=\begin{pmatrix}\dfrac{\partial f_1(\boldsymbol{x})}{\partial x_1} & \dfrac{\partial f_1(\boldsymbol{x})}{\partial x_2} & \cdots & \dfrac{\partial f_1(\boldsymbol{x})}{\partial x_n}\\ \dfrac{\partial f_2(\boldsymbol{x})}{\partial x_1} & \dfrac{\partial f_2(\boldsymbol{x})}{\partial x_2} & \cdots & \dfrac{\partial f_2(\boldsymbol{x})}{\partial x_n}\\ \vdots & \vdots & \ddots & \vdots\\ \dfrac{\partial f_m(\boldsymbol{x})}{\partial x_1} & \dfrac{\partial f_m(\boldsymbol{x})}{\partial x_2} & \cdots & \dfrac{\partial f_m(\boldsymbol{x})}{\partial x_n}\end{pmatrix}$$

此外容易看出，梯度 $\nabla f(\boldsymbol{x})$ 的雅可比矩阵就是 $f(\boldsymbol{x})$ 的 Hessian 矩阵。

类似于一元函数的泰勒展开，对于多元函数，我们不加证明地给出如下形式的泰勒展开。

定理 1.3 设 $f:\mathbb{R}^n\to\mathbb{R}$ 连续可微，$\boldsymbol{p}\in\mathbb{R}^n$ 为向量，那么

$$f(\boldsymbol{x}+\boldsymbol{p})=f(\boldsymbol{x})+\nabla f(\boldsymbol{x}+t\boldsymbol{p})^T\boldsymbol{p}$$

其中 $0<t<1$。进一步，如果 f 是二阶连续可微的，则

$$\nabla f(\boldsymbol{x}+\boldsymbol{p})=\nabla f(\boldsymbol{x})+\int_0^1\nabla^2 f(\boldsymbol{x}+t\boldsymbol{p})\boldsymbol{p}dt$$

$$f(\boldsymbol{x}+\boldsymbol{p})=\nabla f(\boldsymbol{x})+\nabla f(x)^T\boldsymbol{p}+\frac{1}{2}\boldsymbol{p}^T\nabla^2 f(\boldsymbol{x}+t\boldsymbol{p})\boldsymbol{p}$$

其中 $0<t<1$。

在这一小节的最后，我们介绍一类特殊的可微函数——梯度利普希茨（Lipschitz）连续的函数，该类函数在很多优化算法收敛性证明中起着关键作用。

定义 1.6（梯度利普希茨连续） 给定可微函数 f，若存在 $L>0$，对任意的 $\boldsymbol{x},\boldsymbol{y}\in\operatorname{dom}f$，有

$$\|\nabla f(\boldsymbol{x})-\nabla f(\boldsymbol{y})\|\leqslant L\|\boldsymbol{x}-\boldsymbol{y}\| \tag{1.2}$$

则称 f 是梯度利普希茨连续的，相应利普希茨常数为 L。有时也简记为梯度 L-连续或 L-光滑。这里符号 $\operatorname{dom}f$ 表示函数 f 的定义域。

梯度利普希茨连续表明 $\nabla f(\boldsymbol{x})$ 的变化可以被自变量 $\boldsymbol{x}$ 的变化所控制，满足该性质的函数具有很多良好性质，一个重要的性质是其具有二次上界。

引理 1.1（二次上界） 设可微函数 $f(\boldsymbol{x})$ 的定义域 $\operatorname{dom}f=\mathbb{R}^n$，且为梯度利普希茨连续的，则函数 $f(\boldsymbol{x})$ 有二次上界

$$f(\boldsymbol{y})\leqslant f(\boldsymbol{x})+\nabla f(\boldsymbol{x})^T(\boldsymbol{y}-\boldsymbol{x})+\frac{L}{2}\|\nabla\boldsymbol{y}-\boldsymbol{x}\|^2,\quad\forall\boldsymbol{x},\boldsymbol{y}\in\operatorname{dom}f \tag{1.3}$$

证明 对任意的 $\boldsymbol{x},\boldsymbol{y}\in\mathbb{R}^n$，构造辅助函数

$$g(t)=f(\boldsymbol{x}+t(\boldsymbol{y}-\boldsymbol{x})),\quad t\in[0,1] \tag{1.4}$$

显然 $g(0)=f(\boldsymbol{x}), g(1)=f(\boldsymbol{y})$，以及

$$g'(t)=\nabla f(\boldsymbol{x}+t(\boldsymbol{y}-\boldsymbol{x}))^T(\boldsymbol{y}-\boldsymbol{x})$$

由等式

$$g(1)-g(0)=\int_0^1 g'(t)dt$$

可知

$$\begin{aligned}
&f(\boldsymbol{y})-f(\boldsymbol{x})-\nabla f(\boldsymbol{x})^T(\boldsymbol{y}-\boldsymbol{x})\\
=&\int_0^1(g'(t)-g'(0))dt\\
=&\int_0^1(\nabla f(\boldsymbol{x}+t(\boldsymbol{y}-\boldsymbol{x}))-\nabla f(\boldsymbol{x}))^T(\boldsymbol{y}-\boldsymbol{x})dt\\
\leqslant&\int_0^1\|\nabla f(\boldsymbol{x}+t(\boldsymbol{y}-\boldsymbol{x}))-\nabla f(\boldsymbol{x})\|\|\boldsymbol{y}-\boldsymbol{x}\|dt\\
\leqslant&\int_0^1 L\|\boldsymbol{y}-\boldsymbol{x}\|^2tdt=\frac{L}{2}\|\boldsymbol{y}-\boldsymbol{x}\|^2
\end{aligned}$$

其中最后一行的不等式利用了梯度利普希茨连续的条件式 (1.2)，整理后可得式 (1.3) 成立。

引理 1.1 指出 $f(\boldsymbol{x})$ 可被一个二次函数上界所控制，即要求 $f(\boldsymbol{x})$ 的增长速度不超过二次。实际上，引理 1.1 对 $f(\boldsymbol{x})$ 定义域的要求可减弱为 $\mathrm{dom}\, f$ 是凸集，此条件的作用是保证当 $t\in[0,1]$ 时证明中的 $g(t)$ 是良定义的。

若 f 是梯度利普希茨连续的，且有一个全局极小点 $\boldsymbol{x}_*$，一个重要的推论就是能够利用二次上界式 (1.3) 来估计 $f(\boldsymbol{x})-f(\boldsymbol{x}_*)$ 的大小，其中 $\boldsymbol{x}$ 可以是定义域中的任意一点。

推论 1.1 设可微函数 $f(\boldsymbol{x})$ 的定义域为 $\mathbb{R}^n$，且存在一个全局极小点 $\boldsymbol{x}_*$，若 $f(\boldsymbol{x})$ 为梯度利普希茨连续的，则对任意的 $\boldsymbol{x}$，有

$$\frac{1}{2L}\|\nabla f(\boldsymbol{x})\|^2\leqslant f(\boldsymbol{x})-f(\boldsymbol{x}_*)\tag{1.5}$$

证明 由于 $\boldsymbol{x}_*$ 是全局极小点，应用二次上界式 (1.3)，有

$$f(\boldsymbol{x}_*)\leqslant f(\boldsymbol{y})\leqslant f(\boldsymbol{x})+\nabla f(\boldsymbol{x})^T(\boldsymbol{y}-\boldsymbol{x})+\frac{L}{2}\|\boldsymbol{y}-\boldsymbol{x}\|^2$$

这里固定 $\boldsymbol{x}$，注意到上式对于任意的 $\boldsymbol{y}$ 均成立，因此可对上式不等号右边取下确界

$$\begin{aligned}
f(\boldsymbol{x}_*)&\leqslant \inf_{\boldsymbol{y}\in\mathbb{R}^n}\left\{f(\boldsymbol{x})+\nabla f(\boldsymbol{x})^T(\boldsymbol{y}-\boldsymbol{x})+\frac{L}{2}\|\boldsymbol{y}-\boldsymbol{x}\|^2\right\}\\
&=f(\boldsymbol{x})-\frac{1}{2L}\|\nabla f(\boldsymbol{x})\|^2
\end{aligned}$$

证明的最后一步应用了二次函数的性质：当 $\boldsymbol{y}=\boldsymbol{x}-\dfrac{\nabla f(\boldsymbol{x})}{L}$ 时，关于 $\boldsymbol{y}$ 的二次函数取到最小值。

6. 矩阵变量函数的导数

多元函数梯度的定义可以推广到变量是矩阵的情形。对于以 $m \times n$ 矩阵 $\boldsymbol{X}$ 为自变量的函数 $f(\boldsymbol{X})$，若存在矩阵 $\boldsymbol{G} \in \mathbb{R}^{m\times n}$ 满足

$$\lim_{\boldsymbol{V}\to 0} \frac{f(\boldsymbol{X}+\boldsymbol{V}) - f(\boldsymbol{X}) - \langle \boldsymbol{G}, \boldsymbol{V}\rangle}{\|\boldsymbol{V}\|} = 0$$

则称矩阵变量函数 f 在 $\boldsymbol{X}$ 处 Fréchet 可微，称 $\boldsymbol{G}$ 为 f 在 Fréchet 可微下的梯度。其中 $\|\cdot\|$ 是任意矩阵范数。类似于向量情形，矩阵变量函数 $f(\boldsymbol{X})$ 的梯度可以用其偏导数表示为

$$\nabla f(\boldsymbol{X}) = \begin{pmatrix} \dfrac{\partial f}{\partial x_{11}} & \dfrac{\partial f}{\partial x_{12}} & \cdots & \dfrac{\partial f}{\partial x_{1n}} \\ \dfrac{\partial f}{\partial x_{21}} & \dfrac{\partial f}{\partial x_{22}} & \cdots & \dfrac{\partial f}{\partial x_{2n}} \\ \vdots & \vdots & \ddots & \vdots \\ \dfrac{\partial f}{\partial x_{m1}} & \dfrac{\partial f}{\partial x_{m2}} & \cdots & \dfrac{\partial f}{\partial x_{mn}} \end{pmatrix}$$

其中 $\dfrac{\partial f}{\partial x_{ij}}$ 表示 f 关于 x_{ij} 的偏导数。

在实际应用中，矩阵 Fréchet 可微的定义和使用往往比较繁琐，为此我们需要介绍另一种定义——Gâteaux 可微。

定义 1.7（Gâteaux 可微） $f(\boldsymbol{X})$ 为矩阵变量函数，如果存在矩阵 $\boldsymbol{G} \in \mathbb{R}^{m\times n}$，对任意方向 $\boldsymbol{V} \in \mathbb{R}^{m\times n}$ 满足

$$\lim_{t\to 0} \frac{f(\boldsymbol{X}+t\boldsymbol{V}) - f(\boldsymbol{X}) - t\langle \boldsymbol{G}, \boldsymbol{V}\rangle}{t} = 0 \tag{1.6}$$

则称 f 关于 $\boldsymbol{X}$ 是 Gâteaux 可微的，满足上式的 $\boldsymbol{G}$ 称为 f 在 $\boldsymbol{X}$ 处 Gâteaux 可微意义下的梯度。

与 Fréchet 可微的定义进行对比不难看出，Gâteaux 可微实际上是方向导数的某种推广，它针对一元函数考虑极限。因此，利用 Gâteaux 可微计算梯度是更容易实现的。此外，从二者的定义容易看出，若 f 是 Fréchet 可微的，则 f 也是 Gâteaux 可微的，且二者意义下的梯度相等。这一命题反过来不一定成立。本书考虑的大多数可微函数都是 Fréchet 可微，根据以上结论，我们无需具体区分 f 的导数究竟是在哪种意义下的。不引起歧义的情况下，我们统一将矩阵变量函数 $f(\boldsymbol{X})$ 的导数记为 $\dfrac{\partial f}{\partial \boldsymbol{X}}$ 或 $\nabla f(\boldsymbol{X})$。

1.2 二次型与正定矩阵

n 个变量的二次齐次多项式称为二次型，用矩阵可以表示为

$$f(\boldsymbol{x}) = \boldsymbol{x}^T \boldsymbol{A}\boldsymbol{x}$$

其中 $\boldsymbol{A}$ 为对称阵

$$\boldsymbol{A}=\begin{pmatrix} a_{11} & a_{12} & \cdots & a_{1n} \\ a_{21} & a_{22} & \cdots & a_{2n} \\ \vdots & \vdots & \ddots & \vdots \\ a_{n1} & a_{n2} & \cdots & a_{nn} \end{pmatrix},\quad \boldsymbol{x}=\begin{pmatrix} x_1 \\ x_2 \\ \vdots \\ x_n \end{pmatrix}$$

当 $\boldsymbol{A}$ 为实矩阵时，相应的二次型称为实二次型。若 $\forall\ \boldsymbol{x}\in\mathbb{R}^n$，$\boldsymbol{x}\neq 0$，都有 $f(\boldsymbol{x})>0$，则称 $f(\boldsymbol{x})$ 为正定二次型，$\boldsymbol{A}$ 为正定矩阵；若 $\forall\ \boldsymbol{x}\in\mathbb{R}^n$，$\boldsymbol{x}\neq 0$，都有 $f(\boldsymbol{x})<0$，则称 $f(\boldsymbol{x})$ 为负定二次型，$\boldsymbol{A}$ 为负定矩阵；若 $\forall\ \boldsymbol{x}\in\mathbb{R}^n$，$\boldsymbol{x}\neq 0$，都有 $f(\boldsymbol{x})\geqslant 0$，则称 $f(\boldsymbol{x})$ 为半正定二次型，$\boldsymbol{A}$ 为半正定矩阵。

对于 n 阶实对称矩阵 $\boldsymbol{A}$，则下列结论等价：

（1）$\boldsymbol{A}$ 是正定矩阵；

（2）$\boldsymbol{A}$ 的特征值均为正实数；

（3）存在实可逆矩阵 $\boldsymbol{P}$，使得 $\boldsymbol{A}=\boldsymbol{P}^T\boldsymbol{P}$（即 $\boldsymbol{A}$ 合同等价于 $\boldsymbol{I}_n$）；

（4）存在实可逆上三角矩阵 $\boldsymbol{R}$，使得 $\boldsymbol{A}=\boldsymbol{R}^T\boldsymbol{R}$；

（5）$\boldsymbol{A}$ 的所有顺序主子式均大于 0。

同时，若 $\boldsymbol{A}$，$\boldsymbol{B}$ 是正定矩阵，则

① $\boldsymbol{A}^{-1}$，$\boldsymbol{A}^*$，$\boldsymbol{A}^k$，$\boldsymbol{A}+\boldsymbol{B}$ 都是正定矩阵，但是 $\boldsymbol{AB}$ 不一定是正定矩阵，因为 $\boldsymbol{AB}$ 不一定是对称矩阵；

② $\boldsymbol{AB}$ 的所有特征值都大于零，所以 $\boldsymbol{AB}$ 正定的充要条件是 $\boldsymbol{AB}$ 为实对称矩阵，即 $\boldsymbol{AB}=\boldsymbol{BA}$。

设 n 元实函数 $f(x_1,x_2,\cdots,x_n)$ 在点 $M_0(a_1,a_2,\ldots,a_n)$ 的邻域内有二阶连续偏导，若有

$$\boldsymbol{A}=\begin{pmatrix} \dfrac{\partial^2 f}{\partial x_1^2} & \dfrac{\partial^2 f}{\partial x_1\partial x_2} & \cdots & \dfrac{\partial^2 f}{\partial x_1\partial x_n} \\ \dfrac{\partial^2 f}{\partial x_2\partial x_1} & \dfrac{\partial^2 f}{\partial x_2^2} & \cdots & \dfrac{\partial^2 f}{\partial x_2\partial x_n} \\ \vdots & \vdots & \ddots & \vdots \\ \dfrac{\partial^2 f}{\partial x_n\partial x_1} & \dfrac{\partial^2 f}{\partial x_n\partial x_2} & \cdots & \dfrac{\partial^2 f}{\partial x_n^2} \end{pmatrix}$$

则有如下结果：

（1）当 $\boldsymbol{A}$ 为正定矩阵时，$f(x_1,x_2,\cdots,x_n)$ 在 $M_0(a_1,a_2,\ldots,a_n)$ 处是极小值；

（2）当 $\boldsymbol{A}$ 为负定矩阵时，$f(x_1,x_2,\cdots,x_n)$ 在 $M_0(a_1,a_2,\ldots,a_n)$ 处是极大值；

（3）当 $\boldsymbol{A}$ 为不定矩阵时，$M_0(a_1,a_2,\ldots,a_n)$ 不是极值点；

（4）当 $\boldsymbol{A}$ 为半正定矩阵或半负定矩阵时，$M_0(a_1,a_2,\ldots,a_n)$ 是“可疑”极值点，需要利用其他方法来判定。

【例 1.1】 求三元函数 $f(x,y,z)=x^2+y^2+z^2+2x+4y-6z$ 的极值。

解 因为 $\dfrac{\partial f}{\partial x}=2x+2,\dfrac{\partial f}{\partial y}=2y+4,\dfrac{\partial f}{\partial z}=2z-6$，故该三元函数的驻点是 $(-1,-2,3)$。又

$$\frac{\partial^2 f}{\partial x^2}=2,\quad \frac{\partial^2 f}{\partial y^2}=2,\quad \frac{\partial^2 f}{\partial z^2}=2,\quad \frac{\partial^2 f}{\partial x\partial y}=0,\quad \frac{\partial^2 f}{\partial x\partial z}=0,\quad \frac{\partial^2 f}{\partial y\partial z}=0$$

故有

$$\boldsymbol{A}=\begin{pmatrix}2&0&0\\0&2&0\\0&0&2\end{pmatrix}$$

由于 $\boldsymbol{A}$ 是正定矩阵，故 $(-1,-2,3)$ 是极小值点，且极小值为 $f(-1,-2,3)=-14$。

【例 1.2】 设 $\boldsymbol{A}\in\mathbb{R}^{n\times n}$ 是正定矩阵，$\boldsymbol{x}_0\in\mathbb{R}^n$ 为 $\boldsymbol{Ax}=\boldsymbol{b}$ 的解，证明二次函数

$$f(\boldsymbol{x})=\frac{1}{2}\boldsymbol{x}^T\boldsymbol{Ax}-\boldsymbol{x}^T\boldsymbol{b}$$

在 $\boldsymbol{x}_0$ 处达到最小值。

证明 由 $\boldsymbol{A}$ 正定可知，存在可逆矩阵 $\boldsymbol{P}$，使得 $\boldsymbol{P}^T\boldsymbol{AP}=\boldsymbol{I}$。令 $\boldsymbol{x}=\boldsymbol{Py}$，并记

$$\boldsymbol{y}=(y_1,y_2,\cdots,y_n)^T,\quad \boldsymbol{P}^T\boldsymbol{Ax}_0=(c_1,c_2,\cdots,c_n)^T$$

则

$$\begin{aligned}f(\boldsymbol{x})&=\frac{1}{2}\boldsymbol{x}^T\boldsymbol{Ax}-\boldsymbol{x}^T\boldsymbol{b}\\&=\frac{1}{2}\boldsymbol{y}^T\boldsymbol{P}^T\boldsymbol{APy}-\boldsymbol{y}^T\boldsymbol{P}^T\boldsymbol{Ax}_0\\&=\frac{1}{2}\boldsymbol{y}^T\boldsymbol{y}-\boldsymbol{y}^T\boldsymbol{P}^T\boldsymbol{Ax}_0\\&=\frac{1}{2}\left(y_1^2+y_2^2+\cdots+y_n^2\right)-(c_1y_1+c_2y_2+\cdots+c_ny_n)\\&=\frac{1}{2}\left[\left(y_1^2-2c_1y_1\right)+\left(y_2^2-2c_2y_2\right)+\cdots+\left(y_n^2-2c_ny_n\right)\right]\\&=\frac{1}{2}\left[(y_1-c_1)^2+(y_2-c_2)^2+\cdots+(y_n-c_n)^2\right]-\frac{1}{2}\left(c_1^2+c_2^2+\cdots+c_n^2\right)\\&\geqslant\frac{1}{2}\left(c_1^2+c_2^2+\cdots+c_n^2\right)\end{aligned}$$

于是 $f(\boldsymbol{x})$ 取得最小值的充要条件是

$$y_1=c_1,\quad y_2=c_2,\quad \cdots,\quad y_n=c_n$$

即

$$\boldsymbol{y}=\boldsymbol{P}^T\boldsymbol{Ax}_0$$

注意到 $\boldsymbol{x}=\boldsymbol{Py}$，$\boldsymbol{P}^T\boldsymbol{A}=\boldsymbol{P}^{-1}$，于是

$$\boldsymbol{x}=\boldsymbol{Py}=\boldsymbol{PP}^T\boldsymbol{Ax}_0=\boldsymbol{x}_0$$

即结论成立。

1.3 凸 集

凸集是凸优化中的一个重要概念，用于描述具有特定性质的集合。

1.3.1 凸集定义

对于 $\mathbb{R}^n$ 中的任意两点 $\boldsymbol{x}_1 \neq \boldsymbol{x}_2$，形如

$$\boldsymbol{y} = \theta \boldsymbol{x}_1 + (1-\theta)\boldsymbol{x}_2$$

的点形成了过点 $\boldsymbol{x}_1$ 和 $\boldsymbol{x}_2$ 的直线，当 $0 \leqslant \theta \leqslant 1$ 时，这样的点形成了连接点 $\boldsymbol{x}_1$ 和 $\boldsymbol{x}_2$ 的线段。

定义 1.8（仿射集） 如果过集合 $\mathcal{C}$ 中任意两点的直线都在 $\mathcal{C}$ 内，则称 $\mathcal{C}$ 为仿射集，即

$$\forall \boldsymbol{x}_1, \boldsymbol{x}_2 \in \mathcal{C} \implies \theta \boldsymbol{x}_1 + (1-\theta)\boldsymbol{x}_2 \in \mathcal{C},\ \ \forall \theta \in \mathbb{R}$$

线性方程组 $\boldsymbol{A}\boldsymbol{x} = \boldsymbol{b}$ 的解集是仿射集。反之，任何仿射集都可以表示成一个线性方程组的解集，读者可以自行验证。

定义 1.9（凸集） 如果连接集合 $\mathcal{C}$ 中任意两点的线段都在 $\mathcal{C}$ 内，则称 $\mathcal{C}$ 为凸集，即

$$\forall \boldsymbol{x}_1, \boldsymbol{x}_2 \in \mathcal{C} \implies \theta \boldsymbol{x}_1 + (1-\theta)\boldsymbol{x}_2 \in \mathcal{C},\ \ \forall 0 \leqslant \theta \leqslant 1$$

从仿射集的定义容易看出仿射集都是凸集。

从凸集可以引出凸组合和凸包等概念。形如

$$\boldsymbol{x} = \theta_1 \boldsymbol{x}_1 + \theta_2 \boldsymbol{x}_2 + \cdots + \theta_k \boldsymbol{x}_k$$

的点称为 $\boldsymbol{x}_1, \boldsymbol{x}_2, \cdots, \boldsymbol{x}_k$ 的凸组合，其中 $\forall\, \theta_i \in [0,1]$，有 $\theta_1+\theta_2+\cdots+\theta_k = 1, i = 1, 2, \cdots, k$。集合 $\mathcal{S}$ 中元素的所有可能凸组合构成的集合称作 $\mathcal{S}$ 的凸包，记作 $\mathrm{conv}\mathcal{S}$。实际上，$\mathrm{conv}\mathcal{S}$ 是包含 $\mathcal{S}$ 的最小凸集。

一般地，令 $\mathcal{S}_1 \subseteq \mathbb{R}^n$ 和 $\mathcal{S}_2 \subseteq \mathbb{R}^m$ 是凸集，则有以下重要性质：

（1）交集 $\mathcal{S}_1 \cap \mathcal{S}_2 = \{\boldsymbol{x} \mid \boldsymbol{x} \in \mathcal{S}_1, \boldsymbol{y} \in \mathcal{S}_2\}$ 为凸集；

（2）和集 $\mathcal{S}_1 + \mathcal{S}_2 = \{\boldsymbol{z} = \boldsymbol{x} + \boldsymbol{y} \mid \boldsymbol{x} \in \mathcal{S}_1, \boldsymbol{y} \in \mathcal{S}_2\}$ 为凸集；

（3）直和 $\mathcal{S}_1 \oplus \mathcal{S}_2 = \{(\boldsymbol{x}, \boldsymbol{y}) \in \mathbb{R}^{n+m} \mid \boldsymbol{x} \in \mathcal{S}_1, \boldsymbol{y} \in \mathcal{S}_2\}$ 为凸集。

向量空间凸子集的集合具有以下性质：

（1）空集和整个向量空间是凸的；

（2）任意凸集集合的凸点是凸的；

（3）凸子集的非递减序列的并集是凸集。

需要注意的是，两个凸集的并集不一定是凸的。

1.3.2 重要的凸集

下面将介绍一些重要的凸集，这些凸集在实际问题中经常会遇到。

1. 超平面和半空间

任取非零向量 $\boldsymbol{a}$，形如 $\{\boldsymbol{x} \mid \boldsymbol{a}^{\mathrm{T}}\boldsymbol{x} = b\}$ 的集合称为超平面，而形如 $\{\boldsymbol{x} \mid \boldsymbol{a}^{\mathrm{T}}\boldsymbol{x} \leqslant b\}$ 的集合称为半空间（如图 1.1）。$\boldsymbol{a}$ 是对应超平面和半空间的法向量。一个超平面将 $\mathbb{R}^n$ 分为两个半空间。容易看出，超平面是仿射集和凸集，半空间是凸集但不是仿射集。

2. 球、椭球、锥

球是空间中到某个点距离（或两者差的范数）小于某个常数的点的集合，并将

$$B(\boldsymbol{x}_c, r) = \{\boldsymbol{x} \mid \|\boldsymbol{x} - \boldsymbol{x}_c\|_2 \leqslant r\} = \{\boldsymbol{x}_c + r\boldsymbol{u} \mid \|\boldsymbol{u}\|_2 \leqslant 1\}$$

称为中心为 $\boldsymbol{x}_c$、半径为 r 的（欧几里得）球。而形如

$$\left\{\boldsymbol{x} \mid (\boldsymbol{x} - \boldsymbol{x}_c)^{\mathrm{T}} \boldsymbol{P}^{-1} (\boldsymbol{x} - \boldsymbol{x}_c) \leqslant 1\right\}$$

的集合称为椭球,其中 $\boldsymbol{P} \in \mathcal{S}_{++}^n$（即 $\boldsymbol{P}$ 对称正定）。椭球的另一种表示为 $\{\boldsymbol{x}_c + \boldsymbol{A}\boldsymbol{u} \mid \|\boldsymbol{u}\|_2 \leqslant 1\}$，$\boldsymbol{A}$ 为非奇异的方阵。

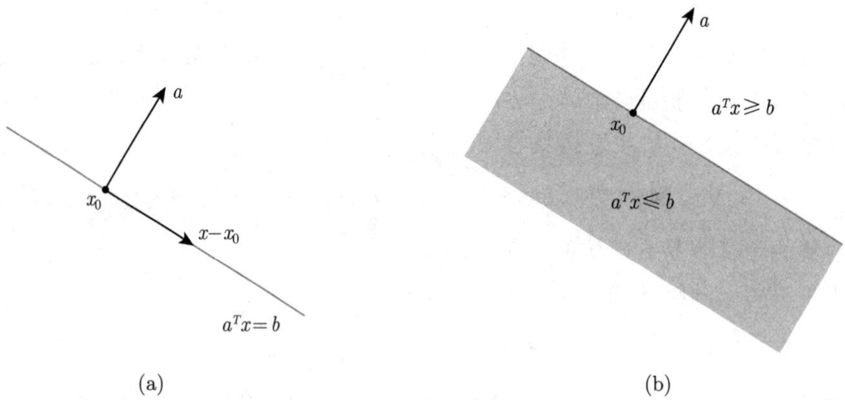

图 1.1　超平面和半空间

在定义一个球时，并不一定要使用欧氏距离。对于一般的范数，同样可以定义“球”。$\|\cdot\|$ 是任意一个范数，形如

$$\{\boldsymbol{x} \mid \|\boldsymbol{x} - \boldsymbol{x}_c\| \leqslant r\}$$

的集合称为中心为 $\boldsymbol{x}_c$，半径为 r 的范数球。另外，我们称集合

$$\{(\boldsymbol{x}, t) \mid \|\boldsymbol{x}\| \leqslant t\}$$

为范数锥。欧几里得范数锥也称为二次锥，范数球和范数锥都是凸集。

3. 多面体

我们把满足线性等式和不等式组的点的集合称为多面体，即

$$\{\boldsymbol{x} \mid \boldsymbol{A}\boldsymbol{x} \leqslant \boldsymbol{b},\ \boldsymbol{C}\boldsymbol{x} = \boldsymbol{d}\}$$

其中 $\boldsymbol{A} \in \mathbb{R}^{m\times n}, \boldsymbol{C} \in \mathbb{R}^{p\times n}$。$\boldsymbol{x} \leqslant \boldsymbol{y}$ 表示向量 $\boldsymbol{x}$ 的每个分量均小于等于 $\boldsymbol{y}$ 的对应分量。多面体是有限个半空间和超平面的交集，因此是凸集。

4. （半）正定锥

记 $\mathcal{S}^n$ 为 $n\times n$ 对称矩阵的集合，$\mathcal{S}^n_+=\{\boldsymbol{X}\in\mathcal{S}^n \mid \boldsymbol{X}\succeq 0\}$ 为 $n\times n$ 半正定矩阵的集合，$\mathcal{S}^n_{++}=\{\boldsymbol{X}\in\mathcal{S}^n \mid \boldsymbol{X}\succ 0\}$ 为 $n\times n$ 正定矩阵的集合，容易证明 $\mathcal{S}^n_+$ 是凸锥。因此 $\mathcal{S}^n_+$ 又称为半正定锥。

1.3.3 凸集保凸运算

下面介绍证明一个集合（设为 $\mathcal{C}$）为凸集的两种方式。第一种是利用定义

$$\boldsymbol{x}_1,\boldsymbol{x}_2\in\mathcal{C} \implies \theta\boldsymbol{x}_1+(1-\theta)\boldsymbol{x}_2\in\mathcal{C},\quad \forall 0\leqslant\theta\leqslant 1$$

来证明集合 $\mathcal{C}$ 是凸集。第二种方法是说明集合 $\mathcal{C}$ 可由简单的凸集（超平面、半空间、范数球等）经过保凸的运算后得到。为此，我们需要掌握一些常见的保凸运算，下面的两个定理分别说明了取交集、仿射变换运算是保凸的。

定理 1.4 任意多个凸集的交为凸集，即若 $\mathcal{C}_i, i\in\mathcal{I}$ 是凸集，则

$$\bigcap_{i\in\mathcal{I}}\mathcal{C}_i$$

为凸集。这里 $\mathcal{I}$ 是任意指标集（不要求可列）。

定理 1.5 设 $f:\mathbb{R}^n\to\mathbb{R}^m$ 是仿射变换，即 $f(\boldsymbol{x})=\boldsymbol{A}\boldsymbol{x}+\boldsymbol{b}, \boldsymbol{A}\in\mathbb{R}^{m\times n}, \boldsymbol{b}\in\mathbb{R}^m$，则

（1）凸集在 f 下的像是凸集

$$\mathcal{S}\subseteq\mathbb{R}^n\text{是凸集} \implies f(\mathcal{S})\overset{\text{def}}{=}\{f(\boldsymbol{x}) \mid \boldsymbol{x}\in\mathcal{S}\}\text{是凸集;}$$

（2）凸集在 f 下的原像是凸集

$$\mathcal{C}\subseteq\mathbb{R}^m\text{是凸集} \implies f^{-1}(\mathcal{C})\overset{\text{def}}{=}\{\boldsymbol{x}\in\mathbb{R}^n | f(\boldsymbol{x})\in\mathcal{C}\}\text{是凸集。}$$

注意到缩放、平移和投影变换都是仿射变换，因此凸集经过缩放、平移或投影的像仍是凸集。利用仿射变换保凸的性质，可以证明线性矩阵不等式的解集 $\{\boldsymbol{x} \mid \boldsymbol{x}_1\boldsymbol{A}_1+\boldsymbol{x}_2\boldsymbol{A}_2+\cdots+\boldsymbol{x}_m\boldsymbol{A}_m\preceq\boldsymbol{B}\}$ 是凸集，双曲锥 $\{\boldsymbol{x} \mid \boldsymbol{x}^T\boldsymbol{P}\boldsymbol{x}\leqslant(\boldsymbol{c}^T\boldsymbol{x})^2, \boldsymbol{c}^T\boldsymbol{x}\geqslant 0\}$ 是凸集，这里 $\boldsymbol{A}_i, i=1,2,\cdots,m, \boldsymbol{B}\in\mathcal{S}^P, \boldsymbol{P}\in\mathcal{S}^p$。

1.3.4 分离超平面定理

本节我们介绍凸集的一个重要性质，即可以用超平面分离不相交的凸集，最基本的结果是分离超平面定理和支撑超平面定理。

定理 1.6（分离超平面定理） $\mathcal{D}$ 是不相交的两个凸集，则存在非零向量 $\boldsymbol{a}$ 和常数 b，使得

$$\boldsymbol{a}^T\boldsymbol{x}\leqslant b,\ \forall\boldsymbol{x}\in\mathcal{C},\ \text{且}\ \boldsymbol{a}^{\mathrm{T}}\boldsymbol{x}\geqslant b,\ \forall\boldsymbol{x}\in\mathcal{D}$$

即超平面 $\{\boldsymbol{x} \mid \boldsymbol{a}^T\boldsymbol{x}=b\}$ 分离了 $\mathcal{C}$ 和 $\mathcal{D}$，如图 1.2 所示。

严格分离（即上式严格不等号成立）需要更强的假设。例如，当 $\mathcal{C}$ 是闭凸集，$\mathcal{D}$ 是单点集时，有如下严格分离定理。

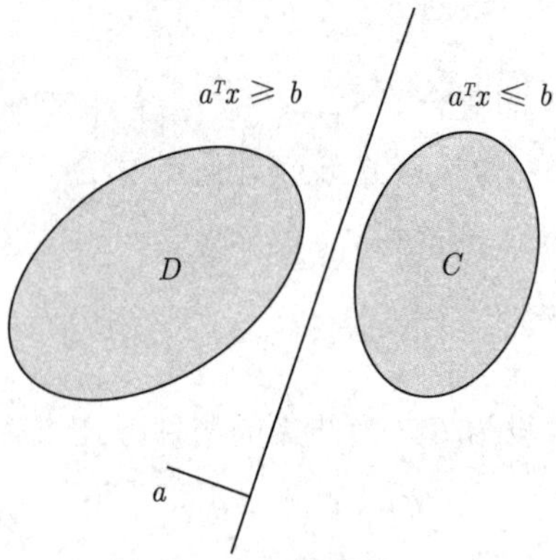

图 1.2　分离超平面

定理 1.7（严格分离定理）　设 $\mathcal{C}$ 是闭凸集，点 $\boldsymbol{x}_0 \notin \mathcal{C}$，则存在非零向量 $\boldsymbol{a}$ 和常数 b，使得

$$\boldsymbol{a}^T\boldsymbol{x} < b, \forall \boldsymbol{x} \in \mathcal{C}\text{且}\boldsymbol{a}^T\boldsymbol{x}_0 > b$$

上述严格分离定理要求点 $\boldsymbol{x}_0 \notin \mathcal{C}$。当点 $\boldsymbol{x}_0$ 恰好在凸集 $\mathcal{C}$ 的边界上时，可以构造支撑超平面。

定义 1.10（支撑超平面）　集合 $\mathcal{C}$ 及其边界上一点 $\boldsymbol{x}_0$，如果 $\boldsymbol{a} \neq \boldsymbol{0}$ 满足 $\boldsymbol{a}^T\boldsymbol{x} \leqslant \boldsymbol{a}^T\boldsymbol{x}_0$，$\forall \boldsymbol{x} \in \mathcal{C}$，则称集合 $\{\boldsymbol{x} \mid \boldsymbol{a}^T\boldsymbol{x} = \boldsymbol{a}^T\boldsymbol{x}_0\}$ 为 $\mathcal{C}$ 在边界点 $\boldsymbol{x}_0$ 处的支撑超平面。

因此，点 $\boldsymbol{x}_0$ 和集合 $\mathcal{C}$ 也被该超平面分开。从几何上来说，超平面 $\{\boldsymbol{x} \mid \boldsymbol{a}^T\boldsymbol{x} = \boldsymbol{a}^T\boldsymbol{x}_0\}$ 与集合 $\mathcal{C}$ 在点 $\boldsymbol{x}_0$ 处相切并且半空间 $\boldsymbol{a}^T\boldsymbol{x} \leqslant \boldsymbol{a}^T\boldsymbol{x}_0$ 包含 $\mathcal{C}$。

根据凸集的分离超平面定理，有如下支撑超平面定理。

定理 1.8（支撑超平面定理）　如果 $\mathcal{C}$ 是凸集，则在 $\mathcal{C}$ 的任意边界点处都存在支撑超平面。

支撑超平面定理有非常强的几何直观：给定一个平面后，可把凸集边界上的任意一点当成支撑点将凸集放置在该平面上。其他形状的集合一般没有这个性质。

1.4 凸 函 数

有了凸集的定义，我们来定义一类特殊的函数，即凸函数。凸函数在最优化方法中的作用是保证全局最优解的存在性和局部最优解的全局性质，以及提供优化算法的收敛性和效率保证。

在本书中，弯不等式符号 $\succeq$（以及其严格形式 $\succ$）用来表示扩展的不等式；对向量而言，它刻画了每个分量之间的不等式关系；对于对称矩阵，它表征了矩阵不等式。若添加下标，符号 $\preceq_k$（或者 $\prec_k$）表示相对于锥 k 的广义不等式。

1.4.1 凸函数定义

定义 1.11（凸函数）　设函数 f 为适当函数，如果 $\operatorname{dom} f$ 是凸集，且

$$f(\theta\boldsymbol{x}+(1-\theta)\boldsymbol{y}) \leqslant \theta f(\boldsymbol{x})+(1-\theta)f(\boldsymbol{y})$$

对所有 $\boldsymbol{x},\boldsymbol{y}\in \mathrm{dom}\, f$，$0\leqslant\theta\leqslant 1$ 都成立，则称 f 是凸函数。

直观地来看，连接凸函数的图像上任意两点的线段都在函数图像上方，如图 1.3 所示。

相应地，也可以定义凹函数：若 $-f$ 是凸函数，则称 f 是凹函数。只要改变一下符号，很多凸函数的性质都可以直接应用到凹函数上。另外，如果 $\mathrm{dom}\, f$ 是凸集，且

$$f(\theta\boldsymbol{x}+(1-\theta)\boldsymbol{y}) < \theta f(\boldsymbol{x})+(1-\theta)f(\boldsymbol{y})$$

对所有的 $\boldsymbol{x},\boldsymbol{y}\in \mathrm{dom}\, f$，$\boldsymbol{x}\neq\boldsymbol{y}$，$0<\theta<1$ 成立，则称 f 是严格凸函数。除了严格凸函数以外，还有另一类常用的凸函数——强凸函数。

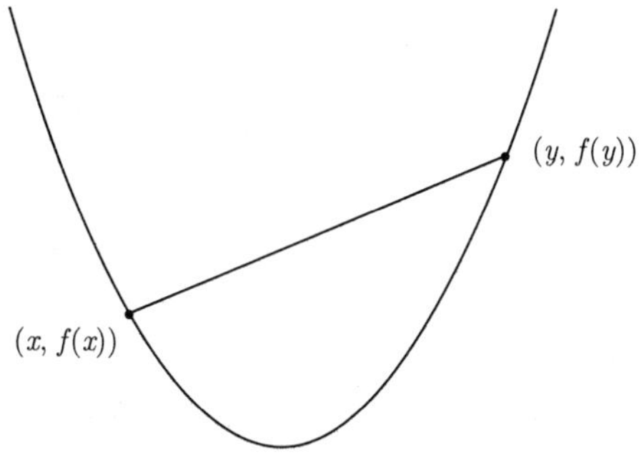

图 1.3　凸函数

定义 1.12（强凸函数）　若存在常数 $m>0$，使得

$$g(\boldsymbol{x})=f(\boldsymbol{x})-\frac{m}{2}\|\boldsymbol{x}\|^2$$

为凸函数，则称 $f(\boldsymbol{x})$ 为强凸函数，其中 m 为强凸参数。为了方便我们也称 $f(\boldsymbol{x})$ 为 m-强凸函数。

通过直接对 $g(\boldsymbol{x})=f(\boldsymbol{x})-\frac{m}{2}\|\boldsymbol{x}\|^2$ 应用凸函数的定义，可得到另一个常用的强凸函数定义。

定义 1.13（强凸函数的等价定义）　若存在常数 $m>0$，使得对任意 $\boldsymbol{x},\boldsymbol{y}\in \mathrm{dom}\, f$ 以及 $\theta\in(0,1)$，有

$$f(\theta\boldsymbol{x}+(1-\theta\boldsymbol{y})) \leqslant \theta f(\boldsymbol{x})+(1-\theta)f(\boldsymbol{y})-\frac{m}{2}\theta(1-\theta)\|\boldsymbol{x}-\boldsymbol{y}\|^2$$

则称 $f(\boldsymbol{x})$ 为强凸函数，其中 m 为强凸参数。

强凸函数的两种定义侧重点不同：从定义 1.12 可以看出，强凸函数减去一个正定二次函数仍然是凸的；而从等价定义 1.13 可以看出，强凸函数一定是严格凸函数，当 $m=0$ 时退化为凸函数。无论从哪个定义出发，容易看出，与凸函数相比，强凸函数有更好的性质。在后面很多算法的理论分析中，为了得到点列的收敛性以及更快的收敛速度，都要加上强凸这一条件。

此外，根据强凸函数的等价定义容易得出下面的结论：

命题 1.2　设 $f(\boldsymbol{x})$ 为强凸函数且存在最小值，则 $f(\boldsymbol{x})$ 的最小值点唯一。

证明 （采用反证法）设 $\boldsymbol{x} \neq \boldsymbol{y}$ 均为 f 的最小值点，根据强凸函数的等价定义，取 $\theta \in (0,1)$，则有

$$\begin{aligned} f(\theta\boldsymbol{x}+(1-\theta)\boldsymbol{y}) &\leqslant \theta f(\boldsymbol{x})+(1-\theta)f(\boldsymbol{y})-\frac{m}{2}\theta(1-\theta)\|\boldsymbol{x}-\boldsymbol{y}\|^2 \\ &= f(\boldsymbol{x})-\frac{m}{2}\theta(1-\theta)\|\boldsymbol{x}-\boldsymbol{y}\|^2 \\ &< f(\boldsymbol{x}) \end{aligned}$$

其中严格不等号成立是因为 $\boldsymbol{x} \neq \boldsymbol{y}$。这显然和 $f(\boldsymbol{x})$ 是最小值矛盾，得证。

注：命题 1.2 中 $f(\boldsymbol{x})$ 存在最小值是前提，强凸函数 $f(\boldsymbol{x})$ 的全局极小值点不一定存在。例如，$f(\boldsymbol{x}) = \boldsymbol{x}^2$，$\mathrm{dom}\, f = (1,2)$。

下面来介绍上镜图与下水平集的概念。

定义 1.14 已知函数 $f: \mathbb{R}^n \to (-\infty, \infty]$，其上镜图（即位于函数图像上方所有点的全体）定义为如下集合

$$\mathrm{epi} f = \{(\boldsymbol{x}, t), \boldsymbol{x} \in \mathrm{dom}\, f, t \in \mathbb{R} \mid f(\boldsymbol{x}) \leqslant t\}$$

当且仅当 epi$f$ 为凸集时，函数 $f(\boldsymbol{x})$ 为凸函数。对于 $\alpha \in \mathbb{R}$，函数 $f(\boldsymbol{x})$ 的 α-下水平集定义为

$$\mathcal{S}_\alpha = \{\boldsymbol{x} \in \mathbb{R}^n \mid f(\boldsymbol{x}) \geqslant \alpha\}$$

事实上，容易验证：若 $f(\boldsymbol{x})$ 为凸函数，则对任意的 $\alpha \in \mathbb{R}$，$\mathcal{S}_\alpha$ 是凸集。进一步，若 $f(\boldsymbol{x})$ 是严格凸的，则 $\mathcal{S}_\alpha$ 是严格凸集。

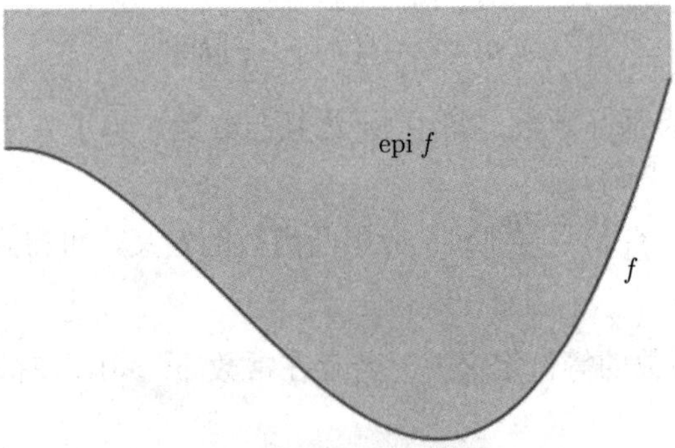

图 1.4　函数 f 和其上镜图 epi$f$

1.4.2 凸函数判定定理

凸函数的一个最基本的判定方式是：先将其限制在任意直线上，然后判断对应的一维函数是否是凸函数。如下面的定理所述，一个函数是凸函数当且仅当将函数限制在任意直线在定义域内的部分上时仍是凸的。

定理 1.9 $f(\boldsymbol{x})$ 是凸函数当且仅当对任意的 $\boldsymbol{x} \in \mathrm{dom}\, f$，$\boldsymbol{v} \in \mathbb{R}^n$，$g: \mathbb{R} \to \mathbb{R}$

$$g(t) = f(\boldsymbol{x} + t\boldsymbol{v}), \quad \mathrm{dom}\ g = \{t \mid \boldsymbol{x} + t\boldsymbol{v} \in \mathrm{dom} f\}$$

是凸函数。

证明

（1）必要性

设 $f(\boldsymbol{x})$ 是凸函数，欲证 $g(t)=f(\boldsymbol{x}+t\boldsymbol{v})$ 是凸函数。先说明 $\mathrm{dom}\,g$ 是凸集。对任意的 $t_1,t_2\in\mathrm{dom}\,g$ 以及 $\theta\in(0,1)$，有

$$\boldsymbol{x}+t_1\boldsymbol{v},\ \boldsymbol{x}+t_2\boldsymbol{v}\in\mathrm{dom}f$$

由 $\mathrm{dom}\,f$ 是凸集可知

$$\boldsymbol{x}+(\theta t_1+(1-\theta)t_2)\,\boldsymbol{v}\in\mathrm{dom}\,f$$

这说明 $\theta t_1+(1-\theta)t_2\in\mathrm{dom}\,g$，即 $\mathrm{dom}\,g$ 是凸集。此外，我们有

$$\begin{aligned}g\left(\theta t_1+(1-\theta)t_2\right)&=f\left(\boldsymbol{x}+(\theta t_1+(1-\theta)t_2)\,\boldsymbol{v}\right)\\&=f\left(\theta\left(\boldsymbol{x}+t_1\boldsymbol{v}\right)+(1-\theta)\left(\boldsymbol{x}+t_2\boldsymbol{v}\right)\right)\\&\leqslant\theta f\left(\boldsymbol{x}+t_1\boldsymbol{v}\right)+(1-\theta)f\left(\boldsymbol{x}+t_2\boldsymbol{v}\right)\\&-\theta g\left(t_1\right)+(1-\theta)g\left(t_2\right)\end{aligned}$$

结合以上两点得到函数 $g(t)$ 是凸函数。

（2）充分性

对任意的 $\boldsymbol{x}\in\mathrm{dom}\,f$，$\boldsymbol{v}\in\mathbb{R}^n$，$g(t)=f(\boldsymbol{x}+t\boldsymbol{v})$ 为凸函数，对任意的 $\boldsymbol{x},\boldsymbol{y}\in\mathrm{dom}\,f$ 以及 $\theta\in(0,1)$，现在要说明 $\mathrm{dom}\,f$ 是凸集及估计 $f(\theta\boldsymbol{x}+(1-\theta)\boldsymbol{y})$ 的上界。取 $\boldsymbol{v}=\boldsymbol{y}-\boldsymbol{x}$，以及 $t_1=0$，$t_2=1$，由 $\mathrm{dom}\,g$ 是凸集可知 $\theta\cdot0+(1-\theta)\cdot1\in\mathrm{dom}\,g$，即 $\theta\boldsymbol{x}+(1-\theta)\boldsymbol{y}\in\mathrm{dom}\,f$，这说明 $\mathrm{dom}\,f$ 是凸集。再根据 $g(t)=f(\boldsymbol{x}+t\boldsymbol{v})$ 的凸性，我们有

$$\begin{aligned}g(1-\theta)&=g\left(\theta t_1+(1-\theta)t_2\right)\\&\leqslant\theta g\left(t_1\right)+(1-\theta)g\left(t_2\right)\\&=\theta g(0)+(1-\theta)g(1)\\&-0f(\boldsymbol{x})+(1-0)f(\boldsymbol{y})\end{aligned}$$

而等式左边有

$$g(1-\theta)=f(\boldsymbol{x}+(1-\theta)(\boldsymbol{y}-\boldsymbol{x}))=f(\theta\boldsymbol{x}+(1-\theta)\boldsymbol{y})$$

故有 $f(\boldsymbol{x})$ 是凸函数。

【例 1.3】　下面给出几种典型的凸函数。

（1）仿射函数 $\boldsymbol{a}^T\boldsymbol{x}+\boldsymbol{b}$ 是凸函数，其中 $\boldsymbol{a},\boldsymbol{x}\in\mathbb{R}^n$ 是向量；

（2）指数函数 e^{ax} 是凸函数，其中 $a,x\in\mathbb{R}$；

（3）幂函数 x^α（$x>0$），当 $\alpha\geqslant1$ 或 $\alpha\leqslant0$ 时为凸函数；

（4）负熵 $x\ln x$（$x>0$）是凸函数；

（5）所有范数都是凸函数（向量和矩阵版本），这是由于范数有三角不等式；

（6）矩阵 $\boldsymbol{A}$ 与 $\boldsymbol{X}$ 的内积 $\langle\boldsymbol{A},\boldsymbol{X}\rangle=\mathrm{tr}(\boldsymbol{A}^{\boldsymbol{T}}\boldsymbol{X})$ 是凸函数，其中 $\boldsymbol{A},\boldsymbol{X}\in\mathbb{R}^{m\times n}$ 是矩阵。

下面的例子说明如何利用凸函数判定定理来判断一个函数是否为凸函数。

【例 1.4】 $f(\boldsymbol{X}) = -\ln\det\boldsymbol{X}$ 是凸函数，其中 $\mathrm{dom}\, f = \mathcal{S}^n_{++}$。

事实上，任取 $\boldsymbol{X} \succ 0$ 以及方向 $\boldsymbol{V} \in \mathcal{S}^n$，将 f 限制在直线 $\boldsymbol{X}+t\boldsymbol{V}$（$t$ 满足 $\boldsymbol{X}+t\boldsymbol{V} \succ 0$）上，考虑函数 $g(t) = -\ln\det(\boldsymbol{X}+t\boldsymbol{V})$，那么

$$
\begin{aligned}
g(t) &= -\ln\det\boldsymbol{X} - \ln\det\left(\boldsymbol{I} + t\boldsymbol{X}^{-1/2}\boldsymbol{V}\boldsymbol{X}^{-1/2}\right) \\
&= -\ln\det\boldsymbol{X} - \sum_{i=1}^{n}\ln(1+t\lambda_i)
\end{aligned}
$$

其中 λ_i 是 $\boldsymbol{X}^{-1/2}\boldsymbol{V}\boldsymbol{X}^{-1/2}$ 的第 i 个特征值。对每个 $\boldsymbol{X} \succ 0$ 以及方向 $\boldsymbol{V}$，g 关于 t 是凸的，因此 f 是凸的。

对于可微函数，除了将其限制在直线上之外，还可以利用其导数信息来判断它的凸性。具体来说，有如下的一阶条件。

定理 1.10（一阶条件） 对于定义在凸集上的可微函数 f，f 是凸函数当且仅当

$$
f(\boldsymbol{y}) \geqslant f(\boldsymbol{x}) + \nabla f(\boldsymbol{x})^{\mathrm{T}}(\boldsymbol{y}-\boldsymbol{x}), \quad \forall \boldsymbol{x}, \boldsymbol{y} \in \mathrm{dom}\, f
$$

证明

（1）必要性

设 f 是凸函数，则对于任意的 $\boldsymbol{x}, \boldsymbol{y} \in \mathrm{dom}\, f$ 以及 $t \in (0,1)$，有

$$
tf(\boldsymbol{y}) + (1-t)f(\boldsymbol{x}) \geqslant f(\boldsymbol{x} + t(\boldsymbol{y}-\boldsymbol{x}))
$$

将上式移项，两边同时除以 t，注意 $t>0$，则

$$
f(\boldsymbol{y}) - f(\boldsymbol{x}) \geqslant \frac{f(\boldsymbol{x}+t(\boldsymbol{y}-\boldsymbol{x})) - f(\boldsymbol{x})}{t}
$$

令 $t \to 0$，由极限保号性可得

$$
f(\boldsymbol{y}) - f(\boldsymbol{x}) \geqslant \lim_{t\to 0}\frac{f(\boldsymbol{x}+t(\boldsymbol{y}-\boldsymbol{x})) - f(\boldsymbol{x})}{t} = \nabla f(\boldsymbol{x})^T(\boldsymbol{y}-\boldsymbol{x})
$$

这里最后一个等式成立是利用方向导数的性质。

（2）充分性

对任意的 $\boldsymbol{x}, \boldsymbol{y} \in \mathrm{dom}\, f$ 以及 $t \in (0,1)$，定义 $\boldsymbol{z} = t\boldsymbol{x} + (1-t)\boldsymbol{y}$，应用两次一阶条件，有

$$
\begin{aligned}
f(\boldsymbol{x}) &\geqslant f(\boldsymbol{z}) + \nabla f(\boldsymbol{z})^T(\boldsymbol{x}-\boldsymbol{z}) \\
f(\boldsymbol{y}) &\geqslant f(\boldsymbol{z}) + \nabla f(\boldsymbol{z})^T(\boldsymbol{y}-\boldsymbol{z})
\end{aligned}
$$

将上述第一个不等式两边同时乘 t，第二个不等式两边同时乘 $1-t$，相加得

$$
tf(\boldsymbol{x}) + (1-t)f(\boldsymbol{y}) \geqslant f(\boldsymbol{z})
$$

这正是凸函数的定义，因此充分性成立。

定理 1.10 说明可微凸函数 f 的图形始终在其任一点处切线的上方（见图 1.5）。因此，利用可微凸函数 f 在任意一点处的一阶近似可以得到 f 的一个全局下界。一个常用的一阶条件是梯度单调性。

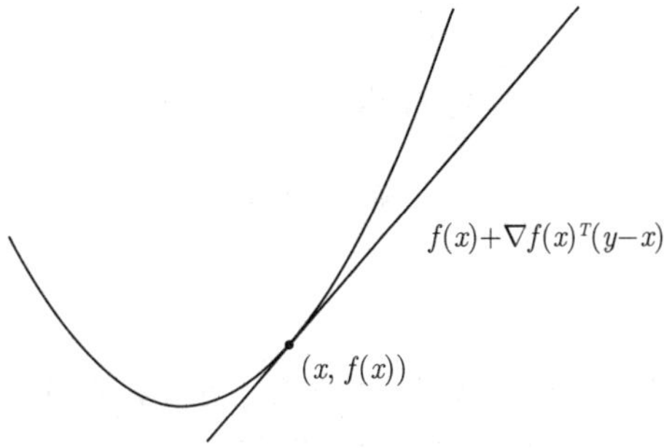

图 1.5 凸函数的全局下界

定理 1.11（梯度单调性） f 为可微函数，则 f 为凸函数当且仅当 $\mathrm{dom}\, f$ 为凸集且 ∇f 为单调映射，即

$$(\nabla f(\boldsymbol{x}) - \nabla f(\boldsymbol{y}))^T(\boldsymbol{x} - \boldsymbol{y}) \geqslant 0, \quad \forall \boldsymbol{x}, \boldsymbol{y} \in \mathrm{dom}\, f$$

证明

（1）必要性

若 f 可微且为凸函数，根据一阶条件，我们有

$$f(\boldsymbol{y}) \geqslant f(\boldsymbol{x}) + \nabla f(\boldsymbol{x})^T(\boldsymbol{y} - \boldsymbol{x})$$
$$f(\boldsymbol{x}) \geqslant f(\boldsymbol{y}) + \nabla f(\boldsymbol{y})^T(\boldsymbol{x} - \boldsymbol{y})$$

将两式不等号左右两边相加即可得到结论。

（2）充分性

若 ∇f 为单调映射，构造一元辅助函数

$$g(t) = f(\boldsymbol{x} + t(\boldsymbol{y} - \boldsymbol{x})), \quad g'(t) = \nabla f(\boldsymbol{x} + t(\boldsymbol{y} - \boldsymbol{x}))^T(\boldsymbol{y} - \boldsymbol{x})$$

由 ∇f 的单调性可知 $g'(t) \geqslant g'(0), \forall t \geqslant 0$。因此

$$\begin{aligned} f(\boldsymbol{y}) = g(1) &= g(0) + \int_0^1 g'(t)\mathrm{d}t \\ &\geqslant g(0) + g'(0) = f(\boldsymbol{x}) + \nabla f(\boldsymbol{x})^T(\boldsymbol{y} - \boldsymbol{x}) \end{aligned}$$

和凸函数类似，严格凸函数和强凸函数都有对应的单调性。

推论 1.2 设 f 为可微函数，且 $\mathrm{dom}\, f$ 是凸集，则

（1）f 是严格凸函数当且仅当

$$(\nabla f(\boldsymbol{x}) - \nabla f(\boldsymbol{y}))^T(\boldsymbol{x} - \boldsymbol{y}) > 0, \quad \forall \boldsymbol{x}, \boldsymbol{y} \in \mathrm{dom}\, f$$

（2）f 是 m-强凸函数当且仅当

$$(\nabla f(\boldsymbol{x}) - \nabla f(\boldsymbol{y}))^T(\boldsymbol{x} - \boldsymbol{y}) \geqslant m\|\boldsymbol{x} - \boldsymbol{y}\|^2, \quad \forall \boldsymbol{x}, \boldsymbol{y} \in \mathrm{dom}\, f$$

进一步，如果函数二阶连续可微，我们可以得到下面的二阶条件。

定理 1.12（二阶条件） 设 f 为定义在凸集上的二阶连续可微函数，则 f 是凸函数当

且仅当

$$\nabla^2 f(\boldsymbol{x}) \succeq 0, \quad \forall \boldsymbol{x} \in \operatorname{dom} f$$

如果 $\nabla^2 f(\boldsymbol{x}) \succ 0, \forall \boldsymbol{x} \in \operatorname{dom} f$，则 f 是严格凸函数。

证明

（1）必要性

反设 $f(\boldsymbol{x})$ 在点 $\boldsymbol{x}$ 处的 Hessian 矩阵 $\nabla^2 f(\boldsymbol{x}) \not\succeq 0$，即存在非零向量 $\boldsymbol{v} \in \mathbb{R}^n$，使得 $\boldsymbol{v}^T \nabla^2 f(\boldsymbol{x}) \boldsymbol{v} < 0$。根据皮亚诺（Peano）泰勒展开，得

$$f(\boldsymbol{x}+t\boldsymbol{v}) = f(\boldsymbol{x}) + t\nabla f(\boldsymbol{x})^T \boldsymbol{v} + \frac{t^2}{2}\boldsymbol{v}^T \nabla^2 f(\boldsymbol{x}) \boldsymbol{v} + o\left(t^2\right)$$

移项后等式两边同时除以 t^2，有

$$\frac{f(\boldsymbol{x}+t\boldsymbol{v}) - f(\boldsymbol{x}) - t\nabla f(\boldsymbol{x})^T \boldsymbol{v}}{t^2} = \frac{1}{2}\boldsymbol{v}^T \nabla^2 f(\boldsymbol{x}) \boldsymbol{v} + o(1)$$

当 t 充分小时

$$\frac{f(\boldsymbol{x}+t\boldsymbol{v}) - f(\boldsymbol{x}) - t\nabla f(\boldsymbol{x})^T \boldsymbol{v}}{t^2} < 0$$

这显然和一阶条件（定理 1.10）矛盾，因此必有 $\nabla^2 f(\boldsymbol{x}) \succeq 0$ 成立.

（2）充分性

设 $f(\boldsymbol{x})$ 满足二阶条件 $\nabla^2 f(\boldsymbol{x}) \succeq 0$，对任意 $\boldsymbol{x}$、$\boldsymbol{y} \in \operatorname{dom} f$，根据泰勒展开

$$f(\boldsymbol{y}) = f(\boldsymbol{x}) + \nabla f(\boldsymbol{x})^T (\boldsymbol{y}-\boldsymbol{x}) + \frac{1}{2}(\boldsymbol{y}-\boldsymbol{x})^T \nabla^2 f(\boldsymbol{x}+t(\boldsymbol{y}-\boldsymbol{x}))(\boldsymbol{y}-\boldsymbol{x})$$

其中 $t \in (0,1)$ 是和 $\boldsymbol{x}, \boldsymbol{y}$ 有关的常数。由半正定性可知对任意 $\boldsymbol{x}, \boldsymbol{y} \in \operatorname{dom} f$，有

$$f(\boldsymbol{y}) \geqslant f(\boldsymbol{x}) + \nabla f(\boldsymbol{x})^T (\boldsymbol{y}-\boldsymbol{x})$$

这是凸函数判定的一阶条件，由定理 1.10 知 f 为凸函数。进一步，若 $\nabla^2 f(\boldsymbol{x}) > 0$，上式中不等号严格成立（$\boldsymbol{x} \neq \boldsymbol{y}$），用定理 1.10 中充分性的证明过程可得 $f(\boldsymbol{x})$ 为严格凸函数。

当函数二阶连续可微时，利用二阶条件判断凸性通常更为方便。下面给出两个用二阶条件判断凸性的例子。

【例 1.5】 （1）考虑二次函数 $f(\boldsymbol{x}) = \dfrac{1}{2}\boldsymbol{x}^{\mathrm{T}} \boldsymbol{P} \boldsymbol{x} + \boldsymbol{q}^{\mathrm{T}} \boldsymbol{x} + \boldsymbol{r}$ $(\boldsymbol{P} \in \mathcal{S}^n)$，容易计算出其梯度与 Hessian 矩阵分别为

$$\nabla f(\boldsymbol{x}) = \boldsymbol{P}\boldsymbol{x} + \boldsymbol{q}, \quad \nabla^2 f(\boldsymbol{x}) = \boldsymbol{P}$$

那么，f 是凸函数当且仅当 $\boldsymbol{P} \succeq 0$；

（2）考虑最小二乘函数 $f(\boldsymbol{x}) = \dfrac{1}{2}\|\boldsymbol{A}\boldsymbol{x} - \boldsymbol{b}\|_2^2$，其梯度与 Hessian 矩阵分别为

$$\nabla f(\boldsymbol{x}) = \boldsymbol{A}^T (\boldsymbol{A}\boldsymbol{x} - \boldsymbol{b}), \quad \nabla^2 f(\boldsymbol{x}) = \boldsymbol{A}^T \boldsymbol{A}$$

注意到 $\boldsymbol{A}^T \boldsymbol{A}$ 恒为半正定矩阵，因此，对任意的 $\boldsymbol{A}$，f 都是凸函数。

定理 1.13 函数 $f(\boldsymbol{x})$ 为凸函数，当且仅当其上镜图 $\operatorname{epi} f$ 是凸集。

1.4.3 凸函数保凸运算

前面介绍了验证一个函数 f 是凸函数的三种方法，一是用定义去验证凸性，通常将函数限制在一条直线上；二是利用一阶条件、二阶条件证明函数的凸性；三是直接研究 f 的上镜图 epi$f$。而接下来要介绍的方法说明 f 可由简单的凸函数通过一些保凸的运算得到，下面的定理说明非负加权和、与仿射函数的复合、逐点取最大值等运算不改变函数的凸性。

定理 1.14

（1）若 f 是凸函数，则 αf 是凸函数，其中 $\alpha > 0$；

（2）若 f_1, f_2 是凸函数，则 $f_1 + f_2$ 是凸函数；

（3）若 f 是凸函数，则 $f(\boldsymbol{Ax}+\boldsymbol{b})$ 是凸函数；

（4）若 $f_1, f_2, \cdots, f_m$ 均是凸函数，则 $f(\boldsymbol{x}) = \max\{f_1(\boldsymbol{x}), f_2(\boldsymbol{x}), \cdots, f_m(\boldsymbol{x})\}$ 是凸函数；

（5）若对每个 $\boldsymbol{y} \in \mathcal{A}$，$f(\boldsymbol{x}, \boldsymbol{y})$ 关于 $\boldsymbol{x}$ 是凸函数，则

$$g(\boldsymbol{x}) = \sup_{\boldsymbol{y}\in\mathcal{A}} f(\boldsymbol{x}, \boldsymbol{y})$$

是凸函数；

（6）给定函数 $g: \mathbb{R}^n \to \mathbb{R}$ 和 $h: \mathbb{R} \to \mathbb{R}$，令 $f(\boldsymbol{x}) = h(g(\boldsymbol{x}))$。若 g 是凸函数，h 是凸函数且单调不减，那么 f 是凸函数；若 g 是凹函数，h 是凸函数且单调不增，那么 f 是凸函数；

（7）给定函数 $g: \mathbb{R}^n \to \mathbb{R}^k$，$h: \mathbb{R}^k \to \mathbb{R}$，以及

$$f(\boldsymbol{x}) = h(g(\boldsymbol{x})) = h(g_1(\boldsymbol{x}), g_2(\boldsymbol{x}), \cdots, g_k(\boldsymbol{x}))$$

$$f(\boldsymbol{x}) = h(g(\boldsymbol{x})) = h(g_1(\boldsymbol{x}), g_2(\boldsymbol{x}), \cdots, g_k(\boldsymbol{x}))$$

若 g_i 是凸函数，h 是凸函数且关于每个分量单调不减，那么 f 是凸函数；若 g_i 是凹函数，h 是凸函数且关于每个分量单调不增，那么 f 是凸函数；

（8）若 $f(\boldsymbol{x}, \boldsymbol{y})$ 关于 $(\boldsymbol{x}, \boldsymbol{y})$ 整体是凸函数，$\mathcal{C}$ 是凸集，则

$$g(\boldsymbol{x}) = \inf_{\boldsymbol{y}\in\mathcal{C}} f(\boldsymbol{x}, \boldsymbol{y})$$

是凸函数；

（9）定义函数 $f: \mathbb{R}^n \to \mathbb{R}$ 的透视函数 $g: \mathbb{R}^n \times \mathbb{R} \to \mathbb{R}$

$$g(\boldsymbol{x}, t) = tf\left(\frac{\boldsymbol{x}}{t}\right), \quad \mathrm{dom}\ g = \left\{(\boldsymbol{x}, t) \mid \frac{\boldsymbol{x}}{t} \in \mathrm{dom}\ f,\ t > 0\right\}$$

若 f 是凸函数，则 g 是凸函数。

此处仅对其中的（4）（5）（8）进行证明，剩下的读者可自行验证。

证明（4）只对 $m = 2$ 的情况验证，一般情况下同理可证。设

$$f(\boldsymbol{x}) = \max\{f_1(\boldsymbol{x}), f_2(\boldsymbol{x})\}$$

对任意的 $0 \leqslant \theta \leqslant 1$ 和 $\boldsymbol{x}, \boldsymbol{y} \in \mathrm{dom}\, f$，我们有

$$\begin{aligned} f(\theta\boldsymbol{x} + (1-\theta)\boldsymbol{y}) &= \max\ \{f_1(\theta\boldsymbol{x} + (1-\theta)\boldsymbol{y}), f_2(\theta\boldsymbol{x} + (1-\theta)\boldsymbol{y})\} \\ &\leqslant \max\ \{\theta f_1(\boldsymbol{x}) + (1-\theta) f_1(\boldsymbol{y}), \theta f_2(\boldsymbol{x}) + (1-\theta) f_2(\boldsymbol{y})\} \end{aligned}$$

$$\leqslant \theta f(\boldsymbol{x}) + (1-\theta) f(\boldsymbol{y})$$

其中第一个不等式是 f_1 和 f_2 的凸性，第二个不等式是将 $f_1(\boldsymbol{x})$ 和 $f_2(\boldsymbol{x})$ 放大为 $f(\boldsymbol{x})$，所以 f 是凸函数。

证明（5）可以直接仿照（4）的证明进行验证，也可利用上镜图的性质。不难看出

$$\text{epi}g = \bigcap_{\boldsymbol{y}\in\mathcal{A}} \text{epi}f(\cdot, \boldsymbol{y})$$

由于任意多个凸集的交集还是凸集，所以 epi$g$ 是凸集，根据上镜图的性质容易推出 g 是凸函数。

证明（8）仍然根据定义进行验证，任取 $\theta \in (0,1)$ 以及 $\boldsymbol{x}_1, \boldsymbol{x}_2$，欲证

$$g(\theta \boldsymbol{x}_1 + (1-\theta)\boldsymbol{x}_2) \leqslant \theta g(\boldsymbol{x}_1) + (1-\theta) g(\boldsymbol{x}_2)$$

由 g 的定义知，对任意 $\varepsilon > 0$，存在 $\boldsymbol{y}_1$、$\boldsymbol{y}_2 \in \mathcal{C}$，使得

$$f(\boldsymbol{x}_i, \boldsymbol{y}_i) < g(\boldsymbol{x}_i) + \varepsilon_i, \quad i = 1, 2$$

因此

$$\begin{aligned}
g(\theta \boldsymbol{x}_1 + (1-\theta)\boldsymbol{x}_2) &= \text{int}_{\boldsymbol{y}\in\mathcal{C}} f(\theta \boldsymbol{x}_1 + (1-\theta)\boldsymbol{x}_2, \boldsymbol{y}) \\
&\leqslant f(\theta \boldsymbol{x}_1 + (1-\theta)\boldsymbol{x}_2, \theta \boldsymbol{y}_1 + (1-\theta)\boldsymbol{y}_2) \\
&\leqslant \theta f(\boldsymbol{x}_1, \boldsymbol{y}_1) + (1-\theta) f(\boldsymbol{x}_2, \boldsymbol{y}_2) \\
&\leqslant \theta g(\boldsymbol{x}_1) + (1-\theta) g(\boldsymbol{x}_2) + \varepsilon
\end{aligned}$$

其中第一个不等号是利用了 $\mathcal{C}$ 的凸性，第二个不等号利用了 $f(\boldsymbol{x}, \boldsymbol{y})$ 的凸性，最后令 ε 趋于 0，可以得到最终结论。

1.4.4 凸函数的性质

1. 连续性

凸函数不一定是连续函数，但下面这个定理说明凸函数在定义域中内点处是连续的。

定理 1.15 设 $f: \mathbb{R}^n \to (-\infty, +\infty]$ 为凸函数，对任意点 $x_0 \in \text{int dom} f$，有 f 在点 $\boldsymbol{x}_0$ 处连续，这里 int dom$f$ 表示定义域 dom$f$ 的内点。

此定理表明凸函数“差不多”是连续的，它的一个直接推论为：

推论 1.3 设 $f(\boldsymbol{x})$ 是凸函数，且 dom$f$ 是开集，则 $f(\boldsymbol{x})$ 在 dom$f$ 上是连续的。

证明 由于开集中所有的点都为内点，利用定理 1.15 可直接得到结论。

凸函数在定义域的边界上可能不连续。例如

$$f(\boldsymbol{x}) = \begin{cases} 0, & \boldsymbol{x} < 0 \\ 1, & \boldsymbol{x} = 0 \end{cases}$$

其中 dom$f = (-\infty, 0]$。容易证明 $f(x)$ 是凸函数，但其在点 $\boldsymbol{x} = 0$ 处不连续。

2. 凸下水平集

凸函数的所有下水平集都为凸集，即有如下结论：

命题 1.3 设 $f(\boldsymbol{x})$ 是凸函数，则 $f(\boldsymbol{x})$ 所有的 α–下水平集 $\mathcal{C}_\alpha$ 为凸集。

证明 任取 $\boldsymbol{x}_1, \boldsymbol{x}_2 \in \mathcal{C}_\alpha$，对任意的 $\theta \in (0,1)$，根据 $f(\boldsymbol{x})$ 的凸性，有

$$\begin{aligned} f(\theta\boldsymbol{x}_1 + (1-\theta)\boldsymbol{x}_2) &\leqslant \theta f(\boldsymbol{x}_1) + (1-\theta) f(\boldsymbol{x}_2) \\ &\leqslant \theta\alpha + (1-\theta)\alpha = \alpha \end{aligned}$$

这说明 $\mathcal{C}_\alpha$ 是凸集。

需要注意的是，上述命题的逆命题不成立，即任意下水平集为凸集的函数不一定是凸函数。

3. 二次下界

强凸函数具有二次下界性质。

引理 1.2（二次下界） 设 $f(\boldsymbol{x})$ 是参数为 m 的可微强凸函数，则如下不等式成立：

$$f(\boldsymbol{y}) \geqslant f(\boldsymbol{x}) + \triangledown f(\boldsymbol{x})^T(\boldsymbol{y}-\boldsymbol{x}) + \frac{m}{2}\|\,\boldsymbol{y}-\boldsymbol{x}\|^2, \quad \forall \boldsymbol{x}, \boldsymbol{y} \in \operatorname{dom} f$$

证明 由强凸函数的定义，$g(\boldsymbol{x}) = f(x) - \dfrac{m}{2}\|\,\boldsymbol{x}\|^2$ 是凸函数，根据凸函数的一阶条件可知

$$g(\boldsymbol{y}) \geqslant g(\boldsymbol{x}) + \triangledown g(\boldsymbol{x})^T(\boldsymbol{y}-\boldsymbol{x})$$

即

$$\begin{aligned} f(\boldsymbol{y}) &\geqslant f(\boldsymbol{x}) - \frac{m}{2}\|\,\boldsymbol{x}\|^2 + \frac{m}{2}\|\,\boldsymbol{y}\|^2 + (\triangledown f(\boldsymbol{x}) - m\boldsymbol{x})^T(\boldsymbol{y}-\boldsymbol{x}) \\ &= f(\boldsymbol{x}) + \triangledown f(\boldsymbol{x})^T(\boldsymbol{y}-\boldsymbol{x}) + \frac{m}{2}\|\,\boldsymbol{y}-\boldsymbol{x}\|^2 \end{aligned}$$

利用二次下界性质容易推出可微强凸函数的下水平集都是有界的，证明留给读者完成。

推论 1.4 设 f 为可微强凸函数，则 f 的所有 α-下水平集有界。

1.5 函数的可微性

1.5.1 自动微分

自动微分是使用计算机计算导数的算法，在神经网络中，我们通过前向传播的方式将输入数据 $\boldsymbol{a}$ 转化为输出 $\hat{\boldsymbol{y}}$，也就是将输入数据 $\boldsymbol{a}$ 作为初始信息，将其传递到隐藏层的每个神经元，处理后得到输出 $\hat{\boldsymbol{y}}$。通过比较输出 $\hat{\boldsymbol{y}}$ 与真实标签 $\boldsymbol{y}$，可以定义一个损失函数 $f(\boldsymbol{x})$，其中 $\boldsymbol{x}$ 表示所有神经元对应的参数集合，并且 $f(\boldsymbol{x})$ 一般是多个函数复合的形式，为了找到最优的参数，我们需要通过优化算法来调整 $\boldsymbol{x}$ 使得 $f(\boldsymbol{x})$ 达到最小。因此，对神经元参数 $\boldsymbol{x}$ 计算导数是不可避免的。

对一个由很多简单函数复合而成的函数，根据复合函数的链式法则，可以通过每个简单函数的导数的乘积计算各层变量的导数。

我们先从一个简单的例子开始说起，考虑函数 $f(x_1,x_2)=x_1x_2+\sin x_1$，计算该函数的过程可以用计算和函数过程图 1.6 来表示。

$$
\begin{aligned}
w_1 &= x_1 \\
w_2 &= x_2 \\
w_3 &= w_1w_2 \\
w_4 &= \sin w_1 \\
w_5 &= w_3 + w_4
\end{aligned}
$$

利用导数的链式法则，我们可以依次计算

$$
\begin{aligned}
&\frac{\partial f}{\partial w_5} = 1 \\
&\frac{\partial f}{\partial w_4} = \frac{\partial f}{\partial w_5}\frac{\partial w_5}{\partial w_4} = 1 \\
&\frac{\partial f}{\partial w_3} = \frac{\partial f}{\partial w_5}\frac{\partial w_5}{\partial w_3} = 1 \\
&\frac{\partial f}{\partial w_2} = \frac{\partial f}{\partial w_3}\frac{\partial w_3}{\partial w_2} = w_1 = x_1 \\
&\frac{\partial f}{\partial w_1} = \frac{\partial f}{\partial w_3}\frac{\partial w_3}{\partial w_1} + \frac{\partial f}{\partial w_4}\frac{\partial w_4}{\partial w_1} = w_2 + \cos w_1 = \cos x_1 + x_2
\end{aligned}
$$

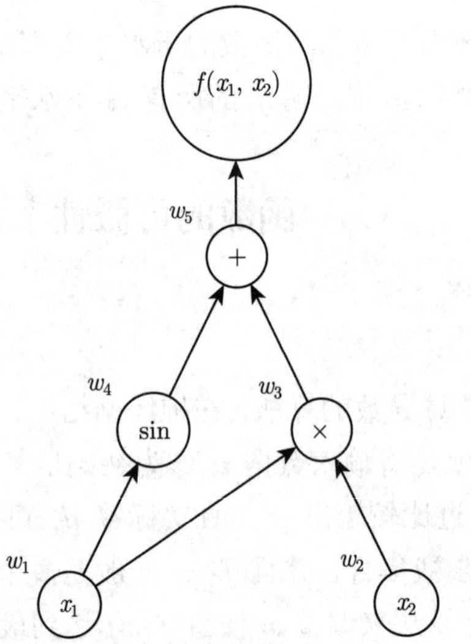

图 1.6　计算和函数过程图

通过这种方式，得导数

$$\frac{\partial f}{\partial x_1} = \cos x_1 + x_2, \quad \frac{\partial f}{\partial x_2} = x_1$$

在图 1.6 中，w_1 和 w_2 为自变量，w_3 和 w_4 为中间变量，w_5 代表最终的目标函数值。容易看出，函数 f 计算过程中涉及的所有变量 $w_1, w_2, \cdots, w_5$ 和它们之间的依赖关系构成了一个有向图：每个变量 w_i 代表着图中的一个节点，变量的依赖关系为该图的边。如果有一条从节点 w_i 指向 w_j 的边，我们称 w_i 为 w_j 的父节点，w_j 为 w_i 的子节点。若一个节点的值由其所有的父节点的值确定，则称从父节点的值推子节点值的计算流为前向传播。

自动微分有两种方式：前向模式和后向模式。在前向模式中，根据图 1.6，可以依次计算每个中间变量的取值及其对父变量的偏导数值（例如由 w_1 和 w_2 的值，可以确定 w_3 的值，并确定 $\dfrac{\partial w_3}{\partial w_1}$ 和 $\dfrac{\partial w_3}{\partial w_2}$ 的值）。通过链式法则，可以复合得到每个中间变量对自变量的导数值，直至传播到最后一个子节点（w_5）时，最终的目标函数值以及目标函数关于自变量（x_1, x_2）的梯度值。

不同于前向模式，后向模式的节点求值和导数计算不是同时进行的，它是先利用前向模式计算各个节点的值，然后再根据图 1.6 逆向计算函数 f 关于各个中间变量的偏导数。例如前面给的计算例子，设节点 w_i 的值已经通过前向模式计算得到，为了计算梯度，我们首先计算 $f(w_5)$ 对其父节点（w_4 和 w_3）的导数，依次往下展开，就可以由子节点的导数得到当前节点的导数，即

$$\frac{\partial f}{\partial w_i} = \sum_{w_j \text{ 是} w_i \text{ 的子节点}} \frac{\partial f}{\partial w_j}\frac{\partial w_j}{\partial w_i}$$

对于前向模式而言，后向模式梯度的计算复杂度更低。具体地，后向模式的梯度计算代价至多为函数值计算代价的 5 倍，但是前向模式的计算代价可能多达函数值计算代价的 n（n 为自变量维数）倍，这使得后向模式在实际中更加流行。对于神经网络中的优化问题，其自动微分采用的是后向模式。

1.5.2 次梯度

类比梯度的一阶性质，我们引入次梯度的概念，其在凸优化算法设计与理论分析中扮演着重要角色。

定义 1.15（次梯度） 设 f 为适当凸函数，$\boldsymbol{x}$ 为定义域 $\operatorname{dom} f$ 中的一点，若向量 $\boldsymbol{g} \in \mathbb{R}^n$ 满足

$$f(\boldsymbol{y}) \geqslant f(\boldsymbol{x}) + \boldsymbol{g}^T(\boldsymbol{y} - \boldsymbol{x}), \quad \forall\, \boldsymbol{y} \in \operatorname{dom} f \tag{1.7}$$

则称 $\boldsymbol{g}$ 为函数 f 在点 $\boldsymbol{x}$ 处的一个次梯度，进一步地，称集合

$$\partial f(\boldsymbol{x}) = \left\{\boldsymbol{g} \mid \boldsymbol{g} \in \mathbb{R}^n, f(\boldsymbol{y}) \geqslant f(\boldsymbol{x}) + \boldsymbol{g}^T(\boldsymbol{y} - \boldsymbol{x}), \quad \forall\, \boldsymbol{y} \in \operatorname{dom} f\right\} \tag{1.8}$$

为 f 在点 $\boldsymbol{x}$ 处的次微分。

如图 1.7 所示，对适当凸函数 $f(\boldsymbol{x})$，$\boldsymbol{g}_1$ 为点 $\boldsymbol{x}_1$ 处的唯一次梯度，而 $\boldsymbol{g}_2, \boldsymbol{g}_3$ 为点 $\boldsymbol{x}_2$ 处两个不同的次梯度。

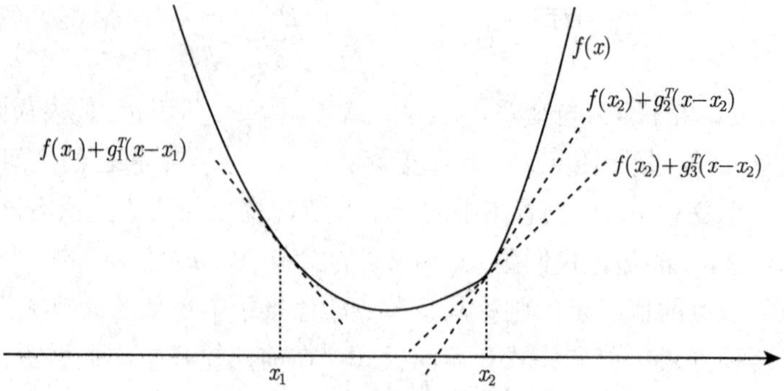

图 1.7 函数 $f(\boldsymbol{x})$ 的次梯度

从定义 1.15 可以看出，次梯度实际上借鉴了凸函数判定定理的一阶条件。定义次梯度的初衷之一也是希望它具有类似于梯度的一些性质。

从次梯度的定义可直接推出，若 g 是 $f(\boldsymbol{x})$ 在点 $\boldsymbol{x}_0$ 处的次梯度，则函数

$$l(\boldsymbol{x}) \stackrel{\text{def}}{=} f(\boldsymbol{x}_0) + \boldsymbol{g}^T(\boldsymbol{x} - \boldsymbol{x}_0)$$

为凸函数 $f(\boldsymbol{x})$ 的一个全局下界。此外，次梯度 $\boldsymbol{g}$ 可以导出上镜图 epi$f$ 在点 $(\boldsymbol{x}, f(\boldsymbol{x}))$ 处的一个支撑超平面，因为容易验证，对 epi$f$ 中的任意点 $(\boldsymbol{y}, t)$，有

$$\begin{pmatrix} \boldsymbol{g} \\ -1 \end{pmatrix}^T \left(\begin{pmatrix} \boldsymbol{y} \\ t \end{pmatrix} - \begin{pmatrix} \boldsymbol{x} \\ f(\boldsymbol{x}) \end{pmatrix} \right) \leqslant 0, \quad \forall (\boldsymbol{y}, t) \in \text{epi}f$$

接下来需要讨论次梯度在什么条件下存在？实际上对一般凸函数 $f(\boldsymbol{x})$ 而言，$f(\boldsymbol{x})$ 未必在所有的点处都存在次梯度，但对于定义域中的内点，$f(\boldsymbol{x})$ 在其上的次梯度总是存在的。

定理 1.16（次梯度存在性） 设 $f(\boldsymbol{x})$ 为凸函数，$\text{dom}\, f$ 为其定义域，如果 $\boldsymbol{x} \in \text{int dom}\, f$，则 $\partial f(\boldsymbol{x})$ 是非空的。

证明 考虑 $f(\boldsymbol{x})$ 的上镜图 epi$f$，由于 $(\boldsymbol{x}, f(\boldsymbol{x}))$ 是 epi$f$ 边界上的点，且 epi$f$ 为凸集，根据支撑超平面定理，存在 $\boldsymbol{a} \in \mathbb{R}^n, \boldsymbol{b} \in \mathbb{R}$，使得

$$\begin{pmatrix} \boldsymbol{a} \\ \boldsymbol{b} \end{pmatrix}^T \left(\begin{pmatrix} \boldsymbol{y} \\ t \end{pmatrix} - \begin{pmatrix} \boldsymbol{x} \\ f(\boldsymbol{x}) \end{pmatrix} \right) \leqslant 0, \quad \forall (\boldsymbol{y}, t) \in \text{epi}f$$

即

$$\boldsymbol{a}^T(\boldsymbol{y} - \boldsymbol{x}) \leqslant \boldsymbol{b}(f(\boldsymbol{x}) - t) \tag{1.9}$$

我们断言 $\boldsymbol{b} < 0$，这是因为根据 t 的任意性，如果在式 (1.9) 中令 $t \to +\infty$，则可知式 (1.9) 成立的必要条件是 $\boldsymbol{b} \leqslant 0$；同时由于 $\boldsymbol{x}$ 是内点，因此取 $\boldsymbol{y} = \boldsymbol{x} + \varepsilon \boldsymbol{a} \in \text{dom}\, f, \varepsilon > 0$ 时，$\boldsymbol{b} = 0$ 不能使得式 (1.9) 成立。令 $\boldsymbol{g} = -\dfrac{\boldsymbol{a}}{\boldsymbol{b}}$，则对任意 $\boldsymbol{y} \in \text{dom}\, f$，有

$$\boldsymbol{g}^T(\boldsymbol{y} - \boldsymbol{x}) = \frac{\boldsymbol{a}^T(\boldsymbol{y} - \boldsymbol{x})}{-\boldsymbol{b}} \leqslant -(f(\boldsymbol{x}) - f(\boldsymbol{y}))$$

整理得

$$f(\boldsymbol{y}) \geqslant f(\boldsymbol{x}) + \boldsymbol{g}^T(\boldsymbol{y} - \boldsymbol{x})$$

这说明 $\boldsymbol{g}$ 是 $f(\boldsymbol{x})$ 在点 $\boldsymbol{x}$ 处的次梯度。

本章小结

本章介绍了最优化方法的预备知识，主要包括向量和矩阵范数、二次型与正定矩阵、凸集以及凸函数、函数可微性等相关知识，为问题建模、求解算法设计和问题分析提供了数学基础。

1. 范数是一种衡量向量或矩阵大小的度量方式。在最优化中，向量和矩阵范数常被用来衡量误差、距离或收敛性等。例如，1-范数和 2-范数作为正则化项用于约束模型复杂度和避免过拟合。

2. 凸集在凸优化中扮演着核心角色，凸集的性质使得凸优化问题更容易求解。

3. 凸函数在凸优化中具有重要的意义，因为凸优化问题的目标函数通常是凸函数。凸函数具有许多良好的性质，这些性质确保了凸优化问题全局最优解的存在性和唯一性。

4. 函数的可微性不仅提供了梯度计算、搜索方向确定和步长选择等重要信息，还在条件优化问题、二阶导数信息的利用和收敛性分析等方面发挥着关键作用。

习　题　1

1. 计算矩阵 $\boldsymbol{A}=\begin{pmatrix}1 & 2 & 0\\ -1 & 2 & -1\\ 0 & 1 & 1\end{pmatrix}$ 的范数 $\|\boldsymbol{A}\|_1$，$\|\boldsymbol{A}\|_2$ 和 $\|\boldsymbol{A}\|_\infty$。

2. 计算矩阵 $\boldsymbol{A}=\begin{pmatrix}3 & 2\\ 1 & 5\end{pmatrix}$，$\boldsymbol{B}=\begin{pmatrix}2 & 7\\ 1 & 3\end{pmatrix}$ 的内积、克罗内克积和哈达玛积。

3. $f(x_1,x_2,\ldots,x_n)=(x_1+a_1x_2)^2+(x_2+a_2x_3)^2+\ldots+(x_{n-1}+a_{n-1}x_n)^2+(x_n+a_nx_1)^2$，其中 $a_i(i=1,2,\ldots,n)$ 为实数，求当 $a_1,a_2,\ldots,a_n$ 满足什么条件时二次型正定？

4. 已知 $\boldsymbol{a}=(a_1,a_2,\ldots,a_m)^T$，$\boldsymbol{b}=(b_1,b_2,\ldots,b_m)^T$ 为常数向量，$\boldsymbol{X}_{m\times n}$ 为常数矩阵，证明 $\dfrac{\partial\left(\boldsymbol{a}^T\boldsymbol{X}\boldsymbol{X}^T\boldsymbol{b}\right)}{\partial\boldsymbol{X}}=\boldsymbol{a}\boldsymbol{b}^T\boldsymbol{X}+\boldsymbol{b}\boldsymbol{a}^T\boldsymbol{X}$。

5. 设 $\boldsymbol{A}\in\mathbb{R}^{n\times n}$ 是对称矩阵，$\boldsymbol{b}\in\mathbb{R}^n,\boldsymbol{c}\in\mathbb{R}$，求 $f(\boldsymbol{x})=\dfrac{1}{2}\boldsymbol{x}^T\boldsymbol{A}\boldsymbol{x}+\boldsymbol{b}^T\boldsymbol{x}+\boldsymbol{c}$ 在任意点 $\boldsymbol{x}$ 处的梯度和 Hessian 矩阵。

6. 计算矩阵变量函数 $f(\boldsymbol{X})=\boldsymbol{a}^T\boldsymbol{X}\boldsymbol{b}$ 的导数，其中 $\boldsymbol{X}\in\mathbb{R}^{m\times n},\boldsymbol{a}\in\mathbb{R}^m,\boldsymbol{b}\in\mathbb{R}^n$ 为给定的向量。

7. 设 $\mathcal{C}=\{\boldsymbol{x}\in\mathbb{R}^n|\boldsymbol{x}^T\boldsymbol{A}\boldsymbol{x}+\boldsymbol{b}^T\boldsymbol{x}+\boldsymbol{c}\leqslant 0\}$，其中 $\boldsymbol{A}$ 为 n 阶对称矩阵，$\boldsymbol{b}\in\mathbb{R}^n$，$\boldsymbol{c}\in\mathbb{R}$，证明当 $\boldsymbol{A}$ 正定时，$\mathcal{C}$ 为凸集。

8. 验证集合 $\mathcal{L}=\{\boldsymbol{x}|\boldsymbol{x}=\boldsymbol{x}^{(0)}+\lambda\boldsymbol{d},\lambda\geqslant 0\}$ 为凸集，其中 $\boldsymbol{d}$ 是给定的非零向量，$\boldsymbol{x}^{(0)}$ 是

定点。

9. 证明二次函数 $f(x_1,x_2)=2x_1^2+x_2^2+2x_1x_2+x_1+1$ 是严格凸函数。

10. 考虑函数 $\theta(u_1,u_2)=\min\limits_{x_1^2+x_2^2\leqslant 4} x_1(2-u_1)+x_2(3-u_2)$ 是凸函数还是凹函数？计算它在 $(2,3)$ 处的次梯度。

第 2 章　Python 编程基础

Python **是一种优雅而强大的语言，让复杂的任务变得简单**

Python 是一种广泛应用于科学计算、数据分析和人工智能等领域的高级编程语言，由 Guido van Rossum 于 1989 年创建。它具有简单易学、易于阅读、易于维护和高度可扩展的特点，其代码可读性高，能够快速开发出高效的应用程序。此外，Python 还拥有丰富的第三方库和工具，如 Numpy、Scipy、Pandas 等，可以方便地处理各种数据类型和结构，支持矩阵操作、优化方法等数学计算和科学计算。在优化方法的实现中，Python 可以帮助我们轻松地实现各种优化算法，如梯度下降法、牛顿法、共轭梯度法等，并且可以通过可视化工具将优化结果直观地展示出来。

本章将通过对 Python 的基础知识进行概述，帮助读者掌握编程原理，从而能够仿照后续章节的示例代码对具体的优化问题进行求解。通过本章的学习，读者将能够了解 Python 的基础语法、常用库和工具，以及如何使用它们来实现各种优化方法。这将为读者在实际应用中解决优化问题提供帮助。

2.1　开发环境安装

使用 Python，读者需要先安装 Python 解释器和开发环境。安装 Python 的方法众多，可以在 Python 官网（*https://www.python.org/downloads/*）下载安装包。推荐使用 Anaconda 作为 Python 的开发环境。Anaconda 是一个包含了许多科学计算库和工具的 Python 发行版。在安装好 Anaconda 后，读者可以使用 Jupyter Notebook 编辑器来编写 Python 代码。Jupyter Notebook 是一种交互式计算环境，可以方便地编写和共享代码。

2.1.1　安装 Anaconda

读者选择 Anaconda 官网（*https://www.anaconda.com/download*）下载 Anaconda。进入 Anaconda 网站，点击“Get Additional Installers”后根据个人系统进行版本选择，而后进入下载页面；或者点击“Download”按钮，Anaconda 安装程序将根据操作系统类型自动确定下载版本。

需要注意的是，读者要结合自己的系统下载，建议用户确认当前的软件环境是否合适。在 Windows 系统下载 exe 文件，在 macOS 系统下载 pkg 文件，在 Linux 系统下载 shell 脚本，本书以 Windows 系统为例，上述安装操作如图 2.1 至图 2.7 所示。

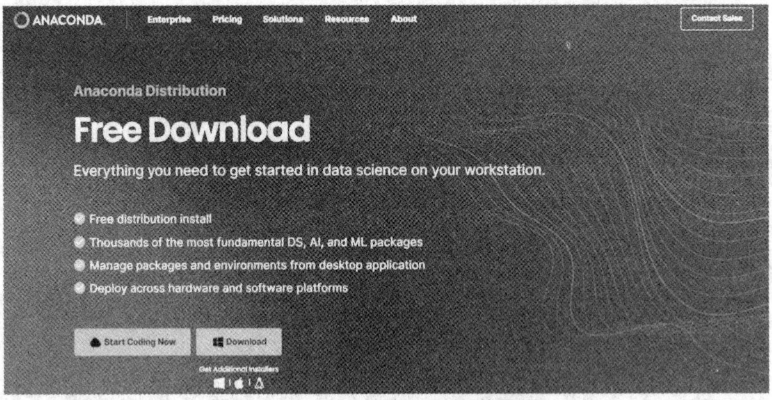

图 2.1　Anaconda 下载页面

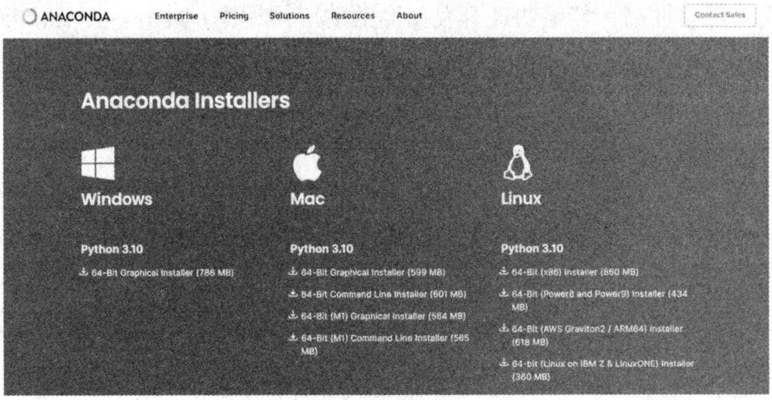

图 2.2　Anaconda 版本选择

下载完成后点击“Anaconda3-2023-03-1-Windows-x86_64.exe”文件（此处以时下最新版本为例），点击“Next”默认安装，其中出现以下界面时勾选添加环境变量，后续就无须再手动添加，然后依次点击“Next”直至安装完成。

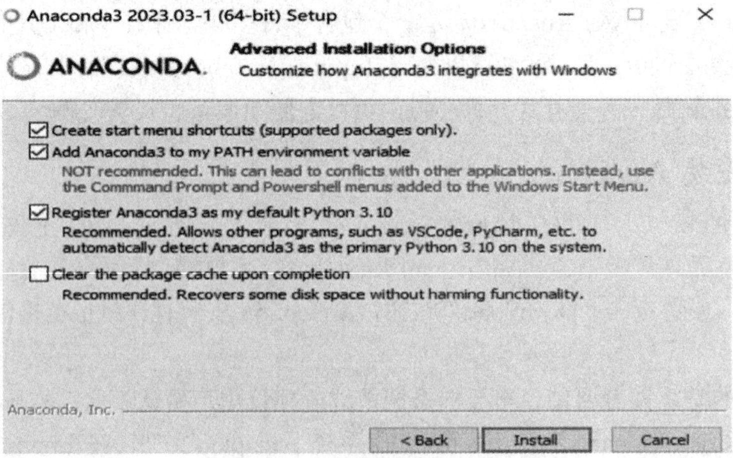

图 2.3　默认添加环境变量

安装完成后，如果在安装过程中忘记勾选环境变量，可依次点击此“电脑”→“属性”→“高级系统设置”→“环境变量”。

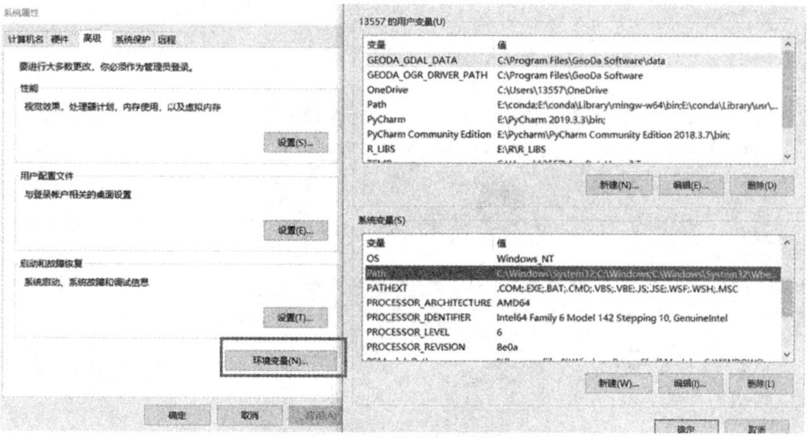

图 2.4　手动添加环境变量

分别点击用户变量和系统变量的路径，点击“编辑”，根据安装路径点击“新建”，分别添加如图 2.5 运行路径，点击“应用”后“确定”使用即可。

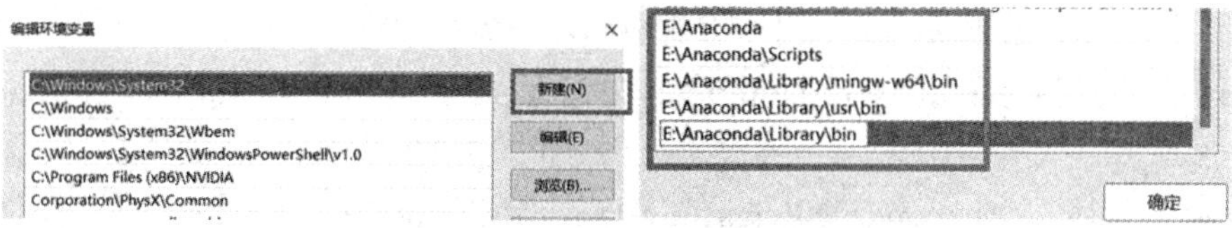

图 2.5　手动添加环境变量

全部设置完毕后可通过搜索栏搜索并运行 Anaconda Navigator。

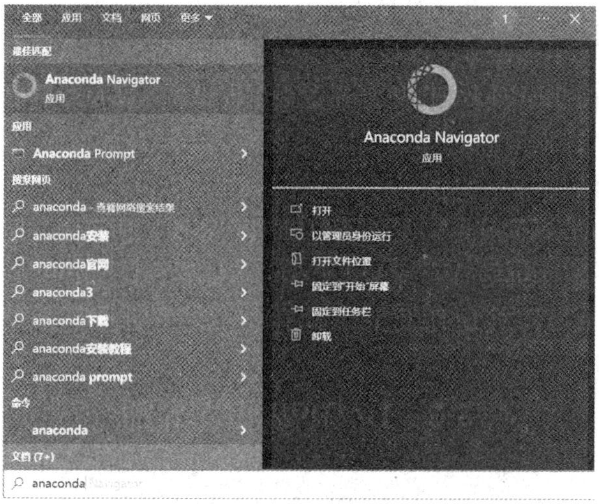

图 2.6　搜索 Anaconda Navigator

运行 Anaconda Navigator 后可以观察到如下界面，用户可以在此界面点击“Launch”运行“Jupyter Notebook”或“Spyder”两种代码编译器进行 Python 代码实现。

图 2.7 运行 Anaconda Navigator

2.1.2 Jupyter Notebook 使用方法

Jupyter Notebook 是 Anaconda 中基于网页的用于交互计算的应用程序，且兼容多个 Python 版本，Jupyter Notebook 因使用的便利性和界面的可读性得到广泛应用，本教材中的 Python 代码示例均在 Jupyter Notebook 中运行，因此本节将对 Jupyter Notebook 进行介绍。

除上小节所述在 Anaconda Navigator 中点击启动 Jupyter Notebook 外，用户也可通过搜索栏直接搜索打开 Jupyter Notebook，打开后系统会在浏览器中打开一个网页，图 2.8 为 Jupyter Notebook 的控制面板，用户可以在此页面对文件夹或 Jupyter 文件进行创建或移动。

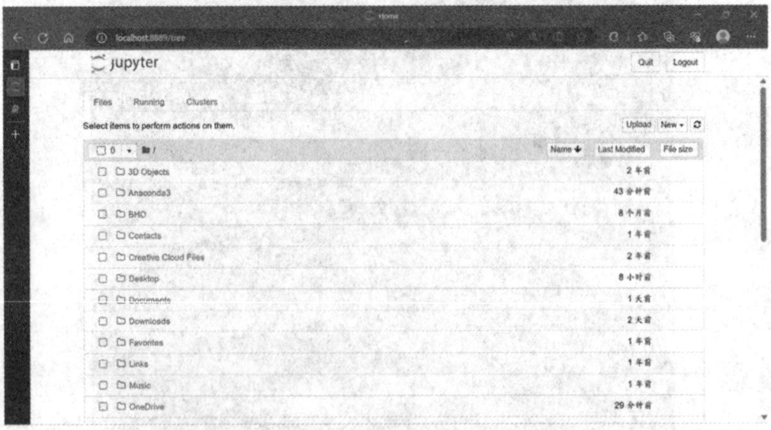

图 2.8 Jupyter Notebook 的控制面板

Jupyter Notebook 支持多种语言环境，可点击“New”创建新文件，如图 2.9 所示，教材选用 Python 环境创建。

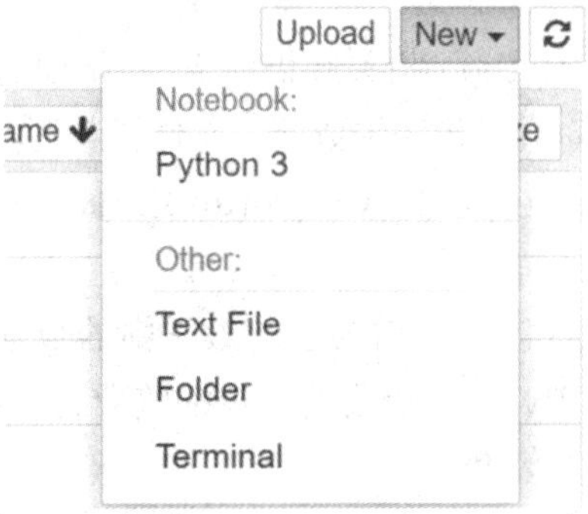

图 2.9 创建 Jupyter Notebook 文件

创建成功后将在浏览器选项卡中显示，用户可在输入窗格中进行 Python 代码的编写，文件会在 Jupyter Notebook 控制面板中自动保存为扩展名为“.ipynb”的笔记本文件。

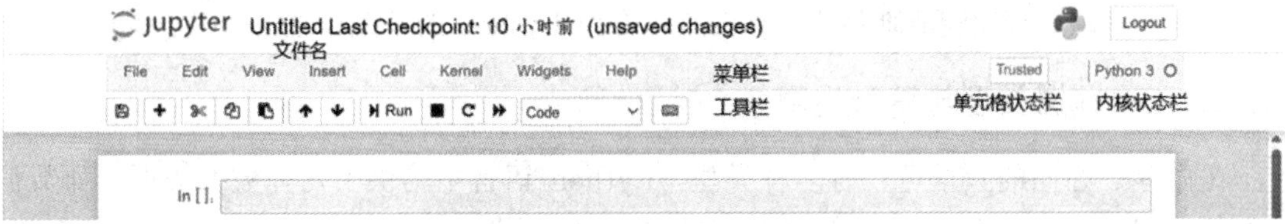

图 2.10 Jupyter 文件运行页面

笔记本文件顶部为菜单栏和工具栏，工具栏从左至右依次表示：保存，添加，剪切，复制，粘贴，上移，下移，运行，终止，重启内核，重新运行。用户可通过点击菜单栏“File”中的“Save as”按钮根据个人需要保存至其他路径，利用“Rename”对文件进行重命名，点击“Download as”选择所需保存形式。

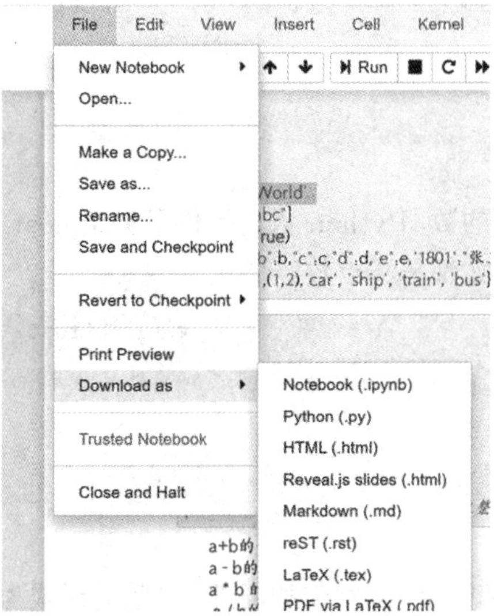

图 2.11 文件保存形式

2.2 Python 语法基础

针对优化模型优化算法对 Python 相关知识的需要，下面通过一些案例介绍有关 Python 的基础运算、数据类型、函数、类、迭代生成器、文件读与写，Numpy 基础数据结构、随机数、矩阵计算，Pandas 数据分析，以及 Matplotlib 绘图，如点图、曲线图、动态图等，为以后的问题求解打好基础。

在学习 Python 基础知识前，首先需要了解数学中的数据类型，有整数、小数、分数、映射、集合、矩阵等，相应的 Python 数据类型包括整数、浮点、复数、布尔、字符串以及高级数据类型列表、元组、字典、集合。

Python 的基本运算有加、减、乘、除；三种逻辑运算包括与、或、非。Python 控制语句有条件判断与循环。Python 的函数与类指 Python 的代码复用通常用函数与类来实现，将经常使用的具有相同功能的代码封装成函数或者类，下次使用时直接调用即可，这大大提升了编程效率。

在 Python 编程代码中，以缩进表示代码的层级，Python 语言以缩进表示代码块，这样写出来的代码层级比较清晰易读，下面具体介绍 Python 的基础语法。

2.2.1 数据类型与基础运算

在内存中存储的数据可以有多种类型。Python 语言中提供了几种数据类型，如数值（int、float 和 complex）、字符串（str）、布尔（bool）、列表（list）、元组（tuple）、字典（dict）、集合（set）等。例如，一个人的年龄可以用数字来存储，他的名字可以用字符来存储。

1. 整数（int）

整数就是没有小数部分的数值，分为正整数、0 和负整数。Python 语言提供了类型 int 用于表示现实世界中的整数信息。例如 100，0，-45 都是合法的整数。

```
a=100                                    #整型int
a
```

运行结果如下所示：

```
100
```

2. 浮点数（float）

浮点数就是包含小数点的数，Python 语言提供了类型 float 用于表示浮点数。例如 20.0，0.45，-11.22，3.6e2，3.14e-2 都是浮点数。

```
b=20.0                                   #浮点型float
b
```

运行结果如下所示：

```
20.0
```

3. 复数（complex）

Python 中的复数由两部分组成：实部和虚部。复数的形式为：实部 + 虚部 j。例如 2+4j，0.4-0.7j 都是复数。值得一提的是，Python 支持任意大的数字，仅受内存大小的限制。

```
c=2+0.7j                                    #复数complex
c
```

运行结果如下所示：

```
(2+0.7j)
```

4. 布尔（bool）

布尔类型是用来表示逻辑“是”“非”的一种类型，它只有两个值，True 和 False。

```
d=100<20                                    #布尔型Boolean
d
```

运行结果如下所示：

```
False
```

5. 字符串（str）

Python 语言中的字符串是一种序列。用单引号、双引号、三引号作为定界符的字符系列称为字符串，如' Hello，World '，"Python"，"123"，'''abcd8^''' 等。

```
e='Hello,World'                             #字符串str
e
```

运行结果如下所示：

```
'Hello,World'
```

6. 列表（list）

Python 语言中列表也是一种序列类型。列表用方括号“[ ]”将列表中的元素括起来。列表中的元素之间以逗号进行分隔。如 [1,2,3,True]、["one","two","three","four"] 和 [3,4.5, "abc"] 都是列表。

```
f=[1,2,3,"abc"]                             #列表list
f
```

运行结果如下所示：

```
[1, 2, 3, 'abc']
```

7. 元组（tuple）

元组也是一种序列。元组用“()”作为边界将元素括起来。元组中的元素之间以逗号分隔。如 (1,2,3,True)、("one","two","three","four") 和 (3,4.5, "abc") 都是元组。

```
g=(1,2,3,True)                              #元组tuple
g
```

运行结果如下所示：

```
(1, 2, 3, True)
```

8. 字典（dict）

字典是 Python 中唯一的内建映射类型，可用来实现通过数据查找关联数据的功能。字典是键值对的无序集合。字典中的每一个元素都包含两部分：键和值。字典用大括号“{ }”来表示，每个元素的键和值用冒号分隔，元素之间用逗号分隔。如 {'1801':' 张三', '1802':' 徐虎', '1803':' 张林'}。

```
h={"a":a,"b":b,"c":c,"d":d,"e":e,'1801':"张三"}    #字典dict
h
```

运行结果如下所示：

```
{'a': 100,
 'b': 20.0,
 'c': (2+0.7j),
 'd': False,
 'e': 'Hello,World',
 '1801': '张三'}
```

9. 集合（set）

Python 中集合是一组对象的集合，对象可以是各种不可变数据类型。同一个集合可以由各种不可变类型的元素组成，但元素之间没有任何顺序，并且元素都不重复。如 {'car', 'ship', 'train', 'bus'}。

```
i={'a','c',1,(1,2),'car', 'ship', 'train', 'bus'} #集合set
i
```

运行结果如下所示：

```
{(1, 2), 1, 'a', 'bus', 'c', 'car', 'ship', 'train'}
```

Python 有关数学的基础算术运算，通过以下代码演示：

```
a = 21
b = 4
print("a+b的值为：", a+b)                              #加法
print ("a - b的值为：", a - b)                         #减法
print ("a * b的值为：", a * b)                         #乘法
print (" a / b的值为：", a / b)                        #除法
print (" a % b的值为：", a % b)                        #取余
print (" a // b的值为：", a// b)                       #向下取整
```

运行结果如下所示：

```
a+b的值为： 25
a - b的值为： 17
a * b 的值为： 84
a / b的值为： 5.25
a % b的值为： 1
a // b的值为： 5
```

Python 有关比较运算的操作，通过以下代码演示：

```
a = 21
b = 4
if a == b :                                  #比较对象是否相等
  print ("a 等于 b")
else:
  print ("a 不等于 b")
if a != b :                                  #比较两个对象是否不相等
  print ("a 不等于 b")
else:
  print ("a 等于 b")
if a < b :                                   #返回a是否小于b
  print ("a 小于 b" )
else:
  print("a大于等于 b")
if a <= b :                                  #返回a是否小于等于b
  print("a 小于等于 b")
else:
  print ("a 大于 b")
```

运行结果如下所示：

```
a 不等于 b
a 不等于 b
a 大于等于 b
a 大于 b
```

Python 有关逻辑的运算，通过以下代码演示：

```
a = 21
b = 4
print(" (a>20) or  (b>5) : ",a>20 or b>5)
print(" (a>20) and (b>5) : ",a>20 and b>5)
print("not b>5: ",not b > 5)                 #优先级: not > and > or
print("not 1 == 1 and 2 == 2 and 1 == 3 or 3 == 3",not 1 == 1 and 2 == 2 and 1 == 3 or 3
    == 3)
print("not 2 == 3 and 3 == 3 or 1 == 3 and 2 == 3",not 2 == 3 and 3 == 3 or 1 == 3 and 2
    == 3)
```

运行结果如下所示：

```
 (a>20) or  (b>5) :  True
 (a>20) and (b>5) :  False
not b>5:  True
not 1 == 1 and 2 == 2 and 1 == 3 or 3 == 3 True
not 2 == 3 and 3 == 3 or 1 == 3 and 2 == 3 True
```

2.2.2 数据结构

数据结构是计算机存储、组织数据的方式。数据结构是指相互之间存在一种或多种特定关系的数据元素的集合，是用来存储一组相关数据的。Python 中常见的数据结构有序列（如列表、元组、字符串）、映射（如字典）以及集合（set）。

1. 列表

列表是 Python 中应用最广泛的数据结构。列表是一个有序的集合，可以随时添加和删除元素。Python 列表中的元素可以由任意类型的数据构成。同一列表中各元素的类型可以各不相同。列表中的元素允许重复。

```
l1 = [3.14, 0.618, 0, -3.14]                          #创建列表
l2 = ['a',1,'b',1, 'c',3]
l3=[['IBM','Apple','Lenovo'],['America','America','China']]
print(l1[0])                                          #访问列表元素,正序
print(l2[-1])                                         #倒序
print(l3[0][1],l3[1][-1])
```

运行结果如下所示：

```
3.14
3
Apple China
```

对列表可进行以下操作：

修改元素及运算

```
l1[-1]=-0.732                                         #修改元素
print("输出l1: ",l1)
print(l1*2)                                           #乘法
print(l1+l2)                                          #加法
```

运行结果如下所示：

```
输出l1:  [3.14, 0.618, 0, -0.732]
[3.14, 0.618, 0, -0.732, 3.14, 0.618, 0, -0.732]
[3.14, 0.618, 0, -0.732, 'a', 1, 'b', 1, 'c', 3]
```

使用.append 增填元素

```
weathers=['wind','rain','sunshine']
weathers.append('snow')                               #在列表末尾增加新的对象snow
weathers
```

运行结果如下所示：

```
['wind', 'rain', 'sunshine', 'snow']
```

使用 del 删除元素

```
del weathers[2]                                       #删除元素sunshine
weathers
```

运行结果如下所示：

```
['wind', 'rain', 'snow']
```

使用.remove 删除元素

```
weathers.remove('rain')                               #删除元素rain
weathers
```

运行结果如下所示：

```
['wind', 'snow']
```

使用.pop 删除元素

```
weathers.pop(1)                                   #删除元素snow
weathers
```

运行结果如下所示：

```
['wind']
```

使用.insert 插入元素

```
weathers.insert(0,'rain')                         #在位置为0的地方插入元素rain
weathers
```

运行结果如下所示：

```
['rain', 'wind']
```

删除所有元素

```
weathers.clear()                                  #列表weathers元素全部删除变成空列表
weathers
```

运行结果如下所示：

```
[]
```

2. 元组

Python 的元组与列表的用法类似，从某种意义上来说元组就是不可以改变的列表，功能和列表类似，同样可以进行切片等操作。元组的操作和列表有很多的相似之处，但元组和列表之间也存在重要的不同，元组是不可更改的，是不可变对象。同时元组也是序列的一种，可以利用序列操作对元组进行处理，元组创建之后就不能修改、添加、删除成员。元组的上述特点使得其在处理数据时效率较高，而且可以防止出现误修改操作。

```
tu1 = ('a',200,'b',150, 'c',100)
tu2=((1,2,3),tu1)                  #嵌套
tu3=(1,)                           #注：如果元组中只有一个元素的话，需要在元素的后面加上一个逗号
print(tu1[0])                      #访问元组元素
print(tu1[1:3])
print(tu2[0][1],tu2[1][-1])
```

运行结果如下所示：

```
a
(200, 'b')
2 100
```

遍历所有的元素

```
for tu in tu2:                                      #使用for循环遍历所有元素
    for t in tu:
        print(t)
weathers=['wind','rain','sunshine', 'snow']
tuple(weathers)                                     #tuple()函数将列表转换为元组
```

运行结果如下所示：

```
1
2
3
a
200
b
150
c
100
('wind', 'rain', 'sunshine', 'snow')
```

3. 字典

字典是 Python 中唯一的内建映射类型。字典可通过数据 key 查找关联数据 value。Python 中字典的元素没有特殊的顺序，因此不能像序列那样通过位置索引来查找成员数据。但是每一个值都有一个对应的键。字典的用法是通过键 key 来访问相应的值 value，字典的键是不重复的。

```
score1={'张三':90,'李四':88,"小明":93,'王五':76}      #创建字典1
print(score1)
score2=dict(张三='90',李四='88',小明='93',王五='76') #创建字典2
print(score2)
keys=['张三','李四','小明','王五']
values=(90,88,93,76)
score3=dict(zip(keys,values))                        #创建字典3
print( score3)
print("现在有",len(score3),"个人的成绩")
print("小明的成绩为",score1.get('小明'))
print("小美有成绩吗？",“小美" in score3)
score1['王五']=80                                    #修改字典1中的数据
print( score1)
score4={'张三':87,'王五':80}
score2.update(score4)                                #更新字典2为字典4
print( score2)
score2.clear()                                       #将字典2中的所有条目删除，变成空字典
print( score2)
score3.popitem()                                     #弹出字典3的一个元素
print( score3)
for key,value in score1.items():                     #遍历字典1的键值对
    print(key,':',value)
```

运行结果如下所示：

```
{'张三': 90, '李四': 88, '小明': 93, '王五': 76}
{'张三': '90', '李四': '88', '小明': '93', '王五': '76'}
{'张三': 90, '李四': 88, '小明': 93, '王五': 76}
现在有 4 个人的成绩
小明的成绩为 93
小美有成绩吗？ False
{'张三': 90, '李四': 88, '小明': 93, '王五': 80}
```

```
{'张三': 87, '李四': '88', '小明': '93', '王五': 80}
{}
{'张三': 90, '李四': 88, '小明': 93}
张三 : 90
李四 : 88
小明 : 93
王五 : 80
```

需要说明的是：在字典中，列表是可变的，不能作为字典的键；而键对应的值可以是任何类型的数据，如数值、字符串和元组等。字典是无序集合，字典的显示次序由字典在内部的存储结构决定。

4. 集合

集合是一组用“{ }”括起来的无序不重复元素，元素之间用逗号分隔。元素可以是各种类型的不可变对象。Python 提供了集合类型 set，用于表示大量无序元素的集合。

```
weathers1={'wind','rain','sunshine', 'snow'}              #创建集合
print(weathers1)
weathers2=set(['wind','rain','sunshine', 'snow'])         #创建集合
print(weathers2)
weathers={'wind','rain','sunshine', 'snow','wind'}        #创建集合，自动删除重复元素
print(weathers)
len(weathers)                                             #集合中的元素个数
print(len(weathers) )
print('sunshine' in weathers )                            #判断集合中是否存在某个元素
```

运行结果如下所示：

```
{'rain', 'wind', 'sunshine', 'snow'}
{'rain', 'wind', 'sunshine', 'snow'}
{'rain', 'wind', 'sunshine', 'snow'}
4
True
```

集合运算

```
weathers3={'mist', 'thunder', 'cloud','snow'}
print(weathers1|weathers3)                                #并集
print(weathers1&weathers3 )                               #交集
print(weathers1-weathers3)                                #差集
print(weathers1^weathers3 )                               #对称差
weathers4={'wind','rain'}
#判断weathers4是否是weathers1的子集
print(weathers4<weathers1)
print(weathers1.union(weathers3) )                        #并集
print(weathers2.intersection(weathers3))                  #交集
weathers2.update(weathers4)                               #集合元素合并运算
print(weathers2)
weathers={'wind','rain','sunshine', 'snow'}
print(weathers.difference(weathers3) )                    #差集
weathers={'wind','rain','sunshine', 'snow'}
print(weathers.symmetric_difference(weathers3))           #对称差运算
```

```
weathers={'wind','rain','sunshine', 'snow'}
weathers.add('mist')                                    #添加元素
print(weathers)
```

运行结果如下所示:

```
{'sunshine', 'wind', 'thunder', 'mist', 'snow', 'rain', 'cloud'}
{'snow'}
{'rain', 'wind', 'sunshine'}
{'sunshine', 'wind', 'thunder', 'mist', 'rain', 'cloud'}
True
{'sunshine', 'wind', 'thunder', 'mist', 'snow', 'rain', 'cloud'}
{'snow'}
{'snow', 'sunshine', 'rain', 'wind'}
{'rain', 'wind', 'sunshine'}
{'sunshine', 'wind', 'thunder', 'mist', 'rain', 'cloud'}
{'sunshine', 'wind', 'mist', 'snow', 'rain'}
```

2.2.3 控制语句

Python 控制语句包括分支语句、循环语句和顺序语句。分支结构语句中包括单分支 if 语句、双分支 if/else 语句、多分支 if/elif/else 语句、选择结构的嵌套及选择结构的三元运算。循环结构语句又包括 while 语句、for 语句、break 与 continue 语句、带 else 的循环语句、循环的嵌套、循环嵌套中的 break 与 continue 语句。对此本节不做过多详细介绍。

if 语句代码如下所示:

```
var1 = 100
if var1:
   print ("1 - if 表达式条件为 true")
   print (var1)
var2 = 0
if var2:
   print ("2 - if 表达式条件为 true")
   print (var2)
print ("Good bye!")
```

运行结果如下所示:

```
1 - if 表达式条件为 true
100
Good bye!
```

这里通过两个实例来学习控制语句。

【例 2.1】 计算小狗的年龄。

```
#以下实例演示了狗的年龄计算判断
age = int(input("请输入狗狗的年龄: "))
print("")
if age <= 0:
   print("你是在逗我吧!")
elif age == 1:
```

```
    print("相当于 14 岁的人。")
elif age == 2:
    print("相当于 22 岁的人。")
elif age > 2:
    human = 22 + (age -2)*5
    print("对应人类年龄: ", human)
```

运行结果如下所示：

```
请输入狗狗的年龄: 3
对应人类年龄: 27
```

【例 2.2】 计算 1-100 的总和。

```
#以下实例使用了 while 来计算 1 到 100 的总和:
n = 100
sum = 0
counter = 1
while counter <= n:
    sum = sum + counter
    counter += 1
print("1 到 %d 之和为: %d" % (n,sum))
```

运行结果如下所示：

```
1 到 100 之和为: 5050
```

2.2.4 函数

函数是为实现一个特定功能而组合在一起的语句集，可以用来定义可重用的代码、组织和简化代码。函数是组织好的，可重复使用的，用来实现单一或相关联功能的代码段。函数能提高应用的模块性和代码的重复利用率。目前我们已经知道 Python 提供了许多内建函数，比如 print()，除此之外也可以自己创建函数，即用户自定义函数。

```
def sayHello():                                      #函数定义
    print("Hello World!")                            #函数体
#编写求阶乘和1!+2!+…+n!的函数，利用该函数求1!+2!+3!+4!+5!+6!+7!的和。
def jc(n):                                           #函数定义
    s=1
    for i in range(1,n+1):
        s*=i
    return s
#求阶乘和的函数
def sjc(n):                                          #函数定义
    ss=0
    for i in range(1,n+1):
        ss+=jc(i)                                    #调用jc()函数
return ss
#主程序
if __name__ == '__main__':
    sayHello()                                       #调用sayHello()函数
    i = 7
```

```
    k = sjc(i)                                          #调用sjc()函数
    print("1!+2!+3!+4!+5!+6!+7!=", k)
```

运行结果如下所示：

```
Hello World!
1!+2!+3!+4!+5!+6!+7!= 5913
```

2.2.5 类与对象

在大部分的编程语言中类（class）都是一个很重要的概念。在 Python 中，类是具有相同属性和方法的对象集合。类是广义的数据类型，能够定义复杂数据的特性，包括静态特性（即数据抽象）和动态特性（即行为抽象，也就是对数据的操作方法）。在使用类时，需要先定义类，然后再创建类的实例，通过类的实例就可以访问类中的属性和方法。

一个 Python 类使用变量存储数据域，称为类中的属性，通过定义方法来完成动作。对象是类的一个实例，一个类可以创建多个对象。创建类的一个实例的过程被称为实例化。在术语中，对象和实例经常是可以互换的。类由属性和方法两部分组成。比如可以定义一个办公类，那么你的钢笔就是这个类的一个对象，文具店里的笔记本也是这个类的一个对象；可以定义一个犬类，那么其体重和毛发特征都是这个犬类的对象。

类和对象的关系：

（1）类是对象的抽象，而对象是类的具体实例；

（2）类是抽象的，而对象是具体的；

（3）每一个对象都是某一个类的实例；

（4）每一个类在某一时刻都有零或更多的实例；

（5）类是静态的，它们的存在、语义和关系在程序执行前就已经定义好了，对象是动态的，它们在程序执行时可以被创建和删除；

（6）类是生成对象的模板。

```
class MyStudent:                                        #定义一个类
    #类的构造函数，用于初始化类的内部状态，并为类的属性设置默认值
    def __init__(self,name,age,sex):
        self.name = name                                #定义类的属性
        self.age = age                                  #定义类的属性
        self.sex = sex                                  #定义类的属性
        self.__secret = 0                               #私有变量
    def studentName(self,name):
        print(f'学生的名字是{self.name}')
#类定义
class people:
    #定义基本属性
    name = ''
    age = 0
    #定义私有属性,私有属性在类外部无法直接进行访问
    __weight = 0
    #定义构造方法
```

```
    def __init__(self,n,a,w):
        self.name = n
        self.age = a
        self.__weight = w
    def speak(self):
        print("%s 说: 我 %d 岁。" %(self.name,self.age))
#单继承示例
class student(people):
    grade = ''
    def __init__(self,n,a,w,g):
        people.__init__(self,n,a,w)
        self.grade = g
    def speak(self):
        print("%s 说: 我 %d 岁了, 我在读 %d 年级"%(self.name,self.age,self.grade))
#主函数
if __name__ == '__main__':
    #实例化一个对象t
    t = MyStudent('小王', 11, 0)
    #对象调用studentName方法
    t.studentName('小李')
    s = student('小明', 12, 6, 5)
    s.speak()
```

运行结果如下所示：

```
学生的名字是小王
小明说: 我 12 岁了, 我在读 5 年级
```

类有一个名为 init() 的特殊方法（构造方法），该方法在类实例化时会自动调用，类定义了 __init__() 方法，类的实例化操作会自动调用 _ _init__() 方法。__init__() 方法可以有参数，参数通过 __init__() 传递到类的实例化操作上。

类的方法与普通的函数只有一个特别的区别——它们必须有一个额外的第一个参数名称，按照惯例它的名称是 self。

2.2.6 迭代器

迭代是 Python 中访问集合元素的一种非常强大的方式。迭代器是一个可以记住遍历位置的对象，因此不会像列表那样一次性全部生成，而是可以等到用的时候才生成，因此节省了大量的内存资源。迭代器对象从集合中的第一个元素开始访问，直到所有的元素被访问完。迭代器有两个方法：iter() 和 next() 方法。

例如，试编写一个程序实现斐波那契数列（0，1，1，2，3，5，8，13，21……后一项总是等于前两项的和）。

方法一：

```
x = 0
y = 1
myFibonacci = list()
nums = int(input("请输入需要生成Fibonacci数列项的个数: "))
```

```
i = 0
while i < nums:
    myFibonacci.append(x)                          #传入数据
    x,y = y,x+y                                    #计算，迭代
    i += 1
for num in myFibonacci:
    print(num)
```

方法二：斐波那契数列的迭代器

```
class Fibonacci(object):
    def __init__(self,nums):
        self.nums = nums                           #传入参数，生成斐波那契数列的个数
        self.x = 0
        self.y = 1
        self.i =0                                  #用于记忆生成的个数
    def __iter__(self):
        return self
    def __next__(self):
        first= self.x
        if self.i < self.nums:
            self.x, self.y = self.y,self.x +self.y     #更新，迭代
            self.i += 1
            return first
        else:
            raise StopIteration                    #停止迭代
if __name__ == '__main__':
    nums = int(input("请输入需要生成Fibonacci数列项的个数："))
    Fibo = Fibonacci(nums)
    for num in Fibo:
        print(num)
```

如果我们需要生成 5 个 Fibonacci 数列的项，两者的运行结果相同，如下所示：

```
请输入需要生成Fibonacci数列项的个数：5
0
1
1
2
3
```

上面两段代码运行结果是一致的，但是写代码的思路是不一样的。方法一是通过 while 循环，首先生成一个存放数据的空列表，然后从已有数据中读取所需的数据，这个过程需要不断占用内存空间；方法二是利用一个迭代器，在需要时生成数据。因为示例中只生成了 5 个 Fibonacci 数列，所以没有明显区别，当生成如 10 万、20 万数据时，第二种方法的优势就很明显了。

2.3 Numpy 基础

Numpy 是 Python 中科学计算的基础包，因其学习成本低、矢量化代码可读性高被广泛使用和模仿。Numpy 主要用于数值计算和科学计算，可以提供多维数组对象以及可用于数组计算的各种 API，包括数学、逻辑、线性代数、统计运算以及随机模拟等，支持大量的数据与矩阵运算，极大简化了使用者计算向量、矩阵的过程。Anaconda 中包含了常规的基础库和众多第三方库，用户可直接输入 import 语句调用这些库，若使用时显示库不存在可通过“conda install numpy”或“pip install numpy”进行下载安装。

2.3.1 Numpy 基础数据结构

数组（array）是 Numpy 的基础数据结构，在创建时有固定的大小，其中的元素都要求是相同数据类型，其中包括一维数组、二维数组、三维数组和高维数组。从统计角度来说，一维数组为行向量，二维数组为列向量或矩阵，三维数组为时间轴上的二维数组。以下将利用 array 及 arange 函数对常用的数据结构进行代码演示。

```
#导入Numpy包调用形式简写为np
import numpy as np
#创建一个一维数组（numpy维度与向量维度不同，可将其理解为秩，一维数组秩为1）
#数组需利用列表形式呈现
a=np.array([1,2,3,4])
print(a)
```

输出结果为：

```
[1 2 3 4]
```

Numpy 数组必须包含相同类型的数据，如果不匹配会将其类型向上转移

```
a=np.array([1,2,3,4])
print(a)
```

输出结果为：

```
[1. 2. 3. 4.]
```

创建一个二维数组，与一维数组不同，二维以上需将不同维度利用“[ ]”加以限定

```
b=np.array([[1,2,3],[4,5,6]])
print(b)
```

输出结果为：

```
[[1 2 3]
[4 5 6]]
```

当采用 arange 函数创建数组时，是数字组成的数组，而不是列表形式

```
#arange(起始值，终值，步长)
np.arange(1,5,1)
```

输出结果为：

```
#不使用print输出时会对数据类型进行显示
array([1, 2, 3, 4 ])
```

在统计计算中，数组的元素起初是未知的，但其大小已知，因此可以利用 Numpy 创建具有初始占位符内容的数组，一般采用 zeros 函数和 ones 函数，除此之外可用 eye 函数得到单位矩阵。

创建元素为 0 的二维数组

```
np.zeros( (3,3) )
```

输出结果为：

```
array([[ 0., 0., 0.],
       [ 0., 0., 0.],
       [ 0., 0., 0.]])
```

创建元素为 1 的二维数组

```
np.ones( (3,3) )
```

输出结果为：

```
array([[ 1., 1., 1.],
       [ 1., 1., 1.],
       [ 1., 1., 1.]])
```

创建一个 3×3 的单位矩阵

```
np.eye(3)
```

输出结果为：

```
array([[1., 0., 0.],
       [0., 1., 0.],
       [0., 0., 1.]])
```

正如矩阵和向量，array 也有维度和秩，在 Numpy 中数组的维度可通过 shape 函数进行度量，秩可通过 ndim 进行查看。

```
a = np.array([[1,2,3,4,5,6]])
b = np.array([[1,2,3],[4,5,6]])
a.shape
b.shape
```

输出结果为：

```
(1,6)
(2,3)
```

查看矩阵的秩

```
b.ndim
```

输出结果为：

```
2
```

若 array 存在维度，则可对其在不同维度下进行数组形状的重构，Numpy 中包含了一些函数用于数组处理，接下来进行详细介绍。

reshape 可进行维度的调整

```
a = np.array([1,2,3,4,5,6])
print(a.shape)
```

输出结果为：

```
(6,)
```

使用 a 数组，创建一个新的数组 b，将形状修改为 2 行 3 列

```
b = a.reshape((2,3))
print(b.shape)
print(b)
```

输出结果为：

```
(2, 3)
[[1 2 3]
 [4 5 6]]
```

ravel 可将二维数组转化为一维数组

```
b.ravel()
```

输出结果为：

```
array([1, 2, 3, 4, 5, 6])
```

np.resize(a,new_shape) 可将新数组中大于原始数组的部分以 a 进行填充

```
c=np.resize(b,(2,6))
c
```

输出结果为：

```
array([[1, 2, 3, 4, 5, 6],
       [1, 2, 3, 4, 5, 6]])
```

x.resize(new_shape) 则是将新数组中大于原始数组的部分以 0 进行填充

```
b.resize(2,6)
b
```

输出结果为：

```
array([[1, 2, 3, 4, 5, 6],
       [0, 0, 0, 0, 0, 0]])
```

数组的索引、切片与拼接：np.array 对象的内容可通过索引和切片操作进行访问和修改，可以基于下标进行索引，利用内置函数 slice 可从原数组中进行切片，数组拼接则分为横向拼接和纵向拼接两种，具体代码如下所示。

```
#对2至5的数组进行步长为1的索引
a=np.arange(5)
a[2:5:1]
```

输出结果为:

```
array([2, 3, 4])
```

切片即为截取的子数组，可根据个人需求进行截取

```
b=np.arange(1,13).reshape((3,4))
b
```

输出结果为:

```
array([[ 1, 2, 3, 4],
       [ 5, 6, 7, 8],
       [ 9, 10, 11, 12]])
```

截取数组的第 1 行；第 1 行和 3 行

```
b[0,]
b[[0,2],]
```

输出结果为:

```
array([1, 2, 3, 4])
array([[ 1, 2, 3, 4],
       [ 9, 10, 11, 12]])
```

截取数组的第 1 列

```
b[::,0]
```

输出结果为:

```
array([1, 5, 9])
```

截取数组的 1-2 行和 2-4 列

```
b[0:2,1:4]
```

输出结果为:

```
array([[2, 3, 4],
       [6, 7, 8]])
```

截取数组的前两行、后两列

```
b[:2,-2:]
```

输出结果为:

```
array([[3, 4],
       [7, 8]])
```

使用 slice() 函数同样可以得到索引后的切片

```
s=slice(2,5,1)
a[s]
```

输出结果为:

```
array([2, 3, 4])
```

通过 hstack() 函数可进行数组的横向拼接，即列的拼接，故行相同

```
a=np.arange(1,7).reshape(3,2)
b=np.arange(1,10).reshape(3,3)
np.hstack((a,b))
```

输出结果为：

```
array([[1, 2, 1, 2, 3],
       [3, 4, 4, 5, 6],
       [5, 6, 7, 8, 9]])
```

通过 vstack() 函数可进行数组的纵向拼接，即行的拼接，故列相同

```
a=np.arange(1,7).reshape(2,3)
b=np.arange(1,10).reshape(3,3)
np.vstack((a,b))
```

输出结果为：

```
array([[1, 2, 3],
       [4, 5, 6],
       [1, 2, 3],
       [4, 5, 6],
       [7, 8, 9]])
```

这里运用了自动推断的思想，例如 [-2:] 表示从倒数第 2 个开始到最后一个，[:-2] 表示从第一个开始到倒数第 2 个。

2.3.2　Numpy 随机数

在矩阵应用的过程中，经常需要使用随机数，在 Numpy 中可利用 random 函数生成不同分布类型的随机数，具体代码如下所示。

```
from numpy import random
#为达到重现随机数的目的，可对随机数生成设定随机数种子
random.seed(123)
#np.random.randn(m,n)，生成服从标准正态分布随机数，维度是m行n列
np.random.randn(2,3)
```

输出结果为：

```
array([[ 0.46336335, -1.47953224, -1.4016101 ],
       [-0.2658759 , -0.20316967, 0.36163997]])
```

np.random.rand(m,n)，生成服从均匀分布随机数，维度是 m 行 n 列

```
np.random.rand(2,3)
```

输出结果为：

```
array([[0.18500387, 0.3145944 , 0.0764524 ],
       [0.43911109, 0.84931196, 0.18222362]])
```

np.ramdom.randint(low,high,(shape)) 生成在 low 和 high 之间的随机整数

```
np.random.randint(1,5,(2,3))
```

输出结果为:

```
array([[3, 4, 3],
       [2, 1, 2]])
```

np.random.uniform(low, high, shape) 生成在 low 和 high 之间的随机浮点数

```
np.random.uniform(1,5,(2,3))
```

输出结果为:

```
array([[3.18192512, 1.42727028, 2.60421276],
       [3.02141837, 4.50358094, 1.00780263]])
```

np.random.uniform(low, high, shape) 生成均匀分布

```
np.random.uniform(-2,2,(2,3))
```

输出结果为:

```
array([[ 0.47214073, -1.03823146, 0.97463032],
       [ 1.16726571, 0.34739097, -1.2639156 ]])
```

np.random.normal(mean, var, shape) 生成正态分布

```
np.random.normal(1,2,(2,3))
```

输出结果为:

```
array([[ 4.34947101, 2.1144865 , -0.18529664],
       [ 0.72549928, -1.16057188, 1.54588357]])
```

np.random.poisson(lambda,shape) 生成泊松分布

```
np.random.poisson(5,(2,3))
```

输出结果为:

```
array([[10, 5, 6],
       [ 7, 3, 8]])
```

np.random. binomial(n,p,shape) 生成二项分布

```
np.random.binomial(5,0.7,(2,3))
```

输出结果为:

```
array([[5, 3, 5],
       [4, 2, 3]])
```

np.random. beta(a,b,shape) 生成 Beta 分布

```
np.random.beta(3,4,(2,3))
```

输出结果为:

```
array([[0.67277821, 0.59427588, 0.46154211],
       [0.15345144, 0.56116678, 0.19670178]])
```

np.random. exponential(scale, shape) 生成指数分布

```
np.random.exponential(2, (2,3))
```

输出结果为：

```
array([[0.73291591, 1.99000243, 6.34856383],
       [9.59801137, 2.48364607, 2.8019566 ]])
```

np.random. chisquare(df,shape) 生成卡方分布

```
np.random.chisquare(5, (2,3))
```

输出结果为：

```
array([[0.07378154, 6.2034846 , 2.26443265],
       [2.92731263, 1.15941316, 12.18304115]])
```

np.random. f(dfnum, dfden, shape) 生成 F 分布

```
np.random.f(5, 10,(2,3))
```

输出结果为：

```
array([[1.44243742, 0.84475546, 1.44992292],
       [0.36191226, 0.41347596, 2.9252337 ]])
```

了解了随机数生成之后，便可以进行对应的随机抽样的学习。常用的随机抽样方式分为：有放回抽样、不放回抽样、不等概率的随机采样等。在 Numpy 中利用 choice 函数可进行随机抽样，函数定义式为 choice(a,size=None, replace=True, p=None)，表示从总体 a 中选取 size 个样本，replace 则是抽样放回与否，如果选择 False 则表示不放回抽样，即每一次抽样的结果不同，如果选择 True 则表示有放回抽样，每次抽样的结果可能相同，p 表示抽中各个元素的概率，若不指定 p，所有元素被选中的概率相等。

```
import numpy as np
from numpy import random
#有放回随机抽样
np.random.choice(10, 5)
np.random.randint(0,10,5)
```

输出结果为：

```
array([0, 6, 6, 6, 4])
array([6, 6, 7, 0, 4])
```

无放回随机抽样

```
np.random.choice(10, 5, replace=False)
```

输出结果为：

```
array([3, 0, 8, 6, 2])
```

不等概率随机抽样（也可分为有放回和无放回）

```
np.random.choice(10,5,[0.1, 0, 0.3, 0.6, 0])
np.random.choice(5,3,False,[0.1, 0, 0.3, 0.6, 0])
```

输出结果为：

```
array([9, 6, 6, 2, 6])
array([2, 3, 0])
```

shuffle 函数返回的结果就是给定数组本身，只不过顺序被打乱，也能达到随机效果

```
x=np.arange(0,8,1)
random.shuffle(x)
x
```

输出结果为：

```
array([3, 0, 2, 7, 4, 6, 5, 1])
```

2.3.3 Numpy 矩阵运算

Numpy 可以轻松实现在 Python 的矩阵运算，矩阵用 Numpy 表示就是二维数组，np.array 和 matrix 都可以进行矩阵操作，以下对 Numpy 矩阵的基础运算进行演示。

首先对基本运算符及其使用效果进行说明 (见表 2.1)。

表 2.1 基本运算符汇总表

运算符	使用说明
+	矩阵中对应元素相加
-	矩阵中对应元素相减
*	矩阵中对应元素相乘
/	矩阵中对应元素相除取商
%	矩阵中对应元素相除取余数
**	矩阵中每个元素取 n 次方
@	矩阵计算法则中矩阵的乘法

下面进行矩阵运算代码演示。

```
import numpy as np
a = np.array([[0, 1, 2], [3, 4, 5]])
b = np.array([[6, 7, 8], [9, 10, 11]])
```

矩阵对应元素相加

```
a+b
```

输出结果为：

```
array([[ 6, 8, 10],
       [12, 14, 16]])
```

矩阵对应元素相减

```
a-b
```

输出结果为：

```
array([[-6, -6, -6],
       [-6, -6, -6]])
```

矩阵对应元素相乘

```
a*b
```

输出结果为:

```
array([[ 0, 7, 16],
       [27, 40, 55]])
```

矩阵对应元素相除取商

```
a/b
```

输出结果为:

```
array([[0.        , 0.14285714, 0.25      ],
       [0.33333333, 0.4       , 0.45454545]])
```

矩阵对应元素相除取余数

```
a%b
```

输出结果为:

```
array([[0, 1, 2],
       [3, 4, 5]])
```

矩阵对应元素的幂

```
a**2
```

输出结果为:

```
array([[ 0, 1, 4],
       [ 9, 16, 25]])
```

有了 Python 基础运算基础后，便可以进行更高阶的矩阵运算，具体代码如下所示。

```
import numpy as np
a = np.array([[0, 1, 2], [3, 4, 5]])
b = np.array([[6, 7, 8], [9, 10, 11]])
```

矩阵点乘，即对每个元素乘以对应的数值

```
a*3
```

输出结果为:

```
array([[ 0, 3, 6],
       [ 9, 12, 15]])
```

矩阵乘法在 array 或 matrix 函数生成的数组、矩阵中可通过 dot 函数、matmul 函数或 @ 运算符得到，与上述运算规则不同，要求前项的列数与后项行数相等。

```
#为进行a与b的矩阵乘法运算，根据矩阵乘法运算规则，对b矩阵进行转置：b.T
np.dot(a,b.T)
np.matmul(a,b.T)
a@b.T
```

输出结果为:

```
array([[ 23, 32],
       [ 86, 122]])
```

用 matrix 生成的矩阵，除了可以通过上述方法运算之外，还可通过 * 直接运算，array 通过 * 运算时则仅为对应元素相乘

```
a = np.matrix([[0, 1, 2], [3, 4, 5]])
b = np.matrix([[6, 7,8],[9, 10, 11]])
a*b.T
```

输出结果为：

```
matrix([[ 23, 32],
        [ 86, 122]])
```

求逆矩阵的过程即为矩阵的-1 次幂，通过 array 函数得到的数组和 matrix 函数得到的矩阵均可利用 linalg.inv 函数求逆，但 matrix 函数得到的矩阵还可直接利用运算符 **-1 得到逆矩阵（求逆矩阵的必须为非奇异矩阵）

```
a = np.matrix([[1, 2], [3, 4,]])
a**-1
np.linalg.inv(a)
a = np.array([[1, 2], [3, 4,]])
np.linalg.inv(a)
```

输出结果为：

```
matrix([[-2. , 1. ],
        [ 1.5, -0.5]])
array([[-2. , 1. ],
       [ 1.5, -0.5]])
```

涉及奇异值，对奇异值分解代码进行演示。numpy.linalg 模块中的 svd 函数可以对矩阵进行奇异值分解：numpy.linalg.svd(A,full_matrices=1,compute_uv=1)，这是一种因子分解运算，将矩阵 $\boldsymbol{A}$ 分解为 3 个矩阵 $\boldsymbol{U}$、$\boldsymbol{V}$ 和 $\boldsymbol{\Sigma}$ 的乘积，其中 $\boldsymbol{U}$ 和 $\boldsymbol{V}$ 是正交矩阵，分别称为左奇异值、右奇异值，对角阵 $\boldsymbol{\Sigma}$ 是 $\boldsymbol{A}$ 的奇异值。其中 full_matrices 的取值是 0 或 1，参数值为 1 时，$\boldsymbol{U}$ 大小为 (m,m)，$\boldsymbol{\Sigma}$ 大小为 (k)，$k=\min(m,n)$，$\boldsymbol{V}$ 大小为 (n,n)；参数值为 0 时，$\boldsymbol{U}$ 大小为 (m,k)，$\boldsymbol{\Sigma}$ 大小为 (k)，$k=\min(m,n)$，$\boldsymbol{V}$ 大小为 (k,n)；compute_uv 的取值是 0 或 1，默认值为 1，表示输出 3 个矩阵，取值为 0 时只输出 $\boldsymbol{\Sigma}$。

```
a = np.array([[1, 2], [3, 4,]])
u,s,v = np.linalg.svd(a,full_matrices=0)
u
s
v
```

输出结果为：

```
array([[-0.40455358, -0.9145143 ],
       [-0.9145143, 0.40455358]])
array([5.4649857, 0.36596619])
array([[-0.57604844, -0.81741556],
       [ 0.81741556, -0.57604844]])
```

Numpy 利用 linalg.qr 函数进行矩阵的 QR 分解

```
q,r=np.linalg.qr(a)
q
r
```

输出结果为：

```
array([[-0.31622777, -0.9486833 ],
       [-0.9486833,  0.31622777]])
array([[-3.16227766, -4.42718872],
       [ 0., -0.63245553]])
```

Numpy 利用 linalg.eig 函数计算特征值和特征向量，该函数对 array 数组和 matrix 均适用

```
a = np.array([[1, 2], [3, 4,]])
#第i个特征值w[i]对应于第i个特征向量v[: , i]
w, v = np.linalg.eig(a)
print(w)
print(v)
```

输出结果为：

```
[-0.37228132 5.37228132]
[[-0.82456484 -0.41597356]
 [ 0.56576746 -0.90937671]]
```

矩阵的行列式可通过 linalg.det 计算得

```
np.linalg.det(a)
```

输出结果为：

```
-2.0000000000000004
```

2.3.4 Numpy 线性代数

掌握了上述矩阵运算的知识后，便可以对大部分线性代数方程进行求解了，以下通过一个具体例题进行介绍。

【例 2.3】 求解线性方程组 $\begin{cases} 2x_1 + x_2 - 1x_3 = 3 \\ x_1 + 2x_2 + x_3 = 9 \\ x_1 + x_2 + 2x_3 = 8 \end{cases}$。

解 将其改写为矩阵形式 $\boldsymbol{AX} = \boldsymbol{b}$，其中

$$\boldsymbol{A} = \begin{pmatrix} 2 & 1 & -1 \\ 1 & 2 & 1 \\ 1 & 1 & 2 \end{pmatrix}, \quad \boldsymbol{b} = \begin{pmatrix} 3 \\ 9 \\ 8 \end{pmatrix}$$

利用 Numpy 求解线性方程组

```
import numpy as np
A=np.array([[2,1,-1],
```

```
        [1,2,1],
        [1,1,2]])
b=np.array([3,9,8])
result=np.linalg.solve(A,b)
print('x_1=', result[0])
print('x_2=', result[1])
print('x_3=', result[2])
```

输出结果为：

```
x_1= 1.0
x_2= 3.0
x_3= 2.0
```

这里介绍了 Numpy 的基础使用方法，现实问题中还会利用到许多更加复杂的代码语法，书中无法一一概述，读者可自行对 Numpy 进行更精进的学习。

2.4 Pandas 基础

Pandas（Python Data Analysis）是基于 Numpy 数组构建的，但二者最大的不同是 Pandas 专门为处理表格和混杂数据设计的，比较契合统计分析中的表结构，而 Numpy 更适合处理统一的数值数组数据。Numpy 的数据结构仅支持数字索引，而 Pandas 的数据结构则同时支持数字索引和标签索引。

2.4.1 Pandas 基础数据结构

Pandas 基础数据结构有一维 Series 和二维 DataFrame。Pandas 主要用于数据处理与分析，支持数据读写、数值计算、数据处理、数据分析和数据可视化全套流程操作。因为我们使用 Anaconda 安装的 Python，所以在 Jupyter Notebook 中编写代码时，自带 Pandas 库，无需单独安装。

Series（序列）对应一维数组，它能够保存任何类型的数据，主要由通过 Numpy 库创建的一组数据和与之相关的数据标签（索引）两部分构成。需要注意的是 Series 的索引位于左边，数据位于右边，同时索引值可重复。

```
import pandas as pd
import numpy as np
score = pd.Series([86,83.2,89,91.4])                         #创建Series类对象
#创建Series类对象，并指定索引
score = pd.Series([86,83.2,89,91.4],index=['张三','李四','小明','王五'])
print (score.index)                                          #获取索引
print (score.values)                                         #获取数据
score[2:3]                                                   #通过位置索引获取
```

运行结果如下所示：

```
#获取索引
Index(['张三', '李四', '小明', '王五'], dtype='object')
```

```
#获取数据
[86. 83.2 89. 91.4]
#通过位置索引获取
小明    89.0
dtype: float64
```

相对来说，Series 不常单独使用，更常使用 DataFrame。DataFrame 可被看做一个 Excel 表格。

DataFrame 对应二维表格型数据结构，可视为多组有序列的集合，它每列的数据可以是不同的数据类型（数值、字符串、布尔型等）。注意到 DataFrame 的索引不仅有行索引，还有列索引，数据可以有多列，因此可以看做是由 Series 组成的字典。

可以通过 Pandas 中的函数 pd.DataFrame 构建 DataFrame。函数 pd.DataFrame 的基础用法为 pd.DataFrame(data,index,columns,dtype,copy)。

```
import pandas as pd
import numpy as np
#创建DataFrame
#利用嵌套列表list创建
score = pd.DataFrame([['五',86],['五',83.2],['六',89],['六',91.4]],
                     index=['张三','李四','小明','王五'],
                     columns=['年级','语文'])
#利用字典创建
score1=pd.DataFrame(data={
   '年级':['五','五','六','六'],
   '语文':[86,83.2,89,91.4]
} ,index=['张三', '李四','小明','王五'])
print(score['语文'])                                           #列索引
print(score.loc[:,['语文'] ])                                  #选择列
print(score.iloc[[0,1]])                                       #指定行1
print(score.loc[['小明','王五']])                              #指定行2
score['数学'] =[90,89.4,88,91]                                 #添加列
print(score)
score.loc['小美']=["六",85,89]                                 #添加行
score
```

运行结果如下所示：

```
#列索引
张三    86.0
李四    83.2
小明    89.0
王五    91.4
Name: 语文, dtype: float64
选择列
      语文
张三  86.0
李四  83.2
小明  89.0
王五  91.4
#指定行1
```

```
     年级 语文
张三  五  86.0
李四  五  83.2
#指定行2
     年级 语文
小明  六  89.0
王五  六  91.4
#添加列结果
     年级 语文 数学
张三  五  86.0 90.0
李四  五  83.2 89.4
小明  六  89.0 88.0
王五  六  91.4 91.0
#添加行结果
     年级 语文 数学
张三  五  86.0 90.0
李四  五  83.2 89.4
小明  六  89.0 88.0
王五  六  91.4 91.0
小美  六  85.0 89.0
```

2.4.2 Pandas 统计函数

下面介绍 Pandas 的一些基础统计函数。Pandas 好用还在于其中封装了很多实用的分析函数，不需要再次调用其他的第三方库，进而提高了工作效率。因为 Series 和 DataFrame 的联系，所以在函数的调用上，具有很大程度的相似。

```
import pandas as pd
import numpy as np
#读取Excel工作簿中的数据
#data数据为DataFrame结果
data = pd.read_excel('2.X.xlsx')
#描述统计信息
data.describe()
```

运行结果如下所示：

```
              学号          语文          数学          英语
count   7.000000     7.000000     7.000000     7.000000
mean    1604.000000  90.142857    92.285714    87.000000
std     2.160247     6.004958     5.023753     9.678154
min     1601.000000  83.500000    88.000000    71.000000
25%     1602.500000  85.500000    89.000000    82.500000
50%     1604.000000  89.000000    90.000000    87.000000
75%     1605.500000  94.250000    95.000000    93.000000
max     1607.000000  99.000000    100.000000   100.000000
```

.count 计数，求非空值数量

```
data.count()
```

运行结果如下所示：

```
学号    7
生日    7
性别    7
语文    7
数学    7
英语    7
dtype: int64
```

.sum()，求和

```
data.sum()
```

运行结果如下所示：

```
学号       11228
性别    男男女女女男女
语文         631
数学         646
英语         609
dtype: object
```

.max()，固定项的最大值

```
data['语文'].max()
```

运行结果如下所示：

```
99.0
```

.min()，求最小值

```
data['语文'].min()
```

运行结果如下所示：

```
83.5
```

.quantile()，返回指定位置的分位数

```
data['语文'].quantile(0.75)
```

运行结果如下所示：

```
94.25
```

.mean()，求均值

```
data['语文'].mean()
```

运行结果如下所示：

```
90.14285714285714
```

.median()，求中位数

```
data['数学'].median()                       #求中位数
```

运行结果如下所示：

```
90.0
```

.mode()，求众数

```
data['数学'].mode()                                   #众数
```

运行结果如下所示：

```
0    89
dtype: int64
```

.idxmax()，最大值索引

```
data['数学'].idxmax()
```

运行结果如下所示：

```
'韩六'
```

.idxmin()，最小值索引

```
data['数学'].idxmin()
```

运行结果如下所示：

```
'小明'
```

.var()，求方差

```
data['数学'].var()
```

运行结果如下所示：

```
25.238095238095237
```

.std()，标准差

```
data.std()
```

运行结果如下所示：

```
学号    2.160247
语文    6.004958
数学    5.023753
英语    9.678154
dtype: float64
```

.value_counts()，按值计数

```
data['数学'].value_counts()
```

运行结果如下所示：

```
89     2
99     1
100    1
91     1
90     1
88     1
Name: 数学, dtype: int64
```

.mad()，求平均绝对偏差

```
data['英语'].mad()
```

运行结果如下所示：

```
7.142857142857143
```

.skew()，求偏度

```
data['英语'].skew()
```

运行结果如下所示：

```
-0.5096410218048848
```

.kurt()，求峰度

```
data['英语'].kurt()
```

运行结果如下所示：

```
-0.039110446929496945
```

.abs()，求绝对值

```
data['英语'].abs()
```

运行结果如下所示：

```
张三     71
李四     87
小明     79
王五     86
小美     93
韩六    100
小E     93
Name: 英语, dtype: int64
```

.prod()，求元素乘积

```
data['英语'].prod()
```

运行结果如下所示：

```
36296858716200
```

.corr()，单独查看相关系数

```
#单独查看英语和数学的相关系数
data['英语'].corr(data['数学'])
```

运行结果如下所示：

```
0.6615843733283738
```

.cumsum()，累计求和

```
data['数学'].cumsum()
```

运行结果如下所示：

```
张三     90
李四    179
小明    267
王五    358
小美    447
韩六    547
小E    646
Name: 数学, dtype: int64
```

.cumprod()，累计乘积

```
data['数学'].cumprod()
```

运行结果如下所示：

```
张三               90
李四             8010
小明           704880
王五         64144080
小美       5708823120
韩六     570882312000
小E    56517348888000
Name: 数学, dtype: int64
```

2.4.3 Pandas 数据处理

在了解了 Pandas 基础数据结构和统计函数后，我们学习 DataFrame 的一些数据处理操作。

1. 数据删减

读取数据，且增加行

```
import pandas as pd
import numpy as np
#读取Excel工作簿中的数据
data = pd.read_excel('2.X.xlsx')
#添加行
data.loc["小爱"] = ['1501',None,'女',89,97,82]
data
```

运行结果如下所示：

```
      学号      生日      性别    语文   数学    英语
张三   1601   2004-09-20   男    86.0   90     71
………
小E    1607   2006-06-02   女    97.0   99     93
小爱   1501          NaT   女    89.0   97     82
```

增加列

```
data["总成绩"] = data['语文']+ data['数学']+ data['英语']
data
```

运行结果如下所示：

```
      学号    生日        性别   语文   数学   英语   总成绩
张三  1601  2004-09-20   男    86.0   90     71    247.0
李四  1602  2004-10-06   男    83.5   89     87    259.5
小明  1603  2005-08-14   女    89.0   88     79    256.0
………
```

删除行

```
data.drop(["小爱"],inplace = True) #inplace=true 表示同意修改原数据
data
```

运行结果如下所示：

```
      学号    生日        性别   语文   数学   英语   总成绩
张三  1601  2004-09-20   男    86.0   90     71    247.0
………
韩六  1606  2005-11-06   男    99.0   100    100   299.0
小E   1607  2006-06-02   女    97.0   99     93    289.0
```

删除列

```
data.pop('生日')
data
```

运行结果如下所示：

```
      学号  性别   语文   数学   英语   总成绩
张三  1601  男    86.0   90     71    247.0
李四  1602  男    83.5   89     87    259.5
小明  1603  女    89.0   88     79    256.0
………
```

2. 数据排序

data 的” 总成绩” 列进行值的排序（正序）

```
data["总成绩"].sort_values()
```

运行结果如下所示：

```
张三   247.0
………
韩六   299.0
Name: 总成绩, dtype: float64
```

利用函数 data[” 总成绩”].sort_index 对 DataFrame 的某列排序，降序排列参数为 ascending = False，按行排序参数为 axis = 1，按列排序参数为 axis = 0。

```
data["总成绩"].sort_index(axis = 0 ,ascending = False)
```

运行结果如下所示：

```
韩六      299.0
………
小E       289.0
Name: 总成绩, dtype: float64
```

3. 分组运算

按照班级和性别分组并统计分组内人数

```
import pandas as pd
import numpy as np
#读取Excel工作簿中的数据
data = pd.read_excel('2.X_2.xlsx')
data["总成绩"] = data['语文']+ data['数学']+ data['英语']
data
data.groupby(by=['班级','性别'],as_index=False)['学号'].count()
```

运行结果如下所示：

```
      班级    性别    学号
0      1班     女      2
1      1班     男      2
2      2班     女      2
3      2班     男      2
```

按照班级分组并统计每组总分

```
data.groupby(by=['班级'],as_index=False)['总成绩']. sum()
```

运行结果如下所示：

```
      班级    总成绩
0      1班    1102.0
1      2班    1049.0
```

按照性别分组并统计每组平均分

```
data.groupby(by=['性别'],as_index=False)['语文','数学','英语','总成绩'].mean()
```

运行结果如下所示：

```
      性别     语文    数学     英语    总成绩
0      女     90.625 91.75  87.75  270.125
1      男     88.625 90.75  88.25  267.625
```

按照班级分组，按照总成绩对学生进行组内排序

```
data['排名']=data.groupby(by=['班级'],as_index=False)['总成绩'].rank()
data
```

运行结果如下所示：

```
      学号   班级   性别     语文   数学    英语    总成绩   排名
张三  1601   1班    男      86.0   90      71     247.0   1.0
李四  1602   2班    男      83.5   89      87     259.5   2.0
小明  1603   2班    女      89.0   88      79     256.0   1.0
………
```

4. 缺失值处理

使用.fillna 填充缺失值。NaN 为数据缺失；NaT 为时间值缺失

```
#将李四的语文成绩替换缺失值
data.loc[['李四'],'语文']=np.NaN
#填充李四的语文成绩为85
data['语文']=data['语文'].fillna(85)
```

运行结果如下所示：

```
      学号   班级   性别    语文    数学    英语    总成绩   排名
张三  1601   1班    男     86.0    90     71     247.0   1.0
李四  1602   2班    男     85.0    89     87     259.5   2.0
.........
```

用均值填充

```
#用均值填充李四的语文成绩
DYM=data['语文'].mean()
data.loc[['李四'],'语文']=np.NaN
data['语文']=data['语文'].fillna(DYM)
data
```

运行结果如下所示：

```
      学号   班级   性别    语文    数学    英语    总成绩   排名
张三  1601   1班    男     86.0    90     71     247.0   1.0
李四  1602   2班    男     90.5    89     87     259.5   2.0
.........
```

5. 异常值处理

```
#认为大于“均值+2倍标准差”是异常值
abn=data['英语'].mean()+2*data['英语'].std()
#将异常值替换为“均值+2倍标准差”
data.loc[data['英语']>abn,'英语']=abn
data
```

运行结果如下所示：

```
      学号   班级   性别    语文    数学    英语    总成绩   排名
张三  1601   1班    男     86.0    90     71     247.0   1.0
李四  1602   2班    男     90.5    89     87     259.5   2.0
小明  1603   2班    女     89.0    88     79     256.0   1.0
.........
```

删除重复行

```
#通过学号判断是否重复，若存在则删除
data=data.drop_duplicates(subset=['学号'])
data
```

运行结果如下所示：

```
      学号   班级   性别    语文    数学    英语    总成绩   排名
张三  1601   1班    男     86.0    90     71     247.0   1.0
```

```
李四    1602   2班    男     90.5   89     87     259.5  2.0
小明    1603   2班    女     89.0   88     79     256.0  1.0
………
```

2.4.4 apply 函数

因为 apply 函数在 DataFrame 中应用广泛，是很重要的函数，所以我们用新的一节来展示它。apply 函数，其功能是自动遍历整个 Series 或者 DataFrame，对每一个元素运行指定的函数。同时，还用于实现向量化的效果，增强可读性。下面演示 apply 函数的使用。

```
import pandas as pd
import numpy as np
#读取Excel工作簿中的数据
data = pd.read_excel('2.X_2.xlsx')
#现在发现英语有道题目出错了，所以需要给每个人加两分
def add(x):
    if x<=98:
        y=x+2
    else:
        y=100
    return y
data['英语']=data['英语'].apply(add)
data
```

运行结果如下所示：

```
        学号   班级   性别    语文   数学    英语
张三    1601   1班    男     86.0   90      73
………
韩六    1606   1班    男     99.0   100     100
小E     1607   1班    女     97.0   99      95
小英    1608   2班    男     86.0   84      97
```

也可以遍历每一个元素

```
#使得所有元素进行平方运算
matrix = [[1,4,7],
          [2,5,8],
          [3,6,9]]
df = pd.DataFrame(matrix, columns=list('xyz'), index=list('abc'))
df.apply(np.square)
```

运行结果如下所示：

```
    x    y    z
a   1    16   49
b   4    25   64
c   9    36   81
```

到此为止，我们介绍了 Pandas 的基础使用，但是 Pandas 的使用不局限于书中所列，还被广泛用于金融数据处理，时间序列处理、文本处理、统计绘图等，读者感兴趣可以自行查阅官方所列文档学习，掌握 Pandas 有助于提高数据处理分析的效率。

2.5 Matplotlib 绘图

本节介绍利用 Python 进行绘图。Python 中的 Matplotlib 包提供快速绘图模块 pyplot，它是 Python 核心库，其他有名的绘图库大多也是基于 Matplotlib 封装而来。

相较于大众常用的绘图工具 Excel 来说，Matplotlib 使用的门槛更高，需要对 Python 编程有一定基础，商业场景中使用 Excel 进行绘图、修改会更简单，功能也更强大，但 Matplotlib 使用更灵活。下面介绍 Matplotlib 常用格式设置、绘制常见的图形以及特殊图形，如组合图、三维图和动态图的绘制。

2.5.1 Matplotlib.pyplot 基础

用语句 pip install 或 conda install 命令下载 Matplotlib，导入后即可进行绘图操作。需要注意的是，在 Jupyter Notebook 中绘图时可以在代码前添加“%matplotlib inline”，此代码可以将输出图片嵌入在当前页面中，在桌面环境中绘图时无需此命令，并在全部绘图代码后追加“plt.show()”；%config InlineBackend.figure_format=“svg” 命令可以渲染出矢量图，可大大增加图片的清晰度。以下是具体使用规范。

```
import matplotlib.pyplot as plt
x = []
y = []
plt.plot(x,y)                                      #绘图，并且标注图例
plt.xlabel('x轴')                                  #对x轴进行命名，y轴同理
plt.title('标题')                                  #显示整幅图像的标题
plt.rcParams['font.sans-serif']=['SimHei']         #用来正常显示中文标签
plt.figure(figsize=(…,…),dpi=…)                    #设置图片大小及每英寸的像素点个数
plt.show()                                         #显示图像
plt.savefig()                                      #将图片保存到本地
```

通过以上基础代码已经可以绘制出一张简单的图像，若要对图像进行美化和精细化，我们需要对一些参数进行设定。对 plot 参数进行修改，主要包括：线条颜色（color）、线条样式（marker）、线条风格（linestyle）、线条粗细（linewidth）和透明度（alpha）等等。若对其他属性参数有调整需求可以自行深入了解，以下罗列几种参数的常见赋值。

表 2.2 线条颜色（color）表

符号	中文说明	英文说明
'b'	蓝	blue
'g'	绿	green
'r'	红	red
'y'	黄	yellow

表 2.3 线条样式（marker）表

符号	中文说明	英文说明
'.'	圆点	point marker
'o'	圆圈	circle marker
's'	方形	square marker
'd'	菱形	diamond marker

表 2.4　线条风格（linestyle）表

符号	中文说明	英文说明
'-'	实线	solid line style
'--'	虚线	dashed line style
'-.'	点划线	dash-dot line style
':'	点线	dotted line style

线条粗细（linewidth）和透明度（alpha）通常使用阿拉伯数字表示。下面使用这些常见的参数值进行绘图，具体代码如下所示：

```
%matplotlib inline
%config InlineBackend.figure_format = "svg"
import numpy as np
import matplotlib.pyplot as plt
x=np.linspace(-4*np.pi,4*np.pi,100)                    #对x轴显示范围加以限定
y=np.sin(x)                                            #绘制正弦函数图像
z=np.cos(x)                                            #绘制余弦函数图像
plt.rcParams['font.sans-serif']=['SimHei']             #正常显示中文标签
plt.rcParams['axes.unicode_minus']=False               #正常显示图像中的负号
plt.title('正余弦函数图像')
plt.plot(x,y, color='r', marker='d',linestyle='--', linewidth=2, alpha=0.7)
plt.plot(x,z,color='g',linestyle='--',linewidth=2) #设定图像参数
```

输出图像为：

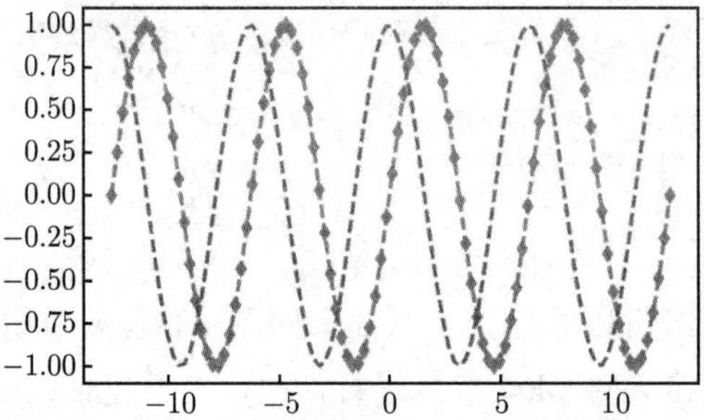

图 2.12　正余弦函数图像

2.5.2　常用图形绘制

在统计处理和数据分析常用的分析图中基本的视觉元素有点、线、柱三种，使用最频繁的有散点图、折线图、柱状图、直方图四种。下面展示这四种图形的 Python 代码。

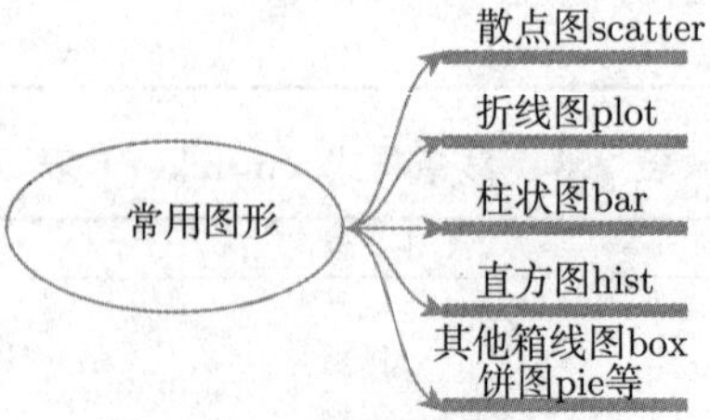

图 2.13　常用图形概括图

1. 散点图

使用 Matplotlib 绘制散点图具体代码如下所示：

```
%matplotlib inline
%config InlineBackend.figure_format = "svg"
import numpy as np
import matplotlib.pyplot as plt
x = np.random.randn(100)
y = np.random.randn(100)
plt.rcParams['font.sans-serif']=['SimHei']        #正常显示中文标签
plt.rcParams['axes.unicode_minus']=False          #正常显示图像中的负号
plt.scatter(x, y)
plt.xlabel('x轴')
plt.ylabel('y轴')
```

输出图像为：

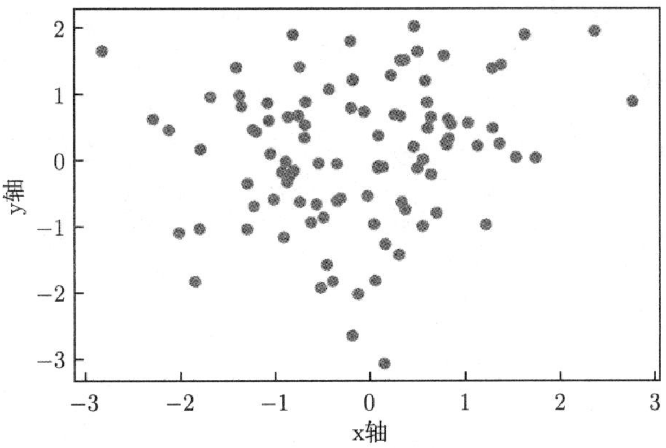

图 2.14　散点图

2. 折线图

使用 Matplotlib 绘制折线图具体代码如下所示：

```
%matplotlib inline
%config InlineBackend.figure_format = "svg"
import numpy as np
import matplotlib.pyplot as plt
y = np.random.randn(100)
x = np.arange(100)
plt.rcParams['font.sans-serif']=['SimHei']        #正常显示中文标签
plt.rcParams['axes.unicode_minus']=False          #正常显示图像中的负号
plt.plot(x,y)
plt.xlabel('x轴')
plt.ylabel('y轴')
```

输出图像为：

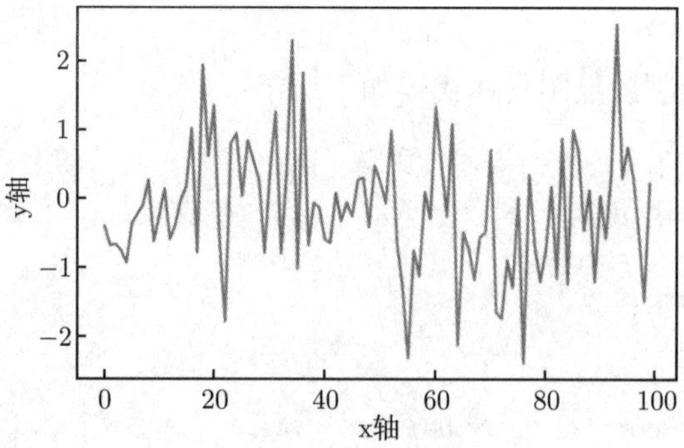

图 2.15　折线图

3. 柱状图

使用 Matplotlib 绘制柱状图具体代码如下所示:

```
%matplotlib inline
%config InlineBackend.figure_format = "svg"
import numpy as np
import matplotlib.pyplot as plt
x=['a','b','c','d','e']
y=[7,9,5,8,10]
plt.rcParams['font.sans-serif']=['SimHei']          #正常显示中文标签
plt.xlabel('x轴')
plt.ylabel('y轴')
plt.bar(x,y)
```

输出图像为:

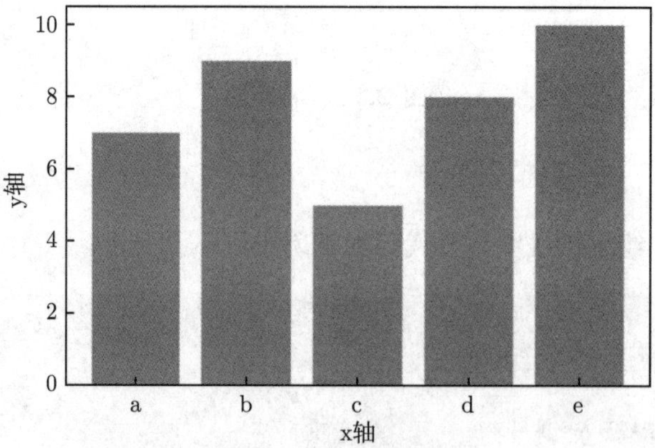

图 2.16　柱状图

4. 直方图

使用 Matplotlib 绘制直方图具体代码如下所示:

```
%matplotlib inline
%config InlineBackend.figure_format = "svg"
import numpy as np
import matplotlib.pyplot as plt
```

```
x= np.random.randn(1000)
# 绘制直方图
plt.rcParams['font.sans-serif']=['SimHei']          #正常显示中文标签
plt.rcParams['axes.unicode_minus']=False            #正常显示图像中的负号
plt.xlabel('x轴')
plt.ylabel('y轴')
plt.hist(x, bins=30, color='skyblue', alpha=0.8)
```

输出图像为：

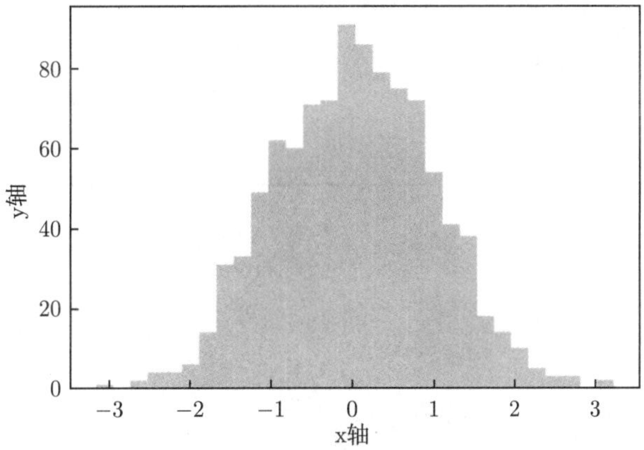

图 2.17　直方图

Matplotlib 中可绘制的图形还有很多，以上仅对常用图形的绘制代码进行了介绍，读者可以根据自身需要进行其他图形绘制的学习。

2.5.3 Matplotlib 绘制组合图和子图

组合图即绘制多个图形，后得到的图形在先得到图形的画面上累加，最终达到一幅画面多个图形的目的，以下引用一个具体例子对折线图和柱状图的组合图绘制进行演示。

```
%matplotlib inline
%config InlineBackend.figure_format = "svg"
import numpy as np
import matplotlib.pyplot as plt
plt.rcParams['font.sans-serif']=['SimHei']          #正常显示中文标签
plt.rcParams['axes.unicode_minus']=False
Income=[1456,2158,1500,2750,2190]                   #收入
Profit_Margin=[0.152,0.123,0.157,0.135,0.145]       #边际利润率
x = [1, 2, 3, 4, 5]
fig = plt.figure(figsize=(12, 8))
plt.grid(axis="y",linestyle='-.')
plt.xticks(fontsize=15)
plt.title('收入与边际利润率的对比图',fontsize=20)
#画柱形图
ax1 = fig.add_subplot(111)
ax1.set_ylim([0, 3000])
ax1.bar(x, Income, label='收入',alpha=0.8, width=0.6,color='pink',linewidth=2)
```

```
ax1.set_ylabel('收入', fontsize=20)
ax1.legend(loc=1,fontsize=15)
plt.yticks(fontsize=13)
#画折线图
ax2 = ax1.twinx()                                          #组合图必须加
ax2.set_ylim([0.1, 0.16])
ax2.plot(x, Profit_Margin, label='边际利润率',color='skyblue',marker='o')
                                                           #设置线粗细，节点样式
ax2.set_ylabel('边际利润率', fontsize=20)
ax2.legend(loc=2,fontsize=15)
plt.yticks(fontsize=13)
fig.savefig('组合图.jpg',dpi=800)
```

输出图像为：

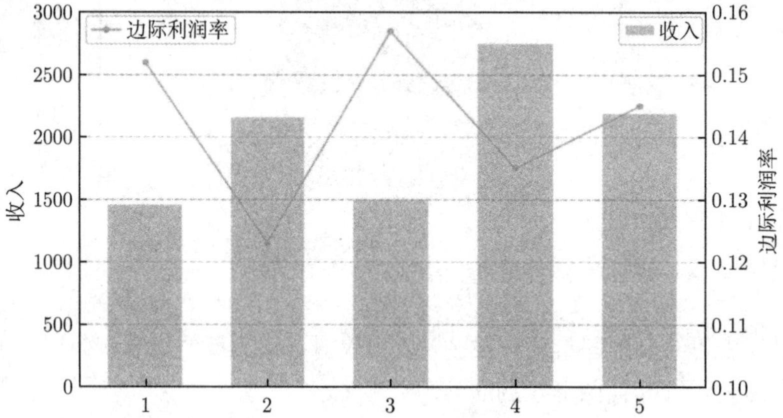

图 2.18　收入与边际利润率的对比组合图

子图可以认为就是在一个页面中划分几个区域，每个区域分别绘图。此时，我们不直接用“plt.plot()”函数画图，而是使用“ax[ ][ ].plot()”函数，其中“ax[ ][ ]”是子图的句柄。下面展示在一个 2×2 的画布上绘制 4 个不同图形。

```
%matplotlib inline
%config InlineBackend.figure_format = "svg"
import matplotlib.pyplot as plt
import numpy as np
fig,ax=plt.subplots(2,2)
#需要在一个画布上画多个图
x=np.linspace(0,10,15)
#ax是一个数组，而H是一个子函数组
#画第1个图:散点图
ax[0][0].scatter(x,x*x,label='x*x')
ax[0][0].set_title('First')
#画第2个图:曲线图
x=np.linspace(0,30,100)
y=np.sin(x)
#设置x轴刻度范围
ax[0][1].set_xlim(0, 30)
```

```
ax[0][1].plot(x,y,label='sin(x)')
ax[0][1].set_title('Second')
#画第3个图:直方图
x=np.random.normal(0,1,1000)
ax[1][0].hist(x,bins=50,color='b')
ax[1][0].set_title('Third')
#画第4个图:饼图
x=[15,30,45,10]
ax[1][1].pie(x,labels=list('ABCD'),autopct='%.0f',explode=[0,0.05,0,0])
ax[1][1].set_title('Tourth')
plt.tight_layout()
plt.show()
```

输出结果如下图所示:

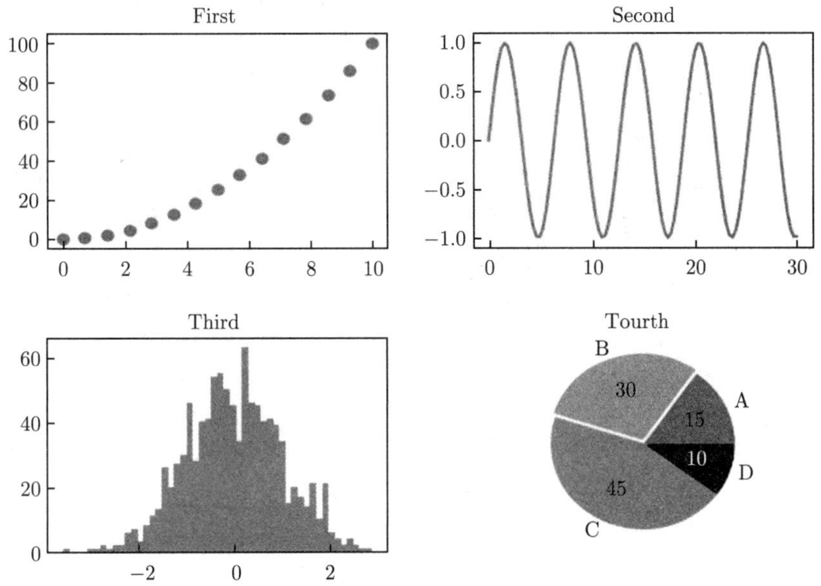

图 2.19　子图

2.5.4　三维图形

在进行数据可视化时，我们还经常用到三维图形。使用三维图可更好地理解数据的空间关系，对于更高维的数据，我们将采用降维和切片来观察数据间的关系。同样我们也是了解了 $(\boldsymbol{x}, \boldsymbol{y}, \boldsymbol{z})$ 之间的关系后进行绘制图形。下面我们分别介绍绘制三维曲线、三维散点、三维曲面和三维柱状图的方法。Axes3D 库也在 Anaconda 安装时已经安装好，无需单独安装。

1. 3D 曲线图

```
import matplotlib as mpl
from mpl_toolkits.mplot3d import Axes3D
import numpy as np
import matplotlib.pyplot as plt
```

```
mpl.rcParams['legend.fontsize'] = 10                    #设置图例字号
fig = plt.figure()                                      #生成画布
ax = fig.add_axes(Axes3D(fig))                          #绘制三维图形
theta = np.linspace(-4 * np.pi, 4 * np.pi, 150)
z = np.linspace(-2, 2, 150)                             #z的步长应于theta一致
r = z**4 + 3
x = r*np.cos(theta)
y = r*np.sin(theta)
ax.plot(x, y, z, label='parametric curve')
ax.legend()
plt.show()
```

输出结果如下图所示：

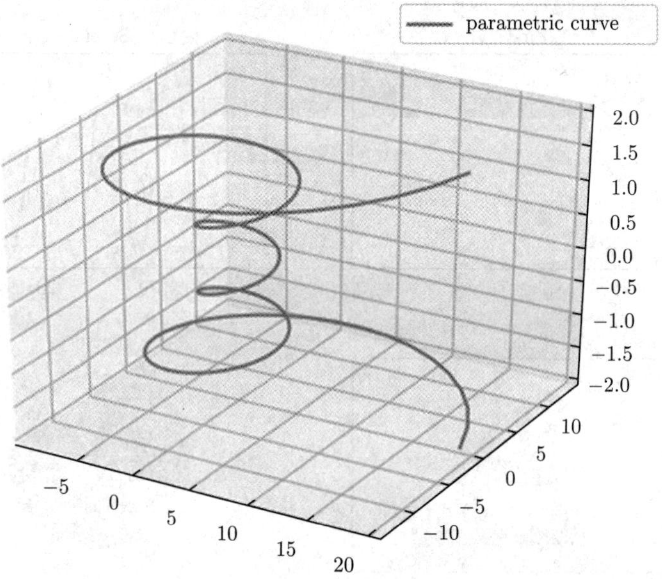

图 2.20　三维曲线图

2. 三维散点图

绘制三维散点图，代码如下所示：

```
#三维散点图
from mpl_toolkits.mplot3d import Axes3D
import matplotlib.pyplot as plt
import numpy as np
def randrange(n, vmin, vmax):
    return (vmax - vmin)*np.random.rand(n) +(vmax - vmin)*2
fig = plt.figure()
ax = fig.add_subplot(111, projection='3d')
n = 100
for c, m, zlow, zhigh in [('r', 'o', -50, -25), ('b', '^', -30, -5)]:
    xs = randrange(n, 23, 32)
    ys = randrange(n, 0, 100)
```

```
    zs = randrange(n, zlow, zhigh)
    ax.scatter(xs, ys, zs, c=c, marker=m)
ax.set_xlabel('X')
ax.set_ylabel('Y')
ax.set_zlabel('Z')
plt.show()
```

输出结果如下图所示：

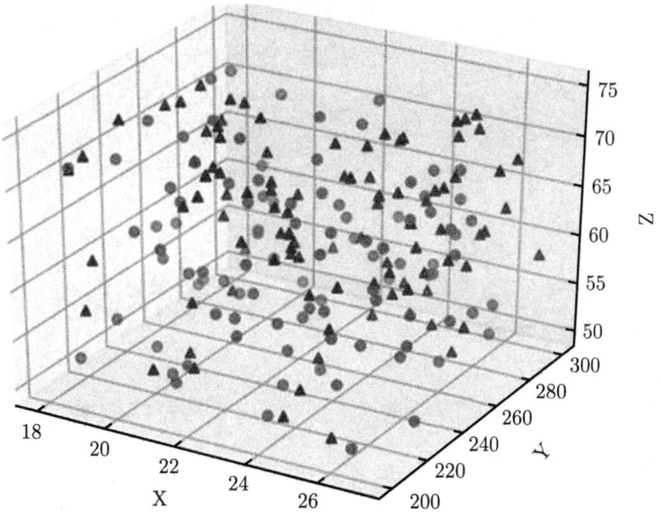

图 2.21　三维散点图

3. 三维曲面图

```
#三维曲面图
import matplotlib.pyplot as plt
import numpy as np
#绘制3D图案
from mpl_toolkits.mplot3d import Axes3D
from matplotlib import cm
x = np.linspace(-1,1,100)
y = np.linspace(-1,1,50)
x1,y1= np.meshgrid(x,y,indexing='ij')
z1= np.sin(x1**2 + y1**2)
fig = plt.figure(figsize=(12,8),facecolor='white')
sub = fig.add_subplot(111,projection='3d')
#cmap=cm.coolwarm 设置颜色cmap
#绘制曲面图
surf = sub.plot_surface(x1,y1,z1,cmap=cm.coolwarm)
sub.set_xlabel(r"$x$")
sub.set_ylabel(r"$y$")
sub.set_zlabel(r"$z$")
plt.show()
```

输出结果如下图所示：

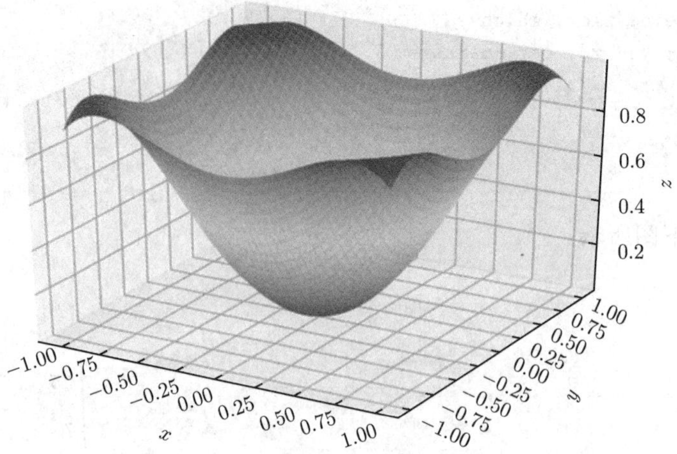

图 2.22　三维曲面图

4. 三维柱状图

```
#三维柱状图
from mpl_toolkits.mplot3d import Axes3D
import matplotlib.pyplot as plt
import numpy as np
#设置x轴取值
x= np.array([1,10,25,30,45,60,70])
#设置y轴取值
y = np.array([1,10,25,30,45,60,70])
z = 50*abs(np.cos(x+y))
fig = plt.figure()
#生成子图对象，类型为3d
ax = fig.add_subplot(111,projection='3d')
#设置作图点的坐标
x_, y_ = np.meshgrid(x[:-1]-2.5 , y[:-1]-2.5 )
x_ = x_.flatten('F')
y_ = y_.flatten('F')
z_ = np.zeros_like(x_)
#设置柱形图大小
dx =5 * np.ones_like(z_)
dy = dx.copy()
dz = dx.copy()
#设置坐标轴标签
ax.set_xlabel('X')
ax.set_ylabel('Y')
ax.set_zlabel('Z')
ax.bar3d(x_, y_, z_, dx, dy, dz,color='b',zsort='average')
plt.show()
```

输出结果如下图所示:

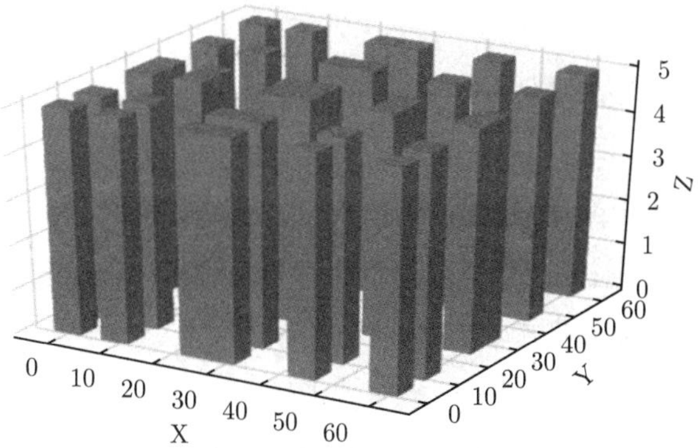

图 2.23 三维柱状图

本章小结

本章对 Python 基础知识进行了介绍，了解安装流程、模块内容，熟悉操作方法，不仅可以帮助读者更好的掌握其使用方法，还可以编写 Python 代码，以便于后续高效利用 Python 程序对优化问题进行求解。

1. Python 的使用接口可根据用户的习惯进行选择，本书基于 Anaconda 进行介绍。安装完毕后对 Python 基础运算、数据类型、函数、类、迭代生成器、文件读与写等语法进行了介绍。

2. Numpy 模块是 Python 程序下科学计算的基础，从基本数据结构开始，对基于 Numpy 的程序计算基础进行概述和操作演示，并对简单的科学运算过程进行代码实现。

3. Pandas 模块是基于 Numpy 数组构建的，是为处理表格和混杂数据设计的。Pandas 是应用较为广泛的第三方库，可以通过 Pandas 进行数据处理与分析，同时 Pandas 支持数据读写、数值计算、数据处理、数据分析和数据可视化。

4. Matplotlib 模块是 Python 应用最广泛的绘图模块，不仅可以绘制常见的散点图、折线图、直方图等，还可以绘制不同类型的图，如组合图和三维图等。

习 题 2

1. 仿照第一节的安装操作在自己的电脑安装 Anaconda 并点击使用 Jupyter notebook。

2. 创建一个长度为 10 的空向量。

3. 创建数值是从 0 到 8 的一个 3×3 矩阵。

4. 某天猴子摘了若干桃子，每天吃现有桃子数的一半多 1 个，第 7 天早上只剩下 1 个桃子，问猴子一共摘了多少个桃子？

5. 利用递归的思想来实现阶乘函数，然后调用该函数求正整数的阶乘。

6. 假设小明有一笔贷款，年利率为 5.75%，贷款年限为 30 年，贷款金额为 35 万，根据下面公式计算每月还贷数和总还款数。

$$月供 = \frac{贷款数 \times 月利率}{1 - \dfrac{1}{(1+月利率)^{年限\times 12}}}$$

其中总还款金额 = 月供 × 贷款年限 ×12，请利用函数来实现。

7. 如何支持 Jupyter notebook 内部绘图？非 Jupyter otebook 中如何绘图？

8. 绘制 1000 个随机数据的直方图。

9. 在 Python 中建立 DataFrame，数据如下：

表 2.5　学生信息数据

姓名	学号	班级	性别	语文	数学	英语
Aa	1601	1 班	男	86	90	71
Bb	1602	2 班	男	88	89	87
Cc	1603	3 班	女	89	80	79
Dd	1604	2 班	女	90	91	86
Ee	1605	3 班	女	85	89	91
Ff	1606	1 班	男	94	83	99
Gg	1607	1 班	女	97	95	93
Hh	1608	2 班	男	86	84	95
Ii	1609	3 班	女	83	78	98

（1）经检查“Ee”同学的语文成绩有误，其语文成绩为 95 分，请在 DataFrame 中改正。

（2）增加一列“总分”，并计算总分。找出成绩最高的同学。

（3）计算各科男生，女生的平均成绩。

第 3 章　最优化概述

优化不仅仅是寻找解决方案，而是寻找合适的解决方案

在现实生活中，经常会遇到某类实际问题，要求在众多的方案中选择一个最优方案。例如，在工程设计中，如何选择参数使设计方案既满足设计要求，又能降低成本；在资源分配时，如何分配现有资源，使分配方案得到最好的经济效益；金融投资中，如何进行投资组合才能在可接受的风险范围内获取最大的收益；在产品加工过程中，如何搭配各种原料的比例才能既降低成本又能提高产品的质量；城建规划中，怎样安排工厂、机关、学校、商店、医院、住宅和其他单位的合理布局，才能方便群众，有利于城市各行各业的发展。在各个领域，诸如此类问题不胜枚举，这类问题的特点是在所有可能的方案中，选出最合理、以达到事先规定的最优目标的方案。这类问题即为最优化问题（Optimization Problem），寻找最优方案的方法称为最优化方法（Optimization Method），为解决最优化问题所需的数学计算方法及处理手段即为优化算法（Optimization Algorithm）。

最优化问题是机器学习、人工智能等问题的基础，也在互联网广告、推荐系统、机器人、无人驾驶等领域有着广泛应用。同时，目前炙手可热的深度学习的兴起也依赖于最优化方法。最优化方法是机器学习中模型训练的基础，机器学习涉及的很多内容都是通过最优化方法找到最合适的参数，使得模型的目标函数最优。

最优化主要是运用数学方法研究各种系统的优化途径及方案，为决策者提供科学决策的依据，其目的在于针对所研究的系统，求得一个合理运用人力、物力和财力的最佳方案，发挥和提高系统的效能及效益，最终达到系统的最优目标。本章将介绍最优化问题的实例、数学模型、分类、一般算法等。

3.1　最优化问题实例

长久以来人们一直追求最优解决方案。早在公元前 500 年，古希腊就在讨论建筑美学中发现了长方形长与宽的最佳比例为 0.618，即黄金分割比，其倒数至今在优选法中仍得到广泛应用。在微积分出现以前，许多学者已经开始研究用数学方法解决最优化问题。例如，阿基米德证明了给定周长时，圆所包围的面积为最大，这就是欧洲古代城堡几乎都建成圆形的原因。然而，最优化方法真正成为科学方法是在 17 世纪以后。当时，牛顿和莱布尼茨在他们所创建的微积分中提出了求解具有多个自变量的实值函数的最大值和最小值的方法。

随后，人们进一步讨论了具有未知函数的函数极值，从而形成变分法。这一时期的最优化方法可以称为古典最优化方法。第二次世界大战前后，由于军事上的需要和科学技术的迅速发展，许多实际的最优化问题已经无法用古典最优化方法来解决，这就促进了近代最优化方法的产生。

近代最优化方法的形成和发展过程中最重要的事件有：以苏联康托罗维奇和美国丹齐克为代表的线性规划；以美国库恩和塔克尔为代表的非线性规划；以美国贝尔曼为代表的动态规划；以苏联庞特里亚金为代表的极大值原理。这些方法后来都形成体系，成为近代很活跃的学科，对促进运筹学、管理科学、控制论和系统工程等学科的发展发挥了重要作用。

下面介绍几个典型最优化问题实例。

3.1.1 K-means 聚类

K-means 聚类是基于样本集合划分的聚类算法。K-means 聚类将样本集合划分为 k 个子集，构成 k 个类，将 n 个样本划分到 k 个类中，每个样本到其所属类中心的距离最小。

给定 n 个样本的集合 $\mathcal{D}=\{\boldsymbol{x_1},\boldsymbol{x_2},\cdots,\boldsymbol{x}_i,\cdots,\boldsymbol{x_n}\}$，每个样本由一个特征向量表示，特征向量的维数是 m。K-means 聚类的目标是将 n 个样本分到 k 个不同的类或簇中。k 个类 $C_1,C_2,\cdots,C_k$ 形成对样本集合 $\mathcal{D}$ 的划分。

K-means 聚类算法针对聚类所得簇划分 $\mathcal{C}=\{C_1,C_2,\cdots,C_k\}$ 最小化平方误差

$$E(\mathcal{C})=\sum_{l=1}^{k}\sum_{\boldsymbol{x}_i\in C_l}||\boldsymbol{x}_i-\bar{\boldsymbol{x}}_l||^2 \tag{3.1}$$

其中 $\bar{\boldsymbol{x}}_l=(\bar{x}_{1l},\bar{x}_{2l},\cdots,\bar{x}_{ml})^T$ 是第 l 个簇的均值向量。直观来看，式 (3.1) 在一定程度上刻画了簇内样本围绕簇均值向量的紧密程度，$E(\mathcal{C})$ 越小，则簇内样本相似度越高；反之，相似的样本被聚到同类时，$E(\mathcal{C})$ 的值最小。因此，最小化式 (3.1) 可达到聚类的目的，即转化为求解如下最优化问题

$$\begin{aligned}\mathcal{C}^*&=\arg\min_{\mathcal{C}}E(\mathcal{C})\\&=\arg\min_{\mathcal{C}}\sum_{l=1}^{k}\sum_{\boldsymbol{x}_i\in C_l}||\boldsymbol{x}_i-\bar{\boldsymbol{x}}_l||^2\end{aligned} \tag{3.2}$$

3.1.2 数据拟合问题

数据拟合问题是最优化问题中非常重要和基础的一类问题。它的目标是找到一个数学模型，使得这个模型能够最好地拟合一组给定的数据点。在实际应用中，数据拟合问题非常常见。例如，在经济学中，我们可以通过拟合历史数据来预测未来趋势；在机器学习中，我们可以通过拟合训练数据来训练模型并进行预测。

数据拟合问题的关键在于选择适当的数学模型和误差函数。选择适当的数学模型通常需要考虑数据的特征和背景知识。例如，在上面的例子中，如果我们发现数据点之间存在非线性关系，那么就需要使用更高阶的多项式模型或其他非线性模型来进行拟合。误差函数则

是度量拟合模型和实际数据之间差异的指标，常用的误差函数包括平方误差、绝对误差、最大误差等不同的度量方式。选择适当的误差函数通常需要考虑具体应用场景和问题需求。

假设给定一组数据点 $\{(\boldsymbol{x}_1, y_1), (\boldsymbol{x}_2, y_2), \cdots, (\boldsymbol{x}_n, y_n)\}$，我们希望找到一个函数 $f(\boldsymbol{x})$ 来拟合这些数据点。我们可以采用最小二乘法来解决这个数据拟合问题，即通过最小化误差的平方和来找到最优的函数。

数学表达上，我们可以将数据拟合问题定义为以下最优化问题：

$$\min \sum_{i=0}^{n} [y_i - f(\boldsymbol{x}_i)]^2$$

其中 y_i 是给定数据点的观测值，$f(\boldsymbol{x}_i)$ 是拟合函数在 $\boldsymbol{x}_i$ 处的值。

常见的数据拟合问题包括线性回归、多项式拟合、指数拟合等。在这些问题中，我们需要选择适当的函数形式，并通过最优化方法来确定函数的参数，从而使函数能够以最小的误差拟合给定的数据点。

3.1.3 矩阵填充

矩阵填充问题是最优化问题的一种常见应用，它的目标是在给定的约束条件下，如何利用已知的部分元素填充（恢复）矩阵，使得填充后的矩阵满足特定的性质或达到某种最优化目标。在这个问题中，我们需要选择适当的填充方式，并通过最优化方法来确定填充的数值，从而使填充后的矩阵满足特定的性质或达到某种最优化目标。

著名的 Netflix 问题就是矩阵填充的一个典型例子。Netflix 公司是一个提供影碟租赁的公司，该公司让用户在观看影碟后对电影评级，然后 Netflix 公司根据用户评级推测用户的喜好，给用户推荐影碟。如图 3.1 所示，如果将用户看成矩阵 $\boldsymbol{M}$ 的行，电影看成矩阵 $\boldsymbol{M}$ 的列，用户对电影的评级是矩阵 $\boldsymbol{M}$ 的元素，其中评级由用户打分 1 星到 5 星表示，记为取值 1~5 的整数。显然每一个用户不可能看过所有的电影，每一部电影也不可能收集到全部用户的评级。由于用户只对看过的电影给出自己的评价，矩阵 $\boldsymbol{M}$ 中很多元素是未知的。要预测用户的喜好，就是要通过这些已知的矩阵元素，推测如图 3.1 中问号处缺失的矩阵元素，这是一个矩阵填充问题。

	电影1	电影2	电影3	电影4	电影i	电影n
用户1	4	?	?	3	$\cdots$	?
用户2	?	2	4	?	$\cdots$	?
用户3	3	?	?	?	$\cdots$	?
用户4	2	?	5	?	$\cdots$	?
用户j	$\vdots$	$\vdots$	$\vdots$	$\vdots$	$\ddots$	?
用户m	?	3	?	4	$\cdots$	?

图 3.1 用户电影评级矩阵示例

为方便起见，令 Ω 是矩阵 $\boldsymbol{M}$ 中所有已知评级元素的下标集合，则该问题可以初步描述为构造一个矩阵 $\boldsymbol{X}$，使得在给定位置的元素等于已知评级元素，即满足 $\boldsymbol{X}_{ij}=\boldsymbol{M}_{ij}$，$(i,j)\in\Omega$。如果没有任何限制，满足这个条件的矩阵 $\boldsymbol{X}$ 有无穷多个。由于影响用户喜好的因素往往只有少数几个，因此矩阵 $\boldsymbol{M}$ 是一个低秩矩阵，故寻找一个低秩矩阵 $\boldsymbol{X}$ 可能给出很好的解，即求解优化问题

$$\begin{aligned}&\min \operatorname{rank}(\boldsymbol{X})\\&\text{s.t. } \boldsymbol{X}_{ij}=\boldsymbol{M}_{ij},\quad (i,j)\in\Omega\end{aligned}\tag{3.3}$$

其中 $\operatorname{rank}(\boldsymbol{X})$ 为矩阵 $\boldsymbol{X}$ 的秩。设 P_Ω 是一个投影映射

$$P_\Omega(\boldsymbol{M})=\begin{cases}\boldsymbol{M}_{ij}, & (i,j)\in\Omega\\ 0, & (i,j)\in\Omega^c\end{cases}$$

则式 (3.3) 可以改写为

$$\begin{aligned}&\min \operatorname{rank}(\boldsymbol{X})\\&\text{s.t. } P_\Omega(\boldsymbol{X})=P_\Omega(\boldsymbol{M})\end{aligned}$$

由于矩阵的秩是一个非凸函数，一般来讲，矩阵秩最小化问题是一个 NP 难问题，求解所需时间随着矩阵规模的增加呈指数增长。因此对于大规模的矩阵，秩最小化方法几乎是不可解的。Candes 和 Recht 提出将核范数最小化算法应用于矩阵填充问题。令 $||\boldsymbol{X}||_*$ 表示矩阵的核范数，等于矩阵的奇异值之和。核范数最小化问题用于求解如下优化问题

$$\begin{aligned}&\min ||\boldsymbol{X}||_*\\&\text{s.t. } \boldsymbol{X}_{ij}=\boldsymbol{M}_{ij},\quad (i,j)\in\Omega\end{aligned}$$

注意到 $||\boldsymbol{X}||_*$ 是凸函数，因此这是一个凸优化问题。

3.2 最优化问题的数学模型

最优化问题的一般数学模型表示为

$$\begin{aligned}&\min f(\boldsymbol{x})\\&\text{s.t. } h_i(\boldsymbol{x})=0,\quad i=1,\cdots,m\\&\qquad g_j(\boldsymbol{x})\geqslant 0,\quad j=1,\cdots,p\end{aligned}\tag{3.4}$$

其中 $\boldsymbol{x}=(x_1,x_2,\cdots,x_n)^T\in\mathbb{R}^n$ 是 n 维向量，$x_1,x_2,\cdots,x_n$ 称为决策变量。同时，$f(\boldsymbol{x})$ 称为目标函数，$h_i(\boldsymbol{x})$ 与 $g_i(\boldsymbol{x})$ 称为约束函数，英文 s.t. 表示“subject to”，中文意思是“受限制于”。一般情况下，最优化所求解的都是目标函数的最小值，如果需要求目标函数最大值，将 $\max f(\boldsymbol{x})$ 转化为 $\min[-f(\boldsymbol{x})]$ 即可。

具体来说，$h_i(\boldsymbol{x})(i=1,\cdots,m)$ 称为等式约束，而 $g_j(\boldsymbol{x})(j=1,\cdots,p)$ 称为不等式约束。满足约束函数的 $\boldsymbol{x}$ 称为可行解（Feasible Solution），全体可行解的集合称为可行域（Feasible Region），记为 $\mathcal{D}$，即

$$\mathcal{D}=\{\boldsymbol{x}\mid h_i(\boldsymbol{x})=0,i=1,\ldots,m,\quad g_j(\boldsymbol{x})\geqslant 0,j=1,\ldots,p,\quad \boldsymbol{x}\in\mathbb{R}^n\}$$

定义 3.1 若 $\boldsymbol{x}_*\in\mathcal{D}$，对于一切 $\boldsymbol{x}\in\mathcal{D}$，恒有

$$f(\boldsymbol{x}_*)\leqslant f(\boldsymbol{x})$$

则称 $\boldsymbol{x}_*$ 为最优化问题式 (3.4) 的全局最优解（Global Optimal Solution）。若 $\boldsymbol{x}_*\in\mathcal{D}$，对于一切 $\boldsymbol{x}\in\mathcal{D}$，$\boldsymbol{x}\neq\boldsymbol{x}_*$，恒有

$$f(\boldsymbol{x}_*)<f(\boldsymbol{x})$$

则称 $\boldsymbol{x}_*$ 为最优化问题式 (3.4) 的严格全局最优解（Strictly Global Optimal Solution）。

定义 3.2 若 $\boldsymbol{x}_*\in\mathcal{D}$，存在 $\boldsymbol{x}_*$ 的某邻域 $\mathcal{N}_\varepsilon(\boldsymbol{x}_*)$，使得对于一切 $\boldsymbol{x}\in\mathcal{D}\cap\mathcal{N}_\varepsilon(\boldsymbol{x}_*)$，恒有

$$f(\boldsymbol{x}_*)\leqslant f(\boldsymbol{x})$$

则称 $\boldsymbol{x}_*$ 为最优化问题式 (3.4) 的局部最优解（Local Optimal Solution）。其中 $\mathcal{N}_\varepsilon(\boldsymbol{x}_*)=\{\boldsymbol{x}\mid\|\boldsymbol{x}-\boldsymbol{x}_*\|<\varepsilon,\varepsilon>0\}$，$\|\cdot\|$ 是范数。若上面的不等式为严格不等式

$$f(\boldsymbol{x}_*)<f(\boldsymbol{x}),\quad \boldsymbol{x}\neq\boldsymbol{x}_*$$

则称 $\boldsymbol{x}_*$ 为问题式 (3.4) 的严格局部最优解（Strictly Local Optimal Solution）。

3.3 最优化问题的分类

最优化问题的类别很多，可以从不同角度分类。不同类型的优化问题有不同的性质和求解方法，合理的分类有助于我们更好地理解和解决优化问题，并选择适当的优化算法和技术来求解。根据目标函数和约束条件的线性性质分类，可以分为线性优化和非线性优化；根据约束条件的有无分类，分为无约束问题和约束问题；根据变量的连续性分类，分为离散问题和连续问题；根据目标函数和约束条件的凸性质分类，分为凸优化问题和非凸优化问题。

1. 线性与非线性优化问题

线性优化问题是最为简单和常见的优化问题之一。它的目标函数和约束条件都是线性的，数学性质较好，求解方法较为成熟。线性优化问题在运输、资源分配、生产计划等领域有广泛应用。

非线性优化问题的目标函数和约束条件至少有一个是非线性的，它是最一般的优化问题，凸优化与二次规划是两类常见的非线性优化问题。求解非线性优化问题需要使用非线性优化方法，例如梯度下降法、牛顿法、拟牛顿法、全局优化方法等，这些方法的求解效率和稳定性取决于问题的特点和算法的选择。非线性优化问题在工程、经济学、物理学等领域中

有广泛应用。

2. 有约束与无约束优化问题

无约束优化问题指的是在最优化问题中没有约束条件，只考虑目标函数的最小化或最大化。它的求解过程相对简单，但也意味着最优解可能出现在任意点。常见的无约束优化问题有函数最小化、参数拟合等。

在有约束优化问题中，变量的取值范围受到一定的限制条件，即约束条件。这些约束条件可以是等式或不等式，用来描述变量之间的关系或限制变量的取值范围。常见的约束优化问题有线性规划、非线性规划等。在约束优化中，最优解必须同时满足目标函数和约束条件，求解过程相对复杂，通常可将有约束优化问题转化为无约束优化问题来进行处理，因此无约束优化问题是最优化的基础。

3. 离散与连续优化问题

在离散优化问题中，变量的取值只能从有限的离散集合中选择。这意味着变量的取值只能是整数或者从一组预定义的选项中选择。离散优化问题常见于组合优化、整数规划、网络优化等领域，求解离散优化问题的方法有分支定界法、遗传算法等。在实际中离散优化问题往往比连续优化问题更难求解，可以将其转化为一系列连续优化问题来进行求解。

连续优化问题的变量取值可以是任意实数值，涉及到无限多个可能的解，需要使用数值方法进行求解。连续优化问题广泛应用于经济学、数学建模、机器学习、工程学、物理学等领域。求解连续优化问题的方法有梯度下降法、牛顿法、拟牛顿法等。在连续优化问题中，根据目标函数和约束函数是否光滑，又可分为光滑优化问题和非光滑优化问题。即如果问题式 (3.4) 中所有函数都连续可微，则问题称为光滑优化问题，如果问题式 (3.4) 中有一个函数不连续可微，则问题称为非光滑优化问题。

4. 凸与非凸优化问题

凸优化问题指的是目标函数和约束条件都是凸函数，线性规划、二次规划等都属于凸优化问题。凸优化问题的任何一个局部最优解必定是全局最优解，如果目标函数是可行域上的严格凸函数，则存在唯一全局最优解。凸优化问题具有良好的数学性质和求解方法，广泛应用于机器学习、图像处理、信号处理、控制系统等领域。目前，求解凸优化问题的方法相对较为成熟，包括梯度下降法、牛顿法、内点法、梯度投影法、次梯度法等。

非凸优化问题的目标函数和（或）约束条件不满足凸性，求解一般比较困难，需要使用更加复杂的算法和技术。非凸优化问题在实际应用中广泛存在，如机器学习中的无监督聚类问题、神经网络的训练等。与凸优化不同，非凸优化问题的解决方案通常需要使用一些特殊的技术，如随机梯度下降法、随机优化方法、分支定界法等。

3.4 最优化问题的一般算法

求解最优化问题的本质就是寻找最小值。基本方法是给定一个初始可行点 $\boldsymbol{x}_0 \in \mathcal{D}$，由这个初始可行点出发到达一个新可行点 $\boldsymbol{x}_1$，如此反复，相继产生 $\boldsymbol{x}_2$，$\boldsymbol{x}_3$，$\boldsymbol{x}_4$，$\cdots$，得到一

个可行点列，记为 $\{\boldsymbol{x}_k\}$。依据前述方法，如果可行点恰好是问题的一个最优解，或者说该点列收敛到问题的一个最优解，称这个算法为迭代算法（Iterative Algorithm）。进一步，在迭代算法中由点 $\boldsymbol{x}_k$ 迭代到 $\boldsymbol{x}_{k+1}$ 时，要求 $f(\boldsymbol{x}_{k+1}) \leqslant f(\boldsymbol{x}_k)$，称这种算法为下降算法（Descent Algorithm）。

最优化问题的算法具有一般迭代格式：

给定初始点 $\boldsymbol{x}_0$，令 $k=0$。

Step 1　确定点 $\boldsymbol{x}_k$ 处的可行下降方向 $\boldsymbol{d}_k$；

Step 2　确定步长 $\lambda_k>0$，使得 $f(\boldsymbol{x}_k+\lambda_k\boldsymbol{d}_k)<f(\boldsymbol{x}_k)$；

Step 3　令 $\boldsymbol{x}_{k+1}=\boldsymbol{x}_k+\lambda_k\boldsymbol{d}_k$；

Step 4　若 $\boldsymbol{x}_{k+1}$ 满足某种终止准则，则停止迭代，以 $\boldsymbol{x}_{k+1}$ 为近似最优解。否则令 $k=k+1$，转 Step 1。

后续章节内容会详细介绍如何运用各种不同的算法选取不同的搜索方向，以及如何利用一维线性搜索求步长。下面先介绍迭代格式中各步骤提到的重要概念：可行下降方向、步长、终止准则以及收敛性与收敛速度等。

3.4.1 可行下降方向与步长

最优化算法产生点列 $\{\boldsymbol{x}_k\}$，其各可行点的生成有两个关键步骤：可行下降方向和步长。

首先在可行点 $\boldsymbol{x}_k$ 处求一个方向 $\boldsymbol{d}_k$，使得点 $\boldsymbol{x}_k$ 沿方向 $\boldsymbol{d}_k$ 移动时目标函数 $f(\boldsymbol{x})$ 有所下降，称这个方向为下降方向，也称为搜索方向。

定义 3.3　在点 $\boldsymbol{x}_k$ 处，对于向量 $\boldsymbol{d}_k$，若存在实数 $\bar{\lambda}>0$，对任意的 $\lambda\in(0,\bar{\lambda})$，有

$$f(\boldsymbol{x}_k+\lambda\boldsymbol{d}_k)<f(\boldsymbol{x}_k)$$

称 $\boldsymbol{d}_k$ 为目标函数 $f(\boldsymbol{x})$ 在点 $\boldsymbol{x}_k$ 处的一个下降方向（Descent Direction）。

当目标函数 $f(\boldsymbol{x})$ 具有连续的一阶偏导数时，记 $f(\boldsymbol{x})$ 在点 $\boldsymbol{x}_k$ 处的梯度为 $\nabla f(\boldsymbol{x}_k)$，由 Taylor 公式，有

$$f(\boldsymbol{x}_k+\lambda\boldsymbol{d}_k)=f(\boldsymbol{x}_k)+\lambda\nabla f(\boldsymbol{x}_k)^T\boldsymbol{d}_k+o(\lambda\|\boldsymbol{d}_k\|)$$

当 $\nabla f(\boldsymbol{x}_k)^T\boldsymbol{d}_k<0$ 时，有 $f(\boldsymbol{x}_k+\lambda\boldsymbol{d}_k)<f(\boldsymbol{x}_k)$，所以 $\boldsymbol{d}_k$ 是 $f(\boldsymbol{x})$ 在点 $\boldsymbol{x}_k$ 处的一个下降方向。反之，当 $\boldsymbol{d}_k$ 是 $f(\boldsymbol{x})$ 在点 $\boldsymbol{x}_k$ 处的下降方向时，有 $\nabla f(\boldsymbol{x}_k)^T\boldsymbol{d}_k<0$。所以也称满足

$$\nabla f(\boldsymbol{x}_k)^T\boldsymbol{d}_k<0$$

的方向 $\boldsymbol{d}_k$ 为 $f(\boldsymbol{x})$ 在点 $\boldsymbol{x}_k$ 处的下降方向。

定义 3.4　已知区域 $\mathcal{D}\subset\mathbb{R}^n$，$\boldsymbol{x}_k\in\mathcal{D}$，对于向量 $\boldsymbol{d}_k\neq\boldsymbol{0}$，若存在实数 $\bar{\lambda}>0$，对任意的 $\lambda\in(0,\bar{\lambda})$，有

$$\boldsymbol{x}_k+\lambda\boldsymbol{d}_k\in\mathcal{D}$$

则称 $\boldsymbol{d}_k$ 为点 $\boldsymbol{x}_k$ 处关于区域 $\mathcal{D}$ 的可行方向（Feasible Direction）。

显然，对于 $\mathcal{D}$ 的内点来说，任意向量 $\boldsymbol{d}_k$ 都是可行方向。若点 $\boldsymbol{x}_k$ 是 $\mathcal{D}$ 的边界点，那么有些方向是可行的，有些方向不是可行的。

因为可行列 $\{\boldsymbol{x}_k\}$ 中所有的元素都是可行点，所以除无约束优化外，都需要注意从点 $\boldsymbol{x}_k$ 生成新的点 $\boldsymbol{x}_{k+1}$ 的可行性，也就是确保方向不仅是下降的，同时还是可行的，这个方向也称为可行下降方向（Feasible Descent Direction）。

其次以 $\boldsymbol{x}_k$ 为出发点，以 $\boldsymbol{d}_k$ 为方向做射线 $\boldsymbol{x} = \boldsymbol{x}_k + \lambda \boldsymbol{d}_k$，其中 $\lambda > 0$，在此射线上求一点 $\boldsymbol{x}_{k+1}$，$\boldsymbol{x}_{k+1} = \boldsymbol{x}_k + \lambda_k \boldsymbol{d}_k$，使得

$$f(\boldsymbol{x}_{k+1}) = f(\boldsymbol{x}_k + \lambda_k \boldsymbol{d}_k) < f(\boldsymbol{x}_k)$$

其中 λ_k 称为步长（Step-size），或步长因子。

3.4.2 收敛性与收敛速度

算法的收敛性是设计一个迭代算法的最起码要求。当提出一种新算法时，往往要对其收敛性进行讨论。

如果某算法构造出的点列 $\{\boldsymbol{x}_k\}$ 能够在有限步之内得到最优化问题的最优解 $\boldsymbol{x}_*$，或者点列 $\{\boldsymbol{x}_k\}$ 有极限点，并且其极限点是最优解 $\boldsymbol{x}_*$，则称这种算法是收敛的，即

$$\lim_{n\to\infty} \boldsymbol{x}_k = \boldsymbol{x}_*$$

或

$$\lim_{n\to\infty} \|\boldsymbol{x}_k - \boldsymbol{x}_*\| = 0$$

当讨论一个算法是否收敛时，如果对任意初始点 $\boldsymbol{x}_0$ 所产生的点列 $\{\boldsymbol{x}_k\}$ 都收敛到最优解 $\boldsymbol{x}_*$，则称该算法具有全局收敛性（Global Convergence）；如果对最优解的某个邻域中任意初始点 $\boldsymbol{x}_0$ 所产生的点列 $\{\boldsymbol{x}_k\}$ 都收敛到最优解 $\boldsymbol{x}_*$，则称该算法是局部收敛性（Local Convergence）。

事实上，有许多方法在经过长时间的实际运用以后，其收敛性才得到证明。有的方法尽管其收敛性未得到证明，但在某些实际应用中是有效可行的，因而人们仍在不断地使用。另一方面，任何一个算法，只能对满足一定条件的目标函数来说是收敛的，但是用于不满足这些条件的函数时，有时也能得到很好的效果。此外，当目标函数具有不止一个最小点时，求得的往往是一个局部最小点，这时改变初始点的取值，重新计算，如果求得的仍是同一个最小点，我们就认为它是全局最小点。

因此，当遇到一个实际问题时，我们总是通过考虑函数和算法的特点，先选定一种算法，如果经过努力发现行不通，就再换一种算法；如果求得的最优解从实际问题来看并不准确，这时可以选定不同的初始点计算几次，从中找出一个合理的结果。

衡量一个算法的优劣，能够收敛于问题的最优解是必要的，但仅收敛还不够，还必须能以较快的速度收敛，这才是好的算法。因此，除了收敛性，还需要考虑收敛速度。最优化理论中，评价一个算法的收敛速度有两个衡量尺度，Q-收敛与 R-收敛，我们一般用到的是 Q-收敛，包括线性收敛，超线性收敛，r 阶收敛。

1. Q-收敛

定义 3.5 设由算法 $\mathcal{A}$ 产生的迭代点列 $\{\boldsymbol{x}_k\}$ 在某种测度 $\|\cdot\|$ 意义下收敛于点 $\boldsymbol{x}_*$。若

存在实数 $r>0$ 及一个与迭代次数 k 无关的常数 $q>0$，使得

$$\lim_{n\to\infty}\frac{\|\boldsymbol{x}_{k+1}-\boldsymbol{x}_*\|}{\|\boldsymbol{x}_k-\boldsymbol{x}_*\|^r}=q$$

则称算法 $\mathcal{A}$ 产生的迭代点列 $\{\boldsymbol{x}_k\}$ 具有 r 阶收敛速度，或称算法 $\mathcal{A}$ 为 r 阶收敛。其中 q 称为收敛比（Convergence Ratio）。特别地

（1）当 $r=1$，$0<q<1$ 时，称迭代点列 $\{\boldsymbol{x}_k\}$ 具有线性收敛速度，或称算法 $\mathcal{A}$ 线性收敛（Linear Convergence）；

（2）当 $r=1$，$q=1$ 时，称迭代点列 $\{\boldsymbol{x}_k\}$ 具有次线性收敛速度，或称算法 $\mathcal{A}$ 次线性收敛（Sublinear Convergence）；

（3）当 $r=1$，$q=0$ 时，称迭代点列 $\{\boldsymbol{x}_k\}$ 具有超线性收敛速度，或称算法 $\mathcal{A}$ 超线性收敛（Superlinear Convergence）；

（4）当 $r=2$，$q>0$ 时，称迭代点列 $\{\boldsymbol{x}_k\}$ 具有二阶收敛速度，或称算法 $\mathcal{A}$ 二阶收敛（Second-order Convergence）。

一般认为，具有超线性收敛或二阶收敛的算法是较快速的算法。

2. R-收敛

R-收敛借助一个收敛于零的数列来度量 $\|\boldsymbol{x}_k-\boldsymbol{x}_*\|$ 趋于零的速度，设点列 $\{\boldsymbol{x}_k\}$ 收敛到最优解 $\boldsymbol{x}_*$。若存在 $m\in(0,\infty)$，$q\in(0,1)$，使得

$$\|\boldsymbol{x}_k-\boldsymbol{x}_*\|\leqslant mq^k$$

则称 $\{\boldsymbol{x}_k\}$R-线性收敛到 $\boldsymbol{x}_*$。若

$$\|\boldsymbol{x}_k-\boldsymbol{x}_*\|\leqslant m\prod_{i=0}^{k}q_i$$

则称 $\{\boldsymbol{x}_k\}$R-超线性收敛到 $\boldsymbol{x}_*$。

3.4.3 终止准则

用迭代方法寻优时，其迭代过程不能无限制地进行下去，何时截断这种迭代，这就是迭代什么时候终止的问题。当某次迭代满足终止准则时，就停止迭代，而以这次迭代所得到的点 $\boldsymbol{x}_k$ 或 $\boldsymbol{x}_{k+1}$ 作为最优解 $\boldsymbol{x}_*$ 的近似解。下面是常用的几种迭代终止准则。

对于预先给定的适当小的计算精度 $\varepsilon>0$，有如下准则：

1. 点距准则

相邻两迭代点 $\boldsymbol{x}_k$、$\boldsymbol{x}_{k+1}$ 之间的距离已达到充分小，即

$$\|\boldsymbol{x}_{k+1}-\boldsymbol{x}_k\|\leqslant\varepsilon \tag{3.5}$$

2. 函数下降量准则

相邻两迭代点 $\boldsymbol{x}_k$、$\boldsymbol{x}_{k+1}$ 的函数值下降量已达到充分小，当 $|f(\boldsymbol{x}_{k+1})|<1$ 时，可用函数绝对下降量准则

$$\|f(\boldsymbol{x}_{k+1})-f(\boldsymbol{x}_k)\|\leqslant\varepsilon \tag{3.6}$$

当 $|f(\boldsymbol{x}_{k+1})| \geqslant 1$ 时，可用函数相对下降量准则

$$\left\| \frac{f(\boldsymbol{x}_{k+1}) - f(\boldsymbol{x}_k)}{f(\boldsymbol{x}_{k+1})} \right\| \leqslant \varepsilon$$

3. 梯度准则

目标函数在迭代点的梯度已达到充分小，即

$$\|\nabla f(\boldsymbol{x}_{k+1})\| \leqslant \varepsilon \tag{3.7}$$

这一准则对于定义域上的凸函数是完全正确的。

当目标函数在极小点的附近比较陡峭时（如图 3.2(a)），终止准则式 (3.6)、式 (3.7) 效果较好；当目标函数在极小点的附近比较平坦时（如图 3.2(b)），终止准则式 (3.5) 效果较好。因此，可将式 (3.5) 分别与式 (3.6)、式 (3.7) 结合使用，或者三种终止准则的组合。

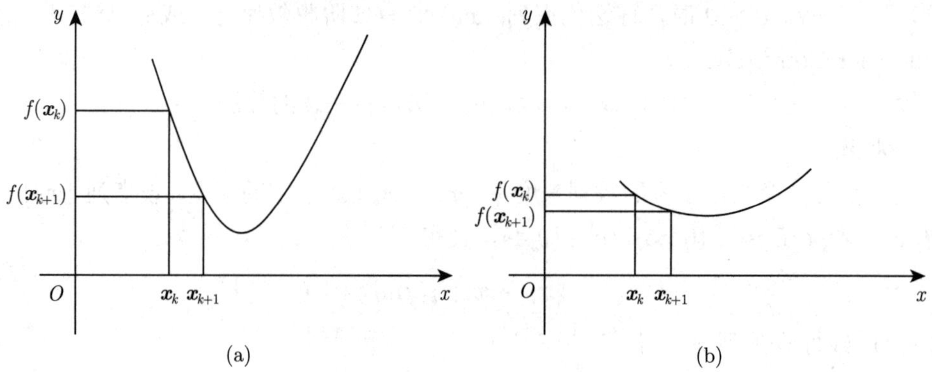

图 3.2　终止准则效果示例图

本章小结

1. 最优化是数学与计算领域中的重要分支，旨在在所有可能的方案中，选出最合理、以达到事先规定的最优目标的方案。寻找最优方案的方法称为最优化方法。最优化方法广泛应用于经济学、工程学、物理学等领域。典型的最优化实例有投资组合优化、机器学习模型参数调优等。

2. 最优化问题的一般数学模型为

$$\begin{aligned} &\min f(\boldsymbol{x}) \\ &\text{s.t. } h_i(\boldsymbol{x}) = 0, \quad i = 1, \cdots, m \\ &\qquad g_j(\boldsymbol{x}) \geqslant 0, \quad j = 1, \cdots, p \end{aligned}$$

其中 $\boldsymbol{x} = (x_1, x_2, \cdots, x_n)^T \in \mathbb{R}^n$ 是 n 维向量，$x_1, x_2, \cdots, x_n$ 称为决策变量。同时，$f(\boldsymbol{x})$ 称为目标函数，$h_i(\boldsymbol{x})$ 与 $g_j(\boldsymbol{x})$ 称为约束函数。

3. 最优化问题的类别可以根据目标函数和约束条件的线性性质分为线性优化问题和非

线性优化问题；根据约束条件的有无分为无约束优化问题和有约束优化问题；根据变量的连续性分为离散优化问题和连续优化问题；根据目标函数和约束条件的凸性质分为凸优化问题和非凸优化问题。

4. 介绍最优化问题算法的一般迭代格式，以及迭代格式中各步骤提到的重要概念：可行下降方向、步长、终止准则以及收敛性与收敛速度等。

习 题 3

1. 建立优化模型应考虑哪些要素？

2. 请简述最优化问题的分类。

3. 已知长方体的表面积为 S，建立以该长方体的长、宽、高为变量，使该长方体的体积最大的优化问题的数学模型。

4. 分析以下约束优化问题的可行域和非可行域。

$$g_1(\boldsymbol{x}) = x_1^2 + x_2^2 - 16 \leqslant 0$$

$$g_2(\boldsymbol{x}) = 2 - x_2 \leqslant 0$$

5. 讨论优化模型最优解的存在性、迭代算法的收敛性以及终止准则。

6. 某公司看中某一厂家所拥有的 3 种资源 R_1、R_2 和 R_3，欲出价收购（可能用于生产附加值更高的产品）。如果你是该公司的决策者，如何确定对这 3 种资源的收购报价？

第 4 章　无约束优化方法

无约束优化方法为最优化问题提供了基本的解决思路和方法

无论是无约束优化问题还是有约束优化问题，实质上都是求极值的数学问题。然而，优化计算的求优方法与数学中的微分学求极值方法有所不同。优化计算的求优方法通过按照一定的逻辑结构进行反复的数值计算，寻求目标函数值不断下降的设计点，直到达到足够的精度为止。

无约束优化方法通过迭代算法和优化技术，不断优化变量的值，逐步逼近最优解。本章将介绍无约束优化方法的基本概念、常用算法和实际应用。我们将探讨无约束问题的最优性条件，介绍常用的无约束优化方法，如线搜索法、梯度法、牛顿法、拟牛顿法、共轭梯度法等，以及坐标轮换法、单纯形法、信赖域法等。

4.1　无约束问题的最优性条件

本章考虑无约束优化问题

$$\min_{\boldsymbol{x}\in\mathbb{R}^n} f(\boldsymbol{x}) \tag{4.1}$$

其中 $\boldsymbol{x}=(x_1,x_2,\cdots,x_n)^T$ 是 n 维向量，$f(\boldsymbol{x})$ 是 $\boldsymbol{x}$ 的实值连续函数，通常假定其具有二阶连续偏导数。

在考虑优化方法时讨论最优性条件是非常重要的，它可以帮助我们理解优化问题的性质，验证解的质量，并指导我们在实际应用中选择合适的优化方法。最优性条件是一组数学条件，用于判断一个点是否为目标函数的最优解。通过研究最优性条件，我们可以验证所找到的解是否满足这些条件，从而确定其是否为最优解。此外，最优性条件还可以帮助我们设计和改进优化算法，更快、更准确地找到最优解。

最优性条件通常与函数的一阶导数和二阶导数性质有关。常见的最优性条件包括一阶条件（如梯度为零）和二阶条件（如 Hessian 矩阵的正定性）。

定理 4.1（一阶必要条件）　设 $f(\boldsymbol{x})$ 是开集 $\mathcal{D}$ 上一阶连续可微。若 $\boldsymbol{x}_*\in\mathcal{D}$ 是式 (4.1) 的一个局部极小点，则必有 $\nabla f(\boldsymbol{x}_*)=\boldsymbol{0}$。

证明　任取 $\boldsymbol{v}\in\mathbb{R}^n$，考虑 $f(\boldsymbol{x})$ 在点 $\boldsymbol{x}=\boldsymbol{x}_*$ 处的泰勒展开

$$f(\boldsymbol{x}_*+t\boldsymbol{v})=f(\boldsymbol{x}_*)+t\boldsymbol{v}^T\nabla f(\boldsymbol{x}_*)+o(t)$$

整理得

$$\frac{f(\boldsymbol{x}_*+t\boldsymbol{v})-f(\boldsymbol{x}_*)}{t}=\boldsymbol{v}^T\nabla f(\boldsymbol{x}_*)+o(1)$$

根据 $\boldsymbol{x}_*$ 的最优性，上式中分别对 t 在 0 处求左、右极限可知

$$\lim_{t\to0+}\frac{f(\boldsymbol{x}_*+t\boldsymbol{v})-f(\boldsymbol{x}_*)}{t}=\boldsymbol{v}^T\nabla f(\boldsymbol{x}_*)\geqslant 0$$

$$\lim_{t\to0-}\frac{f(\boldsymbol{x}_*+t\boldsymbol{v})-f(\boldsymbol{x}_*)}{t}=\boldsymbol{v}^T\nabla f(\boldsymbol{x}_*)\leqslant 0$$

即对任意的 $\boldsymbol{v}$ 有 $\boldsymbol{v}^T\nabla f(\boldsymbol{x}_*)=0$，由 $\boldsymbol{v}$ 的任意性知 $\nabla f(\boldsymbol{x}_*)=\boldsymbol{0}$。

注意到，上述条件仅仅是必要的。例如，对于 $f(x)=x^2, x\in\mathbb{R}$，满足 $f'(x)=0$ 的点为 $x_*=0$，是全局极小点。而对于 $f(x)=x^3, x\in\mathbb{R}$，满足 $f'(x)=0$ 的点为 $x_*=0$，但其不是一个局部极小点。

定义 4.1 设 $f:\mathcal{D}\subset\mathbb{R}^n\to\mathbb{R}$，$\boldsymbol{x}_*$ 是 $\mathcal{D}$ 的内点。若 $\nabla f(\boldsymbol{x}_*)=\boldsymbol{0}$，则 $\boldsymbol{x}_*$ 称为 $f(\boldsymbol{x})$ 的驻点（Stationary Point），也可称为稳定点、平稳点或临界点。

可以看出，除了一阶必要条件，还需对函数加一些额外的限制条件，才能保证最优解的充分性。

定理 4.2 设 $f(\boldsymbol{x})$ 在开集 $\mathcal{D}$ 上二阶连续可微

（1）二阶必要条件　若 $\boldsymbol{x}_*\in\mathcal{D}$ 是式 (4.1) 的一个局部极小点，则必有 $\nabla f(\boldsymbol{x}_*)=\boldsymbol{0}$ 且 $\nabla^2 f(\boldsymbol{x}_*)$ 是半正定矩阵。

（2）二阶充分条件　若 $\boldsymbol{x}_*\in\mathcal{D}$ 满足条件 $\nabla f(\boldsymbol{x}_*)=\boldsymbol{0}$ 及 $\nabla^2 f(\boldsymbol{x}_*)$ 是正定矩阵，则 $\boldsymbol{x}_*$ 是式 (4.1) 的一个局部极小点。

证明　考虑 $f(\boldsymbol{x})$ 在点 $\boldsymbol{x}_*$ 附近的二阶泰勒展开式

$$f(\boldsymbol{x}_*+\boldsymbol{d})=f(\boldsymbol{x}_*)+\nabla f(\boldsymbol{x}_*)^T\boldsymbol{d}+\frac{1}{2}\boldsymbol{d}^T\nabla^2 f(\boldsymbol{x}_*)\boldsymbol{d}+o(\|\boldsymbol{d}\|^2) \tag{4.2}$$

因为一阶必要条件成立，所以 $\nabla f(\boldsymbol{x}_*)=\boldsymbol{0}$。反设 $\nabla^2 f(\boldsymbol{x}_*)$ 是半正定矩阵不成立，即 $\nabla^2 f(\boldsymbol{x}_*)$ 有负的特征值，取 $\boldsymbol{d}$ 为其负特征值 λ 对应的特征向量，通过对二阶泰勒展开式 (4.2) 变形得到

$$\frac{f(\boldsymbol{x}_*+\boldsymbol{d})-f(\boldsymbol{x}_*)}{\|\boldsymbol{d}\|^2}=\frac{1}{2}\frac{\boldsymbol{d}^T}{\|\boldsymbol{d}\|}\nabla^2 f(\boldsymbol{x}_*)\frac{\boldsymbol{d}}{\|\boldsymbol{d}\|}+o(1)$$

注意到 $\dfrac{\boldsymbol{d}}{\|\boldsymbol{d}\|}$ 是 $\boldsymbol{d}$ 的单位化，因此

$$\frac{f(\boldsymbol{x}_*+\boldsymbol{d})-f(\boldsymbol{x}_*)}{\|\boldsymbol{d}\|^2}=\frac{1}{2}\lambda+o(1)$$

当 $\|\boldsymbol{d}\|$ 充分小时，有 $f(\boldsymbol{x}_*+\boldsymbol{d})<f(\boldsymbol{x}_*)$，这和点 $\boldsymbol{x}_*$ 的最优性矛盾，因此二阶必要条件成立。

当 $\nabla^2 f(\boldsymbol{x}_*)$ 正定时，对任意的 $\boldsymbol{d}\neq 0$ 有 $\boldsymbol{d}^T\nabla^2 f(\boldsymbol{x}_*)\boldsymbol{d}\geqslant\lambda_{\min}\|\boldsymbol{d}\|^2>0$，这里 $\lambda_{\min}>0$ 是 $\nabla^2 f(\boldsymbol{x}_*)$ 的最小特征值，因此有

$$\frac{f(\boldsymbol{x}_*+\boldsymbol{d})-f(\boldsymbol{x}_*)}{\|\boldsymbol{d}\|^2}=\frac{1}{2}\lambda_{\min}+o(1)$$

当 $\|\boldsymbol{d}\|$ 充分小时，$f(\boldsymbol{x}_*+\boldsymbol{d})\geqslant f(\boldsymbol{x}_*)$，即二阶充分条件成立。

二阶最优性条件给出的仍是关于局部最优性的判断，对于给定点的全局最优性判断，我们还可以借助实际问题的性质，比如目标函数是凸的、非线性最小二乘问题中目标函数值为 0 等。但对于目标函数是凸函数的无约束优化问题，其驻点、局部极小点和全局极小点三者是等价的。

定理 4.3 设 $f(\boldsymbol{x})$ 在 $\mathbb{R}^n$ 上是凸函数并且是一阶连续可微的，则 $\boldsymbol{x}_*\in\mathbb{R}^n$ 是式 (4.1) 全局极小点的充要条件是 $\nabla f(\boldsymbol{x}_*)=\boldsymbol{0}$。

【例 4.1】 利用最优性条件求解无约束非线性优化问题

$$\min\ f(\boldsymbol{x})=\frac{1}{3}x_1^3+\frac{1}{3}x_2^3-x_2^2-x_1+4$$

解 因为 $\dfrac{\partial f(\boldsymbol{x})}{\partial x_1}=x_1^2-1,\dfrac{\partial f(\boldsymbol{x})}{\partial x_2}=x_2^2-2x_2$，令 $\nabla f(\boldsymbol{x})=\boldsymbol{0}$，即

$$\begin{cases} x_1^2-1=0\\ x_2^2-2x_2=0\end{cases}$$

求解得到 4 个驻点

$$\boldsymbol{x}_1=\begin{pmatrix}1\\0\end{pmatrix},\quad \boldsymbol{x}_2=\begin{pmatrix}1\\2\end{pmatrix},\quad \boldsymbol{x}_3=\begin{pmatrix}-1\\0\end{pmatrix},\quad \boldsymbol{x}_4=\begin{pmatrix}-1\\2\end{pmatrix}$$

将驻点代入 Hessian 矩阵

$$\boldsymbol{G}(\boldsymbol{x})=\nabla^2 f(\boldsymbol{x})=\begin{pmatrix}2x_1 & 0\\ 0 & 2x_2-2\end{pmatrix}$$

可得

$$\boldsymbol{G}_1(\boldsymbol{x})=\nabla^2 f(\boldsymbol{x}_1)=\begin{pmatrix}2 & 0\\ 0 & -2\end{pmatrix},\quad \boldsymbol{G}_2(\boldsymbol{x})=\nabla^2 f(\boldsymbol{x}_2)=\begin{pmatrix}2 & 0\\ 0 & 2\end{pmatrix}$$

$$\boldsymbol{G}_3(\boldsymbol{x})=\nabla^2 f(\boldsymbol{x}_3)=\begin{pmatrix}-2 & 0\\ 0 & -2\end{pmatrix},\quad \boldsymbol{G}_4(\boldsymbol{x})=\nabla^2 f(\boldsymbol{x}_4)=\begin{pmatrix}-2 & 0\\ 0 & 2\end{pmatrix}$$

由于 $\boldsymbol{G}_1(\boldsymbol{x}),\boldsymbol{G}_3(\boldsymbol{x}),\boldsymbol{G}_4(\boldsymbol{x})$ 非正定，故 $\boldsymbol{x}_1$，$\boldsymbol{x}_3$ 和 $\boldsymbol{x}_4$ 不是极小点，$\boldsymbol{x}_2$ 是极小点。

4.2 无约束优化问题的算法框架

对于常见的二次函数，如果要得到无约束可微函数的最优解，令其梯度等于零即可求出驻点。但是对于 n 次函数，令梯度等于零会得到非线性方程组，求解相对困难。因此，在数值优化中，一般采用迭代法求解无约束优化问题式 (4.1) 的极小点。迭代法的基本思想是给

定一个初始点 $\boldsymbol{x}_0$，按照某一迭代规则产生一个迭代序列 $\{\boldsymbol{x}_k\}$，若该序列是有限的，则最后一个点就是问题式 (4.1) 的极小点；若序列 $\{\boldsymbol{x}_k\}$ 是无穷点列时，它有极限点且这个极限点即为问题式 (4.1) 的极小点。

设 $\boldsymbol{x}_k$ 为第 k 次迭代点，$\boldsymbol{d}_k$ 为第 k 次搜索方向，λ_k 为第 k 次步长，则第 k 次迭代完成后可得到第 $k+1$ 次的迭代点为

$$\boldsymbol{x}_{k+1} = \boldsymbol{x}_k + \lambda_k \boldsymbol{d}_k \tag{4.3}$$

图 4.1 直观展示了根据式 (4.3) 的迭代过程。

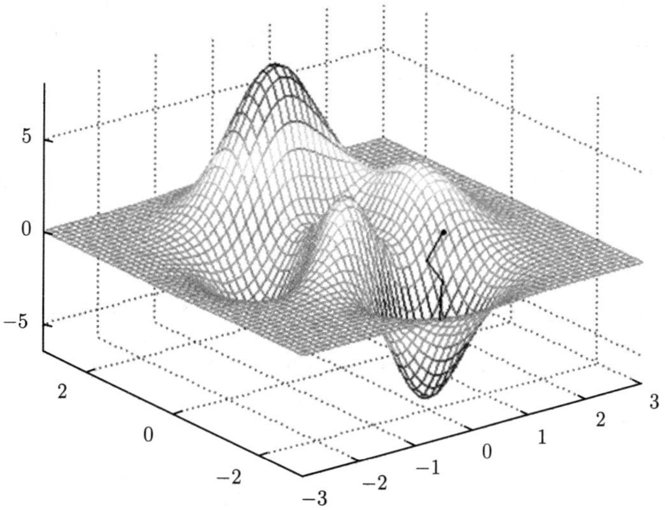

图 4.1　迭代算法示意图

求解无约束优化问题式 (4.1) 的一般算法框架如下。

算法 4.1　无约束问题的一般算法框架

Step 1 给定初始化参数及初始迭代点 $\boldsymbol{x}_0$。令 $k=0$；

Step 2 若 $\boldsymbol{x}_k$ 满足某种终止准则，停止迭代，以 $\boldsymbol{x}_k$ 作为近似极小点；

Step 3 通过求解 $\boldsymbol{x}_k$ 处的某个子问题，确定下降方向 $\boldsymbol{d}_k$；

Step 4 通过某种搜索方式确定步长 λ_k，使得 $f(\boldsymbol{x}_k+\lambda_k\boldsymbol{d}_k) < f(\boldsymbol{x}_k)$；

Step 5 令 $\boldsymbol{x}_{k+1} = \boldsymbol{x}_k + \lambda_k \boldsymbol{d}_k$，$k=k+1$，转 Step 1。

为方便起见，通常称上述算法中的 $\boldsymbol{s}_k := \lambda_k \boldsymbol{d}_k$ 为第 k 次迭代的位移。从算法 4.1 可以看出，不同的位移，即不同的搜索方向及步长，会产生了不同的迭代算法。为了保证算法的收敛性，一般要求搜索方向为所谓的下降方向。

一般来说，目标函数的驻点不一定是极小点。从算法的结构可知，下降算法产生的极小化序列 $\{\boldsymbol{x}_k\}$，其对应的目标函数值的序列 $\{f(\boldsymbol{x}_k)\}$ 是单调递减的。因此，若 $\{f(\boldsymbol{x}_k)\}$ 有下界，则必有极限，但 $\{\boldsymbol{x}_k\}$ 不一定收敛，甚至不一定有界，即使 $\{\boldsymbol{x}_k\}$ 收敛，其极限也不一定是 $f(\boldsymbol{x})$ 的驻点。

例如，考虑函数 $f(x)=|x|$，显然可知 $x=0$ 为 $f(x)$ 的一个极小点，即 $f(0)=0$。按照下述方式构造极小化序列 $\{x_k\}$，已知 $\{x_k\}$ 后，令

$$x_{k+1}=\begin{cases}\dfrac{1}{2}(x_k-1)+1, & x_k>1\\ \dfrac{1}{2}x_k, & x_k\leqslant 1\end{cases}$$

容易证明，这个算法是一个下降算法，即

$$f(x_{k+1})=|x_{k+1}|<|x_k|=f(x_k)$$

若取初始点 $x_0\leqslant 1$，则极小化序列 $\{\boldsymbol{x}_k\}$ 收敛到极小点 0；若取初始点 $x_0>1$，则 $x_k>x_{k+1}>1$（$k=1,2,\cdots$），故 $x_k\to x_*\geqslant 1$，序列 $\{\boldsymbol{x}_k\}$ 不能收敛到极小点 0，x_* 不是 $f(x)$ 的驻点，但该算法仍是一个下降算法。

发生上述情况的主要原因是，虽然每次迭代函数的值有所下降，但由于步长太小而下降的不充分，以致停留在一个非驻点上。因此，为了使极小化序列能够收敛到一个驻点，通常要求目标函数有“充分的”下降，于是对下降方向与步长提出了相应的要求。

$f(\boldsymbol{x})$ 的一阶 Taylor 展开式为

$$f(\boldsymbol{x}_k+\lambda_k\boldsymbol{d}_k)=f(\boldsymbol{x}_k)+\lambda_k\nabla f(\boldsymbol{x}_k)^T\boldsymbol{d}_k+o(\|\lambda_k\boldsymbol{d}_k\|)$$

为了保证函数值在点 $\boldsymbol{x}_{k+1}$ 充分下降，一般要求选择远离与 $\nabla f(\boldsymbol{x}_k)$ 正交的方向。

用 θ_k 表示 $\boldsymbol{d}_k$ 与 $-\nabla f(\boldsymbol{x}_k)$ 之间的夹角，则有

$$\cos\theta_k=\frac{-\nabla f(\boldsymbol{x}_k)^T\boldsymbol{d}_k}{\|\nabla f(\boldsymbol{x}_k)\|\,\|\boldsymbol{d}_k\|}$$

且要求如下条件成立

$$\exists\,\bar{u}>0,\ \ni\ \theta_k\leqslant\frac{\pi}{2}-\bar{u},\ \forall k$$

4.3 线搜索技术

在大多数无约束优化方法中，为了确定极小化点列，要沿逐次确定的一系列射线求极小点，即所谓的线搜索。线搜索可归结为单变量函数的极小化问题，求解一维目标函数的极小点和极小值所用的数值迭代方法称为线搜索方法。这种在给定方向上确定最优步长的过程在多维优化问题求解过程中是反复进行的，可见线搜索是多维搜索的基础。

线搜索的一般步骤为：首先确定初始搜索区间 $[a,b]$，该区间需包含一维优化目标函数的极小点，且为单峰区间，然后在搜索区间寻找极小点

$$\boldsymbol{x}_{k+1}=\boldsymbol{x}_k+\lambda_k\boldsymbol{d}_k,\quad k=0,1,2,\cdots$$

其中 λ_k 为步长，$\boldsymbol{d}_k$ 为搜索方向。优化问题中，一维优化是寻找合适的步长，使得新的迭代点对应的函数值最小。

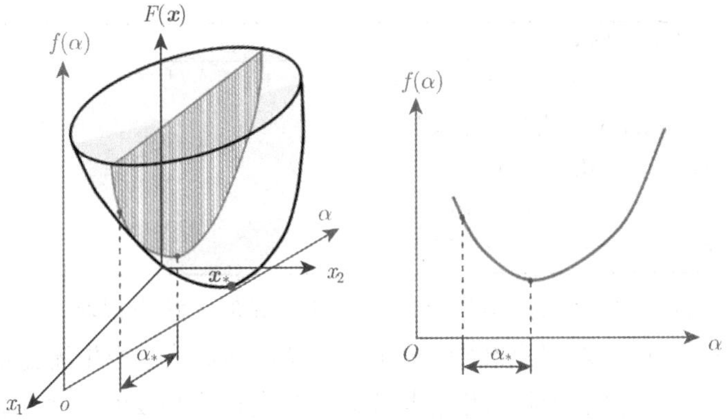

图 4.2　n 维问题转化为一系列一维优化问题

4.3.1　精确线搜索

设目标函数 $f:\mathbb{R}^n\to\mathbb{R}$ 至少一阶连续可微。记

$$\boldsymbol{g}_k=\nabla f(\boldsymbol{x}_k),\quad \boldsymbol{g}(\boldsymbol{x})=\nabla f(\boldsymbol{x}),\quad \boldsymbol{G}_k=\nabla^2 f(\boldsymbol{x}_k),\quad \boldsymbol{G}(\boldsymbol{x})=\nabla^2 f(\boldsymbol{x})$$

设 $\boldsymbol{d}_k$ 为目标函数在 $\boldsymbol{x}_k$ 点的下降方向。为求目标函数的最小值，一个自然的想法是沿该方向寻求一个新点使目标函数有最大程度的下降，也就是取步长

$$\lambda_k=\arg\min_{\lambda\geqslant 0} f(\boldsymbol{x}_k+\lambda\boldsymbol{d}_k)$$

这样的 λ_k 称为精确步长，又称最优步长。根据最优性条件，该步长满足如下正交性条件

$$\nabla f\left(\boldsymbol{x}_k+\lambda_k\boldsymbol{d}_k\right)^T\boldsymbol{d}_k=0 \tag{4.4}$$

该步长规则称为最优步长规则，又称精确线搜索步长规则。

性质式 (4.4) 在算法收敛性分析中将起着重要的作用。从某一点 $\boldsymbol{x}_k$ 出发沿方向 $\boldsymbol{d}_k$ 对目标函数 $f(\boldsymbol{x})$ 作线搜索，所得到的极小点为 $\boldsymbol{x}_{k+1}$。式 (4.4) 指出，梯度 $\nabla f\left(\boldsymbol{x}_{k+1}\right)$ 必与搜索方向正交。又因为 $\nabla f\left(\boldsymbol{x}_{k+1}\right)$ 与目标函数过点 $\boldsymbol{x}_{k+1}$ 的等值面 $f(\boldsymbol{x})=f\left(\boldsymbol{x}_{k+1}\right)$ 正交，进一步看到，搜索方向 $\boldsymbol{d}_k$ 与这个等值面在点 $\boldsymbol{x}_{k+1}$ 处相切，如图 4.3 所示。

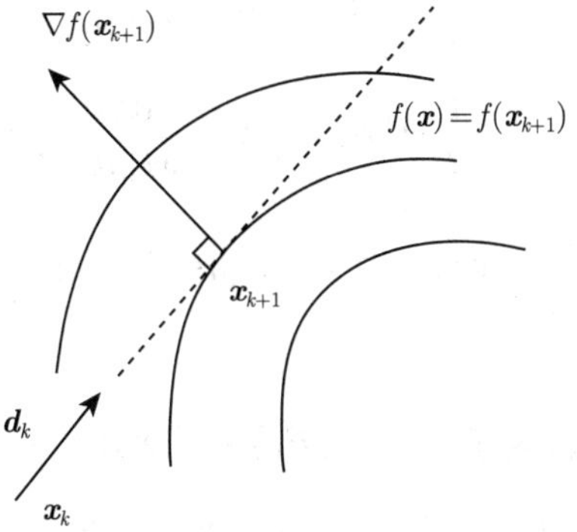

图 4.3　梯度 $\nabla f\left(\boldsymbol{x}_{k+1}\right)$ 与搜索方向 $\boldsymbol{d}_k$ 正交

步长规则式 (4.4) 下的线搜索算法框架如下。

算法 4.2 线搜索的一般算法框架

Step 1 取初始点 $\boldsymbol{x}_0 \in \mathbb{R}^n$ 和参数 $\varepsilon \geqslant 0$，令 $k=0$；

Step 2 若 $\|\boldsymbol{g}_k\| \leqslant \varepsilon$，算法终止；否则，进入下一步；

Step 3 计算下降方向 $\boldsymbol{d}_k$，使 $\boldsymbol{d}_k^T\boldsymbol{g}_k < 0$；

Step 4 计算步长 $\lambda_k = \arg\min\{f(\boldsymbol{x}_k+\lambda\boldsymbol{d}_k)|\lambda \geqslant 0\}$；

Step 5 令 $\boldsymbol{x}_{k+1} = \boldsymbol{x}_k + \lambda_k\boldsymbol{d}_k, k=k+1$，转 Step 1。

尽管最优步长的计算是函数的极值问题，但其全局最优解也很难求。通常只能求得局部最优步长，并且是近似的。对终止准则，若取 $\varepsilon=0$，则算法会产生无穷迭代点列，故在数值计算时应当避免。但在算法的收敛性分析中，却是允许且必要的，因为算法的理论分析需要问题的精确解。因此，在以下的讨论中，令 $\varepsilon=0$。

定理 4.4 设函数 $f(\boldsymbol{x})$ 在 $\mathbb{R}^n$ 上二阶连续可微且有下界，$\boldsymbol{d}_k$ 与 $-\boldsymbol{g}_k$ 的夹角满足 $\theta_k \leqslant \pi/2-\theta$，其中 $0<\theta\leqslant\pi/2$，若算法 4.2 产生无穷迭代点列，且满足

$$\|\nabla^2 f(\boldsymbol{x}_k+\lambda\boldsymbol{d}_k)\| \leqslant M, \quad \forall\lambda>0$$

其中 $M>0$ 为常数，则 $\lim\limits_{k\to\infty}\|\boldsymbol{g}_k\|=0$。

证明 由关于 $\boldsymbol{d}_k$ 的题设，有

$$\begin{aligned}
-\boldsymbol{d}_k^T\boldsymbol{g}_k &= \|\boldsymbol{d}_k\|\|\boldsymbol{g}_k\|\cos\theta_k \\
&\geqslant \|\boldsymbol{d}_k\|\|\boldsymbol{g}_k\|\cos\left(\frac{\pi}{2}-\theta\right) \\
&= \|\boldsymbol{d}_k\|\|\boldsymbol{g}_k\|\sin\theta
\end{aligned} \tag{4.5}$$

所以，对于任意的 $\lambda>0$ 和 $k\geqslant 0$，利用假设条件，存在 $\xi_k \in (\boldsymbol{x}_k, \boldsymbol{x}_k+\lambda\boldsymbol{d}_k)$ 使得

$$\begin{aligned}
f(\boldsymbol{x}_k+\lambda\boldsymbol{d}_k)-f(\boldsymbol{x}_k) &= \lambda\boldsymbol{d}_k^T\boldsymbol{g}_k + \frac{1}{2}\lambda^2\boldsymbol{d}_k^T\boldsymbol{G}(\xi_k)\boldsymbol{d}_k \\
&\leqslant \lambda\boldsymbol{d}_k^T\boldsymbol{g}_k + \frac{1}{2}\lambda^2 M\|\boldsymbol{d}_k\|^2 \\
&= \frac{1}{2}M\|\boldsymbol{d}_k\|^2\left(\lambda+\frac{\boldsymbol{d}_k^T\boldsymbol{g}_k}{M\|\boldsymbol{d}_k\|^2}\right) - \frac{1}{2}\frac{(\boldsymbol{d}_k^T\boldsymbol{g}_k)^2}{M\|\boldsymbol{d}_k\|^2} \\
&\leqslant \frac{1}{2}M\|\boldsymbol{d}_k\|^2\left(\lambda+\frac{\boldsymbol{d}_k^T\boldsymbol{g}_k}{M\|\boldsymbol{d}_k\|^2}\right) - \frac{1}{2M}\|\boldsymbol{g}_k\|^2\sin^2\theta
\end{aligned}$$

显然，当 $\lambda=\hat{\lambda} \triangleq -\dfrac{\boldsymbol{d}_k^T\boldsymbol{g}_k}{M\|\boldsymbol{d}_k\|^2}$ 时，使得 $\dfrac{1}{2}M\|\boldsymbol{d}_k\|^2\left(\lambda+\dfrac{\boldsymbol{d}_k^T\boldsymbol{g}_k}{M\|\boldsymbol{d}_k\|^2}\right)-\dfrac{1}{2M}\|\boldsymbol{g}_k\|^2\sin^2\theta$ 取最小值，利用步长规则得

$$f(\boldsymbol{x}_{k+1})-f(\boldsymbol{x}_k) \leqslant f(\boldsymbol{x}_k+\hat{\lambda}_k\boldsymbol{d}_k)-f(\boldsymbol{x}_k) \leqslant -\frac{1}{2M}\|\boldsymbol{g}_k\|^2\sin^2\theta$$

因为函数值 $f(\boldsymbol{x}_k)$ 单调下降有下界，故有极限。将上式两边对 k 求和，得

$$\sum_{k=1}^{\infty}\|\boldsymbol{g}_k\|^2\sin^2\theta < \infty$$

从而

$$\lim_{k\to\infty}\|\boldsymbol{g}_k\|=0$$

因此，定理 4.4 得证。

上述证明过程给出了目标函数在每一步迭代的下降估计量。进一步，若目标函数 $f(\boldsymbol{x})$ 为一致凸函数，则目标函数在每一步的下降量满足

$$\begin{aligned}f(\boldsymbol{x}_k)-f(\boldsymbol{x}_k+\lambda_k\boldsymbol{d}_k)&=-\int_0^{\lambda_k}\boldsymbol{d}_k^T\nabla f(\boldsymbol{x}_k+\tau\boldsymbol{d}_k)d\tau\\&=-\int_0^{\lambda_k}\boldsymbol{d}_k^T[\nabla f(\boldsymbol{x}_k+\lambda_k\boldsymbol{d}_k)-\nabla f(\boldsymbol{x}_k+\tau\boldsymbol{d}_k)]d\tau\\&\geqslant-\int_0^{\lambda_k}\rho\|\boldsymbol{d}_k\|^2(\lambda_k-\tau)d\tau\\&=\frac{1}{2}\rho\|\lambda_k\boldsymbol{d}_k\|^2\end{aligned}$$

若目标函数的梯度函数一致连续，则有如下结论。

定理 4.5 设目标函数 $f(\boldsymbol{x})$ 在 $\mathbb{R}^n$ 上连续可微且有下界，梯度函数 $\nabla f(\boldsymbol{x})$ 在包含水平集 $\mathcal{L}(\boldsymbol{x}_0)$ 的某邻域内一致连续，对算法 4.2，设搜索方向 $\boldsymbol{d}_k$ 与 $-\boldsymbol{g}_k$ 的夹角 θ_k 满足 $\theta_k\leqslant\dfrac{\pi}{2}-\theta$，其中 $0<\theta\leqslant\dfrac{\pi}{2}$。若算法不在有限步终止，则 $\lim\limits_{k\to\infty}\|\boldsymbol{g}_k\|=0$。

证明 若命题结论不成立，则存在 $\varepsilon_0>0$ 及自然数列 N 的一无穷子列 N_1，使对任意的 $k\in N_1$，有 $\|\boldsymbol{g}_k\|>\varepsilon_0$，从而由式 (4.5) 得

$$\frac{-\boldsymbol{d}_k^T\boldsymbol{g}_k}{\|\boldsymbol{d}_k\|}\geqslant\|\boldsymbol{g}_k\|\sin\theta\geqslant\varepsilon_0\sin\theta,\quad\forall k\in N_1\tag{4.6}$$

对任意的 $\lambda>0$ 和 $k\in N_1$，由微分中值定理，存在 $\xi_k\in(\boldsymbol{x}_k,\boldsymbol{x}_k+\lambda\boldsymbol{d}_k)$ 使得

$$\begin{aligned}f(\boldsymbol{x}_k+\lambda\boldsymbol{d}_k)-f(\boldsymbol{x}_k)&=\lambda\boldsymbol{d}_k^T\nabla f(\xi_k)\\&=\lambda\boldsymbol{d}_k^T\boldsymbol{g}_k+\lambda\boldsymbol{d}_k^T(\nabla f(\xi_k)-\boldsymbol{g}_k)\\&\leqslant\lambda\boldsymbol{d}_k^T\boldsymbol{g}_k+\lambda\|\boldsymbol{d}_k\|\|\nabla f(\xi_k)-\boldsymbol{g}_k\|\\&=\lambda\|\boldsymbol{d}_k\|\left(\frac{\boldsymbol{d}_k^T\boldsymbol{g}_k}{\|\boldsymbol{d}_k\|}+\|\nabla f(\xi_k)-\boldsymbol{g}_k\|\right)\end{aligned}\tag{4.7}$$

不妨设 $\nabla f(\boldsymbol{x})$ 在包含水平集 $\mathcal{L}(\boldsymbol{x}_0)$ 的 $\hat{\delta}$ 邻域内一致连续，则对任意的 $\varepsilon>0$，存在 $0<\delta(\varepsilon)\leqslant\hat{\delta}$，使得当 $0<\lambda\|\boldsymbol{d}_k\|\leqslant\delta(\varepsilon)$ 时

$$\|\nabla f(\xi_k)-\boldsymbol{g}_k\|<\varepsilon\tag{4.8}$$

取 $\varepsilon=\dfrac{1}{2}\varepsilon_0\sin\theta$，则对任意的 $k\in N_1$ 和 $\lambda=\dfrac{\delta(\varepsilon)}{\|\boldsymbol{d}_k\|}$，利用式 (4.6)-(4.8) 及步长规则得

$$\begin{aligned}f(\boldsymbol{x}_{k+1})-f(\boldsymbol{x}_k)&\leqslant f(\boldsymbol{x}_k+\lambda\boldsymbol{d}_k)-f(\boldsymbol{x}_k)\\&\leqslant\lambda\|\boldsymbol{d}_k\|\left(-\varepsilon_0\sin\theta+\frac{1}{2}\varepsilon_0\sin\theta\right)\end{aligned}$$

$$= -\frac{1}{2}\delta(\varepsilon)\varepsilon_0 \sin\theta$$

从而

$$\begin{aligned}
\lim_{k\to\infty} f(\boldsymbol{x}_k) &= \sum_{k=0}^{\infty}(f(\boldsymbol{x}_{k+1}) - f(\boldsymbol{x}_k)) + f(\boldsymbol{x}_0) \\
&\leqslant \sum_{k\in N_1}(f(\boldsymbol{x}_{k+1}) - f(\boldsymbol{x}_k)) + f(\boldsymbol{x}_0) \\
&\leqslant \sum_{k\in N_1}\left(-\frac{1}{2}\delta(\varepsilon)\varepsilon_0 \sin\theta\right) + f(\boldsymbol{x}_0) \\
&= -\infty
\end{aligned}$$

这与目标函数 $f(\boldsymbol{x})$ 在 $\mathbb{R}^n$ 上有下界矛盾，因此结论得证。

上述结论是目标函数的梯度或搜索方向满足一定假设条件下建立的，若无此假设，则有如下结论。

定理 4.6 设目标函数 $f(\boldsymbol{x})$ 在 $\mathbb{R}^n$ 上连续可微，算法 4.2 产生无穷迭代点列。若存在收敛子列 $\{\boldsymbol{x}_k\}_{k\in N_0}$，设极限为 $\boldsymbol{x}_*$，使得 $\lim\limits_{k\in N_0,k\to\infty} \boldsymbol{d}_k = \boldsymbol{d}_*$，则 $\boldsymbol{g}(\boldsymbol{x}_*)^T\boldsymbol{d}_* = \boldsymbol{0}$。进一步，若目标函数 $f(\boldsymbol{x})$ 二阶连续可微，则 $(\boldsymbol{d}_*)^T\nabla^2 f(\boldsymbol{x}_*)\boldsymbol{d}_* \geqslant \boldsymbol{0}$。

证明 只考虑 $\boldsymbol{d}_* \neq \boldsymbol{0}$ 的情况。

对第一个结论，若不成立，则存在 $\varepsilon_0 > 0$ 使 $\nabla f(\boldsymbol{x}_*)^T\boldsymbol{d}_* < -\varepsilon_0 < 0$。由于函数 $f(\boldsymbol{x})$ 连续可微，故存在 $\boldsymbol{x}_*$ 点的邻域 $\mathcal{N}(\boldsymbol{x}_*,\delta)$ 及 $\boldsymbol{d}_*$ 的邻域 $\mathcal{N}(\boldsymbol{d}_*,\delta)$ 使对任意的 $\mathcal{N}(\boldsymbol{x}_*,\delta)$ 及 $\boldsymbol{d} \in \mathcal{N}(\boldsymbol{x}_*,\delta)$ 有

$$\nabla f(\boldsymbol{x})^T\boldsymbol{d} \leqslant -\frac{\varepsilon_0}{2} < 0 \tag{4.9}$$

由于对充分大的 $k\in N_0$，$\boldsymbol{x}_k \in \mathcal{N}(\boldsymbol{x}_*,\delta/2)$，有 $\lim\limits_{k\in N_0,k\to\infty} \boldsymbol{x}_k = \boldsymbol{x}_*$。从而对充分大的 $k\in N_0$，$\boldsymbol{d}_k \in \mathcal{N}(\boldsymbol{d}_*,\delta/2)$ 和 $\|\boldsymbol{d}_k\| < M$，则有 $\lim\limits_{k\in N_0,k\to\infty} \boldsymbol{d}_k = \boldsymbol{d}_*$。

取 $\bar{\lambda} = \dfrac{\delta}{M}$，则存在 k_0，当 $k\in N_0$，$k\geqslant k_0$ 时，$\boldsymbol{x}_k + \bar{\lambda}_k\boldsymbol{d}_k \in \mathcal{N}(\boldsymbol{x}_*,\delta)$。从而由式 (4.9) 可知，对任意的 $k\in N_0$，$k\geqslant k_0$，存在 $\theta_k\in(0,1)$，使得

$$\begin{aligned}
f(\boldsymbol{x}_{k+1}) - f(\boldsymbol{x}_k) &\leqslant f(\boldsymbol{x}_k + \bar{\lambda}_k\boldsymbol{d}_k) - f(\boldsymbol{x}_k) \\
&= \bar{\lambda}_k\boldsymbol{d}_k^T\nabla f(\boldsymbol{x}_k + \theta_k\bar{\lambda}_k\boldsymbol{d}_k) \\
&\leqslant \bar{\lambda}_k\left(-\frac{\varepsilon_0}{2}\right)
\end{aligned}$$

由于数列 $\{f(\boldsymbol{x}_k)\}$ 单调不增，将上式关于 k 求和得

$$\sum_{k=0}^{\infty}(f(\boldsymbol{x}_{k+1}) - f(\boldsymbol{x}_k)) \leqslant \sum_{k\in\mathcal{N}_0}(f(\boldsymbol{x}_{k+1}) - f(\boldsymbol{x}_k))$$

$$
\begin{aligned}
&\leqslant \sum_{k=0}^{\infty} \bar{\lambda}_k \left(-\frac{\varepsilon_0}{2} \right) \\
&= \sum_{k=0}^{\infty} \frac{\delta}{M} \left(-\frac{\varepsilon_0}{2} \right) \\
&= -\infty
\end{aligned}
$$

利用数列 $\{f(\boldsymbol{x}_k)\}$ 单调且有极限 $f(\boldsymbol{x}_*)$，结合上式得

$$
\begin{aligned}
f(\boldsymbol{x}_*) - f(\boldsymbol{x}_0) &= \lim_{k\to\infty} f(\boldsymbol{x}_k) - f(\boldsymbol{x}_0) \\
&= \sum_{k=0}^{\infty} (f(\boldsymbol{x}_{k+1}) - f(\boldsymbol{x}_k)) \\
&= -\infty
\end{aligned}
$$

矛盾，则第一个结论得证。

对于第二个结论，若存在 $\varepsilon_0 > 0$，使得 $(\boldsymbol{d}_*)^T \nabla^2 f(\boldsymbol{x}_*) \boldsymbol{d}_* < -\varepsilon_0 < 0$，则存在 $\boldsymbol{x}_*$ 处的邻域 $\mathcal{N}(\boldsymbol{x}_*, \delta)$ 及 $\boldsymbol{d}_*$ 的邻域 $\mathcal{N}(\boldsymbol{d}_*, \delta)$，使得对任意的 $\mathcal{N}(\boldsymbol{x}_*, \delta)$ 及 $\boldsymbol{d} \in \mathcal{N}(\boldsymbol{x}_*, \delta)$，有

$$
\boldsymbol{d}^T \nabla^2 f(\boldsymbol{x}) \boldsymbol{d} < -\frac{\varepsilon_0}{2}
$$

同样，取 $\bar{\lambda} = \dfrac{\delta}{M}$，对充分大的 $k \in N_0$，有 $\boldsymbol{d}_k \in \mathcal{N}(\boldsymbol{d}_*, \delta/2)$ 且 $\boldsymbol{x}_k + \bar{\lambda}_k \boldsymbol{d}_k \in \mathcal{N}(\boldsymbol{x}_*, \delta)$。从而对充分大的 $k \in N_0$，有

$$
\begin{aligned}
f(\boldsymbol{x}_{k+1}) - f(\boldsymbol{x}_k) &\leqslant f(\boldsymbol{x}_k + \bar{\lambda} \boldsymbol{d}_k) - f(\boldsymbol{x}_k) \\
&= \bar{\lambda} \boldsymbol{d}_k^T \boldsymbol{g}_k + \frac{1}{2} \bar{\lambda}^2 \boldsymbol{d}_k^T \boldsymbol{G}(\zeta_k) \boldsymbol{d}_k \\
&\leqslant \frac{1}{2} \bar{\lambda}^2 \boldsymbol{d}_k^T \boldsymbol{G}(\zeta_k) \boldsymbol{d}_k \\
&\leqslant \frac{\bar{\lambda}^2}{2} \left(-\frac{\varepsilon_0}{2} \right)
\end{aligned}
$$

其中 $\zeta_k \in (\boldsymbol{x}_k, \boldsymbol{x}_k + \bar{\lambda} \boldsymbol{d}_k)$。类似的讨论可得矛盾，证得第二个结论。

为讨论精确线搜索方法的收敛速度，首先给出几个引理。

引理 4.1 设函数 $\varphi(\lambda)$ 在 $[0, b]$ 上二阶连续可微，$\varphi'(0) < 0$，λ_* 为函数 $\varphi(\lambda)$ 在 $(0, b)$ 上的极小值点。若存在 $M > 0$，使对任意的 $\lambda \in [0, b]$，有 $\varphi''(\lambda) < M$，则 $\lambda_* \geqslant \dfrac{-\varphi'(0)}{M}$。

证明 由题设，存在 $\xi \in (0, \lambda_*)$，使

$$
\varphi'(0) = \varphi'(\lambda_*) + (0 - \lambda) \varphi''(\xi) = -\lambda_* \varphi''(\xi)
$$

即 $\lambda_* \varphi''(\xi) = -\varphi'(0)$，由 $\varphi''(\xi) \leqslant M$，得 $\lambda_* \geqslant \dfrac{-\varphi'(0)}{M}$。

对于精确线搜索方法，该引理给出了最优步长的一个下界。

为建立下降算法的收敛速度，需要用到连续可微函数中值定理。众所周知，对连续可微函数 $f:\mathbb{R}^n\to\mathbb{R}$ 和任意 $\boldsymbol{x},\boldsymbol{y}\in\mathbb{R}^n$，存在 $\boldsymbol{\xi}\in(\boldsymbol{x},\boldsymbol{y})$ 使得

$$f(\boldsymbol{y})-f(\boldsymbol{x})=(\boldsymbol{y}-\boldsymbol{x})^T\nabla f(\boldsymbol{\xi})$$

可写为

$$f(\boldsymbol{y})-f(\boldsymbol{x})=\int_0^1(\boldsymbol{y}-\boldsymbol{x})^T\nabla f(\boldsymbol{x}+\tau(\boldsymbol{y}-\boldsymbol{x}))d\tau$$

对连续可微的向量值函数 $F:\mathbb{R}^n\to\mathbb{R}$，与之对应的结论是

$$F(\boldsymbol{y})-F(\boldsymbol{x})=\int_0^1 DF(\boldsymbol{x}+\tau(\boldsymbol{y}-\boldsymbol{x}))(\boldsymbol{y}-\boldsymbol{x})d\tau \tag{4.10}$$

引理 4.2 设 $\boldsymbol{x}_*\in\mathbb{R}^n$ 为函数 $f(\boldsymbol{x})$ 的极小值点。若存在 $\delta>0$ 和 $M>m>0$，使 $f(\boldsymbol{x})$ 在邻域 $\mathcal{N}(\boldsymbol{x}_*,\delta)$ 内二阶连续可微，且

$$m\|\boldsymbol{y}\|^2\leqslant\boldsymbol{y}^T\nabla^2 f(\boldsymbol{x})\boldsymbol{y}\leqslant M\|\boldsymbol{y}\|^2,\quad\forall\boldsymbol{x}\in\mathcal{N}(\boldsymbol{x}_*,\delta),\ \boldsymbol{y}\in\mathbb{R}^n \tag{4.11}$$

对于任意的 $\boldsymbol{x}\in\mathcal{N}(\boldsymbol{x}_*,\delta)$，下式成立。

（1）$\frac{1}{2}m\|\boldsymbol{x}-\boldsymbol{x}_*\|^2\leqslant f(\boldsymbol{x})-f(\boldsymbol{x}_*)\leqslant\frac{1}{2}M\|\boldsymbol{x}-\boldsymbol{x}_*\|^2$；

（2）$\|\nabla f(\boldsymbol{x})\|\geqslant m\|\boldsymbol{x}-\boldsymbol{x}_*\|$。

证明 由 $\nabla f(\boldsymbol{x}_*)=0$，对任意的 $\boldsymbol{x}\in\mathcal{N}(\boldsymbol{x}_*,\delta)$，存在 $\boldsymbol{\xi}\in(\boldsymbol{x},\boldsymbol{x}_*)$ 使

$$f(\boldsymbol{x})-f(\boldsymbol{x}_*)=\frac{1}{2}(\boldsymbol{x}-\boldsymbol{x}_*)^T\nabla^2 f(\boldsymbol{\xi})(\boldsymbol{x}-\boldsymbol{x}_*)$$

利用式 (4.11)，证得（1）。

利用

$$\nabla f(\boldsymbol{x})=\nabla f(\boldsymbol{x})-\nabla f(\boldsymbol{x}_*)=\int_0^1\nabla^2 f(\boldsymbol{x}_*+\tau(\boldsymbol{x}-\boldsymbol{x}_*))(\boldsymbol{x}-\boldsymbol{x}_*)d\tau$$

并结合式 (4.11) 得

$$\begin{aligned}\|\boldsymbol{x}-\boldsymbol{x}_*\|\|\nabla f(\boldsymbol{x})\|&\geqslant(\boldsymbol{x}-\boldsymbol{x}_*)^T\nabla f(\boldsymbol{x})\\&=\int_0^1(\boldsymbol{x}-\boldsymbol{x}_*)^T\nabla^2 f(\boldsymbol{x}_*+\tau(\boldsymbol{x}-\boldsymbol{x}_*))(\boldsymbol{x}-\boldsymbol{x}_*)d\tau\\&\geqslant m\|\boldsymbol{x}-\boldsymbol{x}_*\|\end{aligned}$$

于是

$$\|\nabla f(\boldsymbol{x})\|\geqslant m\|\boldsymbol{x}-\boldsymbol{x}_*\|$$

下面的定理说明，若目标函数在最优值点附近一致凸，则最优步长规则下的下降算法线性收敛。

定理 4.7 设搜索方向 $\boldsymbol{d}_k$ 满足 $\cos(\boldsymbol{d}_k,-\boldsymbol{g}_k)\geqslant\mu>0$，若算法 4.2 产生的点列 $\{\boldsymbol{x}_k\}$ 收敛到 $f(\boldsymbol{x})$ 的极小值点 $\boldsymbol{x}_*$，$f(\boldsymbol{x})$ 在 $\boldsymbol{x}_*$ 点附近二阶可微，且存在 $\delta>0$ 和 $M>m>0$，使

得当 $\boldsymbol{x} \in \mathcal{N}(\boldsymbol{x}_*, \delta)$ 时，式 (4.11) 成立，则 $\{\boldsymbol{x}_k\}$ R-线性收敛到 $\boldsymbol{x}_*$。

证明 由于 $\lim\limits_{k\to\infty} \boldsymbol{x}_k = \boldsymbol{x}_*$，故对 $\delta > 0$，当 k 充分大时

$$\boldsymbol{x}_k \in \mathcal{N}(\boldsymbol{x}_*, \delta/4), \quad \boldsymbol{x}_k + \lambda_k \boldsymbol{d}_k \in \mathcal{N}(\boldsymbol{x}_*, \delta/4)$$

取 $\varepsilon = \dfrac{\delta}{4\|\boldsymbol{d}_k\|}$，则当 k 充分大时，对任意的 $\lambda \in [0, \lambda_k + \varepsilon_k]$，有

$$\begin{aligned}\|\boldsymbol{x}_k + \lambda \boldsymbol{d}_k - \boldsymbol{x}_*\| &\leqslant \|\boldsymbol{x} - \boldsymbol{x}_*\| + \|\lambda_k \boldsymbol{d}_k\| + \|\varepsilon_k \boldsymbol{d}_k\| \\ &\leqslant \frac{\delta}{4} + \|\boldsymbol{x}_k + \lambda_k \boldsymbol{d}_k - \boldsymbol{x}_*\| + \|\boldsymbol{x}_k - \boldsymbol{x}_*\| + \frac{\delta}{4} \\ &\leqslant \delta\end{aligned}$$

故 $\boldsymbol{x}_k + \lambda \boldsymbol{d}_k \in \mathcal{N}(\boldsymbol{x}_*, \delta)$，且 λ_k 是 $\varphi_k(\lambda) = f(\boldsymbol{x}_k + \lambda \boldsymbol{d}_k)$ 在 $(0, \lambda_k + \varepsilon_k)$ 上的极小值点，由题设及式 (4.11) 得，$\varphi_k''(\alpha) \leqslant M\|\boldsymbol{d}_k\|^2$，由引理 4.1，对充分大的 k

$$\lambda_k \geqslant \hat{\lambda}_k \triangleq -\frac{\varphi_k'(0)}{M\|\boldsymbol{d}_k\|^2} = -\frac{\boldsymbol{d}_k^T \boldsymbol{g}_k}{M\|\boldsymbol{d}_k\|^2}$$

从而由步长规则知

$$\begin{aligned}f(\boldsymbol{x}_{k+1}) - f(\boldsymbol{x}_k) &\leqslant f(\boldsymbol{x}_k + \hat{\lambda}_k \boldsymbol{d}_k) - f(\boldsymbol{x}_k) \\ &= \hat{\lambda}_k \boldsymbol{g}_k^T \boldsymbol{d}_k + \frac{1}{2}\hat{\lambda}_k^2 \boldsymbol{d}_k^T \nabla^2 f(\boldsymbol{x}_k + \theta \hat{\lambda}_k \boldsymbol{d}_k) \boldsymbol{d}_k \\ &\leqslant \hat{\lambda} \boldsymbol{g}_k^T \boldsymbol{d}_k + \frac{1}{2}\hat{\lambda}_k^2 M \|\boldsymbol{d}_k\|^2 \\ &= -\frac{(\boldsymbol{g}_k^T \boldsymbol{d}_k)^2}{M\|\boldsymbol{d}_k\|^2} + \frac{(\boldsymbol{g}_k^T \boldsymbol{d}_k)^2}{2M\|\boldsymbol{d}_k\|^2} \\ &= -\frac{\|\boldsymbol{g}_k\|^2}{2M} \cos^2 \theta_k \\ &\leqslant -\frac{\mu^2}{2M} \|\boldsymbol{g}_k\|^2\end{aligned}$$

其中 $\mu \in (0, 1)$，θ_k 表示向量 $\boldsymbol{d}_k$ 与 $-\boldsymbol{g}_k$ 之间的夹角。

利用引理 4.2，对充分大的 k

$$\begin{aligned}f(\boldsymbol{x}_{k+1}) - f(\boldsymbol{x}_k) &\leqslant \frac{-m^2\mu^2}{2M} \|\boldsymbol{x}_k - \boldsymbol{x}_*\|^2 \\ &\leqslant \frac{-m^2\mu^2}{M} (f(\boldsymbol{x}_k) - f(\boldsymbol{x}_*))\end{aligned}$$

所以

$$f(\boldsymbol{x}_{k+1}) - f(\boldsymbol{x}_*) \leqslant \left(1 - \frac{m^2\mu^2}{M^2}\right)(f(\boldsymbol{x}_k) - f(\boldsymbol{x}_*))$$

令 $\theta=\left(1-\dfrac{m^2\mu^2}{M^2}\right)^{\frac{1}{2}}$。显然，$\theta\in(0,1)$，并且

$$\begin{aligned}f(\boldsymbol{x}_k)-f(\boldsymbol{x}_*)&\leqslant\theta^2(f(\boldsymbol{x}_{k-1})-f(\boldsymbol{x}_*))\\&\leqslant\cdots\\&\leqslant\theta^{2k}(f(\boldsymbol{x}_0)-f(\boldsymbol{x}_*))\end{aligned}$$

再利用引理 4.2 得

$$\frac{1}{2}m\|\boldsymbol{x}_k-\boldsymbol{x}_*\|^2\leqslant\theta^{2k}(f(\boldsymbol{x}_0)-f(\boldsymbol{x}_*))$$

从而

$$\|\boldsymbol{x}_k-\boldsymbol{x}_*\|\leqslant\theta^k\sqrt{\frac{2}{m}(f(\boldsymbol{x}_0)-f(\boldsymbol{x}_*))}$$

下面我们介绍几种常见的一维线搜索方法，包括格点法、平分法、牛顿切线法、0.618 法、Fibonacci 法、抛物线法、二点三次插值法等。

1. 格点法

格点法是一种思路极为简单的一维优化方法，其基本步骤如下：

首先利用 m 个等分点 $\alpha_1,\alpha_2,\cdots,\alpha_m$，将目标函数 $f(\alpha)$ 的初始单峰搜索区间 $[a,b]$ 分成 $m+1$ 个大小相等的子区间，如图 4.4 所示，计算目标函数 $f(\alpha)$ 在这 m 个等分点的函数值，并比较找到其中的最小值 $f(\alpha_k)$，即

$$f(\alpha_k)=\min\{f(\alpha_1),f(\alpha_2),\cdots,f(\alpha_m)\}$$

若在连续 3 个点 $\alpha_{k-1},\alpha_k,\alpha_{k+1}$ 处目标函数值呈现“两头大、中间小”的情况，则极小点 α_* 必然位于区间 $[\alpha_{k-1},\alpha_{k+1}]$ 内。做置换

$$a=\alpha_{k-1},\quad b=\alpha_{k+1}$$

若 $\alpha_{k+1}-\alpha_{k-1}\leqslant\varepsilon$，则将 α_k 作为 α_* 的近似解。否则，将新区间等分，并重复上述步骤，直至区间长度缩至足够小为止。

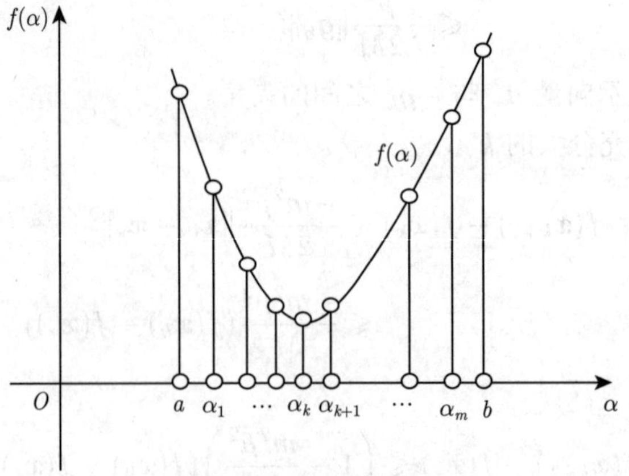

图 4.4 格点法原理

【例 4.2】 用格点法求解一元函数 $f(x)=x^2+1$ 在区间 $[-5,5]$ 中的最小值。

解 实例代码 4.1 为该问题的 Python 代码实现。

实例代码 4.1

```
import numpy as np
#导入绘图模块matplotlib的pyplot子模块
import matplotlib.pyplot as plt
def obj_func(x):
    return x**2 + 1
def grid_rearch():
    #设置搜索区间和步长
    x_range=np.arange(-5,5,0.1)
    #初始化最优解和最优点为第一个格点的目标函数值
    best_x = x_range[0]
    best_z = obj_func(best_x)
    #循环遍历所有格点
    for x in x_range:
        #计算目标函数值
        z=obj_func(x)
        #更新最优解
        if z < best_z:
            best_x = x
            best_z = z
        #显示每次循环迭代结果
        print("x:{} z:{}".format(x, z))
    #绘制一元函数图形
    fig = plt.figure()
    ax=fig.add_subplot(111)
    X=x_range
    Y=obj_func(X)
    ax.scatter(best_x,best_z,color='r',marker='o')
    ax.plot(X,Y)
    #设置图标题
    plt.title("$y=x^2 + 1$")
    plt.show()
    #返回最优解
    return best_x,best_z
    if __name__=="__main__":
    best_x,best_z=grid_rearch()
    print("最优解:x:{} z:{}".format(best_x,best_z))
```

通过运行实例代码 4.1 可得出最优解为 $x=-1.7763568394002505\times10^{-14}, z=1.0$。

2. 平分法

根据最优性条件可知，在 $f(x)$ 的极小值点 x_* 处 $\nabla f(x_*)=0$，且当 $x<x_*$ 时，函数是递减的，即 $\nabla f(x)<0$；而当 $x>x_*$ 时，函数是递增的，即 $\nabla f(x)>0$。如果能找到某一个区间 $[a,b]$，且具有性质 $\nabla f(a)<0$，$\nabla f(b)>0$，则在 a,b 之间必有 $f(x)$ 的极小值点 x_*，并且 $\nabla f(x_*)=0$。

为了找到 x_*，取 $x_0=\dfrac{a+b}{2}$，若 $\nabla f(x)>0$，则在区间 $[a,x_0]$ 上有极小值点，这时将 $[a,x_0]$ 作为新的区间；若 $\nabla f(x)<0$，则在区间 $[x_0,b]$ 上有极小值点，因此将 $[x_0,b]$ 作为新的区间。继续这个过程，逐步将区间缩小，当区间 $[a,b]$ 充分小，或者当 $\nabla f(x)$ 充分小时，即可将 $[a,b]$ 的中点取做极小点的近似，这时有明显的估计

$$x_*-\frac{a+b}{2}<\frac{b-a}{2}$$

对于初始区间 $[a,b]$，一般可采用下述进退法确定：首先取一初始点 x_0，若 $\nabla f(x_0)<0$，则在 x_0 右方取点 $x_1=x_0+\lambda$（λ 为事先给定的一个步长）；若 $\nabla f(x_1)>0$，则令 $a=x_0$，$b=x_1$；若仍有 $\nabla f(x_1)<0$，则取点 $x_2=x_1+\lambda$。或者先将 x_1 扩大一倍，再令 $x_2=x_1+\lambda$；若 $\nabla f(x_2)>0$，则以 $[x_1,x_2]$ 作为区间 $[a,b]$，否则继续下去。对于 $\nabla f(x_0)>0$ 的情况，则采用类似于 $\nabla f(x_0)<0$ 的方法进行。

初始区间 $[a,b]$ 也可以通过判定函数值是否呈现“高–低–高”的三点而确定。例如，当找出 x_k，x_{k+1}，x_{k+2} 三点满足 $f(x_k)>f(x_{k+1})$ 且 $f(x_{k+2})>f(x_{k+1})$ 时，便可得到含极小值点的区间 $[a,b]=[x_k,x_{k+2}]$。这时只需要比较函数值，而不需要计算导数值。

【例 4.3】 用平分法求解函数 $f(x)=x^2+x+5$ 在 $[a,b]=[-100,100]$ 上的最小值，$\varepsilon=0.001$。

解 实例代码 4.2 为该问题的 Python 代码实现。

实例代码 4.2

```
#导入绘图模块matplotlib的pyplot子模块
import matplotlib.pyplot as plt
#定义函数f(x)
def f(x):
    return x**2 + x + 5
#设置初始区间
left=-100
right=100
#设置终止限
sigma=0.0001
#计算中点值
mid=(left + right)/2
#使用while循环迭代计算最小值
while(1):
    x1=mid-sigma
    x2=mid+sigma
    if (f(x1)<f(x2)):
        right=x2
    else:
        left=x1
    if (right-left<0.001):
        break
    mid=(left + right) / 2
#输出最小值
```

```
print ("left=%s,right=%s" % (left,right))
#生成x坐标范围为[-100,100]的序列
x=range(-100,100)
#计算对应y的坐标值
y=[f(i) for i in x]
#绘制图形
plt.plot(x,y)
#绘制最小值点的圆点
plt.plot(mid,f(mid),'ro')
plt.show()
```

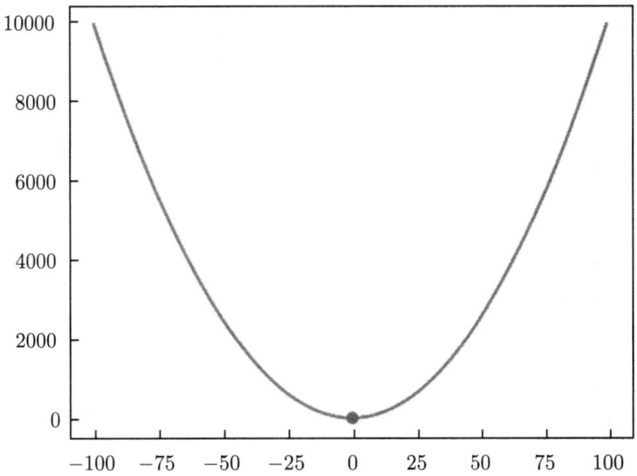

图 4.5 学习过程图

最后根据学习过程图可以看出最佳参数 x 无限逼近-0.5。

3. 牛顿切线法

牛顿切线法的基本思想是用 $f(x)$ 在已知点 x_0 处的二阶 Taylor 展开式来近似代替 $f(x)$，即取 $f(x) \approx g(x)$，其中 $g(x) = f(x_0) + f'(x_0)(x - x_0) + \frac{1}{2}f''(x_0)(x - x_0)^2$，用 $g(x)$ 的极小值点 x_1 作为 $f(x)$ 的近似极小值点。如图 4.6 所示，实质就是用切线法求解方程 $f'(x_0) = 0$。

牛顿切线法的关键在于使用函数的一阶和二阶导数信息来构建切线，并通过求解切线与 x 轴的交点来更新迭代点。由于二阶导数提供了更多的信息，牛顿切线法通常能够更快地收敛到方程的解。

$g(x)$ 的极小值点可以根据其一阶、二阶导数求得

$$x_1 = x_0 - \frac{f'(x_0)}{f''(x_0)}$$

类似地，若已知点 x_k，则有

$$x_{k+1} = x_k - \frac{f'(x_k)}{f''(x_k)}, \quad k = 0, 1, 2 \cdots$$

按上式进行迭代计算，便可求得一个序列 $\{x_k\}$。这种一元函数极小值的线搜索称为牛顿切线法。当 $f'(x_k) \leqslant \varepsilon$（$\varepsilon > 0$）时，迭代结束，$x_k$ 为 $f(x)$ 的近似极小值点，即 $x_* = x_k$。

牛顿切线法的优点是收敛速度快。可以证明，牛顿切线法是二阶收敛的，但它需要计算二阶导数，同时要求初始点准确及 $x_0 \in \mathcal{N}(x_*, \delta)$，$\delta > 0$，否则可能不收敛。

需要注意牛顿切线法产生的序列即使收敛，产生极限的点也不一定是 $f(x)$ 的极小值点，只能保证它是 $f(x)$ 的驻点。驻点可能是极小值点，也可能是极大值点，也可能既不是极小值点，也不是极大值点。因此，为了保证牛顿切线法收敛到极小值点，应要求 $f''(x_n) > 0$，至少对足够大的 n 如此。

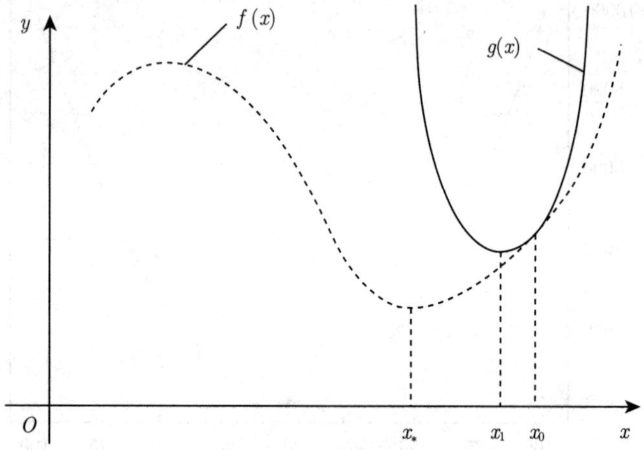

图 4.6　牛顿切线法

【例 4.4】　考虑函数

$$f(x) = \sqrt{1 + x^2}$$

利用牛顿切线法求解该问题的最小值点。

解　容易计算

$$f'(x) = \frac{x}{\sqrt{1 + x^2}}, \quad f''(x) = \frac{1}{(1 + x^2)^{3/2}}$$

牛顿迭代过程为

$$x_{k+1} = x_k - \frac{f'(x_k)}{f''(x_k)} = x_k - x_k\left(1 + x_k^2\right) = -x_k^3$$

显然，当 $|x| < 1$ 时，迭代点列快速收敛到最优值点；当 $|x| \geqslant 1$ 时，算法不收敛。

【例 4.5】　用牛顿切线法求解方程 $x^3 - x - 1 = 0$，精度要求 $\varepsilon = 10^{-9}$。输出近似解以及迭代次数。

解　实例代码 4.3 为该问题的 Python 代码实现。

实例代码 4.3

```
import numpy as np
def f(x):
```

```
    #求根方程的表达式
    y=x**3-x-1
    return y
def g(x):
    #求根方程的导函数
    y=3*x**2-1
    return y
def main():
    #取初值
    x0=1.5
    #误差要求
    e=10**(-9)
    #初始化迭代次数
    L=0
    #采用残差来判断
    while abs((f(x0)-0))>e:
        #迭代公式为x(n+1)=x(n)-f(x(n))/f'(x(n))
        x1=x0-f(x0)/g(x0)
        x0=x1
        #统计迭代次数
        L=L+1
    #输出数值解
    print(f"x1={x1}")
    #验证解的正确性
    print(f(x0)-0)
    #输出迭代次数
    print(f"L={L}")
if __name__ == '__main__':
    main()
```

输出结果为：

```
x1=1.3247179512447898
1.865174681370263e-13
L=4
```

通过运行实例代码 4.3 可得出，输出近似解为 1.3247179512447898，迭代次数为 4。

4. 0.618 法

0.618 法也称黄金分割法，其基本思想是：通过试探点函数值的比较，使包含极小值点的搜索区间不断缩小。该方法仅需要计算函数值，因此应用较为广泛。

0.618 法取试探点的规则为

$$\lambda_k = a_k + 0.382(b_k - a_k)$$

$$\mu_k = a_k + 0.618(b_k - a_k)$$

其算法框架如下。

算法 4.3 0.618 法的一般算法框架

Step 1 令初始区间 $[a_0, b_0]$ 及精度要求 $0 \leqslant \varepsilon \ll 1$，计算试探点

$$p_0 = a_0 + 0.382(b_0 - a_0)$$

$$q_0 = a_0 + 0.618(b_0 - a_0)$$

和函数值 $f(p_0)$，$f(q_0)$，令 $i = 0$；

Step 2 若 $f(q_i) < f(q_i)$，则转 Step 3；否则转 Step 4；

Step 3 计算左试探点。若 $q_i - a_i \leqslant \varepsilon$，则停止计算，输出 p_i；否则，令

$$a_{i+1} = a_i, \quad b_{i+1} = q_i, \quad f(q_{i+1}) = f(p_i), \quad q_{i+1} = p_i$$

$$p_{i+1} = a_{i+1} + 0.382(b_{i+1} - a_{i+1})$$

计算 $f(p_{i+1})$，令 $i = i + 1$，转 Step 2；

Step 4 计算右试探点。若 $b_i - p_i \leqslant \varepsilon$，则停止计算，输出 q_i；否则，令

$$a_{i+1} = p_i, \quad b_{i+1} = b_i, \quad f(p_{i+1}) = f(q_i), \quad p_{i+1} = q_i$$

$$q_{i+1} = a_{i+1} + 0.618(b_{i+1} - a_{i+1})$$

计算 $f(q_{i+1})$，令 $i = i + 1$，转 Step 2。

【例 4.6】 利用黄金分割法优化一维优化问题 $\min\ f(t) = t^2 - 5t + 8$。

解 实例代码 4.4 为该问题的 Python 代码实现。

实例代码 4.4

```
import time
#待优化函数
def f(t):
    return t ** 2 - t * 5 + 8
def golden_section(a,b,eps):
    #统计迭代次数
    cnt = 0
    while b - a > eps:
        #根据黄金分割法规则选择内部两点
        c = a + (b - a) * 0.382
        d = a + (b - a) * 0.618
        #区间消去原理
        if f(c) < f(d):
            b = d
        else:
            a = c
        cnt += 1
    #两点的中点定义为最优解
    return (a + b) / 2,f((a + b) / 2),cnt
if __name__ == '__main__':
    #参数设置
    left_point = 1
    right_point = 7
    min_interval_value = 0.1
```

```
    #调用黄金分割法函数求解最小值
    best_x,best_y,iter_cnt = 0,0,0
    t0 = time.time()
    for i in range(100000):
        best_x,best_y,iter_cnt = golden_section(left_point,right_point,
            min_interval_value)
print('总耗时为: {} ms'.format((time.time() - t0) * 1000))
print('best_x: {},best_y: {},iter_cnt: {}.'.format(best_x,best_y,iter_cnt))
```

通过运行实例代码 4.4 可得出，当 $t \approx 2.5045$ 时，该一维最优化问题最小解为 1.75。

5. Fibonacci 法

另一种与 0.618 法相类似的方法叫 Fibonacci 法。它与 0.618 法的主要区别之一在于：搜索区间长度的缩短率不是采用 0.618 而是采用 Fibonacci 数。Fibonacci 数列满足

$$F_0 = F_1 = 1$$

$$F_{k+1} = F_k + F_{k-1}, \quad k = 1, 2, \cdots$$

Fibonacci 法中的计算公式为

$$\begin{aligned}\lambda_k &= a_k + \left(1 - \frac{F_{n-k}}{F_{n-k+1}}\right)(b_k - a_k) \\ &= a_k + \frac{F_{n-k-1}}{F_{n-k+1}}(b_k - a_k), \quad k = 1, \cdots, n-1\end{aligned}$$

$$\mu_k = a_k + \frac{F_{n-k}}{F_{n-k+1}}(b_k - a_k), \quad k = 1, \cdots, n-1$$

每次缩短率满足 $b_{k+1} - a_{k+1} = \dfrac{F_{n-k}}{F_{n-k+1}}(b_k - a_k)$，这里 n 是计算函数值的次数，即要求经过 n 次计算函数值后，最后区间的长度不超过 δ，即

$$b_n - a_n \leqslant \delta$$

由于

$$\begin{aligned}b_n - a_n &= \frac{F_1}{F_2}(b_{n-1} - a_{n-1}) \\ &= \frac{F_1}{F_2} \times \frac{F_2}{F_3} \times \cdots \times \frac{F_{n-1}}{F_n}(b_1 - a_1) \\ &= \frac{1}{F_n}(b_1 - a_1)\end{aligned}$$

故有

$$\frac{1}{F_n}(b_1 - a_1) \leqslant \delta$$

从而

$$F_n \geqslant \frac{b_1 - a_1}{\delta}$$

给出最终区间长度的上界 δ，由上式求出 Fibonacci 数 F_n，再根据 F_n 确定出 n，从而收缩一直进行到第 n 个搜索点为止。

Fibonacci 法与 0.618 法几乎相同。当 $n \to \infty$ 时，Fibonacci 法与 0.618 法的区间缩短率相同，因而 Fibonacci 法也以收敛比 q 线性收敛。Fibonacci 法是分割方法求一维极小化问题的最优策略，而 0.618 法是近似最优的，因而 Fibonacci 法也得到广泛应用。

【例 4.7】 用 Fibonacci 法求解 $\min\ f(x) = 3\sin x - x$。

解 实例代码 4.5 给出了利用 Fibonacci 法求解该问题的 Python 实现。

实例代码 4.5

```
import math
#定义函数
def hanshu(x):
    return 3*math.sin(x)-x
def fibonacci(n):
    if n==0 or n==1:
        result = 1
    elif n>1:
        result=fibonacci(n-1) + fibonacci(n-2)
    else:
        result=0
    return result
#求解n的值
def get_n(a,b,L):
    minimum = (b-a)/L
    n=0
    f = fibonacci(n)
    while f<minimum:
        n+=1
        f = fibonacci(n)
    print("n=",n)
    return n
#实现fibonacci法
#f:需要优化的函数
#a:优化区间上界
#b:优化区间下界
#L:最终区间长度最大值
def fibonacci_search(f,a,b,L):
    n = get_n(a,b,L)
    k=0
    mu = a+(fibonacci(n-k)/fibonacci(n-k+1)*(b-a))
    lamuda = a + (1-fibonacci(n-k)/fibonacci(n-k+1)) *(b-a)
    result = 0
    while k<=n:
        if fibonacci(lamuda)<fibonacci(mu):
            if b-lamuda <= L:
                result =mu
                break
            else:
                a = lamuda
```

```
                lamuda = mu
                mu = a+(fibonacci(n-k)/fibonacci(n-k+1)) *(b-a)
        else:
            if mu-a < L:
                result = lamuda
                break
            else:
                b=mu
                mu = lamuda
                lamuda = a+(1-fibonacci(n-k)/fibonacci(n-k+1)) * (b-a)
        print(a,b)
        k+=1
    return result
if __name__ == "__main__":
    x = fibonacci_search(fibonacci,-1,1,0.16)
    print(x)
```

输出结果为：

```
n=6
-1  0.23809523809523814
-1  -0.23809523809523814
-1  -0.528344671201814
-1  -0.706959706959707
-1  -0.8231292517006803
-0.9410430839002267
```

由上述运行结果可得，原函数的最小值约为 -0.941。

6. 抛物线法

抛物线法也称二次插值法，其基本思想是在搜索区间中不断使用二次多项式取近似目标函数，并逐步用插值多项式的极小值点去逼近线搜索问题。

设函数 $f(x)$ 在三点 x_1, x_2, x_3（$x_1 < x_2 < x_3$）处的函数值为 f_1，f_2，f_3。为了保证在搜索区间 $[x_1, x_3]$ 内存在函数 $f(x)$ 的一个极小值点 x_*，在选取初始点 x_1, x_2, x_3 时，要求它们满足条件

$$f(x_1) > f(x_2), \quad f(x_3) > f(x_2)$$

即从“两头高中间低”的搜索区间开始。可以通过 (x_1, f_1)，(x_2, f_2)，(x_3, f_3) 三点做一条二次插值多项式曲线，并且认为这条抛物线在区间 $[x_1, x_3]$ 上近似于曲线 $f(x)$，于是可以用这条抛物线 $P(x)$ 的极小值点 μ 作为 $f(x)$ 极小值点的近似，如图 4.7 所示。

设过三点 (x_1, f_1)，(x_2, f_2)，(x_3, f_3) 的抛物线为

$$P(x) = a_0 + a_1 x + a_2 x^2, \quad a_2 \neq 0$$

满足

$$P(x_1) = a_0 + a_1 x_1 + a_2 x_1^2 = f(x_1)$$

$$P(x_2) = a_0 + a_1 x_2 + a_2 x_2^2 = f(x_2)$$

$$P(x_3) = a_0 + a_1 x_3 + a_2 x_3^2 = f(x_3)$$

则 $P(x)$ 的导数值为

$$P'(x) = a_1 + 2a_1 x$$

令其为 0，则可得计算近似极小值点的公式为

$$\mu = -\frac{a_1}{2a_2}$$

上式也可以写成

$$\mu = \frac{f_1(x_2^2 - x_3^2) + f_2(x_3^2 - x_1^2) + f_3(x_1^2 - x_2^2)}{2[(x_2 - x_3)f_1 + (x_3 - x_1)f_2 + (x_1 - x_2)f_3]}$$

此点即为 $f(x)$ 极小值点的一次近似。

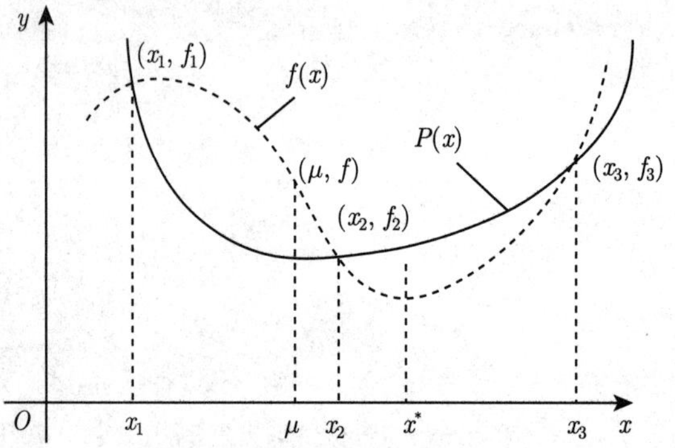

图 4.7 抛物线法

然后算出在点 μ 处的函数值 f_μ，就可以得到四个点 (x_1, f_1)，(x_2, f_2)，(x_3, f_3) 和 (x_μ, f_μ)，从中找出相邻且满足“两头高中间低”的三点，如图 4.7 的 μ，x_2，x_3，然后再以这三点作二次抛物线，如此重复进行，就能找到极小值点的新估计值，直至满足迭代准则为止。

如果 $f(\mu) - f(x_2) < \varepsilon$，或 $x_1 - \mu < \varepsilon$，或 $f(\mu) - P(x_2) < \varepsilon$，则迭代结束，$x_* \approx \mu$；否则迭代继续。其中 $\varepsilon > 0$ 为已知的计算精度。

根据以上原理，可以得出抛物线法的计算步骤如下。

算法 4.4 抛物线法的一般算法框架

Step 1 根据进退法确定三点 x_0、$x_1 = x_0 + \lambda$、$x_2 = x_0 + 2\lambda$（$\lambda > 0$），且对应的函数值满足 $f_1 < f_0$，$f_1 < f_2$，设定容许误差 $0 \leqslant \varepsilon \ll 1$；

Step 2 若 $x_1 - x_0 \leqslant \varepsilon$，则停止，输出 $x_* = x_1$；

Step 3 根据下式计算插值点

$$\bar{x} = x_0 + \frac{(3f_0 - 4f_1 + f_2)\lambda}{2(f_0 - 2f_1 + f_2)}$$

以及相应的函数值 $\bar{f} = f(\bar{x})$。若 $f_1 \leqslant \bar{f}$，则转 Step 5；否则，转 Step 4；

Step 4 若 $x_1 > \bar{x}$，则 $x_2 = x_1$，$x_1 = \bar{x}$，$f_2 = f_1$，$f_1 = \bar{f}$，转 Step 2；否则，$x_0 = x_1$，$x_1 = \bar{x}$，$f_0 = f_1$，$f_1 = \bar{f}$，转 Step 2；

Step 5 若 $x_1 < \bar{x}$，则 $x_2 = \bar{x}$，$f_2 = \bar{f}$，转 Step 2；否则 $x_0 = \bar{x}$，$f_0 = \bar{f}$，转 Step 2。

如果已知一点的函数值和导数值及另一个点的函数值，那么也可以用二次插值法，此时

计算近似极小值点的公式为

$$\mu = x_1 - \frac{f_1'(x_2 - x_1)^2}{2[f_2 - f_1 - f_1'(x_2 - x_1)]}$$

【例 4.8】 用抛物线法求解函数 $f(x) = x^3 + 5\sin(2x)$ 的极小值点，初始搜索区间为 $(1,3)$，$\varepsilon = 0.1$。

解 利用抛物线法解决该问题的 Python 代码如下。

实例代码 4.6

```
import numpy as np
import matplotlib.pyplot as plt
import math
def complicated_func(x):
    """
    测试函数2
    :param x:
    :return:
    """
    return x * x - math.sin(x)
def parabolic_search(f,a,b,epsilon=1e-6):
    """
    抛物线法,迭代函数
    :param f:目标函数
    :param a:起始点
    :param b:终止点
    :param epsilon:阈值
    :return:
    """
    h = (b - a) / 2
    s0 = a
    s1 = a + h
    s2 = b
    f0 = f(s0)
    f1 = f(s1)
    f2 = f(s2)
    h_mean = (4 * f1 - 3 * f0 - f2) / (2 * (2 * f1 - f0 - f2)) * h
    s_mean = s0 + h_mean
    f_mean = f(s_mean)
    #调试
    k = 0
    while s2 - s0 > epsilon:
        h = (s2 - s0) / 2
        h_mean = (4 * f1 - 3 * f0 - f2) / (2 * (2 * f1 - f0 - f2)) * h
        s_mean = s0 + h_mean
        f_mean = f(s_mean)
        if f1 <= f_mean:
            if s1 < s_mean:
                s2 = s_mean
                f2 = f_mean
```

```
            s1 = (s2 + s0)/2
            f1 = f(s1)
        else:
            s0 = s_mean
            f0 = f_mean
            s1 = (s2 + s0)/2
            f1 = f(s1)
    else:
        if s1 > s_mean:
            s2 = s1
            s1 = s_mean
            f2 = f1
            f1 = f_mean
        else:
            s0 = s1
            s1 = s_mean
            f0 = f1
            f1 = f_mean
    print(k)
    k += 1
  return s_mean,f_mean
if __name__ == '__main__':
  x = np.linspace(1,3,200)
  y = []
  index = 0
  for i in x:
    y.append(complicated_func(x[index]))
    index += 1
  plt.plot(x,y)
  plt.show()
  result = parabolic_search(complicated_func,0.0,1.0,1e-4)
  print(result)
```

输出结果为：

```
0
1
2
3
4
5
6
7
8
9
(0.4502453902137617, -0.2324655705111776)
```

通过运行代码可得函数 $f(x) = x^3 + 5\sin(2x)$ 的极小值点约为 $(0.4502, -0.2325)^T$。

7. 二点三次插值法

二点三次插值是用 a，b 两点处的函数值 $f(a)$，$f(b)$ 和导数值 $\nabla f(a)$，$\nabla f(b)$ 来构造三次插值多项式 $P(x)$，然后用三次插值多项式 $P(x)$ 的极小值点作为 $f(x)$ 极小值点的近似值，如图 4.8 所示。一般来说，二点三次插值法比抛物线的收敛速度更快。

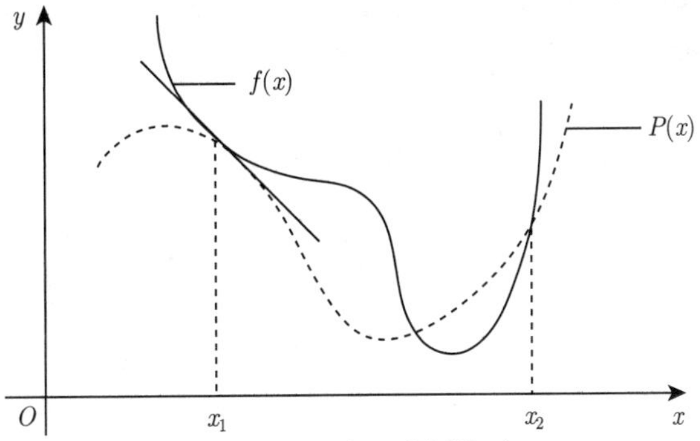

图 4.8 二点三次插值法

二点三次插值法的计算步骤如下。

算法 4.5 二点三次插值法的一般算法框架

Step 1 输入初始点 x_0，初始步长 λ 和精度 ε；

Step 2 令 $x_1 = x_0$，计算 $f_1 = f(x_1)$，$\nabla f_1 = \nabla f(x_1)$。若 $\nabla f_1 \leqslant \varepsilon$，则停止计算；

Step 3 若 $\nabla f_1 > 0$，则令 $\lambda = -\lambda$，否则，令 $\lambda = \lambda$；

Step 4 令 $x_2 = x_1 + \lambda$，计算 $f_2 = f(x_2)$，$\nabla f_2 = \nabla f(x_2)$。若 $\nabla f_2 \leqslant \varepsilon$，则停止计算；

Step 5 若 $\nabla f_1 \nabla f_2 > 0$，则令 $\lambda = 2\lambda$，$x_1 = x_2$，$f_1 = f_2$，$\nabla f_1 = \nabla f_2$，转 Step 4；

Step 6 计算

$$z = \frac{3(f_1 - f_2)}{x_2 - x_1} - \nabla f_1 - \nabla f_2$$

$$w = \operatorname{sign}(x_2 - x_1)\sqrt{z^2 - \nabla f_1 \nabla f_2}$$

$$\mu = x_1 + (x_2 - x_1)\left(1 - \frac{\nabla f_2 + \omega + z}{\nabla f_2 - \nabla f_1 + 2\omega}\right)$$

并计算 $f = f(\mu)$，$\nabla f = \nabla f(\mu)$；

Step 7 若 $\nabla f \leqslant \varepsilon$，则停止计算，输出 $x_* = \mu$；否则，令 $\lambda = \dfrac{\lambda}{10}$，$x_1 = \mu$，$f_1 = f$，$\nabla f_1 = \nabla f$，转 Step 3。

【例 4.9】 以 $f(x) = \ln x$ 为例，插值点为 $(1,0), (e,1)$，求解函数的极小值。

解 实例代码 4.7 为该问题通过二点三次插值法的 Python 实现。

实例代码 4.7

```
import math
import numpy as np
import matplotlib.pyplot as plt
def square(data):
    return data * data
```

```
def Two_point_cubic_Hermite_interpolation(arr_x,arr_y,arr_m,x):
    temp1 = arr_y[0] * (1 + 2 * (x - arr_x[0]) / (arr_x[1] - arr_x[0])) * square((x -
        arr_x[1]) / (arr_x[0] - arr_x[1]))
    temp2 = arr_y[1] * (1 + 2 * (x - arr_x[1]) / (arr_x[0] - arr_x[1])) * square((x -
        arr_x[0]) / (arr_x[1] - arr_x[0]))
    temp3 = arr_m[0] * (x - arr_x[0]) * square((x - arr_x[1]) / (arr_x[0] - arr_x[1]))
    temp4 = arr_m[1] * (x - arr_x[1]) * square((x - arr_x[0]) / (arr_x[1] - arr_x[0]))
    return temp1 + temp2 + temp3 + temp4
x_arr = [1,math.e]
y_arr = [0,1]
m_arr = [1,0.36788]
original_x = np.arange(0.1,3,0.01)
original_y = [0.0 for j in range(len(original_x))]
for i in range(len(original_y)):
    original_y[i] = math.log(original_x[i])
x = np.arange(0.1,3,0.01)
y = [0.0 for j in range(len(original_x))]
for i in range(len(x)):
    y[i] = Two_point_cubic_Hermite_interpolation(x_arr,y_arr,m_arr,x[i])
plt.plot(original_x,original_y,label='f(x) = lnx')
plt.scatter(x_arr,y_arr)
plt.plot(x,y,label='point cubic Hermite interpolation')
plt.scatter(2,Two_point_cubic_Hermite_interpolation(x_arr,y_arr,m_arr,2),color='red',
    label='Ln2 approximation')
plt.legend(loc="best")
plt.xlabel("x")
plt.ylabel("y")
plt.show()
```

输出结果如下：

通过插值拟合结果图 4.9 可以看出，方程的极小值点为 $(2.000, 0.700)$。

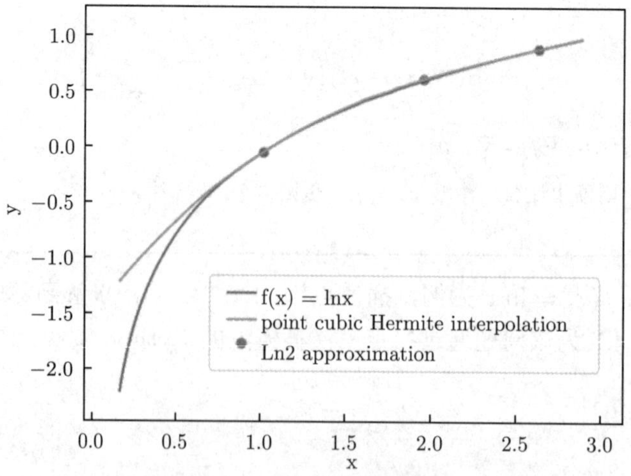

图 4.9　插值拟合结果图

8. “成功-失败”法

“成功-失败”法是一种常用的无约束优化方法，也被称为“试错法”或“随机搜索法”。它的基本思想是通过随机生成一组候选解，并根据目标函数的值来评估每个候选解的质量。然后，根据评估结果，调整候选解的生成方式，以期望找到更好的解。

“成功-失败”法的计算步骤如下。

算法 4.6 “成功-失败”法的一般算法框架

Step 1 给定初始点 $x_0 \in \mathbb{R}$，搜索步长 $\lambda > 0$ 和精度 $\varepsilon \geqslant 0$；

Step 2 计算 $x_1 = x_0 + \lambda$，$f(x_1)$；

Step 3 若 $f(x_1) < f(x_0)$，则搜索成功，下一次搜索大步前进，用 x_1 代替 x_0，2λ 代替，继续搜索；若 $f(x_1) \geqslant f(x_0)$，则搜索失败，下一次搜索就小步退后。首先看是否有 $\lambda \leqslant \varepsilon$，若是，则取 $x_* = x_0$，计算结束；否则，用 $-\lambda/4$ 代替 λ，返回 Step 2，继续进行搜索。

【例 4.10】 利用“成功-失败”法求函数 $f(x) = x^3 - 2x + 1$ 的搜索区间，取初始点 $x = -\dfrac{1}{2}$，步长 $h = \dfrac{1}{2}$。

解 实例代码 4.8 为该问题的 Python 代码实现。

实例代码 4.8

```
import numpy as np
import matplotlib.pyplot as plt
def function(a):
    return a**3-2*a+1
a = -0.5
h = 0.5
x = []
f0 = function(a)
#寻找函数的最小值
eps=0.001
while abs(h)>eps:
    x1=a+h
    x.append(x1)
    f1=function(x1)
    if f0>f1:
        a=a+h
        f0=f1
        h=2*h
    else:
        h=-0.25*h
print(f"搜索区间:[",min(x),max(x),"]")
print(f"最小值点:f({a})={function(a)}")
#绘制函数图像
x = np.arange(min(x),max(x),0.001)
y = [function(i) for i in x]
plt.rcParams['font.sans-serif'] = ['SimHei']
plt.rcParams['axes.unicode_minus'] = False
plt.plot(x,y,label='函数图像')
plt.plot(a,function(a),'ro',label='最小值点')
```

```
plt.legend(loc="upper left")
plt.xlabel("x")
plt.ylabel("y")
plt.show()
```

通过图 4.10 中函数图像的结果可以看出，搜索区间为 $[a+h,a+7h]=[0,3]$，最小值为 -0.0886。

通过了解以上精确线搜索方法，可以得出如下结论：

（1）如果目标函数能求二阶导，用牛顿切线法收敛快；

（2）如果目标函数能求一阶导，用平分法收敛速度慢但可靠；

（3）只需计算函数值的方法首先考虑二次插值法，收敛快；黄金分割法收敛慢，但可靠。

最优步长规则的初衷是在每一次迭代，使目标函数的下降量达到最大。但是，尽管最优步长的计算是函数的极值问题，但其计算量却不容忽视，因为要在有限步内得到严格意义下的最优步长几乎是不可能的，除非目标函数具有特殊的结构。从另一角度讲，我们需要的是目标函数在整个可行域中的最优值点，因此，把主要精力集中于某个方向上的线搜索似乎没有必要。因此，有时候会放弃最优步长规则而采用非精确线搜索步长规则。

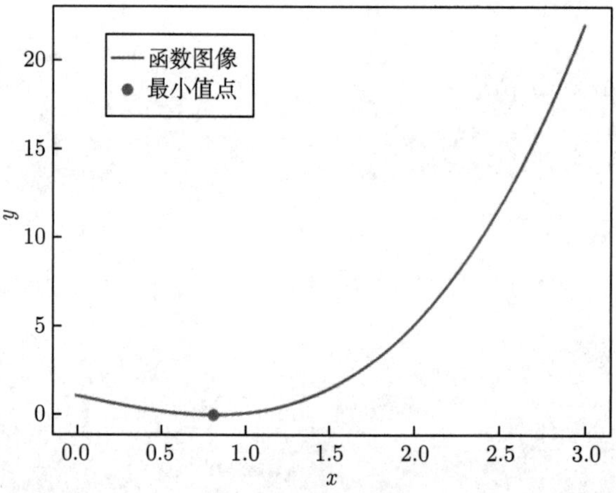

图 4.10　函数图像

总体来讲，最优步长规则是一种理想化的搜索策略，它主要用于算法的理论分析，如算法的二次终止性和收敛性分析等，而不是数值计算。一般地，如果算法在最优步长规则下的理论性质很差，那么它在非精确步长规则下性质会更差。

4.3.2　非精确线搜索

所谓非精确线搜索，是指选取 λ_k 使目标函数 $f(\boldsymbol{x})$ 得到可接受的下降量，即

$$\Delta f_k = f\left(\boldsymbol{x}_k\right) - f\left(\boldsymbol{x}_k + \lambda_k \boldsymbol{d}_k\right) > 0$$

是可接受的。

非精确线搜索步长规则是沿搜索方向产生一个使目标函数有满意下降量的迭代点。这样可将更多的精力集中到线搜索算法的宏观层面，而不拘泥于每一迭代过程的微观层面。下面

是三种常见的非精确线搜索步长规则，包括 Armijo 步长规则、Goldstein 步长规则和 Wolfe 步长规则。

1. Armijo 步长规则

在步长充分小时，目标函数值沿下降方向是下降的，于是 Armijo 在 1966 年用进退试探策略来获取步长：先试探一个较大的步长，若目标函数值有一个满意的下降量，就取其为迭代步长，否则就将其按一定比例压缩直到满足为止。具体地，该步长规则取 $\lambda_k=\beta\gamma^{m_k}$，其中 m_k 为满足下式的最小非负整数

$$f(\boldsymbol{x}_k+\beta\gamma^{m_k}\boldsymbol{d}_k)\leqslant f(\boldsymbol{x}_k)+\sigma\beta\gamma^{m_k}{\boldsymbol{g}_k}^T\boldsymbol{d}_k \tag{4.12}$$

其中 $\beta>0$，$\sigma,\gamma\in(0,1)$ 为常数。

对上述步长规则，若 $\lambda_k<\beta$，则下述两式同时成立：

$$f(\boldsymbol{x}_k+\beta\gamma^{m_k}\boldsymbol{d}_k)\leqslant f(\boldsymbol{x}_k)+\sigma\beta\gamma^{m_k}\boldsymbol{g}_k^T\boldsymbol{d}_k$$

$$f(\boldsymbol{x}_k+\beta\gamma^{m_k-1}\boldsymbol{d}_k)> f(\boldsymbol{x}_k)+\sigma\beta\gamma^{m_k-1}\boldsymbol{g}_k^T\boldsymbol{d}_k$$

根据目标函数 $f(\boldsymbol{x}_k+\lambda\boldsymbol{d}_k)$ 在点 $\boldsymbol{x}_k$ 的一阶 Taylor 展开式知，满足这种步长规则的 λ_k 一定存在。为寻求较大的步长，Calamai 和 Moré 在 1987 年建议在 $\lambda_k=\beta$ 满足式 (4.12) 时，将 λ_k 逐步扩大 $1/\gamma$ 倍，直至不能满足式 (4.12)，这种取法在目标函数充分下降的前提下使步长尽可能地大。与上述方法不同，Grippo 等（1986）将步长规则即式 (4.12) 进行松弛以获取较大步长。具体地，取步长 $\lambda_k=\beta\gamma^{m_k}$ 和正整数 M，其中 m_k 是满足下式的最小非负整数

$$f(\boldsymbol{x}_k+\beta\gamma^{m_k}\boldsymbol{d}_k)\leqslant \max_{0\leqslant j\leqslant m_k}\{f(\boldsymbol{x}_{k-j})\}+\sigma\beta\gamma^{m_k}{\boldsymbol{g}_k}^T\boldsymbol{d}_k$$

这里，函数 m_k 满足

$$m_0=0,\quad 0\leqslant m_k\leqslant \min\ \{m_{k-1}+1,M\}$$

该步长规则不能保证目标函数值的下降性，但其总趋势是下降的。也就是说，它虽然是一种非单调步长规则，但有着不错的数值效果。

2. Goldstein 步长规则

Goldstein 在 1995 年建议步长 λ_k 同时满足以下条件：

$$\begin{aligned}f(\boldsymbol{x}_k+\lambda\boldsymbol{d}_k)&\leqslant f(\boldsymbol{x}_k)+\sigma\lambda\boldsymbol{g}_k^T\boldsymbol{d}_k\\ f(\boldsymbol{x}_k+\lambda\boldsymbol{d}_k)&\geqslant f(\boldsymbol{x}_k)+(1-\sigma)\lambda\boldsymbol{g}_k^T\boldsymbol{d}_k\end{aligned} \tag{4.13}$$

其中 $\sigma\in\left(0,\dfrac{1}{2}\right)$。

由于当 $\lambda>0$ 充分小时，式 (4.13) 不成立，所以该规则是在保证目标函数值下降的前提下，使下一迭代点尽可能远离当前迭代点。

定理 4.8 若 $\varphi_k(\lambda)=f(\boldsymbol{x}_k+\lambda\boldsymbol{d}_k)$ 关于 $\lambda>0$ 有下界，则满足 Goldstein 步长规则的步长 λ_k 存在。

证明 由于 $\boldsymbol{g}_k^T\boldsymbol{d}_k < 0$，故当 $\lambda \to 0$ 时

$$\phi_1(\lambda) \triangleq f(\boldsymbol{x}_k) + \sigma\lambda\boldsymbol{g}_k^T\boldsymbol{d}_k \to -\infty$$

当 $\lambda > 0$ 充分小时，射线 $\phi_1(\lambda)$ 在曲线 $\varphi_k(\lambda) = f(\boldsymbol{x}_k + \alpha\boldsymbol{d}_k)$ 的上方。由于函数 $\varphi_k(\lambda)$ 在 λ 的正半轴上有下界，所以射线 $\phi_1(\lambda)$ 与曲线 $\varphi_k(\lambda)$ 在 λ 的正轴上有交点。Goldstein 步长规则的示意图如图 4.11 所示。

类似地，射线 $\phi_2(\lambda) = f(\boldsymbol{x}_k) + (1-\sigma)\lambda\boldsymbol{g}_k^T\boldsymbol{d}_k$ 与曲线 $\varphi_k(\lambda)$ 在 λ 的正轴上也有交点。设 $\bar{\lambda}_1$ 和 $\bar{\lambda}_2$ 分别为 $\phi_1(\lambda)$ 和 $\phi_2(\lambda)$ 与 $\phi_k(\lambda)$ 在 λ 的正轴上最靠近原点的交点。由 $\sigma \in \left(0, \dfrac{1}{2}\right)$ 得，$\bar{\lambda}_1 < \bar{\lambda}_2$。显然，对任意的 $\lambda \in [\bar{\lambda}_1, \bar{\lambda}_2]$，Goldstein 步长规则成立。

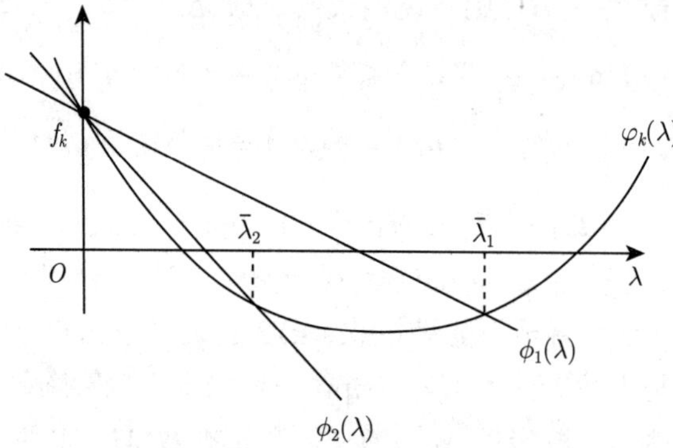

图 4.11 Goldstein 步长规则

3. Wolfe 步长规则

Wolfe（1968）步长规则是指步长 λ_k 同时满足

$$f(\boldsymbol{x}_k + \lambda\boldsymbol{d}_k) \leqslant f(\boldsymbol{x}_k) + \sigma_1\lambda\boldsymbol{g}_k^T\boldsymbol{d}_k \tag{4.14}$$

$$\nabla f(\boldsymbol{x}_k + \lambda\boldsymbol{d}_k)^T\boldsymbol{d}_k \leqslant \sigma_2\boldsymbol{g}_k^T\boldsymbol{d}_k \tag{4.15}$$

其中 $0 < \sigma_1 < \sigma_2 < 1$。

式 (4.15) 也就是

$$\boldsymbol{g}_{k+1}^T\boldsymbol{d}_k \geqslant \sigma_2\boldsymbol{g}_k^T\boldsymbol{d}_k$$

引入该式主要是希望函数 $\varphi_k(\lambda) = f(\boldsymbol{x}_k + \lambda\boldsymbol{d}_k)$ 在 λ_k 点的陡度比在 $\lambda = 0$ 点有所减缓，从而使下一次迭代点远离当前迭代点。如果将其换成

$$|\nabla f(\boldsymbol{x}_k + \lambda\boldsymbol{d}_k)^T\boldsymbol{d}_k| \leqslant \sigma_2|\boldsymbol{g}_k^T\boldsymbol{d}_k|$$

便得到强 Wolfe 步长规则。它和 Wolfe 步长规则的区别在于前者使函数 $\varphi_k(\lambda)$ 在 λ_k 点的陡度在正负方向上都变小，从而撇去那些远离 $\varphi_k(\lambda)$ 的稳定点的区域，而后者仅考虑了 $\boldsymbol{g}_{k+1}^T\boldsymbol{d}_k \leqslant 0$ 的情形。在某种意义下，令 $\sigma_2 = 0$，强 Wolfe 步长规则就是最优步长规则。

定理 4.9 若 $\varphi_k(\lambda) = f(\boldsymbol{x}_k + \lambda\boldsymbol{d}_k)$ 关于 $\lambda > 0$ 有下界，则满足（强）Wolfe 步长规则的 λ_k 存在。

证明 由于 $\varphi_k(\lambda)=f(\boldsymbol{x}_k+\lambda\boldsymbol{d}_k)$ 关于 $\lambda>0$ 有下界，且有 $0<\sigma_1<1$，故射线 $\phi(\lambda)=f(\boldsymbol{x}_k)+\sigma_1\lambda\boldsymbol{g}_k^T\boldsymbol{d}_k$ 与曲线 $\varphi_k(\lambda)$ 在 λ 的正半轴上有交点，记最小的交点为 λ_k'，则

$$f(\boldsymbol{x}_k+\lambda_k'\boldsymbol{d}_k)=f(\boldsymbol{x}_k)+\sigma_1\lambda_k'\boldsymbol{g}_k^T\boldsymbol{d}_k \tag{4.16}$$

显然，对任意的 $\lambda\in(0,\lambda_k')$，式 (4.14) 成立，对式 (4.16) 用中值定理，存在 $\lambda_k''\in(0,\lambda_k')$，使得

$$f(\boldsymbol{x}_k+\lambda_k'\boldsymbol{d}_k)-f(\boldsymbol{x}_k)=\lambda_k'\nabla f(\boldsymbol{x}_k+\lambda_k''\boldsymbol{d}_k)^T\boldsymbol{d}_k \tag{4.17}$$

结合式 (4.16)，并利用 $0<\sigma_1<\sigma_2<1$ 及 $\boldsymbol{g}_k^T\boldsymbol{d}_k<0$ 得

$$\nabla f(\boldsymbol{x}_k+\lambda_k''\boldsymbol{d}_k)^T\boldsymbol{d}_k=\sigma_1\boldsymbol{g}_k^T\boldsymbol{d}_k>\sigma_2\boldsymbol{g}_k^T\boldsymbol{d}_k$$

因此，λ_k'' 满足 Wolfe 步长规则。结合式 (4.17) 得两边都是负项，所以 λ_k'' 满足强 Wolfe 步长规则。

根据目标函数的连续可微性，可知存在包含 λ_k'' 的区间使该区间内的任意均值满足 Wolfe 步长规则。

上述三种非精确步长规则的第一个不等式要求目标函数有一个满意的下降量，第二个不等式控制步长不能太小。Goldstein 步长规则的第二式会将最优步长排除在步长的候选范围之外，Wolfe 步长规则在可接受的步长范围内包含了最优步长。在实际计算时，前两种步长规则可由进退试探法求得，最后一种步长规则可借助多项式插值的方法求得。在上述步长规则中，Armijo 步长规则最为常见，但它不适用于共轭梯度法和拟牛顿方法，而 Wolfe 步长规则特别适用于共轭梯度法和拟牛顿方法。

【例 4.11】 利用非精确一维搜索方法（Goldstein、Wolfe 及 Armijo 步长规则）求函数 $f(x)=x^2+2x+1$ 的搜索区间，Armijo 初始化步长 0.5，最大迭代次数 100，$c_1=0.0001$，缩放因子 0.5；Goldstein 步长规则 $c_2=0.1$；Wolfe 步长规则 $c_3=0.1$。

解 实例代码 4.9 为求解该问题的 Python 代码实现。

实例代码 4.9

```
import numpy as np
#定义目标函数 f,这是一个简单的二次函数。
def f(x):
    return x[0]**2 + 2*x[0] + 1
#定义目标函数的梯度向量 grad_f,它是目标函数的一阶导数。
def grad_f(x):
    return np.array([2*x[0] + 2])
    """
    定义 Armijo 线搜索算法的函数。输入参数包括目标函数 f、梯度向量grad_f、当前位置 x_k、
    搜索方向 d_k，初始步长alpha_init、线搜索算法在找到最优步长之前允许的最大迭代次数max_
    iterations。足够减少条件。一个小正数c1和缩放因子。一个小于 1的正数,用于逐步缩小步长
    rho。
    """
def line_search_armijo(f, grad_f, x_k, d_k, alpha_init=0.5, max_iterations=100, c1=1e-4,
     rho=0.5):
    #初始化步长 alpha、当前函数值 f_k、当前梯度向量 grad_f_k 和迭代次数 num_iterations。
```

```
    alpha = alpha_init
    f_k = f(x_k)
    grad_f_k = grad_f(x_k)
    num_iterations = 0
    while f(x_k + alpha * d_k) > f_k + c1 * alpha * grad_f_k.dot(d_k) and
        num_iterations < max_iterations:
    #在满足足够减少条件情况下，逐步缩小步长 alpha。迭代次数超过最大值时停止。
        #缩小步长 alpha
        alpha = rho * alpha
        num_iterations += 1
    #返回最优步长 alpha
    return alpha
def line_search_goldstein(f, grad_f, x_k, d_k, alpha_init=0.5, max_iterations=100, c2
    =0.1):
    """
    初始化上下界 alpha_lo 和 alpha_hi、当前函数值 f_k、当前梯度向量 grad_f_k、最佳函数值和
    梯度向量 f_lo 和 grad_f_lo，以及迭代次数 num_iterations。
    """
    #初始化步长下界
    alpha_lo = 0.0
    #初始化步长上界
    alpha_hi = alpha_init
    #计算当前目标函数值 f_k
    f_k = f(x_k)
    #计算当前位置的梯度 grad_f_k
    grad_f_k = grad_f(x_k)
    #初始化 f_lo 和 grad_f_lo
    f_lo = f_k
    grad_f_lo = grad_f_k
    num_iterations = 0
    """
    在上下界之间使用二分搜索找到最优步长 alpha_j，并计算相应的函数值 f_j 和梯度向量 gradf_
    j。根据足够减少和曲率条件更新上下界，并检查是否满足终止条件。迭代次数超过最大值时停止。
    """
    while num_iterations < max_iterations:
        alpha_j = (alpha_lo + alpha_hi) / 2
        #计算新的位置 x_j
        x_j = x_k + alpha_j * d_k
        #计算新的目标函数值 f_j
        f_j = f(x_j)
        #如果不满足条件，则调整步长上下界
        if f_j > f_k + c2 * alpha_j * grad_f_k.dot(d_k) or f_j >= f_lo:
            alpha_hi = alpha_j
        else:
            #计算新位置的梯度 gradf_j
            gradf_j = grad_f(x_j)
            #如果满足曲率条件，则返回步长 alpha_j
            if abs(gradf_j.dot(d_k)) <= -c2 * grad_f_k.dot(d_k):
                return alpha_j
```

```
            elif gradf_j.dot(d_k) * (alpha_hi - alpha_lo) >= 0:
                alpha_hi = alpha_lo
            alpha_lo = alpha_j
            f_lo = f_j
            grad_f_lo = gradf_j
        #如果达到最大迭代次数，则返回当前步长下界 alpha_lo
        if num_iterations == max_iterations:
            return alpha_lo
        num_iterations += 1
def line_search_wolfe(f, grad_f, x_k, d_k, alpha_init=0.5, max_iterations=100, c1=1e-4,
    c2=0.9):
    alpha_lo = 0.0
    alpha_hi = alpha_init
    f_k = f(x_k)
    grad_f_k = grad_f(x_k)
    f_lo = f_k
    grad_f_lo = grad_f_k
    num_iterations = 0
    while num_iterations < max_iterations:
        alpha_j = (alpha_lo + alpha_hi) / 2
        x_j = x_k + alpha_j * d_k
        f_j = f(x_j)
        if f_j > f_k + c1 * alpha_j * grad_f_k.dot(d_k) or (f_j >= f_lo and
            num_iterations > 0):
            alpha_hi = alpha_j
        else:
            gradf_j = grad_f(x_j)
            if abs(gradf_j.dot(d_k)) <= -c2 * grad_f_k.dot(d_k):
                return alpha_j
            elif gradf_j.dot(d_k) >= 0:
                alpha_hi = alpha_j
            else:
                alpha_lo = alpha_j
                f_lo = f_j
                grad_f_lo = gradf_j
        if num_iterations == max_iterations:
            return alpha_lo
        num_iterations += 1
#定义测试数据
x_k = np.array([0])
d_k = -grad_f(x_k)
#进行线搜索
search_armijo=line_search_armijo(f,grad_f,x_k,d_k)
search_goldstein=line_search_goldstein(f,grad_f,x_k,d_k)
search_wolfe=line_search_wolfe(f,grad_f,x_k,d_k)
#输出结果
print(f"armijo搜索最优步长为: {search_armijo}")
print(f"goldstein搜索最优步长为: {search_goldstein}")
print(f"wolfe搜索最优步长为: {search_wolfe}")
```

由输出运行结果可知，Armijo 搜索最优步长为：0.5；Goldstein 搜索最优步长为：0.46875；Wolfe 搜索最优步长为：0.25。

如果要使迭代算法切实可行，必须解决以下 3 个问题：（1）如何确定某点处的搜索方向？（2）如何进行线搜索？（3）如何确定当前点的终止准则？无约束最优化方法的重点是确定搜索方向，每一种确定搜索方向的方法就决定了一种算法。下面的章节内容主要介绍具体搜索方向的算法。

4.4 梯 度 法

无约束优化方法中的梯度法（Gradient Descent）是一种常用且有效的优化方法。它基于函数的梯度信息来指导搜索方向，以期找到函数的最小值点。

设函数 $f(\boldsymbol{x},\boldsymbol{y})$ 在平面区域 $\mathcal{D}$ 内具有一阶连续偏导数，则对每一点 $P(\boldsymbol{x}_0,\boldsymbol{y}_0)\in\mathcal{D}$ 都可以给出一个向量 $\nabla f(\boldsymbol{x}_0,\boldsymbol{y}_0)=(f_x(\boldsymbol{x}_0,\boldsymbol{y}_0),f_y(\boldsymbol{x}_0,\boldsymbol{y}_0))^T$，称为 $f(\boldsymbol{x},\boldsymbol{y})$ 在 P 点处的梯度。具有一阶连续偏导数，意味着可微，则函数 $f(\boldsymbol{x},\boldsymbol{y})$ 在各个方向的切线都在同一个平面上，也就是切平面，如图 4.12 所示。当所有切线都在一个平面上时，某一点一定有且只有一个最陡峭的地方，因为方向导数是切线的斜率，方向导数最大也就意味着最陡峭。又因为梯度指的是增长最快的方向，而往下滑是减少最快的方向。例如，水滴在光滑笔直的玻璃上，下滑方向为其负梯度方向。

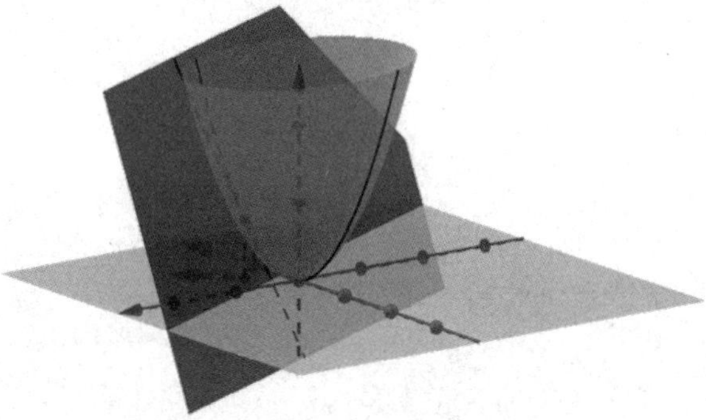

图 4.12　同一点不同方向的导数

4.4.1 最速下降法

以二维平面上的点为例，当步长固定时，起始点可以随机选一个 $(\boldsymbol{x}_0,\boldsymbol{y}_0)$，方向可以选择 $(\boldsymbol{x}_0,\boldsymbol{y}_0)$ 处的负梯度方向，这个点是函数下降最快的方向。它是一个向量，它的大小就是步长，为了防止太大而走过头，导致不断在最小值附近震荡，需要乘一个比较小的值，称为步长。最终的终止条件为梯度的大小很接近于 0，即在极值点处的梯度大小就是 0。这种依靠梯度确定下降方向的方法叫做最速下降法（梯度下降法）。

目标函数的负梯度方向称为最速下降方向。对线搜索方法，如果用最速下降法作为搜索方向，便得到最速下降算法。

算法 4.7 最速下降法的一般算法框架

Step 1 取初始点 $\boldsymbol{x}_0 \in \mathbb{R}^n$ 和参数 $\varepsilon \geqslant 0$，令 $k=0$；

Step 2 若 $\|\boldsymbol{g}_k\| \leqslant \varepsilon$，算法终止；否则，进入下一步；

Step 3 取 $\boldsymbol{d}_k = -\boldsymbol{g}_k$，利用线搜索步长规则产生步长 λ_k；

Step 4 令 $\boldsymbol{x}_{k+1} = \boldsymbol{x}_k + \lambda_k \boldsymbol{d}_k, k = k+1$，返回 Step 2。

在最优步长规则下，算法 4.7 有如下性质。

性质 4.1 设目标函数 $f(\boldsymbol{x})$ 连续可微，则最优步长规则下的最速下降算法在相邻两个迭代点的搜索方向相互垂直，即

$$\langle \boldsymbol{d}_k, \boldsymbol{d}_{k+1} \rangle = 0$$

证明 记 $\varphi(\lambda) = f(\boldsymbol{x}_k + \lambda_k \boldsymbol{d}_k)$，根据步长规则

$$0 = \varphi'(\lambda_k) - \nabla f(x_k + \lambda_k \boldsymbol{d}_k)^T \boldsymbol{d}_k = -\langle \nabla f(\boldsymbol{x}_k + \lambda_k \boldsymbol{d}_k), \boldsymbol{d}_k \rangle = -\langle \boldsymbol{d}_{k+1}, \boldsymbol{d}_k \rangle$$

结论得证。

在下面的收敛性分析中，令 $\varepsilon = 0$。由最优步长规则下的下降算法的收敛性质可得最速下降算法的收敛性质。

定理 4.10 若目标函数 $f(\boldsymbol{x})$ 连续可微，则最优步长规则下的最速下降算法产生的点列 $\{\boldsymbol{x}_k\}$ 的任一聚点 $\boldsymbol{x}_*$ 满足 $\nabla f(\boldsymbol{x}_*) = 0$。

证明 由于 $f(\boldsymbol{x})$ 连续可微，$\boldsymbol{d}_k = -\boldsymbol{g}_k$，所以对 $\{\boldsymbol{x}_k\}$ 的任一收敛子列 $\{\boldsymbol{x}_k\}_{\mathrm{N}_0}$，设极限点为 $\boldsymbol{x}_*$，则

$$\lim_{k \in \mathrm{N}_0, k \to \infty} \boldsymbol{d}_k = -\boldsymbol{g}(\boldsymbol{x}_*)$$

由定理 4.6 得 $\nabla f(\boldsymbol{x}_*) = \boldsymbol{0}$。

下面的结论说明，对严格凸二次函数，最速下降法的收敛速度依赖于目标函数的条件数。

定理 4.11 对严格凸二次函数 $f(\boldsymbol{x}) = \dfrac{1}{2}\boldsymbol{x}^T \boldsymbol{G} \boldsymbol{x}$，最优步长规则下的最速下降算法线性收敛。具体地，最速下降算法产生的点列 $\{\boldsymbol{x}_k\}$ 满足

$$\frac{f(\boldsymbol{x}_{k+1}) - f(\boldsymbol{x}_*)}{f(\boldsymbol{x}_k) - f(\boldsymbol{x}_*)} \leqslant \left(\frac{\lambda_1 - \lambda_n}{\lambda_1 + \lambda_n}\right)^2$$

$$\frac{\|\boldsymbol{x}_{k+1} - \boldsymbol{x}_*\|}{\|\boldsymbol{x}_k - \boldsymbol{x}_*\|} \leqslant \frac{\lambda_1 - \lambda_n}{\lambda_1 + \lambda_n}\sqrt{\frac{\lambda_1}{\lambda_n}}$$

其中 $\lambda_1 \geqslant \lambda_2 \geqslant \cdots \geqslant \lambda_n > 0$ 为对称正定矩阵 $\boldsymbol{G}$ 的 n 个特征根，λ_k 为步长，而 $\boldsymbol{x}_* = 0$ 为 $f(\boldsymbol{x})$ 的最小值点。

证明 由 $\nabla f(\boldsymbol{x}) = \boldsymbol{G}(\boldsymbol{x})$ 知

$$\boldsymbol{x}_{k+1} = \boldsymbol{x}_k - \lambda_k \boldsymbol{g}_k = (\boldsymbol{I} - \lambda_k \boldsymbol{G} \boldsymbol{x}_k)$$

再由步长规则，对任意的 $\lambda > 0$

$$f[(\boldsymbol{I} - \lambda_k \boldsymbol{G}_k)\boldsymbol{x}_k] \leqslant f[(\boldsymbol{I} - \lambda \boldsymbol{G}_k)\boldsymbol{x}_k] \tag{4.18}$$

下面通过线性函数 $\phi(t)=\lambda-\mu t$ 引入一种特殊的步长，其中参数 λ，μ 满足

$$\begin{cases}\phi(\lambda_1)=1\\ \phi(\lambda_n)=-1\end{cases}$$

解上述方程组得

$$\begin{cases}\lambda=-\dfrac{\lambda_1+\lambda_n}{\lambda_1-\lambda_n}\\ \mu=\dfrac{-2}{\lambda_1-\lambda_n}\end{cases}$$

所以

$$\phi(t)=\frac{2t-(\lambda_1+\lambda_n)}{\lambda_1-\lambda_n}$$

这说明 $\phi(t)$ 关于 t 单调递增，且对任意 $1\leqslant i\leqslant n$

$$|\phi(\lambda_i)|\leqslant 1 \tag{4.19}$$

记对称正定矩阵 $\boldsymbol{G}$ 的特征根 λ_i 对应的单位特征向量为 $\boldsymbol{u}_i, i=1,2,\ldots,n$。由 $\boldsymbol{G}$ 对称正定知向量组 $\boldsymbol{u}_1,\boldsymbol{u}_2,\ldots,\boldsymbol{u}_n$ 构成的 $\mathbb{R}^n$ 的一组标准正交基，从而存在数组 $a_{ik}, i=1,2,\ldots n$，使得

$$\boldsymbol{x}_k=\sum_{i=1}^{n}a_{ik}\boldsymbol{u}_i$$

由于 $\boldsymbol{I}-\dfrac{\mu}{\lambda}\boldsymbol{G}$ 可以写成 $\dfrac{\phi(\boldsymbol{G})}{\phi(0)}$，由式 (4.18) 和式 (4.19) 得

$$\begin{aligned}
f(\boldsymbol{x}_{\boldsymbol{k}+1})&\leqslant f\left(\frac{\phi(\boldsymbol{G})}{\phi(0)}\boldsymbol{x}_k\right)\\
&=\frac{1}{2}\left(\frac{\phi(\boldsymbol{G})}{\phi(0)}\boldsymbol{x}_k\right)^T\boldsymbol{G}\left(\frac{\phi(\boldsymbol{G})}{\phi(0)}\boldsymbol{x}_k\right)\\
&=\frac{1}{2}\sum_{i,j=1}^{n}\frac{a_{ik}a_{jk}}{\phi(0)^2}(\phi(\boldsymbol{G})\boldsymbol{u}_i)^T\boldsymbol{G}(\phi(\boldsymbol{G})\boldsymbol{u}_i)\\
&=\frac{1}{2}\sum_{i,j=1}^{n}\frac{a_{ik}a_{jk}}{\phi(0)^2}\left(\frac{2\boldsymbol{G}-(\lambda_1+\lambda_n)\boldsymbol{I}}{\lambda_1-\lambda_n}\boldsymbol{u}_i\right)^T\boldsymbol{G}\left(\frac{2\boldsymbol{G}-(\lambda_1+\lambda_n)\boldsymbol{I}}{\lambda_1-\lambda_n}\boldsymbol{u}_i\right)\\
&=\frac{1}{2}\sum_{i,j=1}^{n}\frac{a_{ik}a_{jk}}{\phi(0)^2}\left(\frac{2\lambda_i-(\lambda_1+\lambda_n)\boldsymbol{I}}{\lambda_1-\lambda_n}\boldsymbol{u}_i\right)^T\boldsymbol{G}\left(\frac{2\lambda_j-(\lambda_1+\lambda_n)\boldsymbol{I}}{\lambda_1-\lambda_n}\boldsymbol{u}_i\right)\\
&=\frac{1}{2}\sum_{i,j=1}^{n}\frac{a_{ik}a_{jk}}{\phi(0)^2}\phi(\lambda_i)\phi(\lambda_j)\boldsymbol{u}_i^T\boldsymbol{G}\boldsymbol{u}_j\\
&=\frac{1}{2}\sum_{i=1}^{n}\frac{(a_{ik})^2}{\phi(0)^2}(\phi(\lambda_i))^2\lambda_i
\end{aligned}$$

$$\leqslant \frac{1}{(\phi(0))^2}\left(\frac{1}{2}\sum_{i=1}^{n}(a_{ik})^2\lambda_i\right)$$

$$= \left(\frac{\lambda_1-\lambda_n}{\lambda_1+\lambda_n}\right)^2 f(\boldsymbol{x}_k)$$

利用 $f(\boldsymbol{x}_*)=0$ 得

$$\frac{f(\boldsymbol{x}_{k+1})-f(\boldsymbol{x}_*)}{f(\boldsymbol{x}_k)-f(\boldsymbol{x}_*)} \leqslant \left(\frac{\lambda_1-\lambda_n}{\lambda_1+\lambda_n}\right)^2$$

由于

$$\lambda_1\|\boldsymbol{y}\|^2 \geqslant \boldsymbol{y}^T\boldsymbol{G}\boldsymbol{y} \geqslant \lambda_n\|\boldsymbol{y}\|^2, \quad \forall \boldsymbol{y}\in\mathbb{R}^n$$

利用引理 4.2 得

$$\frac{\lambda_1}{2}\|\boldsymbol{x}-\boldsymbol{x}_*\|^2 \geqslant f(\boldsymbol{x})-f(\boldsymbol{x}_*) \geqslant \frac{\lambda_n}{2}\|\boldsymbol{x}-\boldsymbol{x}_*\|^2$$

从而

$$\frac{\lambda_n\|\boldsymbol{x}_{k+1}-\boldsymbol{x}_*\|^2}{\lambda_1\|\boldsymbol{x}_{k+1}-\boldsymbol{x}_*\|^2} \leqslant \frac{f(\boldsymbol{x}_{k+1})-f(\boldsymbol{x}_*)}{f(\boldsymbol{x}_k)-f(\boldsymbol{x}_*)} \leqslant \left(\frac{\lambda_1-\lambda_n}{\lambda_1+\lambda_n}\right)^2$$

整理即可得结论。

下面的例子说明，最优步长规则下的最速下降算法至多线性收敛。

【例 4.12】 求凸二次函数 $f(x_1,x_2)=\frac{1}{3}{x_1}^2+\frac{1}{2}{x_2}^2$ 的极小值点。

解 目标函数的最小值点为 $\boldsymbol{x}_*=(0,0)$。若取初始点 $\boldsymbol{x}_0$，则最优步长规则下的最速下降算法产生的点列为

$$\boldsymbol{x}_k=\left(\frac{3}{5^k},(-1)^k\frac{2}{5^k}\right)$$

从而

$$\|\boldsymbol{x}_k-\boldsymbol{x}_*\|=\sqrt{13}\left(\frac{1}{5}\right)^k$$

由此看出，对该凸二次函数，最优步长规则下的最速下降算法产生的点列 R-线性收敛（不超线性）到最优值点。

取负梯度方向作为搜索方向是线搜索方法的一个很自然的策略。它具有迭代过程简单、计算量和存储量小等优点，但由于最速下降方向是利用目标函数线性逼近得到的，也就是说，最速下降方向 $\boldsymbol{d}_k$ 是下述问题的最优解

$$\min\ \{f(\boldsymbol{x}_k)+\boldsymbol{d}^T\nabla f(\boldsymbol{x}_k)\mid \|\boldsymbol{d}\|\leqslant 1\}$$

因此，这里的“最速下降”仅仅是目标函数的局部性质，由于最优步长规则下的最速下降算法在相邻两次迭代过程中的下降方向是相互垂直的，因而整个迭代过程呈锯齿形，如图 4.13 所示。所以对许多问题，最速下降算法并非使目标函数值下降很快。

该算法开始时步长较大，越接近最优值点，收敛速度越慢，对此做如下分析：在最优值点附近，目标函数可以用一个凸二次函数近似，其图像是一个陡而窄的峡谷，等值线为一椭球，而长轴和短轴分别位于目标函数在最优值点的 Hessian 矩阵的最小特征值和最大特征值的特征向量的方向上。目标函数的条件数越大，深谷越窄。这时，若初始点不在长短轴上，迭代点列就会在下落的过程中在深谷中来回反弹，呈现锯齿现象，而迭代点列以难以容忍的慢速靠近最优值点。所以从局部来看，最速下降方向确实是目标函数值下降最快的方向，而从全局来看，最速下降算法是很慢的。最速下降算法的优点是迭代点可以较快地靠近最优值点所在的邻域，所以该算法适用于算法的开局，而不适用于算法的收局。

根据图 4.13，在 $\boldsymbol{x}_2$ 点沿方向 $\boldsymbol{d}=\boldsymbol{x}_2-\boldsymbol{x}_0$ 进行线搜索可以避免锯齿现象。实际上，对维数大于 2 的情况，最速下降算法迭代点列的锯齿行迹远比图 4.13 描绘的复杂，因此这种“抄近道”的方法并不会对算法产生实质性影响。这意味着要想提高算法的效率，就必须对搜索方向进行改进。

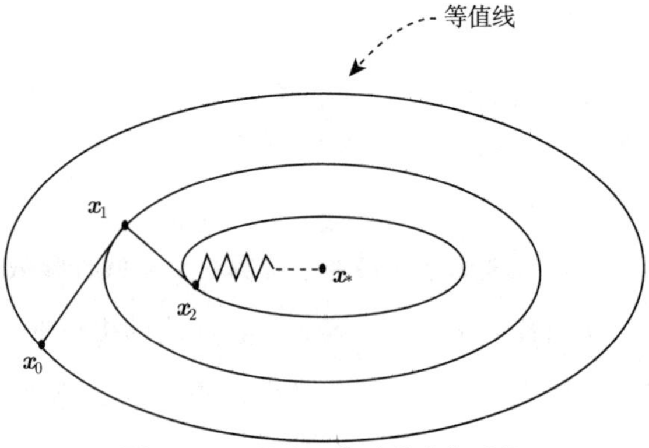

图 4.13　最速下降法的迭代过程

【例 4.13】　用最速下降算法来求解 $f(\boldsymbol{x})=x_1^2+x_2^2$ 的最小值。

解　实例代码 4.10 为该问题的 Python 代码实现。

实例代码 4.10

```
import numpy as np
def f(x):
    return x[0]**2 + x[1]**2
def grad_f(x):
    return np.array([2*x[0], 2*x[1]])
def descent(x0, alpha, eps):
    x = x0
    while True:
        grad = grad_f(x)
        if np.linalg.norm(grad) < eps:
            break
        x = x - alpha * grad
    return x
x0 = np.array([1, 1])
alpha = 0.1
```

```
eps = 1e-6
x_opt = descent(x0, alpha, eps)
print("Optimal solution:", x_opt)
print("Optimal value:", f(x_opt))
```

通过运行上述代码可以看到当步长（学习率）设置为 0.1，收敛精度为 10^{-6} 时，最终得到最优解为：

$$\boldsymbol{x} = (3.21387609 \times 10^{-7}, 3.21387609 \times 10^{-7})^T$$

最优值为：$2.0657999024695287 \times 10^{-13}$。

为了克服最速下降法可能陷入局部最优解、对初始点敏感等问题，可以采用改进的梯度法，如随机梯度下降法、牛顿法、拟牛顿法等。这些方法通过引入更复杂的更新策略或使用更多的信息来提高搜索效率和解的质量。

4.4.2 随机梯度下降法

针对采集的大规模样本，计算 $\nabla f(\boldsymbol{x}_k)$ 需要花费非常大的精力。使用传统的梯度法求解并不是一个很好的做法。下面要介绍的随机梯度下降算法（Stochastic Gradient Descent，SGD）可以减少计算量。它的基本迭代公式为

$$\boldsymbol{x}_{k+1} = \boldsymbol{x}_k - \lambda_k \nabla f_{s_k}(\boldsymbol{x}_k) \tag{4.20}$$

其中 s_k 是从 $\{1, 2, \cdots, N\}$ 中随机等可能地抽取的一个样本，λ_k 称为步长。通过对比 $\boldsymbol{x}_{k+1} = \boldsymbol{x}_k - \lambda_k \nabla f(\boldsymbol{x}_k)$ 和式 (4.20) 可知，随机梯度下降法不去计算全梯度 $\nabla f(\boldsymbol{x}_k)$，而是从众多样本中随机抽出一个样本 s_k，然后仅计算这个样本处的梯度 $\nabla f_{s_k}(\boldsymbol{x}_k)$，以此作为 $\nabla f(\boldsymbol{x}_k)$ 的近似。注意到，在全梯度 $\nabla f(\boldsymbol{x}_k)$ 的表达式中含系数 $1/N$，而迭代公式 (4.20) 中不含 $1/N$，这是因为我们要保证随机梯度的条件期望恰好是全梯度，即

$$E_{s_k}[\nabla f_{s_k}(\boldsymbol{x}_k) \mid \boldsymbol{x}_k] = \nabla f(\boldsymbol{x}_k)$$

其中 $E_{s_k}[\cdot|\boldsymbol{x}_k]$ 表示条件期望，因为迭代点 $\boldsymbol{x}_k$ 本身也是一个随机变量。

实际计算中每次只抽取一个样本 s_k 的做法比较极端，常用的形式是小批量随机梯度法（Mini-batch Gradient Descent），即随机选择一个元素个数很少的集合 $\mathcal{I}_k \subset \{1, 2, \cdots, N\}$，然后执行迭代公式

$$\boldsymbol{x}_{k+1} = \boldsymbol{x}_k - \frac{\lambda_k}{|\mathcal{I}_k|} \sum_{s \in \mathcal{I}_k} \nabla f_s(\boldsymbol{x}_k)$$

其中 $|\mathcal{I}_k|$ 表示 $\mathcal{I}_k$ 中的元素个数。虽然只考虑了最简单形式的随机梯度下降算法，但很多变形和分析都可以推广到小批量随机梯度法。

随机梯度下降法使用一个样本点的梯度代替了全梯度，并且每次迭代选取的样本点是随机的，这使得每次迭代时计算梯度的复杂度变为了原先的 $1/N$，在样本量 N 很大的时候无疑是一个巨大的改进。但正因为如此，算法中也引入了随机性，这样做的好处是可以加速收敛速度，尤其对于大规模数据集和高维问题非常有效。一个自然的问题是这样的算法还会

有收敛性吗？如果收敛，是什么意义下的收敛？

随机梯度下降法在理论上可以收敛到最优解，但是由于每次迭代仅使用一个样本来计算梯度，导致梯度的估计存在一定的噪声。因此，SGD 的收敛性是以概率为基础的，即在一定的概率上可以收敛到最优解。SGD 并不保证收敛到全局最优解，而是收敛到某个局部最优解。相比于小批量梯度下降法，随机梯度下降法的收敛速度更快。这是因为每次迭代仅使用一个样本计算梯度，使得每次迭代的计算量大大减小。然而，由于引入了随机性，SGD 的收敛速度可能会有一定的波动性。

当 $f_i(\boldsymbol{x})$ 是凸函数但不一定可微时，我们可以用 $f_i(\boldsymbol{x})$ 的次梯度代替梯度进行迭代。这就是随机次梯度法（Stochastic Subgradient Method），它的迭代公式为

$$\boldsymbol{x}_{k+1} = \boldsymbol{x}_k - \lambda_k \boldsymbol{g}_k$$

其中 λ_k 为步长，$\boldsymbol{g}_k \in \partial f_{s_k}(\boldsymbol{x}_k)$ 为随机次梯度，其期望为真实的次梯度。

随机次梯度法是一种介于小批量梯度下降法和随机梯度下降法之间的方法。与随机梯度下降法一样，随机次梯度法每次迭代仅使用一个样本来计算梯度。但与随机梯度下降法不同的是，随机次梯度法在计算梯度时使用的是样本的一个子集，而不是单个样本。随机次梯度法的优点是在保持随机梯度下降法的高效性的同时，减少了每次迭代中梯度的噪声，从而更稳定地逼近最优解。然而，随机次梯度法的计算开销仍然较大，因为每次迭代需要计算一个样本子集的梯度估计。为了进一步提高效率，可以采用一些改进的随机次梯度法，如随机均匀采样（Uniform Sampling），随机重要性采样（Importance Sampling）等。这些方法通过更精确地选择样本子集来减少计算开销。

4.4.3 动量法

动量法（Momentum Method）是一种优化算法，常用于加速梯度下降法的收敛速度。它通过引入动量的概念来改进梯度下降法的更新策略。动量法的更新过程可以理解为在梯度下降的过程中，加入了一个“惯性”的概念。该方法在处理高曲率或是带噪声的梯度上非常有效，其思想是在算法迭代时一定程度上保留之前更新的方向，同时利用当前计算的梯度调整最终的更新方向。这样一来，可以在一定程度上增加稳定性，从而学习得更快，并且还有一定摆脱局部最优解的能力。从形式上来看，动量法引入了一个速度变量 $\boldsymbol{v}$，它代表参数移动的方向和大小。动量法的具体迭代公式如下：

$$\boldsymbol{v}_{k+1} = \mu_k \boldsymbol{v}_k - \lambda_k \nabla f_{s_k}(\boldsymbol{x}_k)$$

$$\boldsymbol{x}_{k+1} = \boldsymbol{x}_k + \boldsymbol{v}_{k+1}$$

在计算当前点的随机梯度 $\nabla f_{s_k}(\boldsymbol{x}_k)$ 后，我们并不是直接将其更新到变量 $\boldsymbol{x}_k$ 上，不是完全相信这个全新的更新方向，而是将其和上一步更新方向 $\boldsymbol{v}_k$ 做线性组合来得到新的更新方向 $\boldsymbol{v}_{k+1}$。

由动量法迭代公式可得：当 $\mu_k = 0$ 时该方法退化成随机梯度下降法。在动量法中，参数 μ_k 的范围是 $[0,1)$，通常取 $\mu_k \geqslant 0.5$，其含义为迭代点带有较大惯性，每次迭代会在原始

迭代方向的基础上做一个小的修正。在普通的梯度法中，每一步迭代只用到了当前点的梯度估计，动量法的更新方向还使用了之前的梯度信息，当许多连续的梯度指向相同的方向时，步长就会很大，这从直观上看也是非常合理的。

【例 4.14】 优化函数为 $f(x) = (x-2)^2 + 1$，寻找一个最佳的参数 x，使得目标函数 $f(x)$ 达到最小。

解 实例代码 4.11 为该问题的 Python 代码实现。

实例代码 4.11

```
import numpy as np
import matplotlib.pyplot as plt
#定义目标函数
def func(x):
    return (x-2)**2 + 1
#定义目标函数的梯度
def gradient(x):
    return 2*(x-2)
#定义动量法
def momentum_solver(f, grad_f, x0, alpha=0.001, beta=0.9, eps=1e-8, max_iter=1000):
    x = x0
    v = 0
    history = [(x, f(x))]
    for i in range(max_iter):
        dx = grad_f(x)
        v = beta * v - alpha * dx
        x += v
        history.append((x, f(x)))
        if np.abs(dx) < eps:
            break
        print(f"Iteration {i+1}: x = {x:.4f}, f(x) = {f(x):.4f}")
    return np.array(history)
#初始值和参数
x0 = -5
#学习率
alpha = 0.1
#衰减率
beta = 0.9
#迭代次数
max_iter = 500
#求解
history = momentum_solver(func, gradient, x0, alpha=alpha, beta=beta, max_iter=max_iter)
#输出逼近结果
print(f"最优解: {history[-1][0]:.4f}")
print(f"最优值: {history[-1][1]:.4f}")
#可视化学习过程
fig, ax = plt.subplots(figsize=(8, 6))
x_range = np.arange(-5, 6, 0.05)
y_range = func(x_range)
ax.plot(x_range, y_range, label='objective function')
```

```
history = np.array(history)
ax.scatter(history[:, 0], history[:, 1], c='r', s=10, label='trajectory')
ax.scatter(history[0, 0], history[0, 1], c='g', marker='o', s=50, label='start point')
ax.scatter(history[-1, 0], history[-1, 1], c='y', marker='o', s=50, label='end point')
ax.set_xlabel('x')
ax.set_ylabel('y')
ax.set_title('Momentum Optimization Trajectory')
ax.legend()
plt.show()
```

通过学习过程图 4.14 可以看出最佳参数 x 为 2，$f(x)$ 的最小值为 1。

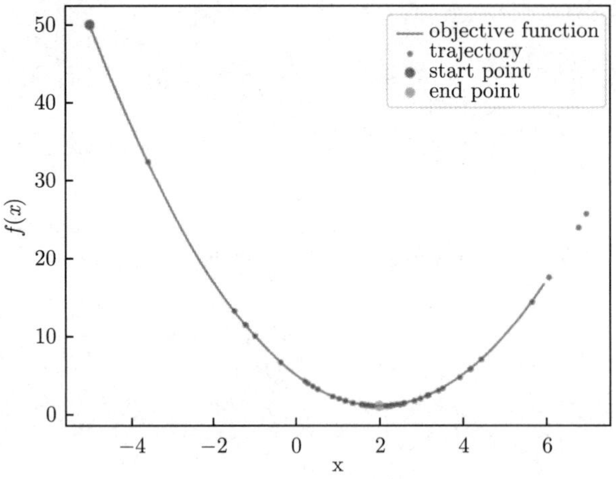

图 4.14　学习过程图

动量法的优点是可以加速收敛速度，特别是在参数空间中存在平坦区域或峡谷时。此外，动量法还可以帮助跳出局部最优解，这是因为动量项可以帮助算法跨过局部最优解并继续搜索更优的解。然而，动量法也有一些缺点，例如可能会增加算法的计算开销，并且在某些情况下可能会导致算法无法收敛。

4.4.4　Barzilar-Borwein 方法

Barzilar-Borwein 方法（BB 方法）是一种特殊的梯度法，相比一般的梯度法有着更好的效果。BB 方法通过利用梯度信息来更新参数，并且具有快速的收敛速度和较低的计算复杂度。它的特点是使用了一种自适应的步长选择策略。具体来说，步长的选择基于梯度的范数，通过除以梯度范数来进行归一化。这样做的目的是使步长与梯度的大小相关联，从而更好地适应不同的优化问题。

从形式上看，BB 方法的下降方向仍是点 $\boldsymbol{x}_k$ 的负梯度方向 $-\nabla f(\boldsymbol{x}_k)$，但步长 λ_k 并不是直接由线搜索算法给出的。考虑梯度下降法的公式为

$$\boldsymbol{x}_{k+1} = \boldsymbol{x}_k - \lambda_k \nabla f(\boldsymbol{x}_k)$$

也可以写成

$$\boldsymbol{x}_{k+1} = \boldsymbol{x}_k - \boldsymbol{D}_k \nabla f(\boldsymbol{x}_k)$$

其中 $\boldsymbol{D}_k = \lambda_k \boldsymbol{I}$。

BB 方法选取的 λ_k 是如下两个最优问题之一的解

$$\min_{\alpha} \|\lambda \boldsymbol{y}_{k-1} - \boldsymbol{s}_{k-1}\|^2 \tag{4.21}$$

$$\min_{\alpha} \|\boldsymbol{y}_{k-1} - \lambda^{-1} \boldsymbol{s}_{k-1}\|^2 \tag{4.22}$$

其中我们引入记号 $\boldsymbol{s}_{k-1} \stackrel{\text{def}}{=} \boldsymbol{x}_k - \boldsymbol{x}_{k-1}$ 和 $\boldsymbol{y}_{k-1} \stackrel{\text{def}}{=} \nabla f(\boldsymbol{x}_k) - \nabla f(\boldsymbol{x}_{k-1})$。

容易验证问题式 (4.21) 和问题式 (4.22) 的解分别为

$$\lambda_{BB1}^k \stackrel{\text{def}}{=} \frac{(\boldsymbol{s}_{k-1})^T \boldsymbol{y}_{k-1}}{(\boldsymbol{y}_{k-1})^T \boldsymbol{y}_{k-1}}, \quad \lambda_{BB2}^k \stackrel{\text{def}}{=} \frac{(\boldsymbol{s}_{k-1})^T \boldsymbol{s}_{k-1}}{(\boldsymbol{s}_{k-1})^T \boldsymbol{y}_{k-1}} \tag{4.23}$$

因此可以得到 BB 方法的两种迭代公式

$$\boldsymbol{x}_{k+1} = \boldsymbol{x}_k - \lambda_{BB1}^k \nabla f(\boldsymbol{x}_k)$$

$$\boldsymbol{x}_{k+1} = \boldsymbol{x}_k - \lambda_{BB2}^k \nabla f(\boldsymbol{x}_k)$$

从式 (4.23) 注意到，计算 BB 步长的两种方法，都需要函数相邻两步的梯度信息和迭代点信息，不需要任何线搜索算法即可选取算法步长。这个特点使 BB 方法的使用范围特别广泛。对于一般问题，通过式 (4.23) 计算出的步长可能过大或过小。因此我们还需要将步长做上界和下界的截断，即选取 $0 < \lambda_m < \lambda_M$，使得

$$\lambda_m \leqslant \lambda_k \leqslant \lambda_M$$

还需注意的是，BB 方法本身是非单调方法，有时配合非单调收敛准则使用可以获得更好的实际效果。算法 4.8 中给出一种 BB 方法的框架。

算法 4.8 非单调线搜索的 BB 方法的一般算法框架

Step 1 给定 $\boldsymbol{x}_0$，选取初值 $\lambda > 0$，整数 $M \geqslant 0$，$c_1, \beta, \varepsilon \in (0,1), k = 0$;

Step 2 while $\|\nabla f(\boldsymbol{x}_k)\| > \varepsilon$ do;

Step 3 while $f(\boldsymbol{x}_k - \lambda \nabla f(\boldsymbol{x}_k)) \geqslant \min\limits_{0 \leqslant j \leqslant \min(k,M)} f(\boldsymbol{x}_{k-j}) - c_1 \lambda \|\nabla f(\boldsymbol{x}_k)\|^2$ do;

Step 4 令 $\lambda \leftarrow \beta\lambda$;

Step 5 end while;

Step 6 根据式 (4.23) 之一计算 λ，并做截断使得 $\lambda \in [\lambda_m, \lambda_M]$;

Step 7 $k \leftarrow k+1$;

Step 8 end while。

实际上，对于正定二次函数，BB 方法有 Q-超线性收敛速度。对于一般问题，BB 方法的收敛性还需要进一步研究。即便如此，使用 BB 方法的步长通常都会减少算法的迭代次数。因此在编写算法时，选取 BB 方法的步长通常是加速策略之一。

BB 方法的优点是收敛速度较快，并且不需要计算二阶导数信息。它在实践中广泛应用于大规模数据集和高维参数空间的优化问题中。然而，BB 方法也有一些缺点，例如对于非凸问题可能会陷入局部最优解。

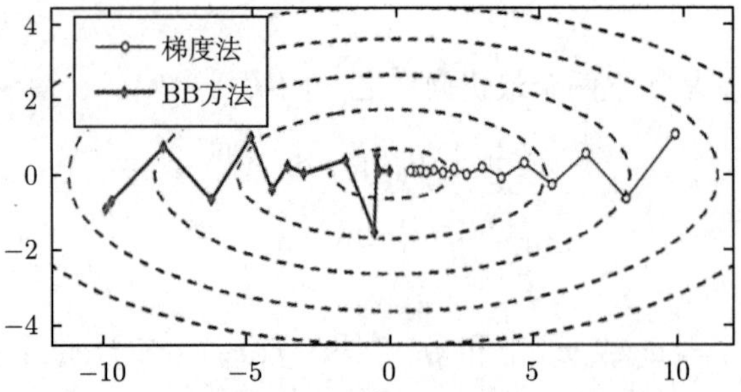

图 4.15　BB 方法图示

4.5 牛　顿　法

最速下降算法收敛速度较慢，原因在于它利用目标函数在当前点的线性近似产生新的迭代点。为此，人们考虑用目标函数的二阶展开式来近似，并用其最小值点来产生新的迭代点，这就是牛顿法（Newton Method）。它通过使用二阶导数（Hessian 矩阵）来近似目标函数，并通过更新参数来逐步逼近最优解。由于二阶导数提供了更多的信息，牛顿法通常能够更快地收敛到最优解。

4.5.1 牛顿法

设函数 $f(\boldsymbol{x})$ 二阶连续可微。$f(\boldsymbol{x}_k+\boldsymbol{\delta})$ 在 $\boldsymbol{x}_k$ 点的二阶近似展开式为

$$q_k(\boldsymbol{\delta}) \triangleq f(\boldsymbol{x}_k)+\boldsymbol{\delta}^T\boldsymbol{g}_k+\frac{1}{2}\boldsymbol{\delta}^T\boldsymbol{G}_k\boldsymbol{\delta}$$

若 $\boldsymbol{G}_k$ 正定，则 $q_k(\boldsymbol{\delta})$ 是凸函数。利用一阶最优性条件

$$\boldsymbol{G}_k\boldsymbol{\delta}=-\boldsymbol{g}_k \tag{4.24}$$

可得二次函数 $m_k(\boldsymbol{\delta})$ 的最小值点 $\boldsymbol{\delta}_k=-\boldsymbol{G}_k^{-1}\boldsymbol{g}_k$。

根据目标函数在当前点附近与二次函数的近似性，将 $\boldsymbol{x}_k-\boldsymbol{G}_k^{-1}\boldsymbol{g}_k$ 作为新的迭代点就得到牛顿法，其中 $\boldsymbol{d}_k=\boldsymbol{G}_k^{-1}\boldsymbol{g}_k$ 称为牛顿方向。由于牛顿法恒取单位步长，所以称该迭代过程为牛顿步，方程式 (4.24) 称为牛顿方程。

设矩阵 $\boldsymbol{G}$ 对称正定。在 $\mathbb{R}^n$ 上定义椭球范数 $\|\cdot\|_{\boldsymbol{G}}$ 如下

$$\|\boldsymbol{x}\|_{\boldsymbol{G}} \triangleq \sqrt{\boldsymbol{x}^T\boldsymbol{G}\boldsymbol{x}}, \quad \forall \boldsymbol{x}\in\mathbb{R}^n$$

可以验证，牛顿法的搜索方向实际上是在椭球范数 $\|\cdot\|_{\boldsymbol{G}_k}$ 意义下的最速下降方向，即 $\boldsymbol{d}_k$ 为问题

$$\min\ \{\nabla f(\boldsymbol{x}_k)^T\boldsymbol{d}\mid \|\boldsymbol{d}\|_{\boldsymbol{G}_k}\leqslant 1\}$$

的最优解。最速下降方向是 $\boldsymbol{G}_k$ 取单位阵 $\boldsymbol{I}$ 时的最优解。因此，牛顿方向可理解为先通过一个适当的线性变换把目标函数的扁长的椭球状的等值线“挤”圆，然后再计算最速下降方向得到。

利用凸优化的最优性条件，对于严格凸二次函数，无论从什么初始点出发，牛顿法一步就能得到目标函数的全局最优解。而对于一般的非二次函数，由于牛顿法不但利用了目标函数的梯度信息，而且还利用了其二阶导数信息，考虑了梯度变化的趋势，所以当迭代点靠近最优点时，该算法可以很快地到达最优值点。理论分析表明牛顿算法有很快的收敛速度。

定理 4.12 设 $f:\mathbb{R}^n\to\mathbb{R}$ 二阶连续可微，$\boldsymbol{x}_*$ 为其局部极小值点，并且 $\boldsymbol{G}(\boldsymbol{x}_*)$ 非奇异。那么，牛顿法产生的点列 $\{\boldsymbol{x}_k\}$ 满足：

（1）若初始点 $\boldsymbol{x}_0$ 充分靠近 $\boldsymbol{x}_*$，则 $\lim\limits_{k\to\infty}\boldsymbol{x}_k=\boldsymbol{x}_*$；

（2）若还有 Hessian 矩阵 $\boldsymbol{G}(\boldsymbol{x})$ 在 $\boldsymbol{x}_*$ 附近 Lipschitz 连续，则 $\{\boldsymbol{x}_k\}$ 二阶收敛到 $\boldsymbol{x}_*$。

证明 $\boldsymbol{x}_*$ 由于为局部极小值点，所以 $\boldsymbol{g}(\boldsymbol{x}_*)=0$ 且 $\boldsymbol{G}(\boldsymbol{x}_*)$ 半正定。

对（1），由于 $\boldsymbol{G}(\boldsymbol{x}_*)$ 非奇异，当 $\boldsymbol{x}_k$ 充分靠近 $\boldsymbol{x}_*$ 时，$\boldsymbol{G}_k^{-1}$ 存在。利用 $\boldsymbol{g}(\boldsymbol{x}_*)=0$，由 Taylor 展开式

$$\mathbf{0}=\boldsymbol{g}(\boldsymbol{x}_*)=\boldsymbol{g}_k+\boldsymbol{G}_k(\boldsymbol{x}_*-\boldsymbol{x}_k)+o(\|\boldsymbol{x}_k-\boldsymbol{x}_*\|)$$

左乘 $\boldsymbol{G}_k^{-1}$ 得

$$\boldsymbol{x}_k-\boldsymbol{x}_*-\boldsymbol{G}_k^{-1}\boldsymbol{g}_k=o(\|\boldsymbol{x}_k-\boldsymbol{x}_*\|)$$

即

$$\boldsymbol{x}_k-\boldsymbol{x}_*=o(\|\boldsymbol{x}_k-\boldsymbol{x}_*\|)$$

从而在初始点 $\boldsymbol{x}_0$ 充分靠近 $\boldsymbol{x}_*$ 时，点列 $\{\boldsymbol{x}_k\}$ 超线性收敛到 $\boldsymbol{x}_*$。

下证（2）。当 $\boldsymbol{x}_0$ 充分靠近 $\boldsymbol{x}_*$ 时，利用 $\boldsymbol{G}(\boldsymbol{x}_*)$ 的非奇异性和 $\boldsymbol{G}(\boldsymbol{x})$ 的连续性可知，存在 $M>0$，使得对任意的 $k\geqslant 0$，有

$$\|\boldsymbol{G}_k^{-1}\|\leqslant M$$

由牛顿法迭代公式，$\boldsymbol{G}(\boldsymbol{x})$ 的 Lipschitz 连续性（设 Lipschitz 常数为 L）及式 (4.10) 得

$$\begin{aligned}\|\boldsymbol{x}_{k+1}-\boldsymbol{x}_*\|&=\|\boldsymbol{x}_k-\boldsymbol{x}_*-\boldsymbol{G}_k^{-1}\boldsymbol{g}_k\|\\&=\|\boldsymbol{G}_k^{-1}[\boldsymbol{G}_k(\boldsymbol{x}_k-\boldsymbol{x}_*)-\boldsymbol{g}_k]\|\\&\leqslant M\left\|\int_0^1[\boldsymbol{G}_k-\boldsymbol{G}_k(\boldsymbol{x}_*+\tau(\boldsymbol{x}_k-\boldsymbol{x}_*))](\boldsymbol{x}_k-\boldsymbol{x}_*)\boldsymbol{d}\tau\right\|\\&\leqslant LM\|\boldsymbol{x}_k-\boldsymbol{x}_*\|^2\int_0^1(1-\tau)d\tau\\&=\frac{1}{2}LM\|\boldsymbol{x}_k-\boldsymbol{x}_*\|^2\end{aligned}$$

所以牛顿法具有二阶收敛速度。

上述结论表明，牛顿法具有局部收敛性。若初始点远离问题的最优值点，即使目标函数是凸函数，算法也不可能收敛。

另外，牛顿法最终得到的是目标函数的驻点，因而算法产生的点列的聚点可能是目标函

数的局部极小值点也可能是局部极大值点，为避免出现局部极大值点的情况，在迭代过程中引入控制方向的步长 $\lambda_k = \text{sgn}(\boldsymbol{g}_k{}^T \boldsymbol{G}_k{}^{-1} \boldsymbol{g}_k)$，其中

$$\text{sgn}(x) = \begin{cases} 1, & x > 0 \\ 0, & x = 0 \\ -1, & x < 0 \end{cases}$$

对连续可微的向量值函数 $F: \mathbb{R}^n \to \mathbb{R}^n$，如果在迭代过程中将目标函数的 Hessian 矩阵替换成映射函数 $F(\boldsymbol{x})$ 的 Jacobi 矩阵，目标函数的梯度换成 $F(\boldsymbol{x})$，则得到非线性方程组 $F(\boldsymbol{x}) = 0$ 的牛顿法，与无约束优化问题的牛顿法类似，该法具有局部超线性收敛性。

实际上，牛顿法就是目标函数在当前点的二阶 Taylor 展开式的最小点逐步逼近目标函数的最小值点。它有较快的收敛速度，这在数值实验中表现为迭代点越靠近最优值点，迭代点列的收敛速度越快，因而适用于算法的收局。

然而，牛顿法也有一些缺点。首先，它需要计算和存储目标函数的梯度和 Hessian 矩阵，这可能会导致较高的计算开销，从而导致算法效率的降低。其次，如果初始点选择不当或目标函数存在非凸性或奇异点，牛顿法可能会陷入局部最优解或发散。牛顿法的有效性严重依赖于初始点的选取，即要求初始点充分靠近问题最优值点。此外，如果目标函数的二阶导数不可逆或近似不准确，牛顿法的收敛性也可能受到影响，从而导致算法不能继续执行。实际计算时，为了保证算法的收敛性，若在迭代过程中迭代步长不默认为 1，而引入线搜索步长，则得到阻尼牛顿法（Damped Newton Method）。为保证搜索方向的下降性，在牛顿方向不满足下降条件时就转为负梯度方向，则得到修正牛顿法（Modified Newton Method），或者牛顿-梯度法（Newton-Gradient Method）。另外，为减少计算量，如果取牛顿方程式 (4.24) 的近似解作为搜索方向，则建立起非精确牛顿算法，又称截断牛顿法（Truncated Newton method）。

【例 4.15】 用牛顿法求解方程 $x^3 - x - 1 = 0$ 的根，精度要求 $\varepsilon = 10^{-9}$。输出近似解以及迭代次数。

解 实例代码 4.12 为利用牛顿法求解该问题的 Python 实现。

实例代码 4.12

```
import numpy as np
def f(x):
    #求根方程的表达式
    y=x**3-x-1
    return y
def g(x):
    #求根方程的导函数
    y=3*x**2-1
    return y
def main():
    #取初值
    x0=1.5
```

```
    #误差要求
    e=10**(-9)
    #初始化迭代次数
    L=0
    #采用残差来判断
    while abs((f(x0)-0))>e:
        #迭代公式为x(n+1)=x(n)-f(x(n))/f'(x(n))
        x1=x0-f(x0)/g(x0)
        x0=x1
        #统计迭代次数
        L=L+1
    #输出数值解
    print(f"x1={x1}")
    #验证解的正确性
    print(f(x0)-0)
    #输出迭代次数
    print(f"L={L}")
if __name__ == '__main__':
   main()
```

输出结果为：

```
x1=1.3247179572447898
1.865174681370263e-13
L=4
```

由输出结果可以看出方程 $x^3-x-1=0$ 的近似数值解约为 1.3247，数值解的误差为 1.8652×10^{-13}，趋近于 0，并且迭代 4 次即可达到收敛。

4.5.2　修正牛顿法

牛顿法的收敛速度是很快。但是牛顿法存在着一些缺陷：

1. 要求初始点 $\boldsymbol{x}_0$ 充分靠近 $\boldsymbol{x}_*$，这主要是为了保证 Hessian 矩阵 $\boldsymbol{G}_k$ 正定。此时，牛顿方向 $\boldsymbol{d}_k=-\boldsymbol{G}_k^{-1}\boldsymbol{g}_k$ 是下降方向。当初始点 $\boldsymbol{x}_0$ 远离 $f(\boldsymbol{x})$ 的极小点 $\boldsymbol{x}_*$ 时，$\boldsymbol{G}_k$ 不一定正定，牛顿方向不一定存在，即使存在也不一定是下降方向，因而不能保证牛顿法的正常进行以及牛顿法的收敛性；

2. 即使 $\boldsymbol{G}_k$ 正定，但 $f(\boldsymbol{x})$ 在点 $\boldsymbol{x}_{k+1}$ 的函数值可能大于 $f(\boldsymbol{x})$ 在点 $\boldsymbol{x}_k$ 的函数值，因为 $\boldsymbol{\delta}_k=\boldsymbol{x}_{k+1}-\boldsymbol{x}_k$ 只是 $q_k(\boldsymbol{\delta})$ 的极小点，并不是 $f(\boldsymbol{x})$ 在点 $\boldsymbol{x}_k$ 沿牛顿方向做线性搜索的极小点。

为了克服牛顿法的这些缺陷，人们提出了一些改进方法。

改进 1：带保护措施的牛顿法

提出带保护措施的牛顿法是为了克服牛顿法的第 1 个缺陷。当 $\boldsymbol{G}_k$ 不正定时，牛顿方向 $\boldsymbol{d}_k=-\boldsymbol{G}_k^{-1}\boldsymbol{g}_k$ 不一定存在，或者不一定是下降方向。此时采用下述方案：

当 $\boldsymbol{G}_k$ 正定时，取 $\boldsymbol{d}_k=-\boldsymbol{G}_k^{-1}\boldsymbol{g}_k$ 为搜索方向；当 $\boldsymbol{G}_k$ 不正定时，但 $\boldsymbol{G}_k$ 可逆，且 $\boldsymbol{g}_k\boldsymbol{G}_k^{-1}\boldsymbol{g}_k<0$ 时，$\boldsymbol{G}_k^{-1}\boldsymbol{g}_k$ 是下降方向，取 $\boldsymbol{d}_k=-\boldsymbol{G}_k^{-1}\boldsymbol{g}_k$ 为搜索方向；当 $\boldsymbol{G}_k$ 不可逆时，取负梯度 $\boldsymbol{d}_k=-\boldsymbol{g}_k$ 为搜索方向。

上述方案对牛顿法加上了一种简单的保护措施，使得牛顿法能够进行。这种方案实际上是牛顿法与最速下降法相结合的结果。下面给出带保护措施的牛顿法的算法步骤。

算法 4.9 带保护措施的牛顿法的一般算法框架

Step 1 给定 $\boldsymbol{x}_0 \in \mathbb{R}^n$，$\varepsilon > 0$，令 $k = 0$；

Step 2 计算 $\nabla f(\boldsymbol{x}_k)$，如果 $\|\nabla f(\boldsymbol{x}_k)\| < \varepsilon$，停止，$\boldsymbol{x}_k$ 为最优解；

Step 3 计算 $\boldsymbol{G}_k = \nabla^2 f(\boldsymbol{x}_k)$，

如果 $\boldsymbol{G}_k$ 正定，取 $\boldsymbol{d}_k = -\boldsymbol{G}_k^{-1}\boldsymbol{g}_k$，转 Step 4；

如果 $\boldsymbol{G}_k$ 可逆，且 $\boldsymbol{g}_k\boldsymbol{G}_k^{-1}\boldsymbol{g}_k < 0$，取 $\boldsymbol{d}_k = \boldsymbol{G}_k^{-1}\boldsymbol{g}_k$，转 Step 4；

否则取 $\boldsymbol{d}_k = -\boldsymbol{g}_k$；

Step 4 由线搜索求步长因子；

Step 5 令 $\boldsymbol{x}_{k+1} = \boldsymbol{x}_k + \lambda_k \boldsymbol{d}_k$，$k = k+1$，转 Step 2。

改进 2：带步长因子的牛顿法

为了克服牛顿法的第 2 个缺陷，在牛顿迭代公式 $\boldsymbol{x}_{k+1} = \boldsymbol{x}_k - \boldsymbol{G}_k^{-1}\boldsymbol{g}_k$ 中引入步长因子，其迭代公式为

$$\boldsymbol{x}_{k+1} = \boldsymbol{x}_k + \lambda_k \boldsymbol{d}_k = \boldsymbol{x}_k - \lambda_k \boldsymbol{G}_k^{-1}\boldsymbol{g}_k \tag{4.25}$$

其中 λ_k 由线搜索确定。相应于迭代公式 (4.25) 的牛顿法称为带步长因子的牛顿法，也称阻尼牛顿法。

下面的定理表明带步长因子的牛顿法具有全局收敛性。

定理 4.13 设 $f(\boldsymbol{x})$ 二阶连续可微，对任意 $\boldsymbol{x}_0 \in \mathbb{R}^n$，存在常数 $m > 0$，使得

$$\boldsymbol{u}^T \nabla^2 f(\boldsymbol{x}) \boldsymbol{u} \geqslant m\|\boldsymbol{u}\|^2, \quad \forall \boldsymbol{u} \in \mathbb{R}^n,\ \boldsymbol{x} \in \mathcal{L}(\boldsymbol{x}_0) \tag{4.26}$$

其中 $\mathcal{L}(\boldsymbol{x}_0) = \{\boldsymbol{x} \mid f(\boldsymbol{x}) \leqslant f(\boldsymbol{x}_0)\}$ 为水平集。则带步长因子的牛顿法，无论采取精确线搜索还是 Goldstein 步长规则、Wolfe 步长规则、Armijo 步长规则之一确定步长因子，所产生的点列 $\{\boldsymbol{x}_k\}$ 满足

（1）当 $\{\boldsymbol{x}_k\}$ 是有限点列时，其最后一个点是 $f(\boldsymbol{x})$ 的唯一全局极小点；

（2）当 $\{\boldsymbol{x}_k\}$ 是无穷点列时，它收敛于 $f(\boldsymbol{x})$ 唯一的全局极小点。

证明 由式 (4.26) 可知 $f(\boldsymbol{x})$ 的 Hessian 矩阵 $\nabla^2 f(\boldsymbol{x})$ 正定，所以 $f(\boldsymbol{x})$ 是在 $\mathbb{R}$ 上的严格凸函数，因而，$f(\boldsymbol{x})$ 的平稳点是 $f(\boldsymbol{x})$ 的唯一全局极小点。

由式 (4.26) 知，水平集 $\mathcal{L}(\boldsymbol{x}_0) = \{\boldsymbol{x}|f(\boldsymbol{x}) \leqslant f(\boldsymbol{x}_0)\}$ 为有界闭凸集，所以 $\nabla f(\boldsymbol{x})$ 在 $\mathcal{L}(\boldsymbol{x}_0)$ 上一致连续。

仍然记 $\boldsymbol{G}(x) = \nabla^2 f(\boldsymbol{x})$，$\boldsymbol{G}_k = \boldsymbol{G}(\boldsymbol{x}_k)$，$\boldsymbol{g}_k = \nabla f(\boldsymbol{x}_k)$。因为 $\boldsymbol{G}(\boldsymbol{x})$ 连续，$\mathcal{L}(\boldsymbol{x}_0)$ 是有界闭集，所以存在 $M > m$ 使得

$$\|\boldsymbol{G}(\boldsymbol{x})\| \leqslant M, \quad \forall \boldsymbol{x} \in \mathcal{L}(\boldsymbol{x}_0) \tag{4.27}$$

由 $\boldsymbol{d}_k = -\boldsymbol{G}_k^{-1}\boldsymbol{g}_k$ 有

$$\|\boldsymbol{g}_k\| = \|\boldsymbol{G}_k \boldsymbol{d}_k\| \leqslant M\|\boldsymbol{d}_k\|, \quad \forall \boldsymbol{x} \in \mathcal{L}(\boldsymbol{x}_0) \tag{4.28}$$

记 θ_k 是搜索方向 $\boldsymbol{d}_k$ 与负梯度方向 $-\boldsymbol{g}_k$ 的夹角，则有

$$\cos\theta_k = \frac{-\boldsymbol{g}_k^T\boldsymbol{d}_k}{\|\boldsymbol{g}_k\|\cdot\|\boldsymbol{d}_k\|} = \frac{\boldsymbol{d}_k^T\boldsymbol{G}\boldsymbol{d}_k}{\|\boldsymbol{g}_k\|\cdot\|\boldsymbol{d}_k\|} \geqslant \frac{m}{M} \tag{4.29}$$

所以

$$\frac{m}{M} \leqslant \cos\theta_k = \sin\left(\frac{\pi}{2}+\theta_k\right) \leqslant \frac{\pi}{2} = \theta_k \tag{4.30}$$

故

$$\theta_k \leqslant \frac{\pi}{2} - \frac{m}{M} \tag{4.31}$$

所以，无论采用精确线搜索还是 Goldstein 步长规则、Wolfe 步长规则、Armijo 步长规则之一确定步长因子 λ_k，因为 $f(\boldsymbol{x}_k)$ 有下界，则下列二种情形必居其一：

（1）对某个 k 有 $\nabla f(\boldsymbol{x}_k)=0$；

（2）$\nabla f(\boldsymbol{x}_k)\to 0(k\to\infty)$。

情形（1）表明 $\{\boldsymbol{x}_k\}$ 是有限点列，其最后一个点 $\boldsymbol{x}_k$ 是 $f(\boldsymbol{x})$ 的平稳点，从而是 $f(\boldsymbol{x})$ 的唯一全局极小点。

情形（2）表明 $\{\boldsymbol{x}_k\}$ 是无穷点列，因为 $f(\boldsymbol{x})$ 的 Hessian 矩阵 $\boldsymbol{G}(\boldsymbol{x})$ 正定，所以 $\boldsymbol{d}_k=-\boldsymbol{G}_k^{-1}$ 是 $f(\boldsymbol{x})$ 在点 $\boldsymbol{x}_k$ 处的下降方向，因而 $\{f(\boldsymbol{x}_k)\}$ 是单调下降序列，所以 $\boldsymbol{x}_k\subset\mathcal{L}(\boldsymbol{x}_0)$，即 $\{\boldsymbol{x}_k\}$ 是有界点列。故对 $\{\boldsymbol{x}_k\}$ 的任意聚点 $\bar{\boldsymbol{x}}\in\mathcal{L}(\boldsymbol{x}_0)$ 和相应子序列 $\{\boldsymbol{x}_k\}$（为简单书写，仍记为 $\{\boldsymbol{x}_k\}$），$\boldsymbol{x}_k\to\bar{\boldsymbol{x}}$，有

$$\nabla f(\bar{x}) = \lim_{k\to\infty}\nabla f(\boldsymbol{x}_k)=0$$

所以 $\bar{\boldsymbol{x}}$ 是 $f(\boldsymbol{x})$ 的平稳点，从而也是 $f(\boldsymbol{x})$ 的极小点。由极小点的唯一性知，$\{\boldsymbol{x}_k\}$ 只能有一个聚点，就是 $f(\boldsymbol{x})$ 的极小点，所以 $\{\boldsymbol{x}_k\}$ 收敛到 $f(\boldsymbol{x})$ 的唯一全局极小点。

改进 3：吉尔-默里（Gill-Murray）稳定牛顿法

此改进也是针对 $\boldsymbol{G}_k$ 不正定时提出的一种方案，其思想是强迫正定。具体方法是：取一正定对角阵 $\boldsymbol{E}_k$，使得 $\bar{\boldsymbol{G}}_k=\boldsymbol{G}_k+\boldsymbol{E}_k$ 正定，再对 $\bar{\boldsymbol{G}}_k$ 进行分解

$$\bar{\boldsymbol{G}}_k=\boldsymbol{L}\boldsymbol{D}\boldsymbol{L}^T=\boldsymbol{G}_k+\boldsymbol{E}_k$$

其中 $\boldsymbol{L}$ 是单位下三角阵，$\boldsymbol{D}$ 是对角阵。然后求解

$$\boldsymbol{L}\boldsymbol{D}\boldsymbol{L}^T\boldsymbol{d}=-\boldsymbol{g}_k$$

得到搜索方向 $\boldsymbol{d}_k$。

【例 4.16】 求解二维优化问题 $f(x)=x_1^4+x_1x_2+(1+x_2)^2$ 的最小值，取初始值为 $\boldsymbol{x}_0=(0,0)^T$。

解 实例代码 4.13 为该问题的 Python 代码实现。

实例代码 4.13

```
import sympy
import numpy as np
"""
f为要求极值的函数，x0为初始位置，max_iter为最大迭代次数，epsilon为相邻两次
```

```
迭代的x改变量
"""
def revise_newton_x0x1(f, X0, max_iter, epsilon):
    #记录迭代次数的变量
    i = 0
    #浮点数计算更快
    X0[0], X0[1] = float(X0[0]), float(X0[1])
    #定义一阶导数
    df0 = sympy.diff(f, x0)
    df1 = sympy.diff(f, x1)
    #定义二阶导数
    d2f0 = sympy.diff(f, x0, 2)
    d2f1 = sympy.diff(f, x1, 2)
    df0df1 = sympy.diff(sympy.diff(f, x0), x1)
    beta = 0.5 #beta 0~1
    delta = 0.25 #delta 0~0.5
    tau = 0
    while i < max_iter:
        #梯度矩阵
        gk = np.mat([float(df0.subs([(x0, X0[0]), (x1, X0[1])])), float(df1.subs([(x0,
            X0[0]), (x1, X0[1])]))]).T
        #Hessian矩阵
        Gk = np.mat([[float(d2f0.subs([(x0, X0[0]), (x1, X0[1])])), float(df0df1.subs([(
            x0, X0[0]), (x1, X0[1])]))], \
            [float(df0df1.subs([(x0, X0[0]), (x1, X0[1])])), float(d2f1.subs([(x0, X0[0])
                , (x1, X0[1])]))]])
        uk = np.power(np.linalg.norm(gk), 1+tau)
        dk = -(Gk + uk*np.eye(len(X0))).I*gk
        mk = 0
        while mk < 10:
            if f.subs([(x0, X0[0]+beta**mk*dk[0,0]), (x1, X0[1]+beta**mk*dk[1,0])]) < f.
                subs([(x0, X0[0]), (x1, X0[1])]) + delta*beta**mk*gk.T*dk:
                break
            mk += 1
        Xnew = [X0[0] + beta**mk*dk[0,0], X0[1] + beta**mk*dk[1,0]]
        i += 1
        print('迭代第%d次: [%.5f, %.5f]' %(i, Xnew[0], Xnew[1]))
        if abs(f.subs([(x0, Xnew[0]), (x1, Xnew[1])])-f.subs([(x0, X0[0]), (x1, X0[1])])
            ) < epsilon:
            break
        X0 = Xnew
    return Xnew
if __name__ == '__main__':
    x0 = sympy.symbols("x0")
    x1 = sympy.symbols("x1")
    result = revise_newton_x0x1(x0**4+x1*x0+(1+x1)**2, [10,10], 50, 1e-5)
    print('最佳迭代位置: [%.5f, %.5f]' %(result[0], result[1]))
```

运行上述代码，经过 32 次迭代得到最终结果为 $\boldsymbol{x} = (0.69588, -1, 34794)^T$。

4.6 拟 牛 顿 法

牛顿法虽然收敛速度快，但在迭代过程中不仅需要计算目标函数的梯度，还要计算 Hessian 矩阵，这使得牛顿法的计算量和存储量很大，从而导致算法效率降低。最速下降法虽然计算量和存储量都很小，但收敛速度慢。为此，对一般的无约束优化问题，人们思考如何基于目标函数的梯度信息建立起比最速下降法快得多的数值方法，后来就产生了基于共轭方向的共轭梯度法（Conjugate Gradient Method）和基于目标函数梯度差分的拟牛顿法（Quasi-newton Method）。这两类方法是目前得到普遍认可和接受的无约束优化问题的最有效的算法。

拟牛顿法仅使用函数的梯度信息，不需要计算 Hessian 矩阵，使计算量大大减少，并且具有超线性收敛的优点。

4.6.1 拟牛顿法条件

牛顿法是利用迭代点 $\boldsymbol{x}_k$ 处的二阶 Taylor 展开式来逼近目标函数，即

$$f(\boldsymbol{x}_k+\boldsymbol{\delta})\approx q_k(\boldsymbol{\delta})=f(\boldsymbol{x}_k)+\nabla f(\boldsymbol{x}_k)^T\boldsymbol{\delta}+\frac{1}{2}\boldsymbol{\delta}^T\nabla^2 f(\boldsymbol{x}_k)\boldsymbol{\delta}$$

为了避免使用 Hessian 矩阵，用一个正定矩阵 $\boldsymbol{B}_k$ 来近似代替 Hessian 矩阵 $\nabla^2 f(\boldsymbol{x}_k)$，而 $\boldsymbol{B}_k$ 仅由 $f(\boldsymbol{x})$ 的函数值和一阶导数值来构成，即用二次函数

$$\tilde{q}_k(\boldsymbol{\delta})=f(\boldsymbol{x}_k)+\nabla f(\boldsymbol{x}_k)^T\boldsymbol{\delta}+\frac{1}{2}\boldsymbol{\delta}^T\boldsymbol{B}_k\boldsymbol{\delta}$$

来逼近 $f(\boldsymbol{x})$，并用 $\tilde{q}_k(\boldsymbol{\delta})$ 的极小点作为搜索方向 $\boldsymbol{d}_k$，$\tilde{q}_k(\boldsymbol{\delta})$ 的极小点为 $\boldsymbol{\delta}=-\boldsymbol{B}_k^{-1}\nabla f(\boldsymbol{x}_k)$，令

$$\boldsymbol{d}_k=-\boldsymbol{B}_k^{-1}\nabla f(\boldsymbol{x}_k) \tag{4.32}$$

取新的迭代点为

$$\boldsymbol{x}_{k+1}=\boldsymbol{x}_k+\lambda_k\boldsymbol{d}_k=\boldsymbol{x}_k-\lambda_k\boldsymbol{B}_k^{-1}\nabla f(\boldsymbol{x}_k) \tag{4.33}$$

其中 λ_k 通过线搜索确定。式 (4.33) 称为拟牛顿迭代公式。

如何确定 $\boldsymbol{B}_k$，才能使 $\tilde{q}_k(\boldsymbol{\delta})$ 较好地逼近 $f(\boldsymbol{x})$？下面就来讨论 $\boldsymbol{B}_k$ 满足的条件。

设 $f(\boldsymbol{x})$ 二阶连续可微，记 $\boldsymbol{g}(\boldsymbol{x})=\nabla f(\boldsymbol{x})$，$\boldsymbol{g}_k=\nabla f(\boldsymbol{x}_k)$，$\boldsymbol{G}(\boldsymbol{x})=\nabla^2 f(\boldsymbol{x})$，$\boldsymbol{G}_k=\boldsymbol{G}(\boldsymbol{x}_k)$。将 $\boldsymbol{g}(\boldsymbol{x})$ 在点 $\boldsymbol{x}_{k+1}$ 处 Taylor 展开，有

$$\boldsymbol{g}(\boldsymbol{x})\approx\boldsymbol{g}_{k+1}+\boldsymbol{G}_{k+1}(\boldsymbol{x}-\boldsymbol{x}_{k+1})$$

在上式中令 $\boldsymbol{x}=\boldsymbol{x}_k$ 得

$$\boldsymbol{g}(\boldsymbol{x}_k)\approx\boldsymbol{g}_{k+1}+\boldsymbol{G}_{k+1}(\boldsymbol{x}_k-\boldsymbol{x}_{k+1})$$

所以

$$\boldsymbol{G}_{k+1}(\boldsymbol{x}_{k+1}-\boldsymbol{x}_k)\approx\boldsymbol{g}_{k+1}-\boldsymbol{g}_k \tag{4.34}$$

为方便起见，记

$$\boldsymbol{\delta}_k = \boldsymbol{x}_{k+1} - \boldsymbol{x}_k, \quad \boldsymbol{\gamma}_k = \boldsymbol{g}_{k+1} - \boldsymbol{g}_k \tag{4.35}$$

则式 (4.34) 简写为

$$\boldsymbol{G}_{k+1}\boldsymbol{\delta}_k \approx \boldsymbol{\gamma}_k \tag{4.36}$$

式 (4.36) 是 Hessian 矩阵 $\boldsymbol{G}_{k+1}$ 满足的关系，若 $\boldsymbol{B}_{k+1}$ 作为 Hessian 矩阵 $\boldsymbol{G}_{k+1}$ 的近似，应该也满足类似的关系。因此，要求 $\boldsymbol{B}_{k+1}$ 精确满足式 (4.36)，即

$$\boldsymbol{B}_{k+1}\boldsymbol{\delta}_k = \boldsymbol{\gamma}_k$$

上式称为拟牛顿条件。

为了避免计算逆矩阵，令 $\boldsymbol{H}_k = \boldsymbol{B}_k^{-1}$，则 $\boldsymbol{H}_k$ 是 Hessian 矩阵的逆矩阵 $\boldsymbol{G}_k^{-1}$ 的近似，于是拟牛顿条件为

$$\boldsymbol{H}_{k+1}\boldsymbol{\gamma}_k = \boldsymbol{\delta}_k \tag{4.37}$$

拟牛顿迭代公式 (4.33) 为

$$\boldsymbol{x}_{k+1} = \boldsymbol{x}_k + \lambda_k \boldsymbol{d}_k = \boldsymbol{x}_k - \lambda_x \boldsymbol{H}_k \boldsymbol{g}_k$$

拟牛顿条件是一个基本条件，下面介绍的拟牛顿方法都是在这个条件下写出的。

拟牛顿条件式 (4.37) 是一个方程组，如果每次迭代都要求解此方程组，就增大了计算量。因此人们提出通过对已知的 $\boldsymbol{H}_k$ 进行校正来得到 $\boldsymbol{H}_{k+1}$ 的方法，即令

$$\boldsymbol{H}_{k+1} = \boldsymbol{H}_k + \Delta\boldsymbol{H}_k$$

通过 $\boldsymbol{H}_{k+1}$ 满足拟牛顿条件求出适当的 $\Delta\boldsymbol{H}_k$，得到 $\boldsymbol{H}_{k+1}$，这种方法称为拟牛顿校正。

根据上述分析结果，得到拟牛顿算法的一般算法框架。

算法 4.10 拟牛顿法的一般算法框架

Step 1 给定初始点 $\boldsymbol{x}_0$，正定矩阵 $\boldsymbol{H}_0$，$\varepsilon > 0$，令 $k = 0$;

Step 2 如果 $\|\boldsymbol{g}_k\| \leqslant \varepsilon$，停止。$\boldsymbol{x}_k$ 是最优解;

Step 3 计算搜索方向 $\boldsymbol{d}_k = -\boldsymbol{H}_k \boldsymbol{g}_k$;

Step 4 由线搜索确定步长因子 λ_k，并令 $\boldsymbol{x}_{k+1} = \boldsymbol{x}_k + \lambda_k \boldsymbol{d}_k$;

Step 5 校正 $\boldsymbol{H}_k$ 得到 $\boldsymbol{H}_{k+1}$，令 $k = k + 1$，转 Step 2。

拟牛顿算法中，初始矩阵 $\boldsymbol{H}_0$ 通常取为单位矩阵。此时，第一次搜索方向就是最速下降方向。拟牛顿算法中的前 4 步的做法已经很清楚了，剩下的是要解决第 5 步中 $\boldsymbol{H}_k$ 的校正问题。

校正 $\boldsymbol{H}_k$ 得到的 $\boldsymbol{H}_{k+1}$ 应该满足拟牛顿条件式 (4.37)，而满足拟牛顿条件式 (4.37) 的解不唯一。因此，使用不同的解法可得到不同的解，从而得到不同的校正方法。下面介绍一类重要的校正方法— Broyden（布鲁丹）族校正公式。

4.6.2 Broyden 族校正公式

1. 秩 1 校正公式

设 $\boldsymbol{H}_k$ 已知，在

$$\boldsymbol{H}_{k+1} = \boldsymbol{H}_k + \Delta\boldsymbol{H}_k$$

中取 $\Delta\boldsymbol{H}_k$ 为秩 1 对称矩阵

$$\Delta\boldsymbol{H}_k=\boldsymbol{u}\boldsymbol{u}^T$$

其中 $\boldsymbol{u}$ 是待定的 n 维向量，代入拟牛顿条件式 (4.37) 得

$$\boldsymbol{H}_k\boldsymbol{\gamma}_k+\boldsymbol{u}\boldsymbol{u}^T\boldsymbol{\gamma}_k=\boldsymbol{\delta}_k$$

移项得

$$\boldsymbol{u}(\boldsymbol{u}^T\boldsymbol{\gamma}_k)=\boldsymbol{\delta}_k-\boldsymbol{H}_k\boldsymbol{\gamma}_k$$

假定 $\boldsymbol{\delta}_k-\boldsymbol{H}_k\boldsymbol{\gamma}_k\neq 0$，上式表明向量 $\boldsymbol{u}$ 与向量 $\boldsymbol{\delta}_k-\boldsymbol{H}_k\boldsymbol{\gamma}_k$ 方向相同，故

$$\boldsymbol{u}=a(\boldsymbol{\delta}_k-\boldsymbol{H}_k\boldsymbol{\gamma}_k)$$

代入上式得 $a=\dfrac{1}{\sqrt{(\boldsymbol{\delta}_k-\boldsymbol{H}_k\boldsymbol{\gamma}_k)^T\boldsymbol{\gamma}_k}}$。所以

$$\Delta\boldsymbol{H}_k=\boldsymbol{u}\boldsymbol{u}^T=\frac{(\boldsymbol{\delta}_k-\boldsymbol{H}_k\boldsymbol{\gamma}_k)(\boldsymbol{\delta}_k-\boldsymbol{H}_k\boldsymbol{\gamma}_k)^T}{(\boldsymbol{\delta}_k-\boldsymbol{H}_k\boldsymbol{\gamma}_k)^T\boldsymbol{\gamma}_k}$$

于是得

$$\boldsymbol{H}_{k+1}=\boldsymbol{H}_k+\frac{(\boldsymbol{\delta}_k-\boldsymbol{H}_k\boldsymbol{\gamma}_k)(\boldsymbol{\delta}_k-\boldsymbol{H}_k\boldsymbol{\gamma}_k)^T}{(\boldsymbol{\delta}_k-\boldsymbol{H}_k\boldsymbol{\gamma}_k)^T\boldsymbol{\gamma}_k}\tag{4.38}$$

式 (4.38) 称为秩 1 校正公式。秩 1 校正公式是拟牛顿法中最简单的一种，但有 3 个缺点：

（1）$\boldsymbol{H}_k$ 不总是正定的；

（2）式 (4.38) 中的分母有可能为 0，从而使迭代无法进行；

（3）即使式 (4.38) 中分母不为 0，而是接近 0，也会使计算误差加大。由于秩 1 校正公式的这些缺点，所以较少使用。

2. DFP 校正公式

考虑秩 2 校正，即在

$$\boldsymbol{H}_{k+1}=\boldsymbol{H}_k+\Delta\boldsymbol{H}_k$$

中取 $\Delta\boldsymbol{H}_k$ 为秩 2 对称矩阵

$$\Delta\boldsymbol{H}_k=a\boldsymbol{u}\boldsymbol{u}^T+b\boldsymbol{v}\boldsymbol{v}^T$$

其中 $\boldsymbol{u},\boldsymbol{v}$ 是待定的 n 维向量，a,b 为待定常数，代入拟牛顿条件式 (4.37) 得

$$\boldsymbol{H}_{k+1}\boldsymbol{\gamma}_k+a\boldsymbol{u}\boldsymbol{u}^T\boldsymbol{\gamma}_k+b\boldsymbol{v}\boldsymbol{v}^T\boldsymbol{\gamma}_k=\boldsymbol{\delta}_k$$

满足上式的 $\boldsymbol{u},\boldsymbol{v}$ 不唯一。可以选择

$$\boldsymbol{u}=\boldsymbol{\delta}_k,\quad \boldsymbol{v}=\boldsymbol{H}_k\boldsymbol{\gamma}_k$$

代入上式得

$$a\boldsymbol{\delta}_k^T\boldsymbol{\gamma}_k=1,\quad b\boldsymbol{\gamma}_k^T\boldsymbol{H}_k\boldsymbol{\gamma}_k=-1$$

求得

$$a=\frac{1}{\boldsymbol{\delta}_k^T\boldsymbol{\gamma}_k},\quad b=-\frac{1}{\boldsymbol{\gamma}_k^T\boldsymbol{H}_k\boldsymbol{\gamma}_k}$$

从而

$$\Delta \boldsymbol{H}_k = a\boldsymbol{u}\boldsymbol{u}^T + b\boldsymbol{v}\boldsymbol{v}^T = \frac{\boldsymbol{\delta}_k\boldsymbol{\delta}_k^T}{\boldsymbol{\delta}_k^T\boldsymbol{\gamma}_k} - \frac{\boldsymbol{H}_k\boldsymbol{\gamma}_k\boldsymbol{\gamma}_k^T\boldsymbol{H}_k}{\boldsymbol{\gamma}_k^T\boldsymbol{H}_k\boldsymbol{\gamma}_k}$$

于是得

$$\boldsymbol{H}_{k+1} - \boldsymbol{H}_k = \frac{\boldsymbol{\delta}_k\boldsymbol{\delta}_k^T}{\boldsymbol{\delta}_k^T\boldsymbol{\gamma}_k} - \frac{\boldsymbol{H}_k\boldsymbol{\gamma}_k\boldsymbol{\gamma}_k^T\boldsymbol{H}_k}{\boldsymbol{\gamma}_k^T\boldsymbol{H}_k\boldsymbol{\gamma}_k} \tag{4.39}$$

上式称为 DFP 公式。此公式是 Davidon 在 1959 年提出，由 Fletcher 和 Powell 在 1963 年发展完善的，并以三位学者姓氏的第一个字母命名，故称为 DFP 公式。它是人们得到的第一个拟牛顿校正公式。

与秩 1 校正公式相比，DFP 校正公式有一个很好的性质：保持了校正的正定性。即如果 $\boldsymbol{H}_k$ 正定，则 $\boldsymbol{H}_{k+1}$ 也正定。

定理 4.14 对任意 k，如果 $\boldsymbol{H}_k$ 正定，且 ${\boldsymbol{\delta}_k}^T\boldsymbol{\gamma}_k > 0$，则 DFP 校正公式 (4.39) 给出的 $\boldsymbol{H}_{k+1}$ 是正定的。

证明 初始选择 $\boldsymbol{H}_0$ 为正定矩阵。设对某个 k，$\boldsymbol{H}_k$ 正定，由 Cholesky 分解 $\boldsymbol{H}_k = \boldsymbol{L}\boldsymbol{L}^T$，其中 $\boldsymbol{L}$ 为可逆下三角阵，对任意 $\boldsymbol{z} \neq 0$，记 $\boldsymbol{a} = \boldsymbol{L}^T\boldsymbol{z}$，$\boldsymbol{b} = \boldsymbol{L}^T\boldsymbol{\gamma}_k$，则

$$\begin{aligned}\boldsymbol{z}^T\boldsymbol{H}_{k+1}\boldsymbol{z} &= \boldsymbol{z}^T\left(\boldsymbol{H}_k - \frac{\boldsymbol{H}_k\boldsymbol{\gamma}_k\boldsymbol{\gamma}_k^T\boldsymbol{H}_k}{\boldsymbol{\gamma}_k^T\boldsymbol{H}_k\boldsymbol{\gamma}_k}\right)\boldsymbol{z} + \boldsymbol{z}^T\frac{\boldsymbol{\delta}_k\boldsymbol{\delta}_k^T}{\boldsymbol{\delta}_k^T\boldsymbol{\delta}_k}\boldsymbol{z} \\ &= \boldsymbol{a}^T\boldsymbol{a} - \frac{(\boldsymbol{a}^T\boldsymbol{b})^2}{\boldsymbol{b}^T\boldsymbol{b}} + \frac{(\boldsymbol{\delta}_k^T\boldsymbol{z})^2}{\boldsymbol{\delta}_k^T\boldsymbol{\gamma}_k} \qquad (4.40)\end{aligned}$$

根据柯西不等式有

$$\boldsymbol{a}^T\boldsymbol{a} - \frac{(\boldsymbol{a}^T\boldsymbol{b})^2}{\boldsymbol{b}^T\boldsymbol{b}}\begin{cases} = 0, & \boldsymbol{a} = \lambda\boldsymbol{b} \\ > 0, & \boldsymbol{a} \neq \lambda\boldsymbol{b}\end{cases} \tag{4.41}$$

其中 λ 为非零实数。

因为 $\boldsymbol{\delta}_k^T\boldsymbol{\gamma}_k > 0$，又当 $\boldsymbol{a} = \lambda\boldsymbol{b}$（$\lambda$ 为非零实数）时，有 $\boldsymbol{z} = \lambda\boldsymbol{\gamma}_k$，于是

$$\frac{(\boldsymbol{\delta}_k^T\boldsymbol{z})^2}{\boldsymbol{\delta}_k^T\boldsymbol{\delta}_k} = \begin{cases}\dfrac{(\boldsymbol{\delta}_k^T\lambda\boldsymbol{\gamma}_k)^2}{\boldsymbol{\delta}_k^T\boldsymbol{\gamma}_k} & (\boldsymbol{a} = \lambda b) \\ \dfrac{(\boldsymbol{\delta}_k^T\boldsymbol{z})^2}{\boldsymbol{\delta}_k^T\boldsymbol{\gamma}_k} & (\boldsymbol{a} \neq \lambda b)\end{cases} = \begin{cases}\boldsymbol{\delta}_k^T\lambda\boldsymbol{\gamma}_k & (\boldsymbol{a} = \lambda b) \\ \dfrac{(\boldsymbol{\delta}_k^T\boldsymbol{z})^2}{\boldsymbol{\delta}_k^T\boldsymbol{\gamma}_k} & (\boldsymbol{a} \neq \lambda b)\end{cases} = \begin{cases} > 0 & (\boldsymbol{a} = \lambda\boldsymbol{b}) \\ \geqslant 0 & (\boldsymbol{a} \neq \lambda\boldsymbol{b})\end{cases} \tag{4.42}$$

式 (4.41) 和式 (4.42) 表明式 (4.40) 的右端总为正。即

$$\boldsymbol{z}^T\boldsymbol{H}_{k+1}\boldsymbol{z} > 0$$

所以 $\boldsymbol{H}_{k+1}$ 正定。

定理 4.14 中的条件 $\boldsymbol{\delta}_k^T\boldsymbol{\gamma}_k > 0$ 是很容易满足的。事实上当 $f(\boldsymbol{x})$ 是正定二次函数时，有

$$\boldsymbol{\delta}_k^T\boldsymbol{\gamma}_k = \boldsymbol{\delta}_k\boldsymbol{G}\boldsymbol{\delta}_k > 0$$

当 $f(\boldsymbol{x})$ 是一般函数时，有

$$\boldsymbol{\delta}_k^T\boldsymbol{\gamma}_k=\boldsymbol{g}_{k+1}^T\boldsymbol{\delta}_k-\boldsymbol{g}_k^T\boldsymbol{\delta}_k$$

因为 $\boldsymbol{H}_k$ 正定，$\boldsymbol{\delta}_k=\lambda_k\boldsymbol{d}_k=-\lambda_k\boldsymbol{H}_k\boldsymbol{g}_k$ 是下降方向，所以 $\boldsymbol{g}_k^T\boldsymbol{\delta}_k<0$。当采用精确线搜索时，$\boldsymbol{g}_{k+1}^T\boldsymbol{\delta}_k=0$，所以

$$\boldsymbol{\delta}_k^T\boldsymbol{\gamma}_k=\boldsymbol{g}_{k+1}^T\boldsymbol{\delta}_k-\boldsymbol{g}_k^T\boldsymbol{\delta}_k>0$$

当采用不精确线搜索的 Wolfe 步长规则时，有 $\boldsymbol{g}_{k+1}^T\boldsymbol{\delta}_k\geqslant\sigma\boldsymbol{g}_k^T\boldsymbol{\delta}_k$（$\sigma<1$），所以

$$\boldsymbol{\delta}_k^T\boldsymbol{\gamma}_k=\boldsymbol{g}_{k+1}^T\boldsymbol{\delta}_k-\boldsymbol{g}_k^T\boldsymbol{\delta}_k\geqslant(\sigma-1)\boldsymbol{g}_k^T\boldsymbol{\delta}_k>0$$

一般情况下，只要适当提高线搜索的精度，就可以使 $f(x)$ 在 $\boldsymbol{x}_{k+1}$ 处的方向导数大于 $f(\boldsymbol{x})$ 在 $\boldsymbol{x}_k$ 处的方向导数，从而使 $\boldsymbol{\delta}_k^T\boldsymbol{\gamma}_k>0$。

由定理 4.14，DFP 拟牛顿法产生的 $\boldsymbol{H}_k$ 对任意 k 都是正定的，从而 $\boldsymbol{d}_k=-\boldsymbol{H}_k\boldsymbol{g}_k$ 是下降方向，这就保证了 DFP 拟牛顿法能顺利进行下去。从计算量来看，DFP 拟牛顿法每次迭代所需的乘法运算次数是 $3n^2+o(n)$，而牛顿法每次迭代所需的乘法运算次数是 $\dfrac{1}{6}n^3+o(n^2)$，所以 DFP 拟牛顿法比牛顿法的计算量小很多。

DFP 拟牛顿法提出后得到广泛的应用，效果非常好，远远超过最速下降法，有些方面还好过上世纪 60 年代发展起来的共轭梯度法。早期的算法实现都采用精确的线搜索，后来不精确线搜索发展起来以后，同其它拟牛顿法相比，DFP 方法就显得逊色了。

3. BFGS 校正公式

BFGS 校正公式也是一种秩 2 校正。

前面得到的校正公式是考虑 Hessian 矩阵的逆矩阵 $\boldsymbol{G}_k^{-1}$ 的近似 $\boldsymbol{H}_k$。同样我们可以对 Hessian 矩阵 $\boldsymbol{G}_k$ 的近似 $\boldsymbol{B}_k$ 进行校正。类似关于 $\boldsymbol{H}_k$ 的 DFP 公式的推导，我们可以得到关于 $\boldsymbol{B}_k$ 的校正公式

$$\boldsymbol{B}_{k+1}=\boldsymbol{B}_k+\frac{\boldsymbol{\gamma}_k\boldsymbol{\gamma}_k^T}{\boldsymbol{\gamma}_k^T\boldsymbol{\delta}_k}-\frac{\boldsymbol{B}_k\boldsymbol{\delta}_k\boldsymbol{\delta}_k^T\boldsymbol{B}_k}{\boldsymbol{\delta}_k^T\boldsymbol{B}_k\boldsymbol{\delta}_k}\tag{4.43}$$

上式称为 BFGS 公式。

对式 (4.43) 两边求逆，并利用 Sherman-Morrison 公式，就得到关于 $\boldsymbol{H}_k$ 的 BFGS 校正公式为

$$\boldsymbol{H}_{k+1}=\left(\boldsymbol{I}-\frac{\boldsymbol{\delta}_k\boldsymbol{\gamma}_k^T}{\boldsymbol{\delta}_k^T\boldsymbol{\gamma}_k}\right)\boldsymbol{H}_k\left(\boldsymbol{I}-\frac{\boldsymbol{\gamma}_k\boldsymbol{\delta}_k^T}{\boldsymbol{\delta}_k^T\boldsymbol{\gamma}_k}\right)+\frac{\boldsymbol{\delta}_k\boldsymbol{\delta}_k^T}{\boldsymbol{\delta}_k^T\boldsymbol{\gamma}_k}\tag{4.44}$$

BFGS 公式是由 Broyden、Fletcher、Goldfarb 和 Shann 在 1970 年共同提出的，故得其名。

一个有趣的现象是 BFGS 公式与 DFP 公式之间有所谓的对偶关系：在 DFP 公式中将 $\boldsymbol{H}$ 换成 $\boldsymbol{B}$，$\boldsymbol{\delta}$ 换成 $\boldsymbol{\gamma}$，$\boldsymbol{\gamma}$ 换成 $\boldsymbol{\delta}$，就得到 BFGS 公式 (4.43)，反之亦然。同样在 BFGS 公式 (4.44) 中将 $\boldsymbol{H}$ 换成 $\boldsymbol{B}$，$\boldsymbol{\delta}$ 换成 $\boldsymbol{\gamma}$，$\boldsymbol{\gamma}$ 换成 $\boldsymbol{\delta}$，就得到关于 $\boldsymbol{B}_k$ 的 DFP 公式

$$\boldsymbol{B}_{k+1}=\left(\boldsymbol{I}-\frac{\boldsymbol{\gamma}_k\boldsymbol{\delta}_k^T}{\boldsymbol{\gamma}_k^T\boldsymbol{\delta}_k}\right)\boldsymbol{B}_k\left(\boldsymbol{I}-\frac{\boldsymbol{\delta}_k\boldsymbol{\gamma}_k^T}{\boldsymbol{\gamma}_k^T\boldsymbol{\delta}_k}\right)+\frac{\boldsymbol{\gamma}_k\boldsymbol{\gamma}_k^T}{\boldsymbol{\gamma}_k^T\boldsymbol{\delta}_k}\tag{4.45}$$

因此定理 4.14 对 BFGS 公式同样成立，即 BFGS 公式保持校正的正定性，从而保证了 BFGS 拟牛顿法能够顺利进行下去。BFGS 方法经过大量计算实践，现在被普遍认为是拟牛顿法中效果最好的一个。在算法实现上，一般都采用不精确线搜索，使算法效率提高。

4. Broyden 校正公式

把 BFGS 公式同 DFP 公式结合起来，引入

$$\boldsymbol{H}_{k+1}^{\phi}=(1-\phi)\boldsymbol{H}_{k+1}^{\mathrm{DFP}}+\phi\boldsymbol{H}_{k+1}^{\mathrm{BFGS}} \tag{4.46}$$

得到含有一个参数 ϕ 的一族公式，称为 Broyden 族。

由式 (4.46)，Broyden 族满足拟牛顿条件式 (4.37)。Broyden 族是一类公式，它包含了 DFP 公式，BFGS 公式和秩 1 公式等。事实上，在式 (4.46) 中

（1）取 $\phi=0$，得 DFP 公式；

（2）取 $\phi=1$，得 BFGS 公式；

（3）取 $\phi=\dfrac{1}{1-\boldsymbol{\gamma}_k^T\boldsymbol{H}_k\boldsymbol{\gamma}_k/(\boldsymbol{\delta}_k^T\boldsymbol{\gamma}_k)}$，得秩 1 公式。

对 Broyden 族整理可得

$$\boldsymbol{H}_{k+1}^{\phi}=\boldsymbol{H}_k+\frac{\boldsymbol{\delta}_k\boldsymbol{\delta}_k^T}{\boldsymbol{\delta}_k^T\boldsymbol{\gamma}_k}-\frac{\boldsymbol{H}_k\boldsymbol{\gamma}_k\boldsymbol{\gamma}_k^T\boldsymbol{H}_k}{\boldsymbol{\gamma}_k^T\boldsymbol{H}_k\boldsymbol{\gamma}_k}+\phi\boldsymbol{v}_k\boldsymbol{v}_k^T \tag{4.47}$$

其中 $\boldsymbol{v}$ 是如下向量

$$\boldsymbol{v}_k=(\boldsymbol{\gamma}_k^T\boldsymbol{H}_k\boldsymbol{\gamma}_k)^{\frac{1}{2}}\left(\frac{\boldsymbol{\delta}_k}{\boldsymbol{\delta}^T\boldsymbol{\gamma}_k}-\frac{\boldsymbol{H}_k\boldsymbol{\gamma}_k}{\boldsymbol{\gamma}_k^T\boldsymbol{H}_k\boldsymbol{\gamma}_k}\right) \tag{4.48}$$

式 (4.47) 表明，Broyden 族中的任意一个校正公式与 DFP 校正公式只相差一个秩 1 矩阵。

Broyden 族拟牛顿法的特点在于它们具有许多共同性质。下面来讨论这些性质。

4.6.3 拟牛顿法的性质

1. 二次终止性

对于正定二次函数，Broyden 族拟牛顿法具有二次终止性。这由下述定理给出。

定理 4.15 设 $f(\boldsymbol{x})$ 是正定二次函数，即 $f(\boldsymbol{x})=\dfrac{1}{2}\boldsymbol{x}^T\boldsymbol{G}\boldsymbol{x}+\boldsymbol{p}^T\boldsymbol{x}$，其中 $\boldsymbol{G}$ 是正定矩阵，则采用精确线搜索的 Broyden 族拟牛顿法具有下述性质：

（1）$\boldsymbol{H}_{k+1}\boldsymbol{\gamma}_i=\boldsymbol{\delta}_i$，$i=0,1,\cdots,k$（继承性）；

（2）$\boldsymbol{\delta}_k^T\boldsymbol{G}\boldsymbol{\delta}_i=0$，$i=0,1,\cdots,k-1$（方向共轭性）。

且该方法在 m（$m\leqslant n$）次迭代后终止，当 $m=n$ 时，$\boldsymbol{H}_n=\boldsymbol{G}^{-1}$。

证明 用归纳法证明性质（1）和（2），因为 $f(\boldsymbol{x})$ 是二次函数，所以有

$$\boldsymbol{\gamma}_i=\boldsymbol{G}\boldsymbol{\delta}_i,\quad \forall\, i \tag{4.49}$$

由精确线搜索有

$$\boldsymbol{g}_{i+1}^T\boldsymbol{\delta}_i=0,\quad \forall\, i \tag{4.50}$$

当 $k=0$ 时，由拟牛顿条件式 (4.37) 有

$$\boldsymbol{H}_1\gamma_0=\boldsymbol{\delta}_0$$

性质（1）成立。

当 $k=1$ 时，有

$$\boldsymbol{\delta}_1^T\boldsymbol{G}\boldsymbol{\delta}_0=(\boldsymbol{x}_2-\boldsymbol{x}_1)^T\gamma_0=(-\lambda_1\boldsymbol{H}_1\boldsymbol{g}_1)^T\gamma_0=-\lambda_1\boldsymbol{g}_1^T\boldsymbol{H}_1\gamma_0=-\lambda_1\boldsymbol{g}_1^T\gamma_0=0$$

性质（2）成立。

假定结论对某个 k 成立，我们证明结论对 $k+1$ 也成立。

对于 $\forall 0\leqslant i\leqslant k$，由式 (4.49)、式 (4.50) 和归纳法假设得

$$\begin{aligned}\boldsymbol{\delta}_{k+1}^T\boldsymbol{G}\boldsymbol{\delta}_i&=-\lambda_{k+1}\boldsymbol{g}_{k+1}^T\boldsymbol{H}_{k+1}\gamma_i\\&=-\lambda_{k+1}\boldsymbol{g}_{k+1}^T\boldsymbol{\delta}_i\\&=\begin{cases}0, & i=k\\ -\lambda_{k+1}[\boldsymbol{g}_{i+1}^T\boldsymbol{\delta}_i+\sum\limits_{j=i+1}^{k}(\boldsymbol{g}_{j+1}-\boldsymbol{g}_j)^T\boldsymbol{\delta}_i], & i\leqslant k-1\end{cases}\\&=\begin{cases}0, & i=k\\ -\lambda_{k+1}\left[0+\sum\limits_{j=i+1}^{k}\boldsymbol{\delta}_j^T\boldsymbol{G}\boldsymbol{\delta}_i\right], & i\leqslant k-1\end{cases}\\&=0\end{aligned}$$

所以

$$\boldsymbol{\delta}_{k+1}^T\boldsymbol{G}\boldsymbol{\delta}_i=0,\quad i=0,1,\ldots,k \tag{4.51}$$

下面证明 $\boldsymbol{H}_{k+2}\gamma_i=\boldsymbol{\delta}_i$，$i=0,1,\ldots,k=1$。

当 $i=k+1$ 时，由拟牛顿条件式 (4.37) 即得

$$\boldsymbol{H}_{k+2}\gamma_{k+1}=\boldsymbol{\delta}_{k+1}$$

当 $i\leqslant k$ 时，由式 (4.47)

$$\boldsymbol{H}_{k+2}\gamma_i=\boldsymbol{H}_{k+1}\gamma_i+\frac{\boldsymbol{\delta}_{k+1}\boldsymbol{\delta}_{k+1}^T\gamma_i}{\boldsymbol{\delta}_{k+1}^T\gamma_{k+1}}-\frac{\boldsymbol{H}_{k+1}\gamma_{k+1}\gamma_{k+1}^T\boldsymbol{H}_{k+1}\gamma_i}{\gamma_{k+1}^T\boldsymbol{H}_{k+1}\gamma_{k+1}}+\phi\boldsymbol{v}_{k+1}\boldsymbol{v}_{k+1}^T\gamma_i \tag{4.52}$$

由式 (4.49) 和 (4.51) 和归纳法假设得

$$\boldsymbol{\delta}_{k+1}^T\gamma_i=\boldsymbol{\delta}_{k+1}^T\boldsymbol{G}\boldsymbol{\delta}_i=0$$

$$\gamma_{k+1}^T\boldsymbol{H}_{k+1}\gamma_i=\gamma_{k+1}^T\boldsymbol{\delta}_i=\boldsymbol{\delta}_{k+1}^T\boldsymbol{G}\boldsymbol{\delta}_i=0$$

$$\boldsymbol{v}_{k+1}^T\gamma_i=(\gamma_{k+1}^T\boldsymbol{H}_{k+1}\gamma_{k+1})^{\frac{1}{2}}\left(\frac{\boldsymbol{\delta}_{k+1}^T}{\boldsymbol{\delta}_{k+1}^T\gamma_{k+1}}-\frac{\gamma_{k+1}^T\boldsymbol{H}_{k+1}}{\gamma_{k+1}^T\boldsymbol{H}_{k+1}\gamma_{k+1}}\right)\gamma_i=0$$

所以

$$H_{k+2}\gamma_i = H_{k+1}\gamma_i = \delta_i, \quad i = 0, 1, \ldots, k+1 \tag{4.53}$$

根据归纳法，继承性质和方向共轭性得证。

由于 $\delta_i, i = 0, 1, \ldots, n-1$ 关于 G 共轭，根据共轭方向法基本定理，Broyden 族拟牛顿法最多迭代 n 步终止。故迭代次数 $m \leqslant n$，当 $m = n$ 时

$$H_n G\delta_i = H_n\gamma_i = \delta_i, \quad i = 0, 1, \ldots, n-1$$

由于 $\delta_i, i = 0, 1, \ldots, n-1$ 线性无关，故构成 n 维空间的一组基。由上式得

$$H_n G = I$$

故 $H_n = G^{-1}$。

2. 线性变换下的不变性

设自变量的线性变换为

$$y = Ax + b$$

其中 $A = (a_{ij})$ 是 n 阶非奇异矩阵，这个变换是一一对应的，$x = A^{-1}(y - b)$，在此变换下

$$f(x) = f(A^{-1}(y - b)) = \widetilde{f}(y) \tag{4.54}$$

是一个最优化算法，应用于 $f(x)$ 和 $\widetilde{f}(y)$，产生的点列分别为 $\{x_k\}$ 和 $\{y_k\}$，当选择初始点满足 $y = Ax_0 + b$ 时，有

$$y = Ax_k + b, \quad \forall k \tag{4.55}$$

则称该算法在线性变换下具有不变性或称算法在线性变换下是不变的。

首先，导出在线性变换下 $f(x)$ 和 $\widetilde{f}(y)$ 的梯度及 Hessian 矩阵间的关系，由链式求导法则得

$$\frac{\partial}{\partial x_i} = \sum_{j=1}^{n} \frac{\partial y_i}{\partial x_i}\frac{\partial}{\partial y_i} = \sum_{j=1}^{n} a_{ij}\frac{\partial}{\partial y_i}, \quad i = 1, \cdots, n$$

写成向量形式为

$$\nabla_x = A^T \nabla_y \tag{4.56}$$

将其作用于 $f(x)$ 上，得

$$\nabla_x f(x) = A^T \nabla_y \widetilde{f}(y)$$

即

$$g(x) = A^T \widetilde{g}(y) \tag{4.57}$$

用式 (4.56) 作用于上式，得

$$\nabla_x^2 f(x) = A^T \nabla_y^2 \widetilde{f}(y) A$$

即

$$G(x) = A^T \widetilde{G}(y) A \tag{4.58}$$

定理 4.16 在线性变换 $y = Ax + b$ 下，将 Broyden 族拟牛顿法应用于 $f(x)$ 和 $\widetilde{f}(y)$，如果取 $H_0 = G^{-1}(x_0)$，$\widetilde{H}_0 = \widetilde{G}^{-1}(y_0)$，则有

$$\widetilde{\boldsymbol{H}}_k = \boldsymbol{A}\boldsymbol{H}_k\boldsymbol{A}^T, \quad \forall\ k \tag{4.59}$$

$$\widetilde{\lambda}_k = \lambda_k, \quad \forall\ k \tag{4.60}$$

$$\boldsymbol{y}_k = \boldsymbol{A}\boldsymbol{x}_k + \boldsymbol{b}, \quad \forall\ k \tag{4.61}$$

从而 Broyden 族拟牛顿法在线性变换下具有不变性。

证明 因为 λ_k 是由 $f(\boldsymbol{x}_k)$，$\boldsymbol{g}(\boldsymbol{x}_k)^T\boldsymbol{d}_k$，$f(\boldsymbol{x}_k+\lambda\boldsymbol{d}_k)$，$\boldsymbol{g}(\boldsymbol{x}_k+\lambda\boldsymbol{d}_k)^T\boldsymbol{d}_k$ 确定的，所以要证明式 (4.60)，只要证明上述这些在线性变换下不是不变的即可。

记 $f_k=f(\boldsymbol{x}_k)$，$\boldsymbol{g}_k=\boldsymbol{g}(\boldsymbol{x}_k)$，$\widetilde{f}_k=\widetilde{f}(\boldsymbol{y}_k)$，$\widetilde{\boldsymbol{g}}_k=\widetilde{\boldsymbol{g}}(\boldsymbol{y}_k)$，$\boldsymbol{g}_k^\lambda=\boldsymbol{g}(\boldsymbol{x}_k+\lambda\boldsymbol{d}_k)$，$\boldsymbol{x}_k^\lambda=\boldsymbol{x}_k+\lambda\boldsymbol{d}_k$，$\boldsymbol{y}_k^\lambda=\boldsymbol{y}_k+\lambda\widetilde{\boldsymbol{d}}_k$，$\widetilde{\boldsymbol{g}}_k^\lambda=\widetilde{\boldsymbol{g}}(\boldsymbol{y}_k+\lambda\widetilde{\boldsymbol{d}}_k)$，用归纳法证明式 (4.59)、式 (4.60) 和式 (4.61)。

当 $k=0$ 时，选择初始点满足 $\boldsymbol{y}_0=\boldsymbol{A}\boldsymbol{x}_0+\boldsymbol{b}$，由式 (4.58) 得，$\boldsymbol{G}(\boldsymbol{x}_0)=\boldsymbol{A}^T\widetilde{\boldsymbol{G}}(\boldsymbol{y}_0)\boldsymbol{A}$，求逆矩阵即得

$$\widetilde{\boldsymbol{H}}_0=\boldsymbol{A}\boldsymbol{H}_0\boldsymbol{A}^T$$

由式 (4.57) 得

$$\widetilde{\boldsymbol{g}}_0=\boldsymbol{A}^{-T}\boldsymbol{g}_0$$

这里 $\boldsymbol{A}^{-T}=(\boldsymbol{A}^T)^{-1}=(\boldsymbol{A}^{-1})^T$。于是

$$\widetilde{\boldsymbol{d}}_0=-\widetilde{\boldsymbol{H}}_0\widetilde{\boldsymbol{g}}_0=-\boldsymbol{A}\boldsymbol{H}_0\boldsymbol{A}^T\boldsymbol{A}^{-T}\boldsymbol{g}_0=\boldsymbol{A}\boldsymbol{d}_0$$

$$\widetilde{\boldsymbol{g}}_0^T\widetilde{\boldsymbol{d}}_0=(\boldsymbol{A}^{-T}\boldsymbol{g}_0)^T\boldsymbol{A}\boldsymbol{d}_0=\boldsymbol{g}_0\boldsymbol{d}_0$$

$$\boldsymbol{y}_0^\lambda=\boldsymbol{y}_0+\lambda\widetilde{\boldsymbol{d}}_0=\boldsymbol{A}\boldsymbol{x}_0+\boldsymbol{b}+\lambda\boldsymbol{A}\boldsymbol{d}_0=\boldsymbol{A}\boldsymbol{x}_0^\lambda+\boldsymbol{b}$$

$$\widetilde{f}(\boldsymbol{y}_0^\lambda)=f[\boldsymbol{A}^{-1}(\boldsymbol{y}_0^\lambda-\boldsymbol{b})]=f[\boldsymbol{A}^{-1}(\boldsymbol{A}\boldsymbol{x}_0^\lambda+\boldsymbol{b}-\boldsymbol{b})]=f(\boldsymbol{x}_0^\lambda)$$

从而由式 (4.57) 有

$$\widetilde{\boldsymbol{g}}_0^\lambda=\boldsymbol{A}^{-T}\boldsymbol{g}_0^\lambda$$

于是

$$(\widetilde{\boldsymbol{g}}_0^\lambda)^T\widetilde{\boldsymbol{d}}_0=(\boldsymbol{A}^{-T}\boldsymbol{g}_0^\lambda)^T\boldsymbol{A}\boldsymbol{d}_0=\boldsymbol{g}_0^{\lambda T}\boldsymbol{d}_0 \tag{4.62}$$

所以确定 λ_0 的量是不变的，故 $\widetilde{\lambda}_0=\lambda_0$。

假定式 (4.59)-(4.61) 对某个 k 成立，我们证明其对 $k+1$ 也成立，由式 (4.57) 得

$$\widetilde{\boldsymbol{g}}_k=\boldsymbol{A}^{-T}\boldsymbol{g}_k$$

利用上式及归纳法假设得

$$\widetilde{\boldsymbol{d}}_k=-\widetilde{\boldsymbol{H}}_k\widetilde{\boldsymbol{g}}_k=-\boldsymbol{A}\boldsymbol{H}_k\boldsymbol{A}^T\boldsymbol{A}^{-T}\boldsymbol{g}_k=\boldsymbol{A}\boldsymbol{d}_k$$

$$\boldsymbol{y}_{k+1}=\boldsymbol{y}_k+\widetilde{\lambda}\widetilde{\boldsymbol{d}}_k=\boldsymbol{A}\boldsymbol{x}_k+\boldsymbol{b}+\lambda_k\boldsymbol{A}\boldsymbol{d}_k=\boldsymbol{A}\boldsymbol{x}_{k+1}+\boldsymbol{b}$$

而由式 (4.57) 有

$$\widetilde{\boldsymbol{g}}_{k+1}=\boldsymbol{A}^{-T}\boldsymbol{g}_{k+1}$$

于是

$$\widetilde{\boldsymbol{\delta}}_k = \boldsymbol{y}_{k+1} - \boldsymbol{y}_k = \boldsymbol{A}\boldsymbol{x}_{k+1} + \boldsymbol{b} - \boldsymbol{A}\boldsymbol{x}_k + \boldsymbol{b} = \boldsymbol{A}\boldsymbol{\delta}_k$$

$$\widetilde{\gamma}_k = \widetilde{\boldsymbol{g}}_{k+1} - \widetilde{\boldsymbol{g}}_k = \boldsymbol{A}^{-T}\boldsymbol{g}_{k+1} - \boldsymbol{A}^{-T}\boldsymbol{g}_k = \boldsymbol{A}^{-T}\gamma_k$$

$$\widetilde{\boldsymbol{H}}_k\widetilde{\gamma}_k = \boldsymbol{A}\boldsymbol{H}_k\boldsymbol{A}^T\boldsymbol{A}^{-T}\gamma_k = \boldsymbol{A}\boldsymbol{H}_k\gamma_k$$

$$\widetilde{\gamma}_k^T\widetilde{\boldsymbol{H}}_k\widetilde{\gamma}_k = (\boldsymbol{A}^{-T}\gamma_k)^T\boldsymbol{A}\boldsymbol{H}_k\gamma_k = \gamma_k^T\boldsymbol{H}_k\gamma_k$$

$$\widetilde{\gamma}_k^T\widetilde{\boldsymbol{\delta}}_k = (\boldsymbol{A}^{-T}\gamma_k)^T\boldsymbol{A}\boldsymbol{\delta}_k = \gamma_k^T\boldsymbol{\delta}_k \tag{4.63}$$

由 Broyden 族式 (4.47) 和式 (4.48) 有

$$\widetilde{\boldsymbol{H}}_{k+1} = \widetilde{\boldsymbol{H}}_k + \frac{\widetilde{\boldsymbol{\delta}}_k\widetilde{\boldsymbol{\delta}}_k^T}{\widetilde{\boldsymbol{\delta}}_k^T\widetilde{\gamma}_k} - \frac{\widetilde{\boldsymbol{H}}_k\widetilde{\gamma}_k\widetilde{\gamma}_k^T\widetilde{\boldsymbol{H}}_k}{\widetilde{\gamma}_k^T\widetilde{\boldsymbol{H}}_k\widetilde{\gamma}_k} + \phi\widetilde{\boldsymbol{v}}_k\widetilde{\boldsymbol{v}}_k^T$$

其中 $\widetilde{\boldsymbol{v}}$ 是

$$\widetilde{\boldsymbol{v}} = (\widetilde{\gamma}_k^T\widetilde{\boldsymbol{H}}_k\widetilde{\gamma}_k)^{\frac{1}{2}} + \left(\frac{\widetilde{\boldsymbol{\delta}}_k}{\widetilde{\boldsymbol{\delta}}_k^T\widetilde{\gamma}_k} - \frac{\widetilde{\boldsymbol{H}}_k\widetilde{\gamma}_k}{\widetilde{\gamma}_k^T\widetilde{\boldsymbol{H}}_k\widetilde{\gamma}_k}\right)$$

于是有

$$\widetilde{\boldsymbol{v}}_k = \boldsymbol{A}\boldsymbol{v}_k$$

$$\widetilde{\boldsymbol{H}}_{k+1} = \boldsymbol{A}\boldsymbol{H}_k\boldsymbol{A}^T + \frac{\boldsymbol{A}\boldsymbol{\delta}_k\boldsymbol{\delta}_k^T\boldsymbol{A}^T}{\boldsymbol{\delta}_k^T\gamma_k} - \frac{\boldsymbol{A}\boldsymbol{H}_k\gamma_k\gamma_k^T\boldsymbol{H}_k\boldsymbol{A}^T}{\gamma_k^T\boldsymbol{H}_k\gamma_k} + \phi\boldsymbol{A}\boldsymbol{v}_k\boldsymbol{v}_k^T\boldsymbol{A}^T = \boldsymbol{A}\boldsymbol{H}_{k+1}\boldsymbol{A}^T$$

进一步

$$\widetilde{f}_{k+1} = f_{k+1}$$

$$\widetilde{\boldsymbol{d}}_{k+1} = \widetilde{\boldsymbol{H}}_{k+1}\widetilde{\boldsymbol{g}}_{k+1} = -\boldsymbol{A}\boldsymbol{H}_{k+1}\boldsymbol{A}^T\boldsymbol{A}^{-T}\boldsymbol{g}_{k+1} = \boldsymbol{A}\boldsymbol{d}_{k+1}$$

$$\widetilde{\boldsymbol{g}}_{k+1}^T\bar{\boldsymbol{d}}_{k+1} = (\boldsymbol{A}^{-T}\boldsymbol{g}_{k+1})^T\boldsymbol{A}\boldsymbol{d}_{k+1} = {\boldsymbol{g}_{k+1}}^T\boldsymbol{d}_{k+1}$$

$$\boldsymbol{y}_{k+1}^{\gamma} = \boldsymbol{y}_{k+1} + \lambda\widetilde{\boldsymbol{d}}_{k+1} = \boldsymbol{A}\boldsymbol{x}_{k+1} + \boldsymbol{b} + \lambda\boldsymbol{A}\boldsymbol{d}_{k+1} = \boldsymbol{A}\boldsymbol{x}_{k+1}^{\lambda} + \boldsymbol{b}$$

$$\widetilde{f}(\boldsymbol{y}_{k+1}^{\lambda}) = f[\boldsymbol{A}^{-1}(\boldsymbol{y}_{k+1}^{\lambda} - \boldsymbol{b})] = f[\boldsymbol{A}^{-1}(\boldsymbol{A}\boldsymbol{x}_{k+1}^{\lambda} + \boldsymbol{b} - \boldsymbol{b})] = f(\boldsymbol{x}_{k+1}^{\lambda})$$

从而由式 (4.57) 有

$$\widetilde{\boldsymbol{g}}_{k+1}^{\lambda} = \boldsymbol{A}^{-T}\boldsymbol{g}_{k+1}^{\lambda}$$

于是

$$(\widetilde{\boldsymbol{g}}_{k+1}^{\lambda})^T\widetilde{\boldsymbol{d}}_{k+1} = (\boldsymbol{A}^{-T}\boldsymbol{g}_{k+1}^{\lambda})^T\boldsymbol{A}\boldsymbol{d}_{k+1} = {\boldsymbol{g}_{k+1}^{\lambda}}^T\boldsymbol{d}_{k+1}$$

所以确定 λ_{k+1} 的量是不变的，故 $\widetilde{\lambda}_{k+1} = \lambda_{k+1}$。由归纳法知定理结论成立。

定理 4.16 中要求初始矩阵为 $\boldsymbol{H} = \boldsymbol{G}^{-1}(\boldsymbol{x}_0)$，当初始矩阵取为单位矩阵 $\boldsymbol{H}_0 = \boldsymbol{I}$ 时，拟牛顿法不具有不变性，但 n 次迭代以后，$\boldsymbol{H} \approx \boldsymbol{G}^{-1}(\boldsymbol{x}_{n+1})$，方法就近乎具有不变性。

同样，我们可以得到，牛顿法在线性变换下具有不变性；最速下降法一般不具有线性变换下的不变性，但当线性变换 $\boldsymbol{y}_k = \boldsymbol{A}\boldsymbol{x}_k + \boldsymbol{b}$ 中的 $\boldsymbol{A}$ 为正交矩阵时，最速下降法在线性变换下是不变的。

不变性的意义在于算法应用于病态问题时不会受到影响。例如对于正定二次函数 $f(\boldsymbol{x}) = \dfrac{1}{2}\boldsymbol{x}^T\boldsymbol{G}\boldsymbol{x} + \boldsymbol{p}^T\boldsymbol{x}$，当矩阵 $\boldsymbol{G}$ 的最大特征值与最小特征值相差悬殊时，问题是病态的。从几何上看，这相当于 $f(\boldsymbol{x})$ 的等值面（椭圆或椭球）的长轴与短轴相差非常大。当使用最速下降法时，会出现严重的“锯齿现象”，使收敛非常慢。如果使用具有线性变换下不变性的算法，则可以通过线性变换将 $\boldsymbol{G}$ 化为单位矩阵 $\boldsymbol{I}$（或近似单位矩阵），将病态问题化为非病态问题，从而算法能顺利进行下去。

3. 变尺度性

尺度（或称度量、距离），如熟知的分别由范数 L_1，L_2，L_∞ 确定的距离。另一个常用的尺度是由如下椭球范数确定的距离

$$\|\boldsymbol{x}\|_{\boldsymbol{A}} = \sqrt{\boldsymbol{x}^T\boldsymbol{A}\boldsymbol{x}}, \quad \forall \boldsymbol{x} \in \mathbb{R}^n \tag{4.64}$$

其中 $\boldsymbol{A}$ 是 n 阶对称正定矩阵。

拟牛顿法可以看作是在椭球范数 $\|\boldsymbol{x}\|_{\boldsymbol{B}_k}$ 下的最速下降法。事实上，最速下降方向 $\boldsymbol{d}$ 就是使方向导数 $\nabla f(\boldsymbol{x})^T\boldsymbol{d}$ 最小的方向，故下述优化问题

$$\begin{aligned} &\min\ \nabla f(\boldsymbol{x})^T\boldsymbol{d} \\ &\text{s.t. } \|\boldsymbol{d}\|_{\boldsymbol{B}_k} = 1 \end{aligned}$$

的解是在椭球范数 $\|\cdot\|_{\boldsymbol{B}_k}$ 下，$f(\boldsymbol{x})$ 的最速下降方向。

用拉格朗日乘子法求解上述问题。Lagrange 函数为

$$L(\boldsymbol{d},\lambda) = \nabla f(\boldsymbol{x}_k)^T\boldsymbol{d} - \lambda(\sqrt{\boldsymbol{d}^T\boldsymbol{B}_k\boldsymbol{d}} - 1)$$

由数学分析中等式约束问题的 Lagrange 乘子法，极值满足的条件为

$$\nabla_{\boldsymbol{d}} L = \nabla f(\boldsymbol{x}_k) - \lambda\frac{\boldsymbol{B}_k\boldsymbol{d}}{\sqrt{\boldsymbol{d}^T\boldsymbol{B}_k\boldsymbol{d}}} = 0$$

$$\sqrt{\boldsymbol{d}^T\boldsymbol{B}_k\boldsymbol{d}} - 1 = 0$$

解得

$$\lambda\boldsymbol{d} = \boldsymbol{B}_k^{-1}\nabla f(\boldsymbol{x}_k) = \boldsymbol{H}_k\nabla f(\boldsymbol{x}_k)$$

两边取范数得

$$|\lambda| = \|\boldsymbol{H}_k\nabla f(\boldsymbol{x}_k)\|_{\boldsymbol{B}_k}$$

代入上式得

$$\boldsymbol{d} = \pm\frac{\boldsymbol{H}_k\nabla f(\boldsymbol{x}_k)}{\|\boldsymbol{H}_k\nabla f(\boldsymbol{x}_k)\|_{\boldsymbol{B}_k}}$$

其中带“+”的显然不是最优解。得问题的最优解是

$$d = -\frac{H_k \nabla f(x_k)}{\|H_k \nabla f(x_k)\|_{B_k}}$$

所以，拟牛顿方向

$$d = -H_k \nabla f(x_k)$$

是在椭球范数 $\|\cdot\|_{B_k}$ 下的最速下降方向。

由于迭代过程中，尺度矩阵 B_k 是在不断变化的，所以拟牛顿法也被为变尺度法（Variable Metric Method）。

4.6.4 拟牛顿法的收敛性

关于拟牛顿法的收敛性，下面列出几个主要结果。

定理 4.17 设 x_0 为任意初始点，$f(x)$ 为二阶连续可微，并且在水平集

$$\mathcal{L}(x_0) = \{x \mid f(x) \leqslant f(x_0)\}$$

上一致凸，即存在 $m > 0$，使得

$$u^T \nabla^2 f(x) u \geqslant m\|u\|^2, \quad \forall u \in \mathbb{R}^n, x \in \mathcal{L}(x_0) \tag{4.65}$$

成立。对于给定的正定矩阵 H_0，步长因子 λ_k 由精确线搜索和 Wolfe 步长规则确定。则限制 Broyden 族拟牛顿法产生的点列 $\{x_k\}$ 收敛到 $f(x)$ 的极小点。这里限制 Broyden 族的参数 $\phi \in (0, 1]$，即不包括 DFP 校正公式的 Broyden 族。

定理 4.18 设 x_0 为任意初始点，$f(x)$ 满足

（1）$f(x)$ 是二阶连续可微有下阶的凸函数，且其 Hessian 矩阵有界，即存在 $M > 0$，使得

$$\|\nabla^2 f(x)\| \leqslant M, \quad \forall x \in \mathcal{L}(x_0) \tag{4.66}$$

（2）水平集 $\mathcal{L}(x_0) = \{x | f(x) \leqslant f(x_0)\}$ 是有界集。

对任意给定的正定矩阵 H_0，采用精确线搜索确定步长因子 λ_k，$\{x_k\}$ 是 Broyden 族拟牛顿法产生的点列，则

$$\lim_{k \to \infty} \nabla f(x_k) = 0 \tag{4.67}$$

定理 4.19 设 x_0 为任意初始点，$f(x)$ 满足

（1）$f(x)$ 二阶连续可微，在水平集 $\mathcal{L}(x_0) = \{x \mid f(x) \leqslant f(x_0)\}$ 上一致凸，即存在 $m > 0$，使得

$$u^T \nabla^2 f(x) u \geqslant m\|u\|^2, \quad \forall u \in \mathbb{R}^n, x \in \mathcal{L}(x_0) \tag{4.68}$$

（2）$f(x)$ 的 Hessian 矩阵 $G(x)$ 在最优解 x_* 处是局部霍尔德连续的，即存在 $L > 0, p > 1$，使得

$$\|G(x) - G(x_*)\| \leqslant L\|x - x_*\|^p, \quad \forall x \in N(x_*) \tag{4.69}$$

其中 $N(x_*)$ 是 x_* 的邻域。对任意给定的正定矩阵 H_0，步长因子 λ_k 由精确线搜索和 Wolfe

步长规则（首先选取试验步长 $\lambda_k=1$）确定。则限制 Broyden 族拟牛顿法产生的点列 $\{\boldsymbol{x}_k\}$ 超线性收敛到 $\boldsymbol{x}_*$。

【例 4.17】 采用 BFGS 算法求解下面的无约束问题：

$$\min f(\boldsymbol{x})=\frac{1}{2}x_1^2+x_2^2-x_1x_2-2x_1$$

取初始点 $\boldsymbol{x}_0=(1,1)^T$，初始矩阵 $\boldsymbol{B}_0=\boldsymbol{I}$ 为单位矩阵。该问题的最优解为 $\boldsymbol{x}_*=(4,2)^T$。

解 实例代码 4.14 为该问题的 Python 代码实现。

实例代码 4.14

```
import numpy as np
#定义求解方程
fun = lambda x: 0.5*x[0]**2+x[1]**2-x[0]*x[1]-2*x[0]
#定义函数：用于求梯度数值 数据放入mat矩阵
def gfun(x):
    x = np.array(x)
    part1 = x[0][0]-x[1][0]-2
    part2 = -1.0*x[0][0]+2*x[1][0]
    result = np.mat([part1,part2])
    return result
    #传入参数有三个：fun为函数，gfun为梯度，x0为初始值
def BGFS(fun, gfun, x0):
    #迭代次数
    maxk = 5000
    #步长
    rho = 0.45
    #常数在0到1/2之间
    sigma = 0.3
    #终止条件
    epsilon = 1e-6
    #第几次迭代
    k = 0
    #初始值为单位矩阵
    Bk = np.mat([[1.0,0.0],[0.0,1.0]])
    while k < maxk:
        gk = gfun(x0)
        #范数小于epsilon终止
        if np.linalg.norm(gk) < epsilon:
            break
        #Bk*d+梯度=0
        dk = -Bk.I.dot(gk.T)
        m = 0
        mk = 0
        #Arijo算法求步长
        while m < 30:
            if fun(x0 + (rho**m)*dk) < fun(x0) + sigma * (rho**m)*gk.dot(dk):
                mk = m
                break
            m = m + 1
```

```
        #迭代公式
        x = x0 + (rho**mk)*dk
        #以下是BFGS修正公式
        sk = x - x0
        yk = gfun(x) - gk
        if yk * sk > 0:
            Bk = Bk - (Bk * sk * sk.T * Bk)/(sk.T*Bk*sk) + (yk.T*yk)/(yk*sk)
        k = k + 1
        x0 = x
        print("--------------------------")
        print("当前点为为%s" % x0.T)
        print("当前点的值为%f" % fun(x0))
        print("--------------------------")
    return x, k
if __name__ == "__main__":
    #选择初始点
    x0 = np.array([[1],[1]])
    x, k = BGFS(fun, gfun, x0)
    print("BFGS")
    print("迭代次数为%d次" %k)
    print("最优点为%s" %x.T)
    print("最小值为%d" %fun(x))
```

通过运行上述代码可以得到经过 5 次迭代后，最优解为 $(4,2)^T$，最小值为 -4。

4.7 共轭梯度法

共轭梯度法（Conjugate Gradient Method）是介于最速下降法与牛顿法之间的一种方法。它只需利用一阶导数信息，不仅克服了最速下降法收敛慢的缺点，又避免了牛顿法需要存储和计算 Hessian 矩阵并求逆的缺点。共轭梯度法不仅是解大型线性方程组最有用的方法之一，也是解大型非线性最优化问题最有效的算法之一。

共轭梯度法最早是由 Hestenes 和 Stiefel（1952）提出来的，用于解正定系数矩阵的线性方程组。在这个基础上，Fletcher 和 Reeves（1964）首先提出了解非线性最优化问题的共轭梯度法。共轭梯度法的主要思想是通过选择一组共轭的搜索方向来迭代地逼近线性方程组的解。在每次迭代中，共轭梯度法会以一种特定的方式选择搜索方向，并通过最小化目标函数在该方向上的二次模型来确定步长。这样，共轭梯度法可以在有限的迭代次数内得到线性方程组的解。由于共轭梯度法不需要矩阵存储，且有较快的收敛速度和二次终止性等优点，现在共轭梯度法已经广泛地应用于实际问题中。

4.7.1 共轭方向法

共轭梯度法是一种特定的共轭方向法（Conjugate Direction Method），它主要用于求解线性方程组的迭代算法。共轭方向法是一类优化算法，它利用共轭方向的性质来搜索最优解。共轭方向法可以用于求解非线性优化问题，包括无约束优化和约束优化问题。在每次迭代中，共轭方向法会选择一组共轭的搜索方向，并通过最小化目标函数在该方向上的一维模型来确定步长。这样，共轭方向法可以在有限的迭代次数内找到最优解。

定义 4.2 设 $\boldsymbol{G}$ 是 $n\times n$ 对称正定矩阵，$\boldsymbol{d}_1,\boldsymbol{d}_2$ 是 n 维非零向量。如果

$$\boldsymbol{d}_1^T\boldsymbol{G}\boldsymbol{d}_2=\boldsymbol{0}$$

则称向量 $\boldsymbol{d}_1$ 和 $\boldsymbol{d}_2$ 是 $\boldsymbol{G}$-共轭的（或 $\boldsymbol{G}$-正交的），简称共轭的。

设 $\boldsymbol{d}_1,\boldsymbol{d}_2,\cdots,\boldsymbol{d}_m$ 是中任一组非零向量，如果

$$\boldsymbol{d}_i^T\boldsymbol{G}\boldsymbol{d}_j=\boldsymbol{0},\quad i\neq j$$

则称 $\boldsymbol{d}_1,\boldsymbol{d}_2,\cdots,\boldsymbol{d}_m$ 是 $\boldsymbol{G}$-共轭的，简称共轭的。

显然，如果 $\boldsymbol{d}_1,\boldsymbol{d}_2,\cdots,\boldsymbol{d}_m$ 是 $\boldsymbol{G}$-共轭的，则它们是线性无关的。如果 $\boldsymbol{G}=\boldsymbol{I}$，则共轭性就是通常的正交性。

共轭方向法的一般算法步骤如下。

算法 4.11 共轭方向法的一般算法框架

Step 1 给定初始点 $\boldsymbol{x}_0$，$\varepsilon>0$，$k=0$，计算 $\boldsymbol{g}_0=\boldsymbol{g}(\boldsymbol{x}_0)$ 和初始下降方向 $\boldsymbol{d}_0$，使 $\boldsymbol{d}_0^T\boldsymbol{g}(0)<0$；

Step 2 如果 $\|\boldsymbol{g}_k\|\leqslant\varepsilon$，停止迭代；

Step 3 计算 λ_k 和 $\boldsymbol{x}_{k+1}$，使得 $f(\boldsymbol{x}_k+\lambda_k\boldsymbol{d}_k)=\min\limits_{\lambda\geqslant 0}f(\boldsymbol{x}_k+\lambda_k\boldsymbol{d}_k)$, $\boldsymbol{x}_{k+1}=\boldsymbol{x}_k+\lambda_k\boldsymbol{d}_k$;

Step 4 采用某种共轭方向法计算 $\boldsymbol{d}_{k+1}$，使得 $\boldsymbol{d}_{k+1}^T\boldsymbol{G}\boldsymbol{d}_j=0,j=0,1,\cdots,k$;

Step 5 令 $k=k+1$，转 Step 2。

对于正定二次函数的极小化

$$\min_{\boldsymbol{x}}\ f(\boldsymbol{x})=\frac{1}{2}\boldsymbol{x}^T\boldsymbol{G}\boldsymbol{x}-\boldsymbol{b}^T\boldsymbol{x}\tag{4.70}$$

相当于解线性方程组

$$\boldsymbol{G}\boldsymbol{x}=\boldsymbol{b}\tag{4.71}$$

其中 $\boldsymbol{G}$ 是 $n\times n$ 对称正定矩阵，在这种情形，精确线搜索因子 λ_k 的显式表示为

$$\lambda_k=-\frac{\boldsymbol{g}_k^T\boldsymbol{d}_k}{\boldsymbol{d}_k^T\boldsymbol{G}\boldsymbol{d}_k}$$

这里

$$\boldsymbol{g}_k=\boldsymbol{G}\boldsymbol{x}_k-\boldsymbol{b}\triangleq\boldsymbol{r}_k$$

这表明，在正定二次函数极小化的情形下，目标函数的梯度 $\boldsymbol{g}(\boldsymbol{x})$ 与线性方程组式 (4.71) 的残量 $\boldsymbol{r}(\boldsymbol{x})$ 是一致的。

共轭方向的基本原理表明：在精确线搜索条件下，共轭方向法具有二次终止性，即对于正定二次函数，方法是有限步终止的。

定理 4.20 设 $\boldsymbol{x}_0\in\mathbb{R}^n$ 是任意初始点，对于极小化二次函数式 (4.70)，共轭方向法至多经 n 步精确线搜索终止；且每个 $\boldsymbol{x}_{k+1}$ 都是 $f(\boldsymbol{x})$ 在 $\boldsymbol{x}_0$ 和方向 $\boldsymbol{d}_0,\cdots,\boldsymbol{d}_i$ 所张成的线性流形 $\left\{\boldsymbol{x}|\boldsymbol{x}=\boldsymbol{x}_0+\sum\limits_{j=0}^{i}\lambda_j\boldsymbol{d}_j,\forall\lambda_j\right\}$ 中的极小点。

证明 因为 $\boldsymbol{G}$ 正定，且共轭方向 $\boldsymbol{d}_0, \boldsymbol{d}_1, \cdots, \boldsymbol{d}_i$ 线性无关，故只需要证明对所有的 $i \leqslant n-1$，有

$$\boldsymbol{g}_{i+1}^T \boldsymbol{d}_j = 0, \quad j = 0, 1, \cdots, i \tag{4.72}$$

就得出定理的两个结论。

事实上，由于

$$\boldsymbol{g}_{k+1} - \boldsymbol{g}_k = \boldsymbol{G}(\boldsymbol{x}_{k+1} - \boldsymbol{x}_k) = \lambda \boldsymbol{G} \boldsymbol{d}_k \tag{4.73}$$

和在精确线搜索式 (4.70) 下，有

$$\boldsymbol{g}_{k+1}^T \boldsymbol{d}_k = 0 \tag{4.74}$$

故当 $j < i$ 时，有

$$\begin{aligned} \boldsymbol{g}_{i+1}^T \boldsymbol{d}_j &= \boldsymbol{g}_{j+1}^T \boldsymbol{d}_j + \sum_{k=j+1}^{i} (\boldsymbol{g}_{k+1} - \boldsymbol{g}_k)^T \boldsymbol{d}_j \\ &= \boldsymbol{g}_{j+1}^T \boldsymbol{d}_j + \sum_{k=j+1}^{i} \lambda_k \boldsymbol{d}_k^T \boldsymbol{G} \boldsymbol{d}_j \\ &= 0 \end{aligned} \tag{4.75}$$

在式 (4.75) 中两项为 0 分别由精确线搜索和共轭性得到。当 $j = i$ 时，直接由精确线搜索可知

$$\boldsymbol{g}_{i+1}^T \boldsymbol{d}_j = 0$$

从而式 (4.72) 成立。

4.7.2 共轭梯度法

共轭梯度法是共轭方向法的一种特例，它的每一个搜索方向是相互共轭的。而这些搜索方向 $\boldsymbol{d}_k$ 仅仅是负梯度方向 $-\boldsymbol{g}_k$ 与上一次迭代搜索方向 $\boldsymbol{d}_{k-1}$ 的组合。因此，存储量少，计算方便。

记

$$\boldsymbol{d}_k = -\boldsymbol{g}_k + \beta_{k-1} \boldsymbol{d}_{k-1} \tag{4.76}$$

左乘 $\boldsymbol{d}_{k+1}^T \boldsymbol{G}$，并使 $\boldsymbol{d}_{k+1}^T \boldsymbol{G} \boldsymbol{d}_k = 0$，得 Hestenes-Stiefel（HS）公式

$$\beta_{k-1} = \frac{\boldsymbol{g}_k^T \boldsymbol{G} \boldsymbol{d}_{k-1}}{\boldsymbol{d}_{k-1}^T \boldsymbol{G} \boldsymbol{d}_{k-1}}$$

利用式 (4.73) 和式 (4.74)，上式也可以写成

$$\begin{aligned} \beta_{k-1} &= \frac{\boldsymbol{g}_k^T (\boldsymbol{g}_k - \boldsymbol{g}_{k-1})}{\boldsymbol{d}_{k-1}^T (\boldsymbol{g}_k - \boldsymbol{g}_{k-1})} \\ &= \frac{\boldsymbol{g}_k^T \boldsymbol{g}_k}{\boldsymbol{g}_{k-1}^T \boldsymbol{g}_{k-1}} \end{aligned}$$

上述两个式子分别为 Crowder-Wolfe（CW）公式和 Fletcher-Reeves（FR）公式。

另外三个常用公式为：

$$\beta_{k-1}=\frac{\boldsymbol{g}_k^T(\boldsymbol{g}_k-\boldsymbol{g}_{k-1})}{\boldsymbol{g}_{k-1}^T\boldsymbol{g}_{k-1}}\text{（Polak-Ribiere-Polyak 公式）}$$

$$\beta_{k-1}=-\frac{\boldsymbol{g}_k^T\boldsymbol{g}_k}{\boldsymbol{d}_{k-1}^T\boldsymbol{g}_{k-1}}\text{（Dixon 公式）}$$

$$\beta_{k-1}=\frac{\boldsymbol{g}_k^T\boldsymbol{g}_k}{\boldsymbol{d}_{k-1}^T(\boldsymbol{g}_k-\boldsymbol{g}_{k-1})}\text{（Dai-Yuan 公式）}$$

对于正定二次型函数，若采用精确线搜索，以上几个关于 β_k 的共轭梯度公式等价。但实际计算中，FR 公式和 PRP 公式最常用。

注意到对于正定二次型函数

$$\boldsymbol{g}_k=\boldsymbol{G}\boldsymbol{x}_k-\boldsymbol{b}\triangleq\boldsymbol{r}_k$$

其中 $\boldsymbol{r}_k$ 是方程组 $\boldsymbol{G}\boldsymbol{x}_k=\boldsymbol{b}$ 的残量，以及

$$\boldsymbol{r}_{k+1}-\boldsymbol{r}_k=\lambda_k\boldsymbol{G}\boldsymbol{d}_k,\quad \lambda_k=-\frac{\boldsymbol{g}_k^T\boldsymbol{d}_k}{\boldsymbol{d}_k^T\boldsymbol{G}\boldsymbol{d}_k}=\frac{\boldsymbol{r}_k^T\boldsymbol{r}_k}{\boldsymbol{d}_k^T\boldsymbol{G}\boldsymbol{d}_k}$$

下面来介绍关于正定二次型函数极小化的共轭梯度法。

算法 4.12 共轭梯度法的一般算法框架

Step 1 初始步：给出 $\boldsymbol{x}_0$，$\varepsilon>0$，计算 $\boldsymbol{r}_0=\boldsymbol{G}\boldsymbol{x}_0-\boldsymbol{b}$，令 $\boldsymbol{d}_0=-\boldsymbol{r}_0$，$k=0$；

Step 2 如果 $\|\boldsymbol{r}_k\|\leqslant\varepsilon$，停止；

Step 3 计算

$$\lambda_k=\frac{\boldsymbol{r}_k^T\boldsymbol{r}_k}{\boldsymbol{d}_k^T\boldsymbol{G}\boldsymbol{d}_k},\quad \boldsymbol{x}_{k+1}=\boldsymbol{x}_k+\lambda_k\boldsymbol{d}_k,\quad \boldsymbol{r}_{k+1}=\boldsymbol{r}_k+\lambda_k\boldsymbol{G}\boldsymbol{d}_k,\quad \boldsymbol{\beta}_k=\frac{\boldsymbol{r}_{k+1}^T\boldsymbol{r}_{k+1}}{\boldsymbol{r}_k^T\boldsymbol{r}_k},\quad \boldsymbol{d}_{k+1}=-\boldsymbol{r}_{k+1}+\boldsymbol{\beta}_k\boldsymbol{d}_k;$$

Step 4 令 $k=k+1$，转 Step 2。

【例 4.18】 用 FR 共轭梯度法解决极小化问题

$$\min\ f(\boldsymbol{x})=\frac{3}{2}x_1^2+\frac{1}{2}x_2^2-x_1x_2-2x_1$$

解 将 $f(\boldsymbol{x})$ 写成 $f(\boldsymbol{x})=\dfrac{1}{2}\boldsymbol{x}^T\boldsymbol{G}\boldsymbol{x}-\boldsymbol{b}^T\boldsymbol{x}$ 的形式，有

$$\boldsymbol{G}=\begin{pmatrix}3&-1\\-1&1\end{pmatrix},\quad \boldsymbol{b}=\begin{pmatrix}2\\0\end{pmatrix},\quad \boldsymbol{r}(\boldsymbol{x})=\boldsymbol{G}\boldsymbol{x}-\boldsymbol{b}$$

设 $\boldsymbol{x}_0=(-2,4)^T$，得 $\boldsymbol{r}_0=\begin{pmatrix}-12\\6\end{pmatrix}$，$\boldsymbol{d}_0=-\boldsymbol{r}_0=\begin{pmatrix}12\\-6\end{pmatrix}$

$$\lambda_0=\frac{\boldsymbol{r}_0^T\boldsymbol{r}_0}{\boldsymbol{d}_0^T\boldsymbol{G}\boldsymbol{d}_0}=\frac{5}{17}$$

$$x_1 = x_0 + \lambda_0 d_0 = \begin{pmatrix} -2 \\ 4 \end{pmatrix} + \frac{5}{17}\begin{pmatrix} 12 \\ -6 \end{pmatrix} = \begin{pmatrix} \frac{26}{17} \\ \frac{38}{17} \end{pmatrix}$$

$$r_1 = \begin{pmatrix} \frac{6}{17} \\ \frac{12}{17} \end{pmatrix}, \quad \beta_0 = \frac{r_1^T r_1}{r_0^T r_0} = \frac{1}{289}$$

$$d_1 = -r_1 + \beta_0 d_0 = -\begin{pmatrix} \frac{6}{17} \\ \frac{12}{17} \end{pmatrix} + \frac{1}{289}\begin{pmatrix} 12 \\ -6 \end{pmatrix} = \begin{pmatrix} -\frac{90}{289} \\ -\frac{210}{289} \end{pmatrix}$$

$$\lambda_1 = \frac{r_1^T r_1}{d_1^T G d_1} = \frac{17}{10}$$

$$x_2 = x_1 + \lambda_1 d_1 = \begin{pmatrix} \frac{26}{17} \\ \frac{38}{17} \end{pmatrix} + \frac{17}{10}\begin{pmatrix} -\frac{90}{289} \\ -\frac{210}{289} \end{pmatrix} = \begin{pmatrix} 1 \\ 1 \end{pmatrix}$$

$$r_2 = Gx_1 - b = \begin{pmatrix} 2 \\ 0 \end{pmatrix} - \begin{pmatrix} 2 \\ 0 \end{pmatrix} = 0$$

从而，$x_2 = (1,1)^T$ 是所求的极小点。

【例 4.19】 用 FR 共轭梯度法求解下面的无约束问题

$$\min f(x) = \frac{1}{2}x_1^2 + x_2^2$$

取初始点为 $x_0 = (2,1)^T$。

解 实例代码 4.15 为该问题的 Python 代码实现。

实例代码 4.15

```
import numpy as np
#函数
fun = lambda x: 0.5*x[0]**2+x[1]**2
#梯度
def gfun(x):
    x = np.array(x)
    part1 = x[0][0]
    part2 = 2*x[1][0]
    gf = np.mat([part1,part2])
    return gf
def FR_Gradient(fun, gfun, x0):
    maxk = 5000
    rho = 0.4
```

```
    sigma = 0.4
    k = 0
    epsilon = 1e-6
    n = len(x0)
    g0 = 0
    d0 = 0
    while k < maxk:
        g = gfun(x0)
        itern = k - (n+1)*np.floor(k/(n+1))
        itern = itern + 1
        #每一次迭代k=0的情况:负梯度
        if itern == 1:
            d = -g
        #每一次迭代k>0的情况:负梯度+bkd
        else:
            #更新beta
            beta = (g.dot(g.T))/(g0.dot(g0.T))
            d = -g + beta*d0
            gd = g.dot(d.T)
            if gd >= 0.0:
                d = -g
        #终止条件
        if np.linalg.norm(g) < epsilon:
            break
        m = 0
        mk = 0
        while m < 20:
            if fun(x0 + (rho**m)*d.T) < fun(x0) + sigma * (rho**m) * g.dot(d.T):
                mk = m
                break
            m = m + 1
        x0 = x0 + (rho**mk)*d.T
        x0 = np.array(x0)
        g0 = g
        d0 = d
        k = k + 1
        print("--------------------------")
        print("当前点为为%s" % x0.T)
        print("当前点的值为%f" % fun(x0))
        print("--------------------------")
    x = x0
    return x, k
if __name__ == "__main__":
    x0 = np.array([[2],[1]])
    x, k = FR_Gradient(fun, gfun, x0)
    print("迭代次数为%d次" %k)
    print("最优点为%s" %x.T)
    print("最小值为%f"%fun(x))
```

通过运行上述代码可以得到经过 19 次迭代后，最优解为 $(0,0)^T$，最小值为 0。

下面的定理 4.21 给出了共轭梯度法的基本性质。为方便起见，我们仍用 $\boldsymbol{g}_k$ 代替 $\boldsymbol{r}_k$ 叙述，在这个定理中 m 是满足 $\boldsymbol{g}_i \neq 0$ 的最大整数。

定理 4.21 对于正定二次型函数，采用精确线搜索的共轭梯度法在 $m \leqslant n$ 步后终止，且对 $1 \leqslant i \leqslant n$ 成立下列关系式：

（1）$\boldsymbol{d}_i^T \boldsymbol{G} \boldsymbol{d}_j = 0, \quad j = 0, 1, \cdots, i-1$

（2）$\boldsymbol{g}_i^T \boldsymbol{g}_j = 0, \quad j = 0, 1, \cdots, i-1$

（3）$\boldsymbol{d}_i^T \boldsymbol{g}_i = -\boldsymbol{g}_i^T \boldsymbol{g}_i$

（4）$\text{span}\{\boldsymbol{g}_0, \boldsymbol{g}_1, \cdots, \boldsymbol{g}_i\} = \text{span}\{\boldsymbol{g}_0, \boldsymbol{G}\boldsymbol{g}_0, \cdots, \boldsymbol{G}^i \boldsymbol{g}_0\}$

（5）$\text{span}\{\boldsymbol{d}_0, \boldsymbol{d}_1, \cdots, \boldsymbol{d}_i\} = \text{span}\{\boldsymbol{g}_0, \boldsymbol{G}\boldsymbol{g}_0, \cdots, \boldsymbol{G}^i \boldsymbol{g}_0\}$

其中 $\text{span}\{\boldsymbol{g}_0, \boldsymbol{g}_1, \cdots, \boldsymbol{g}_i\}$ 和 $\text{span}\{\boldsymbol{d}_0, \boldsymbol{d}_1, \cdots, \boldsymbol{d}_i\}$ 分别表示由 $\boldsymbol{g}_0, \boldsymbol{g}_1, \cdots, \boldsymbol{g}_i$ 及 $\boldsymbol{d}_0, \boldsymbol{d}_1, \cdots, \boldsymbol{d}_i$ 生成的子空间，$\text{span}\{\boldsymbol{g}_0, \boldsymbol{G}\boldsymbol{g}_0, \cdots, \boldsymbol{G}^i \boldsymbol{g}_0\}$ 表示 $\boldsymbol{g}_0$ 的 i 阶 Krylov 子空间。

证明 我们先用归纳法来证明（1）–（3）。

当 $i = 1$ 时，（1）和（2）成立；当 $\boldsymbol{d}_0 = -\boldsymbol{g}_0$ 时，（3）成立。设这些关系式对某个 $i < m$ 成立，下面证明对于 $i+1$ 这些关系式也成立。

由于

$$\boldsymbol{g}_{i+1} = \boldsymbol{g}_i + \lambda_i \boldsymbol{G} \boldsymbol{d}_i \tag{4.77}$$

和

$$\lambda_i = -\frac{\boldsymbol{g}_i^T \boldsymbol{d}_i}{\boldsymbol{d}_i^T \boldsymbol{G} \boldsymbol{d}_j} = \frac{\boldsymbol{g}_i^T \boldsymbol{g}_i}{\boldsymbol{d}_i^T \boldsymbol{G} \boldsymbol{d}_j} \neq 0 \tag{4.78}$$

利用式 (4.76) 和式 (4.77)，得

$$\begin{aligned} \boldsymbol{g}_{i+1}^T \boldsymbol{g}_j &= \boldsymbol{g}_i^T \boldsymbol{g}_j + \lambda_i \boldsymbol{d}_i^T \boldsymbol{G} \boldsymbol{g}_j \\ &= \boldsymbol{g}_i^T \boldsymbol{g}_j + \lambda_i \boldsymbol{d}_i^T \boldsymbol{G} (\boldsymbol{d}_j - \beta_{j-1} \boldsymbol{d}_{j-1}) \end{aligned} \tag{4.79}$$

当 $j = i$ 时，有

$$\boldsymbol{g}_{i+1}^T \boldsymbol{g}_i = \boldsymbol{g}_i^T \boldsymbol{g}_i - \frac{\boldsymbol{g}_i^T \boldsymbol{g}_i}{\boldsymbol{d}_i^T \boldsymbol{G} \boldsymbol{d}_i} \boldsymbol{d}_i^T \boldsymbol{G} \boldsymbol{g}_i = 0$$

当 $j < i$ 时，直接由归纳法假设可知式 (4.78) 为零，于是（2）得证。

再由式 (4.76) 和式 (4.77)，有

$$\begin{aligned} \boldsymbol{d}_{i+1}^T \boldsymbol{G} \boldsymbol{d}_j &= -\boldsymbol{g}_{i+1}^T \boldsymbol{G} \boldsymbol{d}_j + \beta_i \boldsymbol{d}_i^T \boldsymbol{G} \boldsymbol{d}_j \\ &= \boldsymbol{g}_{i+1}^T (\boldsymbol{g}_j - \boldsymbol{g}_{j+1}) / \lambda_j + \beta_i \boldsymbol{d}_i^T \boldsymbol{G} \boldsymbol{d}_j \end{aligned} \tag{4.80}$$

当 $j = i$ 时，由（2）、式 (4.78) 和 Fletcher-Reeves 公式得

$$\boldsymbol{d}_{i+1}^T \boldsymbol{G} \boldsymbol{d}_i = -\frac{\boldsymbol{g}_{i+1}^T \boldsymbol{g}_{i+1}}{\boldsymbol{g}_i^T \boldsymbol{g}_i} \boldsymbol{d}_i^T \boldsymbol{G} \boldsymbol{d}_i + \frac{\boldsymbol{g}_{i+1}^T \boldsymbol{g}_{i+1}}{\boldsymbol{g}_i^T \boldsymbol{g}_i} \boldsymbol{d}_i^T \boldsymbol{G} \boldsymbol{d}_i = 0$$

当 $j < i$ 时，直接由归纳法假设可知式 (4.79) 为零，于是（1）得证。

由式 (4.76) 和精确线搜索，有

$$\begin{aligned}\boldsymbol{d}_{i+1}^T\boldsymbol{g}_{i+1} &= -\boldsymbol{g}_{i+1}^T\boldsymbol{g}_{i+1} + \beta_i\boldsymbol{d}_i^T\boldsymbol{g}_{i+1} \\ &= -\boldsymbol{g}_{i+1}^T\boldsymbol{g}_{i+1}\end{aligned}$$

因此，（3）成立。

下面我们用数学归纳法证明（4）和（5）成立。

显然，当 $i=0$ 时，结论成立。假设（4）和（5）对某个 i 成立，我们证明这些结论对于 $i+1$ 也成立。

由归纳法假设可知

$$\boldsymbol{g}_i \in \text{span}\{\boldsymbol{g}_0, \boldsymbol{G}\boldsymbol{g}_0, \cdots, \boldsymbol{G}^i\boldsymbol{g}_0\}, \quad \boldsymbol{G}\boldsymbol{d}_i \in \text{span}\{\boldsymbol{G}\boldsymbol{g}_0, \cdots, \boldsymbol{G}^{i+1}\boldsymbol{g}_0\}$$

所以

$$\boldsymbol{g}_{i+1} = \boldsymbol{g}_i + \lambda_i\boldsymbol{G}\boldsymbol{d}_i \in \text{span}\{\boldsymbol{g}_0, \boldsymbol{G}\boldsymbol{g}_0, \cdots, \boldsymbol{G}^{i+1}\boldsymbol{g}_0\}$$

从而

$$\text{span}\{\boldsymbol{g}_0, \cdots, \boldsymbol{g}_{i+1}\} \subset \text{span}\{\boldsymbol{g}_0, \boldsymbol{G}\boldsymbol{g}_0, \cdots, \boldsymbol{G}^{i+1}\boldsymbol{g}_0\} \tag{4.81}$$

反之，由归纳法假设（5），得

$$\boldsymbol{G}^{i+1}\boldsymbol{g}_0 = \boldsymbol{G}(\boldsymbol{G}^i\boldsymbol{g}_0) \in \text{span}\{\boldsymbol{G}\boldsymbol{d}_0, \boldsymbol{G}\boldsymbol{d}_1, \cdots, \boldsymbol{G}\boldsymbol{d}_i\}$$

利用式 (4.77)，有 $\boldsymbol{G}\boldsymbol{d}_j = (\boldsymbol{g}_{j+1} - \boldsymbol{g}_j)/\lambda_j, j = 1, \cdots, i$，故

$$\boldsymbol{G}^{i+1}\boldsymbol{g}_0 \in \text{span}\{\boldsymbol{g}_0, \boldsymbol{g}_1, \cdots, \boldsymbol{g}_i, \boldsymbol{g}_{i+1}\}$$

再利用归纳法假设（4），得

$$\text{span}\{\boldsymbol{g}_0, \boldsymbol{G}\boldsymbol{g}_0, \cdots, \boldsymbol{G}^{i+1}\boldsymbol{g}_0\} \subset \text{span}\{\boldsymbol{g}_0, \boldsymbol{g}_1, \cdots, \boldsymbol{g}_i, \boldsymbol{g}_{i+1}\} \tag{4.82}$$

关系式 (4.81) 和式 (4.82) 表明（4）对 $i+1$ 成立。

类似地，可以证明（5）对 $i+1$ 也成立。最后，方法在 $m \leqslant n$ 步后终止可由（2）看出，这里显然有 $\boldsymbol{g}_n = 0$。

注意到，定理 4.21 的证明依赖于 $\boldsymbol{d}_0 = -\boldsymbol{g}_0$，即初始搜索方向 $\boldsymbol{d}_0$ 取最速下降方向。在该定理中，（1）表示搜索方向的共轭性，（2）表示梯度的正交性，（3）表示下降条件，（4）和（5）表示方向向量和梯度向量之间的关系。

【例 4.20】　使用共轭梯度法求解下述线性方程组

$$\begin{pmatrix} 3 & 3 & 5 \\ 3 & 5 & 9 \\ 5 & 9 & 17 \end{pmatrix}\begin{pmatrix} x_1 \\ x_2 \\ x_3 \end{pmatrix} = \begin{pmatrix} 10 \\ 16 \\ 30 \end{pmatrix}$$

解　实例代码 4.16 给出了利用共轭梯度法解决上述问题的 Python 代码。

实例代码 4.16

```
import numpy as np
import pprint
r_list = []
p_list = []
x_list = []
A = np.array([[3,3,5],[3,5,9],[5,9,17]])
b = np.array([[10],[16],[30]])
x_0 = np.array([[0],[0],[0]])
x_list.append(x_0)
r_0 = b - np.dot(A,x_0)
print(r_0)
r_list.append(r_0)
#乘以用dot，(a,b)用vdot
a_0 = np.vdot(r_0,r_0) / (np.vdot(r_0,np.dot(A,r_0)))
x_1 = x_0 + np.dot(a_0,r_0)
x_list.append(x_1)
r = r_0
a = a_0
p = r_0
x = x_1
p_list.append(p)
#总次数为n次，这里填n-1
for i in range(2):
    #r1
    r = r - np.dot(a,np.dot(A,p))
    r_list.append(r)
    #beita 0
    beita = np.vdot(r_list[-1],r_list[-1]) / np.vdot(r_list[-2],r_list[-2])
    #p1
    p = r + np.dot(beita,p)
    p_list.append(p)
    #a1
    a = np.vdot(r,r) / np.vdot(p,np.dot(A,p))
    x = x + np.dot(a,p)
    x_list.append(x)
pprint.pprint(x_list)
print()
pprint.pprint(p_list)
print()
pprint.pprint(r_list)
```

输出结果为：

```
[array([[0],
       [0],
       [0]]),
 array([[0.42605156],
       [0.6816825 ],
       [1.27815468]]),
 array([[0.77542718],
```

```
        [0.45223759],
        [1.28885273]]),
  array([[ 1.],
        [-1.],
        [ 2.]])]
[array([[10],
        [16],
        [30]]),
  array([[ 0.28696336],
        [-0.188457 ],
        [ 0.00878695]]),
  array([[ 0.04659566],
        [-0.30131862],
        [ 0.14755293]])]
[array([[10],
        [16],
        [30]]),
  array([[ 0.28602442],
        [-0.18995929],
        [ 0.00597015]]),
  array([[-0.12725793],
        [-0.18714402],
        [ 0.14222945]])]
```

通过输出结果可知，原方程组的解为 $\boldsymbol{x}=(x_1,x_2,x_3)^T=(1,-1,2)^T$。

4.7.3　方向集法

共轭梯度法利用目标函数的函数值及导数值来确定共轭方向，当目标函数不可导时，该方法失效。本节讨论不用导数信息，仅利用函数值来确定共轭方向的算法——方向集法（Direction Set Method）。它的基本思想是通过选择适当的搜索方向集合来逼近最优解。

选取的方向 $\boldsymbol{d}_1,\boldsymbol{d}_2,\cdots,\boldsymbol{d}_m(m\leqslant n)$，要求对正定二次函数是共轭的。因此，要从正定二次函数的性质来确定这些方向。下面是二次函数的平行子空间性质。

定理 4.22　设 $\boldsymbol{d}_1,\boldsymbol{d}_2,\cdots,\boldsymbol{d}_m(m\leqslant n)$ 线性独立，$\boldsymbol{z}_1,\boldsymbol{z}_2\in\mathbb{R}^n,\boldsymbol{z}_1\neq\boldsymbol{z}_2$，其中

$$\mathcal{S}_1=\left\{\boldsymbol{x}\middle|\boldsymbol{x}=\boldsymbol{z}_1+\sum_{i=1}^{m}\alpha_i\boldsymbol{d}_i,\quad\forall\alpha_i\right\},\quad \mathcal{S}_2=\left\{\boldsymbol{x}\middle|\boldsymbol{x}=\boldsymbol{z}_2+\sum_{i=1}^{m}\alpha_i\boldsymbol{d}_i,\quad\forall\alpha_i\right\}$$

是由它们构成的两个线性流形。如果 $\boldsymbol{x}_1,\boldsymbol{x}_2$ 分别是正定二次函数 $f(\boldsymbol{x})=\dfrac{1}{2}\boldsymbol{x}^T\boldsymbol{G}\boldsymbol{x}-\boldsymbol{b}^T\boldsymbol{x}$ 在 $\mathcal{S}_1,\mathcal{S}_2$ 上的极小点，则向量 $\boldsymbol{x}_2-\boldsymbol{x}_1$ 与 $\boldsymbol{d}_1,\boldsymbol{d}_2,\cdots,\boldsymbol{d}_m$ 是共轭的。

证明　因为 $\boldsymbol{x}_1,\boldsymbol{x}_2$ 分别是 $f(\boldsymbol{x})$ 在 $\mathcal{S}_1,\mathcal{S}_2$ 上的极小点，故 $\boldsymbol{d}_1,\boldsymbol{d}_2,\cdots,\boldsymbol{d}_m$ 的方向导数均为零。即

$$\boldsymbol{g}(\boldsymbol{x}_1)^T\boldsymbol{d}_i=0,\quad \boldsymbol{g}(\boldsymbol{x}_2)^T\boldsymbol{d}_i=0,\quad i=1,2,\cdots,m$$

对二次函数

$$\boldsymbol{g}(\boldsymbol{x}_2)-\boldsymbol{g}(\boldsymbol{x}_1)=\boldsymbol{G}(\boldsymbol{x}_2-\boldsymbol{x}_1)$$

所以

$$(\boldsymbol{x}_2-\boldsymbol{x}_1)^T\boldsymbol{G}\boldsymbol{d}_i=\boldsymbol{g}(\boldsymbol{x}_2)-\boldsymbol{g}(\boldsymbol{x}_1)^T\boldsymbol{d}_i=0,\quad i=1,2,\cdots,m$$

即 $\boldsymbol{x}_2-\boldsymbol{x}_1$ 与 $\boldsymbol{d}_1,\boldsymbol{d}_2,\cdots,\boldsymbol{d}_m$ 是共轭的。

根据上述性质可以逐一构造出共轭方向。如果线性搜索不用导数值，就可以构造出仅利用函数值的共轭方向法。

Simith（1962）利用上述性质提出了一种算法，称为 Simith 算法，其步骤如下：

Step 1　取方向 $\boldsymbol{p}_1,\boldsymbol{p}_2,\cdots,\boldsymbol{p}_n$ 线性无关，$\beta_i,i=1,\cdots,n$ 为正常数，$\boldsymbol{x}_1\in\mathbb{R}^n$，令 $\boldsymbol{d}_1=\boldsymbol{p}_1$，$k_1=1$；

Step 2　由线搜索$\min\limits_{\alpha>0}f(\boldsymbol{x}_k+\alpha\boldsymbol{d}_k)$，求步长因子 α_k，并令 $\boldsymbol{x}_{k+1}=\boldsymbol{x}_k+\alpha_k\boldsymbol{d}_k$。当 $f(\boldsymbol{x})$ 是正定二次函数时，由定理 4.22 知 $\boldsymbol{x}_{k+1}$ 是 $f(\boldsymbol{x})$ 在线性流形

$$S_{k+1}=\left\{\boldsymbol{x}\middle|\boldsymbol{x}=\boldsymbol{x}_1+\sum_{i=1}^{k}\alpha_i\boldsymbol{d}_i,\quad\forall\alpha_i\right\}$$

中的极小点；

Step 3　平移 $\boldsymbol{x}_{k+1}$，令 $\boldsymbol{z}_{k+1}=\boldsymbol{x}_{k+1}+\beta_{k+1}\boldsymbol{p}_{k+1}$，以 $\boldsymbol{z}_{k+1}$ 为初始点，依次沿 $\boldsymbol{d}_1,\boldsymbol{d}_2,\cdots,\boldsymbol{d}_k$ 进行线搜索，得

$$\widetilde{\boldsymbol{x}}_{k+1}=\boldsymbol{z}_{k+1}+\sum_{i=1}^{k}\alpha_i\boldsymbol{d}_i$$

由定理 4.22，$\widetilde{\boldsymbol{x}}_{k+1}$ 是 $f(\boldsymbol{x})$ 在线性流形

$$\widetilde{D}_{k+1}=\left\{\boldsymbol{x}\middle|\boldsymbol{x}=\boldsymbol{z}_{k+1}+\sum_{i=1}^{k}\alpha_i\boldsymbol{d}_i,\quad\forall\alpha_i\right\}$$

中的极小点；

Step 4　重复 Step 2 和 Step 3，当 k 达到 n 时，$\boldsymbol{x}_{k+1}$ 即为正定二次函数 $f(\boldsymbol{x})$ 在 $\mathbb{R}^n$ 中的极小点。

对于非二次函数，每隔 n 步重复上述过程。然而，Simith 算法对于非二次函数效果不好，特别是 n 较大时（$n>4$），该方法比其他方法差得多。仔细观察 Simith 算法就会发现算法对于方向 $\boldsymbol{d}_i$ 并不是平等的。$\boldsymbol{d}_1$ 共用了 n 次，而 $\boldsymbol{d}_n$ 只用了一次。这就是 Simith 算法效果不好的原因。因为 $\boldsymbol{d}_1$ 是在离极小点较远时确定的，这样做沿方向 $\boldsymbol{d}_1$ 的线搜索价值不大。

Powell（1964）给出了一种改进，这种改进算法称为 Powell 算法，对 $\boldsymbol{d}_1,\boldsymbol{d}_2,\cdots,\boldsymbol{d}_n$ 是平等对待的，同时又保留了 Simith 算法的二次函数有限终止性。

Powell 算法的迭代步骤如下。

算法 4.13　Powell 方法的一般算法框架

Step 1 选取 $\boldsymbol{d}_1,\boldsymbol{d}_2,\cdots,\boldsymbol{d}_n$线性无关，给定 $\boldsymbol{x}_0\in\mathbb{R}^n$，$\varepsilon>0$，令 $k=0$；

Step 2 以 $\boldsymbol{x}_k$ 为初始点，依次沿 $\boldsymbol{d}_1,\boldsymbol{d}_2,\cdots,\boldsymbol{d}_n$进行线性搜索，得 $\widetilde{\boldsymbol{x}}_k=\boldsymbol{x}_k+\sum\limits_{i=1}^{k}\alpha_i\boldsymbol{d}_i$。如果 $\|\widetilde{\boldsymbol{x}}_k-\boldsymbol{x}_k\|<\varepsilon$，停止，$\widetilde{\boldsymbol{x}}_k$ 为最优解；

Step 3 令 $\boldsymbol{d}_i=\boldsymbol{d}_{i+1},i=1,\cdots,n-1,\boldsymbol{d}_n=\widetilde{\boldsymbol{x}}_k-\boldsymbol{x}_k$。以 $\widetilde{\boldsymbol{x}}_k$ 为初始点，沿 $\boldsymbol{d}_n$ 进行线搜索，得 $\boldsymbol{x}_{k+1}=\widetilde{\boldsymbol{x}}_k+\alpha_n\boldsymbol{d}_n$；

Step 4 令 $k=k+1$，转 Step 2。

Powell 算法中初始方向 $\boldsymbol{d}_1, \boldsymbol{d}_2, \cdots, \boldsymbol{d}_n$ 的一个简单选择是 n 个坐标轴方向。Powell 算法的第 3 步是淘汰一个旧的方向，增加一个新的方向，并重新编号。

对于正定二次函数 $f(\boldsymbol{x})$，由定理 4.22 可知，算法每迭代一次，新增加的方向与原有方向共轭，经过 n 步以后，方向 $\boldsymbol{d}_1, \boldsymbol{d}_2, \cdots, \boldsymbol{d}_n$ 就成为共轭方向，$\boldsymbol{x}_{n+1}$ 就是 $f(\boldsymbol{x})$ 在 $\mathbb{R}^n$ 上的极小点。

对于非二次函数，Powell 算法有一个致命弱点，随着迭代次数 k 的增大，$\boldsymbol{d}_1, \boldsymbol{d}_2, \cdots, \boldsymbol{d}_n$ 逐渐变得接近线性相关，$\boldsymbol{d}_1, \boldsymbol{d}_2, \cdots, \boldsymbol{d}_n$ 不能生成整个空间 $\mathbb{R}^n$。这样就不能保证找到极小点。为了解决这个问题，Powell 又提出了一个修正算法。

上述 Powell 算法中，每迭代一次，总是用新构成的方向去替代 $\boldsymbol{d}_1, \boldsymbol{d}_2, \cdots, \boldsymbol{d}_n$ 中的第一个方向 $\boldsymbol{d}_1$，而不管新构成的个方向是否线性相关。这种固定淘汰第一个方向的做法，导致了新构成的 n 个方向线性相关或近似线性相关，从而使 $\boldsymbol{d}_1, \boldsymbol{d}_2, \cdots, \boldsymbol{d}_n$ 不能张成 $\mathbb{R}^n$ 或者使收敛速度很慢。因此，应该淘汰某个向量使得留下来的向量与新向量之间有“最好”的线性独立。根据这一要求，显然就不一定总是淘汰第一个方向。修正 Powell 算法就是寻找一个适当的方向，用新构成的方向去替代它。

修正 Powell 算法是基于下述定理 4.22 和引理 4.3 建立的。

引理 4.3 设 $\boldsymbol{A} = (a_{ij})$ 为正定对称矩阵，则

$$\det(\boldsymbol{A}) \leqslant \prod_{i=1}^{n} a_{ii}$$

且等号成立的充要条件为 $\boldsymbol{A}$ 是对角阵。

证明 用数学归纳法证明。当 $n = 1$ 时结论显然成立。假设此式当 $n = k$ 时结论成立，则当 $n = k + 1$ 时，把 $\boldsymbol{A}$ 表示成

$$\boldsymbol{A} = \begin{pmatrix} \boldsymbol{B} & \boldsymbol{p} \\ \boldsymbol{p}^T & a_{k+1,k+1} \end{pmatrix}$$

其中 $\boldsymbol{B}$ 是 $\boldsymbol{A}$ 的前 k 阶主子式阵。因为 $\boldsymbol{A}$ 是正定阵，故 $\boldsymbol{B}$ 及 $\boldsymbol{B}^{-1}$ 亦为正定阵。由

$$\begin{pmatrix} \boldsymbol{I} & \boldsymbol{0} \\ -\boldsymbol{p}^T\boldsymbol{B}^{-1} & 1 \end{pmatrix} \begin{pmatrix} \boldsymbol{B} & \boldsymbol{p} \\ \boldsymbol{p}^T & a_{k+1,k+1} \end{pmatrix} = \begin{pmatrix} \boldsymbol{B} & \boldsymbol{p} \\ \boldsymbol{0} & -\boldsymbol{p}^T\boldsymbol{B}^{-1}\boldsymbol{p} + a_{k+1,k+1} \end{pmatrix}$$

两边取行列式，得

$$\det(\boldsymbol{A}) = (-\boldsymbol{p}^T\boldsymbol{B}^{-1}\boldsymbol{p} + a_{k+1,k+1}) \det(\boldsymbol{B})$$

因为 $\boldsymbol{B}^{-1}$ 为正定阵，所以 $-\boldsymbol{p}^T\boldsymbol{B}^{-1}\boldsymbol{p} \leqslant 0$，结合归纳法假设得

$$\det(\boldsymbol{A}) \leqslant a_{k+1,k+1} \det(\boldsymbol{B}) \leqslant a_{k+1,k+1} \prod_{i=1}^{k} a_{ii} = \prod_{i=1}^{k+1} a_{ii}$$

而等号成立的充要条件为 $\boldsymbol{p} = 0$。

定理 4.23 设向量组 $\boldsymbol{p}_1, \boldsymbol{p}_2, \cdots, \boldsymbol{p}_n$ 线性无关，$\boldsymbol{p}_i$ 关于对称正定阵 $\boldsymbol{G}$ 规格化，即 $\boldsymbol{p}_i^T\boldsymbol{G}\boldsymbol{p}_i = 1, i = 1, 2, \cdots, n$，矩阵 $\boldsymbol{P}$ 是以向量 $\boldsymbol{p}_1, \boldsymbol{p}_2, \cdots, \boldsymbol{p}_n$ 为列构成的矩阵。则当且

仅当 $\boldsymbol{p}_i, i=1,2,\cdots,n$ 是 $\boldsymbol{G}$-共轭的时，$|\det(\boldsymbol{P})|$ 达到最大值。

证明 给定一组向量 $\boldsymbol{q}_i$ 是 $\boldsymbol{G}$-共轭的，且 $\boldsymbol{q}_i^T\boldsymbol{G}\boldsymbol{q}_i=1$，则 $\boldsymbol{q}_i$ 构成 $\mathbb{R}^n$ 的一组基，故存在 c_{ji} 使得

$$\boldsymbol{p}_i=\sum_{j=1}^{n}c_{ji}\boldsymbol{q}_j$$

记 $\boldsymbol{Q}=(\boldsymbol{q}_1,\boldsymbol{q}_2,\cdots,\boldsymbol{q}_n)$，$\boldsymbol{C}=(c_{ji})$，则 $\boldsymbol{P}=\boldsymbol{Q}\boldsymbol{C}$。因为 $\boldsymbol{P},\boldsymbol{Q}$ 是满秩阵，所以 $\boldsymbol{C}$ 亦是满秩阵。

由于 $\boldsymbol{q}_i$ 是 $\boldsymbol{G}$-共轭的，且 $\boldsymbol{q}_i^T\boldsymbol{G}\boldsymbol{q}_i=1$，则 $\boldsymbol{Q}_i^T\boldsymbol{G}\boldsymbol{Q}_i=\boldsymbol{I}$，所以

$$\boldsymbol{P}^T\boldsymbol{G}\boldsymbol{P}=(\boldsymbol{Q}\boldsymbol{C})^T\boldsymbol{G}(\boldsymbol{Q}\boldsymbol{C})=\boldsymbol{C}^T\boldsymbol{Q}^T\boldsymbol{G}\boldsymbol{Q}\boldsymbol{C}=\boldsymbol{C}^T\boldsymbol{C}$$

由于 $\boldsymbol{p}_i^T\boldsymbol{G}\boldsymbol{p}_i=1$，所以 $\boldsymbol{P}^T\boldsymbol{G}\boldsymbol{P}$ 的对角元素全为 1，从而 $\boldsymbol{A}=\boldsymbol{C}^T\boldsymbol{C}$ 的对角元素 a_{ii} 全为 1，因为 $\boldsymbol{C}$ 是满秩阵，所以 $\boldsymbol{C}^T\boldsymbol{C}$ 是对称正定矩阵，由引理 4.3 得

$$(\det(\boldsymbol{C}))^2=\det(\boldsymbol{C}^T\boldsymbol{C})\leqslant\prod_{i=1}^{n}a_{ii}=1 \tag{4.83}$$

所以 $|\det(\boldsymbol{C})|\leqslant 1$，且等式成立的充要条件为 $\boldsymbol{P}^T\boldsymbol{G}\boldsymbol{P}=\boldsymbol{C}^T\boldsymbol{C}=\boldsymbol{I}$，即 $\boldsymbol{p}_i$ 是 $\boldsymbol{G}$-共轭的，所以得

$$|\det(\boldsymbol{P})|=|\det(\boldsymbol{Q})||\det(\boldsymbol{C})|\leqslant\det(\boldsymbol{Q})$$

且等式成立的充要条件为 $\boldsymbol{p}_i$ 是 $\boldsymbol{G}$-共轭的。

定理 4.23 的意义在于它把 $\boldsymbol{p}_i$ 关于 $\boldsymbol{G}$ 共轭性与 $|\det(\boldsymbol{P})|$ 的大小联系起来了。利用这个定理，Powell 修正算法是这样进行的，在 Step 3，不淘汰 $\boldsymbol{d}_1$，而是淘汰某个 $\boldsymbol{d}_i$，使得新构成的 n 个方向向量组成的行列式的绝对值增加最多。如果淘汰任意一个 $\boldsymbol{d}_i$ 都不能使行列式的绝对值增加，则保持原来的方向集不变。

设在 Powell 算法的第 k 次迭代中，已有 n 个线性独立搜索方向为 $\boldsymbol{d}_1,\boldsymbol{d}_2,\cdots,\boldsymbol{d}_n$，选取一个正定矩阵 $\boldsymbol{G}$（对于正定二次函数 $f(\boldsymbol{x})$，$\boldsymbol{G}$ 就是 $f(\boldsymbol{x})$ 的 Hessian 矩阵，非二次函数 $\boldsymbol{G}$ 可以有多种选择，如单位阵 $\boldsymbol{I}$），规格化 $\boldsymbol{d}_i$，即

$$\boldsymbol{d}_i=\mu_i\bar{\boldsymbol{d}}_i(\mu_i>0),\quad \bar{\boldsymbol{d}}_i^T\boldsymbol{G}\bar{\boldsymbol{d}}_i=1$$

记新增加的搜索方向 $\boldsymbol{d}_{n+1}=\widetilde{\boldsymbol{x}}_k-\boldsymbol{x}_k$，则

$$\boldsymbol{d}_{n+1}=\widetilde{\boldsymbol{x}}_k-\boldsymbol{x}_k=\sum_{i=1}^{n}\alpha_i\bar{\boldsymbol{d}}_i$$

规格化 $\boldsymbol{d}_{n+1}$

$$\boldsymbol{d}_{n+1}=\mu_{n+1}\bar{\boldsymbol{d}}_{n+1}(\mu_{n+1}>0),\quad \bar{\boldsymbol{d}}_{n+1}^T\boldsymbol{G}\bar{\boldsymbol{d}}_{n+1}=1$$

则有

$$\boldsymbol{d}_{n+1}=\sum_{i=1}^{n}\frac{\alpha_i\bar{\boldsymbol{d}}_i}{\mu_{n+1}}$$

由 $\bar{\boldsymbol{d}}_1,\bar{\boldsymbol{d}}_2,\cdots,\bar{\boldsymbol{d}}_n$ 为列构成的矩阵记为

$$\boldsymbol{D}=(\bar{\boldsymbol{d}}_1,\bar{\boldsymbol{d}}_2,\cdots,\bar{\boldsymbol{d}}_n)$$

用 $\bar{\boldsymbol{d}}_{n+1}$ 替代 $\boldsymbol{D}$ 的第 m 列所得到的矩阵记为 $\boldsymbol{D}_m$，则

$$\begin{aligned}\boldsymbol{D}_m&=(\bar{\boldsymbol{d}}_1,\cdots,\bar{\boldsymbol{d}}_{m-1},\bar{\boldsymbol{d}}_{n+1},\bar{\boldsymbol{d}}_{m+1},\cdots,\bar{\boldsymbol{d}}_n)\\&=\left(\bar{\boldsymbol{d}}_1,\cdots,\bar{\boldsymbol{d}}_{m-1},\sum_{i=1}^{n}\frac{\alpha_i}{\mu_{n+1}}\bar{\boldsymbol{d}}_i,\bar{\boldsymbol{d}}_{m+1},\cdots,\bar{\boldsymbol{d}}_n\right)\end{aligned}$$

于是

$$\det(\boldsymbol{D}_m)=\frac{\alpha_m}{\mu_{n+1}}\det(\boldsymbol{D})$$

根据定理 4.23，为使新方向具有新的“最好”的线性独立性，应选取 m，使得

$$\frac{\det(\boldsymbol{D}_m)}{\det(\boldsymbol{D})}=\frac{\alpha_m}{\mu_{n+1}}$$

有最大的增加，即应选取 m，使得

$$\alpha_m=\max_{1\leqslant i\leqslant n}\alpha_i$$

如果

$$\max_{1\leqslant i\leqslant n}\alpha_i\leqslant\mu_{n+1}\tag{4.84}$$

此时用 $\boldsymbol{d}_{n+1}$ 替代任意一个 $\boldsymbol{d}_i$，都不能使行列式的绝对值增加，则保持原来的方向集不变。

根据上述分析，就得到了 Powell 修正算法的一般算法框架如下。

算法 4.14 Powell 修正算法的一般算法框架

Step 1 选取正定矩阵 $\boldsymbol{G}$，方向 $\boldsymbol{d}_1,\boldsymbol{d}_2,\cdots,\boldsymbol{d}_n$ 线性无关，给定 $\boldsymbol{x}_0\in\mathbb{R}^n$，$\varepsilon>0$，令 $k=0$；

Step 2 以 $\boldsymbol{x}_k$ 为初始点，依次沿 $\boldsymbol{d}_1,\boldsymbol{d}_2,\cdots,\boldsymbol{d}_n$ 进行线搜索，得 $\alpha_i,i=1,2,\cdots,n$ 和 $\widetilde{\boldsymbol{x}}_k=\boldsymbol{x}_k+\sum\limits_{i=1}^{k}\alpha_i\boldsymbol{d}_i$。

如果 $\|\widetilde{\boldsymbol{x}}_k-\boldsymbol{x}_k\|<\varepsilon$，停止，$\widetilde{\boldsymbol{x}}_k$ 为最优解；

Step 3 令 $\boldsymbol{d}_{n+1}=\widetilde{\boldsymbol{x}}_k-\boldsymbol{x}_k$，并规格化 $\boldsymbol{d}_{n+1}$

$$\boldsymbol{d}_{n+1}=\mu_{n+1}\bar{\boldsymbol{d}}_{n+1}(\mu_{n+1}>0),\quad \bar{\boldsymbol{d}}_{n+1}^T\boldsymbol{G}\bar{\boldsymbol{d}}_{n+1}=1$$

以 $\widetilde{\boldsymbol{x}}_k$ 为初始点，沿 $\boldsymbol{d}_{n+1}$ 进行线性搜索，得 $\boldsymbol{x}_{k+1}=\widetilde{\boldsymbol{x}}_k+\alpha_n\bar{\boldsymbol{d}}_{n+1}$；

Step 4 计算 $\alpha_m=\max\limits_{1\leqslant i\leqslant n}\alpha_i$，如果 $\alpha_m>\mu_{n+1}$，令

$$\boldsymbol{d}_i=\boldsymbol{d}_{i+1},\ i=1,\cdots,m-1,\quad \boldsymbol{d}_m=\bar{\boldsymbol{d}}_{n+1},\quad \boldsymbol{d}_i=\boldsymbol{d}_i,\ i=m+1,\cdots,n$$

Step 5 令 $k=k+1$，转 Step 2。

【例 4.21】 用 Powell 方法求函数 $f(x_1,x_2)=10(x_1+x_2-5)^2+(x_1-x_2)^2$ 的极小值。

解 通过实例代码 4.17 求解函数的极小值。

实例代码 4.17

```
import numpy as np
from sympy import symbols,diff,solve
def func(x1,x2):
    """
    定义函数\n
    x1:参数1\n
    x2:参数2\n
    """
    return (10 * (x1 + x2 - 5) ** 2) + (x1 - x2) ** 2
#全局变量
#定义误差
EPSILON = 1e-2
#定义最大迭代次数
MAXCOUNT = 40
if __name__ == '__main__':
    #参数初始化
    #x1=0,x2=0
    X0 = np.array([0,0])
    #定义初始2个搜索方向
    d1 = np.array([1,0])
    d2 = np.array([0,1])
    for i in range(1,MAXCOUNT + 1):
        #第i轮搜索
        #`\mc1`沿d1方向更新当前参数
        lamda_f1 = symbols("lamda_1")
        #更新参数的表达式
        X1 = X0 + lamda_f1 * d1
        #计算f(x)
        x1 = X1[0]
        x2 = X1[1]
        f1 = func(x1,x2)
        #求导
        dif1 = diff(f1,lamda_f1)
        lamda_1 = solve(dif1,lamda_f1)[0]
        #->X1
        X1 = X0 + lamda_1 * d1
        #`\mc2`沿d2方向更新当前参数
        lamda_f2 = symbols("lamda_2")
        #更新参数的表达式
        X2 = X1 + lamda_f2 * d2
        #计算f(x)
        x1 = X2[0]
        x2 = X2[1]
        f2 = func(x1,x2)
        #求导
        dif2 = diff(f2,lamda_f2)
        lamda_2 = solve(dif2,lamda_f2)[0]
        #->X2
        X2 = X1 + lamda_2 * d2
```

```
        #2次迭代生成的方向
        d3 = X2 - X0
        #`\mc3`沿d3方向更新当前参数
        lamda_f3 = symbols("lamda_3")
        #更新参数的表达式
        X3 = X2 + lamda_f3 * d3
        #计算f(x)
        x1 = X3[0]
        x2 = X3[1]
        f3 = func(x1,x2)
        #求导
        dif3 = diff(f3,lamda_f3)
        lamda_3 = solve(dif3,lamda_f3)[0]
        #->X3
        X3 = X2 + lamda_3 * d3
        #将参数代入目标函数计算结果
        loss = func(X3[0],X3[1])
        print(f'迭代第{i}次, loss = {loss}',end=",")
        if loss >= EPSILON:
            print("继续迭代")
            #下一轮迭代的2个初始方向为前面最近的2个方向
            d1 = d2
            d2 = d3
            #同时更新初始参数为当前参数
            X0 = X3
        else:
            print('结束迭代')
            print(f'x1={X3[0]},x2={X3[1]}')
            break
```

输出结果为：

```
迭代第1次, loss = 20250/1771, 继续迭代
迭代第2次, loss = 0, 结束迭代
x1=5/2, x2=5/2
```

通过输出结果可以看出函数的极小值为 $(x_1, x_2) = (5/2, 5/2)^T$，且迭代两次即可达到收敛。

方向集法的优点是简单易实现，不需要求解导数或二阶导数，适用于一些复杂的非线性优化问题。然而，方向集法也存在一些缺点，如可能陷入局部最优解、收敛速度较慢等。因此，在实际应用中需要根据具体问题选择合适的优化算法。

4.8 直接搜索法

前面所介绍的几种方法都要利用目标函数的一阶或二阶导数，然而，实际问题中所遇到的目标函数往往比较复杂，有的甚至难以写出其明确的解析表达式。因此，它们的导数很难求得，甚至根本无法求得。这时就不能采用导数的方法，而是采用求多变量函数极值的直接

搜索法（Direct Search Method）。它不依赖于目标函数的导数信息，而是通过直接搜索解空间来寻找最优解。这类方法的特点是方法简单，适用范围较广，但由于没有利用函数的分析性质，故其收敛速度一般较慢。

4.8.1 Hook-Jeeves 方法

Hook-Jeeves 方法是一种简单而且容易实现的算法，它由两类“移动”构成，一类称为探测搜索，其目的是探求下降的有利方向；另一类称为模式搜索，其目的是沿着有利方向进行加速。所以，此方法也称为步长加速法或模式搜索法。

Hook-Jeeves 方法的计算步骤如下。

算法 4.15 Hook-Jeeves 方法的一般算法框架

Step 1 给出初始点和初始步长 $\boldsymbol{x}_1$ 和 $\boldsymbol{d}$，坐标向量 $\boldsymbol{e}_1,\boldsymbol{e}_2,\cdots,\boldsymbol{e}_n$，加速因子和计算精度分别为 $\lambda>0$，$\varepsilon>0$；

Step 2 令 $\boldsymbol{y}_1=\boldsymbol{x}_1$，$k=j=1$；

Step 3 若 $f(\boldsymbol{y}_j+\boldsymbol{d}\boldsymbol{e}_j)<f(\boldsymbol{y}_j)$，则称为试验成功，令 $\boldsymbol{y}_{i+1}=\boldsymbol{y}_i+\boldsymbol{d}\boldsymbol{e}_j$，转为 Step 4；若 $f(\boldsymbol{y}_j+\boldsymbol{d}\boldsymbol{e}_j)\geqslant f(\boldsymbol{y}_j)$，则称为试验失败。此时，若 $f(\boldsymbol{y}_j-\boldsymbol{d}\boldsymbol{e}_j)<f(\boldsymbol{y}_j)$，则令 $\boldsymbol{y}_{i+1}=\boldsymbol{y}_i+\boldsymbol{d}\boldsymbol{e}_j$，转为 Step 4；若 $f(\boldsymbol{y}_j+\boldsymbol{d}\boldsymbol{e}_j)\geqslant f(\boldsymbol{y}_j)$，则令 $\boldsymbol{y}_{i+1}=\boldsymbol{y}_i$，转为 Step 4；

Step 4 若 $j<n$，则令 $j=j+1$，返回 Step 3；否则 $j=n$。若 $f(\boldsymbol{y}_{n+1})\geqslant f(\boldsymbol{x}_k)$，转为 Step 6，若 $f(\boldsymbol{y}_{n+1})\geqslant f(\boldsymbol{x}_k)$，转为 Step 5；

Step 5 令 $\boldsymbol{x}_{k+1}=\boldsymbol{y}_{k+1},\boldsymbol{y}_1=\boldsymbol{x}_{k+1}+\lambda(\boldsymbol{x}_{k+1}-\boldsymbol{x}_k),k=k+1$，再令 $j=1$，返回 Step 3；

Step 6 若 $\boldsymbol{d}\leqslant\varepsilon$，则计算结束，取 $\boldsymbol{x}_*\approx\boldsymbol{x}_k$，否则，令 $\boldsymbol{d}=2\boldsymbol{d},\boldsymbol{y}_1=\boldsymbol{x}_k,\boldsymbol{x}_{k+1}=\boldsymbol{x}_k$，$k=k+1$，再令 $j=1$，返回 Step 3。

在上述步骤中，Step 3 和 Step 4 是一种深度搜索，探求下降的有利方向；Step 5 是沿着找到的有利方向加速前进；Step 6 判断是否可以结束。

【例 4.22】 用 Hook-Jeeves 方法求解 $\min f(\boldsymbol{x})=(1-x_1)^2+5(x_2-x_1^2)^2$，置初始点为 $(2,0)^T$，初始探测步长 $\delta=\dfrac{1}{2}$，加速因子 $\alpha=1$，衰减因子 $\beta=\dfrac{1}{2}$，允许误差 $\varepsilon=0.2$。

解 通过实例代码 4.18 可以求解函数的极小值。

实例代码 4.18

```
import numpy as np
def function1(x):
    return (1 - x[0]) ** 2 + 5 * (x[1] - x[0] ** 2) ** 2
    """
    输入初始探测搜索步长delta, 加速因子alpha(alpha>=1), 缩减率beta(0<beta<1), 允许误差
    epsilon(epsilon>0),初始点xk
    """
delta, alpha, beta, epsilon, xk = 0.5, 1, 0.5, 0.2, np.array([2, 0])
yk = xk.copy()
#求问题维数
dim = len(xk)
#初始化迭代次数
k = 1
```

```
while delta > epsilon:
    #输出本次搜索的基本信息
    print('进入第', k, '轮迭代')
    print('基点:', xk)
    print('基点处函数值:', function1(xk))
    print('探测出发点为:', yk)
    print('探测出发点处的函数值', function1(yk))
    print('探测搜索步长delta:', delta)
    #进入探测移动
    for i in range(dim):
        #生成本次探测的坐标方向
        e = np.zeros([1, dim])[0]
        e[i] = 1
        #计算探测得到的点
        t1, t2 = function1(yk + delta * e), function1(yk)
        if t1 < t2:
            yk = yk + delta * e
        else:
            t1, t2 = function1(yk - delta * e), function1(yk)
            if t1 < t2:
                yk = yk - delta * e
        print('第', i + 1, '次探测得到的点为', yk)
        print('该点对应的函数值', function1(yk))
    #确定新的基点和计算新的探测初始点
    t1, t2 = function1(yk), function1(xk)
    if t1 < t2:
        xk, yk = yk, yk + alpha * (yk - xk)
    else:
        delta, yk = delta * beta, xk
    k += 1
    print("\n")
```

经过运行上述代码可以得到近似最小值点为 $(1,1)^T$，对应的最小值为 0。

4.8.2 坐标轮换法

坐标轮换法是最简单的多维最优化方法，它是对一个 n 维优化问题依次轮换选取坐标轴方向作为搜索的方向，如图 4.16 所示。

若设第 k 轮的当前点为 $\boldsymbol{x}_k$，则下一轮的坐标点按下式求得

$$\boldsymbol{x}_{k+1} = \boldsymbol{x}_k + \sum_{i=1}^{n} \alpha_i \boldsymbol{s}_{ik}$$

其中 α_i 为步长，$\boldsymbol{s}_{ik}$ 是搜索方向，它依次取各坐标轴的方向。对于第 k 轮的第 i 次搜索，方向取

$$\boldsymbol{s}_{ik} = \boldsymbol{e}_i = (0, 0, \cdots, 0, 1, 0, \cdots, 0), \quad i = 1, 2, \cdots, n$$

坐标轮换法虽然十分简单，但它的适用性较差。对如图 4.16(a) 所示的等值线为正椭圆的目标函数，效果较好；若是对图 4.16(b) 所示的等值线为斜椭圆的目标函数，搜索次数将

会大大增加；而对图 4.16(c) 所示的存在脊线的目标函数，甚至无法执行后面的搜索。

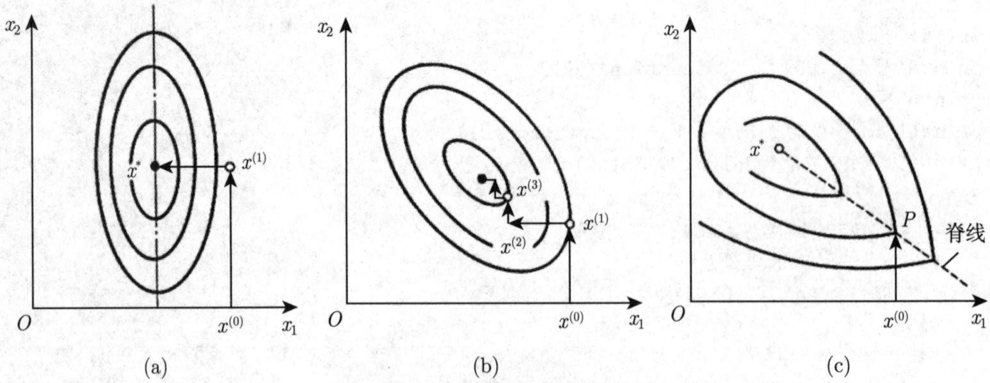

(a) (b) (c)

图 4.16　坐标轮换法的局限性

【例 4.23】 用坐标轮换法求解 $\min f(x,y) = 2x^2 + 3y^2 - 8x + 10$。

解 通过实例代码 4.19 可以利用坐标轮换法求解函数的极小值。

实例代码 4.19

```
#待优化函数f
def f(x, y):
    return 2 * x**2 + 3 * y**2 - 8 * x + 10
#进退法：确定搜索区间，x方向
def advance_and_retreat_x(func, x, y, h):
    if abs(func(x, y) - func(x + h, y)) <= 1e-6:
        #第一种情况
        x_min, x_max = x, x + h
    elif func(x, y) < func(x + h, y):
        #第一种情况
        x_max = x + h
        lamb = 1
        while func(x - lamb * h, y) < func(x, y):
            lamb += 1
        x_min = x - lamb * h
    else:
        #第二种情况
        x_min = x + h
        lamb = 2
        while func(x + lamb * h, y) < func(x + h, y):
            lamb += 1
        x_max = x + lamb * h
    return x_min, x_max
#进退法：确定搜索区间，y方向
def advance_and_retreat_y(func, x, y, h):
    if abs(func(x, y) - func(x, y + h)) <= 1e-6:
        #第三种情况
        y_min, y_max = y, y + h
    elif func(x, y) < func(x, y + h):
```

```
        #第一种情况
        y_max = y + h
        lamb = 1
        while func(x, y - lamb * h) < func(x, y):
            lamb += 1
        y_min = y - lamb * h
    else:
        #第二种情况
        y_min = y + h
        lamb = 2
        while func(x, y + lamb * h) < func(x, y + h):
            lamb += 1
        y_max = y + lamb * h
    return y_min, y_max
#黄金分割法,求解x方向最优解
def golden_section_x(func, a, b, y, eps):
    #统计迭代次数
    cnt = 0
    while b - a > eps:
        #根据黄金分割法规则选择内部两点
        c = a + (b - a) * 0.382
        d = a + (b - a) * 0.618
        #区间消去原理
        if func(c, y) < func(d, y):
            b = d
        else:
            a = c
        cnt += 1
    #两点的中点定义为最优解
    return (a + b) / 2, func((a + b) / 2, y), cnt
#黄金分割法，求解y方向最优解
def golden_section_y(func, a, b, x, eps):
    #统计迭代次数
    cnt = 0
    while b - a > eps:
        #根据黄金分割法规则选择内部两点
        c = a + (b - a) * 0.382
        d = a + (b - a) * 0.618
        #区间消去原理
        if func(x, c) < func(x, d):
            b = d
        else:
            a = c
        cnt += 1
    #两点的中点定义为最优解
    return (a + b) / 2, func(x, (a + b) / 2), cnt
#坐标轮换法
def univariate_search(func, x, y, eps):
    #打印初始值对应的解
    cur_best_f = func(x, y)
```

```
    iters = 0
    print('iter: {}, best_x: {}, best_y: {}, function calc: {}'.format(iters, x, y,
        cur_best_f))
    #坐标轮换优化
    while True:
        iters += 1
        #x方向优化
        x_min, x_max = advance_and_retreat_x(func, x, y, 0.1)
        best_x, best_f, _ = golden_section_x(func, x_min, x_max, y, eps)
        print('iter_x: {}, best_x: {}, best_y: {}, best_f: {}'.format(iters, best_x, y,
            best_f))
        x = best_x
        #退出循环判断
        if abs(best_f - cur_best_f) <= eps:
            break
        #更新最优解
        cur_best_f = best_f
        #y方向优化
        y_min, y_max = advance_and_retreat_y(func, x, y, 0.1)
        best_y, best_f, _ = golden_section_y(func, y_min, y_max, x, eps)
        print('iter_y: {}, best_x: {}, best_y: {}, best_f: {}'.format(iters, x, best_y,
            best_f))
        y = best_y
        #退出循环判断
        if abs(best_f - cur_best_f) <= eps:
            break
        #更新最优解
        cur_best_f = best_f
    return func(x, y)
if __name__ == '__main__':
    #实例f
    x_f, y_f, eps_f = 1, 2, 1e-3
    #坐标轮换法计算最优解
    univariate_search(f, x_f, y_f, eps_f)
```

经过运行上述代码可以得到问题的最优解为 $(1.9998, 0.0002)^T$，极小值为 2。

4.8.3 单纯形法

单纯形法（Simplex Method）是一种通过逐步迭代从而改进解的方法。它通过不断调整一个凸多面体（称为单纯形）的顶点来搜索最优解。无约束极小化的单纯形法与线性规划的单纯形法不同。

单纯形法的具体迭代步骤如下：

Step 1　初始化：选择一组初始顶点构成一个初始的单纯形；

Step 2　评估目标函数：计算每个顶点对应的目标函数值；

Step 3　确定最优和次优顶点：找到目标函数值最小的顶点作为最优顶点，找到次小的顶点作为次优顶点；

Step 4 单纯形变形：通过一系列操作，如反射、扩展、收缩等，调整单纯形的形状和位置。具体操作的选择取决于目标函数值的变化情况；

Step 5 更新顶点：根据单纯形变形的结果，更新最优和次优顶点，并计算新的目标函数值；

Step 6 判断终止条件：根据一定的准则判断是否达到最优解或满足终止条件。如果没有达到最优解，返回 Step 4 继续迭代。

对一般无约束问题 $\min\limits_{\boldsymbol{x}\in\mathbb{R}^n} f(\boldsymbol{x})$，在 n 维空间中适当选取 $n+1$ 个点 $\boldsymbol{x}_0,\boldsymbol{x}_1,\cdots,\boldsymbol{x}_n$，构成一个单纯形。通常选取正规单纯形，即边长相等的单纯形，一般可以要求这 $n+1$ 个点使向量 $\boldsymbol{x}_1-\boldsymbol{x}_0,\boldsymbol{x}_2-\boldsymbol{x}_0,\cdots,\boldsymbol{x}_n-\boldsymbol{x}_0$ 线性无关。

单纯形法的优点是简单易实现，其不需要求解导数信息，适用于一些非光滑或非线性的优化问题。然而，单纯形法也存在一些缺点，如可能陷入局部最优解、搜索效率较低等。

4.9 信赖域法

与线搜索方法不同，信赖域方法首先在当前点附近建立目标函数的一个近似二次模型，然后利用目标函数在当前点的某邻域内与该二次模型充分近似，基于二次模型在该邻域内的最优值点产生新的迭代点，这里的邻域就是信赖域。

在迭代过程中，依据二次模型与目标函数的近似度来调节信赖域半径的大小：若新的迭代点不能使目标函数有充分的下降，说明二次模型与目标函数的近似度不够高，需要缩小信赖域半径；否则，就扩大信赖域半径。上述信赖域半径的调整过程就是对当前点的小邻域进行量化的过程。

信赖域半径对算法的效率至关重要，如果信赖域半径较小，二次模型与目标函数有较好的近似，但可能失去使新的迭代点与目标函数的最优值点更靠近的机会，进而影响算法的效率；如果信赖域半径太大，二次模型与目标函数的近似效果较差，从而使二次模型的极小值点远离目标函数的极小值点，以至于新的迭代点对目标函数值的改进较小或没有改进。

先看信赖域模型的构成。一般地，信赖域模型的目标函数为

$$m_k(\boldsymbol{d})=f(\boldsymbol{x}_k)+\boldsymbol{g}_k^T\boldsymbol{d}+\frac{1}{2}\boldsymbol{d}^T\boldsymbol{B}_k\boldsymbol{d}$$

其中 $\boldsymbol{B}_k$ 为 $\nabla^2 f(\boldsymbol{x}_k)$ 或其近似。显然，$m_k(\boldsymbol{0})=f(\boldsymbol{x}_k)$。

相应地，信赖域方法的子问题为

$$\min\ \{m_k(\boldsymbol{d})\mid \boldsymbol{d}\in\mathbb{R}^n,\quad \|\boldsymbol{d}\|\leqslant\Delta_k\} \tag{4.85}$$

其中 $\Delta_k>0$ 为信赖域半径。

设子问题式 (4.85) 的最优解为 $\boldsymbol{d}_k$，则

$$f(\boldsymbol{x}_k+\boldsymbol{d}_k)-m_k(\boldsymbol{d}_k)=o(\|\boldsymbol{d}_k\|^2)$$

进一步，若 $\boldsymbol{B}_k=\nabla^2 f(\boldsymbol{x}_k)$，则

$$f(\boldsymbol{x}_k+\boldsymbol{d}_k)-m_k(\boldsymbol{d}_k)=o(\|\boldsymbol{d}_k\|^2)$$

下面根据 $m_k(\boldsymbol{d}_k)$ 与 $f(\boldsymbol{x}_k+\boldsymbol{d}_k)$ 的近似度来调整信赖域半径。为此，定义目标函数由 $\boldsymbol{x}_k$ 点移动到 $\boldsymbol{x}_k+\boldsymbol{d}_k$ 点的预下降量 Pred 和实下降量 Ared：

$$\text{Pred}_k=m_k(\boldsymbol{0})-m_k(\boldsymbol{d}_k),\quad \text{Ared}_k=f(\boldsymbol{x}_k)-f(\boldsymbol{x}_k+\boldsymbol{d}_k),\quad r_k=\frac{\text{Ared}_k}{\text{Pred}_k}$$

一般地，$\text{Pred}_k>0$，若 $r_k<0$，则 $\text{Ared}_k<0$，$\boldsymbol{x}_k+\boldsymbol{d}_k$ 不能作为新的迭代点，需要缩小信赖域半径，重新计算 $\boldsymbol{d}_k$；若 $r_k>0$ 且靠近 1，说明二次模型与目标函数在信赖域内有很好的近似，再次迭代时可以扩大信赖域半径；其他情况下对信赖域的半径不做调整。基于上述讨论，可以建立无约束优化问题的信赖域算法。

算法 4.16 信赖域算法的一般算法框架

Step 1 取最大信赖域半径 $\hat{\Delta}>0$，初始点 $\boldsymbol{x}_0\in\mathbb{R}^n$，参数 $\Delta_0\in(0,\hat{\Delta}],\eta\in\left[0,\dfrac{1}{4}\right)$，$\varepsilon\geqslant 0$，令 $k=0$；

Step 2 如果 $\|\boldsymbol{g}_k\|\leqslant\varepsilon$，算法终止；否则，进入下一步；

Step 3 求解式 (4.85) 得 $\boldsymbol{d}_k$，相应地计算 r_k。若 $r_k<\dfrac{1}{4}$，令 $\Delta_{k+1}=\dfrac{1}{4}\Delta_k$；若 $r_k>\dfrac{3}{4}$ 且 $\|\boldsymbol{d}_k\|=\Delta_k$，则令 $\Delta_{k+1}=\min\ \{2\Delta_k,\hat{\Delta}\}$，否则，令 $\Delta_{k+1}=\Delta_k$；

Step 4 若 $\boldsymbol{r}_k>\eta$，令 $\boldsymbol{x}_{k+1}=\boldsymbol{x}_k+\boldsymbol{d}_k$；否则，$\boldsymbol{x}_{k+1}=\boldsymbol{x}_k$。令 $k=k+1$，转 Step 2。

显然，算法 4.16 的效率依赖于信赖域子问题式 (4.85) 的求解。虽然该子问题在形式上很特殊，但其精确解并不易求。为此，先考虑信赖域子问题式 (4.85) 在最速下降方向 $\boldsymbol{d}_k^s=-\boldsymbol{g}_k$ 上的极小值点。记

$$\tau_k=\arg\min\{m_k(\tau\boldsymbol{d}_k^s)\quad|\quad\tau\geqslant 0,\quad\|\tau\boldsymbol{d}_k^s\|\leqslant\Delta_k\}\tag{4.86}$$

然后令 $\boldsymbol{d}_k^c=\tau\boldsymbol{d}_k^s$，并称 $\boldsymbol{d}_k^c$ 为子问题式 (4.85) 的 Cauchy 点。下面介绍该点的计算。

若 $\boldsymbol{g}_k^T\boldsymbol{B}_k\boldsymbol{g}_k\leqslant 0$，则函数

$$h(\tau)=m_k(\tau\boldsymbol{d}_k^s)=f(\boldsymbol{x}_k)-\tau\|\boldsymbol{g}_k\|^2-\frac{1}{2}\tau^2|\boldsymbol{g}_k^T\boldsymbol{B}_k\boldsymbol{g}_k|$$

在集合 $\{\tau\geqslant 0\quad|\quad\tau\|\boldsymbol{d}_k^s\|\leqslant\Delta_k\}$ 上的极值点为 $\tau=\dfrac{\Delta_k}{\|\boldsymbol{g}_k\|}$，此时 $\boldsymbol{d}_k^c=-\dfrac{\Delta_k}{\|\boldsymbol{g}_k\|}\boldsymbol{g}_k$。

若 $\boldsymbol{g}_k^T\boldsymbol{B}_k\boldsymbol{g}_k>0$，则

$$h(\tau)=m_k(\tau\boldsymbol{d}_k^s)=f(\boldsymbol{x}_k)-\tau\|\boldsymbol{g}_k\|^2+\frac{1}{2}\tau^2|\boldsymbol{g}_k^T\boldsymbol{B}_k\boldsymbol{g}_k|$$

关于 τ 的函数为凸函数，且当 $\tau=\dfrac{\|\boldsymbol{g}_k\|^2}{\boldsymbol{g}_k^T\boldsymbol{B}_k\boldsymbol{g}_k}$ 时达到极小。结合信赖域半径得

$$\tau_k=\min\left\{\frac{\|\boldsymbol{g}_k\|^2}{\boldsymbol{g}_k^T\boldsymbol{B}_k\boldsymbol{g}_k},\frac{\Delta_k}{\|\boldsymbol{g}_k\|}\right\}$$

综合以上两种情况得式 (4.86) 的最优解

$$\tau_k=\begin{cases}\dfrac{\Delta_k}{\|\boldsymbol{g}_k\|}, & \boldsymbol{g}_k^T\boldsymbol{B}_k\boldsymbol{g}_k\leqslant 0\\[2ex] \min\left\{\dfrac{\|\boldsymbol{g}_k\|^2}{\boldsymbol{g}_k^T\boldsymbol{B}_k\boldsymbol{g}_k},\dfrac{\Delta_k}{\|\boldsymbol{g}_k\|}\right\}, & \text{其他}\end{cases}$$

相应地，有

$$d_k^c=\begin{cases}-\dfrac{\Delta_k}{\|g_k\|}g_k, & g_k^TB_kg_k\leqslant 0\\ -\min\left\{\dfrac{\|g_k\|^2}{g_k^TB_kg_k},\dfrac{\Delta_k}{\|g_k\|}\right\}g_k, & \text{其他}\end{cases}\tag{4.87}$$

Cauchy 点是信赖域子问题在指定方向上的最小值点，因此它不是信赖域子问题的精确解，但它可使二次型模型 $m_k(d)$ 有某种程度的下降，并可建立信赖域方法的收敛性，只是效率较低，下面给出信赖域子问题式 (4.85) 的另外三种有效方法。

1. 折线方法

设矩阵 B_k 对称正定。根据无约束优化问题的一阶最优性条件，$d_k^B\triangleq -B_k^{-1}g_k$ 是 $m_k(d)$ 在 $\mathbb{R}^n$ 上的全局最优解，所以当 $\|B_k^{-1}g_k\|\leqslant\Delta_k$ 时，可取 $d_k=d_k^B$。但该条件不一定满足，由于在 $\Delta_k>0$ 很小时线性函数 $f(x_k)+g_k^Td$ 与函数 $f(x_k+d)$ 在信赖域内有很好的近似，所以此时该线性函数在信赖域中的最小值点 $-\dfrac{\Delta_k}{\|g_k\|}g_k$ 可视为信赖域子问题的最优解，而当 $\Delta_k>0$ 逐渐增大时，d_k^B 为信赖域子问题的最优解。

分析发现，对信赖域子问题式 (4.85)，当 Δ_k 由小逐渐增大时，其最优解 d_k 的端点形成由 d_k^c 到 d_k^B 的一条曲线。为此，我们在由 d_k^c 到 d_k^B 构成的折线上求解子问题式 (4.85)，这便构成了信赖域子问题的折线方法，又称 dog-leg 方法（Powell 在 1970 年提出），如图 4.17 所示。

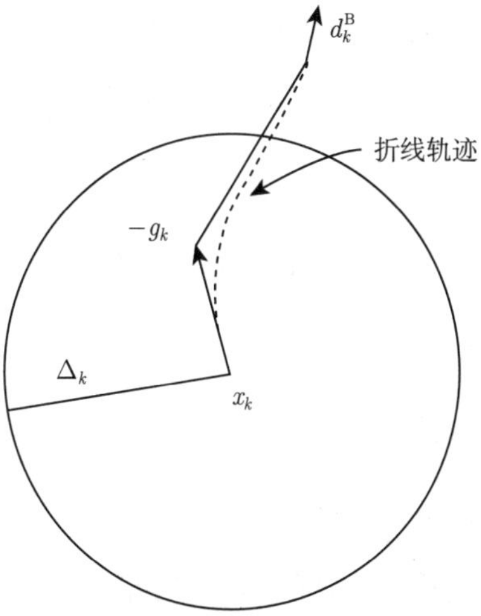

图 4.17　信赖域子问题的折线轨迹

具体地，令 $d_k^u=-\dfrac{\|g_k\|^2}{{g_k}^TB_kg_k}g_k$，并取

$$d_k(\tau)=\begin{cases}\tau d_k^u, & \tau\in[0,1]\\ d_k^u+(\tau-1)(d_k^B-d_k^u), & \tau\in[1,2]\end{cases}$$

显然，当 $\tau=1,2$ 时，$d_k(\tau)$ 分别为 $m_k(d)$ 在最速下降方向上的最小值点和在 $\mathbb{R}^n$ 上的

全局最优值点。折线方法就是沿折线方向 $\boldsymbol{d}_k(\tau)$ 求式 (4.85) 的最优解。

引理 4.4 设 $\boldsymbol{B}_k$ 对称正定，则下述结论成立。

(1) $\|\boldsymbol{d}_k(\tau)\|$ 关于 $\tau>0$ 单调递增；

(2) $m_k(\boldsymbol{d}_k(\tau))$ 关于 $\tau>0$ 单调递减。

证明 由于 $\boldsymbol{B}_k$ 对称正定，易知当 $\tau\in[0,1]$ 时，这两个结论同时成立。所以只需要讨论 $\tau\in[1,2]$ 的情形。对 (1)，定义函数

$$h_1(\tau)=\frac{1}{2}\|\boldsymbol{d}_k(\tau)\|^2=\frac{1}{2}\|\boldsymbol{d}_k^u+(\tau-1)(\boldsymbol{d}_k^{\boldsymbol{B}}-\boldsymbol{d}_k^u)\|^2$$

则有

$$\begin{aligned}
h_1'(\tau)&=[\boldsymbol{d}_k^u]^T(\boldsymbol{d}_k^{\boldsymbol{B}}-\boldsymbol{d}_k^u)+(\tau-1)\|(\boldsymbol{d}_k^{\boldsymbol{B}}-\boldsymbol{d}_k^u)\|^2\\
&\geqslant[\boldsymbol{d}_k^u]^T(\boldsymbol{d}_k^{\boldsymbol{B}}-\boldsymbol{d}_k^u)\\
&=\frac{\|\boldsymbol{g}_k\|^2}{\boldsymbol{g}_k^T\boldsymbol{B}_k\boldsymbol{g}_k}\boldsymbol{g}_k^T\left(\boldsymbol{B}_k^{-1}\boldsymbol{g}_k-\frac{\|\boldsymbol{g}_k\|^2}{\boldsymbol{g}_k^T\boldsymbol{B}_k\boldsymbol{g}_k}\boldsymbol{g}_k\right)\\
&=\frac{\|\boldsymbol{g}_k\|^2\boldsymbol{g}_k^T\boldsymbol{B}_k^{-1}\boldsymbol{g}_k}{\boldsymbol{g}_k^T\boldsymbol{B}_k\boldsymbol{g}_k}\left(1-\frac{\|\boldsymbol{g}_k\|^4}{(\boldsymbol{g}_k^T\boldsymbol{B}_k^{-1}\boldsymbol{g}_k)(\boldsymbol{g}_k^T\boldsymbol{B}_k\boldsymbol{g}_k)}\right)\\
&\geqslant 0
\end{aligned}$$

其中最后一式利用了矩阵 $\boldsymbol{B}_k$ 可以分解为 $\boldsymbol{B}_k^{\frac{1}{2}}(\boldsymbol{B}_k^{\frac{1}{2}})^T$ 和 Cauchy-Schwarz 不等式：

$$\begin{aligned}
\|\boldsymbol{g}_k\|^4&=((\boldsymbol{B}_k^{\frac{1}{2}}\boldsymbol{g}_k)^T(\boldsymbol{B}_k^{-\frac{1}{2}}\boldsymbol{g}_k))^2\\
&\leqslant\|\boldsymbol{B}_k^{\frac{1}{2}}\boldsymbol{g}_k\|^2\|\boldsymbol{B}_k^{-\frac{1}{2}}\boldsymbol{g}_k\|^2\\
&=(\boldsymbol{g}_k^T\boldsymbol{B}_k\boldsymbol{g}_k)(\boldsymbol{g}_k^T\boldsymbol{B}_k^{-1}\boldsymbol{g}_k)
\end{aligned}$$

为证 (2)，定义 $h_2(\tau)=m_k(\boldsymbol{d}_k(\tau))$，则

$$\begin{aligned}
h_2(\tau)&=f(\boldsymbol{x}_k)+\boldsymbol{g}_k^T\boldsymbol{d}_k(\tau)+\frac{1}{2}\boldsymbol{d}_k(\tau)^T\boldsymbol{B}_k\boldsymbol{d}_k(\tau)\\
&=f(\boldsymbol{x}_k)+\boldsymbol{g}_k^T(\boldsymbol{d}_k^u+(\tau-1)(\boldsymbol{d}_k^{\boldsymbol{B}}-\boldsymbol{d}_k^u))\\
&\quad+\frac{1}{2}(\boldsymbol{d}_k^u+(\tau-1)(\boldsymbol{d}_k^{\boldsymbol{B}}-\boldsymbol{d}_k^u))^T\boldsymbol{B}_k(\boldsymbol{d}_k^u+(\tau-1)(\boldsymbol{d}_k^{\boldsymbol{B}}-\boldsymbol{d}_k^u))\\
&=m_k(\boldsymbol{d}_k^u)+(\tau-1)\boldsymbol{g}_k^T(\boldsymbol{d}_k^{\boldsymbol{B}}-\boldsymbol{d}_k^u)+(\tau-1)(\boldsymbol{d}_k^{\boldsymbol{B}}-\boldsymbol{d}_k^u)^T\boldsymbol{B}_k\boldsymbol{d}_k^u\\
&\quad+\frac{1}{2}(\tau-1)^2(\boldsymbol{d}_k^{\boldsymbol{B}}-\boldsymbol{d}_k^u)^T\boldsymbol{B}_k(\boldsymbol{d}_k^{\boldsymbol{B}}-\boldsymbol{d}_k^u)
\end{aligned}$$

进一步

$$\begin{aligned}
h_2'(\tau)&=\boldsymbol{g}_k^T(\boldsymbol{d}_k^{\boldsymbol{B}}-\boldsymbol{d}_k^u)+(\boldsymbol{d}_k^{\boldsymbol{B}}-\boldsymbol{d}_k^u)^T\boldsymbol{B}_k\boldsymbol{d}_k^u+(\tau-1)(\boldsymbol{d}_k^{\boldsymbol{B}}-\boldsymbol{d}_k^u)^T\boldsymbol{B}_k(\boldsymbol{d}_k^{\boldsymbol{B}}-\boldsymbol{d}_k^u)\\
&\leqslant\boldsymbol{g}_k^T(\boldsymbol{d}_k^{\boldsymbol{B}}-\boldsymbol{d}_k^u)+(\boldsymbol{d}_k^{\boldsymbol{B}}-\boldsymbol{d}_k^u)^T\boldsymbol{B}_k\boldsymbol{d}_k^u+(\boldsymbol{d}_k^{\boldsymbol{B}}-\boldsymbol{d}_k^u)^T\boldsymbol{B}_k(\boldsymbol{d}_k^{\boldsymbol{B}}-\boldsymbol{d}_k^u)
\end{aligned}$$

$$= (\boldsymbol{d}_k^{\boldsymbol{B}} - \boldsymbol{d}_k^u)^T (\boldsymbol{g}_k \boldsymbol{B}_k \boldsymbol{d}_k^{\boldsymbol{B}}) = 0$$

据此可得函数的单调性。

2. 二维子空间法

根据上面的分析，信赖域子问题的最优解可能在负梯度方向上达到，也可能在拟牛顿方向 $-\boldsymbol{B}_k^{-1}\boldsymbol{g}_k$ 上达到，还可能在它们的线性组合上达到。为此将信赖域子问题的解限制到子空间 $\text{span}\{\boldsymbol{B}_k^{-1}\boldsymbol{g}_k\}$ 上，便得到信赖域子问题的二维子空间方法，即求 $\boldsymbol{d}_k$ 满足

$$\boldsymbol{d}_k = \arg\min\{m_k(\boldsymbol{d}) \mid \|\boldsymbol{d}\| \leqslant \Delta, \quad \boldsymbol{d} \in [\boldsymbol{g}_k, \boldsymbol{B}_k^{-1}\boldsymbol{g}_k]\} \tag{4.88}$$

这是具有简单约束的低维优化问题。由于 $\boldsymbol{d}_k^{\boldsymbol{c}}$ 是式 (4.88) 的可行解，所以由该方法得到的信赖域子问题的最优解优于 $\boldsymbol{d}_k^{\boldsymbol{c}}$。与折线方法相比，它可以克服 $\boldsymbol{B}_k$ 非奇异但不正定的情况。

3. 精确解方法

前面的方法给出的都是子问题式 (4.85) 的近似解而非精确解。利用约束优化问题的最优性条件可将子问题等价地转化为一个不等式系统，并据此建立信赖域子问题的精确解。

定理 4.24 $\boldsymbol{d}_k \in \mathbb{R}^n$ 是信赖域子问题式 (4.85) 的最优解的充要条件是存在 $\mu_k \geqslant 0$ 且满足

$$\begin{cases} \|\boldsymbol{d}_k\| \leqslant \Delta_k \\ (\boldsymbol{B}_k + \mu_k \boldsymbol{I})\boldsymbol{d}_k = -\boldsymbol{g}_k \\ \mu_k(\Delta_k - \|\boldsymbol{d}_k\|) = 0 \\ \boldsymbol{B}_k + \mu_k \boldsymbol{I} \succ 0 \end{cases} \tag{4.89}$$

定理 4.24 中的必要性就是约束优化问题的二阶最优性必要条件。该结论说明该二阶最优性条件是充分的。

证明 充分性 由于定理 4.24 中 $\boldsymbol{d}_k$ 是凸二次函数

$$\hat{m}_k(\boldsymbol{d}) \triangleq f(\boldsymbol{x}_k) + \boldsymbol{g}_k^T \boldsymbol{d} + \frac{1}{2}\boldsymbol{g}^T(\boldsymbol{B}_k + \mu_k \boldsymbol{I}) = m_k(\boldsymbol{d}) + \frac{\mu_k}{2}\boldsymbol{d}^T \boldsymbol{d}$$

在 $\mathbb{R}^n$ 上的最小值点，所以对任意满足 $\|\boldsymbol{d}\| \leqslant \Delta_k$ 的 $\boldsymbol{d}$，有

$$\hat{m}_k(\boldsymbol{d}) \geqslant \hat{m}_k(\boldsymbol{d}_k)$$

成立，也就是

$$m_k(\boldsymbol{d}) \geqslant m_k(\boldsymbol{d}_k) + \frac{\mu_k}{2}(\|\boldsymbol{d}_k\|^2 - \|\boldsymbol{d}\|^2)$$

由 $\mu_k(\Delta_k - \|\boldsymbol{d}_k\|) = 0$ 知，$\mu_k(\Delta_k^2 - \|\boldsymbol{d}_k\|^2) = 0$。结合上式得

$$m_k(\boldsymbol{d}) \geqslant m_k(\boldsymbol{d}_k) + \frac{\mu_k}{2}(\Delta_k^2 - \|\boldsymbol{d}\|^2)$$

这说明，对任意满足 $\|\boldsymbol{d}\| \leqslant \Delta_k$ 的 $\boldsymbol{d}$，$m_k(\boldsymbol{d}) \geqslant m_k(\boldsymbol{d}_k)$ 成立，从而 $\boldsymbol{d}_k$ 是信赖域子问题的最优解。

必要性 设 $\boldsymbol{d}_k$ 是信赖域子问题的最优解。如果 $\|\boldsymbol{d}\| \leqslant \Delta_k$，则 $\boldsymbol{d}_k$ 是二次函数 $m_k(\boldsymbol{d})$

的局部最小值点。由于

$$\nabla m_k(\boldsymbol{d}_k) = \boldsymbol{B}_k\boldsymbol{d}_k + \boldsymbol{g}_k = 0$$

且 $\nabla^2 m(\boldsymbol{d}_k) = \boldsymbol{B}_k$ 半正定。因此，取 $\mu_k = 0$ 即得式 (4.89)。

若 $\|\boldsymbol{d}\| = \Delta_k$，则式 (4.89) 的第三式显然成立。此时，由于 $\boldsymbol{d}_k$ 是下述约束优化问题

$$\min\{m_k(\boldsymbol{d}_k) \mid \|\boldsymbol{d}\|^2 \leqslant \Delta_k^2\} \tag{4.90}$$

的最优解，存在 $\mu_k \geqslant 0$ 使得

$$\boldsymbol{B}_k\boldsymbol{d}_k + \boldsymbol{g}_k + \mu_k\boldsymbol{d}_k = 0$$

即

$$(\boldsymbol{B}_k + \mu_k\boldsymbol{I})\boldsymbol{d}_k = -\boldsymbol{g}_k$$

得式 (4.89) 的第二式。

由于 $\boldsymbol{d}_k$ 是式 (4.90) 的最优解，所以对于任意满足 $\|\boldsymbol{d}\| = \Delta_k$ 的 $\boldsymbol{d}$，有 $m_k(\boldsymbol{d}) \geqslant m_k(\boldsymbol{d}_k)$ 且

$$m_k(\boldsymbol{d}_k) + \frac{\mu_k}{2}\|\boldsymbol{d}_k\|^2 \leqslant m_k(\boldsymbol{d}) + \frac{\mu_k}{2}\|\boldsymbol{d}\|^2 \tag{4.91}$$

利用 (4.89) 的第二式，有

$$m_k(\boldsymbol{d}_k) + \frac{\mu_k}{2}\|\boldsymbol{d}_k\|^2 = f(\boldsymbol{x}_k) - \frac{1}{2}\boldsymbol{d}_k^T(\boldsymbol{B}_k + \mu_k\boldsymbol{I})\boldsymbol{d}_k$$

$$m_k(\boldsymbol{d}) + \frac{\mu_k}{2}\|\boldsymbol{d}\|^2 = f(\boldsymbol{x}_k) - \boldsymbol{d}_k^T(\boldsymbol{B}_k + \mu_k\boldsymbol{I})\boldsymbol{d} + \frac{1}{2}\boldsymbol{d}^T(\boldsymbol{B}_k + \mu_k\boldsymbol{I})\boldsymbol{d}$$

代入并整理得

$$\frac{1}{2}(\boldsymbol{d} - \boldsymbol{d}_k)^T(\boldsymbol{B}_k + \mu_k\boldsymbol{I})(\boldsymbol{d} - \boldsymbol{d}_k) \geqslant 0$$

由 $\|\boldsymbol{d}_k\| = \|\boldsymbol{d}\| = \Delta_k$ 及 $\boldsymbol{d}$ 的任意性知，$(\boldsymbol{B}_k + \mu_k\boldsymbol{I})$ 半正定。

根据上述定理，信赖域子问题的求解转化为满足 $\|\boldsymbol{d}\| \leqslant \Delta_k$ 和 $\mu_k \geqslant 0$ 的 $\boldsymbol{d}$，μ_k 使式 (4.89) 成立。这里不再介绍求解过程。

下面讨论信赖域算法的收敛性。首先分析信赖域子问题的 Cauchy 点 $\boldsymbol{d}_k^c$ 带来的 $m_k(\boldsymbol{d})$ 的下降量。

引理 4.5 信赖域子问题的 Cauchy 点 $\boldsymbol{d}_k^c$ 满足

$$m_k(\boldsymbol{d}_c^k) - m_k(\boldsymbol{0}) \leqslant -\frac{1}{2}\|\boldsymbol{g}_k\| \min\left\{\Delta_k, \frac{\|\boldsymbol{g}_k\|}{\|\boldsymbol{B}_k\|}\right\} \tag{4.92}$$

证明 根据 $\boldsymbol{g}_k^T\boldsymbol{B}_k\boldsymbol{g}_k$ 的符号分情况说明。

若 $\boldsymbol{g}_k^T\boldsymbol{B}_k\boldsymbol{g}_k \leqslant 0$，则由式 (4.87)，$\boldsymbol{d}_k^c = -\dfrac{\Delta_k}{\|\boldsymbol{g}_k\|}\boldsymbol{g}_k$。所以

$$m_k(\boldsymbol{d}_k^c) - m_k(\boldsymbol{0}) = m_k\left(-\frac{\Delta_k}{\|\boldsymbol{g}_k\|}\boldsymbol{g}_k\right) - f(\boldsymbol{x}_k)$$

$$
\begin{aligned}
&= -\frac{\Delta_k}{\|\boldsymbol{g}_k\|}\|\boldsymbol{g}_k\|^2 + \frac{1}{2}\frac{\Delta_k^2}{\|\boldsymbol{g}_k\|^2}\boldsymbol{g}_k^T\boldsymbol{B}_k\boldsymbol{g}_k \\
&\leqslant -\Delta_k\|\boldsymbol{g}_k\| \\
&\leqslant -\frac{1}{2}\|\boldsymbol{g}_k\|\min\left\{\Delta_k, \frac{\|\boldsymbol{g}_k\|}{\|\boldsymbol{B}_k\|}\right\}
\end{aligned}
$$

若 $\boldsymbol{g}_k^T\boldsymbol{B}_k\boldsymbol{g}_k > 0$，且 $\dfrac{\|\boldsymbol{g}_k\|^3}{\Delta_k\boldsymbol{g}_k^T\boldsymbol{B}_k\boldsymbol{g}_k} \leqslant 1$，根据式 (4.87)，则

$$
\boldsymbol{d}_k^c = -\frac{\|\boldsymbol{g}_k\|^2}{\boldsymbol{g}_k^T\boldsymbol{B}_k\boldsymbol{g}_k}\boldsymbol{g}_k
$$

此时

$$
\begin{aligned}
m_k(\boldsymbol{d}_k^c) - m_k(\boldsymbol{0}) &= -\frac{1}{2}\frac{\|\boldsymbol{g}_k\|^4}{\boldsymbol{g}_k^T\boldsymbol{B}_k\boldsymbol{g}_k} \\
&\leqslant -\frac{1}{2}\frac{\boldsymbol{g}_k^2}{\|\boldsymbol{B}_k\|^2} \\
&\leqslant -\frac{1}{2}\|\boldsymbol{g}_k\|\min\left\{\Delta_k, \frac{\|\boldsymbol{g}_k\|}{\|\boldsymbol{B}_k\|}\right\}
\end{aligned}
$$

若 $\boldsymbol{g}_k^T\boldsymbol{B}_k\boldsymbol{g}_k > 0$，且 $\dfrac{\|\boldsymbol{g}_k\|^3}{\Delta_k\boldsymbol{g}_k^T\boldsymbol{B}_k\boldsymbol{g}_k} > 1$，则

$$
\boldsymbol{d}_k^c = -\frac{\Delta_k}{\|\boldsymbol{g}_k\|}\boldsymbol{g}_k,\ \|\boldsymbol{g}_k\|^3 > \Delta_k\boldsymbol{g}_k^T\boldsymbol{B}_k\boldsymbol{g}_k
$$

从而

$$
\begin{aligned}
m_k(\boldsymbol{d}_k^c) - m_k(\boldsymbol{0}) &= m_k\left(-\frac{\Delta_k}{\|\boldsymbol{g}_k\|}\boldsymbol{g}_k\right) - f(\boldsymbol{x}_k) \\
&= -\frac{\Delta_k}{\|\boldsymbol{g}_k\|}\|\boldsymbol{g}_k\|^2 + \frac{1}{2}\frac{\Delta_k^2}{\|\boldsymbol{g}_k\|^2}\boldsymbol{g}_k^T\boldsymbol{B}_k\boldsymbol{g}_k \\
&\leqslant -\frac{1}{2}\Delta_k\|\boldsymbol{g}_k\| \\
&\leqslant -\frac{1}{2}\|\boldsymbol{g}_k\|\min\left\{\Delta_k, \frac{\|\boldsymbol{g}_k\|}{\|\boldsymbol{B}_k\|}\right\}
\end{aligned}
$$

容易验证，上一节给出的信赖域子问题的三种求解方法得到的 $\boldsymbol{d}_k$ 均满足引理式 (4.92)。下面的结论表明，子问题的 Cauchy 解可保证信赖域算法的收敛性。

定理 4.25 设函数 $f:\mathbb{R}^n \to \mathbb{R}$ 在水平集 $\mathcal{L}(x_0)$ 上连续可微有下界，并在算法 4.16 中，$\eta = 0$。若存在 $\beta > 0$，使对任意 k，有 $\|\boldsymbol{B}_k\| \leqslant \beta$，且信赖域子问题的近似解是满足式 (4.92) 中关于 $\boldsymbol{d}_k^c$ 的结论，则算法产生的点列满足 $\liminf\limits_{k\to\infty}\|g_k\| = 0$。

证明 由 r_k 的定义，得

$$
|r_k - 1| = \left|\frac{f(\boldsymbol{x}_k + \boldsymbol{d}_k) - m_k(\boldsymbol{d}_k)}{m_k(\boldsymbol{0}) - m_k(\boldsymbol{d}_k)}\right| \tag{4.93}
$$

利用 Taylor 展开式，有

$$f(\boldsymbol{x}_k+\boldsymbol{d}_k)=f(\boldsymbol{x}_k)+\boldsymbol{g}_k^T\boldsymbol{d}_k+o(\|\boldsymbol{d}_k\|)$$

所以，当 $\Delta_k>0$ 充分小时，有

$$\begin{aligned}|m_k(\boldsymbol{d}_k)-f(\boldsymbol{x}_k+\boldsymbol{d}_k)|&=\left|\frac{1}{2}\boldsymbol{d}_k^T\boldsymbol{B}_k\boldsymbol{d}_k+o(\|\boldsymbol{d}_k\|)\right|\\&\leqslant\frac{\beta}{2}\|\boldsymbol{d}_k\|^2+o(\|\boldsymbol{d}_k\|)\end{aligned}\tag{4.94}$$

假若定理结论不成立，则存在 $\varepsilon_0>0$ 和 k_0 使对任意的 $k\geqslant k_0$ 和 $\|\boldsymbol{g}_k\|\geqslant\varepsilon_0$，由式 (4.92)，对 $k\geqslant k_0$，有

$$\begin{aligned}m_k(\boldsymbol{0})-m_k(\boldsymbol{d}_k)&\geqslant\frac{1}{2}\|\boldsymbol{g}_k\|\min\left\{\Delta_k,\frac{\|\boldsymbol{g}_k\|}{\|\boldsymbol{B}_k\|}\right\}\\&\geqslant\frac{1}{2}\varepsilon_0\min\left\{\Delta_k,\frac{\varepsilon_0}{\beta}\right\}\end{aligned}\tag{4.95}$$

利用式 (4.93)-(4.95)，有

$$r_k-1\leqslant\frac{\beta\Delta_k^2+o(\Delta_k)}{\varepsilon_0\min\left\{\Delta_k,\dfrac{\varepsilon_0}{\beta}\right\}}$$

此式说明存在 $\widetilde{\Delta}>0$ 充分小，使对任意满足 $\Delta_k<\widetilde{\Delta}$ 的 k，有 $|r_k-1|\leqslant\dfrac{1}{4}$，即 $r_k>\dfrac{3}{4}$，根据算法 4.16，$\Delta_{k+1}\geqslant\Delta_k$。所以，对任意的 $k\geqslant k_0$

$$\Delta_k\geqslant\frac{1}{4}\widetilde{\Delta}\tag{4.96}$$

下面证明对于充分大的 k，$r_k<\dfrac{1}{4}$。否则，存在自然数列 N 的一无穷子列 N_0，使对任意的 $k\in N_0$，$r_k\geqslant\dfrac{1}{4}$。则由式 (4.95) 和式 (4.96)，对任意的 $k\in N_0$，$k\geqslant k_0$，有

$$\begin{aligned}f(\boldsymbol{x}_k)-f(\boldsymbol{x}_{k+1})&\geqslant\frac{1}{4}(m_k(\boldsymbol{0})-m_k(\boldsymbol{d}_k))\\&\geqslant\frac{1}{8}\varepsilon_0\min\left\{\Delta_k,\frac{\varepsilon_0}{\beta}\right\}\\&\geqslant\frac{1}{8}\varepsilon_0\min\left\{\frac{1}{4}\widetilde{\Delta}_k,\frac{\varepsilon_0}{\beta}\right\}\end{aligned}$$

令 $k\to\infty$ 得 $f(\boldsymbol{x}_k)\to\infty$。这与目标函数在水平集上有下界矛盾。从而对充分大的 k，$r_k<\dfrac{1}{4}$。

根据算法，此时 Δ_k 将以 $\dfrac{1}{4}$ 的比例压缩。故有 $\lim\limits_{k\to\infty}\Delta_k=0$。这与式 (4.96) 矛盾。所以前面的假设不成立，结论得证。

若目标函数满足较强的条件，则有下面的结论。

定理 4.26 设函数 $f:\mathbb{R}^n\to\mathbb{R}$ 的梯度函数 Lipschitz 连续，且 $f(\boldsymbol{x})$ 在水平集 $\mathcal{L}(x_0)$

上有下界，对于算法 4.16，设 $\eta \in \left(0, \frac{1}{4}\right)$，且存在 $\beta > 0$ 使对任意 k，$\|\boldsymbol{B}_k\| \leqslant \beta$。若信赖域子问题的近似解 $\boldsymbol{d}_k$ 满足式 (4.92) 并且算法不在有限步终止，则算法产生的点列满足 $\lim\limits_{k\to\infty} \|\boldsymbol{g}_k\| = 0$。

证明 由题设，对任意的 k，$\boldsymbol{g}_k \neq 0$。任取 $k_0 > 0$，记

$$\varepsilon_0 = \frac{1}{2}\|\boldsymbol{g}_{k_0}\| > 0, \quad \sigma = \frac{\|\boldsymbol{g}_{k_0}\|}{2L} = \frac{\varepsilon_0}{L}$$

其中 L 为梯度函数 $\nabla f(\boldsymbol{x})$ 的 Lipschitz 常数。则对任意的 $\boldsymbol{x} \in \mathcal{N}(\boldsymbol{x}_{k_0}, \delta)$，有

$$\|\boldsymbol{g}(\boldsymbol{x})\| \geqslant \|\boldsymbol{g}_{k_0}\| - \|\boldsymbol{g}(\boldsymbol{x}) - \boldsymbol{g}_{k_0}\| \geqslant \varepsilon_0$$

如果点列 $\{\boldsymbol{x}_k\}_{k\geqslant k_0} \subset \mathcal{N}(\boldsymbol{x}_{k_0}, \delta)$，则对任意 $k \geqslant k_0$，成立 $\|\boldsymbol{g}_k\| \geqslant \varepsilon_0$。由定理 4.25，这种情况下会发生。所以，点列 $\{\boldsymbol{x}_k\}_{k\geqslant k_0}$ 最终会离开 $\mathcal{N}(\boldsymbol{x}_{k_0}, \delta)$。

设 $\boldsymbol{x}_{k_1}$ 是满足 $k \geqslant k_0$ 的第一个离开 $\mathcal{N}(\boldsymbol{x}_{k_0}, \delta)$ 的迭代点。那么对任意的 $k_0 \leqslant k \leqslant k_1 - 1$

$$\begin{aligned}
f(\boldsymbol{x}_{k_0}) - f(\boldsymbol{x}_{k_1}) &= \sum_{k=k_0}^{k_1-1} (f(\boldsymbol{x}_k) - f(\boldsymbol{x}_{k+1})) \\
&\geqslant \sum_{k=k_0, \boldsymbol{x}_k \neq \boldsymbol{x}_{k+1}}^{k_1-1} \eta(m_k(\mathbf{0}) - m_k(\boldsymbol{d}_k)) \\
&\geqslant \sum_{k=k_0, \boldsymbol{x}_k \neq \boldsymbol{x}_{k+1}}^{k_1-1} \frac{1}{2}\eta\varepsilon_0 \min\left\{\Delta_k, \frac{\varepsilon_0}{\beta}\right\}
\end{aligned}$$

其中最后一式利用了引理 4.5。

如果对任意的 $k_0 \leqslant k \leqslant k_1 - 1$，$\Delta_k \leqslant \frac{\varepsilon_0}{\beta}$，则

$$f(\boldsymbol{x}_{k_0}) - f(\boldsymbol{x}_{k_1}) \geqslant \frac{1}{2}\eta\varepsilon_0 \sum_{k=k_0, \boldsymbol{x}_k \neq \boldsymbol{x}_{k+1}}^{k_1-1} \Delta_k \geqslant \frac{1}{2}\eta\varepsilon_0\delta = \frac{1}{2}\eta\varepsilon_0^2/L \tag{4.97}$$

其中第二个不等式利用了结论 $\boldsymbol{x}_{k_1}$ 是满足 $k \geqslant k_0$ 的第一个离开 $\mathcal{N}(\boldsymbol{x}_{k_0}, \delta)$ 的迭代点。否则，存在 $k_0 \leqslant k \leqslant k_1 - 1$，使得 $\Delta_k \leqslant \frac{\varepsilon_0}{\beta}$。从而

$$f(\boldsymbol{x}_{k_0}) - f(\boldsymbol{x}_{k_1}) \geqslant \frac{1}{2\beta}\eta\varepsilon_0^2 \tag{4.98}$$

利用函数值列 $\{f(\boldsymbol{x}_k)\}$ 单调下降有下界知，该数列有极限，记为 f_*。从而利用式 (4.97) 和式 (4.98) 得

$$\begin{aligned}
f(\boldsymbol{x}_{k_0}) - f_* &\geqslant f(\boldsymbol{x}_{k_0}) - f(\boldsymbol{x}_{k_1}) \\
&\geqslant \frac{1}{2}\eta\varepsilon_0^2 \min\left\{\frac{1}{\beta}, \frac{1}{L}\right\} \\
&= \frac{1}{8}\eta \min\left\{\frac{1}{\beta}, \frac{1}{L}\right\}\|\boldsymbol{g}_{k_0}\|^2
\end{aligned}$$

$$\lim_{k\to\infty}\|\boldsymbol{g}_k\|=0$$

上述结论表明，信赖域方法有良好的理论性质。但是它在每一迭代步需求解一带球约束的二次规划问题，计算量较大。实际上，对二次函数 $m_k(\boldsymbol{d})$ 添加正则项（又称惩罚项）$\lambda\|\boldsymbol{x}-\boldsymbol{x}_k\|^2$，其中因子 $\lambda>0$，同样能将新迭代点限制在当前迭代点附近。基于目标函数的线性近似的正则化形式，Beck 和 Teboulle（2009）建立起无约束优化问题的一类新算法。

【例 4.24】 给定 $f(x_1,x_2)=100(x_2-x_1^2)^2+(1-x_1)^2$，初始点是 $(-1.5,0.5)$，计算 $\min f(x_1,x_2)$。

解 通过实例代码 4.20 可以利用信赖域法求解函数的极小值。

实例代码 4.20

```
import numpy as np
import matplotlib.pyplot as plt
def function(x1,x2):
    """
    定义函数的表达式
    Args:
        x1 : 变量x1
        x2 : 变量x2
    Returns:
        函数表达式
    """
    return 100*(x2-x1**2)**2+(1-x1)**2
def gradient_function(x1,x2):
    """
    定义函数的一阶梯度
    Args:
        x1 : 变量x1
        x2 : 变量x2
    Returns:
        函数的一阶梯度
    """
    g=[[-400*(x1*x2-x1**3)+2*x1-2],[200*(x2-x1**2)]]
    g = np.array(g)
    return g
def Hessian_function(x1,x2):
    """
    定义函数二阶Hessian矩阵
    Args:
        x1 : 变量x1
        x2 : 变量x2
    Returns:
        函数二阶Hessian矩阵
    """
    H = [[-400*(x2-3*x1**2)+2,-400*x1],[-400*x1,200]]
    H = np.array(H)
    return H
#定义m_k函数
```

```
def mk_function(x1,x2,p):
    """
    近似函数m_k(p)
    Args:
        x1 : 变量x1
        x2 : 变量x2
        p : 下降的试探步
    Returns:
        mk : 近似函数m_k(p)
    """
    p = np.array(p)
    fk = function(x1,x2)
    gk = gradient_function(x1,x2)
    Bk = Hessian_function(x1,x2)
    mk = fk + np.dot(gk.T, p) + 0.5 * np.dot(np.dot(p.T, Bk), p)
    return mk
def Dogleg_Method(x1,x2,delta):
    Dogleg Method实现
    """
    Args:
        x1 : 变量x1
        x2 : 变量x2
        delta : 信赖域半径
    Returns:
        s_k : 试探步
    """
    g = gradient_function(x1,x2)
    B = Hessian_function(x1,x2)
    g = g.astype(float)
    B = B.astype(float)
    inv_B = np.linalg.inv(B)
    PB = np.dot(-inv_B,g)
    PU = -(np.dot(g.T,g)/(np.dot(g.T,B).dot(g)))*(g)
    PB_U = PB-PU
    PB_norm = np.linalg.norm(PB)
    PU_norm = np.linalg.norm(PU)
    PB_U_norm = np.linalg.norm(PB_U)
    #判断
    if PB_norm <= delta:
        tao = 2
    elif PU_norm >= delta:
        tao = delta/PU_norm
    else:
        factor = np.dot(PU.T, PB_U) * np.dot(PU.T, PB_U)
        tao = -2 * np.dot(PU.T, PB_U) + 2 * np.math.sqrt(factor - PB_U_norm * PB_U_norm
            * (PU_norm * PU_norm - delta * delta))
        tao = tao / (2 * PB_U_norm * PB_U_norm) + 1
    #确定试探步
    if 0<=tao<=1:
        s_k = tao*PU
```

```
    elif 1<tao<=2:
        s_k = PU+(tao-1)*(PB-PU)
    return s_k
def TrustRegion(x1,x2,delta_max):
    """
    信赖域算法
    Args:
        x1 : 初始值x1
        x2 : 初始值x2
        delta_max : 最大信赖域半径
    Returns:
        x1 : 优化后x1
        x2 : 优化后x2
    """
    delta = delta_max
    k = 0
    #计算初始的函数梯度范数
    #终止判别条件中的epsilon
    epsilon = 1e-9
    maxk = 1000
    x1_log=[]
    x2_log=[]
    x1_log.append(x1)
    x2_log.append(x2)
    #设置终止判断，判断函数fun的梯度的范数是不是比epsilon小
    while True:
        g_norm = np.linalg.norm(gradient_function(x1, x2))
        if g_norm < epsilon:
            break
        if k > maxk:
            break
        #利用DogLeg_Method求解子问题迭代步长sk
        sk = Dogleg_Method(x1,x2, delta)
        x1_new = x1 + sk[0][0]
        x2_new = x2 + sk[1][0]
        fun_k = function(x1, x2)
        fun_new = function(x1_new, x2_new)
        #计算下降比
        r = (fun_k - fun_new) / (mk_function(x1, x2, [[0],[0]]) - mk_function(x1, x2, sk
            ))
        if r < 0.25:
            delta = delta / 4
        elif r > 0.75 and np.linalg.norm(sk) == delta:
            delta = np.min((2 * delta,delta_max))
        else:
            pass
        if r <= 0:
            pass
        else:
            x1 = x1_new
```

```
            x2 = x2_new
            k = k + 1
            x1_log.append(x1)
            x2_log.append(x2)
    return x1_log,x2_log
if __name__ =='__main__':
    x1=0.5
    x2=1.5
    delta_max = 20
    x1_log,x2_log = TrustRegion(x1,x2,delta_max)
    print('x1迭代结果: ',x1_log,'\nx2迭代结果: ',x2_log)
    plt.figure()
    plt.title('x1_convergence')
    plt.plot(x1_log)
    plt.savefig('x1.png')
    plt.figure()
    plt.clf
    plt.title('x2_convergence')
    plt.plot(x2_log)
    plt.savefig('x2.png')
```

运行结果如下：

```
x1迭代结果:  [0.5, 0.4979919678714859, 0.5555312304773604, 0.6564566866288518,
    0.7459651573440507, 0.8416650565183486, 0.897580326894123, 0.9605960489392262,
    0.9825579447860087, 0.9984654800289692, 0.9999260791715939, 0.9999999684736488,
    0.9999999999999535]
x2迭代结果:  [1.5, 0.24799196787148592, 0.3008384330680553, 0.4201200946955384,
    0.5481915441689725, 0.6992415966620641, 0.8025239257661648, 0.9187737880127865,
    0.9649377899929205, 0.9966802651319737, 0.9998500304576213, 0.9999999314876696,
    0.999999999999906]
```

最后根据上述运行结果可以看出 x_1 和 x_2 的最终迭代出的最佳参数值无限逼近 $(1,1)$。

本章小结

1. 无约束问题的最优性条件可以通过一阶、二阶导数来判断，它在确定最优解、分析算法收敛性、指导算法设计以及提升求解效率等方面具有重要的作用。

2. 无约束优化问题的算法框架通常包括：选择初始点，确定搜索方向，确定步长，更新变量，判断终止条件，迭代过程。具体选择哪种算法取决于问题的特点和算法的性能要求。

3. 线搜索方法是无约束优化问题中常用的一种方法，它的基本思想是在每次迭代中，沿着某个搜索方向进行一维搜索，找到使得目标函数值下降最快的步长或者满足一定条件的步长，然后更新变量的取值。常用的精确线搜索方法包括格点法、平分法、牛顿切线法、0.618 法、Fibonacci 法、抛物线法、二点三次插值法等。常用的非精确线搜索方法有 Armijo 步长规则、Goldstein 步长规则和 Wolfe 步长规则等。

4. 梯度法通过迭代的方式，沿着目标函数的负梯度方向逐步更新变量的取值，以达到最小化目标函数的目的。最速下降法是梯度法的一种基本形式，它选择负梯度方向作为搜索方向，并以固定步长更新变量的取值，简单易实现，但收敛速度较慢，容易陷入局部最优解。随机梯度下降法是一种随机化的梯度法，它在每次迭代中仅使用一个样本的梯度来更新变量的取值，计算效率高，但收敛性较差，可能会出现震荡现象。动量法引入了动量项，通过累积之前的梯度信息来调整当前的梯度更新方向和步长，可以加速收敛速度，减少震荡，特别适用于目标函数具有长而窄的曲线的情况。Barzilai-Borwein 方法是一种非精确线搜索方法，它通过使用两个连续迭代点之间的梯度差和变量差来估计步长，使用了一种自适应的步长选择策略，具有较好的收敛性能和计算效率，适用于大规模优化问题。

5. 牛顿法利用目标函数的二阶导数信息来进行优化，通过在每次迭代中使用目标函数的 Hessian 矩阵来近似目标函数的局部形状，并以此来确定搜索方向和步长，适用于目标函数具有强凸性或强凹性的情况，但也存在对初始点选择敏感、计算 Hessian 矩阵的复杂度高等局限性。修正牛顿法是对传统牛顿法的改进，它在计算搜索方向时使用了近似的 Hessian 矩阵，而不是精确的 Hessian 矩阵，减少计算复杂度和存储需求，同时保持较好的收敛性能。

6. 拟牛顿法是一类优化方法，与牛顿法不同，它通过使用目标函数的一阶导数信息来近似目标函数的局部形状，不需要计算目标函数的二阶导数（Hessian 矩阵），而是采用一系列近似的方式来估计 Hessian 矩阵的逆。常用的拟牛顿法包括 DFP 方法和 BFGS 方法。拟牛顿法相对于牛顿法的优点是不需要计算目标函数的二阶导数，因此在计算复杂度和存储需求上更加高效。但与此同时，拟牛顿法的收敛速度可能较慢，且对初始点选择仍然比较敏感。

7. 共轭方向法的思想是通过迭代的方式，在每一步选择一个共轭的搜索方向，并在该方向上进行一维搜索，以确定下一步的迭代点，它可以在有限次数的迭代中达到无约束优化问题的局部最优解，在求解无约束优化问题时具有较高的效率和收敛速度，适用于函数光滑且 Hessian 矩阵正定的优化问题。共轭梯度法是一种用于求解大规模线性方程组的优化方法，它是基于共轭方向的思想，通过迭代的方式逐步逼近线性方程组的解，关键是选择共轭的搜索方向，即新的搜索方向与先前的搜索方向相互正交，在求解大规模线性方程组时具有较高的效率和收敛速度，适用于图像处理、信号处理和机器学习等领域。在共轭梯度法中，有两种常用的公式用于计算搜索方向，分别是 FR 公式和 PRP 公式。同时方向集法提供了一种不用导数信息，仅利用函数值来确定共轭方向的算法。

8. 直接搜索法是一类不依赖于目标函数的导数或梯度信息的优化算法，它通过在搜索空间中直接搜索来寻找最优解，常见的方法包括 Hook-Jeeves 方法、坐标轮换法和单纯形法等。

9. 信赖域方法用于求解无约束非线性优化问题，它通过在每个迭代步骤中构建一个二次模型来近似目标函数，并在一个信赖域内选择一个共轭方向，以实现目标函数的下降。该法的优点是可以在每个迭代步骤中控制步长，从而保证算法的收敛性和稳定性，不需要目标函数的一阶或二阶导数信息，因此适用于处理非光滑、非凸或高度噪声的优化问题。然而，由于需要构建二次模型，并在信赖域内选择共轭方向，计算复杂度较高，尤其在处理大规模问题时需要考虑计算效率。

习 题 4

1. 利用最优性条件求解

$$\min f(\boldsymbol{x}) = \frac{1}{3}x_1^3 + \frac{1}{3}x_2^3 - x_2^2 - x_1$$

2. 用 0.618 法求解问题

$$\min f(\boldsymbol{x}) = x^2 - 2x + 9$$

其中初始区间为 $[a, b] = [1, 7]$，精度 $\varepsilon = 0.04$。

3. 用最速下降法求解无约束非线性问题的最小值点

$$\min f(\boldsymbol{x}) = x_1^2 + 25x_2^2$$

其中 $\boldsymbol{x} = (x_1, x_2)^T$，初始点取为 $\boldsymbol{x}_0 = (2, 2)^T$，$\varepsilon = 0.01$。

4. 用牛顿法求解

$$\min f(\boldsymbol{x}) = x_1^2 + x_2^2 - x_1x_2 - 10x_1 - 4x_2 + 60$$

其中初始点 $\boldsymbol{x}_0 = (0, 0)^T$，$\varepsilon = 0.01$。

5. 用修正牛顿法求解

$$\min f(\boldsymbol{x}) = 4(x_1 + 1)^2 + 2(x_2 - 1)^2 + x_1 + x_2 + 10$$

其中初始点 $\boldsymbol{x}_0 = (0, 0)^T$，$\varepsilon = 0.01$。

6. 用 Powell 法求解下列问题

$$\min f(\boldsymbol{x}) = (x_1 + x_2)^2 + (x_1 - 1)^2$$

7. 用 BFGS 算法求解以下无约束问题

$$\min f(\boldsymbol{x}) = \frac{1}{2}x_1^2 + x_2^2 - x_1x_2$$

8. 用 Hooke-Jeeves 方法求解以下无约束优化问题

$$\min f(\boldsymbol{x}) = (1 - x_1)^2 + 5(x_2 - x_1^2)^2$$

9. 用 FR 共轭梯度法求解以下无约束优化问题

$$\min f(\boldsymbol{x}) = \frac{1}{2}x_1^2 + x_2^2$$

其中初始点 $\boldsymbol{x}_0 = (2, 1)^T$。

10. 使用坐标轮换法对以下函数 $f(\boldsymbol{x}) = 4 + \dfrac{9}{2}x_1 - 4x_2 + x_1^2 + 2x_2^2 - 2x_1x_2 + x_1^4 - 2x_1^2x_2$，进行编程求解极值点，取初始点为 $\boldsymbol{x}_0 = (-2.0, 2.2)^T$。

11. 分别用平分法、0. 618 法、牛顿法、抛物线法、二点三次插值法、成功一失败法求问题 $f(\boldsymbol{x}) = 3x^2 - 2\tan x$ 在区间 $[0, 1]$ 上的最小值，其中 $\varepsilon = 10^{-4}$。

12. 用最速下降法、牛顿法、修正牛顿法求以下问题的最优值

$$f(x_1, x_2) = x_1^2 + 2x_2^2 - 4x_1 - 2x_1x_2$$

其中初始点 $(1,1)^T$。

13. 用共轭方向法和共轭梯度法求解下列问题的最小值

$$f(x_1,x_2)=x_1^3+x_2^3-3x_1x_2$$

其中初始点 $(2,2)^T$。

14. 根据拟牛顿法求解下列问题的最小值

$$f(x_1,x_2)=x_1^2+2x_2^2+\exp(x_1^2+x_2^2)$$

其中初始点 $(1,0)^T$。

第 5 章　有约束优化方法

有约束优化是在权衡各种限制条件下追求最佳解决方案的艺术

有约束优化是数学规划中的一个重要分支，旨在寻找在一定约束条件下使目标函数取得最优值的变量取值。有约束优化问题在实际中应用非常广泛，涉及到经济、工程、运筹学、统计学等领域。例如，在生产计划中，我们希望在满足一定资源限制的情况下最大化产出；在投资组合中，我们希望在满足风险控制要求的情况下最大化收益；在机器学习中，我们希望在满足模型约束条件的情况下最小化损失函数。

本章考虑一般约束优化问题

$$
\begin{aligned}
\min \quad & f(\boldsymbol{x}) \\
\text{s.t.} \quad & h_j(\boldsymbol{x}) = 0, \quad j = 1, 2, \cdots, l \\
& g_i(\boldsymbol{x}) \geqslant 0, \quad i = 1, 2, \cdots, m \\
& \boldsymbol{x} \in \mathbb{R}^n
\end{aligned}
\tag{5.1}
$$

一般约束优化问题的主要特点有：

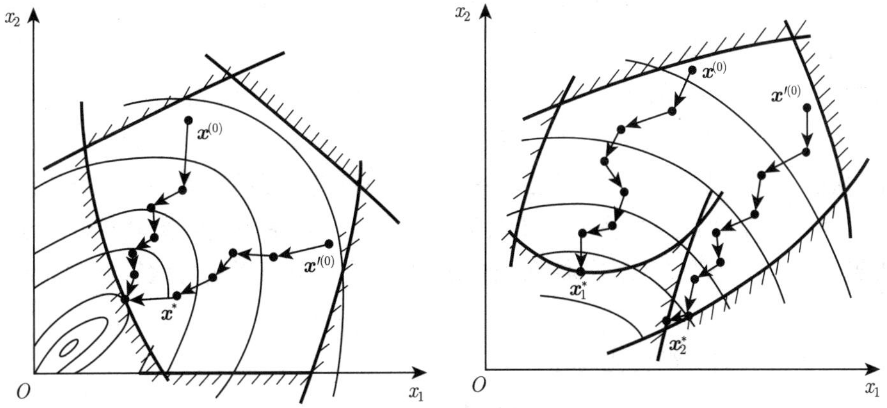

(a) 最优解与初始点无关　　(b) 最优解与初始点有关

图 5.1　约束问题中最优解与初始点的关系

（1）要求最小值必须满足约束条件，优化点必须属于可行域

$$
\mathcal{D} = \{\boldsymbol{x} \mid h_j(\boldsymbol{x}) = 0,\ j = 1, 2, \cdots, l;\ g_i(\boldsymbol{x}) \geqslant 0,\ i = 1, 2, \cdots, m\}
$$

（2）取得的最优解 $\boldsymbol{x}_*$ 可能是局部的，且与初始点有关（如图 5.1 所示），特别是当目标函数或约束函数非凸时。

本章我们从基础的拉格朗日乘子法开始，给出最优性条件，逐步引入优化方法。介绍了常见的有约束优化方法，包括拉格朗日乘子法、罚函数法、广义乘子法、交替方向乘子法、可行方向法、二次逼近法、极大熵方法和复合优化方法等，并详细讨论它们的原理、步骤、实例以及代码实现，这些方法各有特点，适用于不同类型的约束优化问题。通过本章的内容能够帮助读者深入理解有约束优化问题，并了解和掌握有约束优化问题的求解技巧。

5.1 拉格朗日乘子法

由于处理约束条件的方法不同，约束优化方法可分为直接法和间接法两大类。

直接法的基本思想是构造迭代过程，使每次迭代点都在可行域 $\mathcal{D}$ 中，并一步一步地减小目标函数值，直到求得最优解。具体有随机试验法、坐标轮换法、随机方向法、复合形法、可行方向法以及线性逼近法等。此类方法的优点是算法简单，对目标函数和约束函数无特殊要求；缺点是计算量大，不适用于维数较高的问题，一般用于求解只含不等式约束的优化问题。

间接法的基本思想是将有约束优化问题通过一定形式的变换转化为无约束优化问题，借助函数梯度信息，利用无约束优化方法求解，逐渐逼近约束问题的最优解。此类算法一般比较复杂，根据约束特点，将某种罚函数加到目标函数中去。但由于它们可以采用计算效率高、稳定性好的无约束优化方法，故可用于求解高维的优化问题。

间接法的基本函数形式如下

$$\min F(\boldsymbol{x},\sigma)=f(\boldsymbol{x})+\sigma\ \text{penal}(\boldsymbol{x}) \tag{5.2}$$

其中 σ penal ($\boldsymbol{x}$) 为惩罚项。

拉格朗日乘子法（Lagrange Multiplier Method）是一种用于求解带等式约束优化问题的方法。它通过引入拉格朗日乘子将约束条件融入目标函数，从而将原始优化问题转化为无约束优化问题。在使用拉格朗日乘子法求解问题后，我们可以得到有约束优化问题的最优性条件。最优性条件是通过对拉格朗日函数的梯度向量与约束函数的梯度向量的线性组合进行分析得到。因此，了解拉格朗日乘子法的基本原理和步骤可以更好地理解最优性条件的推导和应用。

首先，考虑简单的二维优化问题

$$\begin{aligned}&\min\ f(x,y)\\&\text{s.t.}\ \ g(x,y)=c\end{aligned}$$

如图 5.2 所示，其中实线标出的是约束曲线 $g(x,y)=c$，虚线是目标函数 $f(x,y)$ 的等高线。箭头表示斜率，其平行于等高线的法线。实线是约束，也就是说，只要正好落在这条实线上的点才可能是满足要求的点。如果没有这条约束，$f(x,y)$ 的最小值应该会落在最小圈等高线内部的某一点上，而现在加上了约束，最小值点应该在哪里呢？显然是在 $f(x,y)$ 的等高线与约束曲线相切的位置，因为如果只是相交意味着肯定还存在其它的等高线在该条等高线的内部或者外部，使得新的等高线与目标函数交点的值更大或者更小，只有当等高线与目标函数的曲线相切时，可能取得最优值。

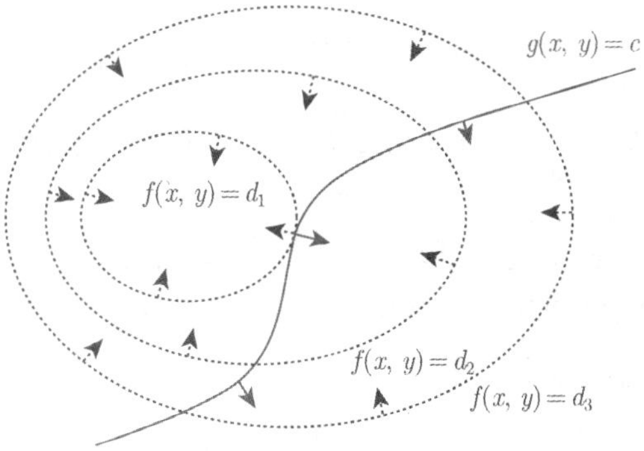

图 5.2　二维优化问题图示

如果我们对约束条件也求梯度 $\nabla g(x,y)$，则其梯度如图 5.2 中箭头所示。很容易看出，要想让目标函数 $f(x,y)$ 的等高线和约束曲线相切，则其切点的梯度一定在一条直线上（$f(x,y)$ 和 $g(x,y)$ 的斜率平行）。即取最优解时，满足

$$\nabla f(x,y) = \lambda\nabla(g(x,y) - c) \tag{5.3}$$

其中 $\nabla f(x,y) = \lambda\nabla g(x,y)$，$\lambda$ 是任意非零常数，表示左右两边同向。

引入拉格朗日函数

$$L(x,y,\lambda) = f(x,y) + \lambda(g(x,y) - c) \tag{5.4}$$

令拉格朗日函数式 (5.4) 的梯度为零，有

$$\begin{cases}\nabla_x L(x,y,\lambda) = \nabla_x f(x,y) + \lambda\nabla_x g(x,y) = \mathbf{0}\\ \nabla_y L(x,y,\lambda) = \nabla_y f(x,y) + \lambda\nabla_y g(x,y) = \mathbf{0}\\ \nabla_\lambda L(x,y,\lambda) = g(x,y) - c = \mathbf{0}\end{cases} \tag{5.5}$$

求解式 (5.5) 可得式 (5.3)，虽然 λ 有所不同但不影响。

其次，考虑一般带等式约束条件的优化问题

$$\begin{aligned}&\min\ f(\boldsymbol{x})\\ &\text{s.t.}\ \ h_j(\boldsymbol{x}) = 0,\ \ j = 1,2,\cdots,l\\ &\qquad \boldsymbol{x}\in\mathbb{R}^n\end{aligned} \tag{5.6}$$

定义拉格朗日函数

$$L(\boldsymbol{x},\boldsymbol{\lambda}) = f(\boldsymbol{x}) + \sum_{j=1}^{l}\lambda_j h_j(\boldsymbol{x}) \tag{5.7}$$

其中 $\lambda_j, j=1,2,\cdots,l$ 是各等式约束条件的待定系数，$\boldsymbol{\lambda}=(\lambda_1,\lambda_2,\cdots,\lambda_l)^T$ 为乘子向量。式 (5.7) 关于变量 $\boldsymbol{x}$、$\boldsymbol{\lambda}$ 求偏导，并令其等于 0，得

$$\frac{\partial L}{\partial x_j}=0, \quad \frac{\partial L}{\partial \lambda_j}=0, \quad j=1,2,\cdots,l \tag{5.8}$$

即有

$$\nabla_{\boldsymbol{x}} f(\boldsymbol{x})+\lambda_j \nabla_{\boldsymbol{x}} \sum h_j(\boldsymbol{x})=\mathbf{0} \tag{5.9}$$

这意味着，$f(\boldsymbol{x})$ 和 $h_j(\boldsymbol{x})$ 的梯度共线。此时，也就是在条件约束 $h_j(\boldsymbol{x})$ 下，$f(\boldsymbol{x})$ 有最优解。

下面讨论式 (5.9) 中系数 λ_j 的作用。由式 (5.9) 可以看出，λ_j 在共线的基础上描述了目标函数和约束函数的梯度的长度比值。例如，当 $j=1$ 时，式 (5.9) 可写为 $\nabla f(\boldsymbol{x})=-\lambda\nabla h(\boldsymbol{x})$，对该等式两边取范数 $\|\cdot\|_2$，以消除正负号可能带来的困扰

$$|\lambda|=\frac{\|\nabla f(\boldsymbol{x})\|_2}{\|\nabla h(\boldsymbol{x})\|_2} \tag{5.10}$$

可以发现，随着 $|\lambda|$ 逐渐减小，$\|\nabla h(\boldsymbol{x})\|_2$ 逐渐大于 $\|\nabla f(\boldsymbol{x})\|_2$。特别地，当 $|\lambda|\to 0$ 时，$\|\nabla h(\boldsymbol{x})\|_2\to+\infty$，这意味着在点 $\boldsymbol{x}$ 上 $h(\boldsymbol{x})$ 几乎是垂直的，对增量极其敏感。当最优值微小变化时，条件 $h(\boldsymbol{x})=0$ 严重偏离；若 $|\lambda|$ 很大，在点 $\boldsymbol{x}$ 上 $h(\boldsymbol{x})$ 几乎是水平的，则其对增量不敏感。$h(\boldsymbol{x})$ 的轻微偏离不会造成太大的损失，可以适当牺牲约束条件的精确性，来换取更优的解。

换句话说，$|\lambda|$ 越小，其求得的结果灵敏度越高，反之越低；可以说 $|\lambda|$ 是衡量最优解灵敏度的一种方法。当然也可以直接求 $\nabla h(\boldsymbol{x})$ 来衡量灵敏度，这样更绝对一点。

【例 5.1】 试用拉格朗日乘子法求下述问题的极小值。

$$\begin{aligned}&\min\ x_1^2+x_2^2-10x_1-4x_2-x_1x_2+60\\&\text{s.t.}\ \ x_1+x_2-8=0\end{aligned}$$

解 实例代码 5.1 给出了解决上述问题的代码。

实例代码 5.1

```
#导入sympy包，用于求导，方程组求解等等
from sympy import *
#设置变量
x1 = symbols("x1")
x2 = symbols("x2")
alpha = symbols("alpha")
#构造拉格朗日等式
L = 60 - 10*x1 - 4*x2 + x1*x1 + x2*x2 - x1*x2 - alpha * (x1 + x2 - 8)
#对变量x1求导
difyL_x1 = diff(L, x1)
#对变量x2求导
difyL_x2 = diff(L, x2)
#对alpha求导
```

```
difyL_alpha = diff(L, alpha)
#求解偏导等式
aa = solve([difyL_x1, difyL_x2, difyL_alpha], [x1, x2, alpha])
print(aa)
x1=aa.get(x1)
x2=aa.get(x2)
alpha=aa.get(alpha)
print("最优解为: ",60 - 10*x1 - 4*x2 + x1*x1 + x2*x2 - x1*x2 - alpha * (x1 + x2 - 8))
```

运行结果如下：

```
{x1: 5, x2: 3, alpha: -3}
最优解为:  17
```

从运行结果可以看出，目标函数的极小值为 17。

【例 5.2】 给定椭球 $\frac{x^2}{a^2}+\frac{y^2}{b^2}+\frac{z^2}{c^2}=1$，求这个椭球内接长方体的最大体积。

解 上述问题实质上就是条件极值问题，即在题目条件下，求解 $f(x,y,z)=8xyz$ 的最大值。

实例代码 5.2 给出了解决上述问题的代码。

实例代码 5.2

```
from scipy.optimize import minimize
import numpy as np
#非常接近0的值
e = 1e-10
#目标函数f(x,y,z) =8 *x*y*z
fun = lambda x : 8 * (x[0] * x[1] * x[2])
#约束条件x^2 + y^2 + z^2=1
cons = ({'type': 'eq', 'fun': lambda x: x[0]**2+ x[1]**2+ x[2]**2 - 1},
        #x>=e等价于x-e>= 0
        {'type': 'ineq', 'fun': lambda x: x[0] - e},
        {'type': 'ineq', 'fun': lambda x: x[1] - e},
        {'type': 'ineq', 'fun': lambda x: x[2] - e}
       )
#设置初始值
x0 = np.array((1.0, 1.0, 1.0))
res = minimize(fun, x0, method='SLSQP', constraints=cons)
print('最大值: ',res.fun)
print('最优解: ',res.x)
print('迭代终止是否成功: ', res.success)
print('迭代终止原因: ', res.message)
```

运行结果如下：

```
最大值:  1.5396007243645415
最优解:  [0.57735022 0.57735022 0.57735038]
迭代终止是否成功:  True
迭代终止原因:  Optimization terminated successfully
```

从运行结果可以看出，上述问题的最大值约为 1.54。

5.2 最优性条件

最优性条件包括一阶条件和二阶条件。一阶条件是在无约束优化问题的基础上，加上约束条件后的推广，通过判断梯度的性质来确定最优解。二阶条件则进一步考虑了目标函数的曲率信息，通过判断 Hessian 矩阵的性质来确定最优解。最优性条件可以用来判断最优解的存在性和确定性。

5.2.1 等式约束问题的最优性条件

考虑等式约束优化问题

$$\begin{aligned} &\min\ f(\boldsymbol{x}) \\ &\text{s.t.}\ \ h_j(\boldsymbol{x})=0,\ \ j=1,2,\cdots,l \\ &\qquad \boldsymbol{x}\in\mathbb{R}^n \end{aligned} \tag{5.11}$$

对于上述等式优化问题，引入 $n+l$ 元的拉格朗日函数

$$L(\boldsymbol{x},\boldsymbol{\lambda})=f(\boldsymbol{x})-\boldsymbol{\lambda}^T h(\boldsymbol{x})=f(\boldsymbol{x})-\sum_{i=1}^{l}\lambda_i h_j(\boldsymbol{x})$$

其中 $h(\boldsymbol{x})=(h_1(\boldsymbol{x}),\cdots,h_l(\boldsymbol{x}))^T$，乘子向量 $\boldsymbol{\lambda}=(\lambda_1,\cdots,\lambda_l)^T$ 。此外，拉格朗日函数的梯度为

$$\nabla L(\boldsymbol{x},\boldsymbol{\lambda})=\begin{pmatrix}\nabla_{\boldsymbol{x}}L\\ \nabla_{\boldsymbol{\lambda}}L\end{pmatrix}=\begin{pmatrix}\nabla f(\boldsymbol{x})-\displaystyle\sum_{i=1}^{l}\lambda_i\nabla h_j(\boldsymbol{x})\\ -(h_1(\boldsymbol{x}),\cdots,h_l(\boldsymbol{x}))^T\end{pmatrix}$$

因此，无约束优化问题 $\min L(\boldsymbol{x},\boldsymbol{\lambda})$ 的最优性条件

$$\nabla L\left(\boldsymbol{x}_*,\boldsymbol{\lambda}_*\right)=\mathbf{0}$$

恰好为原问题式 (5.11) 的一阶必要条件，且满足 $h_j\left(\boldsymbol{x}_*\right)=0,\ j=1,\cdots,l$，所以求含有 $n+l$ 个未知数 $x_1,\cdots,x_n$ 和 $\lambda_1,\cdots,\lambda_l$ 的非线性方程组的解 $(\boldsymbol{x}_*,\boldsymbol{\lambda}_*)$，其中 $\boldsymbol{x}_*=(x_{1*},\cdots,x_{n*})^T$ 在一定条件下就是式 (5.11) 的最优解。点 $(\boldsymbol{x}_*,\boldsymbol{\lambda}_*)$ 为拉格朗日函数 $L(\boldsymbol{x},\boldsymbol{\lambda})$ 的驻点。

定理 5.1（拉格朗日定理、一阶必要条件） 若

（1）$\boldsymbol{x}_*$ 是等式约束问题式 (5.11) 的局部最优解；

（2）$f(\boldsymbol{x})$ 与 $h_j(\boldsymbol{x})(j=1,2,\cdots,l)$ 在 $\boldsymbol{x}_*$ 的某邻域内连续可微；

（3）$\nabla h_i\left(\boldsymbol{x}_*\right)(i=1,2\cdots,l)$ 线性无关。

则存在一组不全为零的数 $\lambda_{1*},\lambda_{2*},\cdots,\lambda_{l*}$，使得

$$\nabla f\left(\boldsymbol{x}_*\right)-\sum_{i=1}^{l}\lambda_{i*}\nabla h_i\left(\boldsymbol{x}_*\right)=\mathbf{0}$$

定理 5.2（二阶充分条件） 在等式约束问题式 (5.11) 中，若

（1）$f(\boldsymbol{x})$ 与 $h_j(\boldsymbol{x})(1 \leqslant j \leqslant l)$ 是二阶连续可微函数；

（2）存在 $\boldsymbol{x}_* \in \mathbb{R}^n$ 与 $\boldsymbol{\lambda}_* \in \mathbb{R}^l$，使得拉格朗日函数的梯度为零，即

$$\nabla L\left(\boldsymbol{x}_*, \boldsymbol{\lambda}_*\right) = \mathbf{0}$$

（3）对于任意非零向量 $\boldsymbol{s} \in \mathbb{R}^n$，且 $\boldsymbol{s}^T \nabla h_j\left(\boldsymbol{x}_*\right) = \mathbf{0}$（$j = 1, 2, \cdots, l$），均有

$$\boldsymbol{s}^T \nabla_{\boldsymbol{x}}^2 L\left(\boldsymbol{x}_*, \boldsymbol{\lambda}_*\right) \boldsymbol{s} > 0$$

则 $\boldsymbol{x}_*$ 为式 (5.11) 的严格局部极小点。

定理 5.2 的几何意义是：在拉格朗日函数 $L(\boldsymbol{x}, \boldsymbol{\lambda})$ 的驻点处，若 $L(\boldsymbol{x}, \boldsymbol{\lambda})$ 函数关于 $\boldsymbol{x}$ 的 Hessian 矩阵在约束超曲面的切平面上正定（不要求在整个空间正定），则 $\boldsymbol{x}_*$ 就是严格局部极小点。

5.2.2 不等式约束问题的最优性条件

考虑不等式约束优化问题

$$\begin{aligned} \min \ & f(\boldsymbol{x}) \\ \text{s.t.} \ & g_i(\boldsymbol{x}) \geqslant 0, \quad i = 1, 2, \cdots, m \\ & \boldsymbol{x} \in \mathbb{R}^n \end{aligned} \tag{5.12}$$

不等式约束问题的最优性条件需要用到有效约束和非有效约束的概念。对于某个可行点 $\bar{\boldsymbol{x}} \in \mathcal{D}$，可能会出现两种情形，即有些约束函数满足 $g_i(\bar{\boldsymbol{x}}) = 0$，而另一些约束函数满足 $g_i(\bar{\boldsymbol{x}}) > 0$。对于后一种情形，在 $\bar{\boldsymbol{x}}$ 的某个邻域内仍然保持 $g_i(\bar{\boldsymbol{x}}) > 0$ 成立，而前者则不具备这种性质。因此有必要把这两种情形区分开来。

定义 5.1（有效集） 若问题式 (5.12) 的一个可行点 $\bar{\boldsymbol{x}} \in \mathcal{D}$ 使得某个不等式约束 $g_i(\bar{\boldsymbol{x}}) = 0$ 成立，则该不等式约束 $g_i(\bar{\boldsymbol{x}}) \geqslant 0$ 称为关于 $\bar{\boldsymbol{x}}$ 的有效约束。否则，若对某个 k，使得 $g_k(\bar{\boldsymbol{x}}) > 0$，则称该不等式约束 $g_k(\bar{\boldsymbol{x}}) \geqslant 0$ 为关于 $\bar{\boldsymbol{x}}$ 的非有效约束。并称集合

$$\bar{\mathcal{I}} = \mathcal{I}(\bar{\boldsymbol{x}}) = \{i \mid g_i(\bar{\boldsymbol{x}}) = 0\}$$

为 $\bar{\boldsymbol{x}}$ 处的有效（约束）集（Efficient Set），或积极集（Active Set）。需要说明的是，有时也将等式约束视为有效约束。

下面的两个引理是研究不等式约束问题最优性条件的基础。

引理 5.1（Farkas 引理） 设 $\boldsymbol{a}_1, \boldsymbol{a}_2, \cdots, \boldsymbol{a}_r$ 和 $\boldsymbol{b}$ 均为 n 维向量，则所有满足 $\boldsymbol{a}_i^T \boldsymbol{d} \geqslant \mathbf{0}, i = 1, \cdots, r$ 的向量 $\boldsymbol{d} \in \mathbb{R}^n$，同时也满足不等式 $\boldsymbol{b}^T \boldsymbol{d} \geqslant \mathbf{0}$ 的充要条件是存在非负实数 $\lambda_1, \lambda_2, \cdots, \lambda_r$，使得

$$\boldsymbol{b} = \sum_{i=1}^{r} \lambda_i \boldsymbol{a}_i$$

下面介绍 Farkas 引理的一个推论——Gordan 引理。

引理 5.2（Gordan 引理） 设 $\boldsymbol{a}_1, \boldsymbol{a}_2, \cdots, \boldsymbol{a}_r$ 是 n 维向量，则不存在向量 $\boldsymbol{d} \in \mathbb{R}^n$，使

得

$$\boldsymbol{a}_i^T \boldsymbol{d} < \mathbf{0} \quad (i = 1, \cdots, r)$$

成立的充要条件是存在不全为零的非负实数组 $\lambda_1, \lambda_2, \cdots, \lambda_r$，使得

$$\sum_{i=1}^{r} \lambda_i \boldsymbol{a}_i = \mathbf{0}$$

这里给出不等式约束问题式 (5.12) 的一阶必要条件，即著名的 KKT（Karush-Kuhn-Tucker）条件。

定理 5.3（KKT 条件） 设

（1）$\boldsymbol{x}_*$ 为不等式约束问题式 (5.12) 的局部最优解，有效集为

$$\mathcal{I}(\boldsymbol{x}_*) = \{i \mid g_i(\boldsymbol{x}_*) = 0, i = 1, 2, \cdots, m\}$$

（2）$f(\boldsymbol{x})$，$g_i(\boldsymbol{x})(1 \leqslant i \leqslant m)$ 在 $\boldsymbol{x}_*$ 点可微；

（3）若对于 $i \in \mathcal{I}(\boldsymbol{x}_*)$ 的 $\nabla g_i(\boldsymbol{x}_*)$ 线性无关，则存在向量 $\boldsymbol{\lambda}_* = (\lambda_{1*}, \cdots, \lambda_{m*})$，使得

$$\begin{aligned} & \nabla f(\boldsymbol{x}_*) - \sum_{i=1}^{m} \lambda_{i*} \nabla g_i(\boldsymbol{x}_*) = \mathbf{0} \\ & \lambda_{i*} g_i(\boldsymbol{x}_*) = 0, \quad i = 1, \cdots, m \\ & \lambda_{i*} \geqslant 0, \quad i = 1, \cdots, m \end{aligned} \tag{5.13}$$

5.2.3 一般约束问题的最优性条件

考虑一般约束问题

$$\begin{aligned} \min \quad & f(\boldsymbol{x}) \\ \text{s.t.} \quad & h_j(\boldsymbol{x}) = 0, \quad j = 1, 2, \cdots, l \\ & g_i(\boldsymbol{x}) \geqslant 0, \quad i = 1, 2, \cdots, m \\ & \boldsymbol{x} \in \mathbb{R}^n \end{aligned} \tag{5.14}$$

其可行域 $\mathcal{D} = \{\boldsymbol{x} \in \mathbb{R}^n, h_j(\boldsymbol{x}) = 0, j \in \mathcal{E}, g_i(\boldsymbol{x}) \geqslant 0, i \in \mathcal{I}\}$，指标集 $\mathcal{E} = \{1, 2, \cdots, l\}$，$\mathcal{I} = \{1, 2, \cdots, m\}$。

定理 5.4（KKT 一阶必要条件） 设

（1）$\boldsymbol{x}_*$ 为不等式约束问题式 (5.14) 的局部最优解，则 $\boldsymbol{x}_*$ 处的有效约束集为

$$\mathcal{S}(\boldsymbol{x}_*) = \mathcal{E} \cup \mathcal{I}(\boldsymbol{x}_*) = \mathcal{E} \cup \{i \mid g_i(\boldsymbol{x}_*) = 0\};$$

（2）$f(\boldsymbol{x})$，$h_j(\boldsymbol{x})(j \in \mathcal{E})$ 和 $g_i(\boldsymbol{x})(i \in \mathcal{I})$ 在 $\boldsymbol{x}_*$ 点可微；

（3）若向量组 $\nabla h_j(\boldsymbol{x}_*)(j \in \mathcal{E})$，$\nabla g_i(\boldsymbol{x}_*)(i \in \mathcal{I}(\boldsymbol{x}_*))$ 线性无关，则存在向量 $(\boldsymbol{\mu}_*, \boldsymbol{\lambda}_*) \in \mathbb{R}^l \times \mathbb{R}^m$，其中 $\boldsymbol{\mu}_* = (\mu_{1*}, \cdots, \mu_{l*})^T$，$\boldsymbol{\lambda}_* = (\lambda_{1*}, \cdots, \lambda_{m*})^T$，使得

$$\begin{aligned}
&\nabla f\left(\boldsymbol{x}_*\right)-\sum_{i=1}^{l} \mu_{i*} \nabla h_j\left(\boldsymbol{x}_*\right)-\sum_{i=1}^{m} \lambda_{i*} \nabla g_i\left(\boldsymbol{x}_*\right)=\mathbf{0} \\
&h_j\left(\boldsymbol{x}_*\right)=0, \quad j \in \mathcal{E} \\
&g_i\left(\boldsymbol{x}_*\right) \geqslant 0, \quad \lambda_{i*} \geqslant 0, \quad \lambda_{i*} g_i\left(\boldsymbol{x}_*\right)=0, \quad i \in \mathcal{I}
\end{aligned} \tag{5.15}$$

在定理 5.4 中称式 (5.15) 为 KKT 条件，而满足 KKT 条件的点 $\boldsymbol{x}_*$ 称为 KKT 点；$(\boldsymbol{x}_*,(\boldsymbol{\mu}_*,\boldsymbol{\lambda}_*))$ 称为 KKT 对，其中 $(\boldsymbol{\mu}_*,\boldsymbol{\lambda}_*)$ 为拉格朗日乘子。通常 KKT 点、KKT 对和 KKT 条件可以不加区别的使用。同时，称 $\lambda_{i*} g_i\left(\boldsymbol{x}_*\right)=0$ 为互补松弛条件，这表明 λ_{i*} 与 $g_i\left(\boldsymbol{x}_*\right)$ 不能同时不为 0。若二者中的一个为 0，而另一个严格大于 0，则称之为满足严格互补松弛条件。

与等式约束相似，可以定义问题式 (5.14) 的拉格朗日函数为

$$L(\boldsymbol{x},\boldsymbol{\lambda},\boldsymbol{\mu})=f(\boldsymbol{x})-\sum_{j=1}^{l}\mu_j h_j(\boldsymbol{x})-\sum_{i=1}^{m}\lambda_i g_i(\boldsymbol{x})$$

不难求出关于变量 $\boldsymbol{x}$ 的梯度和 Hessian 矩阵，分别为

$$\nabla_{\boldsymbol{x}} L(\boldsymbol{x},\boldsymbol{\lambda},\boldsymbol{\mu})=\nabla f(\boldsymbol{x})-\sum_{j=1}^{l}\mu_j \nabla h_j(\boldsymbol{x})-\sum_{i=1}^{m}\lambda_i \nabla g_i(\boldsymbol{x})$$

$$\nabla_{\boldsymbol{x}}^2 L(\boldsymbol{x},\boldsymbol{\lambda},\boldsymbol{\mu})=\nabla^2 f(\boldsymbol{x})-\sum_{j=1}^{l}\mu_j \nabla^2 h_j(\boldsymbol{x})-\sum_{i=1}^{m}\lambda_i \nabla^2 g_i(\boldsymbol{x})$$

定理 5.5（KKT 二阶充分条件） 对于约束优化问题式 (5.14)，假设 $f(\boldsymbol{x}), h_j\left(\boldsymbol{x}\right)(j\in\mathcal{E})$ 和 $g_i(\boldsymbol{x})(i\in\mathcal{I})$ 均为二阶连续可微函数，有效约束集如定理 5.4 中定义，且 $(\boldsymbol{x}_*,(\boldsymbol{\mu}_*,\boldsymbol{\lambda}_*))$ 是问题 (5.14) 的 KKT 点。若对 $\forall \boldsymbol{d}\in\mathbb{R}^n$，$\boldsymbol{d}\neq\mathbf{0}$，$\nabla h_j\left(\boldsymbol{x}_*\right)^T\boldsymbol{d}=\mathbf{0}(j\in\mathcal{E})$，$\nabla g_i\left(\boldsymbol{x}_*\right)^T\boldsymbol{d}=\mathbf{0}\left(i\in\mathcal{I}\left(\boldsymbol{x}_*\right)\right)$ 均有 $\boldsymbol{d}^T\nabla_*^2 L\left(\boldsymbol{x}_*,\boldsymbol{\mu}_*,\boldsymbol{\lambda}_*\right)\boldsymbol{d}>\mathbf{0}$，则 $\boldsymbol{x}_*$ 是问题式 (5.14) 的一个严格局部极小点。

一般而言，问题式 (5.14) 的 KKT 点不一定是局部极小点。但如果问题为凸优化问题，那么 KKT 点、局部极小点以及全局极小点三者是等价的。

5.2.4 鞍点和对偶问题

一个不是局部极小值的驻点（一阶导数为 0 的点）称为鞍点（Saddle Point）。其数学含义是：目标函数在此点上的梯度（一阶导数）值为 0，但从该点出发的一个方向是函数的极大值点，而在另一个方向是函数的极小值点。

定义 5.2（鞍点） 对于约束问题式 (5.14)，若存在 $\boldsymbol{x}_*$ 和 $(\boldsymbol{\mu}_*,\boldsymbol{\lambda}_*)$，其中 $\boldsymbol{\lambda}_*\geqslant\mathbf{0}$，满足

$$L\left(\boldsymbol{x}_*,\boldsymbol{\mu},\boldsymbol{\lambda}\right)\leqslant L\left(\boldsymbol{x}_*,\boldsymbol{\mu}_*,\boldsymbol{\lambda}_*\right)\leqslant L\left(\boldsymbol{x},\boldsymbol{\mu}_*,\boldsymbol{\lambda}_*\right),\forall(\boldsymbol{x},\boldsymbol{\mu},\boldsymbol{\lambda})\in\mathbb{R}^n\times\mathbb{R}^l\times\mathbb{R}_+^m$$

则称 $\left(\boldsymbol{x}_*,\boldsymbol{\mu}_*,\boldsymbol{\lambda}_*\right)$ 是约束优化问题式 (5.14) 的拉格朗日函数鞍点。通常简称 $\boldsymbol{x}_*$ 为问题式 (5.14) 的鞍点。

定理 5.6 设 $(\boldsymbol{x}_*, \boldsymbol{\mu}_*, \boldsymbol{\lambda}_*)$ 是约束优化问题式 (5.14) 的鞍点，则其既为 KKT 点，又为全局极小点。

证明 由鞍点的定义 5.2 可知，$\boldsymbol{x}_*$ 是

$$\min_{\boldsymbol{x}\in\mathbb{R}^n} \ L(\boldsymbol{x}, \boldsymbol{\mu}_*, \boldsymbol{\lambda}_*)$$

的全局极小点。由无约束优化问题的最优性条件可得 $\nabla_{\boldsymbol{x}} L(\boldsymbol{x}, \boldsymbol{\mu}_*, \boldsymbol{\lambda}_*) = \boldsymbol{0}$，这就证明了约束优化问题式 (5.14) KKT 条件的另一个式子。

另一方面，再由鞍点的定义可知 $(\boldsymbol{\mu}_*, \boldsymbol{\lambda}_*)$ 是

$$\max_{\boldsymbol{\lambda}\geqslant\boldsymbol{0}(i\in\mathcal{I}),\boldsymbol{\mu}\in\mathbb{R}^l} \ L(\boldsymbol{x}_*, \boldsymbol{\mu}, \boldsymbol{\lambda})$$

的全局极大点，等价地，$(\boldsymbol{\mu}_*, \boldsymbol{\lambda}_*)$ 是

$$\min_{\boldsymbol{\lambda}\geqslant\boldsymbol{0}(i\in\mathcal{I}),\boldsymbol{\mu}\in\mathbb{R}^l} \ -L(\boldsymbol{x}_*, \boldsymbol{\mu}, \boldsymbol{\lambda})$$

的全局极小点。那么由定理 5.4 可知，存在乘子向量 $\boldsymbol{\omega}_* = (\omega_{1*}, \cdots, \omega_{m*})^T$ $(\omega_{i*} \leqslant 0, i = 1, \cdots, m)$，使得

$$\begin{cases} h_j(\boldsymbol{x}_*) = 0, & j \in \mathcal{E} \\ g_i(\boldsymbol{x}_*) = \omega_{i*} \geqslant 0, \quad \lambda_{i*} \geqslant 0, \quad \omega_{i*}\lambda_{i*} \geqslant 0, & i \in \mathcal{I} \end{cases}$$

则 $\boldsymbol{x}_*$ 是问题式 (5.14) 的可行点，且 $\boldsymbol{\lambda}_* g_i(\boldsymbol{x}_*) = \boldsymbol{0}$ $(i \in \mathcal{I})$，故 $(\boldsymbol{x}_*, \boldsymbol{\mu}_*, \boldsymbol{\lambda}_*)$ 满足问题式 (5.14) 的 KKT 条件，即为 KKT 点。

进一步，由鞍点的定义，对于问题式 (5.14) 的任意可行点 $\boldsymbol{x}$，有

$$L(\boldsymbol{x}_*, \boldsymbol{\mu}_*, \boldsymbol{\lambda}_*) \leqslant L(\boldsymbol{x}, \boldsymbol{\mu}_*, \boldsymbol{\lambda}_*),$$

即

$$f(\boldsymbol{x}_*) \leqslant f(\boldsymbol{x}) - \sum_{j=1}^{l} \mu_{i*} h_j(\boldsymbol{x}) - \sum_{i=1}^{m} \lambda_{i*} g_i(\boldsymbol{x}) \leqslant f(\boldsymbol{x})$$

则 $\boldsymbol{x}_*$ 为问题式 (5.14) 的全局极小点。

定理 5.6 说明鞍点一定是 KKT 点，但反之不一定成立。然而，对于凸优化问题，KKT 点、鞍点和全局极小点三者是等价的。

定理 5.7 设 $(\boldsymbol{x}_*, \boldsymbol{\mu}_*, \boldsymbol{\lambda}_*)$ 是凸优化问题的 KKT 点，则 $(\boldsymbol{x}_*, \boldsymbol{\mu}_*, \boldsymbol{\lambda}_*)$ 为对应拉格朗日函数的鞍点，同时 $\boldsymbol{x}_*$ 也是该问题的全局极小点。

证明 对于凸优化问题，拉格朗日函数

$$L(\boldsymbol{x}, \boldsymbol{\mu}_*, \boldsymbol{\lambda}_*) = f(\boldsymbol{x}) - \sum_{j=1}^{l} \mu_{i*} h_j(\boldsymbol{x}) - \sum_{i=1}^{m} \lambda_{i*} g_i(\boldsymbol{x})$$

是关于 $\boldsymbol{x}$ 的凸函数，故由凸函数的性质，有

$$\begin{aligned} & L(\boldsymbol{x}, \boldsymbol{\mu}_*, \boldsymbol{\lambda}_*) \\ \geqslant & L(\boldsymbol{x}_*, \boldsymbol{\mu}_*, \boldsymbol{\lambda}_*) + \nabla_{\boldsymbol{x}} L(\boldsymbol{x}_*, \boldsymbol{\mu}_*, \boldsymbol{\lambda}_*)^T (\boldsymbol{x} - \boldsymbol{x}_*) \end{aligned}$$

$$=L\left(\boldsymbol{x}_*,\boldsymbol{\mu}_*,\boldsymbol{\lambda}_*\right)$$

即 $L\left(\boldsymbol{x}_*,\boldsymbol{\mu}_*,\boldsymbol{\lambda}_*\right)\leqslant L\left(\boldsymbol{x},\boldsymbol{\mu}_*,\boldsymbol{\lambda}_*\right)$。另一方面，对于任意的 $(\boldsymbol{\lambda},\boldsymbol{\mu})\in\mathbb{R}_+^m\times\mathbb{R}^l$，有

$$\begin{aligned}L\left(\boldsymbol{x}_*,\boldsymbol{\mu},\boldsymbol{\lambda}\right)-L\left(\boldsymbol{x}_*,\boldsymbol{\mu}_*,\boldsymbol{\lambda}_*\right)&=-\sum_{j=1}^{l}\left(\mu_i-\mu_{i*}\right)h_j\left(\boldsymbol{x}_*\right)-\sum_{i=1}^{m}\left(\lambda_i-\lambda_{i*}\right)g_i\left(\boldsymbol{x}_*\right)\\&=-\sum_{i=1}^{m}\lambda_i g_i\left(\boldsymbol{x}_*\right)\end{aligned}$$

即 $L\left(\boldsymbol{x}_*,\boldsymbol{\mu},\boldsymbol{\lambda}\right)\leqslant L\left(\boldsymbol{x}_*,\boldsymbol{\mu}_*,\boldsymbol{\lambda}_*\right)$，故 $\left(\boldsymbol{x}_*,\boldsymbol{\mu}_*,\boldsymbol{\lambda}_*\right)$ 是鞍点，同时 $\boldsymbol{x}_*$ 也是该凸优化问题的全局极小点。

下面讨论约束优化问题的对偶问题。对于约束优化问题式 (5.14)，引入如下记号

$$G\left(\boldsymbol{x}\right)=\left(g_1\left(\boldsymbol{x}\right),\cdots,g_m\left(\boldsymbol{x}\right)\right)^T,\quad H\left(\boldsymbol{x}\right)=\left(h_1\left(\boldsymbol{x}\right),\cdots,h_l\left(\boldsymbol{x}\right)\right)^T$$

令 $\boldsymbol{y}\in\mathbb{R}^m,\boldsymbol{z}\in\mathbb{R}^l$，定义函数

$$L\left(\boldsymbol{x},\boldsymbol{y},\boldsymbol{z}\right)=f\left(\boldsymbol{x}\right)-G\left(\boldsymbol{x}\right)^T\boldsymbol{y}-H\left(\boldsymbol{x}\right)^T\boldsymbol{z}$$

及

$$\theta\left(\boldsymbol{y},\boldsymbol{z}\right)=\inf_{\boldsymbol{x}\in\mathbb{R}^n}L\left(\boldsymbol{x},\boldsymbol{y},\boldsymbol{z}\right)$$

易知 $\theta\left(\boldsymbol{y},\boldsymbol{z}\right)$ 是关于 $(\boldsymbol{y},\boldsymbol{z})$ 的凸函数。

约束问题式 (5.14) 的拉格朗日对偶定义为

$$\begin{aligned}&\max\ \theta\left(\boldsymbol{y},\boldsymbol{z}\right)\\&\text{s.t.}\ \ \boldsymbol{y}\in\mathbb{R}_+^m,\quad\boldsymbol{z}\in\mathbb{R}^l\end{aligned}\tag{5.16}$$

约束问题式 (5.14) 的 Wolfe 对偶定义为

$$\begin{aligned}&\max\ L\left(\boldsymbol{x},\boldsymbol{y},\boldsymbol{z}\right)\\&\text{s.t.}\ \ \nabla_{\boldsymbol{x}}L\left(\boldsymbol{x},\boldsymbol{y},\boldsymbol{z}\right)=\boldsymbol{0}\\&\qquad\ \boldsymbol{y}\in\mathbb{R}_+^m,\quad\boldsymbol{z}\in\mathbb{R}^l\end{aligned}$$

上面的两种对偶在某种意义上是一致的。事实上，对于拉格朗日对偶，由于目标函数 $\theta\left(\boldsymbol{y},\boldsymbol{z}\right)$ 本身就是拉格朗日函数关于 $\boldsymbol{x}$ 的极小值，所以显然有 $\nabla_{\boldsymbol{x}}L\left(\boldsymbol{x},\boldsymbol{y},\boldsymbol{z}\right)=\boldsymbol{0}$ 成立。将其合并到拉格朗日对偶的约束当中，就得到了所谓的 Wolfe 对偶。

特别地，对于线性规划问题和凸二次规划问题，拉格朗日对偶式 (5.16) 有更为清晰的形式。

设有线性规划问题

$$\begin{aligned}&\min\ \boldsymbol{c}^T\boldsymbol{x}\\&\text{s.t.}\ \ \boldsymbol{A}\boldsymbol{x}=\boldsymbol{b}\\&\qquad\ \boldsymbol{x}\geqslant\boldsymbol{0}\end{aligned}\tag{5.17}$$

其拉格朗日函数为

$$L(\boldsymbol{x},\boldsymbol{y},\boldsymbol{z})=\boldsymbol{c}^T\boldsymbol{x}-\boldsymbol{y}^T\boldsymbol{x}-\boldsymbol{z}^T(\boldsymbol{A}\boldsymbol{x}-\boldsymbol{b})$$

对上述函数关于 $\boldsymbol{x}$ 求极小。令

$$\nabla_{\boldsymbol{x}}L(\boldsymbol{x},\boldsymbol{y},\boldsymbol{z})=\boldsymbol{c}-\boldsymbol{y}-\boldsymbol{A}^T\boldsymbol{z}=\boldsymbol{0}$$

将其代入拉格朗日函数，得

$$\begin{aligned}\theta(\boldsymbol{y},\boldsymbol{z})&=\inf_{\boldsymbol{x}\in\mathbb{R}^n}\ L(\boldsymbol{x},\boldsymbol{y},\boldsymbol{z})\\&=\inf_{\boldsymbol{x}\in\mathbb{R}^n}\ \{(\boldsymbol{c}-\boldsymbol{y}-\boldsymbol{A}^T\boldsymbol{z})^T\boldsymbol{x}+\boldsymbol{z}^T\boldsymbol{b}\}\\&=\boldsymbol{z}^T\boldsymbol{b}\\&=\boldsymbol{b}^T\boldsymbol{z}\end{aligned}$$

注意到 $\boldsymbol{y}=\boldsymbol{c}-\boldsymbol{A}^T\boldsymbol{z}\geqslant\boldsymbol{0}$，于是有

$$\begin{aligned}&\max\ \boldsymbol{b}^T\boldsymbol{z}\\&\text{s.t.}\ \ \boldsymbol{A}^T\boldsymbol{z}\leqslant\boldsymbol{c}\end{aligned}$$

这就是线性规划问题式 (5.17) 的对偶规划。

设二次规划问题

$$\begin{aligned}\min\quad&\frac{1}{2}\boldsymbol{x}^T\boldsymbol{B}\boldsymbol{x}+\boldsymbol{z}^T\boldsymbol{x}\\\text{s.t.}\quad&\boldsymbol{A}\boldsymbol{x}\leqslant\boldsymbol{b}\end{aligned}\tag{5.18}$$

其中 $\boldsymbol{B}\in\mathbb{R}^{n\times n}$ 对称正定，$\boldsymbol{A}\in\mathbb{R}^{m\times n}$。

上述问题的拉格朗日函数为

$$L(\boldsymbol{x},\boldsymbol{y},\boldsymbol{z})=\frac{1}{2}\boldsymbol{x}^T\boldsymbol{B}\boldsymbol{x}+\boldsymbol{z}^T\boldsymbol{x}-\boldsymbol{y}^T(\boldsymbol{b}-\boldsymbol{A}\boldsymbol{x})$$

对上述函数关于 $\boldsymbol{x}$ 求极小。由于 $\boldsymbol{B}$ 对称正定，故函数 $L(\boldsymbol{x},\boldsymbol{y})$ 关于 $\boldsymbol{x}$ 为凸函数，令

$$\nabla_{\boldsymbol{x}}L(\boldsymbol{x},\boldsymbol{y},\boldsymbol{z})=\boldsymbol{B}\boldsymbol{x}+\boldsymbol{z}+\boldsymbol{A}^T\boldsymbol{y}=\boldsymbol{0}$$

解得 $\boldsymbol{x}=-\boldsymbol{B}^{-1}(\boldsymbol{z}+\boldsymbol{A}^T\boldsymbol{y})$ 。将其代入拉格朗日函数，得

$$\begin{aligned}\theta(\boldsymbol{y})&=\inf_{\boldsymbol{x}\in\mathbb{R}^n}\ L(\boldsymbol{x},\boldsymbol{y},\boldsymbol{z})\\&=\inf_{\boldsymbol{x}\in\mathbb{R}^n}\ \left\{(\boldsymbol{B}\boldsymbol{x}+\boldsymbol{z}+\boldsymbol{A}^T\boldsymbol{y})^T\boldsymbol{x}-\boldsymbol{y}^T\boldsymbol{b}-\frac{1}{2}\boldsymbol{x}^T\boldsymbol{B}\boldsymbol{x}\right\}\\&=-\boldsymbol{b}^T\boldsymbol{y}-\frac{1}{2}[-\boldsymbol{B}^{-1}(\boldsymbol{z}+\boldsymbol{A}^T\boldsymbol{y})]^T\boldsymbol{B}[-\boldsymbol{B}^{-1}(\boldsymbol{z}+\boldsymbol{A}^T\boldsymbol{y})]\\&=-\boldsymbol{b}^T\boldsymbol{y}-\frac{1}{2}(\boldsymbol{z}^T+\boldsymbol{y}^T\boldsymbol{A})\boldsymbol{B}^{-1}(\boldsymbol{z}+\boldsymbol{A}^T\boldsymbol{y})\\&=(-\boldsymbol{b}-\boldsymbol{A}\boldsymbol{B}^{-1}\boldsymbol{z})^T\boldsymbol{y}-\frac{1}{2}\boldsymbol{y}^T(\boldsymbol{A}\boldsymbol{B}^{-1}\boldsymbol{A}^T)\boldsymbol{y}-\frac{1}{2}\boldsymbol{z}^T\boldsymbol{B}^{-1}\boldsymbol{z}\end{aligned}$$

令

$$\boldsymbol{d}=-\boldsymbol{b}-\boldsymbol{A}\boldsymbol{B}^{-1}\boldsymbol{z},\quad \boldsymbol{D}=-\boldsymbol{A}\boldsymbol{B}^{-1}\boldsymbol{A}^T$$

则有

$$\theta(\boldsymbol{y})=\frac{1}{2}\boldsymbol{y}^T\boldsymbol{D}\boldsymbol{y}+\boldsymbol{d}^T\boldsymbol{y}-\frac{1}{2}\boldsymbol{z}^T\boldsymbol{B}^{-1}\boldsymbol{z}$$

注意到乘子向量 $\boldsymbol{y}\geqslant\boldsymbol{0}$，因此，二次规划问题式 (5.18) 可以表示为

$$\begin{aligned}\max\ &\frac{1}{2}\boldsymbol{y}^T\boldsymbol{D}\boldsymbol{y}+\boldsymbol{d}^T\boldsymbol{y}-\frac{1}{2}\boldsymbol{z}^T\boldsymbol{B}^{-1}\boldsymbol{z}\\ \text{s.t.}\ &\boldsymbol{y}\geqslant\boldsymbol{0}\end{aligned}$$

原问题与对偶问题的目标函数值之间的关系有以下定理。

定理 5.8（弱对偶定理）　设 $\bar{\boldsymbol{x}}$ 和 $(\bar{\boldsymbol{y}},\bar{\boldsymbol{z}})$ 分别是原问题式 (5.14) 和对偶问题式 (5.16) 的可行解，则有 $\theta(\bar{\boldsymbol{y}},\bar{\boldsymbol{z}})\leqslant f(\bar{\boldsymbol{x}})$。

证明　因 $\bar{\boldsymbol{x}}$ 和 $(\bar{\boldsymbol{y}},\bar{\boldsymbol{z}})$ 分别是原问题 (5.14) 和对偶问题 (5.16) 的可行解，故

$$\begin{aligned}\theta(\bar{\boldsymbol{y}},\bar{\boldsymbol{z}})&=\inf_{\boldsymbol{x}\in\mathbb{R}^n}\ \{f(\boldsymbol{x})-\bar{\boldsymbol{y}}^TG(\boldsymbol{x})-\bar{\boldsymbol{z}}^TH(\boldsymbol{x})\}\\ &\leqslant f(\bar{\boldsymbol{x}})-\bar{\boldsymbol{y}}^TG(\bar{\boldsymbol{x}})-\bar{\boldsymbol{z}}^TH(\bar{\boldsymbol{x}})\\ &\leqslant f(\bar{\boldsymbol{x}})\end{aligned}$$

5.3 罚函数法

罚函数法（Penalty Function Method）是一种常用的求解有不等式约束优化问题的方法。其基本思想是将约束条件转化为目标函数的惩罚项，借助罚函数将约束问题转化为无约束优化问题，进而通过求解一系列无约束优化问题来获取原约束问题的解，这类方法称为序列无约束极小化方法（Sequential Unconstrained Minimization Technique，SUMT）。迭代过程中，罚函数法通过对不可行点施加惩罚，迫使迭代点向可行域靠近。一旦迭代点成为可行点，便是原问题的最优解。

惩罚函数可以分为外点罚函数法和内点罚函数法。外点罚函数法（外点法）可处理等式约束、不等式约束的情形，它对初始点没有要求，可以取可行域内任意一点。内点罚函数法（内点法）初始点必须为可行域内一点，在约束比较复杂时，选择初始点是有难度的，并且只能解决不等式约束情形。

5.3.1 外点罚函数法

对于约束优化问题式 (5.1) 构造辅助函数

$$F(\boldsymbol{x},\sigma_k)=f(\boldsymbol{x})+\sigma_kp(\boldsymbol{x}) \tag{5.19}$$

其中 $\sigma_k>0$ 是一个逐渐增大的参数，称为惩罚因子（或罚参数、罚因子），$F(\boldsymbol{x},\sigma_k)$ 称为问题式 (5.1) 的增广目标函数。

$$p(\boldsymbol{x})=\sum_{i=1}^{m}\left(\min\left\{g_i(\boldsymbol{x}),0\right\}\right)^2+\sum_{j=1}^{l}h_j^2(\boldsymbol{x}) \tag{5.20}$$

为惩罚函数，并且满足条件：

（1）$p(\boldsymbol{x})=0$ 当且仅当 $\boldsymbol{x}$ 为该问题可行点；

（2）$p(\boldsymbol{x})$ 为连续函数；

（3）对所有 $\boldsymbol{x}\in\mathbb{R}^n$，$p(\boldsymbol{x})\geqslant 0$。

显然，增广目标函数 $F(\boldsymbol{x},\sigma_k)$ 是定义在 $\mathbb{R}^n$ 上的一个无约束函数。由增广目标函数 $F(\boldsymbol{x},\sigma_k)$ 的构造知：

当 $\boldsymbol{x}\in\mathcal{D}$ 时，$F(\boldsymbol{x},\sigma_k)\equiv f(\boldsymbol{x})$ ，此时 $F(\boldsymbol{x},\sigma_k)$ 的最优解就是问题式 (5.1) 的最优解；而当 $\boldsymbol{x}\notin\mathcal{D}$ 时，$F(\boldsymbol{x},\sigma_k)$ 的最优解就不一定是问题式 (5.1) 的最优解。但是研究当 $\boldsymbol{x}\notin\mathcal{D}$ 时，$F(\boldsymbol{x},\sigma_k)$ 的最优解我们是不感兴趣的，为此规定：当 $\boldsymbol{x}\notin\mathcal{D}$ 时，$F(\boldsymbol{x},\sigma_k)$ 在点 $\boldsymbol{x}$ 处的函数值迅速变大，换句话说，可行域外的任一点 $\boldsymbol{x}$ 处的函数值 $F(\boldsymbol{x},\sigma_k)$ 都相当大。此时要求 $F(\boldsymbol{x},\sigma_k)$ 在 $\mathbb{R}^n$ 中的最优解，只能让点 $\boldsymbol{x}$ 回到 $\mathcal{D}$ 内才有可能求得 $F(\boldsymbol{x},\sigma_k)$ 在 $\mathbb{R}^n$ 中的最优解，然而一旦当点 $\boldsymbol{x}$ 回到 $\mathcal{D}$ 内，即 $\boldsymbol{x}\in\mathcal{D}$，$F(\boldsymbol{x},\sigma_k)$ 就与问题式 (5.1) 有相同的最优解。

当 $\boldsymbol{x}\notin\mathcal{D}$ 时，$F(\boldsymbol{x},\sigma_k)$ 迅速变大是通过罚因子 σ_k 来实现。简言之，外点罚函数法的思想是：当点 $\boldsymbol{x}\notin\mathcal{D}$ 时，设法加大不可行点处的函数值，使不可行点不能成为 $F(\boldsymbol{x},\sigma_k)$ 在 $\mathbb{R}^n$ 中的最优解。

一般地，在用外点罚函数法求解问题式 (5.1) 时，我们首先构造增广目标函数 $F(\boldsymbol{x},\sigma_k)$，然后按照无约束优化方法求解。如果求出 $F(\boldsymbol{x},\sigma_k)$ 的最优解为 $\boldsymbol{x}_\sigma$，则判断 $\boldsymbol{x}_\sigma$ 是否属于 $\mathcal{D}$。如果 $\boldsymbol{x}_\sigma\in\mathcal{D}$，则 $\boldsymbol{x}_\sigma$ 是问题式 (5.1) 的最优解；如果 $\boldsymbol{x}_\sigma\notin\mathcal{D}$，则不是问题式 (5.1) 的最优解，此时说明原来的惩罚因子给小了，需加大惩罚因子，使得 $\sigma_{k+1}>\sigma_k$，然后再重新计算 $F(\boldsymbol{x},\sigma_k)$ 的最优解。

外点罚函数法的具体迭代步骤如下。

算法 5.1 外点罚函数法一般算法框架

Step 1 给定初始点 $\boldsymbol{x}_0$，初始惩罚因子 $\sigma_1>0$（可取 $\sigma_1=1$），精度 $\varepsilon>0$，$k:=1$；

Step 2 以 $\boldsymbol{x}_{k-1}$ 初始点，求解无约束优化问题

$$\min F(\boldsymbol{x},\sigma_k)=f(\boldsymbol{x})+\sigma_k p(\boldsymbol{x})$$

得到极小值点 $\boldsymbol{x}_*(\sigma_k)$（采用解析法求驻点或者用无约束优化方法求解），记为 $\boldsymbol{x}_k$；

Step 3 若 $\sigma_k p(\boldsymbol{x}_k)<\varepsilon$，$(p(\boldsymbol{x}_k)\to 0,\boldsymbol{x}_k\in\mathcal{D})$，则停止计算，得到近似极小点 $\boldsymbol{x}_k$；否则，令 $\sigma_{k+1}=c\sigma_k$（$c\in[2,50]$，常取 $c\in[4,10]$），令 $k:=k+1$，转 Step 2。

外点罚函数是通过一系列惩罚因子 $\{\sigma_k\}$，求 $F(\boldsymbol{x},\sigma_k)$ 的极小点来逼近原约束问题的最优点。这一系列的无约束极小点 $\boldsymbol{x}_*(\sigma_k)$ 将从约束可行域外部向约束边界运动，实际上，随着惩罚因子的增大，迫使惩罚项的值逐渐减小，从而使 $F(\boldsymbol{x},\sigma_k)$ 的极小点 $\boldsymbol{x}_*(\sigma_k)$ 沿着某一运动轨迹逐渐接近等式约束面与起作用的不等式约束面上的最优点 $\boldsymbol{x}_*$。当 σ_k 趋于无穷大时，$F(\boldsymbol{x},\sigma_k)$ 的极小点就是原问题的最优点 $\boldsymbol{x}_*$。

外点罚函数法算法简单，可以直接调用无约束优化算法的通用程序，因而容易编程实现，但也存在如下缺点：

（1）$\boldsymbol{x}_{k+1}$ 往往不是可行点，这对于某些实际问题是难以接受的；

（2）罚参数 σ_k 的选取比较困难。取的过小，可能起不到惩罚的作用；取的过大，可能造成 $F(\boldsymbol{x}, \sigma_k)$ 的 Hessian 矩阵的条件数很大，从而带来数值计算的困难；

（3）$p(\boldsymbol{x})$ 一般是不可微的，因而难以直接使用导数的优化算法，从而收敛速度缓慢。

【例 5.3】 使用外点罚函数法求解以下问题

$$\min\ x_1^2 + x_2^2$$

$$\text{s.t.}\ \ x_1 + x_2 = 1$$

解 实例代码 5.3 给出了解决上述问题的代码。

实例代码 5.3

```
import numpy as np
from scipy.optimize import minimize
#定义目标函数和约束条件
def objective(x):
    return x[0] ** 2 + x[1] ** 2
def constraint(x):
    return x[0] + x[1] - 1
#定义惩罚项
def penalty(x, sigma):
    return (constraint(x) ** 2) * sigma
#初始参数
sigma = 1
#不断增大 mu 的值，求解优化问题
for i in range(5):
    #构造带惩罚项的目标函数
    def target(x):
        return objective(x) + penalty(x, sigma)
    #求解优化问题
    x0 = [0, 0]
    res = minimize(target, x0)
    #增大 mu 的值
    sigma *= 10
    #输出结果
print(f"sigma = {sigma}: x = {res.x}")
```

运行结果如下：

```
sigma = 100000: x = [0.499975 0.499975]
```

从运行结果可以看出，上述优化问题目标函数最优时，x_1 和 x_2 的值分别约为 0.5 和 0.5。

5.3.2 内点罚函数法

内点罚函数法对企图从内部穿越可行域边界的点在目标函数中加入相应的“障碍”，距边界越近，障碍越大，在边界上给以无穷大的障碍，从而保障迭代一直在可行域内部移动。

内点罚函数法克服了外点罚函数法的不足之处，它的迭代过程均在可行域内进行，通过在可行域内寻找一串点列来逼近最优解。

首先在可行域 $\mathcal{D}$ 的边界设置一道障碍，当从可行域 $\mathcal{D}$ 中的某点 $\boldsymbol{x}_0$ 出发进行迭代时，每当迭代点靠近 $\mathcal{D}$ 的边界时，便被此边界上的障碍阻挡碰回，这种阻挡碰回实质上也是一种惩罚，换句话说，所谓阻挡碰回指当迭代点靠近 $\mathcal{D}$ 的边界时，离边界越近函数值增加越大，特别当迭代点到达边界上时，函数值变为无穷大。由此可以想象不可能在靠近 $\mathcal{D}$ 的边界上取得最优解，只能在远离 $\mathcal{D}$ 的边界内找到最优解。

按照上述想法，对于不等式约束问题

$$\begin{aligned} \min\ & f(\boldsymbol{x}) \\ \text{s.t.}\ & g_i(\boldsymbol{x}) \geqslant 0, \quad i=1,2,\cdots,m \\ & \boldsymbol{x} \in \mathbb{R}^n \end{aligned} \tag{5.21}$$

构造如下的增广目标函数

$$F(\boldsymbol{x}, r_k) = f(\boldsymbol{x}) + r_k q(\boldsymbol{x})$$

其中 $r_k > 0$ 为障碍因子，$q(\boldsymbol{x})$ 为障碍函数。通常有两种方法选取 $q(\boldsymbol{x})$，一种是倒数障碍函数，即

$$q(\boldsymbol{x}) = \sum_{i=1}^{m} \frac{1}{g_i(x)}$$

另一种是对数障碍函数，即

$$q(\boldsymbol{x}) = -\sum_{i=1}^{m} \ln\left[g_i(\boldsymbol{x})\right]$$

下面我们来分析 $F(\boldsymbol{x}, r_k)$ 是否符合内点罚函数法的构造设想。显然 $F(\boldsymbol{x}, r_k)$ 和 $f(\boldsymbol{x})$ 都定义在 $\mathcal{D}$ 内，r_k 取值较小时，当迭代点远离边界，$F(\boldsymbol{x}, r_k) \approx f(\boldsymbol{x})$，此时 $F(\boldsymbol{x}, r_k)$ 的最优解可作为问题式 (5.21) 的近似最优解；但当迭代点靠近 $\mathcal{D}$ 的边界时，由 $F(\boldsymbol{x}, r_k)$ 的构造知，即使 r_k 取值很小，但 $g_i(\boldsymbol{x}) \to 0$，即 $q(\boldsymbol{x}) \to +\infty$。这使得 $F(\boldsymbol{x}, r_k)$ 的函数值变得很大，此时显然不可能在区域 $\mathcal{D}$ 的边界附近求得 $F(\boldsymbol{x}, r_k)$ 的最优解，于是迫使迭代点被阻碰回到远离区域 $\mathcal{D}$ 的边界去寻优。

用式子表示当障碍因子 $r_1 > r_2 > \cdots > r_v > \cdots > 0$ 逐渐减小时，有

$$\lim_{r_k \to 0} F(\boldsymbol{x}, r_k) = f(\boldsymbol{x})$$

且

$$\lim_{r_k \to 0} \boldsymbol{x}(r_k) = \boldsymbol{x}_* \tag{5.22}$$

式 (5.22) 中 $\{\boldsymbol{x}(r_k)\}$ 为 $F(\boldsymbol{x}, r_k)$ 的极小点序列，$\boldsymbol{x}_*$ 为问题式 (5.21) 的最优解。

内点罚函数法具体迭代步骤如下。

算法 5.2 内点罚函数法的一般算法框架

Step 1 给定初始点 $\boldsymbol{x}_0 \in \mathcal{D}_0$，终止误差 $0 \leqslant \varepsilon \ll 1, \lambda_1 > 0, \rho \in (0,1)$ ，令 $k := 1$；

Step 2 以 x_{k-1} 为初始点，求解无约束优化问题

$$\min F(\boldsymbol{x}, r_k) = f(\boldsymbol{x}) + r_k q(\boldsymbol{x})$$

得到极小值点 $\boldsymbol{x}_*(r_k)$（采用解析法求驻点或者用无约束优化方法解），记为 $\boldsymbol{x}_k$；

Step 3 若 $r_k q(\boldsymbol{x}_k) \leqslant \varepsilon$ ，则停止计算，输入 $\boldsymbol{x} \approx \boldsymbol{x}_k$ 作为原问题的近似极小点；否则，转 Step 4；

Step 4 令 $r_{k+1} := \rho r_k, k := k+1$，转 Step 2。

内点罚函数法的优点在于每次迭代都是可行点，当迭代到一定次数时，尽管可能没有达到约束最优点，但可以被接受为一个较好的近似最优点。初始点应选择离约束边界较远的可行点；初始罚因子选取要适当，太大会增加迭代次数，太小会使罚函数性态变坏。罚函数的缩减系数一般在迭代中不起决定性作用，常取 $0.1 \sim 0.7$。

在内点罚函数法中，障碍函数的定义域是约束可行域。因此，在求 $F(\boldsymbol{x}, r_k)$ 的最优解时，并不是求它在整个 n 维欧氏空间中的最优解，而是求约束可行域

$$\mathcal{D} = \{\boldsymbol{x} \mid g_i(\boldsymbol{x}) > 0, \quad i = 1, 2, \cdots, m\}$$

上的极小点。这是因为障碍函数 $q(\boldsymbol{x}) = \sum\limits_{i=1}^{m} \dfrac{1}{g_i(x)}$ 在 $\mathcal{D}$ 的边界上无定义，而在 $\mathcal{D}$ 的外部某些项为负，并且可取绝对值任意大的负值，从而使 $F(\boldsymbol{x}, r_k)$ 趋于 $-\infty$，所以 $F(\boldsymbol{x}, r_k)$ 在全空间 $\mathbb{R}^n$ 内的极小点是不存在的。因此，在用无约束优化方法求 $F(\boldsymbol{x}, r_k)$ 的最优解时，要防止越过约束边界而搜索到非可行域中去，这就要求在一维搜索时，要适当控制步长，保证搜索在可行域内进行。

【例 5.4】 用内点罚函数法求解以下问题

$$\begin{aligned} \min \quad & x_1 + x_2 \\ \text{s.t.} \quad & -x_1^2 + x_2 \leqslant 0 \\ & x_1 \geqslant 0 \end{aligned}$$

解 实例代码 5.4 给出了解决上述问题的代码。

实例代码 5.4

```
import numpy as np
import matplotlib.pyplot as plt
#定义目标函数
def objective_function(x):
    return x[0] + x[1]
#定义约束条件
def constraint(x):
    return -x[0]**2 + x[1]
#定义惩罚函数
def penalty_function(x, penalty):
    return objective_function(x) - penalty * np.log(-constraint(x))
#定义惩罚函数的梯度函数
def gradient_penalty_function(x, penalty):
```

```
    d_constraint = np.array([-2 * x[0], 1])
    return np.array([1, 1]) - penalty * d_constraint / constraint(x)
#定义求解函数
def optimize(initial_x, penalty, learning_rate, max_iterations):
    x = initial_x
    history = []
    for i in range(max_iterations):
        f_value = objective_function(x)
        history.append(f_value)
        grad = gradient_penalty_function(x, penalty)
        x -= learning_rate * grad
        penalty *= 0.9 # Update penalty parameter
    return x, history
#设置初始参数值
initial_x = np.array([0.5, 0.5])
penalty = 1.0
learning_rate = 0.1
max_iterations = 100
#Optimize the problem
solution, history = optimize(initial_x, penalty, learning_rate, max_iterations)
#输出结果
print("Optimal solution:")
print("x =", solution)
print("f(x) =", objective_function(solution))
#绘制迭代过程图
plt.plot(history)
plt.xlabel("Iteration")
plt.ylabel("Objective Function Value")
plt.show()
```

运行结果如下：

```
Optimal solution:
x = [-6.85780008 -5.97931723]
f(x) = -12.837117307700446
```

从运行结果可以看出，上述优化问题的极小值约为 -12.84，x_1 和 x_2 的值分别约为 -6.86 和 -5.98。该问题求解的迭代过程图如图 5.3 所示。

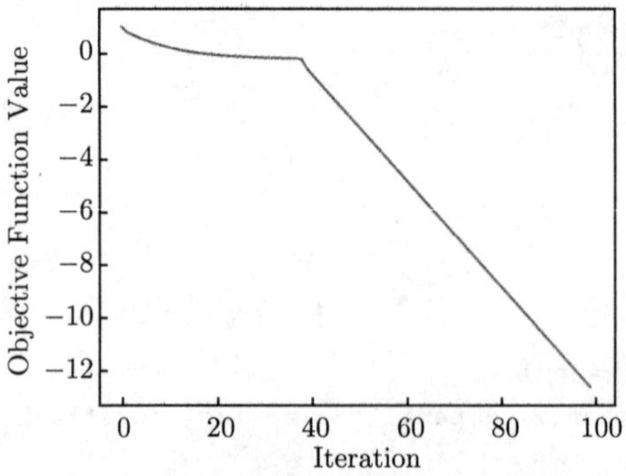

图 5.3　目标函数值随迭代次数变化图

5.3.3 混合罚函数法

对于一般约束优化问题

$$\begin{aligned} \min\ & f(\boldsymbol{x}) \\ \text{s.t. }\ & h_j(\boldsymbol{x})=0, \quad j=1,2,\cdots,l \\ & g_i(\boldsymbol{x})\geqslant 0, \quad i=1,2,\cdots,m \\ & \boldsymbol{x}\in\mathbb{R}^n \end{aligned} \tag{5.23}$$

用内点罚函数法处理不等式约束，用外点罚函数法处理等式约束，而对于上述同时具有等式约束和不等式约束的优化问题，考虑到外罚函数法和内点法的优点和缺点，采用混合罚函数法，即对于等式约束利用“外罚函数”的思想，而对于不等式约束则利用“障碍函数”的思想，构造出混合增广目标函数

$$\min\ F(\boldsymbol{x},\sigma_k,r_k)=f(\boldsymbol{x})+\sigma_k q(\boldsymbol{x})+r_k q(\boldsymbol{x}) \tag{5.24}$$

统一形式为

$$F(\boldsymbol{x},r_k)=f(\boldsymbol{x})+\sum_{i=1}^{m}G\left[g_i(\boldsymbol{x})\right]+\sum_{j=1}^{l}H\left[h_j(\boldsymbol{x})\right] \tag{5.25}$$

其中

$$G[g_i(\boldsymbol{x})]=\begin{cases} r_k\times\dfrac{1}{g_i(\boldsymbol{x})}\ \ \text{或}\ \ r_k\times -\ln\left(g_i(\boldsymbol{x})\right) & (\text{内点}) \\ \dfrac{1}{\sqrt{r_k}}\left\{\min\left[\boldsymbol{0},g_i(\boldsymbol{x})\right]\right\}^2 & (\text{外点}) \end{cases}$$

$$H\left[h_j(\boldsymbol{x})\right]=\frac{1}{\sqrt{r_k}}\left[h_j(\boldsymbol{x})\right]^2$$

混合罚函数法具有内点法的特点，迭代过程在可行域内进行，参数的选择与内点法相同。混合罚函数算法的具体迭代步骤如下。

算法 5.3　混合罚函数法一般算法框架

Step 1 任意给定初始点 $\boldsymbol{x}_0$，要求满足不等式约束，初始障碍因子 r_0，步长 $\lambda<1$，令 $k:=1$；

Step 2 以 $\boldsymbol{x}_{k-1}$ 为初始点，求解无约束优化问题 (5.25)，

$$\min F(\boldsymbol{x},r_k)=f(\boldsymbol{x})+r_k q(\boldsymbol{x})$$

得到极小值点 $\boldsymbol{x}_*(r_k)$；

Step 3 若 $\|\boldsymbol{x}_k-\boldsymbol{x}_{k-1}\|\leqslant\varepsilon$（如 $\varepsilon=10^{-6}$），则停止计算，得到近似极小点 $\boldsymbol{x}_*(r_k)$；否则，转 Step 4；

Step 4 $r_{k+1}:=\lambda r_k$，令 $k:=k+1$，转 Step 2。

为了加速罚函数法的收敛速度，可用外插技术。外插技术的主要思想是将 $F(\boldsymbol{x},r_k)$ 看作 r_k 的函数，r_k 趋近于 0 时，$\boldsymbol{x}_*(r_k)$ 趋于约束最优点。利用 $\boldsymbol{x}_*(r_k)$ 拟合 $\boldsymbol{x}_*$ 表达式，求

极限可得约束最优点。为了求 $\boldsymbol{x}_*(r_k)$ 的表达式，自然会想到利用前几个 $\boldsymbol{x}_*(r_k)$，通过曲线的拟合近似地予以反应。

假设对于罚因子 $r_1 > r_2 > \cdots > r_m$，已求得 $F(\boldsymbol{x}, r_k)$ 的极小值 $x_0, x_1, \cdots, x_m$，则可用高次多项式拟合极小值点的轨迹曲线，即

$$\boldsymbol{x}_*(r) \approx H(r) = \sum_{i=0}^{m} a_i r_i$$

其中 $\boldsymbol{a} = (a_0, a_1, \cdots, a_m)^T$ 为系数向量，其值可由 $m+1$ 个线性方程组求得

$$\boldsymbol{x}_k = \sum_{i=0}^{m} a_i r_k^i, \quad k = 0, 1, 2, \ldots, m$$

令 $r = r_{m+1}$，得

$$\boldsymbol{x}(r_{m+1}) = \sum_{i=0}^{m} a_i r_{m+1}^i$$

该点是约束最优点 $\boldsymbol{x}_*$ 的一个最优逼近，可将其作为 $F(\boldsymbol{x}, r_{m+1})$ 极小值点的初始点，这将有利于加速收敛。

在实际应用中，常采用两点外插法或三点外插法。两点外插法是利用前两次求得的 $F(\boldsymbol{x}, r_k)$ 的极小值点 $\boldsymbol{x}_*(r_{k+1})$。通常采用外插公式为

$$H(r) = a_0 + a_1 r \approx \boldsymbol{x}_*(r)$$

已知 $\boldsymbol{x}_*(r_k)$ 和 $\boldsymbol{x}_*(r_{k-1})$，且 $r_k = c r_{k-1}$，代入上式，得

$$a_0 = \frac{c\boldsymbol{x}_*\left(r_{k-1}\right) - \boldsymbol{x}_*\left(r_k\right)}{c-1}, \quad a_1 = \frac{\boldsymbol{x}_*\left(r_{k-1}\right) - a_0}{r_{k-1}}$$

令 $r = r_{m+1}$，即可求得外插点

$$\boldsymbol{x}_* = \boldsymbol{x}_*(r_{k+1}) = a_0 + a_1 r_{k+1}$$

5.4 广义乘子法

在罚函数法中，由于增广目标函数的 Hessian 矩阵 $\nabla^2 F(\boldsymbol{x}, \sigma_k)$ 和 $\nabla^2 F(\boldsymbol{x}, r_k)$ 的条件数随 σ_k 增大和 r_k 的减小而变大，会造成求解一系列无约束优化问题的困难。为使无约束优化的解接近于原约束优化的解，选择的罚因子 σ_k 和 r_k 应该充分大或充分小，但是，这时对应的无约束优化问题的目标函数接近于“病态”。这是罚函数法固有的、本质性的弱点。为了克服这一缺点，将惩罚函数与拉格朗日函数结合起来，构造出更合适的新目标函数，使得在罚因子适当大的情况下，借助于拉格朗日乘子就能逐步达到原约束问题的最优解。由于这种方法要借助于拉格朗日乘子的迭代进行求解而又区别于经典的拉格朗日乘子法，故称为广义乘子法（General Multiplier Method），或乘子法、乘子罚函数法。Hestenes 和 Powell 于 1969 年分别独立地将拉格朗日函数与外点罚函数结合起来建立等式约束优化问题的增广

拉格朗日罚函数；后来，Rockafellar 在 1973 年将其推广到不等式约束优化问题中，建立了约束优化问题的乘子罚函数法。

5.4.1 等式约束问题的乘子法

考虑等式约束优化问题

$$\begin{aligned} \min\ & f(\boldsymbol{x}) \\ \text{s.t.}\ & \boldsymbol{h}(\boldsymbol{x}) = \boldsymbol{0} \end{aligned} \tag{5.26}$$

其中 $\boldsymbol{h}(\boldsymbol{x}) = (h_1(\boldsymbol{x}), \cdots, h_l(\boldsymbol{x}))^T$。记可行域 $\mathcal{D} = \{\boldsymbol{x} \in \mathbb{R}^n \mid \boldsymbol{h}(\boldsymbol{x}) = \boldsymbol{0}\}$，则问题式 (5.26) 的拉格朗日函数为

$$L(\boldsymbol{x}, \boldsymbol{\lambda}) = f(\boldsymbol{x}) - \boldsymbol{\lambda}^T \boldsymbol{h}(\boldsymbol{x})$$

其中 $\boldsymbol{\lambda} = (\lambda_1, \cdots, \lambda_l)^T$ 为乘子向量。设 $(\boldsymbol{x}_*, \boldsymbol{\lambda}_*)$ 是问题式 (5.26) 的 KKT 点，则由最优性条件有

$$\nabla_{\boldsymbol{x}} L(\boldsymbol{x}_*, \boldsymbol{\lambda}_*) = \boldsymbol{0}, \quad \nabla_{\boldsymbol{\lambda}} L(\boldsymbol{x}_*, \boldsymbol{\lambda}_*) = -\boldsymbol{h}(\boldsymbol{x}_*) = \boldsymbol{0}$$

此外，不难发现，对于任意的 $\boldsymbol{x} \in \mathcal{D}$，有

$$L(\boldsymbol{x}_*, \boldsymbol{\lambda}_*) = f(\boldsymbol{x}_*) \leqslant f(\boldsymbol{x}) = f(\boldsymbol{x}) - \boldsymbol{\lambda}_*^T \boldsymbol{h}(\boldsymbol{x}) = L(\boldsymbol{x}, \boldsymbol{\lambda}_*)$$

上式表明，若已知乘子向量 $\boldsymbol{\lambda}_*$，则问题式 (5.26) 可等价地转化为

$$\begin{aligned} \min\ & L(\boldsymbol{x}, \boldsymbol{\lambda}_*) \\ \text{s.t.}\ & \boldsymbol{h}(\boldsymbol{x}) = \boldsymbol{0} \end{aligned} \tag{5.27}$$

可以考虑用外罚函数法求解问题式 (5.27)，其增广目标函数为

$$\psi(\boldsymbol{x}, \boldsymbol{\lambda}_*, \sigma) = L(\boldsymbol{x}, \boldsymbol{\lambda}_*) + \frac{\sigma}{2}\|\boldsymbol{h}(\boldsymbol{x})\|^2$$

可以证明，当 $\sigma > 0$ 适当大时，$\boldsymbol{x}_*$ 是 $\psi(\boldsymbol{x}, \boldsymbol{\lambda}_*, \sigma)$ 的极小点。由于乘子 $\boldsymbol{\lambda}_*$ 事先并不知道，故可考虑下面的增广目标函数

$$\begin{aligned} \psi(\boldsymbol{x}, \boldsymbol{\lambda}, \sigma) &= L(\boldsymbol{x}, \boldsymbol{\lambda}) + \frac{\sigma}{2}\|\boldsymbol{h}(\boldsymbol{x})\|^2 \\ &= f(\boldsymbol{x}) - \boldsymbol{\lambda}^T \boldsymbol{h}(\boldsymbol{x}) + \frac{\sigma}{2}\|\boldsymbol{h}(\boldsymbol{x})\|^2 \end{aligned}$$

可以进行如下操作：首先固定一个 $\boldsymbol{\lambda} = \overline{\boldsymbol{\lambda}}$，求 $\psi(\boldsymbol{x}, \boldsymbol{\lambda}, \sigma)$ 的极小点 $\overline{\boldsymbol{x}}$；然后再适当改变 $\boldsymbol{\lambda}$ 的值，求新的 $\overline{\boldsymbol{x}}$，直到求得满足要求的 $\boldsymbol{x}_*$ 和 $\boldsymbol{\lambda}_*$ 为止。具体地，在第 k 次迭代求无约束子问题 $\min\ \psi(\boldsymbol{x}, \boldsymbol{\lambda}_k, \sigma)$ 的极小点 $\boldsymbol{x}_k$ 时，由取极值的必要条件有

$$\nabla_{\boldsymbol{x}} \psi(\boldsymbol{x}_k, \boldsymbol{\lambda}_k, \sigma) = \nabla f(\boldsymbol{x}_k) - \nabla \boldsymbol{h}(\boldsymbol{x}_k)[\boldsymbol{\lambda}_k - \sigma \boldsymbol{h}(\boldsymbol{x}_k)] = \boldsymbol{0}$$

而在原问题的 KKT 点 $(\boldsymbol{x}_*, \boldsymbol{\lambda}_*)$ 处有

$$\nabla f(\boldsymbol{x}_*) - \nabla \boldsymbol{h}(\boldsymbol{x}_*)\boldsymbol{\lambda}_* = \boldsymbol{0}, \quad \boldsymbol{h}(\boldsymbol{x}_*) = \boldsymbol{0}$$

希望得到 $\{\boldsymbol{x}_k\} \to \boldsymbol{x}_*$ 且 $\{\boldsymbol{\lambda}_k\} \to \boldsymbol{\lambda}_*$。于是将上面两式相比较后，可取乘子序列 $\{\boldsymbol{\lambda}_k\}$ 的更

新公式为

$$\boldsymbol{\lambda}_{k+1}=\boldsymbol{\lambda}_k-\rho\boldsymbol{h}\left(\boldsymbol{x}_k\right)$$

$\{\boldsymbol{\lambda}_k\}$ 收敛的充要条件是 $\{\boldsymbol{h}\left(\boldsymbol{x}_k\right)\}\to\mathbf{0}$ 。同时 $\boldsymbol{h}\left(\boldsymbol{x}_k\right)=\mathbf{0}$ 也是判别 $(\boldsymbol{x}_k,\boldsymbol{\lambda}_k)$ 是 KKT 对的充要条件。

下面给出求解等式约束问题 (5.26) 的乘子法的详细步骤（该算法是由 Powell 和 Hestenes 首先提出来的，因此，也称 PH 算法）。

算法 5.4 PH 算法一般算法框架

Step 1 选取初始值。给定 $\boldsymbol{x}_0\in\mathbb{R}^n,\boldsymbol{\lambda}_1\in\mathbb{R}^l,\sigma_1>0,0\leqslant\varepsilon\ll1,\vartheta\in(0,1),\eta>1$ ，令 $k:=1$；

Step 2 求解子问题。以 $\boldsymbol{x}_{k-1}$ 为初始点，求解无约束子问题的极小点 $\boldsymbol{x}_k$，

$$\min\ \psi\left(\boldsymbol{x},\boldsymbol{\lambda}_k,\sigma_k\right)=f\left(\boldsymbol{x}\right)-\boldsymbol{\lambda}_k^T\boldsymbol{h}\left(\boldsymbol{x}\right)+\frac{\sigma_k}{2}\|\boldsymbol{h}\left(\boldsymbol{x}\right)\|^2$$

Step 3 检验终止条件。若 $\|\boldsymbol{h}\left(\boldsymbol{x}_k\right)\|\leqslant\varepsilon$，停算，输出 $\boldsymbol{x}_k$ 作为原问题的近似极小点；否则，转 Step 4；

Step 4 更新罚参数。若 $\|\boldsymbol{h}\left(\boldsymbol{x}_k\right)\|\geqslant\vartheta\|\boldsymbol{h}\left(\boldsymbol{x}_{k-1}\right)\|$，令 $\sigma_{k+1}:=\eta\sigma_k$；否则，$\sigma_{k+1}=\sigma_k$；

Step 5 更新乘子向量。令 $\boldsymbol{\lambda}_{k+1}:=\boldsymbol{\lambda}_k-\sigma_k\boldsymbol{h}\left(\boldsymbol{x}_k\right)$；

Step 6 令 $k:=k+1$，转 Step 1。

【例 5.5】 用 PH 算法求解以下问题

$$\min\ 2x_1^2+2x_2^2-2x_1x_2$$

$$\text{s.t.}\ \ x_1+x_2-1=0$$

给定初始点 $\boldsymbol{x}_0=(0,0)^T$，惩罚因子为 1。

解 实例代码 5.5 给出了解决上述问题的代码。

实例代码 5.5

```
import numpy as np
import matplotlib.pyplot as plt
#目标函数
def f(x):
    return 2*x[0]**2 + x[1]**2-2*x[0]*x[1]
#构造罚函数
def penalty(x, mu):
    return f(x) + mu/2 * (x[0] + x[1] - 1)**2
#求导数
def derivative(x, mu):
    dfdx1 = 4 * x[0]-2*x[1]+ mu * (x[0] + x[1] - 1)
    dfdx2 = 2 * x[1]-2*x[0] + mu * (x[0] + x[1] - 1)
    return np.array([dfdx1, dfdx2])
#给主函数赋值
x0 = np.array([0, 0])
mu = 1
alpha = 0.1
max_iter = 50
#用乘子罚函数迭代求解
def gradient_descent(x0, mu, alpha, max_iter):
```

```
    x = x0
    x_history = [x]
    f_history = [f(x)]
    for i in range(max_iter):
        x = x - alpha * derivative(x, mu)
        x_history.append(x)
        f_history.append(f(x))
    return x, x_history, f_history
x, x_history, f_history = gradient_descent(x0, mu, alpha, max_iter)
print(x)
#绘制迭代过程图
def plot_iterations(x_history, f_history):
    plt.figure()
    plt.plot(f_history)
    plt.xlabel('Iteration')
    plt.ylabel('f(x)')
    plt.show()
plot_iterations(x_history, f_history)
```

运行结果如下：

```
[0.28571422 0.42857128]
```

从运行结果可以看出，上述优化问题 x_1 和 x_2 的值分别约为 0.29 和 0.43。

从图 5.4 可以看出，上述优化问题在迭代 20 次后，目标函数值无限逼近 0.1020。

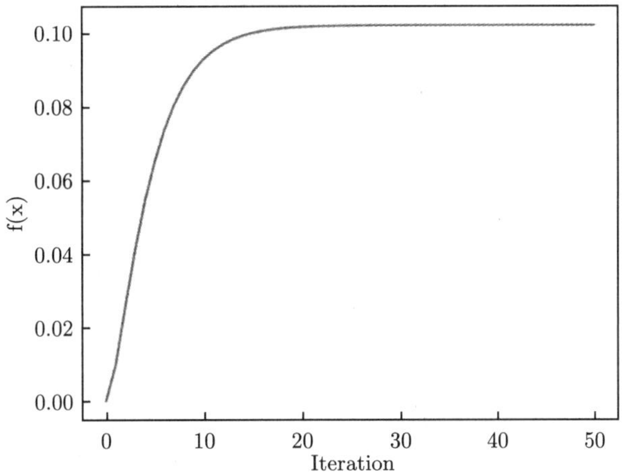

图 5.4 目标函数值随迭代次数变化图

5.4.2 一般约束问题的乘子法

考虑一般约束优化问题式 (5.1) 的乘子法。其基本思想是：把解等式约束优化问题的乘子法推广到不等式约束优化问题，即先引进辅助变量把不等式约束化为等式约束，然后再利用最优性条件消去辅助变量。

对不等式约束问题

$$
\begin{aligned}
&\min\ f(\boldsymbol{x})\\
&\text{s.t.}\ \ g_i(\boldsymbol{x}) \geqslant 0, \quad i=1,2,\cdots,m
\end{aligned} \tag{5.28}
$$

引进辅助变量 $z_i(i=1,2,\cdots,m)$，式 (5.28) 转化为等价的等式约束问题

$$
\begin{aligned}
&\min\ f(\boldsymbol{x})\\
&\text{s.t.}\ \ g_i(\boldsymbol{x}) - z_i^2 = 0, \quad i=1,2,\cdots,m
\end{aligned} \tag{5.29}
$$

其增广拉格朗日函数为

$$
M(\boldsymbol{x},\boldsymbol{z},\boldsymbol{\lambda},\sigma) = f(\boldsymbol{x}) - \sum_{i=1}^{m} \lambda_i \left(g_i(\boldsymbol{x}) - z_i^2\right) + \frac{\sigma}{2}\sum_{i=1}^{m}\left(g_i(\boldsymbol{x}) - z_i^2\right)^2
$$

先考虑函数 $M(\boldsymbol{x},\boldsymbol{z},\boldsymbol{\lambda},\sigma)$ 关于 $\boldsymbol{z}$ 的极小化函数：关于变量 z_i, 它是 z_i^2 的二次函数

$$
\tilde{M}(\boldsymbol{x},\boldsymbol{z},\boldsymbol{\lambda},\sigma) = \left(z_i^2 - \frac{1}{\sigma}\left(\sigma g_i(\boldsymbol{x}) - \lambda_i\right)\right)^2 + u_i
$$

当 $\sigma g_i(\boldsymbol{x}) - \lambda_i \geqslant 0$ 时，要使函数取最小，$z_i^2 = g_i(\boldsymbol{x}) - \dfrac{\lambda_i}{\sigma}$；否则 $z_i = 0$。因此

$$
z_i^2 = \frac{1}{\sigma}\max\left(0, \sigma g_i(\boldsymbol{x}) - \lambda_i\right), \quad i=1,2,\cdots,m
$$

得到增广目标函数

$$
M(\boldsymbol{x},\boldsymbol{\lambda},\sigma) = f(\boldsymbol{x}) + \frac{1}{2\sigma}\sum_{i=1}^{m}\left\{\left[\max\left(0, \lambda_i - \sigma g_i(\boldsymbol{x})\right)\right]^2 - \lambda_i^2\right\}
$$

乘子迭代公式为

$$
\lambda_i^{k+1} = \max\left[0, \lambda_i^k - \sigma g_i\left(x_k\right)\right], \quad i=1,2,\cdots,m
$$

终止准则为

$$
\left(\sum_{i=1}^{m}\left[\max\left(g_i\left(x_k\right), \frac{\lambda_i^k}{\sigma}\right)\right]^2\right)^{1/2} < \varepsilon
$$

现在，对于一般约束优化问题式 (5.1)，综合等式约束和不等式约束情况的增广拉格朗日函数为

$$
\begin{aligned}
\psi\left(\boldsymbol{x},\boldsymbol{\mu},\boldsymbol{\lambda},\sigma\right) = {} & f\left(\boldsymbol{x}\right) - \sum_{j=1}^{l}\mu_i h_j\left(\boldsymbol{x}\right) + \frac{\sigma}{2}\sum_{j=1}^{l} h_j^2\left(\boldsymbol{x}\right)\\
& + \frac{\sigma}{2}\sum_{i=1}^{m}\left(\left[\min\{0, \sigma g_i\left(\boldsymbol{x}\right) - \lambda_i\}\right]^2 - \lambda_i^2\right)
\end{aligned} \tag{5.30}
$$

乘子迭代的公式为

$$\mu_j^{k+1} = \mu_j^k - \sigma h_j(\boldsymbol{x}), \quad j = 1, \cdots, l$$

$$\lambda_i^{k+1} = \max\{0, \lambda_i^k - \sigma g_i(\boldsymbol{x}_k)\}, \quad i = 1, \cdots, m$$

令

$$\beta_k = \left\{ \sum_{j=1}^{l} h_j^2(\boldsymbol{x}) + \sum_{i=1}^{m} \left[\min\left\{ g_i(\boldsymbol{x}_k), \frac{\lambda_i^k}{\sigma} \right\} \right]^2 \right\}^{\frac{1}{2}} \tag{5.31}$$

则终止准则为

$$\beta_k \leqslant \varepsilon$$

下面给出求解一般约束优化问题式 (5.1) 乘子法的详细步骤。由于这一算法是 Rockafellar 在 PH 算法的基础上提出的，因此简称为 PHR 算法。

算法 5.5 PHR 算法一般框架

Step 1 选取初始值。给定 $\boldsymbol{x}_0 \in \mathbb{R}^n, \boldsymbol{\mu}_0 \in \mathbb{R}^l, \boldsymbol{\lambda}_0 \in \mathbb{R}^m, \sigma_1 > 0, 0 \leqslant \varepsilon \ll 1, \vartheta \in (0,1), \eta > 1$，令 $k := 1$;

Step 2 求解子问题。以 $\boldsymbol{x}_{k-1}$ 为初始点，求解无约束子问题 min $\psi(\boldsymbol{x}, \boldsymbol{\mu}_k, \boldsymbol{\lambda}_k, \sigma_k)$ 的极小点 $\boldsymbol{x}_k$，其中 $\psi(\boldsymbol{x}, \boldsymbol{\mu}_k, \boldsymbol{\lambda}_k, \sigma_k)$ 由式 (5.30) 定义;

Step 3 检验终止条件。若 $\beta_k \leqslant \varepsilon$，其中，$\beta_k$ 由式 (5.31) 定义，则停止迭代，输出 $\boldsymbol{x}_k$ 作为原问题的近似点极小点；否则，转 Step 4;

Step 4 更新罚参数。若 $\beta_k \geqslant \vartheta\beta_{k-1}$，令 $\sigma_{k+1} := \eta\sigma_k$；否则，$\sigma_{k+1} = \sigma_k$;

Step 5 更新乘子向量。计算

$$\mu_j^{k+1} = \mu_j^k - \sigma h_j(\boldsymbol{x}), \quad j = 1, \cdots, l$$

$$\lambda_i^{k+1} = \max\{0, \lambda_i^k - \sigma g_i(\boldsymbol{x}_k)\}, \quad i = 1, \cdots, m$$

Step 6 令 $k := k + 1$，转 Step 2。

【例 5.6】 用 PHR 算法求解以下不等约束优化问题

$$\min\ x_1^2 + x_2^2$$

$$\text{s.t.}\ \ x_1 + x_2 \geqslant 2$$

寻求一个最佳的参数 $(x_1, x_2)^T$，使上述目标函数达到最小。

解 增广拉格朗日函数为

$$\begin{aligned}
&M(x_1, x_2, \lambda, \sigma) \\
&= x_1^2 + x_2^2 + \frac{1}{2\sigma}\left\{[\max(0, \lambda - \sigma(x_1 + x_2 - 2))]^2 - \lambda^2\right\} \\
&= \begin{cases} x_1^2 + x_2^2 - \dfrac{\lambda^2}{2\sigma}, & x_1 + x_2 - 2 > \dfrac{\lambda}{\sigma} \\ x_1^2 + x_2^2 + \dfrac{1}{2\sigma}\left\{[\lambda - \sigma(x_1 + x_2 - 2)]^2 - \lambda^2\right\}, & x_1 + x_2 - 2 \leqslant \dfrac{\lambda}{\sigma} \end{cases}
\end{aligned}$$

当 $x_1+x_2-2>\dfrac{\lambda}{\sigma}$ 时, 令 $\dfrac{\partial M}{\partial x_1}=2x_1=0$，$\dfrac{\partial M}{\partial x_2}=2x_2=0$，得 $\tilde{x}=(0,0)^T$。当 σ 充分大时，该点不满足 $x_1+x_2-2>\dfrac{\lambda}{\sigma}$ ，从而 $\tilde{x}=(0,0)^T$ 不是极小点。

当 $x_1+x_2-2\leqslant\dfrac{\lambda}{\sigma}$ 时，令

$$\frac{\partial M}{\partial x_1}=2x_1-[\lambda-\sigma(x_1+x_2-2)]=0$$
$$\frac{\partial M}{\partial x_2}=2x_2-[\lambda-\sigma(x_1+x_2-2)]=0$$

得

$$\tilde{\boldsymbol{x}}=\left(\frac{2\sigma+\lambda}{2\sigma+2},\frac{2\sigma+\lambda}{2\sigma+2}\right)^T$$

当 σ 充分大时，该点满足 $x_1+x_2-2\leqslant\dfrac{\lambda}{\sigma}$。将其中的 λ 视为 λ_k，采用下面的公式得出 λ_{k+1}，即

$$\begin{aligned}\lambda_{k+1}&=\max(0,\lambda_k-\sigma(x_1+x_2-2))\\&=\max\left(0,\frac{2\sigma+\lambda_k}{\sigma+1}\right)\end{aligned}$$

若给定 $\lambda_k>0$，且 $\sigma>0$，则

$$\lambda_{k+1}=\frac{1}{\sigma+1}\lambda_k+\frac{2\sigma}{\sigma+1}$$

当 $\sigma>0$ 时，$\{\lambda_k\}$ 收敛。设 $\lambda_k\to\lambda_*$，对上式取极限得

$$\lambda_*=\frac{1}{\sigma+1}\lambda_*+\frac{2\sigma}{\sigma+1}$$

因此 $\lambda_*=2$ 。在 $x_1=x_2=\dfrac{2\sigma+\lambda}{2\sigma+2}$ 中，令 $\lambda=2$，得原问题的最优解 $\boldsymbol{x}_*=(1,1)^T$。

实例代码 5.6 给出了解决上述问题的代码。

实例代码 5.6

```
import numpy as np
import matplotlib.pyplot as plt
def lagrangian(x, y, lmbda, rho):
    #定义目标函数和约束条件
    f = x ** 2 + y ** 2
    g = x + y - 2
    #定义增广拉格朗日函数
    L = f + lmbda * g + (rho / 2) * g ** 2
    return L
#定义算法的初始参数
x = 0
y = 0
```

```
lmbda = 0
rho = 1
#定义迭代次数和步长
n_iterations = 10
step_size = 0.1
#创建一个空列表来存储每个迭代步骤的结果
results = []
for i in range(n_iterations):
    #计算目标函数和约束条件的梯度
    grad_f_x = 2 * x
    grad_f_y = 2 * y
    grad_g_x = 1
    grad_g_y = 1
    g = x + y - 2
    #计算更新方程并更新参数
    x -= step_size * (grad_f_x + lmbda * grad_g_x + rho * grad_g_x * g)
    y -= step_size * (grad_f_y + lmbda * grad_g_y + rho * grad_g_y * g)
    lmbda += rho * g
    #将当前结果添加到结果列表中
    results.append((x, y))
    #输出结果
print("Iteration {}: x = {}, y = {}".format(i + 1, x, y))
print('Optimal objective value:', x ** 2 + y ** 2)
#绘制迭代过程图
x_vals = np.linspace(-1, 2, 100)
y_vals = np.linspace(-1, 2, 100)
X, Y = np.meshgrid(x_vals, y_vals)
Z = X ** 2 + Y ** 2
G = X + Y - 2
fig, ax = plt.subplots(figsize=(8, 8))
ax.contour(X, Y, Z, 50, cmap='jet')
ax.contour(X, Y, G, levels=[0], colors='red', linewidths=2)
for i in range(len(results) - 1):
    x1, y1 = results[i]
    x2, y2 = results[i + 1]
    ax.plot([x1, x2], [y1, y2], 'bo-', alpha=0.5)
plt.show()
```

输出结果如下：

```
Iteration 10: x = 1.0248512511999999, y = 1.0248512511999999
Optimal objective value: 2.1006401741724106
```

从上述结果可以看出，该问题参数取值约为 $(1.0248, 1.02485)^T$ 时，目标函数得到最优解约为 2.1006。该问题求解的迭代过程图如图 5.5 所示。

【例 5.7】 用广义乘子法求解以下问题

$$\begin{aligned} \min\ & x_1^2 + 2x_2^2 - 2x_1 \\ \text{s.t.}\ & x_1 + x_2 = 1 \\ & x_1 - x_2 \geqslant 0 \end{aligned}$$

给定初始点 $\boldsymbol{x}_0 = (0.5, 0.5)^T$，惩罚因子为 1。

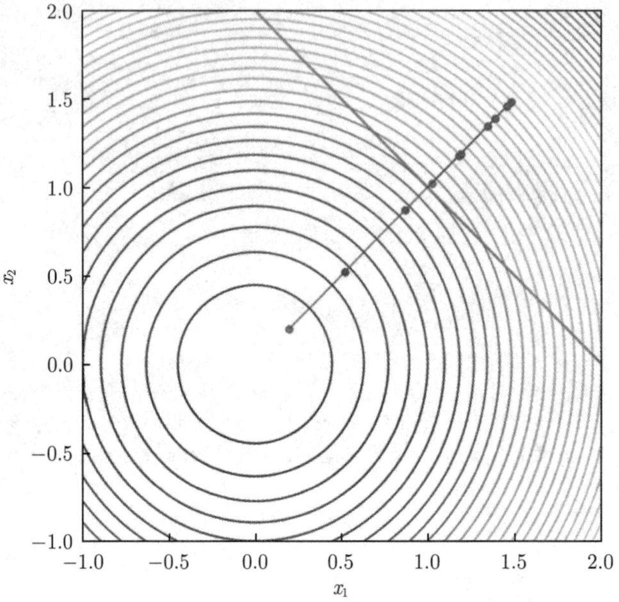

图 5.5　目标函数迭代过程图

解　实例代码 5.7 给出了解决上述问题的代码。

实例代码 5.7

```
import numpy as np
import matplotlib.pyplot as plt
#定义目标函数和约束条件
def f(x):
    return x[0]**2 + 2*x[1]**2 - 2*x[0]
def eq_constraint(x):
    return x[0] + x[1] - 1
def ineq_constraint(x):
    return x[0] - x[1]
#定义惩罚函数和梯度
def penalty(x, μ):
    return f(x) + μ/2 * (eq_constraint(x)**2 + np.maximum(0, -ineq_constraint(x))**2)
def grad_penalty(x, μ):
    return np.array([2*x[0],4*x[1]]) + μ*np.array([2*eq_constraint(x),2*np.maximum(0, -
        ineq_constraint(x))*(x[0]-x[1])])
#用牛顿法来求解最小化问题
def newton_method(x0, μ, max_iter=100, tol=1e-6):
    x = x0
    obj_values = [f(x)]
    for i in range(max_iter):
        grad = grad_penalty(x, μ)
        hess = hess_penalty(x, μ)
        lambda_ = np.linalg.solve(hess, -grad)
        # update values
```

```
        x = x + lambda_
        obj_value = f(x)
        obj_values.append(obj_value)
        # check for convergence
        if np.max(np.abs(lambda_)) < tol:
            break
    return x, obj_values
#惩罚函数有两个约束条件，故要定义hessian矩阵的计算方式
def hess_penalty(x, μ):
    return np.array([[2+μ, 0],[0, 4+μ]]) + μ*np.array([[2, 2*(x[0]-x[1])],[2*(x[0]-x
        [1]), 2*np.maximum(0, -ineq_constraint(x))**2]])
#定义初始变量的参数
x0 = np.array([0.5, 0.5])
μ = 1
x, obj_values = newton_method(x0, μ)
#输出结果
print('Optimal solution: x =', x)
print('Minimum value: f(x) =', f(x))
#绘制迭代图
fig, ax = plt.subplots()
ax.plot(obj_values, label='Objective Value')
ax.set_xlabel('Iteration Number')
ax.set_ylabel('Function Value')
ax.legend()
plt.show()
```

运行结果如下：

```
Optimal solution: x = [ 4.99999921e-01 -1.98693877e-07]
Minimum value: f(x) = -0.7499999208906932
```

从运行结果可以看出，上述优化问题目标函数的极小值约为 -0.75。

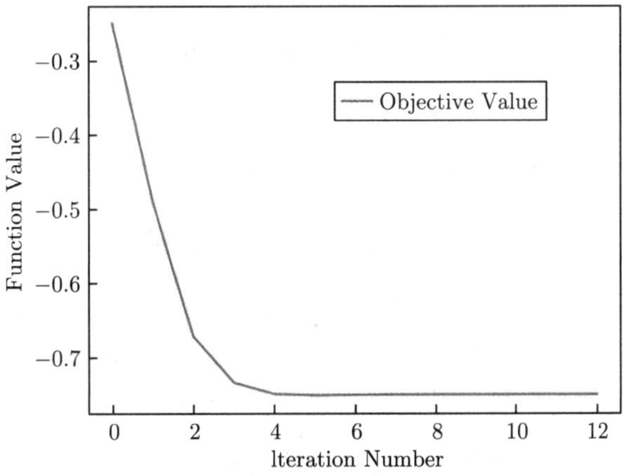

图 5.6　目标函数随迭代次数变化图

从图 5.6 可以看出，上述优化问题经过 4 次迭代后，目标函数值无限逼近 -0.75。

5.5 交替方向乘子法

交替方向乘子法（Alternating Direction Method of Multipliers，ADMM）是增广拉格朗日乘子法（ALM 算法）的一种延伸。ADMM 最早分别由 Glowinski 和 Marrocco 以及 Gabay 和 Mercier 于 1975 年和 1976 年提出，并被 Boyd 等人于 2011 年重新综述并证明其适用于大规模分布式优化问题，该方法可以弥补二次惩罚的缺点。ADMM 通过分解协调过程，将复杂的全局问题分解为多个较小、较容易求解的局部子问题，并通过协调子问题的解而得到全局问题的解。它可用于很多统计问题，如约束稀疏回归、稀疏信号恢复、迹范数正则最小化及支持向量机等。

对偶上升法与增广拉格朗日乘子法，二者可视为交替方向乘子法的前身或简化版本，ADMM 算法可以视为两者的结合体。交替方向乘子法很自然地提供了一个使用范围广泛、容易理解和实现、可靠性高的解决结构复杂且非凸、非光滑优化问题的方案。

5.5.1 交替方向乘子法

考虑如下凸问题

$$
\begin{aligned}
&\min_{\boldsymbol{x}_1,\boldsymbol{x}_2}\ f_1(\boldsymbol{x}_1)+f_2(\boldsymbol{x}_2)\\
&\text{s.t.}\ \ \boldsymbol{A}_1\boldsymbol{x}_1+\boldsymbol{A}_2\boldsymbol{x}_2=\boldsymbol{b}
\end{aligned}
\tag{5.32}
$$

其中 f_1,f_2 是适当的闭凸函数，但不要求是光滑的，$\boldsymbol{x}_1\in\mathbb{R}^n$，$\boldsymbol{x}_2\in\mathbb{R}^m$，$\boldsymbol{A}_1\in\mathbb{R}^{p\times n}$，$\boldsymbol{A}_2\subset\mathbb{R}^{p\times m}$，$\boldsymbol{b}\subset\mathbb{R}^p$。这个问题的特点是目标函数可以分为彼此分离的两部分，但是变量被线性约束结合在一起。常见的一些无约束和带约束的优化问题都可以表示成这一形式。

下面给出交替方向乘子法的迭代格式，首先写出问题式 (5.32) 的增广拉格朗日函数

$$
\begin{aligned}
L(\boldsymbol{x}_1,\boldsymbol{x}_2,\boldsymbol{y})=&f_1(\boldsymbol{x}_1)+f_2(\boldsymbol{x}_2)+\boldsymbol{y}^T(\boldsymbol{A}_1\boldsymbol{x}_1+\boldsymbol{A}_2\boldsymbol{x}_2-\boldsymbol{b})\\
&+\frac{\rho}{2}||\boldsymbol{A}_1\boldsymbol{x}_1+\boldsymbol{A}_2\boldsymbol{x}_2-\boldsymbol{b}||_2^2
\end{aligned}
\tag{5.33}
$$

其中 $\rho>0$ 是二次罚项的系数。常见的求解带约束问题的增广拉格朗日函数法的更新如下

$$
\left(\boldsymbol{x}_1^{k+1},\boldsymbol{x}_2^{k+1}\right)=\arg\min_{\boldsymbol{x}_1,\boldsymbol{x}_2}L_\rho(\boldsymbol{x}_1,\boldsymbol{x}_2,\boldsymbol{y}_k)\tag{5.34}
$$

$$
\boldsymbol{y}_{k+1}=\boldsymbol{y}_k+\lambda\rho\left(\boldsymbol{A}_1\boldsymbol{x}_1^{k+1}+\boldsymbol{A}_2\boldsymbol{x}_2^{k+1}-\boldsymbol{b}\right)\tag{5.35}
$$

其中 λ 为步长。在实际求解中，第一步迭代同时对 $\boldsymbol{x}_1$ 和 $\boldsymbol{x}_2$ 进行优化有时候比较困难，而固定一个变量求解关于另一个变量的极小问题可能比较简单，因此我们可以考虑对 $\boldsymbol{x}_1$ 和 $\boldsymbol{x}_2$ 交替求极小，这就是交替方向乘子法的基本思路。其迭代格式可以总结如下

$$
\boldsymbol{x}_1^{k+1}=\arg\min_{\boldsymbol{x}_1}L_\rho\left(\boldsymbol{x}_1,\boldsymbol{x}_2^k,\boldsymbol{y}_k\right)\tag{5.36}
$$

$$
\boldsymbol{x}_2^{k+1}=\arg\min_{\boldsymbol{x}_2}L_\rho\left(\boldsymbol{x}_1^{k+1},\boldsymbol{x}_2,\boldsymbol{y}_k\right)\tag{5.37}
$$

$$
\boldsymbol{y}_{k+1}=\boldsymbol{y}_k+\lambda\rho\left(\boldsymbol{A}_1\boldsymbol{x}_1^{k+1}+\boldsymbol{A}_2\boldsymbol{x}_2^{k+1}-\boldsymbol{b}\right)\tag{5.38}
$$

其中 λ 为步长，通常取值 $\left(0, \dfrac{1+\sqrt{5}}{2}\right]$。

观察交替方向乘子法的迭代格式，第一步固定 $\boldsymbol{x}_2$、$\boldsymbol{y}$ 对 $\boldsymbol{x}_1$ 求极小；第二步固定 $\boldsymbol{x}_1$、$\boldsymbol{y}$ 对 $\boldsymbol{x}_2$ 求极小；第三步更新拉格朗日乘子 $\boldsymbol{y}$。ADMM 的一个最直接的改善就是去掉了目标函数 $f_1(\boldsymbol{x})$ 强凸的要求，其本质还是由于它引入了二次罚项。

虽然交替方向乘子法引入了二次罚项，但对一般的闭凸函数 f_1 和 f_2，迭代式 (5.36) 和迭代式 (5.37) 在某些特殊情况下仍然不是良定义的。本节假设每个子问题的解都存在且唯一，但是当我们进行证明时会发现这个假设对一般的闭凸函数是不成立的。

与无约束优化问题不同，交替方向乘子法针对的问题式 (5.32) 是带约束的优化问题，因此算法的收敛准则应当借助优化问题的最优性条件（KKT 条件）。因为 f_1, f_2 均为闭凸函数，约束为线性约束，所以当 Slater 条件成立时，可以使用凸优化问题的 KKT 条件来作为交替方向乘子法的收敛准则。

定义 5.3（Slater 条件） 如果存在一个向量 $\boldsymbol{x}$，使得约束优化问题式 (5.1) 的不等式约束 $g_i(\boldsymbol{x}) > 0$ 对所有 i 成立，并且等式约束 $h_j(\boldsymbol{x})$ 对所有的 j 成立，那么问题式 (5.1) 就满足 Slater 条件。

问题式 (5.32) 的拉格朗日函数为

$$L(\boldsymbol{x}_1, \boldsymbol{x}_2, \boldsymbol{y}) = f_1(\boldsymbol{x}_1) + f_2(\boldsymbol{x}_2) + \boldsymbol{y}^T(\boldsymbol{A}_1\boldsymbol{x}_1 + \boldsymbol{A}_2\boldsymbol{x}_2 - \boldsymbol{b}) \tag{5.39}$$

若 $\boldsymbol{x}_{1*}, \boldsymbol{x}_{2*}$ 为问题式 (5.32) 的最优解，$\boldsymbol{y}_*$ 为对应的拉格朗日乘子，则以下条件满足

$$\boldsymbol{0} \in \partial_{\boldsymbol{x}_1} L(\boldsymbol{x}_{1*}, \boldsymbol{x}_{2*}, \boldsymbol{y}_*) = \partial f_1(\boldsymbol{x}_{1*}) + \boldsymbol{A}_1^T \boldsymbol{y}_* \tag{5.40}$$

$$\boldsymbol{0} \in \partial_{\boldsymbol{x}_2} L(\boldsymbol{x}_{1*}, \boldsymbol{x}_{2*}, \boldsymbol{y}_*) = \partial f_2(\boldsymbol{x}_{2*}) + \boldsymbol{A}_2^T \boldsymbol{y}_* \tag{5.41}$$

$$\boldsymbol{A}_1\boldsymbol{x}_{1*} + \boldsymbol{A}_2\boldsymbol{x}_{2*} = \boldsymbol{b} \tag{5.42}$$

在这里条件式 (5.42) 又称为原始可行性条件，条件式 (5.40) 和条件式 (5.41) 又称为对偶可行性条件。由于问题中只含等式约束，KKT 条件中的互补松弛条件可以不加考虑。在 ADMM 迭代中，我们得到的迭代点实际为 $(\boldsymbol{x}_1^k, \boldsymbol{x}_2^k, \boldsymbol{y}_k)$，因此收敛准则应针对 $(\boldsymbol{x}_1^k, \boldsymbol{x}_2^k, \boldsymbol{y}_k)$ 验证条件式 (5.40)、式 (5.41) 和式 (5.42)。接下来讨论如何具体计算这些收敛准则。

一般来说，原始可行性条件式 (5.42) 在迭代中是不满足的，为了验证这个条件，需要计算原始可行性残差

$$\boldsymbol{r}_k = \boldsymbol{A}_1\boldsymbol{x}_1^k + \boldsymbol{A}_2\boldsymbol{x}_2^k - \boldsymbol{b}$$

的模长。下面来看两个对偶可行性条件。考虑 ADMM 迭代更新 $\boldsymbol{x}_2$ 的步骤

$$\boldsymbol{x}_2^k = \arg\min_{\boldsymbol{x}} \left\{ f_2(\boldsymbol{x}) + \frac{\rho}{2} \|\boldsymbol{A}_1\boldsymbol{x}_1^k + \boldsymbol{A}_2 x - \boldsymbol{b} + \frac{\boldsymbol{y}_{k-1}}{\rho}\|^2 \right\}$$

假设这一子问题有显示解或能够精确求解，根据最优性条件不难推出

$$\boldsymbol{0} \in \partial f_2(\boldsymbol{x}_2^k) + \boldsymbol{A}_2^T\left[\rho\left(\boldsymbol{A}_1\boldsymbol{x}_1^k + \boldsymbol{A}_2\boldsymbol{x}_2^k - \boldsymbol{b}\right) + \boldsymbol{y}_{k-1}\right] \tag{5.43}$$

注意到当步长 $\lambda=1$ 时，根据迭代式 (5.38) 可知式 (5.43) 方括号中的表达式就是 $\boldsymbol{y}_k$，则有

$$\mathbf{0}\in\partial f_2\left(\boldsymbol{x}_2^k\right)+\boldsymbol{A}_2^T\boldsymbol{y}_k$$

这恰好就是条件 (5.41)。上面的分析说明在 ADMM 迭代过程中，若 $\boldsymbol{x}_2$ 的更新能取到精确解且步长 $\lambda=1$，对偶可行性条件 (5.41) 成立，因此无需针对条件 (5.41) 单独验证最优性条件。实际上，由 $\boldsymbol{x}_1$ 的更新公式

$$\boldsymbol{x}_1^k=\arg\min_{\boldsymbol{x}}\left\{f_1\left(\boldsymbol{x}\right)+\frac{\rho}{2}\|\boldsymbol{A}_1\boldsymbol{x}+\boldsymbol{A}_2\boldsymbol{x}_2^{k-1}-\boldsymbol{b}+\frac{\boldsymbol{y}_{k-1}}{\rho}\|^2\right\}$$

假设子问题能精确求解，根据最优性条件

$$\mathbf{0}\in\partial f_1\left(\boldsymbol{x}_1^k\right)+\boldsymbol{A}_1^T\left[\rho\left(\boldsymbol{A}_1\boldsymbol{x}_1^k+\boldsymbol{A}_2\boldsymbol{x}_2^{k-1}-\boldsymbol{b}\right)+\boldsymbol{y}_{k-1}\right]$$

注意到，这里 $\boldsymbol{x}_2$ 上标是 $k-1$，因此根据 ADMM 的式 (5.38)，同样取 $\lambda=1$，得

$$\mathbf{0}\in\partial f_1\left(\boldsymbol{x}_1^k\right)+\boldsymbol{A}_1^T\left[\boldsymbol{y}_k+\boldsymbol{A}_2\left(\boldsymbol{x}_2^{k-1}-\boldsymbol{x}_2^k\right)\right]\tag{5.44}$$

对比条件式 (5.40) 可知多出来的项为 $\boldsymbol{A}_1^T\boldsymbol{A}_2\left(\boldsymbol{x}_2^{k-1}-\boldsymbol{x}_2^k\right)$，因此要验证对偶可行性只需要验证残差

$$\boldsymbol{s}^k=\boldsymbol{A}_1^T\boldsymbol{A}_2\left(\boldsymbol{x}_2^{k-1}-\boldsymbol{x}_2^k\right)$$

是否充分小，这一验证同样也是比较容易的。综上，当 $\boldsymbol{x}_2$ 更新取到精确解且 $\lambda=1$ 时，判断 ADMM 是否收敛只需要验证前述两个残差 $\boldsymbol{r}_k,\boldsymbol{s}_k$ 是否充分小

$$0\approx\|\boldsymbol{r}_k\|=\|\boldsymbol{A}_1\boldsymbol{x}_1^k+\boldsymbol{A}_2\boldsymbol{x}_2^k-\boldsymbol{b}\|\text{（原始可行性）}$$

$$0\approx\|\boldsymbol{s}_k\|=\|\boldsymbol{A}_1^T\boldsymbol{A}_2\left(\boldsymbol{x}_2^{k-1}-\boldsymbol{x}_2^k\right)\|\text{（对偶可行性）}$$

5.5.2 收敛性

本节主要讨论交替方向乘子法的收敛性。在讨论之前我们首先引入一些必要的假设。

假设 5.1

（1）$f_1\left(\boldsymbol{x}\right),f_2\left(\boldsymbol{x}\right)$ 均为闭凸函数，且每个 ADMM 迭代子问题存在唯一解；

（2）问题式 (5.32) 的解集非空，且满足 Slater 条件。

上述假设给出的条件是很基本的，f_1 和 f_2 的凸性保证了要求解的问题是凸问题，每个子问题存在唯一解是为了保证迭代的良定义，而在 Slater 条件满足的情况下，原问题的 KKT 对和最优解是对应的，因此可以很方便的使用 KKT 条件来讨论收敛性。

由于原问题解集非空，不妨设 $(\boldsymbol{x}_{1*},\boldsymbol{x}_{2*},\boldsymbol{y}_*)$ 是 KKT 对，即满足以下条件

$$-\boldsymbol{A}_1^T\boldsymbol{y}_*\in\partial f_1\left(\boldsymbol{x}_{1*}\right)$$

$$-\boldsymbol{A}_2^T\boldsymbol{y}_*\in\partial f_2\left(\boldsymbol{x}_{2*}\right)$$

$$\boldsymbol{A}_1\boldsymbol{x}_{1*}+\boldsymbol{A}_2\boldsymbol{x}_{2*}=\boldsymbol{b}$$

我们最终的目的是证明 ADMM 迭代序列 $\{(\boldsymbol{x}_1^k,\boldsymbol{x}_2^k,\boldsymbol{y}_k)\}$ 收敛到原问题的一个 KKT 对，因此引入如下记号来表示当前迭代点和 KKT 对的误差

$$\left(\boldsymbol{e}_1^k, \boldsymbol{e}_2^k, \boldsymbol{e}_y^k\right) \stackrel{\text{def}}{=} \left(\boldsymbol{x}_1^k, \boldsymbol{x}_2^k, \boldsymbol{y}_k\right) - \left(\boldsymbol{x}_{1*}, \boldsymbol{x}_{2*}, \boldsymbol{y}_*\right)$$

进一步引入如下辅助变量来简化之后的证明

$$\begin{aligned}
\boldsymbol{u}_k &= -\boldsymbol{A}_1^T \left[\boldsymbol{y}_k + (1-\lambda)\rho\left(\boldsymbol{A}_1\boldsymbol{e}_1^k + \boldsymbol{A}_2\boldsymbol{e}_2^k\right) + \rho\boldsymbol{A}_2\left(\boldsymbol{x}_2^{k-1} - \boldsymbol{x}_2^k\right)\right] \\
\boldsymbol{v}_k &= -\boldsymbol{A}_2^T \left[\boldsymbol{y}_k + (1-\lambda)\rho\left(\boldsymbol{A}_1\boldsymbol{e}_1^k + \boldsymbol{A}_2\boldsymbol{e}_2^k\right)\right] \\
\boldsymbol{\Psi}_k &= \frac{1}{\lambda\rho}\left\|\boldsymbol{e}_y^k\right\|^2 + \rho\left\|\boldsymbol{A}_2\boldsymbol{e}_2^k\right\|^2 \\
\boldsymbol{\Phi}_k &= \boldsymbol{\Psi}_k + \max\left\{1-\lambda, 1-\lambda^{-1}\right\}\rho\left\|\boldsymbol{A}_1\boldsymbol{e}_1^k + \boldsymbol{A}_2\boldsymbol{e}_2^k\right\|^2
\end{aligned} \tag{5.45}$$

其中 $\boldsymbol{u}_k$、$\boldsymbol{v}_k$ 和每个子问题的最优性条件有很大联系，而 $\boldsymbol{\Psi}_k$ 和 $\boldsymbol{\Phi}_k$ 则是误差向量 $\left\{\boldsymbol{e}_1^k, \boldsymbol{e}_2^k, \boldsymbol{e}_y^k\right\}$ 的某种度量。

在这些记号的基础上，得到如下结果。

引理 5.3 假设 $\left\{\left(\boldsymbol{x}_1^k, \boldsymbol{x}_2^k, \boldsymbol{y}_k\right)\right\}$ 为交替方向乘子法产生一个迭代序列，那么，对任意的 $k \geqslant 1$ 有

$$\boldsymbol{u}_k \in \partial f_1\left(\boldsymbol{x}_1^k\right), \quad \boldsymbol{v}_k \in \partial f_2\left(\boldsymbol{x}_2^k\right) \tag{5.46}$$

$$\begin{aligned}
\boldsymbol{\Phi}_k - \boldsymbol{\Phi}_{k+1} \geqslant{}& \min\left\{\lambda, 1+\lambda-\lambda^2\right\}\rho\left\|\boldsymbol{A}_2\left(\boldsymbol{x}_2^k - \boldsymbol{x}_2^{k+1}\right)\right\|^2 \\
&+ \min\left\{1, 1+\frac{1}{\lambda}-\lambda\right\}\rho\left\|\boldsymbol{A}_1\boldsymbol{e}_1^{k+1} + \boldsymbol{A}_2\boldsymbol{e}_2^{k+1}\right\|^2
\end{aligned} \tag{5.47}$$

证明 首先，证明式 (5.46) 的两个结论。根据交替方向乘子法的迭代过程，对 $\boldsymbol{x}_1^{k+1}$ 有

$$\mathbf{0} \in \partial f_1\left(\boldsymbol{x}_1^{k+1}\right) + \boldsymbol{A}_1^T\boldsymbol{y}_k + \rho\boldsymbol{A}_1^T\left(\boldsymbol{A}_1\boldsymbol{x}_1^{k+1} + \boldsymbol{A}_2\boldsymbol{x}_2^k - \boldsymbol{b}\right)$$

将 $\boldsymbol{y}_k = \boldsymbol{y}_{k+1} - \lambda\rho\left(\boldsymbol{A}_1\boldsymbol{x}_1^{k+1} + \boldsymbol{A}_2\boldsymbol{x}_2^{k+1} - \boldsymbol{b}\right)$ 代入上式，消去 $\boldsymbol{y}_k$，得

$$-\boldsymbol{A}_1^T\left(\boldsymbol{y}_{k+1} + (1-\lambda)\rho\left(\boldsymbol{A}_1\boldsymbol{x}_1^{k+1} + \boldsymbol{A}_2\boldsymbol{x}_2^{k+1} - \boldsymbol{b}\right) + \rho\boldsymbol{A}_2\left(\boldsymbol{x}_2^k - \boldsymbol{x}_2^{k+1}\right)\right) \in \partial f_1\left(\boldsymbol{x}_1^{k+1}\right)$$

根据 $\boldsymbol{u}_k$ 的定义，得 $\boldsymbol{u}_k \in \partial f_1\left(\boldsymbol{x}_1^k\right)$（注意代回 $\boldsymbol{b} = \boldsymbol{A}_1\boldsymbol{x}_{1*} + \boldsymbol{A}_2\boldsymbol{x}_{2*}$）。类似地，对 $\boldsymbol{x}_2^{k+1}$，有

$$\mathbf{0} \in \partial f_2\left(\boldsymbol{x}_2^{k+1}\right) + \boldsymbol{A}_2^T\boldsymbol{y}_k + \rho\boldsymbol{A}_2^T\left(\boldsymbol{A}_1\boldsymbol{x}_1^{k+1} + \boldsymbol{A}_2\boldsymbol{x}_2^{k+1} - \boldsymbol{b}\right)$$

同样利用 $\boldsymbol{y}_k$ 的表达式消去 $\boldsymbol{y}_k$，得

$$-\boldsymbol{A}_2^T\left(\boldsymbol{y}_{k+1} + (1-\lambda)\rho\left(\boldsymbol{A}_1\boldsymbol{x}_1^{k+1} + \boldsymbol{A}_2\boldsymbol{x}_2^{k+1} - \boldsymbol{b}\right)\right) \in \partial f_2\left(\boldsymbol{x}_2^{k+1}\right)$$

根据 $\boldsymbol{v}_k$ 的定义，有 $\boldsymbol{v}_k \in \partial f_2\left(\boldsymbol{x}_2^k\right)$。

其次，证明上述不等式 (5.47)，首先根据 $\left(\boldsymbol{x}_{1*}, \boldsymbol{x}_{2*}, \boldsymbol{y}_*\right)$ 的最优性条件以及关系式 (5.46)，有

$$\begin{aligned}
\boldsymbol{u}_{k+1} &\in \partial f_1\left(\boldsymbol{x}_1^{k+1}\right) \\
-\boldsymbol{A}_1^T\boldsymbol{y}_* &\in \partial f_1\left(\boldsymbol{x}_{1*}\right) \\
\boldsymbol{v}_{k+1} &\in \partial f_2\left(\boldsymbol{x}_2^{k+1}\right) \\
-\boldsymbol{A}_2^T\boldsymbol{y}_* &\in \partial f_2\left(\boldsymbol{x}_{2*}\right)
\end{aligned}$$

根据凸函数的单调性

$$\left\langle \boldsymbol{u}_{k+1}+\boldsymbol{A}_1^T\boldsymbol{y}_*, \boldsymbol{x}_1^{k+1}-\boldsymbol{x}_{1*}\right\rangle \geqslant 0$$

$$\left\langle \boldsymbol{v}_{k+1}+\boldsymbol{A}_2^T\boldsymbol{y}_*, \boldsymbol{x}_2^{k+1}-\boldsymbol{x}_{2*}\right\rangle \geqslant 0$$

将上述两个不等式相加，结合 $\boldsymbol{u}_{k+1}$、$\boldsymbol{v}_{k+1}$ 的定义，注意到恒等式

$$\begin{aligned}\boldsymbol{A}_1\boldsymbol{x}_1^{k+1}+\boldsymbol{A}_2\boldsymbol{x}_2^{k+1}-\boldsymbol{b} &= (\lambda\rho)^{-1}\left(\boldsymbol{y}^{k+1}-\boldsymbol{y}^k\right)\\ &= (\lambda\rho)^{-1}\left(\boldsymbol{e}_{\boldsymbol{y}}^{k+1}-\boldsymbol{e}_{\boldsymbol{y}}^k\right)\end{aligned} \tag{5.48}$$

可以得到

$$\begin{aligned}&\frac{1}{\lambda\rho}\left\langle \boldsymbol{e}_{\boldsymbol{y}}^{k+1}, \boldsymbol{e}_{\boldsymbol{y}}^k-\boldsymbol{e}_{\boldsymbol{y}}^{k+1}\right\rangle-(1-\lambda)\rho\left\|\boldsymbol{A}_1\boldsymbol{x}_1^{k+1}+\boldsymbol{A}_2\boldsymbol{x}_2^{k+1}-\boldsymbol{b}\right\|^2\\ &+\rho\left\langle \boldsymbol{A}_2\left(\boldsymbol{x}_2^{k+1}-\boldsymbol{x}_2^k\right), \boldsymbol{A}_1\boldsymbol{x}_1^{k+1}+\boldsymbol{A}_2\boldsymbol{x}_2^{k+1}-\boldsymbol{b}\right\rangle\\ &-\rho\left\langle \boldsymbol{A}_2\left(\boldsymbol{x}_2^{k+1}-\boldsymbol{x}_2^k\right), \boldsymbol{A}_2\boldsymbol{e}_2^{k+1}\right\rangle \geqslant 0\end{aligned} \tag{5.49}$$

不等式 (5.49) 的形式和不等式 (5.47) 还有一定差异，主要的差别就在于

$$\rho\left\langle \boldsymbol{A}_2\left(\boldsymbol{x}_2^{k+1}-\boldsymbol{x}_2^k\right), \boldsymbol{A}_1\boldsymbol{x}_1^{k+1}+\boldsymbol{A}_2\boldsymbol{x}_2^{k+1}-\boldsymbol{b}\right\rangle$$

下面估计这一项的上界。为了方便，引入新符号

$$\boldsymbol{v}^{k+1}=\boldsymbol{y}_{k+1}+(1-\lambda)\rho\left(\boldsymbol{A}_1\boldsymbol{x}_1^{k+1}+A_2\boldsymbol{x}_2^{k+1}-\boldsymbol{b}\right)$$

$$M^{k+1}=(1-\lambda)\rho\left\langle \boldsymbol{A}_2\left(\boldsymbol{x}_2^{k+1}-\boldsymbol{x}_2^k\right), \boldsymbol{A}_1\boldsymbol{x}_1^k+\boldsymbol{A}_2\boldsymbol{x}_2^k-\boldsymbol{b}\right\rangle$$

则 $-\boldsymbol{A}_2^T\boldsymbol{v}_{k+1}\in\partial f_2\left(\boldsymbol{x}_2^{k+1}\right)$ 以及 $-\boldsymbol{A}_2^T\boldsymbol{v}_k\in\partial f_2\left(\boldsymbol{x}_2^k\right)$。再利用单调性知

$$\left\langle -\boldsymbol{A}_2^T\left(\boldsymbol{v}_{k+1}-\boldsymbol{v}_k\right), \boldsymbol{x}_2^{k+1}-\boldsymbol{x}_2^k\right\rangle \geqslant 0 \tag{5.50}$$

根据这些不等式关系我们最终得到

$$\begin{aligned}&\rho\left\langle \boldsymbol{A}_2\left(\boldsymbol{x}_2^{k+1}-\boldsymbol{x}_2^k\right), \boldsymbol{A}_1\boldsymbol{x}_1^{k+1}+\boldsymbol{A}_2\boldsymbol{x}_2^{k+1}-\boldsymbol{b}\right\rangle\\ =&(1-\lambda)\rho\left\langle \boldsymbol{A}_2\left(\boldsymbol{x}_2^{k+1}-\boldsymbol{x}_2^k\right), \boldsymbol{A}_1\boldsymbol{x}_1^{k+1}+\boldsymbol{A}_2\boldsymbol{x}_2^{k+1}-\boldsymbol{b}\right\rangle\\ &+\left\langle \boldsymbol{A}_2\left(\boldsymbol{x}_2^{k+1}-\boldsymbol{x}_2^k\right), \boldsymbol{y}^{k+1}-\boldsymbol{y}^k\right\rangle\\ =&M^{k+1}+\left\langle \boldsymbol{v}_{k+1}-\boldsymbol{v}_k, \boldsymbol{A}_2\left(\boldsymbol{x}_2^{k+1}-\boldsymbol{x}_2^k\right)\right\rangle\\ \leqslant&M^{k+1}\end{aligned}$$

其中第一个等号利用了关系式 (5.48)，第二个等号利用了 $\boldsymbol{v}_k$ 的定义（注意 M^{k+1} 中 $\boldsymbol{x}_1$ 和 $\boldsymbol{x}_2$ 的上标变化），最后的不等式则是直接应用式 (5.50)。

估计完这一项之后，不等式 (5.49) 可以放缩为

$$\begin{aligned}&\frac{1}{\lambda\rho}\left\langle \boldsymbol{e}_y^{k+1}, \boldsymbol{e}_y^k-\boldsymbol{e}_y^{k+1}\right\rangle-(1-\lambda)\rho\left\|\boldsymbol{A}_1\boldsymbol{x}_1^{k+1}+\boldsymbol{A}_2\boldsymbol{x}_2^{k+1}-\boldsymbol{b}\right\|^2\\ &+M^{k+1}-\rho\left\langle \boldsymbol{A}_2\left(\boldsymbol{x}_2^{k+1}-\boldsymbol{x}_2^k\right), \boldsymbol{A}_2\boldsymbol{e}_2^{k+1}\right\rangle \geqslant 0\end{aligned}$$

上式中含有内积项，利用恒等式

$$\begin{aligned}\langle \boldsymbol{a},\boldsymbol{b}\rangle &= \frac{1}{2}\left(\|\boldsymbol{a}\|^2+\|\boldsymbol{b}\|^2-\|\boldsymbol{a}-\boldsymbol{b}\|^2\right)\\ &= \frac{1}{2}\left(\|\boldsymbol{a}+\boldsymbol{b}\|^2-\|\boldsymbol{a}\|^2-\|\boldsymbol{b}\|^2\right)\end{aligned}$$

进一步得到

$$\begin{aligned}&\frac{1}{\lambda\rho}\left(\left\|\boldsymbol{e}_y^k\right\|^2-\left\|\boldsymbol{e}_y^{k+1}\right\|^2\right)-(2-\lambda)\rho\left\|\boldsymbol{A}_1\boldsymbol{x}_1^{k+1}+\boldsymbol{A}_2\boldsymbol{x}_2^{k+1}-\boldsymbol{b}\right\|^2\\ &+2M^{k+1}-\rho\left\|\boldsymbol{A}_2\left(\boldsymbol{x}_2^{k+1}-\boldsymbol{x}_2^k\right)\right\|^2-\rho\left\|\boldsymbol{A}_2\boldsymbol{e}_2^{k+1}\right\|^2+\rho\left\|\boldsymbol{A}_2\boldsymbol{e}_2^k\right\|^2\geqslant 0\end{aligned}\tag{5.51}$$

此时除了 M^{k+1} 中的项，上述不等式 (5.51) 中的其它项均在不等式 (5.47) 中出现，由于 M^{k+1} 的符号和 λ 的取法有关，下面针对 λ 的两种取法进行讨论。

（1）$\lambda\in(0,1]$，此时 $M^{k+1}\geqslant 0$，根据不等式

$$\begin{aligned}&2\left\langle \boldsymbol{A}_2\left(\boldsymbol{x}_2^{k+1}-\boldsymbol{x}_2^k\right),\boldsymbol{A}_1\boldsymbol{x}_1^k+\boldsymbol{A}_2\boldsymbol{x}_2^k-\boldsymbol{b}\right\rangle\\ &\leqslant\left\|\boldsymbol{A}_2\left(\boldsymbol{x}_2^{k+1}-\boldsymbol{x}_2^k\right)\right\|^2+\left\|\boldsymbol{A}_1\boldsymbol{x}_1^k+\boldsymbol{A}_2\boldsymbol{x}_2^k-\boldsymbol{b}\right\|^2\end{aligned}$$

代入不等式 (5.51)，得

$$\begin{aligned}&\frac{1}{\lambda\rho}\left\|\boldsymbol{e}_{\boldsymbol{y}}^k\right\|^2+\rho\left\|\boldsymbol{A}_2\boldsymbol{e}_2^k\right\|^2+(1-\lambda)\rho\left\|\boldsymbol{A}_1\boldsymbol{e}_1^{\lambda}+\boldsymbol{A}_2\boldsymbol{e}_2^k\right\|^2\\ &-\left[\frac{1}{\lambda\rho}\left\|\boldsymbol{e}_{\boldsymbol{y}}^{k+1}\right\|^2+\rho\left\|\boldsymbol{A}_2\boldsymbol{e}_2^{k+1}\right\|^2+(1-\lambda)\rho\left\|\boldsymbol{A}_1\boldsymbol{e}_1^{k+1}+A_2\boldsymbol{e}_2^{k+1}\right\|^2\right]\\ &\geqslant\rho\left\|\boldsymbol{A}_1\boldsymbol{x}_1^{k+1}+\boldsymbol{A}_2\boldsymbol{x}_2^{k+1}-\boldsymbol{b}\right\|^2+\lambda\rho\left\|\boldsymbol{A}_2\left(\boldsymbol{x}_2^{k+1}-\boldsymbol{x}_2^k\right)\right\|^2\end{aligned}\tag{5.52}$$

（2）$\lambda>1$，此时 $M^{k+1}<0$，根据基本不等式

$$\begin{aligned}&2\left\langle \boldsymbol{A}_2\left(\boldsymbol{x}_2^{k+1}-\boldsymbol{x}_2^k\right),\boldsymbol{A}_1\boldsymbol{x}_1^k+\boldsymbol{A}_2\boldsymbol{x}_2^k-\boldsymbol{b}\right\rangle\\ &\leqslant\lambda\left\|\boldsymbol{A}_2\left(\boldsymbol{x}_2^{k+1}-\boldsymbol{x}_2^k\right)\right\|^2+\frac{1}{\lambda}\left\|\boldsymbol{A}_1\boldsymbol{x}_1^k+\boldsymbol{A}_2\boldsymbol{x}_2^k-\boldsymbol{b}\right\|^2\end{aligned}$$

同样代入不等式 (5.51) 可以得到

$$\begin{aligned}&\frac{1}{\lambda\rho}\left\|\boldsymbol{e}_{\boldsymbol{y}}^k\right\|^2+\rho\left\|\boldsymbol{A}_2\boldsymbol{e}_2^k\right\|^2+\left(1-\frac{1}{\lambda}\right)\rho\left\|\boldsymbol{A}_1\boldsymbol{e}_1^k+\boldsymbol{A}_2\boldsymbol{e}_2^k\right\|^2\\ &-\left[\frac{1}{\lambda\rho}\left\|\boldsymbol{e}_{\boldsymbol{y}}^{k+1}\right\|^2+\rho\left\|\boldsymbol{A}_2\boldsymbol{e}_2^{k+1}\right\|^2+\left(1-\frac{1}{\lambda}\right)\rho\left\|\boldsymbol{A}_1\boldsymbol{e}_1^{k+1}+\boldsymbol{A}_2\boldsymbol{e}_2^{k+1}\right\|^2\right]\\ &\geqslant\left(1+\frac{1}{\lambda}-\lambda\right)\rho\left\|\boldsymbol{A}_1\boldsymbol{x}_1^{k+1}+\boldsymbol{A}_2\boldsymbol{x}_2^{k+1}-\boldsymbol{b}\right\|^2\\ &\quad+\left(1+\lambda-\lambda^2\right)\rho\left\|\boldsymbol{A}_2\left(\boldsymbol{x}_2^{k+1}-\boldsymbol{x}_2^k\right)\right\|^2\end{aligned}\tag{5.53}$$

整合式 (5.52) 和式 (5.53) 即可得到不等式 (5.47)。注意到，只有当 $\lambda\in\left(0,\dfrac{1+\sqrt{5}}{2}\right)$

时，式 (5.47) 中不等号右侧的项才为非负。

引理 5.3 中式 (5.46) 直接利用了每个子问题的最优性条件以及 KKT 条件。不等式 (5.47) 的证明比较复杂，这个不等式的直观解释就是迭代点误差的某种度量 ϕ_k 是单调有界的。

在引理 5.3 基础上，我们给出主要的收敛性定理。

定理 5.9 在假设 5.1 的条件下，进一步假设 $\boldsymbol{A}_1, \boldsymbol{A}_2$ 列满秩。如果 $\lambda \in \left(0, \dfrac{1+\sqrt{5}}{2}\right)$，则序列 $\left\{\left(\boldsymbol{x}_1^k, \boldsymbol{x}_2^k, \boldsymbol{y}_k\right)\right\}$ 收敛到原问题的一个 KKT 对。

证明 引理 5.3 表明 $\{\phi_k\}$ 是有界列，根据 ϕ_k 的定义式 (5.45) 可知

$$\left\|\boldsymbol{e}_{\boldsymbol{y}}^k\right\|, \quad \left\|\boldsymbol{A}_2\boldsymbol{e}_2^k\right\|, \quad \left\|\boldsymbol{A}_1\boldsymbol{e}_1^k + \boldsymbol{A}_2\boldsymbol{e}_2^k\right\|$$

均有界。根据不等式

$$\left\|\boldsymbol{A}_1\boldsymbol{e}_1^\lambda\right\| \leqslant \left\|\boldsymbol{A}_1\boldsymbol{e}_1^\lambda + \boldsymbol{A}_2\boldsymbol{c}_2^d\right\| + \left\|\boldsymbol{A}_2\boldsymbol{e}_2^d\right\|$$

进一步推出 $\{\|\boldsymbol{A}_1\boldsymbol{e}_1^k\|\}$ 也是有界序列。注意到 $\boldsymbol{A}_1^T\boldsymbol{A}_1 \succ \boldsymbol{0}, \boldsymbol{A}_2^T\boldsymbol{A}_2 \succ \boldsymbol{0}$，因此以上有界性也等价于 $\left\{\left(\boldsymbol{x}_1^k, \boldsymbol{x}_2^k, \boldsymbol{y}_k\right)\right\}$ 是有界序列。

引理 5.3 的另一个直接结果就是无穷级数

$$\sum_{k=0}^{\infty}\left\|\boldsymbol{A}_1\boldsymbol{e}_1^k + \boldsymbol{A}_2\boldsymbol{e}_2^k\right\|^2$$

$$\sum_{k=0}^{\infty}\left\|\boldsymbol{A}_2\left(\boldsymbol{x}_2^{k+1} - \boldsymbol{x}_2^k\right)\right\|^2$$

都是收敛的，这表明

$$\begin{aligned}\left\|\boldsymbol{A}_1\boldsymbol{e}_1^k + \boldsymbol{A}_2\boldsymbol{e}_2^k\right\| = \left\|\boldsymbol{A}_1\boldsymbol{x}_1^k + \boldsymbol{A}_2\boldsymbol{x}_2^k - \boldsymbol{b}\right\| &\to 0 \\ \left\|\boldsymbol{A}_2\left(\boldsymbol{x}_2^{k+1} - \boldsymbol{x}_2^k\right)\right\| &\to 0\end{aligned} \tag{5.54}$$

利用这些结果我们就可以推导收敛性了。首先证明迭代点子列的收敛性，由于 $\{(\boldsymbol{x}_1^k, \boldsymbol{x}_2^k, \boldsymbol{y}_k)\}$ 是一个有界序列，因此它存在一个收敛子列，设

$$\left(\boldsymbol{x}_1^{k_j}, \boldsymbol{x}_2^{k_j}, \boldsymbol{y}_{k_j}\right) \to \left(\boldsymbol{x}_1^\infty, \boldsymbol{x}_2^\infty, \boldsymbol{y}_\infty\right)$$

利用式 (5.45) 中 $\boldsymbol{u}_k$ 和 $\boldsymbol{v}_k$ 的定义以及式 (5.54) 可得 $\{\boldsymbol{u}_k\}$ 和 $\{\boldsymbol{v}_k\}$ 相应的子列也收敛

$$\begin{aligned}\boldsymbol{u}_\infty &\overset{\text{def}}{=} \lim_{j\to\infty}\boldsymbol{u}_{k_j} = -\boldsymbol{A}_1^T\boldsymbol{y}_\infty \\ \boldsymbol{v}_\infty &\overset{\text{def}}{=} \lim_{j\to\infty}\boldsymbol{v}_{k_j} = -\boldsymbol{A}_2^T\boldsymbol{y}_\infty\end{aligned} \tag{5.55}$$

由式 (5.46) 我们知道对于任意的 $k \geqslant 1$，有 $\boldsymbol{u}_k \in \partial f_1\left(\boldsymbol{x}_1^k\right), \boldsymbol{v}_k \in \partial f_2\left(\boldsymbol{x}_2^k\right)$。由次梯度映射的图像是闭集可知

$$-\boldsymbol{A}_1\boldsymbol{y}_\infty \in \partial f_1\left(\boldsymbol{x}_1^\infty\right)$$

$$-\boldsymbol{A}_2\boldsymbol{y}_\infty \in \partial f_2\left(\boldsymbol{x}_2^\infty\right)$$

由式 (5.54) 可知

$$\begin{aligned}&\lim_{j\to\infty}\left\|\boldsymbol{A}_1\boldsymbol{x}_1^{k_j}+\boldsymbol{A}_2\boldsymbol{x}_2^{k_j}-\boldsymbol{b}\right\|\\=&\|\boldsymbol{A}_1\boldsymbol{x}_1^{\infty}+\boldsymbol{A}_2\boldsymbol{x}_2^{\infty}-\boldsymbol{b}\|\\=&0\end{aligned}$$

这表明 $(\boldsymbol{x}_1^{\infty},\boldsymbol{x}_2^{\infty},\boldsymbol{y}_{\infty})$ 是原问题的一个 KKT 对。因此上述分析中的 $(\boldsymbol{x}_{1*},\boldsymbol{x}_{2*},\boldsymbol{y}_*)$ 均可替换为 $(\boldsymbol{x}_1^{\infty},\boldsymbol{x}_2^{\infty},\boldsymbol{y}_{\infty})$。

为了说明全序列 $\left\{\left(\boldsymbol{x}_1^k,\boldsymbol{x}_2^k,\boldsymbol{y}_k\right)\right\}$ 的收敛性，注意到 $\boldsymbol{\phi}_k$ 是单调下降的，且对子列 $\{\boldsymbol{\phi}_k\}$，有

$$\begin{aligned}&\lim_{j\to\infty}\boldsymbol{\phi}_{k_j}\\&=\lim_{j\to\infty}\left(\frac{1}{\lambda\rho}\left\|\boldsymbol{e}_{\boldsymbol{y}}^{k_j}\right\|^2+\rho\left\|\boldsymbol{A}_2\boldsymbol{e}_2^{k_j}\right\|^2+\max\left\{1-\lambda,1-\frac{1}{\lambda}\right\}\rho\left\|\boldsymbol{A}_1\boldsymbol{e}_1^{k_j}+\boldsymbol{A}_2\boldsymbol{e}_2^{k_j}\right\|^2\right)\\&=0\end{aligned}$$

由于单调序列的子列收敛完全等价于全序列收敛，因此 $\lim\limits_{k\to\infty}\boldsymbol{\phi}_k=0$，从而可以得到

$$\begin{aligned}&0\leqslant\limsup_{k\to\infty}\frac{1}{\lambda\rho}||\boldsymbol{e}_{\boldsymbol{y}}^k||^2\leqslant\limsup_{k\to\infty}\boldsymbol{\phi}_k=0\\&0\leqslant\limsup_{k\to\infty}\rho||\boldsymbol{A}_2\boldsymbol{e}_2^k||^2\leqslant\limsup_{k\to\infty}\boldsymbol{\phi}_k=0\\&0\leqslant\limsup_{k\to\infty}\left\{\max\left\{1-\lambda,1-\frac{1}{\lambda}\right\}\rho||\boldsymbol{A}_1\boldsymbol{e}_1^k+\boldsymbol{A}_2\boldsymbol{e}_2^k||^2\right\}\leqslant\limsup_{k\to\infty}\boldsymbol{\phi}_k=0\end{aligned}$$

这说明

$$\begin{aligned}||\boldsymbol{e}_{\boldsymbol{y}}^k||&\to0\\||\boldsymbol{A}_2\boldsymbol{e}_2^k||&\to0\\||\boldsymbol{A}_1\boldsymbol{e}_1^k+\boldsymbol{A}_2\boldsymbol{e}_2^k||&\to0\end{aligned}$$

进一步有

$$0\leqslant\limsup_{k\to\infty}||\boldsymbol{A}_1\boldsymbol{e}_1^k||\leqslant\lim_{k\to\infty}\left(||\boldsymbol{A}_2\boldsymbol{e}_2^k||+||\boldsymbol{A}_1\boldsymbol{e}_1^k+\boldsymbol{A}_2\boldsymbol{e}_2^k||\right)=0$$

注意到 $\boldsymbol{A}_1^T\boldsymbol{A}_1\succ\boldsymbol{0},\boldsymbol{A}_2^T\boldsymbol{A}_2\succ\boldsymbol{0}$ ，所以最终得到全序列收敛

$$\left(\boldsymbol{x}_1^k,\boldsymbol{x}_2^k,\boldsymbol{y}_k\right)\to\left(\boldsymbol{x}_1^{\infty},\boldsymbol{x}_2^{\infty},\boldsymbol{y}_{\infty}\right)$$

5.5.3 应用实例

1. L_1 正则项问题

L_1 正则项问题可以表示为

$$\begin{aligned}&\min\ f(\boldsymbol{x})+\lambda\|\boldsymbol{x}\|_1\\&\text{s.t.}\ \ \boldsymbol{x}\in\mathcal{D}\end{aligned}\tag{5.56}$$

其中 $f(\boldsymbol{x})$ 是二次函数，$\lambda > 0$。

由于 L_1 范数不可导，可得到上述问题的等价优化问题

$$\begin{aligned} &\min f(\boldsymbol{x}) + g(\boldsymbol{z}) \\ &\text{s.t. } \boldsymbol{x} - \boldsymbol{z} = \boldsymbol{0} \end{aligned} \tag{5.57}$$

其中 $g(\boldsymbol{z}) = \lambda\|\boldsymbol{z}\|_1$，则增广拉格朗日函数为

$$L_\rho(\boldsymbol{x}, \boldsymbol{z}, \boldsymbol{y}) = f(\boldsymbol{x}) + g(\boldsymbol{z}) + \boldsymbol{y}^T(\boldsymbol{x} - \boldsymbol{z}) + \frac{\rho}{2}||\boldsymbol{x} - \boldsymbol{z}||^2$$

对上述增广拉格朗日函数进行优化求解。令 $\boldsymbol{r} = \boldsymbol{x} - \boldsymbol{z}$，则

$$\begin{aligned} &\boldsymbol{y}^T(\boldsymbol{x} - \boldsymbol{z}) + \frac{\rho}{2}||\boldsymbol{x} - \boldsymbol{z}||^2 \\ =&\boldsymbol{y}^T\boldsymbol{r} + \frac{\rho}{2}||\boldsymbol{r}||^2 \\ =&\frac{\rho}{2}\left\|\boldsymbol{r} + \frac{1}{\rho}\boldsymbol{y}\right\|_2^2 - \frac{\rho}{2}\left\|\frac{1}{\rho}\boldsymbol{y}\right\|_2^2 \\ =&\frac{\rho}{2}\|\boldsymbol{x} - \boldsymbol{z} + \boldsymbol{u}\|_2^2 - \frac{\rho}{2}\|\boldsymbol{u}\|_2^2 \end{aligned}$$

其中 $\boldsymbol{u} = \dfrac{1}{\rho}\boldsymbol{y}$。

迭代公式即可转化为

$$\begin{aligned} \boldsymbol{x}_{k+1} &= \arg\min_{\boldsymbol{x}} f(\boldsymbol{x}) + \frac{\rho}{2}\|\boldsymbol{x} - \boldsymbol{z}_k + \boldsymbol{u}_k\|_2^2 \\ \boldsymbol{z}_{k+1} &= \arg\min_{\boldsymbol{x}} g(\boldsymbol{z}) + \frac{\rho}{2}\|\boldsymbol{x}_{k+1} - \boldsymbol{z} + \boldsymbol{u}_k\|_2^2 \\ \boldsymbol{u}_{k+1} &= \boldsymbol{u}_k + \boldsymbol{x}_{k+1} - \boldsymbol{z}_{k+1} \end{aligned}$$

2. Fused LASSO 问题

Fused LASSO 问题有两种表示形式：

（1）$\min\limits_{\boldsymbol{x}}\left\{\dfrac{1}{2}\|\boldsymbol{A}\boldsymbol{x} - \boldsymbol{b}\|^2 + \lambda\|\boldsymbol{B}\boldsymbol{x}\|_1\right\}$；

（2）$\min\limits_{\boldsymbol{x}}\left\{\dfrac{1}{2}\|\boldsymbol{A}\boldsymbol{x} - \boldsymbol{b}\|^2 + \lambda_1\|\boldsymbol{x}\|_1 + \lambda_2\|\boldsymbol{B}\boldsymbol{x}\|_1\right\}$

其中

$$\boldsymbol{B} = \begin{pmatrix} -1 & 1 & & & \\ & -1 & 1 & & \\ & & \ddots & \ddots & \\ & & & -1 & 1 \end{pmatrix}$$

对于第一种情况将其写成 ADMM 标准问题形式

$$\begin{aligned} &\min_{\boldsymbol{x},\boldsymbol{z}}\left\{\frac{1}{2}\|\boldsymbol{A}\boldsymbol{x} - \boldsymbol{b}\|^2 + \lambda\|\boldsymbol{z}\|\right\} \\ &\text{s.t. } \boldsymbol{B}\boldsymbol{x} - \boldsymbol{z} = \boldsymbol{0} \end{aligned}$$

增广拉格朗日函数为

$$L_{\rho}(\boldsymbol{x},\boldsymbol{z},\boldsymbol{v})=\frac{1}{2}\|\boldsymbol{A}\boldsymbol{x}-\boldsymbol{b}\|^2+\lambda\|\boldsymbol{z}\|_1+\boldsymbol{v}^T(\boldsymbol{B}\boldsymbol{x}-\boldsymbol{z})+\frac{\rho}{2}\|\boldsymbol{B}\boldsymbol{x}-\boldsymbol{z}\|^2$$

迭代格式为

$$\begin{aligned}\boldsymbol{x}^{t+1}&=\arg\min_{\boldsymbol{x}}L_{\rho}\left(\boldsymbol{x},\boldsymbol{z}^t,\boldsymbol{v}^t\right)\\ \boldsymbol{z}^{t+1}&=\arg\min_{\boldsymbol{x}}L_{\rho}\left(\boldsymbol{x}^{t+1},\boldsymbol{z},\boldsymbol{v}^t\right)\\ \boldsymbol{v}^{t+1}&=\boldsymbol{v}^t+\rho\left(\boldsymbol{B}\boldsymbol{x}^{t+1}-\boldsymbol{z}^{t+1}\right)\end{aligned}$$

其中

$$\boldsymbol{x}^{t+1}=\arg\min_{\boldsymbol{x}}\left\{\frac{1}{2}\|\boldsymbol{A}\boldsymbol{x}-\boldsymbol{b}\|^2+\frac{\rho}{2}\left\|\boldsymbol{B}\boldsymbol{x}-\boldsymbol{z}^t+\boldsymbol{u}^t\right\|^2\right\}$$

令 $h=\frac{1}{2}\|\boldsymbol{A}\boldsymbol{x}-\boldsymbol{b}\|^2+\frac{\rho}{2}\left\|\boldsymbol{B}\boldsymbol{x}-\boldsymbol{z}^t+\boldsymbol{u}^t\right\|^2$，则

$$\nabla_{\boldsymbol{x}}h=\boldsymbol{A}^T(\boldsymbol{A}\boldsymbol{x}-\boldsymbol{b})+\rho\boldsymbol{B}^T\left(\boldsymbol{B}\boldsymbol{x}-\boldsymbol{z}^t+\boldsymbol{u}^t\right)=0$$

解得

$$\boldsymbol{x}=\left(\boldsymbol{A}^T\boldsymbol{A}+\rho\boldsymbol{B}^T\boldsymbol{B}\right)^{-1}\left(\boldsymbol{A}^T\boldsymbol{b}+\rho\boldsymbol{B}^T\left(\boldsymbol{z}^t-\boldsymbol{u}^t\right)\right)$$

所以

$$\begin{aligned}\boldsymbol{x}^{t+1}&=\left(\boldsymbol{A}^T\boldsymbol{A}+\rho\boldsymbol{B}^T\boldsymbol{B}\right)^{-1}\left(\boldsymbol{A}^T\boldsymbol{b}+\rho\boldsymbol{B}^T\left(\boldsymbol{z}^t-\boldsymbol{u}^t\right)\right)\\ \boldsymbol{z}^{t+1}&=\arg\min_{\boldsymbol{z}}\left\{\lambda\|\boldsymbol{z}\|_1+\frac{\rho}{2}\left\|\boldsymbol{B}\boldsymbol{x}^{t+1}-\boldsymbol{z}+\boldsymbol{u}^t\right\|^2\right\}\\ &=\operatorname{prox}_{\frac{\lambda}{\rho}\|\boldsymbol{z}\|_1}\left(\boldsymbol{B}\boldsymbol{x}^{t+1}+\boldsymbol{u}^t\right)\\ &=\operatorname{sign}\left(\boldsymbol{B}\boldsymbol{x}^t+\mathbf{1}+\boldsymbol{u}^t\right)\left(\left|\boldsymbol{B}\boldsymbol{x}^{t+1}+\boldsymbol{u}^t\right|-\frac{\lambda}{\rho}\right)_+\end{aligned}$$

令 $\boldsymbol{u}=\frac{\boldsymbol{v}}{\rho}$，ADMM 迭代格式为

$$\begin{aligned}\boldsymbol{x}^{t+1}&=\left(\boldsymbol{A}^T\boldsymbol{A}+\rho\boldsymbol{B}^T\boldsymbol{B}\right)^{-1}\left(\boldsymbol{A}^T\boldsymbol{b}+\rho\boldsymbol{B}^T\left(\boldsymbol{z}^t-\boldsymbol{u}^t\right)\right)\\ \boldsymbol{z}^{t+1}&=\operatorname{sign}\left(\boldsymbol{B}\boldsymbol{x}^{t+1}+\boldsymbol{u}^t\right)\left(\left|\boldsymbol{B}\boldsymbol{x}^{t+1}+\boldsymbol{u}^t\right|-\tfrac{\lambda}{\rho}\right)_+\\ \boldsymbol{u}^{t+1}&=\boldsymbol{u}^t+\boldsymbol{B}\boldsymbol{x}^{t+1}-\boldsymbol{z}^{t+1}\end{aligned}$$

对于第二种情况将其写成 ADMM 标准问题形式

$$\begin{aligned}&\min_{\boldsymbol{x},\boldsymbol{z}}\left\{\frac{1}{2}\|\boldsymbol{A}\boldsymbol{x}-\boldsymbol{b}\|^2+\lambda_1\|\boldsymbol{x}\|_1+\lambda_2\|\boldsymbol{z}\|_1\right\}\\ &\text{s.t. }\ \boldsymbol{B}\boldsymbol{x}-\boldsymbol{z}=\mathbf{0}\end{aligned}$$

增广拉格朗日函数为

$$L_{\rho}(\boldsymbol{x},\boldsymbol{z},\boldsymbol{v})=\frac{1}{2}\|A\boldsymbol{x}-\boldsymbol{b}\|^2+\lambda_1\|\boldsymbol{x}\|_1+\lambda_2\|\boldsymbol{z}\|_1+\boldsymbol{v}^T(\boldsymbol{B}\boldsymbol{x}-\boldsymbol{z})+\frac{\rho}{2}\|\boldsymbol{B}\boldsymbol{x}-\boldsymbol{z}\|^2$$

迭代格式为

$$\boldsymbol{x}^{t+1}=\arg\min_{\boldsymbol{x}} L_\rho\left(\boldsymbol{x},\boldsymbol{z}^t,\boldsymbol{v}^t\right)$$

$$\boldsymbol{z}^{t+1}=\arg\min_{\boldsymbol{x}} L_\rho\left(\boldsymbol{x}^{t+1},\boldsymbol{z},\boldsymbol{v}^t\right)$$

$$\boldsymbol{v}^{t+1}=\boldsymbol{v}^t+\rho\left(\boldsymbol{B}\boldsymbol{x}^{t+1}-\boldsymbol{z}^{t+1}\right)$$

令 $\boldsymbol{u}=\dfrac{\boldsymbol{v}}{\rho}$，$\hat{\boldsymbol{b}}^t=\begin{pmatrix}\boldsymbol{b}\\ \sqrt{\rho}\left(\boldsymbol{z}^t-\boldsymbol{u}^t\right)\end{pmatrix}$，$\hat{\boldsymbol{A}}=\begin{pmatrix}\boldsymbol{A}\\ \sqrt{\rho}\boldsymbol{B}\end{pmatrix}$，则

$$\begin{aligned}\boldsymbol{x}^{t+1}&=\arg\min_{\boldsymbol{x}}\left\{\frac{1}{2}\|\boldsymbol{A}\boldsymbol{x}-\boldsymbol{b}\|^2+\lambda_1\|\boldsymbol{x}\|_1+\frac{\rho}{2}\left\|\boldsymbol{B}\boldsymbol{x}-\boldsymbol{z}^t+\boldsymbol{u}^t\right\|^2\right\}\\&=\arg\min_{\boldsymbol{x}}\left\{\lambda_1\|\boldsymbol{x}\|_1+\frac{1}{2}\left\|\hat{\boldsymbol{A}}\boldsymbol{x}-\hat{\boldsymbol{b}}^t\right\|^2\right\}\end{aligned}$$

由泰勒展开可得

$$\begin{aligned}\boldsymbol{x}^{t+1}&=\arg\min_{\boldsymbol{x}}\left\{\lambda_1\|\boldsymbol{x}\|_1+\frac{1}{2}\left\|\hat{\boldsymbol{A}}\boldsymbol{x}^t-\hat{\boldsymbol{b}}^t\right\|^2+\left(\hat{\boldsymbol{A}}^T\left(\hat{\boldsymbol{A}}\boldsymbol{x}^t-\hat{\boldsymbol{b}}^t\right)\right)^T\left(\boldsymbol{x}-\boldsymbol{x}^t\right)\right.\\&\qquad\left.+\frac{c}{2}\left\|\boldsymbol{x}-\boldsymbol{x}^t\right\|^2\right\}\\&=\arg\min_{\boldsymbol{x}}\left\{\lambda_1\|\boldsymbol{x}\|_1+\left(\hat{\boldsymbol{A}}^T\left(\hat{\boldsymbol{A}}\boldsymbol{x}^t-\hat{\boldsymbol{b}}^t\right)\right)^T\left(\boldsymbol{x}-\boldsymbol{x}^t\right)+\frac{c}{2}\left\|\boldsymbol{x}-\boldsymbol{x}^t\right\|^2\right\}\\&=\arg\min_{\boldsymbol{x}}\left\{\lambda_1\|\boldsymbol{x}\|_1+\frac{c}{2}\left\|\boldsymbol{x}-\boldsymbol{x}^t+\frac{\hat{\boldsymbol{A}}^T\left(\hat{\boldsymbol{A}}\boldsymbol{x}^t-\hat{\boldsymbol{b}}^t\right)}{c}\right\|^2\right\}\\&=\operatorname{prox}_{\frac{\lambda_1}{c}\|\boldsymbol{x}\|_1}\left(\boldsymbol{x}^t-\frac{\hat{\boldsymbol{A}}^T\left(\hat{\boldsymbol{A}}\boldsymbol{x}^t-\hat{\boldsymbol{b}}^t\right)}{c}\right)\end{aligned}$$

$$\begin{aligned}\boldsymbol{z}^{t+1}&=\arg\min_{\boldsymbol{z}}\left\{\lambda_2\|\boldsymbol{z}\|_1+\frac{\rho}{2}\left\|\boldsymbol{B}\boldsymbol{x}^{t+1}-\boldsymbol{z}+\boldsymbol{u}^t\right\|^2\right\}\\&=\operatorname{prox}_{\frac{\lambda_2}{\rho}\|\boldsymbol{z}\|_1}\left(\boldsymbol{B}\boldsymbol{x}^{t+1}+\boldsymbol{u}^t\right)\\&=\operatorname{sign}\left(\boldsymbol{B}\boldsymbol{x}^t+1+\boldsymbol{u}^t\right)\left(\left|\boldsymbol{B}\boldsymbol{x}^t+1+\boldsymbol{u}^t\right|-\frac{\lambda_2}{\rho}\right)_+\end{aligned}$$

ADMM 迭代格式为

$$\boldsymbol{x}^{t+1}=\operatorname{prox}_{\frac{\lambda_1}{c}\|\boldsymbol{x}\|_1}\left(\boldsymbol{x}^t-\frac{\hat{\boldsymbol{A}}^T\left(\hat{\boldsymbol{A}}\mathbf{x}^t-\hat{\boldsymbol{b}}^t\right)}{c}\right)$$

$$\boldsymbol{z}^{t+1}=\operatorname{prox}_{\frac{\lambda_2}{\rho}\|\boldsymbol{z}\|_1}\left(\boldsymbol{B}\boldsymbol{x}^{t+1}+\boldsymbol{u}^t\right)$$

$$\boldsymbol{u}^{t+1}=\boldsymbol{u}^t+\boldsymbol{B}\boldsymbol{x}^t+\mathbf{1}-\boldsymbol{z}^{t+1}$$

【例 5.8】 用 ADMM 算法求解 Fused LASSO 问题

$$\min\ \left\{\frac{1}{2}\|\boldsymbol{Ax}-\boldsymbol{b}\|+\lambda\|\boldsymbol{Ax}\|_1\right\}$$

其中 λ 为正则化参数，请分别在 λ 取 100、10、1、0.1 时进行迭代，同时得到迭代结果。

解 实例代码 5.8 给出了解决上述问题的代码。

实例代码 5.8

```
import numpy as np
import matplotlib.pyplot as plt
#设置一个种子，可以获得相同的随机矩阵
np.random.seed(2021)
A = np.random.rand(500, 100)
x_ = np.zeros([100, 1])
x_[:5, 0] += np.array([i+1 for i in range(5)])
#add a noise to b
b = np.matmul(A, x_) + np.random.randn(500, 1) * 0.1
#try some different values in {0.1, 1, 10}
lam = 10
def fxz(A,x,z,b,lam):
    f=1/2*np.linalg.norm(A@x-b,ord=2)**2+lam*np.linalg.norm(z,ord=1)
    return f
def Beta(A):
    return max(np.linalg.eig(A.T@A)[0])
def xp(z,lam,A):
    temp=abs(z)-lam/Beta(A)
    for i in range(len(temp)):
        if temp[i]>0:
            temp[i]=temp[i]
        else:
            temp[i]=0
    xp=np.sign(z)*temp
    return xp
def ADMM(A,x,b,lam):
    mu= np.ones([100, 1])
    rho = Beta(A)
    rho_i=np.identity(A.shape[1])*rho
    z=x
    k=0
    F=[]
    f=fxz(A,x,z,b,lam)
    while k<100:
        x=np.linalg.inv(A.T@A+rho_i)@(A.T@b+rho*(z-mu))
        z=xp(x+mu,lam,A)
        mu=mu+x-z
        k=k+1
        deltaf=(f-fxz(A,x,z,b,lam))/fxz(A,x,z,b,lam)
        f=fxz(A,x,z,b,lam)
        F.append(f)
```

```
    plt.scatter(list(range(0,100)), F,s=5)
    plt.show()
    print(fxz(A,x,z,b,lam))
#set a constant seed to get same random matrixs
np.random.seed(2021)
A = np.random.rand(500, 100)
ADMM(A,x_,b,100)
ADMM(A,x_,b,10)
ADMM(A,x_,b,1)
ADMM(A,x_,b,0.1)
```

运行结果如图 5.7 所示。

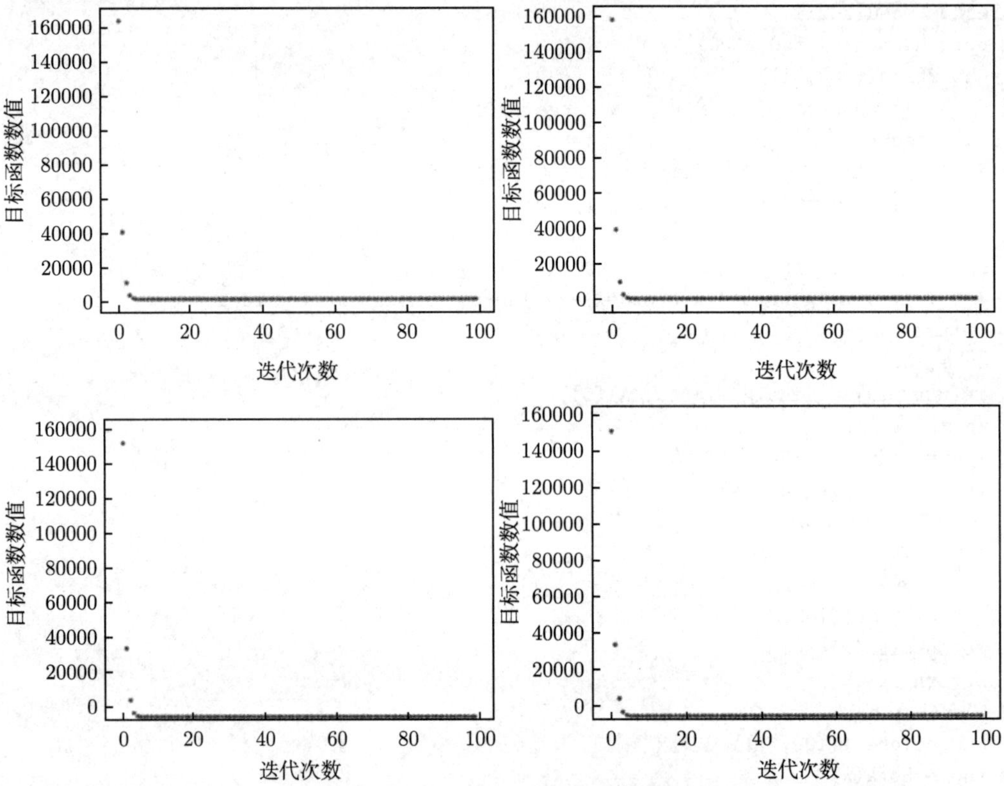

图 5.7 取不同参数时的收敛图

从图 5.7 中可以看出，当 λ 取不同值时，得出的结果也不同，图 5.7 中从左到右、从上到下对应的 λ 值分别为 100、10、1、0.1。对应的运行结果即目标函数值分别为:1463.1313763444166、151.96147180033702、17.446590075728125、3.8062243871845826。

5.6 可行方向法

本节介绍的可行方向法是一类可以直接处理约束优化问题的方法，该方法通过寻找在当前点的可行方向，来逐步逼近最优解。其基本思想是要求每一步迭代产生的搜索方向不仅对目标函数是下降方向，而且对约束函数来说也是可行方向，即迭代点总是满足所有的约束条件。可行方向法的策略是：从可行点出发，沿着下降的可行方向进行搜索，求出使目标函数值下降的可行点。

5.6.1 Zoutendijk 可行方向法

最早的可行方向法由 Zoutendijk 于 1960 年提出。Zoutendijk 可行方向法属于约束极值问题可行方向法中的一种。与之前的无约束极值问题中的最速下降法、牛顿法类似。

对于一个非线性问题

$$\begin{aligned} &\min\ f(\boldsymbol{x}) \\ &\text{s.t.}\ \ \boldsymbol{A}\boldsymbol{x} \geqslant \boldsymbol{b} \\ &\qquad \boldsymbol{E}\boldsymbol{x} = \boldsymbol{e} \end{aligned} \tag{5.58}$$

可以看到有 m 个不等式约束，n 个等式约束。

若初始点设定为 $\boldsymbol{x}_0$，考虑到 m 个不等式约束中有一些是起作用的约束（即在边界上满足“=”），有一些是不起作用的约束（在内部满足“>”），所以将 $\boldsymbol{A}$ 矩阵进行行调换：$\boldsymbol{A} = (\boldsymbol{A}_1, \boldsymbol{A}_2)^T$，同时对 $\boldsymbol{b}$ 向量也进行对应分块：$\boldsymbol{b} = (\boldsymbol{b}_1, \boldsymbol{b}_2)^T$，最终得到起作用的约束 $\boldsymbol{A}_1\boldsymbol{x}_0 = \boldsymbol{b}_1$ 和不起作用的约束 $\boldsymbol{A}_2\boldsymbol{x}_0 = \boldsymbol{b}_2$。

定理 5.10（可行方向） 在此点选择一个方向 $\boldsymbol{d}$，如果使得目标函数值下降，则应满足 $\boldsymbol{A}_1\boldsymbol{d} \geqslant \boldsymbol{0}$，$\boldsymbol{E}\boldsymbol{d} = \boldsymbol{0}$，即只考虑起作用约束集和等式约束集。

定理 5.10 不难理解，可行点已经触及到了一些不等式约束的边缘，如果发生变动，那么变动之后的点一定依然满足这些起作用约束集。

之前都是站在约束角度考察方向 $\boldsymbol{d}$ 的取值，现在结合目标函数值进行联合分析：如果方向 $\boldsymbol{d}$ 同时满足 $\nabla f(\boldsymbol{x}) < \boldsymbol{0}, \boldsymbol{A}_1\boldsymbol{d} \geqslant \boldsymbol{0}, \boldsymbol{E}\boldsymbol{d} = \boldsymbol{0}$，那么这个方向 $\boldsymbol{d}$ 就是下降可行方向（即方向 $\boldsymbol{d}$ 既能够使函数值下降，又能满足约束条件）。基于这些分析可以将求方向 $\boldsymbol{d}$ 规范化为线性规划问题。

下面给出计算过程。

计算过程 1：求方向 $\boldsymbol{d}$

$$\begin{aligned} \min\quad & \nabla f(\boldsymbol{x})^T \boldsymbol{d} \\ \text{s.t.}\quad & \boldsymbol{A}_1\boldsymbol{x} \geqslant \boldsymbol{0} \\ & \boldsymbol{E}\boldsymbol{d} = \boldsymbol{0} \\ & \|\boldsymbol{d}_i\| \leqslant 1, \quad i = 1, 2, \cdots, n \end{aligned} \tag{5.59}$$

定理 5.11（KKT 点关联下降可行方向）（充要条件） 在 $\boldsymbol{x}$ 点处不仅满足约束，且目标函数最小值为 0 时，此点为 KKT 点。

和无约束优化问题类似，可行点的迭代公式为：$\boldsymbol{x}_{k+1} = \boldsymbol{x}_k + \lambda_k \boldsymbol{d}_k$。步长的选择一方面要满足后续点的可能性，另一方面又要使目标函数值尽可能地小。因此可以得到步长 λ 的完备计算过程。

计算过程 2：求步长 λ

$$\begin{aligned}\min \quad & f(\boldsymbol{x}_k+\lambda_k\boldsymbol{d}_k)\\ \text{s.t.} \quad & \boldsymbol{A}(\boldsymbol{x}_k+\lambda_k\boldsymbol{d}_k)\geqslant \boldsymbol{b}\\ & \boldsymbol{E}(\boldsymbol{x}_k+\lambda_k\boldsymbol{d}_k)=\boldsymbol{c}\end{aligned} \tag{5.60}$$

这时考虑到在选取 $\boldsymbol{d}$ 时已经使得作用以及等式约束均满足。因此只需考虑非作用约束即可。这时求步长 λ 的计算过程可以直接简化为

$$\begin{aligned}\min \quad & f(\boldsymbol{x}_k+\lambda_k\boldsymbol{d}_k)\\ \text{s.t.} \quad & \boldsymbol{A}_2\boldsymbol{x}_k+\lambda\boldsymbol{A}_2\boldsymbol{d}_k\geqslant \boldsymbol{b}_2\\ & \lambda\geqslant 0\end{aligned} \tag{5.61}$$

接下来对 $\boldsymbol{A}_2\boldsymbol{x}_k+\lambda\boldsymbol{A}_2\boldsymbol{d}_k\geqslant \boldsymbol{b}_2$ 进行仔细分析：将不含 λ 的项移动到右端得 $\lambda\boldsymbol{A}_2\boldsymbol{d}_k\geqslant \boldsymbol{b}_2-\boldsymbol{A}_2\boldsymbol{x}_k$，可以发现不等式右端满足小于 0。下面进行分类讨论。

（1）当 $\boldsymbol{A}_2\boldsymbol{d}_k\geqslant \boldsymbol{0}$ 时，无论 λ 如何选取都满足条件 $0\leqslant\lambda\leqslant\infty$；

（2）当 $\boldsymbol{A}_2\boldsymbol{d}_k\leqslant \boldsymbol{0}$ 时，$\boldsymbol{A}_2\boldsymbol{d}_k$ 左除会引起变号，λ 最大取 $\dfrac{\boldsymbol{b}_2-\boldsymbol{A}_2\boldsymbol{x}_k}{\boldsymbol{A}_2\boldsymbol{d}_k}$。

所以最终精简求步长的方法为

$$\begin{aligned}\min \quad & f(\boldsymbol{x}_k+\lambda_k\boldsymbol{d}_k)\\ \text{s.t.} \quad & 0\leqslant\lambda\leqslant\lambda_{\max}\end{aligned} \tag{5.62}$$

其中 $\lambda_{\max}$ 计算方法如下

根据式 (5.62) 的约束条件，容易求出 λ 的上限，令

$$\hat{\boldsymbol{b}}=\boldsymbol{b}_2-\boldsymbol{A}_2\boldsymbol{x}_k \tag{5.63}$$

$$\hat{\boldsymbol{d}}=\boldsymbol{A}_2\boldsymbol{d}_k \tag{5.64}$$

由于 $\hat{\boldsymbol{b}}<\boldsymbol{0}$，式 (5.62) 的约束条件可写为

$$\begin{cases}\lambda\hat{\boldsymbol{d}}\geqslant\hat{\boldsymbol{b}}\\ \lambda\geqslant 0\end{cases}$$

由此可得到 λ 的上限

$$\lambda_{\max}=\begin{cases}\min\left\{\dfrac{\hat{b}_i}{\hat{d}_i}\mid\hat{d}_i<0\right\}, & \hat{d}_i<0\\ \infty, & \hat{d}_i\geqslant 0\end{cases} \tag{5.65}$$

可行方向法的完整算法如下。

算法 5.6　Zoutendijk 可行方向法一般算法框架

Step 1 给定初始可行点 $\boldsymbol{x}_0$，令 $k := 1$；

Step 2 在点 $\boldsymbol{x}_k$ 处把 $\boldsymbol{A}$ 和 $\boldsymbol{b}$ 分解成

$$(\boldsymbol{A}_1, \boldsymbol{A}_2)^T \text{ 和 } (\boldsymbol{b}_1, \boldsymbol{b}_2)^T$$

使得 $\boldsymbol{A}_1\boldsymbol{x}_k = \boldsymbol{b}_1, \boldsymbol{A}_2\boldsymbol{x}_k > \boldsymbol{b}_2$ ，计算 $\nabla f(\boldsymbol{x}_k)$；

Step 3 求解线性规划问题

$$\begin{aligned} \min \quad & \nabla f(\boldsymbol{x}_k)^T \boldsymbol{d} \\ \text{s.t.} \quad & \boldsymbol{A}_1\boldsymbol{d} \geqslant \boldsymbol{0}, \\ & \boldsymbol{E}\boldsymbol{d} = \boldsymbol{0}, \\ & -1 \leqslant \boldsymbol{d}_j \leqslant 1, \quad j = 1, \cdots, n, \end{aligned}$$

得到最优解 $\boldsymbol{d}_k$；

Step 4 如果 $\nabla f(\boldsymbol{x}_k)^T \boldsymbol{d} = \boldsymbol{0}$，则停止计算，$\boldsymbol{x}_k$ 为 KKT 点，否则进行 Step 5；

Step 5 利用上面式 (5.63)、式 (5.64) 和式 (5.65) 计算 $\lambda_{\max}$，然后，在 $[0, \lambda_{\max}]$ 上作一维搜索

$$\begin{aligned} \min \quad & f(\boldsymbol{x}_k + \lambda\boldsymbol{d}_k) \\ \text{s.t.} \quad & 0 \leqslant \lambda \leqslant \lambda_{\max} \end{aligned}$$

得到最优解 λ_k，令

$$\boldsymbol{x}_{k+1} := \boldsymbol{x}_k + \lambda_k\boldsymbol{d}_k$$

Step 6 令 $k := k + 1$，返回 Step 2。

【例 5.9】　用 Zoutendijk 可行方向法求解以下问题，以 $\boldsymbol{x}_0 = (0, 0, 0)^T$ 为初始点。

$$\begin{aligned} \min \quad & x_1^2 + 2x_2^2 + 3x_3^2 + x_1x_2 - 2x_1x_3 + x_2x_3 - 4x_1 - 6x_2 \\ \text{s.t.} \quad & x_1 + 2x_2 + 3x_3 \leqslant 4 \\ & x_1, x_2, x_3 \geqslant 0 \end{aligned}$$

解　实例代码 5.9 给出了解决上述问题的代码。

实例代码 5.9

```
import math
import sys
import numpy as np
from numpy.core.numeric import isclose
from scipy import optimize
class Function(object):
    def __init__(self):
        super().__init__()
    def lambda_func(self, x):
        y = math.pow(x, 2) - 2 * x
        return y
def GoldenSectionRecu(Function, LeftBound, RightBound, LastPoint,
                     LastStride, Mode=1, Alpha=(math.sqrt(5) - 1) / 2, Thresh=1e-12):
    if math.isclose(LeftBound, RightBound, abs_tol=Thresh):
        Function._x = LeftBound
```

```
            Function._y = Function.lambda_func(LeftBound)
            return
        now_stride = Alpha * LastStride
        #left search, regard LastPoint as lamb
        if Mode == 0:
            lamb = RightBound - now_stride
            mu = LastPoint
        #right search, regard LastPoint as mu
        else:
            mu = LeftBound + now_stride
            lamb = LastPoint
        flamb = Function.lambda_func(lamb)
        fmu = Function.lambda_func(mu)
        if flamb > fmu:
            GoldenSectionRecu(Function, lamb, RightBound, mu, now_stride, Mode=1)
        else:
            GoldenSectionRecu(Function, LeftBound, mu, lamb, now_stride, Mode=0)
        return
def GoldenSection(Function, LB, RB):
        if LB > RB:
            print("invalid LB and RB")
            sys.exit()
        stride_init = (RB - LB) * ((math.sqrt(5) - 1) / 2)
        lamb_init = RB - stride_init
        mu_init = LB + stride_init
        flamb_init = Function.lambda_func(lamb_init)
        fmu_init = Function.lambda_func(mu_init)
        if flamb_init > fmu_init:
            GoldenSectionRecu(Function, lamb_init, RB, mu_init, stride_init, Mode=1)
        else:
            GoldenSectionRecu(Function, LB, mu_init, lamb_init, stride_init, Mode=0)
        return
if __name__ == "__main__":
        f = Function()
        GoldenSection(f, -1, 1e6)
class ObjFunc(object):
        def __init__(self):
            super().__init__()
        def func(self, x):
            y = math.pow(x[0], 2) + 2*math.pow(x[1], 2)+3*math.pow(x[2], 2)+x[0]*x[1]-2*x
                [0]*x[2]+x[1]*x[2]-4*x[0]-6*x[1]
            return y
        def grad(self, x):
            return np.array([2*x[0]+x[1]-2*x[2]-4,4*x[1]+x[0]+x[2]-6,6*x[2]-2*x[0]+x[1]])
        def upd_state(self, x_k, d_k):
            self.x_k = x_k
            self.d_k = d_k
        def lambda_func(self, lamb):
```

```
        return self.func(self.x_k + lamb * self.d_k)
class Zoutend(object):
    gen_cnt = 0
    def __init__(self, A, b, E, e, f, init_x, file=None):
        super().__init__()
        self.A = A
        self.b = b
        self.E = E
        self.e = e
        #instantiate a ObjFunc instance
        self.f = f()
        self.x = init_x
        #opt f(x) value in every iteration
        self.y = None
        self.opt = None
        self.init_x = init_x
        self.file = file
        Zoutend.gen_cnt += 1
    def opt_d(self):
        idx_1, idx_2 = [], []
        for i in range(self.A.shape[0]):
            if math.isclose(np.dot(self.A[i], self.x), self.b[i], abs_tol=1e-3):
                idx_1.append(i)
            else:
                idx_2.append(i)
        #active constraint at self.x
        self.A1 = self.A[idx_1, :]
        #loosen constraint at self.x
        self.A2 = self.A[idx_2, :]
        #active constraint at self.x
        self.b1 = self.b[idx_1]
        #loosen constraint at self.x
        self.b2 = self.b[idx_2]
        self.y = self.f.func(self.x)
        eye = np.eye(self.x.shape[0])
        conc_eye = np.concatenate([eye, -eye], axis=0)
        uni_vec = np.ones(2 * self.x.shape[0])
        Aub = np.concatenate([-self.A1, conc_eye], axis=0)
        bub = np.concatenate([np.zeros_like(self.b1), uni_vec], axis=0)
        res = optimize.linprog(self.f.grad(self.x), A_ub=Aub, b_ub=bub, A_eq=self.E,b_eq
            =None if self.e == None else np.zeros_like(self.e),method='highs', bounds=(
            None, None), options=None, callback=None)
        if res["success"] == False:
            print("LP process error at x =", self.x)
            sys.exit()
        if math.isclose(res["fun"], 0, abs_tol=1e-05):
            self.opt = self.f.func(self.x)
            return True
```

```
        if self.file:
            self.file.write("{0}\n".format(res["fun"]))
        self.d = res["x"]
        return False
    def opt_lambda(self):
        self.f.upd_state(self.x, self.d)
        self.d_bar = np.dot(self.A2, self.d)
        idx = np.where(self.d_bar < 0)
        if idx[0].shape[0] == 0:
            GoldenSection(self.f, 0, 1e6)
        else:
            self.b_bar = self.b2 - np.dot(self.A2, self.x)
            lambda_max = np.min(self.b_bar[idx[0]] / self.d_bar[idx[0]])
            GoldenSection(self.f, 0, lambda_max)
        self.x += self.f._x * self.d
    def search(self):
        n = 1
        while True:
            if self.opt_d():
                break
            self.opt_lambda()
            n += 1
        return
if __name__ == "__main__":
    A = np.array([[1, 0, 0], [0, 1, 0], [0,0,1],[1, 2,1]])
    b = np.array([0, 0, 0, 4])
    init_x = np.array([0, 0,0], dtype=float)
    E = None
    e = None
    zt = Zoutend(A, b, E, e, ObjFunc, init_x)
    zt.search()
    print("optimal solution:", zt.x)
    print("optimal value:", zt.opt)
```

运行结果如下：

```
optimal solution: [2.1999947 0.80000298 0.59999793]
optimal value: -6.799999999985215
```

从运行结果可以看出，上述优化问题的极小值为 -6.8，$\boldsymbol{x}$ 的最优解约为 $(2.2, 0.8, 0.6)^T$。

5.6.2 Topkis-Veinott 可行方向法

在使用 Zoutendijk 方法处理线性约束问题时，该方法未必收敛。原因在于当迭代点列靠近可行域的边界时，某些非有效约束可能变为有效约束，从而引起搜索方向的突变，导致该方法不收敛。为此 1967 年 Topkis 和 Veinott 在计算可行下降方向时将所有约束都考虑在内，得到 Topkis-Veinott 可行方向法。

在 Topkis-Veinott 可行方向法中，通过计算目标函数在可行方向上的增量来确定最优解。其基本思想为在每个迭代步骤中选择一个可行方向，使得沿着这个方向移动时的目标函数值不降低，直到找到最优解为止。此外，它还可以处理具有大量约束的线性规划问题，因为它只需要计算一个可行方向，而不需要计算所有的约束条件。

然而，Topkis-Veinott 可行方向法也存在一些缺点。首先，它需要计算可行方向，这可能会导致计算量较大；其次，它只能处理线性规划问题，对于非线性规划问题无法使用。最后，它可能会陷入局部最优解，因此需要谨慎选择初始可行解。

对于仅含有非线性不等式的优化问题

$$\begin{aligned} &\min\ f(\boldsymbol{x}) \\ &\text{s.t. } g_i(\boldsymbol{x}) \geqslant 0, \quad i \in \mathcal{I} \end{aligned}$$

其算法框架如下。

算法 5.7 Topkis-Veinott 可行方向法一般算法框架

Step 1 任取初始点 $\boldsymbol{x}_0 \in \Omega$，令 $k := 0$;

Step 2 求解下列线性规划问题得 $\boldsymbol{d}_k$ 及 $\boldsymbol{z}_k$

$$\begin{aligned} \min\quad & \boldsymbol{z} \\ \text{s.t.}\quad & \boldsymbol{d}^T \nabla f(\boldsymbol{x}_k) - \boldsymbol{z} \leqslant \boldsymbol{0} \\ & \boldsymbol{d}^T \nabla g_i(\boldsymbol{x}_k) - \boldsymbol{z} \geqslant -g_i(\boldsymbol{x}), \quad i \in \mathcal{I} \\ & -1 \leqslant \boldsymbol{d}_i \leqslant 1 \end{aligned}$$

如果 $\boldsymbol{z}_k = 0$，算法终止；否则 $\boldsymbol{z}_k < 0$，进入下一步；

Step 3 计算步长

$$\lambda_k = \arg\min\{f(\boldsymbol{x}_k + \lambda \boldsymbol{d}_k) \,|0 \leqslant \lambda \leqslant \lambda_{\max}\}$$

其中 $\lambda_{\max} = \sup\{\lambda | g_i(\boldsymbol{x}_k + \lambda \boldsymbol{d}_k) \geqslant 0, i \in \mathcal{I}\}$;

Step 4 令 $\boldsymbol{x}_{k+1} := \boldsymbol{x}_k + \lambda_k \boldsymbol{d}_k, k := k+1$ 。转 Step 2。

下面讨论该算法的收敛性质，先给出如下引理。

引理 5.4 对约束优化问题 $\min\{f(\boldsymbol{x}) \mid \boldsymbol{x} \in \Omega\}$ ，设有如下迭代算法

$$\boldsymbol{x}_0 \in \Omega, \quad \boldsymbol{x}_{k+1} = \boldsymbol{x}_k + \lambda_k \boldsymbol{d}_k$$

其中 $\boldsymbol{d}_k$ 是 $\boldsymbol{x}_k$ 点的可行下降方向，步长 λ_k 由最优步长规则确定

$$\lambda_k = \arg\min\{f(\boldsymbol{x}_k + \lambda \boldsymbol{d}_k) \mid \lambda \geqslant 0, \quad \boldsymbol{x}_k + \lambda \boldsymbol{d}_k \in \Omega\}$$

若该算法产生无穷迭代序列 $\{\boldsymbol{x}_k, \boldsymbol{d}_k\}$，则其任一收敛子列 $\{\boldsymbol{x}_k, \boldsymbol{d}_k\}_{N_0}$ 不能同时满足下述两个条件：

（1）存在 $\delta > 0$ 使对任意的 $\lambda \in [0, \delta]$ 和 $k \in N_0, \boldsymbol{x}_k + \lambda \boldsymbol{d}_k \in \Omega$;

（2）$\lim\limits_{k \in N_0, k \in \infty} \boldsymbol{d}_k^T \nabla f(\boldsymbol{x}_k) < \boldsymbol{0}$。

证明 反设存在收敛子列 $\{\boldsymbol{x}_k, \boldsymbol{d}_k\}_{N_0}$ 同时满足条件（1）和条件（2），不妨设 $\{\boldsymbol{x}_k\}_{N_0}$ 收敛到 $\hat{\boldsymbol{x}}$，$\{\boldsymbol{d}_k\}_{N_0}$ 收敛到 $\hat{\boldsymbol{d}}$。则由条件（2），存在 $k_0 > 0, \delta' > 0$ 和 $\delta > 0$ 使对任意的 $k \in N_0, k \geqslant k_0, \varepsilon_0 > 0$ 和任意的 $\lambda \in [0, \delta]$

$$\boldsymbol{d}_k^T \nabla f(\boldsymbol{x}_k + \lambda \boldsymbol{d}_k) < -\boldsymbol{\epsilon}_0 \tag{5.66}$$

令 $\hat{\delta}=\min\{\delta,\delta'\}$，由条件（1）及步长规则，得

$$f\left(\boldsymbol{x}_{k+1}\right)\leqslant f(\boldsymbol{x}_k+\hat{\delta}\boldsymbol{d}_k)$$

由中值定理，存在 $\boldsymbol{\zeta}_k\in(\boldsymbol{x}_k,\boldsymbol{x}_k+\hat{\delta}\boldsymbol{d}_k)$ 使得

$$f(\boldsymbol{x}_k+\hat{\delta}\boldsymbol{d}_k)-f\left(\boldsymbol{x}_k\right)=\hat{\delta}\boldsymbol{d}_k^T\nabla f(\boldsymbol{\zeta}_k)$$

结合式 (5.66)，对 $k\in N_0,k\geqslant k_0$

$$f\left(\boldsymbol{x}_{k+1}\right)\ \leqslant f(\boldsymbol{x}_k-\boldsymbol{\epsilon}_0\hat{\delta})$$

由于 $\{f\left(\boldsymbol{x}_k\right)\}$ 单调不增且收敛于 $f\left(\hat{\boldsymbol{x}}\right)$，所以

$$\begin{aligned}
f\left(\hat{\boldsymbol{x}}\right)-f_1&=\sum_{k=1}^{\infty}\left(f\left(\boldsymbol{x}_{k+1}\right)-f\left(\boldsymbol{x}_k\right)\right)\\
&\leqslant\sum_{k\in N_0}\left(f\left(\boldsymbol{x}_{k+1}\right)-f\left(\boldsymbol{x}_k\right)\right)\\
&\leqslant\sum_{k\in N_0,k\geqslant k_0}\left(f\left(\boldsymbol{x}_{k+1}\right)-f\left(\boldsymbol{x}_k\right)\right)\\
&\leqslant\sum_{k\in N_0,k\geqslant k_0}-\boldsymbol{\epsilon}_0\hat{\delta}\\
&=-\infty
\end{aligned}$$

此矛盾说明假设不成立。

【例 5.10】 用 Topkis-Veinott 可行方向法求解以下问题

$$\begin{aligned}
\min\ & x_1^2+2x_2^2+x_1x_2-6x_1-2x_2-12x_3\\
\text{s.t. }& x_1+x_2+x_3=2\\
&-x_1+2x_2\leqslant 3\\
&x_1,x_2,x_3\geqslant 0
\end{aligned}$$

初始点 $\boldsymbol{x}_0=(1,1,0)^T$。

解 实例代码 5.10 给出了求解上述问题的代码。

实例代码 5.10

```
import numpy as np
#定义目标函数
def objective(x):
    return x[0]**2 + x[0]*x[1] + 2*x[1]**2 - 6*x[0] - 2*x[1] - 12*x[2]
#定义约束条件
def constraint1(x):
    return x[0] + x[1] + x[2] - 2
def constraint2(x):
```

```
    return -x[0] + 2*x[1] - 3
#定义目标函数梯度
def gradient(x):
    grad = np.array([2*x[0] + x[1] - 6, x[0] + 4*x[1] - 2, -12])
    return grad
#定义可行方向函数
def feasible_direction(x, tol):
    A = np.array([[1, 1, 1], [-1, 2, 0], [0, 0, 1]])
    b = np.array([tol-constraint1(x), constraint2(x), tol-x[2]])
    direction = np.linalg.solve(A, b)
    return direction
#迭代过程
def solve_optimization(init_x, tol, max_iter):
    x = init_x
    obj_val = objective(x)
    for i in range(max_iter):
        direction = feasible_direction(x, tol)
        alpha = 1
        while constraint1(x + alpha * direction) < 0 or x[0] + alpha * direction[0] < 0
            or x[1] + alpha * direction[1] < 0 or x[2] + alpha * direction[2] < 0:
            alpha = alpha / 2
        x_new = x + alpha * direction
        obj_val_new = objective(x_new)
        if abs(obj_val_new - obj_val) < tol:
            break
        x = x_new
        obj_val = obj_val_new
    return x_new, obj_val_new
#定义初始点，最大迭代次数
init_x = np.array([1, 1, 0])
tol = 0.0001
max_iter = 100
x_opt, obj_val_opt = solve_optimization(init_x, tol, max_iter)
print("Optimal solution:")
print("x1 =", round(x_opt[0], 4))
print("x2 =", round(x_opt[1], 4))
print("x3 =", round(x_opt[2], 4))
print("Objective value =", round(obj_val_opt, 4))
```

运行结果如下：

```
Optimal solution:
x1 = 2.0
x2 = 0.0
x3 = 0.0001
Objective value = -8.0012
```

从运行结果可以看出，上述优化问题的极小值为 -8，$\boldsymbol{x}$ 的最优解约为 $(2,0,0)^T$。

5.6.3 投影算子法

投影算子法（Projection Operator Method）是一种简单而有效的优化算法，特别适用于求解约束优化问题。它能够通过投影操作来保证解的可行性，并通过迭代更新来逐步逼近最优解。约束优化问题的梯度投影方法在迭代过程中需要不断地将试探点“拉回”到可行域中，也就是需要计算从 $\mathbb{R}^n$ 到可行域上的投影。为此，给出投影算子的定义和有关性质。

设 $\Omega \subset \mathbb{R}^n$ 为非空闭凸集，对任意的 $\boldsymbol{x} \in \mathbb{R}^n$，定义

$$P_\Omega(\boldsymbol{x}) = \arg\min\{\|\boldsymbol{x}-\boldsymbol{y}\| \mid \boldsymbol{y} \in \Omega\}$$

并称其为 $\boldsymbol{x}$ 到 Ω 的投影。$P_\Omega(\cdot)$ 称为从 $\mathbb{R}^n$ 到可行域上的投影。

性质 5.1 设 Ω 为 $\mathbb{R}^n$ 中的非空闭凸集，则对投影算子 $P_\Omega(\cdot)$，下述结论成立。

（1）$\langle P_\Omega(\boldsymbol{x})-\boldsymbol{x},\ \boldsymbol{y}-P_\Omega(\boldsymbol{x})\rangle \geqslant 0$，对任意的 $\boldsymbol{x} \in \mathbb{R}^n, \boldsymbol{y} \in \Omega$；

（2）$\langle P_\Omega(\boldsymbol{x})-P_\Omega(\boldsymbol{y}),\ \boldsymbol{x}-\boldsymbol{y}\rangle \geqslant \|P_\Omega(\boldsymbol{x})-P_\Omega(\boldsymbol{y})\|^2$，对任意的 $\boldsymbol{x},\boldsymbol{y} \in \mathbb{R}^n$；

（3）$\|P_\Omega(\boldsymbol{x})-P_\Omega(\boldsymbol{y})\|^2 \leqslant \|\boldsymbol{x}-\boldsymbol{y}\|^2-\|P_\Omega(\boldsymbol{x})-\boldsymbol{x}+\boldsymbol{y}-P_\Omega(\boldsymbol{y})\|^2$，对任意的 $\boldsymbol{x},\boldsymbol{y} \in \mathbb{R}^n$；

（4）$\langle P_\Omega(\boldsymbol{x})-\boldsymbol{x},\ \boldsymbol{y}-\boldsymbol{x}\rangle \geqslant \|P_\Omega(\boldsymbol{x})-\boldsymbol{x}\|^2$，对任意的 $\boldsymbol{x} \in \mathbb{R}^n, \boldsymbol{y} \in \Omega$。

证明 由 $P_\Omega(\boldsymbol{x})$ 的定义易知 $P_\Omega(\boldsymbol{x})$ 是定义在闭凸集上的严格凸二次规划问题

$$\min_{\boldsymbol{y}\in\Omega}\ f(\boldsymbol{y}) = \frac{1}{2}\|\boldsymbol{x}-\boldsymbol{y}\|^2$$

的唯一全局最优解，且

$$\langle \nabla f(P_\Omega(\boldsymbol{x})),\ \boldsymbol{y}-P_\Omega(\boldsymbol{x})\rangle \geqslant 0, \quad \forall \boldsymbol{y} \in \Omega$$

利用 $\nabla f(P_\Omega(\boldsymbol{x})) = P_\Omega(\boldsymbol{x})-\boldsymbol{x}$，性质（1）得证。

对 $\boldsymbol{x},\boldsymbol{y} \in \mathbb{R}^n$，由性质（1）得

$$\langle P_\Omega(\boldsymbol{x})-\boldsymbol{x},\ P_\Omega(\boldsymbol{y})-P_\Omega(\boldsymbol{x})\rangle \geqslant 0$$
$$\langle P_\Omega(\boldsymbol{y})-\boldsymbol{y},\ P_\Omega(\boldsymbol{x})-P_\Omega(\boldsymbol{y})\rangle \geqslant 0$$

两式相加得性质（2）。利用性质（2），得

$$\begin{aligned}
\|P_\Omega(\boldsymbol{x})-P_\Omega(\boldsymbol{y})\|^2 &\leqslant \langle P_\Omega(\boldsymbol{x})-P_\Omega(\boldsymbol{y}),\ \boldsymbol{x}-\boldsymbol{y}\rangle \\
&= \|\boldsymbol{x}-\boldsymbol{y}\|^2 + \langle P_\Omega(\boldsymbol{x})-\boldsymbol{x}+\boldsymbol{y}-P_\Omega(\boldsymbol{y}),\ \boldsymbol{x}-\boldsymbol{y}\rangle \\
&= \|\boldsymbol{x}-\boldsymbol{y}\|^2 + \|P_\Omega(\boldsymbol{x})-\boldsymbol{x}+\boldsymbol{y}-P_\Omega(\boldsymbol{y})\|^2 \\
&\quad + \langle P_\Omega(\boldsymbol{x})-P_\Omega(\boldsymbol{y})-\boldsymbol{x}+\boldsymbol{y}, P_\Omega(\boldsymbol{x})-P_\Omega(\boldsymbol{y})\rangle \\
&\geqslant \|\boldsymbol{x}-\boldsymbol{y}\|^2 - \|P_\Omega(\boldsymbol{x})-\boldsymbol{x}+\boldsymbol{y}-P_\Omega(\boldsymbol{y})\|^2
\end{aligned}$$

性质（3）得证。

对任意的 $\boldsymbol{x}\in\mathbb{R}^n,\boldsymbol{y}\in\Omega$，利用性质（1），得

$$\begin{aligned}&\langle P_\Omega(\boldsymbol{x})-\boldsymbol{x},\ \boldsymbol{y}-\boldsymbol{x}\rangle\\=&\langle P_\Omega(\boldsymbol{x})-\boldsymbol{x},\ \boldsymbol{y}-P_\Omega(\boldsymbol{x})\rangle+\langle P_\Omega(\boldsymbol{x})-\boldsymbol{x},\ P_\Omega(\boldsymbol{x})-\boldsymbol{x}\rangle\\\geqslant&\|P_\Omega(\boldsymbol{x})-\boldsymbol{x}\|^2\end{aligned}$$

性质（4）得证。

上述性质（3）说明投影算子 $P_\Omega(\cdot)$ 是非扩张的 Lipschitz 连续算子。性质（1）是投影算子的基本性质。

这里给出投影矩阵的定义。

定义 5.3（投影矩阵） 称矩阵 $\boldsymbol{P}\in\mathbb{R}^{n\times n}$ 为投影矩阵，是指矩阵 $\boldsymbol{P}$ 满足

$$\boldsymbol{P}=\boldsymbol{P}^T,\quad \boldsymbol{P}^2=\boldsymbol{P}$$

由上述定义可知，一个对称幂等矩阵就是投影矩阵。

投影算子法的计算步骤如下：

Step 1 初始化投影算子。将投影算子设置为单位矩阵或者随机矩阵；

Step 2 计算残差。将目标矩阵减去投影矩阵的乘积，得到残差矩阵；

Step 3 计算梯度。将残差矩阵乘以投影矩阵的转置，得到梯度矩阵；

Step 4 更新投影矩阵。将投影矩阵加上梯度矩阵的乘积和一个步长的乘积，得到新的投影矩阵；

Step 5 判断收敛条件。如果当前的残差矩阵已经足够小，或者迭代次数已经达到设定的最大值，停止迭代；

Step 6 重复以上步骤，直到满足收敛条件或达到最大迭代次数。

投影算子法可以用于求解各种类型的约束优化问题，包括线性约束、非线性约束、凸约束等。它的投影操作是可行性操作，可以确保每次迭代的解都满足约束条件。投影算子法的每一步都可以通过解析解或者常用的优化算法来求解，因此可以高效地求解大规模问题。

5.6.4 梯度投影法

投影算子法的一个经典应用是梯度投影法（Projected Gradient Descent），它在每次迭代中使用梯度下降法来更新解，并通过投影操作将解调整为满足约束条件的最接近点。梯度投影法在凸优化、图像处理等领域有广泛的应用。其基本思想是当迭代点 $\boldsymbol{x}_k$ 是可行域 $\mathcal{D}$ 的内点时，取 $\boldsymbol{d}=-\nabla f(\boldsymbol{x}_k)$ 作为搜索方向；当 $\boldsymbol{x}_k$ 是可行域 $\mathcal{D}$ 的边界点时，取 $-\nabla f(\boldsymbol{x}_k)$ 在这些边界面交集上的投影作为搜索方向。这也是“梯度投影法”名称的由来。

考虑优化问题

$$\begin{aligned}\min\quad & f(\boldsymbol{x})\\ \text{s.t.}\quad & \boldsymbol{A}^T\boldsymbol{x}\geqslant\boldsymbol{b}\end{aligned}\tag{5.67}$$

其中 $\boldsymbol{A}=(a_1,a_2,\cdots,a_m)\in\mathbb{R}^{n\times m},\boldsymbol{b}=(b_1,b_2,\cdots,b_m)^T$。

梯度投影法的迭代步骤如下。

算法 5.8 梯度投影法一般算法框架

Step 1 给定初始可行点 $\boldsymbol{x}_0$，令 $k:=1$;

Step 2 在 $\boldsymbol{x}_k$ 处确定有效约束 $\boldsymbol{A}_1\boldsymbol{x}_k=\boldsymbol{b}_1$ 和非有效约束 $\boldsymbol{A}_2\boldsymbol{x}_k>\boldsymbol{b}_2$，其中

$$\boldsymbol{A}=\begin{pmatrix}\boldsymbol{A}_1\\ \boldsymbol{A}_2\end{pmatrix},\quad \boldsymbol{b}=\begin{pmatrix}\boldsymbol{b}_1\\ \boldsymbol{b}_2\end{pmatrix}$$

Step 3 令

$$\boldsymbol{M}=\begin{pmatrix}\boldsymbol{A}_1\\ \boldsymbol{E}\end{pmatrix}$$

若 $\boldsymbol{M}$ 是空的，则令 $\boldsymbol{P}=\boldsymbol{I}$（单位矩阵），否则，令 $\boldsymbol{P}=\boldsymbol{I}-\boldsymbol{M}^T\left(\boldsymbol{M}\boldsymbol{M}^T\right)^{-1}\boldsymbol{M}$;

Step 4 计算 $\boldsymbol{d}_k=-\boldsymbol{P}\nabla f(\boldsymbol{x}_k)$，若 $||\boldsymbol{d}_k||\neq 0$，转 Step 6，否则，转 Step 5;

Step 5 计算

$$\boldsymbol{\omega}=\left(\boldsymbol{M}\boldsymbol{M}^T\right)^{-1}\boldsymbol{M}\nabla f(\boldsymbol{x}_k)=\begin{pmatrix}\boldsymbol{\sigma}\\ \boldsymbol{\mu}\end{pmatrix}$$

若 $\sigma\geqslant 0$，停止计算，输出 $\boldsymbol{x}_k$ 为 KKT 点，否则，选取 $\boldsymbol{\sigma}$ 的某个负分量，比如 $\sigma_j<0$，修正矩阵 $\boldsymbol{A}_1$，即去掉 $\boldsymbol{A}_1$ 中对应于 σ_j 的行，转 Step 3;

Step 6 求解一维搜索问题，确定步长 λ_k

$$\begin{aligned}\min\quad & f(\boldsymbol{x}_k+\lambda\boldsymbol{d}_k)\\ \text{s.t.}\quad & 0\leqslant\lambda\leqslant\bar{\lambda}\end{aligned}$$

其中 $\bar{\lambda}$ 由下式确定

$$\bar{\lambda}=\begin{cases}\min\left\{\dfrac{(\boldsymbol{b}_2-\boldsymbol{A}_2\boldsymbol{x}_k)_i}{(\boldsymbol{A}_2\boldsymbol{d}_k)_i}\middle|(\boldsymbol{A}_2\boldsymbol{d}_k)_i<0\right\}, & \boldsymbol{A}_2\boldsymbol{d}_k\geqslant\boldsymbol{0}\\ +\infty, & \boldsymbol{A}_2\boldsymbol{d}_k\geqslant\boldsymbol{0}\end{cases}$$

Step 7 令 $\boldsymbol{x}_{k+1}:=\boldsymbol{x}_k+\lambda_k\boldsymbol{d}_k,k:=k+1$，转 Step 2。

【例 5.11】 用梯度投影法求解以下问题

$$\begin{aligned}\min\ & x_1^2+2x_2^2+3x_3^2\\ \text{s.t.}\ & 2x_1+3x_2+4x_3\geqslant 1\\ & x_1+x_3\leqslant 2\\ & x_1,x_2,x_3\geqslant 0\end{aligned}$$

初始点为 $\boldsymbol{x}_0=(0,0,0)^T$。

解 实例代码 5.11 给出了解决上述问题的代码。

实例代码 5.11

```
import numpy as np
from scipy.optimize import minimize
#定义目标函数和约束条件
```

```
def fun(x):
    return x[0]**2 + 2*x[1]**2 + 3*x[2]**2
def cons(x):
    return [2*x[0] + 3*x[1] + 4*x[2] - 1, x[0] + x[2] - 2]
#给定初始点
x0 = [0, 0, 0]
#使用minimize函数求解
res = minimize(fun, x0, constraints={'type': 'ineq', 'fun': cons}, bounds=[(0, None),
    (0, None), (0, None)], method='SLSQP')
#输出结果
print('x1 =', res.x[0], ', x2 =', res.x[1], ', x3 =', res.x[2])
print('fval =', res.fun)
```

运行结果如下：

```
x1 = 1.500000031677205 , x2 = 2.5642598989143793e-23 , x3 = 0.49999999683227725
fval = 2.999999999999994
```

从运行结果可以看出，上述优化问题的极小值约为 3，$\boldsymbol{x}$ 的最优解约为 $(1.5,0,0.5)^T$。

5.6.5 简约梯度法

简约梯度法（Proximal Gradient Method）是一种常用的优化算法，用于求解具有正则化项的凸优化问题。它的基本思想是在每次迭代中使用梯度下降法来更新解，并通过简约操作（Proximal Operation）来调整解以满足正则化项的要求，从而实现稀疏性、低秩性等正则化效果。简约梯度法可以高效地更新解，特别适用于目标函数可微分的优化问题，也可以用于求解带有各种类型正则化项的优化问题，包括 L_1 正则化、L_2 正则化、核范数正则化等。简约梯度法的一个经典应用是稀疏信号恢复问题，其中目标函数是数据拟合项，正则化项是范数，可以使用简约梯度法来求解稀疏解。

简约梯度法的一个变体是 Wolfe 简约梯度法（Wolfe Proximal Gradient Method），它在每次迭代中引入了 Wolfe 条件来确定步长。Wolfe 条件是一种用于控制步长的条件，它要求在更新解时，目标函数的下降量不低于梯度下降法所预期的下降量。通过满足 Wolfe 条件，Wolfe 简约梯度法可以更好地控制步长，从而提高算法的收敛性能。

另一个变体是广义简约梯度法（Generalized Proximal Gradient Method），它是针对非光滑正则化项问题的改进方法。广义简约梯度法在每次迭代中，除了进行梯度计算和简约操作外，还引入了次梯度计算。次梯度是非光滑函数在某一点的下降方向，可通过使用次梯度来更新解，因此广义简约梯度法可以适应更广泛的非光滑正则化项。

1. Wolfe 简约梯度法

1956 年，Frank 和 Wolfe 提出了一种求解线性约束问题的算法，其基本思想是将目标函数做线性近似，通过求解线性规划得可行下降方向，并沿该方向在可行域内做一维搜索。这种方法称作 Wolfe 简约梯度法，又称 Frank-Wolfe 方法或者近似线性化方法。

前面所介绍的 Zoutendijk 可行方法可以解等式线性约束和不等式线性约束，而 Wolfe 简约梯度法只能解等式线性约束下的非线性规化问题。

考虑具有线性约束的非线性优化问题

$$\begin{aligned} \min \quad & f(\boldsymbol{x}) \\ \text{s.t.} \quad & \boldsymbol{A}\boldsymbol{x} = \boldsymbol{b} \\ & \boldsymbol{x} \geqslant \boldsymbol{0} \end{aligned} \tag{5.68}$$

首先确定可行方向。在初始可行点 $\boldsymbol{x}_k$ 处进行考察，将 $f(\boldsymbol{x})$ 在 $\boldsymbol{x}_k$ 处进行一阶 Taylor 展开

$$\begin{aligned} f(\boldsymbol{x}) &= f(\boldsymbol{x}_k) + \nabla f(\boldsymbol{x}_k)^T (\boldsymbol{x} - \boldsymbol{x}_k) \\ &= \nabla f(\boldsymbol{x}_k)^T \boldsymbol{x} + \left[f(\boldsymbol{x}_k) - f(\boldsymbol{x}_k)^T \boldsymbol{x}_k \right] \end{aligned} \tag{5.69}$$

则问题转化为在可行域 $\mathcal{D}$ 内最小化这个一阶展开式，即

$$\begin{aligned} \min \quad & \nabla f(\boldsymbol{x}_k)^T \boldsymbol{x} + \left[f(\boldsymbol{x}_k) - f(\boldsymbol{x}_k)^T \boldsymbol{x}_k \right] \\ \text{s.t.} \quad & \boldsymbol{x} \in \mathcal{D} \end{aligned} \tag{5.70}$$

考虑到方括号内为常数，去掉后变为

$$\begin{aligned} \min \quad & \nabla f(\boldsymbol{x}_k)^T \boldsymbol{x} \\ \text{s.t.} \quad & \boldsymbol{x} \in \mathcal{D} \end{aligned} \tag{5.71}$$

求解这个线性规划就可以得到最优解 $\boldsymbol{x}_*$，由线性规划知识可以知道一定在 $\mathcal{D}$ 的极点达到。

现在研究变动后的 $\boldsymbol{x}_*$ 对函数值的影响，也就是运动方向 $\boldsymbol{d}$ 和函数梯度的乘积 $\nabla f(\boldsymbol{x}_k)^T (\boldsymbol{x}_* - \boldsymbol{x}_k)$。此时共有两种情况：

（1）若乘积为 0，则方向无法和梯度构成钝角，$\boldsymbol{x}_k$ 是原问题的 KKT 点；

（2）若乘积小于 0，则方向可以和梯度构成钝角，使得函数值继续下降。

注：$\boldsymbol{x}_*$ 是用于确定方向，而不是下一步迭代点，更像一个“导航点”。

其次确定移动步长。连接初始点 $\boldsymbol{x}_k$ 和导航点 $\boldsymbol{x}_*$，在此直线上进行一维搜索，则步长取 $[0,1]$。

$$\begin{aligned} \min \quad & f(\boldsymbol{x}_k + \lambda(\boldsymbol{x}_* - \boldsymbol{x}_k)) \\ \text{s.t.} \quad & \lambda \in [0,1] \end{aligned} \tag{5.72}$$

得到 λ 之后即可得到下一个可行点

$$\boldsymbol{x}_{k+1} = \boldsymbol{x}_k + \lambda(\boldsymbol{x}_* - \boldsymbol{x}_k)$$

Wolfe 简约梯度法在每次迭代时，搜索方向总是指向某个极点，当接近最优解时，搜索方向和函数梯度趋于正交，并不是好的搜索方向。但是由于它将非线性规划问题转化为了一系列线性规划问题，因此有时可以达到好的计算效果。该算法的迭代步骤如下。

算法 5.9 Wolfe 简约梯度法一般算法框架

Step 1 选取初始数据。选取初始可行点 $\boldsymbol{x}_0$，允许误差 $\varepsilon > 0$，令 $k := 1$；

Step 2 求解近似线性规划。求解线性规划问题

$$\begin{aligned} \min \quad & \nabla f(\boldsymbol{x}_k)^T \boldsymbol{x} \\ \text{s.t.} \quad & \boldsymbol{x} \in \mathcal{D} \end{aligned}$$

得到最优解 $\boldsymbol{x}_*$；

Step 3 若 $|\nabla f(\boldsymbol{x}_k)^T \boldsymbol{x}_* - \boldsymbol{x}_k| \leqslant \varepsilon$，则停止计算，得到点 $\boldsymbol{x}_k$；否则，转 Step 4；

Step 4 从 $\boldsymbol{x}_k$ 出发，沿方向 $\boldsymbol{x}_* - \boldsymbol{x}_k$ 在连结 $\boldsymbol{x}_k$ 和 $\boldsymbol{x}_*$ 的线段上搜索：

$$\begin{aligned} \min \quad & f(\boldsymbol{x}_k + \lambda(\boldsymbol{y}_* - \boldsymbol{x}_k)) \\ \text{s.t.} \quad & \lambda \in [0, 1] \end{aligned}$$

Step 5 令 $\boldsymbol{x}_{k+1} = \boldsymbol{x}_k + \lambda_k(\boldsymbol{y}_* - \boldsymbol{x}_k)$，令 $k := k+1$，转 Step 2。

定理 5.12 设 $f: \mathbb{R}^n \to \mathbb{R}$ 具有一阶连续偏导数，$\mathcal{D}$ 有界，$\boldsymbol{x}_0 \in \mathcal{D}$，$\{\boldsymbol{x}_k\}$ 是由 Wolfe 简约梯度法产生的迭代点列，则

（1）当 $\{\boldsymbol{x}_k\}$ 是有穷点列时，其最后一个点是问题式 (5.68) 的 KKT 点；

（2）当 $\{\boldsymbol{x}_k\}$ 是无穷点列时，其必有极限点，且其任一极限点 $\boldsymbol{x} \in \mathbb{R}^n$ 是问题式 (5.68) 的 KKT 点。

【例 5.12】 用 Wolfe 简约梯度法求解以下问题

$$\begin{aligned} \min \quad & f(\boldsymbol{x}) = 2x_1^2 + x_2^2 \\ \text{s.t.} \quad & x_1 - x_2 + x_3 = 2 \\ & -2x_1 + x_2 + x_3 = 1 \\ & x_1, x_2, x_3, x_4 \geqslant 0 \end{aligned}$$

取初始点 $\boldsymbol{x}_0 = (1, 3, 4, 0)^T$。

解 实例代码 5.12 给出了解决上述问题的代码。

实例代码 5.12

```
import numpy as np
import matplotlib.pyplot as plt
def objective_function(x):
    return 2*x[0]**2 + x[1]**2
def constraint1(x):
    return x[0] - x[1] + x[2] - 2
def constraint2(x):
    return -2*x[0] + x[1] + x[3] - 1
def wolfe_gradient_descent(x0, alpha, beta, epsilon, max_iter):
    x = x0.copy()
    gradient = np.zeros_like(x)
    iteration = 0
    objective_values = []
    while iteration < max_iter:
```

```
        gradient[0] = 4*x[0]
        gradient[1] = 2*x[1]
        gradient[2] = -1
        gradient[3] = 1
        objective_values.append(objective_function(x))
        if np.linalg.norm(gradient) < epsilon:
            break
        step_size = 1.0
        while objective_function(x - step_size * gradient) > objective_function(x) -
            alpha * step_size * np.linalg.norm(gradient)**2:
            step_size *= beta
        x = x - step_size * gradient
        iteration += 1
    return x, objective_values
#初始可行点
x0 = np.array([1, 3, 4, 0])
#参数设置
alpha = 0.5
beta = 0.5
epsilon = 1e-6
max_iter = 100
#求解
solution, objective_values = wolfe_gradient_descent(x0, alpha, beta, epsilon, max_iter)
#输出结果
print("最优解:", solution)
print("目标函数值:", objective_function(solution))
#绘制目标函数值的收敛曲线
plt.plot(range(len(objective_values)), objective_values)
plt.xlabel("iteration")
plt.ylabel("objective function value")
plt.show()
```

运行结果如下：

```
最优解: [ 0.         0.74999998 4.50000002 -0.50000002]
目标函数值: 0.5624999750116275
```

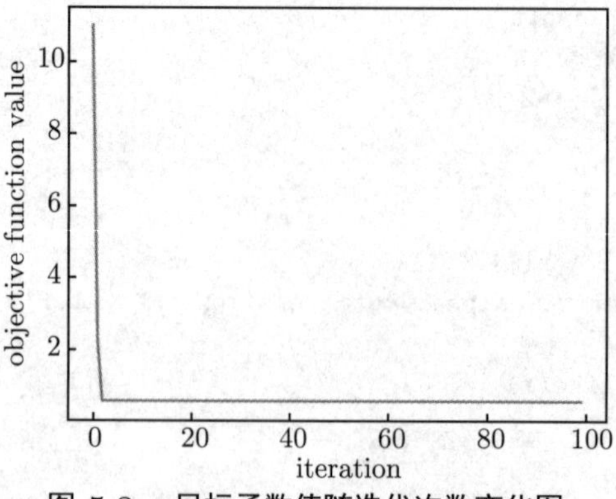

图 5.8　目标函数值随迭代次数变化图

从运行结果可以看出，上述优化问题的极小值约为 0.56，$\boldsymbol{x}$ 的最优解约为 $(0, 0.75, 4.5, -0.5)^T$。

2. 广义简约梯度法

Abadie 和 Carpentier 于 1969 年将 Wolfe 简约梯度法推广到一般非线性约束的情形，提出了所谓的广义简约梯度法。它用于处理含有非线性约束的有约束优化问题，核心思想是用等式约束来减少优化变量的个数。

考虑一般非线性优化问题

$$\begin{array}{lll} \min & f(\boldsymbol{x}) & \\ \text{s.t.} & h_j(\boldsymbol{x}) = 0, & j = 1, 2, \cdots, l \\ & g_i(\boldsymbol{x}) \leqslant 0, & i = 1, 2, \cdots, m \\ & x_i^l \leqslant x_i \leqslant x_i^u, & i = 1, 2, \cdots, n \end{array} \tag{5.73}$$

对不等式约束增加松弛变量，可以描述为

$$\begin{array}{lll} \min & f(\boldsymbol{x}) & \\ \text{s.t.} & g_i(\boldsymbol{x}) + x_{n+i} = 0, & i = 1, 2, \cdots, m \\ & h_j(\boldsymbol{x}) = 0, & j = 1, 2, \cdots, l \\ & x_i^l \leqslant x_i \leqslant x_i^u, & i = 1, 2, \cdots, n \\ & x_{n+i} \geqslant 0, & i = 1, 2, \cdots, m \end{array} \tag{5.74}$$

模型统一简化为

$$\begin{array}{lll} \min & f(\boldsymbol{x}) & \\ \text{s.t.} & h_j(\boldsymbol{x}) = 0, & j = 1, 2, \cdots, m + l \\ & x_i^l \leqslant x_i \leqslant x_i^u, & i = 1, 2, \cdots, n + m \end{array} \tag{5.75}$$

广义简约梯度基于消元法，现将变量分解为两部分

$$\boldsymbol{x} = (\boldsymbol{y}, \boldsymbol{z})^T \tag{5.76}$$

其中 $\boldsymbol{y}$ 是独立变量，$\boldsymbol{z}$ 是非独立变量。由于 $\boldsymbol{x}$ 满足约束条件 $g_i(\boldsymbol{x}) = 0$，所以

$$d_{\boldsymbol{x}} = \boldsymbol{C} d_{\boldsymbol{y}} + \boldsymbol{D} d_{\boldsymbol{z}} \tag{5.77}$$

其中

$$\boldsymbol{C} = \begin{pmatrix} \dfrac{\partial g_1}{\partial y_1} & \cdots & \dfrac{\partial g_1}{\partial y_{n-l}} \\ \vdots & \ddots & \vdots \\ \dfrac{\partial g_{m+l}}{\partial y_1} & \cdots & \dfrac{\partial g_{m+l}}{\partial y_{n-l}} \end{pmatrix}, \quad \boldsymbol{D} = \begin{pmatrix} \dfrac{\partial g_1}{\partial z_1} & \cdots & \dfrac{\partial g_1}{\partial z_{m+l}} \\ \vdots & \ddots & \vdots \\ \dfrac{\partial g_{m+l}}{\partial z_1} & \cdots & \dfrac{\partial g_{m+l}}{\partial z_{m+l}} \end{pmatrix}$$

随着 $\boldsymbol{x}$ 的变化，约束 g 恒为零，所以 $d_g = 0$，故

$$\begin{aligned} d_{\boldsymbol{z}} &= -\boldsymbol{D}^{-1} \boldsymbol{C} d_{\boldsymbol{y}} d_{f(\boldsymbol{x})} \\ &= \left(\nabla_{\boldsymbol{y}} f^{\boldsymbol{T}} - \nabla_{\boldsymbol{z}} f^T \boldsymbol{D}^{-1} \boldsymbol{C}\right) d_{\boldsymbol{y}} \end{aligned} \tag{5.78}$$

也可表述为

$$\begin{aligned}\frac{d_{f(\boldsymbol{x})}}{d_{\boldsymbol{y}}} &= \boldsymbol{G}_R\boldsymbol{G}_R \\ &= \nabla_{\boldsymbol{y}} f - \left(\boldsymbol{D}^{-1}\boldsymbol{C}\right)^T \nabla_{\boldsymbol{z}} f\end{aligned} \tag{5.79}$$

其中 $\boldsymbol{G}_R$ 就是广义简约梯度。

广义简约梯度法具体的实现算法如下。

算法 5.10 广义简约梯度法一般算法框架

Step 1 初始化变量 $\boldsymbol{x}$，其中 $\boldsymbol{x}$ 包含 $\boldsymbol{y}$ 和 $\boldsymbol{z}$ 两部分。划分独立变量和非独立变量的标准为：划分应尽可能避免矩阵 $\boldsymbol{D}$ 为非奇异的情况；每个变量的上下界可以理解为非独立变量；由于松弛变量以线性约束的形式出现在问题中，所以松弛变量应当指定为非独立变量；

Step 2 计算广义简约梯度 $\boldsymbol{G}_R$；

Step 3 检验收敛性。如果广义简约梯度的模足够小，则说明当前的变量值可以作为优化问题的最优解；

Step 4 计算搜索方向。广义简约梯度可以理解为非约束优化问题目标函数的梯度，使用最速下降，共轭梯度等方法去确定搜索方向；

Step 5 沿着搜索方向确定步长。使用一维搜索方法确定步长，值得注意的是这里的步长不能超过变量的上下界。

广义简约梯度法通过消去某些变量在低维空间中运算，能够较快确定最优解，可用来求解大规模问题，是目前求解非线性优化问题的最有效方法之一。

【例 5.13】 用广义简约梯度法求解以下线性约束问题

$$\begin{aligned}\min\ & 10\left(x_1-2\right)^2+\left(x_2-3\right)^2 \\ \text{s.t.}\ & x_1^2+x_2^2 \leqslant 25 \\ & x_1+x_2 \geqslant 9\end{aligned}$$

取初始点 $\boldsymbol{x}_0=(0,0)^T$。

解 实例代码 5.13 给出了解决上述问题的代码。

实例代码 5.13

```
#导入numpy模块
import numpy as np
#导入绘图模块
import matplotlib.pyplot as plt
#导入最小值函数
from scipy.optimize import minimize
#目标函数
def function(args):
    x, y = args
    return 10 * (x - 2) ** 2 + (y - 3) ** 2
#定义约束条件1
def constraint1(args):
    x, y = args
    return -(x ** 2 + y ** 2) + 25
#定义约束条件2
```

```
def constraint2(args):
    x, y = args
    return x + y - 9
cons = [{'type': 'ineq', 'fun': constraint1}, {'type': 'ineq', 'fun': constraint2}]
#设置初始点
initial_guess = [0, 0]
#优化
result = minimize(function, initial_guess, constraints=cons)
#输出结果
print(result)
```

运行结果如下：

```
message: Positive directional derivative for linesearch
 success: False
  status: 8
     fun: 25.61570212282113
       x: [ 3.590e+00 3.590e+00]
     nit: 18
     jac: [ 3.179e+01 1.179e+00]
    nfev: 81
    njev: 14
```

从运行结果可得，上述优化问题的极小值约为 25.62，$\boldsymbol{x}$ 的最优解为 $(3.590, 3.590)^T$。

5.7 二次逼近法

二次逼近法是一种通过构建二次模型来近似目标函数的方法。该方法通过求解二次模型的最优解，来逐步逼近最优解。线性规划和二次规划是最简单的约束优化问题，已有较为有效的数值求解算法。对于较为复杂的非线性问题，一种很自然的想法是将问题线性化，然后用线性规划的方法来逐步求其近似解，这种方法被称为线性逼近法（Linear Approximation Method，LA）或序列线性规划法（Sequential Lnear Programming Method，SLP）。但是，线性逼近法逼近精度差，收敛速度慢；而二次规划法有较有效的算法，因此现在多用二次规划法来逐步逼近非线性规划方法，称为二次逼近法或者序列二次规划法（Sequential Quadratic Programing，SQP），此方法已成为目前最为流行的重要约束优化算法之一。

5.7.1 二次规划的概念

二次规划（Quadratic Programing，QP）是非线性优化中的一种特殊情形，目标函数是二次实函数，约束函数均为线性函数，其将复杂的非线性优化问题转换为较为简单的二次规划问题来求解。它是指在变量 $\boldsymbol{x}$ 的线性等式和线性不等式约束下，求二次函数 $f(\boldsymbol{x})$ 的极小值问题。

考虑以下问题

$$\begin{aligned} \min \quad & f(\boldsymbol{x})=\frac{1}{2}\boldsymbol{x}^T\boldsymbol{G}\boldsymbol{x}+\boldsymbol{g}^T\boldsymbol{x} \\ \text{s.t.} \quad & \boldsymbol{a}_i^T\boldsymbol{x}=b_i, \quad i=1,2,\cdots,m \\ & \boldsymbol{a}_i^T\boldsymbol{x}\leqslant b_i, \quad i=m+1,\cdots,p \end{aligned} \tag{5.80}$$

其中 $\boldsymbol{G}$ 为 n 阶对称矩阵，$\boldsymbol{g},\boldsymbol{a}_1,\boldsymbol{a}_2,\cdots,\boldsymbol{a}_p$ 均为 n 维列向量，假设 $\boldsymbol{a}_1,\boldsymbol{a}_2,\cdots,\boldsymbol{a}_m$ 线性无关，$\boldsymbol{x}=(x_1,x_2,\cdots,x_n),b_1,b_2,\cdots,b_p$ 为已知常数，$m\leqslant n,p\geqslant m$，用 $\mathcal{S}$ 来表示问题式 (5.80) 的可行集。

问题式 (5.80) 的约束可能不相容，也可能无有限的最小值，这时 QP 问题无解。若 $\boldsymbol{G}>\boldsymbol{0}$，则问题式 (5.80) 就是一个凸 QP 问题，它的任何局部最优解，也就是全局最优解，简称整体解；若 $\boldsymbol{G}>\boldsymbol{0}$，则问题式 (5.80) 是一个正定 QP 问题，只要存在整体解，则它是唯一的，若 $\boldsymbol{G}$ 不定，则问题式 (5.80) 是一个一般的 QP 问题。

设 $\overline{\boldsymbol{x}}$ 是问题式 (5.80) 的可行解，若某个 $i\in\{1,2,\cdots,p\}$ 使得 $\boldsymbol{a}_i^T\overline{\boldsymbol{x}}=\boldsymbol{b}_i$ 成立，则称它为 $\overline{\boldsymbol{x}}$ 点处的有效约束，称在 $\overline{\boldsymbol{x}}$ 点处所有有效约束的指标组成的集合 $\overline{\mathcal{I}}=\mathcal{I}(\overline{\boldsymbol{x}})=\{i|\boldsymbol{a}_i^T\overline{\boldsymbol{x}}=\boldsymbol{b}_i\}$ 为 $\overline{\boldsymbol{x}}$ 点处的有效约束指标集，简称为 $\overline{\boldsymbol{x}}$ 点处的有效集。

显然，对于任意可行点 $\overline{\boldsymbol{x}}$，所有等式约束都是有效约束，只有不等式约束才可能是非有效约束。

5.7.2 牛顿-拉格朗日法

考虑等式约束的优化问题

$$\begin{aligned} \min \quad & f(\boldsymbol{x}) \\ \text{s.t.} \quad & h_j(\boldsymbol{x})=0, \quad j\in\mathcal{E}=\{1,\cdots,l\} \\ & \boldsymbol{x}\in\mathbb{R}^n \end{aligned} \tag{5.81}$$

其中 $f:\mathbb{R}^n\to\mathbb{R}$，$h_j:\mathbb{R}^n\to\mathbb{R}\,(j\in\mathcal{E})$ 都为二阶连续可微的实函数。

记 $\boldsymbol{h}(\boldsymbol{x})=(h_1(\boldsymbol{x}),\cdots,h_l(\boldsymbol{x}))^T$ ，则不难写出问题式 (5.81) 的拉格朗日函数为

$$\begin{aligned} L(\boldsymbol{x},\boldsymbol{\mu}) &= f(\boldsymbol{x})-\sum_{i=1}^{l}\mu_i h_i(\boldsymbol{x}) \\ &= f(\boldsymbol{x})-\boldsymbol{\mu}^T\boldsymbol{h}(\boldsymbol{x}) \end{aligned}$$

其中 $\boldsymbol{\mu}=(\mu_1,\cdots,\mu_l)^T$ 为拉格朗日乘子向量。

约束函数 $\boldsymbol{h}(\boldsymbol{x})$ 的梯度矩阵为

$$\nabla\boldsymbol{h}(\boldsymbol{x})=(\nabla h_1(\boldsymbol{x}),\cdots,\nabla h_l(\boldsymbol{x}))$$

则 $\boldsymbol{h}(\boldsymbol{x})$ 的 Jacobi 矩阵为 $\boldsymbol{A}(\boldsymbol{x})=\nabla\boldsymbol{h}(\boldsymbol{x})^T$。根据问题式 (5.81) 的 KKT 条件，可以得到如下的方程组

$$\nabla L(\boldsymbol{x},\boldsymbol{\mu}) = \begin{pmatrix} \nabla_{\boldsymbol{x}} L\left(\boldsymbol{x}^T,\boldsymbol{\mu}\right) \\ \nabla_{\boldsymbol{\mu}} L\left(\boldsymbol{x}^T,\boldsymbol{\mu}\right) \end{pmatrix} = \begin{pmatrix} \nabla f(\boldsymbol{x}) - [\boldsymbol{A}(\boldsymbol{x})]^T \boldsymbol{\mu} \\ -\boldsymbol{h}(\boldsymbol{x}) \end{pmatrix} = \mathbf{0} \tag{5.82}$$

现在考虑用牛顿法求解非线性方程组式 (5.82)，记函数 $\nabla L(\boldsymbol{x},\boldsymbol{\mu})$ 的 Jacobi 矩阵（或 KKT 矩阵）为

$$\boldsymbol{N}(\boldsymbol{x},\boldsymbol{\mu}) = \begin{pmatrix} \boldsymbol{G}(\boldsymbol{x},\boldsymbol{\mu}) & -\boldsymbol{A}(\boldsymbol{x})^T \\ -\boldsymbol{A}(\boldsymbol{x}) & \mathbf{0} \end{pmatrix} \tag{5.83}$$

其中

$$\boldsymbol{G}(\boldsymbol{x},\boldsymbol{\mu}) = \nabla^2_{\boldsymbol{xx}} L(\boldsymbol{x},\boldsymbol{\mu}) = \nabla^2 f(\boldsymbol{x}) - \sum_{i=1}^{l} \mu_i \nabla^2 h_i(\boldsymbol{x})$$

是拉格朗日函数 $L(\boldsymbol{x},\boldsymbol{\mu})$ 关于 $\boldsymbol{x}$ 的 Hessian 矩阵。

对于给定的点 $\boldsymbol{z}_k = (\boldsymbol{x}_k,\boldsymbol{\mu}_k)$，牛顿法的迭代公式为

$$\boldsymbol{z}_{k+1} = \boldsymbol{z}_k + \boldsymbol{p}_k \tag{5.84}$$

其中 $\boldsymbol{p}_k$ 满足下面的线性方程组

$$\boldsymbol{N}(\boldsymbol{x}_k,\boldsymbol{\mu}_k)\boldsymbol{p}_k = -\nabla L(\boldsymbol{x}_k,\boldsymbol{\mu}_k) \tag{5.85}$$

即

$$\begin{pmatrix} \boldsymbol{G}(\boldsymbol{x}_k,\boldsymbol{\mu}_k) & -\boldsymbol{A}(\boldsymbol{x}_k)^T \\ -\boldsymbol{A}(\boldsymbol{x}_k) & \mathbf{0} \end{pmatrix} \begin{pmatrix} \boldsymbol{d}_k \\ \boldsymbol{\mu}_k \end{pmatrix} = \begin{pmatrix} -\nabla f(\boldsymbol{x}_k) + \boldsymbol{A}(\boldsymbol{x}_k)^T \boldsymbol{\mu}_k \\ \boldsymbol{h}(\boldsymbol{x}_k) \end{pmatrix} \tag{5.86}$$

不难发现，只要矩阵 $\boldsymbol{A}(\boldsymbol{x}_k)$ 行满秩且 $\boldsymbol{G}(\boldsymbol{x}_k,\boldsymbol{\mu}_k)$ 正定，那么方程式 (5.86) 的系数矩阵就是非奇异的，且该方程有唯一解。通常把基于求解方程组式 (5.86) 的优化方法称为拉格朗日方法。特别地，如果用牛顿法求解该方程组，则称为牛顿-拉格朗日法（Newton-Lagrange Method）。根据牛顿法的性质，该方法具有局部二次收敛性质。下面给出牛顿-拉格朗日方法的详细算法步骤。

算法 5.11 牛顿-拉格朗日方法

Step 1 选取 $\boldsymbol{x}_0 \in \mathbb{R}^n$，$\boldsymbol{\mu}_0 \in \mathbb{R}^l$，$\beta$，$\sigma \in (0,1)$，$0 \leqslant \varepsilon \ll 1$，令 $k := 1$；

Step 2 计算 $\|\nabla L(\boldsymbol{x}_k,\boldsymbol{\mu}_k)\|$ 的值。若 $\|\nabla L(\boldsymbol{x}_k,\boldsymbol{\mu}_k)\| \leqslant \varepsilon$，停算。否则，转 Step 3；

Step 3 解方程组式 (5.86) 得 $\boldsymbol{p}_k = \left(\boldsymbol{d}_k^T,\boldsymbol{v}_k^T\right)^T$；

Step 4 令 m_k 是使下面的不等式成立的最小非负整数 m。

$$||\nabla L(\boldsymbol{x}_k + \beta^m \boldsymbol{d}_k, \boldsymbol{\mu}_k + \beta^m \boldsymbol{v}_k)||^2 \leqslant (1-\sigma\beta^m)\,||\nabla L(\boldsymbol{x}_k,\boldsymbol{\mu}_k)||^2$$

令 $\alpha_k = \beta^{m_k}$；

Step 5 令 $\boldsymbol{x}_{k+1} := \boldsymbol{x}_k + \alpha_k \boldsymbol{d}_k$，$\boldsymbol{\mu}_{k+1} := \boldsymbol{\mu}_k + \alpha_k \boldsymbol{v}_k$ 。令 $k := k+1$，转 Step 2。

5.7.3 序列二次规划法

序列二次规划法（SQP）最早由 Wilson（1963）提出。该方法的基本思想是在每一迭代步通过求解一个二次规划子问题来确立一个下降方向，以减少损失函数来取得步长，重复这些步骤直到求得原问题的解。该方法对目标函数和约束函数进行某种近似，然后求近似问题的极小点，产生一个序列收敛于约束问题的极小点。这类方法是在无优化约束的牛顿法的基础上发展起来的，方法中都涉及求解一系列二次规划问题。SQP 的优点是可以处理非线性约束优化问题，并且在每一步迭代中都能获得一个较好的解。它的收敛速度通常比其他方法快，特别是在初始解较好的情况下。然而，SQP 也有一些局限性，比如对目标函数和约束条件的可微性要求较高，且可能会陷入局部最优解。此外，求解二次规划子问题的过程也可能比较耗时。

这里介绍基于修正 Hessian 矩阵的 SQP 方法。

考虑一个非线性约束最优化问题

$$\begin{aligned}\min\quad & f(\boldsymbol{x})\\ \text{s.t.}\quad & h_j(\boldsymbol{x})=0,\quad j=1,2,\cdots,m\\ & g_i(\boldsymbol{x})\geqslant 0,\quad i=1,2,\cdots,l\\ & \boldsymbol{x}\in\mathbb{R}^n\end{aligned}\tag{5.87}$$

在给定点 $(\boldsymbol{x}_k,\boldsymbol{\mu}_k,\boldsymbol{\lambda}_k)$ 之后，将约束函数线性化，并对拉格朗日函数进行二次多项式近似，得到下列形式的二次规划子问题

$$\begin{aligned}\min\quad & f(\boldsymbol{x})=\frac{1}{2}\boldsymbol{d}^T\boldsymbol{G}_k\boldsymbol{d}+\nabla f(\boldsymbol{x}_k)^T\boldsymbol{d}\\ \text{s.t.}\quad & h_j(\boldsymbol{x}_k)+\nabla h_j(\boldsymbol{x}_k)^T\boldsymbol{d}=0,\quad j=1,2,\cdots,l\\ & g_i(\boldsymbol{x}_k)+\nabla g_i(\boldsymbol{x}_k)^T\boldsymbol{d}\geqslant 0,\quad i=1,2,\cdots,m\end{aligned}\tag{5.88}$$

其中 $\boldsymbol{G}_k=\boldsymbol{G}(\boldsymbol{x}_k,\boldsymbol{\mu}_k,\boldsymbol{\lambda}_k)=\nabla^2_{\boldsymbol{xx}}L(\boldsymbol{x}_k,\boldsymbol{\mu}_k,\boldsymbol{\lambda}_k)$。

拉格朗日函数为

$$L(\boldsymbol{x},\boldsymbol{\mu},\boldsymbol{\lambda})=f(\boldsymbol{x})-\sum_{j=1}^{l}\mu_j h_j(\boldsymbol{x})-\sum_{i=1}^{m}\lambda_i g_i(\boldsymbol{x})$$

于是迭代点 $\boldsymbol{x}_k$ 的校正步 $\boldsymbol{d}_k$ 以及新的拉格朗日乘子估计量 $\boldsymbol{\mu}_{k+1}$、$\boldsymbol{\lambda}_{k+1}$ 可以定义为问题式 (5.88) 的最优解 $\boldsymbol{d}_*$ 和相应的拉格朗日乘子 $\boldsymbol{\mu}_*$、$\boldsymbol{\lambda}_*$。

问题式 (5.88) 可能不存在可行点，为了克服这一困难，可以引进辅助变量 ξ，然后求解下面的线性规划问题

$$\begin{aligned}\min\quad & -\xi\\ \text{s.t.}\quad & -\xi h_j(\boldsymbol{x}_k)+\nabla h_j(\boldsymbol{x}_k)^T\boldsymbol{d}=0,\quad j=1,2,\cdots,l\end{aligned}$$

$$
\begin{aligned}
& -\xi g_i(\boldsymbol{x}_k)+\nabla g_i(\boldsymbol{x}_k)^T \boldsymbol{d} \geqslant 0, \quad i \in \mathcal{U}_k \\
& g_i(\boldsymbol{x}_k)+\nabla g_i(\boldsymbol{x}_k)^T \boldsymbol{d} \geqslant 0, \quad i \in \mathcal{V}_k \\
& -1 \leqslant \xi \leqslant 0
\end{aligned} \tag{5.89}
$$

式中 $\mathcal{U}_k=\{i \mid g_i(\boldsymbol{x}_k)<0, i=1,2,\cdots,m\}, \mathcal{V}_k=\{i \mid g_i(\boldsymbol{x}_k) \geqslant 0, i=1,2,\cdots,m\}$。

显然 $\xi=0, \boldsymbol{d}=\mathbf{0}$ 是线性规划式 (5.89) 的一个可行点，并且该线性规划的极小点 $\overline{\xi}=-1$ 当且仅当二次规划子问题式 (5.88) 是相容的，即子问题的可行域非空。

当 $\overline{\xi}=-1$ 时，可以用线性规划问题的最优解 $\boldsymbol{d}_{1*}$ 作为初始点，求出二次规划子问题的最优解 $\boldsymbol{d}_{2*}$，而当 $\overline{\xi}=0$ 或接近于 0 时，二次规划子问题无可行点，此时需要重新选择迭代点 $\boldsymbol{x}_k$，然后再进行 SQP 计算。当 $\overline{\xi} \neq -1$ 但比较接近-1 时，可以用对应 $\overline{\xi}$ 的约束条件来代替原来的约束条件，再求解修正后的二次规划问题。

在构造二次规划子问题式 (5.88) 时，需要计算拉格朗日函数在迭代点 $\boldsymbol{x}_k$ 处的 Hessian 矩阵 $\boldsymbol{H}_k=\boldsymbol{H}(\boldsymbol{x}_k, \boldsymbol{\mu}_k, \boldsymbol{\lambda}_k)$，其计算量巨大，为了克服这一缺陷，可以用对称正定矩阵 $\boldsymbol{B}_k$ 代替拉格朗日矩阵的序列二次规划法，即 Wilson-Han-Powell 方法（WHP 方法）。

WHP 方法需要构造一个下列形式的二次规划子问题

$$
\begin{aligned}
\min \quad & f(\boldsymbol{x})=\frac{1}{2}\boldsymbol{d}^T \boldsymbol{B}_k \boldsymbol{d}+\nabla f(\boldsymbol{x}_k)^T \boldsymbol{d} \\
\text{s.t.} \quad & h_j(\boldsymbol{x}_k)+\nabla h_j(\boldsymbol{x}_k)^T \boldsymbol{d}=0, \quad j=1,2,\cdots,l \\
& g_i(\boldsymbol{x}_k)+\nabla g_i(\boldsymbol{x}_k)^T \boldsymbol{d} \geqslant 0, \quad i=1,2,\cdots,m
\end{aligned} \tag{5.90}
$$

并用此问题的解 $\boldsymbol{d}_k$ 作为原问题的变量 $\boldsymbol{x}$ 在第 k 次迭代过程中的搜索方向。

下面给出 WHP 方法的算法。

算法 5.12 WHP 方法一般算法框架

Step 1 给定初始可行点 $\boldsymbol{x}_0 \in \mathbb{R}^n$，初始对称矩阵 $\boldsymbol{B}_0 \in \mathbb{R}^{n \times n}$，容许误差 $0 \leqslant \epsilon \ll 1$ 和满足 $\sum\limits_{k=0}^{\infty} \eta_k<+\infty$ 的非负数列 $\{\eta_k\}$。取参数 $\sigma>0$ 和 $\delta>0$，令 $k:=1$；

Step 2 求解二次规划子问题式 (5.90)，得最优解 $\boldsymbol{d}_k$；

Step 3 若 $\|\boldsymbol{d}_k\| \leqslant \epsilon$，则停止计算，输出 $\boldsymbol{x}_k$ 作为原问题的近似极小点；

Step 4 利用下列 l_1 罚函数 $P_\sigma(\boldsymbol{x})$，即

$$
P_\sigma(\boldsymbol{x})=f(\boldsymbol{x})+\frac{1}{\sigma}\left\{\sum_{j=1}^{l}|h_j(\boldsymbol{x})|+\sum_{i=1}^{m}|[g_i(\boldsymbol{x})]_-|\right\}
$$

其中 $\sigma>0, [g_i(\boldsymbol{x})]_-=\max\{0,-g_i(\boldsymbol{x})\}$。按照某种线搜索规划确定步长 $\alpha_k \in (0, \delta]$，使得

$$
P_\sigma(\boldsymbol{x}_k+\alpha_k \boldsymbol{d}_k) \leqslant \min_{\alpha \in (0,\delta]} P_\sigma(\boldsymbol{x}_k+\alpha_k \boldsymbol{d}_k)+\eta_k
$$

Step 5 令 $\boldsymbol{x}_{k+1}:=\boldsymbol{x}_k+\alpha_k \boldsymbol{d}_k$，更新 $\boldsymbol{B}_k$ 为 $\boldsymbol{B}_{k+1}$；

Step 6 令 $k:=k+1$，转 Step 2。

根据以上内容，可给出一般形式优化问题的 SQP 方法的计算步骤。

算法 5.13 一般形式优化问题的 SQP 方法一般算法框架

Step 1 给定初始点 $(\boldsymbol{x}_0, \boldsymbol{\mu}_0, \boldsymbol{\lambda}_0) \in \mathbb{R}^n \times \mathbb{R}^l \times \mathbb{R}^m$，对称矩阵 $\boldsymbol{B}_0 \in \mathbb{R}^{n\times n}$，计算

$$\boldsymbol{A}_0^{\mathcal{E}} = \nabla \boldsymbol{h}(\boldsymbol{x}_0)^T, \quad \boldsymbol{A}_0^{\mathcal{I}} = \nabla \boldsymbol{g}(\boldsymbol{x}_0)^T, \quad \boldsymbol{A}_0 = \begin{pmatrix} \boldsymbol{A}_0^{\mathcal{E}} \\ \boldsymbol{A}_0^{\mathcal{I}} \end{pmatrix}$$

其中 $\mathcal{E} = \{1,2,\cdots,l\}, \mathcal{I} = \{1,2,\cdots,m\}$。选择参数 $\eta \in \left(0, \dfrac{1}{2}\right), \rho \in (0,1)$，容许误差 $0 \leqslant \epsilon_1, \epsilon \ll 1$，令 $k := 1$；

Step 2 求解子问题

$$\begin{aligned} \min \quad & \frac{1}{2}\boldsymbol{d}^T \boldsymbol{B}_k \boldsymbol{d} + \nabla f(\boldsymbol{x}_k)^T \boldsymbol{d} \\ \text{s.t.} \quad & h(\boldsymbol{x}_k) + \boldsymbol{A}_k^{\mathcal{E}} \boldsymbol{d} = 0 \\ & g(\boldsymbol{x}_k) + \boldsymbol{A}_k^{\mathcal{I}} \boldsymbol{d} \geqslant 0 \end{aligned}$$

得最优解 $\boldsymbol{d}_k$；

Step 3 若 $\|\boldsymbol{d}_k\|_1 \leqslant \epsilon_1$，且 $\|\boldsymbol{h}_k\|_1 + \|(\boldsymbol{g}_k)_-\|_1 \leqslant \epsilon_2$，则停止计算，得到原问题的一个近似 KKT 点 $(\boldsymbol{x}_k, \boldsymbol{\mu}_k, \boldsymbol{\lambda}_k)$；

Step 4 选择 l_1 价值函数 $\phi(\boldsymbol{x}, \sigma)$，即

$$\phi(\boldsymbol{x}, \sigma) = f(\boldsymbol{x}) + \frac{1}{\sigma}[\|\boldsymbol{h}(\boldsymbol{x})\|_1 + \|g(\boldsymbol{x})_{-1}\|_1]$$

令 $\tau = \max\{\|\boldsymbol{\mu_k}\|, \|\boldsymbol{\lambda_k}\|\}$，任选一个 $\delta > 0$，定义罚函数的修正规则为

$$\delta_k = \begin{cases} \sigma_{k-1}, & \sigma_{k-1}^{-1} \geqslant \tau + \delta \\ (\tau + 2\delta)^{-1}, & \sigma_{k-1}^{-1} < \tau + \delta \end{cases}$$

使得 $\boldsymbol{d}_k$ 是该函数在 $\boldsymbol{x}_k$ 处的下降方向；

Step 5 令 m_k 是使下列不等式成立的最小非负整数 m

$$\phi(\boldsymbol{x}_k + \rho^m \boldsymbol{d}_k, \sigma_k) - \phi(\boldsymbol{x}_k, \sigma_k) \leqslant \eta \rho^m \phi'(\boldsymbol{x}_k, \sigma_k; \boldsymbol{d}_k)$$

令 $\alpha_k := \rho^{m_k}, \boldsymbol{x}_{k+1} = \boldsymbol{x}_k + \alpha_k \boldsymbol{d}_k$；

Step 6 计算

$$\boldsymbol{A}_{k+1}^{\mathcal{E}} = \nabla \boldsymbol{h}(\boldsymbol{x}_{k+1})^T, \quad \boldsymbol{A}_{k+1}^{\mathcal{I}} = \nabla \boldsymbol{g}(\boldsymbol{x}_{k+1})^T, \quad \boldsymbol{A}_{k+1} = \begin{pmatrix} \boldsymbol{A}_{k+1}^{\mathcal{E}} \\ \boldsymbol{A}_{k+1}^{\mathcal{I}} \end{pmatrix}$$

以及最小二乘乘子

$$\begin{pmatrix} \boldsymbol{\mu}_{k+1} \\ \boldsymbol{\lambda}_{k+1} \end{pmatrix} = \left(\boldsymbol{A}_{k+1} \boldsymbol{A}_{k+1}^T\right)^{-1} \boldsymbol{A}_{k+1} \nabla f(\boldsymbol{x}_{k+1})$$

Step 7 校正矩阵 $\boldsymbol{B}_k$ 为 $\boldsymbol{B}_{k+1}$，令

$$\boldsymbol{s}_k = \alpha_k \boldsymbol{d}_k$$

$$\boldsymbol{y}_k = \nabla_{\boldsymbol{x}} L(\boldsymbol{x}_{k+1}, \boldsymbol{\mu}_{k+1}, \boldsymbol{\lambda}_{k+1}) - \nabla_{\boldsymbol{x}} L(\boldsymbol{x}_k, \boldsymbol{\mu}_{k+1}, \boldsymbol{\lambda}_{k+1})$$

$$\boldsymbol{B}_{k+1} = \boldsymbol{B}_k - \frac{\boldsymbol{B}_k \boldsymbol{s}_k \boldsymbol{s}_k^T \boldsymbol{B}_k}{\boldsymbol{s}_k^T \boldsymbol{B}_k \boldsymbol{s}_k} + \frac{\boldsymbol{z}_k \boldsymbol{z}_k^T}{\boldsymbol{s}_k^T \boldsymbol{z}_k}$$

其中 $\boldsymbol{z}_k = \omega_k \boldsymbol{y}_k + (1-\omega_k) \boldsymbol{B}_k \boldsymbol{s}_k$，参数 ω_k 定义为

$$\omega_k = \begin{cases} 1, & s_k^T y_k \geqslant 0.2 s_k^T B_k s_k \\ \dfrac{0.8 s_k^T B_k s_k}{s_k^T B_k s_k - s_k^T y_k}, & s_k^T y_k < 0.2 s_k^T B_k s_k \end{cases}$$

Step 8 令 $k := k+1$，转 Step 2。

【例 5.14】 用 SQP 算法求解以下优化问题

$$\begin{aligned} \min \quad & x_1^2 + x_2^2 \\ \text{s.t.} \quad & x_1 + x_2 \leqslant 4 \\ & x_1 + x_2 \geqslant 2 \end{aligned}$$

给定初始点 $\boldsymbol{x}_0 = (0,0)^T$。

解 实例代码 5.14 给出了解决上述问题的代码。

实例代码 5.14

```
import numpy as np
import scipy.optimize as optimize
import matplotlib.pyplot as plt
#定义目标函数
def objective(x):
    return x[0]**2 + x[1]**2
#定义约束条件
def constraint(x):
    return [x[0] + x[1] - 4, -(x[0] + x[1] - 2)]
#初始化起始点
x0 = [0, 0]
#使用SQP算法求解
solution = optimize.minimize(
    objective, x0, method='SLSQP', constraints={'type': 'ineq', 'fun': constraint})
#输出最优解和最优值
print('最优解:', solution.x)
print('最优值:', solution.fun)
# 绘制等高线图
x = np.linspace(-10, 10, 100)
y = np.linspace(-10, 10, 100)
X, Y = np.meshgrid(x, y)
Z = X**2 + Y**2
plt.contour(X, Y, Z, levels=20)
plt.plot(solution.x[0], solution.x[1], 'ro')
plt.xlabel('x1')
plt.ylabel('x2')
plt.show()
```

运行结果如下：

```
最优解: [0.99999993 1.00000007]
最优值: 2.000000000025894
```

从运行结果可以看出，上述优化问题目标函数的最优值约为 2。

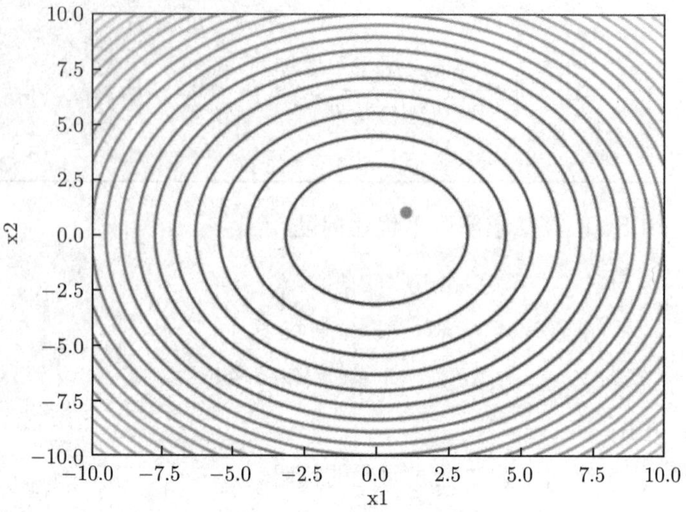

图 5.9　参数学习过程图

【例 5.15】　用 SQP 算法最小化 Rosenbrock 函数

$$\begin{aligned} \min \quad & (1-x_1)^2 + 100\,(x_2-x_1)^2 \\ \text{s.t.} \quad & x_1+x_2+x_3=2 \\ & x_2-x_1 \geqslant 0 \end{aligned}$$

解　实例代码 5.15 给出了解决上述问题的代码。

实例代码 5.15

```
from scipy.optimize import minimize
import numpy as np
import matplotlib.pyplot as plt
#Define the Rosenbrock function
def rosen(x):
    return (1 - x[0]) ** 2 + 100 * (x[1] - x[0] ** 2) ** 2
#Define the constraints
def con(x):
    return x[1] - x[0]
#Define the initial guess
x0 = np.array([0, 2])
#Use SQP algorithm to minimize the function
res = minimize(rosen, x0, method='SLSQP', constraints={'fun': con, 'type': 'ineq'})
#Print the solution
print(res.x)
```

运行结果如下：

```
[0.01020315 0.01020315]
```

从运行结果可以看出，上述优化问题的最优解为 $(0.01020315, 0.01020315)^T$。

5.8 极大熵方法

极大熵方法（Maximum Entropy Method）是近年来出现的一种新的优化方法。其基本思想是利用极大熵原理推导出一个可微函数 $F_p(\boldsymbol{x})$（通常称为极大熵函数），用函数 $F_p(\boldsymbol{x})$ 来逼近最大值函数 $F(\boldsymbol{x})=\max\limits_{1\leqslant i\leqslant m}\{f_i(x)\}$，可以将约束优化问题转化为单约束优化问题，把某些不可微优化函数转为可微优化问题，简化问题。

考虑一般约束优化问题

$$
\begin{aligned}
\min\quad & F(\boldsymbol{x})=\max_{1\leqslant i\leqslant m}\{f_i(\boldsymbol{x})\}\\
\text{s.t.}\quad & h_j(\boldsymbol{x})=0,\quad j=1,2,\cdots,l\\
& g_i(\boldsymbol{x})\leqslant 0,\quad i=1,2,\cdots,m\\
& \boldsymbol{x}\in\mathbb{R}^n
\end{aligned}
\tag{5.91}
$$

其中 $f_i(\boldsymbol{x}),g_i(\boldsymbol{x}),h_j(\boldsymbol{x}):\mathbb{R}^n\to\mathbb{R}$，并且 $f_i(\boldsymbol{x}),g_i(\boldsymbol{x}),h_j(\boldsymbol{x})$ 为一阶连续可微函数。

令 $G(\boldsymbol{x})=\max\limits_{1\leqslant i\leqslant m}\{g_i(\boldsymbol{x})\},H(\boldsymbol{x})=\max\limits_{1\leqslant j\leqslant l}\{h_j^2(\boldsymbol{x})\}$，则问题式 (5.91) 等价于

$$
\begin{aligned}
\min\quad & F(\boldsymbol{x})\\
\text{s.t.}\quad & H(\boldsymbol{x})=0\\
& G(\boldsymbol{x})\leqslant 0\\
& \boldsymbol{x}\in\mathbb{R}^n
\end{aligned}
\tag{5.92}
$$

令

$$F_p(\boldsymbol{x})=\frac{1}{p}\ln\sum_{i=1}^{s}\exp[pf_i(\boldsymbol{x})],\quad p>0$$

$$G_q(\boldsymbol{x})=\frac{1}{q}\ln\sum_{i=1}^{m}\exp[qg_i(\boldsymbol{x})],\quad q>0$$

$$H_t(\boldsymbol{x})=\frac{1}{t}\ln\sum_{j=1}^{l}\exp[th_i^2(\boldsymbol{x})],\quad t>0$$

则求问题式 (5.91) 的近似最优解，可转化为求解如下优化问题

$$
\begin{aligned}
\min\quad & F_p(\boldsymbol{x})\\
\text{s.t.}\quad & H_t(\boldsymbol{x})\leqslant\frac{r\ln l}{t}\\
& G_q(\boldsymbol{x})\leqslant 0\\
& \boldsymbol{x}\in\mathbb{R}^n
\end{aligned}
\tag{5.93}
$$

其中 $r\in(1,+\infty)$ 为常数。

问题 (5.93) 仅含有两个不等式约束，且目标函数和约束函数 $f_k(\boldsymbol{x})$、$g_i(\boldsymbol{x})$、$h_j(\boldsymbol{x})\in\mathcal{C}^1$

时，均是连续可微的，因此问题 (5.91) 容易求解。利用增广拉格朗日乘子法可进一步将其转化为无约束优化问题求解，而无约束优化问题可用有限内存的拟牛顿法求解，这样就为求解大规模的约束优化问题和某些不可微问题提供了一种比较简单而有效的近似方法。下面给出该方法的具体计算步骤。

算法 5.14 极大熵方法一般算法框架

Step 1 给定初始点 $\boldsymbol{x}_0$，初始拉格朗日乘子 $\boldsymbol{\mu}_1^{(1)}=0,\boldsymbol{\mu}_2^{(1)}=0,\mathcal{C}>0,p,q,t\in[10^3,10^6]$,$r\geqslant 1$，计算精度 $\epsilon>0$，令 $k:=1$；

Step 2 以 $\boldsymbol{x}_{k-1}$ 为初始点，用有限内存拟牛顿法求解 $\min\varphi(\boldsymbol{x},\boldsymbol{\mu})$，设其解为 $\boldsymbol{x}_k$，其中 $\varphi(\boldsymbol{x},\boldsymbol{\mu})$ 由下式确定

$$\varphi(\boldsymbol{x},\boldsymbol{\mu})=f(\boldsymbol{x})+\frac{1}{2c}\left\{[\max(0,\boldsymbol{\mu}_1+cG_q(\boldsymbol{x}))]^2-\boldsymbol{\mu}_1^2+\left[\max\left(0,\boldsymbol{\mu}_2+c\left(H_t(\boldsymbol{x})-\frac{r\ln l}{t}\right)\right)\right]^2-\boldsymbol{\mu}_2^2\right\}$$

Step 3 计算

$$\tau=\left\{\left[\max\left(G_q(\boldsymbol{x}_k),\frac{\boldsymbol{\mu}_1^k}{c}\right)\right]^2+\left[\max\left(H_t(\boldsymbol{x}_k)-\frac{r\ln l}{t},\frac{\boldsymbol{\mu}_2^k}{c}\right)\right]^2\right\}$$

若 $\tau\leqslant\epsilon$，则计算结束，取 $\boldsymbol{x}_k$ 为问题式 (5.91) 的近似最优解；否则计算

$$\beta=\frac{\left\{G_q^2(\boldsymbol{x}_k)+\left[H_t(\boldsymbol{x}_k)-\dfrac{r\ln l}{t}\right]^2\right\}^{\frac{1}{2}}}{\left\{G_q^2(\boldsymbol{x}_{k-1})+\left[H_t(\boldsymbol{x}_{k-1})-\dfrac{r\ln l}{t}\right]^2\right\}^{\frac{1}{2}}}$$

若 $\beta<\dfrac{1}{4}$，则转 Step 4；否则，令 $c=2c$，转 Step 4；

Step 4 计算

$$\mu_1^{k+1}=\max[0,\mu_1^k+cG_q(\boldsymbol{x}_k)]$$

$$\mu_2^{k+1}=\max\left\{0,\mu_2^k+c\left[H_t(\boldsymbol{x}_k)-\frac{r\ln l}{t}\right]\right\}$$

令 $k:=k+1$，返回 Step 2。

【例 5.16】 用极大熵方法在给定天气数据集 dataset 的情况下，对 x=('overcast', 'mild', 'high', 'FALSE') 出现的可能性进行预测。

解 实例代码 5.16 给出了解决上述问题的代码。

实例代码 5.16

```
import math
from copy import deepcopy
class MaxEntropy:
    def __init__(self, EPS=0.005):
        self._samples = []
        self._label_y = set()
        #key为(x,y)，value为出现次数
```

```
        self._numXY = {}
        #样本数
        self._samples_num = 0
        #样本分布的特征期望值
        self._Ep_ = []
        #key记录(x,y),value记录id号
        self._xyID = {}
        #特征键值(x,y)的个数
        self._xy_num = 0
        #最大特征数
        self._max_feature_num = 0
        #key为(x,y), value为对应的id号
        self._IDxy = {}
        self._weights = []
        #收敛条件
        self._EPS = EPS
        #上一次w参数值
        self._last_weights = []
    def loadData(self, dataset):
        self._samples = deepcopy(dataset)
        for items in self._samples:
            y = items[0]
            X = items[1:]
            #集合中y若已存在则会自动忽略
            self._label_y.add(y)
            for x in X:
                if (x, y) in self._numXY:
                    self._numXY[(x, y)] += 1
                else:
                    self._numXY[(x, y)] = 1
        self._samples_num = len(self._samples)
        self._xy_num = len(self._numXY)
        self._max_feature_num = max([len(sample) - 1 for sample in self._samples])
        self._weights = [0] * self._xy_num
        self._last_weights = self._weights[:]
        self._Ep_ = [0] * self._xy_num
        #计算特征函数fi关于经验分布的期望
        for i, xy in enumerate(self._numXY):
            self._Ep_[i] = self._numXY[xy] / self._samples_num
            self._xyID[xy] = i
            self._IDxy[i] = xy
    #计算每个Z(x)值
    def _calc_zx(self, X):
        zx = 0
        for y in self._label_y:
            temp = 0
            for x in X:
                if (x, y) in self._numXY:
                    temp += self._weights[self._xyID[(x, y)]]
            zx += math.exp(temp)
```

```
        return zx
    #计算每个P(y|x)
    def _calu_model_pyx(self, y, X):
        zx = self._calc_zx(X)
        temp = 0
        for x in X:
            if (x, y) in self._numXY:
                temp += self._weights[self._xyID[(x, y)]]
        pyx = math.exp(temp) / zx
        return pyx
    #计算特征函数fi关于模型的期望
    def _calc_model_ep(self, index):
        x, y = self._IDxy[index]
        ep = 0
        for sample in self._samples:
            if x not in sample:
                continue
            pyx = self._calu_model_pyx(y, sample)
            ep += pyx / self._samples_num
        return ep
    #判断是否全部收敛
    def _convergence(self):
        for last, now in zip(self._last_weights, self._weights):
            if abs(last - now) >= self._EPS:
                return False
        return True
    #计算预测概率
    def predict(self, X):
        Z = self._calc_zx(X)
        result = {}
        for y in self._label_y:
            ss = 0
            for x in X:
                if (x, y) in self._numXY:
                    ss += self._weights[self._xyID[(x, y)]]
            pyx = math.exp(ss) / Z
            result[y] = pyx
        return result
    #训练
    def train(self, maxiter=1000):
        for loop in range(maxiter):
            self._last_weights = self._weights[:]
            for i in range(self._xy_num):
                #计算第i个特征的模型期望
                ep = self._calc_model_ep(i)
                #更新参数
                self._weights[i] += math.log(self._Ep_[i] / ep) / self._max_feature_num
            #判断是否收敛
            if self._convergence():
                break
```

```
dataset = [['no', 'sunny', 'hot', 'high', 'FALSE'],
        ['no', 'sunny', 'hot', 'high', 'TRUE'],
        ['yes', 'overcast', 'hot', 'high', 'FALSE'],
        ['yes', 'rainy', 'mild', 'high', 'FALSE'],
        ['yes', 'rainy', 'cool', 'normal', 'FALSE'],
        ['no', 'rainy', 'cool', 'normal', 'TRUE'],
        ['yes', 'overcast', 'cool', 'normal', 'TRUE'],
        ['no', 'sunny', 'mild', 'high', 'FALSE'],
        ['yes', 'sunny', 'cool', 'normal', 'FALSE'],
        ['yes', 'rainy', 'mild', 'normal', 'FALSE'],
        ['yes', 'sunny', 'mild', 'normal', 'TRUE'],
        ['yes', 'overcast', 'mild', 'high', 'TRUE'],
        ['yes', 'overcast', 'hot', 'normal', 'FALSE'],
        ['no', 'rainy', 'mild', 'high', 'TRUE']]
maxent = MaxEntropy()
x = ['overcast', 'mild', 'high', 'FALSE']
maxent.loadData(dataset)
#设置迭代次数 100
maxent.train(maxiter=100)
print('预测结果:', maxent.predict(x))
```

运行结果如下：

```
预测结果: {'yes': 0.9984399801957127, 'no': 0.0015600198042872487}
```

从运行结果可以看出，在给定天气数据集 dataset 的情况下，对x =('overcast', 'mild', 'high', 'FALSE')出现的可能性进行预测，出现的概率为 0.9984，否的概率约为 0.0016。

5.9　复合优化方法

复合优化问题

$$\min_{\boldsymbol{x}\in\mathbb{R}^n}\ \psi(\boldsymbol{x})\stackrel{\text{def}}{=}f(\boldsymbol{x})+h(\boldsymbol{x})$$

其中 $f(\boldsymbol{x})$ 是可微函数（可能非凸），$h(\boldsymbol{x})$ 可能是不可微函数。

复合优化问题在实际中有着重要的作用，且由于应用问题的驱动，复合优化问题的算法近年来得到了大量的研究，下面将介绍一些相关的复合优化算法，包括近似点梯度法、Nesterov 加速算法、近似点算法、分块坐标下降法以及对偶近似点梯度法。

5.9.1　近似点梯度法

在机器学习、图像处理领域，许多模型包含两个部分：一部分是误差项，一般为光滑函数；另一部分是正则项，可能为非光滑函数，用来保证求解问题的特殊结构。由于有非光滑部分的存在，此类问题属于非光滑的优化问题，可以考虑使用次梯度算法进行求解。然而次梯度算法并不能充分利用光滑部分的信息，也很难在迭代中保证非光滑项对应的解的结构信息，这使得次梯度算法在求解这类问题时往往收敛较慢。

近似点梯度算法（Approximate Point Gradient Method，APG）能克服次梯度算法的缺点，充分利用光滑部分的信息，并在迭代过程中显式地保证解的结构，从而能够达到和求解光滑问题的梯度算法相近的收敛速度。引入邻近算子是近似点梯度算法中处理非光滑部分的关键，从而得到近似点梯度算法的迭代步骤。

定义 5.4（邻近算子） 对于一个凸函数 h，其邻近算子定义如下

$$\text{prox}_h(\boldsymbol{x}) = \underset{\boldsymbol{u}\in\text{dom}h}{\arg\min}\left\{h(\boldsymbol{u}) + \frac{1}{2}\|\boldsymbol{u}-\boldsymbol{x}\|^2\right\}$$

可以看到，邻近算子的目的是求解一个距 $\boldsymbol{x}$ 不算太远的点，并使函数值 $h(\boldsymbol{x})$ 也相对较小。

定理 5.13（邻近算子是良定义的） 如果 h 为适当的闭凸函数，则对任意的 $\boldsymbol{x}$，$\text{prox}_h(\boldsymbol{x})$ 的值存在且唯一。

证明 为了简化证明，假设 h 至少在定义域内的一点处存在次梯度，保证次梯度存在的一个充分条件是 $\text{dom}h$ 内点集非空。定义辅助函数

$$m(\boldsymbol{u}) = h(\boldsymbol{u}) + \frac{1}{2}\|\boldsymbol{u}-\boldsymbol{x}\|^2$$

因为 $h(\boldsymbol{u})$ 是凸函数，且至少在一点处存在次梯度，所以 $h(\boldsymbol{u})$ 有全局下界

$$h(\boldsymbol{u}) \geqslant h(\boldsymbol{v}) + \theta^T(\boldsymbol{u}-\boldsymbol{v})$$

这里 $\boldsymbol{v}\in\text{dom}h, \theta\in\partial h(\boldsymbol{v})$，进而得到

$$\begin{aligned} m(\boldsymbol{u}) =& h(\boldsymbol{u}) + \frac{1}{2}\|\boldsymbol{u}-\boldsymbol{x}\|^2 \\ \geqslant& h(\boldsymbol{v}) + \theta^T(\boldsymbol{u}-\boldsymbol{v}) + \frac{1}{2}\|\boldsymbol{u}-\boldsymbol{x}\|^2 \end{aligned}$$

这表明 $m(\boldsymbol{u})$ 具有二次下界。容易验证 $m(\boldsymbol{u})$ 为适当闭函数且具有强制性（当 $\|\boldsymbol{u}\|\to+\infty$ 时，$m(\boldsymbol{u})\to+\infty$），可知 $m(\boldsymbol{u})$ 存在最小值。

接下来证明唯一性，注意到 $m(\boldsymbol{u})$ 是强凸函数。因此 $m(\boldsymbol{u})$ 的最小值唯一。综上，$\text{prox}_h(\boldsymbol{x})$ 是良定义的。另外，根据最优性条件可以得到如下结论。

定理 5.14（邻近算子与次梯度的关系） 如果 h 是适当的闭凸函数，则

$$\boldsymbol{u} = \text{prox}_h(\boldsymbol{x}) \Leftrightarrow \boldsymbol{x}-\boldsymbol{u}\in\partial h(\boldsymbol{u}),\quad \forall\boldsymbol{v}\in\text{dom}h$$

证明 若 $\boldsymbol{u}=\text{prox}_h(\boldsymbol{x})$，则由最优性条件得 $\boldsymbol{0}\in\partial h(\boldsymbol{u}) + (\boldsymbol{u}-\boldsymbol{x})$，因此有 $\boldsymbol{x}-\boldsymbol{u}\in\partial h(\boldsymbol{u})$。反之，若 $\boldsymbol{x}-\boldsymbol{u}\in\partial h(\boldsymbol{u})$，则由次梯度的定义可得到

$$h(\boldsymbol{v}) \leqslant h(\boldsymbol{u}) + (\boldsymbol{x}-\boldsymbol{u})^T(\boldsymbol{v}-\boldsymbol{u}),\quad \forall\boldsymbol{v}\in\text{dom}h$$

两边同时加 $\frac{1}{2}\|\boldsymbol{v}-\boldsymbol{x}\|^2$，即有

$$\begin{aligned} h(\boldsymbol{v}) + \frac{1}{2}\|\boldsymbol{v}-\boldsymbol{x}\|^2 \leqslant& h(\boldsymbol{u}) + (\boldsymbol{x}-\boldsymbol{u})^T(\boldsymbol{v}-\boldsymbol{u}) + \frac{1}{2}\|\boldsymbol{v}-\boldsymbol{x}\|^2 \\ \leqslant& h(\boldsymbol{u}) + \frac{1}{2}\|\boldsymbol{u}-\boldsymbol{x}\|^2,\quad \forall\boldsymbol{v}\in\text{dom}h \end{aligned}$$

因此得到 $\boldsymbol{u} = \mathrm{prox}_h(\boldsymbol{x})$。

用 th 代替 h，上面的等价结论形式上可以写成

$$\boldsymbol{u} = \mathrm{prox}_{th}(\boldsymbol{x}) \Leftrightarrow \boldsymbol{u} \in \boldsymbol{x} - \partial th(\boldsymbol{u})$$

邻近算子的计算可以看成是次梯度算法的隐式公式（后向迭代），这实际是近似点算法的迭代公式。对于非光滑情形，由于次梯度不唯一，因此显式公式的迭代并不唯一，但隐式公式却能得到唯一解。此外在步长的选择上面，隐式公式优于显式公式。

近似点梯度法的思想非常简单，注意到 $\psi(\boldsymbol{x})$ 有两部分，对于光滑部分 f 做梯度下降，对于非光滑部分 h 使用邻近算子，则近似点梯度法的迭代公式为

$$\boldsymbol{x}_{k+1} = \mathrm{prox}_{\lambda h}(\boldsymbol{x}_k - \lambda\nabla f(\boldsymbol{x}_k)),\quad \lambda > 0$$

其中 λ 为迭代步长，可以为一个常数或由线搜索得出。

近似点梯度法计算步骤总结如下。

算法 5.15　近似点梯度法一般算法框架

Step 1 输入 $f(\boldsymbol{x}), h(\boldsymbol{x})$，初始点 $\boldsymbol{x}_0$。初始化 $k := 0$;

Step 2 while 未达到收敛准则 do:

Step 3　　$\boldsymbol{x}_{k+1} = \mathrm{prox}_{\lambda h}(\boldsymbol{x}_k - \lambda\nabla f(\boldsymbol{x}_k))$;

Step 4　　$k := k + 1$;

Step 5 end while

近似点梯度法实质上是将问题的光滑部分线性展开再加上二次项并保留非光滑部分，然后求极小来作为每一步的估计。近似点梯度算法可以形式上写成

$$\boldsymbol{x}_{k+1} = \boldsymbol{x}_k - \lambda\nabla f(\boldsymbol{x}_k) - \lambda g_k,\quad g_k \in \partial h(\boldsymbol{x}_{k+1})$$

其本质上是对光滑部分做显式的梯度下降，关于非光滑部分做隐式的梯度下降。

【例 5.17】　在给定初始位置 $(x, y) = (2, 2)^T$ 的情况下，采用近似点梯度法优化目标函数 $f(x, y) = \dfrac{x^2 + y^2}{2}$。

解　实例代码 5.17 给出了解决上述问题的代码。

实例代码 5.17

```
import numpy as np
import matplotlib.pyplot as plt
#目标函数
def fun(x, y):
    return (x**2 + y**2) / 2
#关于x的梯度
def dfunx(x, y):
    return x
def dfuny(x, y):
    return y
#稀疏正则化的近端算子
def prox(x, y, Lambda):
    norm = np.sqrt(x**2 + y**2)
```

```
    if norm > Lambda:
        scale = Lambda / norm
        x = scale * x
        y = scale * y
    return x, y
#固定步长的梯度下降法
def TiduProx(fun, dfunx, dfuny, x, y, Epsilon, Lambda):
    a = fun(x, y)
    b = a + Epsilon + 0.1
    n = 1
    #记录每一次迭代的x, y, 函数f的值
    point = np.array([[x, y, a]])
    while abs(a - b) > Epsilon or abs(a - b) == Epsilon:
        a = fun(x, y)
        grad_x = dfunx(x, y)
        grad_y = dfuny(x, y)
        x, y = prox(x - Lambda * grad_x, y - Lambda * grad_y, Lambda)
        b = fun(x, y)
        n += 1
        point = np.append(point, [[x, y, b]], axis=0)
    return x, y, n, point
#初始位置
x0 = 2
y0 = 2
#精度
Epsilon1 = 0.00001
#步长/更新率
Lambda1 = 0.5
#画图, 记录的点(x,y,f(x,y))以黑色线和标记的形式绘制, 显示了优化过程中的路径
x, y, n, point = TiduProx(fun, dfunx, dfuny, x0, y0, Epsilon1, Lambda1)
x_vals = np.arange(-0.1, 2.1, 0.1)
y_vals = x_vals
x_mesh, y_mesh = np.meshgrid(x_vals, y_vals)
z = (x_mesh**2 + y_mesh**2) / 2
fig = plt.figure()
ax = fig.add_subplot(111, projection='3d')
#路径线
ax.plot(point[:, 0], point[:, 1], point[:, 2], c='black', linestyle='-', linewidth=1,
    zorder=4)
ax.plot_surface(x_mesh, y_mesh, z, cmap='viridis', zorder=2)
ax.set_xlabel('X')
ax.set_ylabel('Y')
ax.set_zlabel('z')
#路径点
ax.scatter(point[:, 0], point[:, 1], point[:, 2], c='black', marker='*', s=50)
plt.show()
print("最终结果:")
print("x =", x)
print("y =", y)
print("极小值 =", fun(x, y))
```

运行结果如下：

```
最终结果:
x = 0.0013810679320049755
y = 0.0013810679320049755
极小值 = 1.9073486328124996e-06
```

从运行结果可以看出，上述优化问题的极小值为 1.9073486328124996e-06，x 的最优解为 0.0013810679320049755，y 的最优解为 0.0013810679320049755。

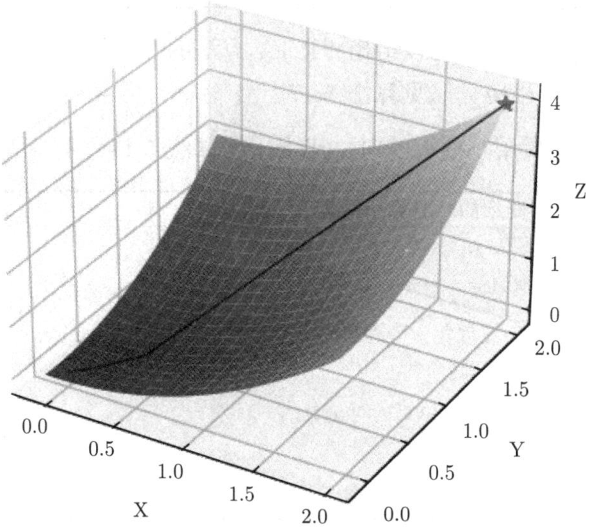

图 5.10 优化过程路径图

5.9.2 Nesterov 加速算法

近年来，随着数据量的增大，牛顿型方法由于其过大的计算复杂度，不便于有效地应用到实际中，Nesterov 加速算法作为一种快速的一阶算法重新被挖掘出来并迅速流行起来。Beck 和 Teboulle 在 2008 年给出了 Nesterov 在 1983 年提出算法的近似点梯度法版本——FISTA(Fast Iterative Shrinkage Thresholding Algorithm)。考虑如下复合优化问题

$$\min_{\boldsymbol{x}\in\mathbb{R}^n} \psi(\boldsymbol{x}) = f(\boldsymbol{x}) + h(\boldsymbol{x}) \tag{5.94}$$

其中 $f(\boldsymbol{x})$ 是连续可微的凸函数且梯度是 Lipschitz 连续的（Lipschitz 常数是 L），$h(\boldsymbol{x})$ 为适当的闭凸函数。

FISTA 算法由两步组成：第一步沿着前两步的计算方向计算一个新点，第二步在该新点处做一步近似点梯度迭代，即

$$\boldsymbol{y}_k = \boldsymbol{x}_{k-1} + \frac{k-2}{k-1}(\boldsymbol{x}_{k-1} - \boldsymbol{x}_{k-2})$$

$$\boldsymbol{x}_k = \mathrm{prox}_{\lambda h}(\boldsymbol{y}_k - \lambda\nabla f(\boldsymbol{y}_k)), \quad \lambda > 0$$

下面给出 FISTA 算法的计算步骤。

算法 5.16 FISTA 算法一般算法框架

Step 1 输入 $\boldsymbol{x}_0 = \boldsymbol{x}_{k-1} \in \mathbb{R}^n, k := 1$;

Step 2 while 未达到收敛准则 do:

Step 3 计算 $\boldsymbol{y}_k = \boldsymbol{x}_{k-1} + \dfrac{k-2}{k+1}(\boldsymbol{x}_{k-1} - \boldsymbol{x}_{k-2})$;

Step 4 选取 $\lambda \in (0, \frac{1}{L}]$，计算 $\boldsymbol{x}_k = \mathrm{prox}_{\lambda h}(\boldsymbol{y}_k - \lambda \nabla f(\boldsymbol{y}_k))$;

Step 5 $k := k+1$

Step 6 end while

为了对算法做更好的推广，可以给出 FISTA 算法的一个等价变形，只是把原来算法中的第一步拆成两步迭代，相应算法见算法 5.17。当 $\gamma_k = \dfrac{2}{k+1}$ 并且取固定步长时，两个算法是等价的。但是当 γ_k 采用别的取法时，应当采用算法 5.17。

算法 5.17 FISTA 算法等价变形的一般算法框架

Step 1 输入 $\boldsymbol{v}_0 = \boldsymbol{x}_0 \in \mathbb{R}^n, k := 0$;

Step 2 while 未达到收敛准则 do:

Step 3 计算 $\boldsymbol{y}_k = (1-\gamma_k)\boldsymbol{x}_{k-1} + \gamma_k \boldsymbol{v}_{k-1}$;

Step 4 选取 t_k，计算 $\boldsymbol{x}_k = \mathrm{prox}_{\lambda h}(\boldsymbol{y}_k - \lambda \nabla f(\boldsymbol{y}_k))$;

Step 5 计算 $\boldsymbol{v}_k = \boldsymbol{x}_{k-1} + \dfrac{1}{\gamma_k}(\boldsymbol{x}_k - \boldsymbol{x}_{k-1})$;

Step 6 $k := k+1$;

Step 7 end while

除 FISTA 算法还有另外两种加速算法，它们分别是 Nesterov 在 1988 年和 2005 年提出的算法推广版本。对于复合优化问题式 (5.94)，我们给出第二类 Nesterov 加速算法，见算法 5.18。第二类 Nesterov 加速算法和经典 FISTA 算法的一个重要区别在于，第二类 Nesterov 加速算法中的三个序列 $\{\boldsymbol{x}_k\}, \{\boldsymbol{y}_k\}$ 和 $\{\boldsymbol{z}_k\}$ 都可以保证在定义域内，而 FISTA 算法中的序列 $\{\boldsymbol{y}_k\}$ 不一定在定义域内。

算法 5.18 第二类 Nesterov 加速算法一般算法框架

Step 1 输入 $\boldsymbol{x}_0 = \boldsymbol{y}_0$，初始化 $k := 1$;

Step 2 while 未达到收敛准则 do:

Step 3 计算 $\boldsymbol{z}_k = (1-\gamma_k)\boldsymbol{x}_{k-1} + \gamma_k \boldsymbol{y}_{k-1}$;

Step 4 计算 $\boldsymbol{y}_k = \mathrm{prox}_{(\lambda/\gamma_k)h}\left(\boldsymbol{y}_{k-1} - \frac{\lambda}{\gamma_k}\nabla f(\boldsymbol{z}_k)\right)$;

Step 5 计算 $\boldsymbol{x}_k = (1-\gamma_k)\boldsymbol{x}_{k-1} + \gamma_k \boldsymbol{y}_k$;

Step 6 $k := k+1$;

Step 7 end while;

Step 8 输出 $\boldsymbol{x}_k$。

第三类 Nesterov 加速算法框架见算法 5.19。该算法和第二类 Nesterov 加速算法的区别仅仅在于 $\boldsymbol{y}_k$ 的更新，第三类 Nesterov 加速算法计算 $\boldsymbol{y}_k$ 时需要利用全部已有的 $\{\nabla f(\boldsymbol{z}_i)\}, i = 1, 2, \cdots, k$。

算法 5.19 第三类 Nesterov 加速算法一般算法框架

Step 1 令 $\boldsymbol{y}_0=\text{dom}h, \boldsymbol{x}_0=\underset{\boldsymbol{x}\in\text{dom}h}{\arg\min}\|\boldsymbol{x}\|^2$，初始化 $k:=1$；

Step 2 while 未达到收敛准则 do：

Step 3 计算 $\boldsymbol{z}_k=(1-\gamma_k)\boldsymbol{x}_{k-1}+\gamma_k\boldsymbol{y}_{k-1}$；

Step 4 计算 $\boldsymbol{y}_k=\text{prox}_{\left(\lambda\sum\limits_{i=1}^{k}1/\gamma_i\right)h}\left(-\lambda\sum\limits_{i=1}^{k}\frac{1}{\gamma_i}\nabla f(\boldsymbol{z}_i)\right)$；

Step 5 计算 $\boldsymbol{x}_k=(1-\gamma_k)\boldsymbol{x}_{k-1}+\gamma_k\boldsymbol{y}_k$；

Step 6 $k:=k+1$；

Step 7 end while；

Step 8 输出 $\boldsymbol{x}_k$。

【例 5.18】 在给定初始位置 $(x,y)=(0.5,0.5)^T$ 的情况下，采用 Nesterov 加速算法优化目标函数 $f(x,y)=x^3-y^3+3x^2+3y^2-9x$。

解 实例代码 5.18 给出了解决上述问题的代码。

实例代码 5.18

```
import numpy as np
import matplotlib.pyplot as plt
class Optimizer:
    def __init__(self,
                #误差
                epsilon = 1e-10,
                #最大迭代次数
                iters = 100000,
                #学习率
                lamb = 0.01,
                #动量项系数
                gamma = 0.0,
               ):
        self.epsilon = epsilon
        self.iters = iters
        self.lamb = lamb
        self.gamma = gamma
    def nag(self, x_0 = 0.5, y_0 = 0.5):
        f1, f2 = self.fn(x_0, y_0), 0
        #每次迭代后的函数值，用于绘制梯度曲线
        w = np.array([x_0, y_0])
        #当前迭代次数
        k = 0
        v_t = 0.0
        while True:
            if abs(f1 - f2) <= self.epsilon or k > self.iters:
                break
            f1 = self.fn(x_0, y_0)
            if k == 0:
                g = np.array([self.dx(x_0, y_0), self.dy(x_0, y_0)])
```

```
        else:
            g = np.array([self.dx(x_0 - v_t[0], y_0 - v_t[1]), self.dy(x_0 - v_t[0],
                y_0 - v_t[1])])
        v_t = self.gamma * v_t + self.lamb * g
        x_0, y_0 = np.array([x_0, y_0]) - v_t
        f2 = self.fn(x_0, y_0)
        w = np.vstack((w, (x_0, y_0)))
        k += 1
    self.print_info(k, x_0, y_0, f2)
    self.draw_process(w)
def print_info(self, k, x_0, y_0, f2):
    print('迭代次数: {}'.format(k))
    print('极值点: 【x_0】: {} 【y_0】: {}'.format(x_0, y_0))
    print('函数的极值: {}'.format(f2))
def draw_process(self, w):
    X = np.arange(0, 1.5, 0.01)
    Y = np.arange(-1, 1, 0.01)
    [x, y] = np.meshgrid(X, Y)
    f = x**3 - y**3 + 3 * x**2 + 3 * y**2 - 9 * x
    plt.contour(x, y, f, 20)
    plt.plot(w[:, 0],w[:, 1], 'g*', w[:, 0], w[:, 1])
    plt.show()
def fn(self, x, y):
    return x**3 - y**3 + 3 * x**2 + 3 * y**2 - 9 * x
def dx(self, x, y):
    return 3 * x**2 + 6 * x - 9
def dy(self, x, y):
    return - 3 * y**2 + 6 * y
optimizer = Optimizer()
optimizer.nag()
```

运行结果如下：

```
迭代次数: 183
极值点: 【x_0】: 0.99999999928237 【y_0】: 1.5836972102070795e-05
函数的极值: -4.999999999247574
```

从运行结果可以看出，上述优化问题在迭代 183 次后达到极值点约为 -5，此时 x 的最优解约为 1，y 的最优解约为 1.58。

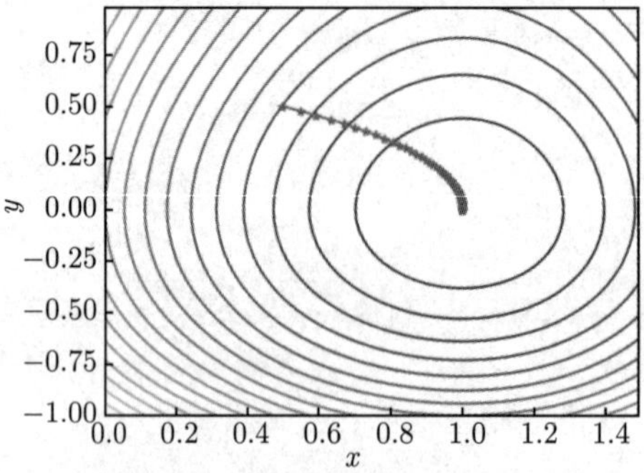

图 5.11　梯度曲线图

5.9.3 近似点算法

近似点算法是由美国数学家 Richard Bellman 于 1950 年提出，近似点算法可以处理一般形式的目标函数，此算法是近似点梯度算法的一种特殊情况，其与增广拉格朗日函数法有某种等价关系。

考虑一般优化问题

$$\min_{\boldsymbol{x}} \psi(\boldsymbol{x}) \tag{5.95}$$

其中 ψ 为适当闭凸函数，并不要求其可微或连续。对于不可微的，可以采用次梯度算法，但是该方法往往收敛较慢，且收敛条件比较苛刻。也可以考虑如下隐式公式的次梯度算法

$$\boldsymbol{x}_{k+1} = \boldsymbol{x}_k - \lambda_k \partial\psi(\boldsymbol{x}_{k+1})$$

类似于之前的近似点梯度算法，可以用邻近算子，近似点算法更新公式可以写成

$$\begin{aligned}\boldsymbol{x}_{k+1} &= \operatorname{prox}_{\lambda_k\psi}(\boldsymbol{x}_k)\\ &= \arg\min_{\boldsymbol{u}}\left\{\psi(\boldsymbol{u}) + \frac{1}{2\lambda_k}\|\boldsymbol{u}-\boldsymbol{x}_k\|_2^2\right\}\end{aligned} \tag{5.96}$$

其中 λ_k 为第 k 步迭代时的步长，可为固定值，也可通过某种合适的线搜索策略得到。回顾近似点梯度法的迭代公式，会发现这个算法可以看作是近似点梯度法在 $f(\boldsymbol{x})=0$ 时的情况，但不同之处在于：在近似点梯度法中，非光滑项 $h(\boldsymbol{x})$ 的邻近算子通常比较容易计算；而在近似点算法中，$\psi(\boldsymbol{x})$ 的邻近算子通常难以求解，绝大多数情况下需要借助其他类型的迭代法进行（不精确）求解。

近似点算法迭代式 (5.96) 中，构造了一个看似比原问题式 (5.95) 形式更复杂的子问题。这样构建带来的好处是：子问题目标函数是一个强凸函数，更加便于使用迭代法进行求解。

与近似点梯度法类似，同样可以对近似点算法进行加速。与其对应的 FISTA 算法的迭代公式可以写成

$$\boldsymbol{x}_{k+1} = \operatorname{prox}_{\lambda_k\psi}\left(\boldsymbol{x}_{k-1} + \gamma_k\frac{1-\gamma_{k-1}}{\gamma_{k-1}}(\boldsymbol{x}_{k-1}-\boldsymbol{x}_{k-2})\right)$$

第二类 Nesterov 加速算法的迭代公式可以写成

$$\boldsymbol{v}_k = \operatorname{prox}_{(\lambda_k/\boldsymbol{\gamma})\psi}(\boldsymbol{v}_{k-1})$$

$$\boldsymbol{x}_k = (1-\boldsymbol{\gamma}_k)\boldsymbol{x}_{k-1} + \gamma_k\boldsymbol{v}_k$$

关于算法参数的选择，提出两种策略：

策略 1：取固定步长 $\lambda_k=\lambda$ 以及 $\gamma_k=\dfrac{2}{k+1}$；

策略 2：对于可变步长 λ_k，当 $k=1$ 时，取 $\gamma_1=1$；当 $k>1$ 时，γ_k 由方程

$$\frac{(1-\gamma_k)\lambda_k}{\gamma_k^2} = \frac{\lambda_{k-1}}{\gamma_{k-1}^2}$$

确定。

【例 5.19】 给定函数 $f(x)=x^3-3x^2+4$，在区间 [-1,3] 内找到最佳参数 x，使目标函数 $f(x)$ 取得最小值。

解 实例代码 5.19 给出了解决上述问题的代码。

实例代码 5.19

```
import numpy as np
import math
import matplotlib.pyplot as plt
#定义目标函数
def f(x):
    return x ** 3 - 3 * x ** 2 + 4
#定义导数函数
def df(x):
    return 3 * x ** 2 - 6 * x
#定义近似点算法
def approximate_point_algorithm(f, x_min, x_max, h0=0.5, tol=1e-6, max_iter=100):
    #初始化参数
    x = x_min
    h = h0
    history = []
    #迭代
    for i in range(max_iter):
        #计算新点
        x_new = x - h * df(x)
        #判断是否接受新点
        if abs(f(x_new)) < abs(f(x)):
            x = x_new
            h /= 2
        else:
            h *= 2
        #记录历史数据
        history.append((i, x))
        #检查停止条件
        if abs(h) < tol:
            break
    return x, f(x), history
#运行近似点算法并输出结果
x_min, x_max = -1.0, 3.0
x_opt, f_opt, history = approximate_point_algorithm(f, x_min, x_max)
print(f'Optimal solution: {x_opt:.4f}, Minimum value: {f_opt:.4f}')
```

运行结果如下：

```
Optimal solution: -1.0000, Minimum value: 0.0000
```

从运行结果可以看出，目标函数在 $x=-1$ 时，得到最小值 0。

5.9.4 分块坐标下降法

在许多实际的优化问题中，人们所考虑的目标函数含有诸多自变量，对这些自变量联合求解目标函数的极小值通常很困难，这些自变量具有某种“可分离”的形式。当固定其中若干变量时，函数的结构会得到极大的简化。这种特殊的形式使得人们可以将原问题拆分为几个只有少数自变量的子问题。

分块坐标下降法（Block Coordinate Descent，BCD）正是利用了这样的思想来求解这种具有特殊结构的优化问题，在多数实际问题中有良好的数值表现。

考虑如下形式的问题

$$\min_{\boldsymbol{x}\in\mathcal{X}} F(\boldsymbol{x}_1,\boldsymbol{x}_2,\cdots,\boldsymbol{x}_s)=f(\boldsymbol{x}_1,\boldsymbol{x}_2,\cdots,\boldsymbol{x}_s)+\sum_{i=1}^{s} r_i(\boldsymbol{x}_i) \tag{5.97}$$

其中 $\mathcal{X}$ 是函数的可行域，这里将自变量 $\boldsymbol{x}$ 拆分成 s 个变量块 $\boldsymbol{x}_1,\boldsymbol{x}_2,\cdots,\boldsymbol{x}_s$，每个变量块 $\boldsymbol{x}_i\in\mathbb{R}^n$。函数 f 是关于 $\boldsymbol{x}$ 的可微函数，每个 $r_i(\boldsymbol{x}_i)$ 关于 $\boldsymbol{x}_i$ 是适当的闭凸函数，但不一定可微。

在问题式 (5.97) 中，目标函数 F 的性质体现在 f、每个 r_i 以及自变量的分块上。通常情况下，f 对于所有变量块 $\boldsymbol{x}_i$ 不可分，但单独考虑每一块自变量时，f 有简单结构；r_i 只和第 i 个自变量块有关，因此 r_i 在目标函数中是一个可分项。求解问题式 (5.97) 的难点在于如何利用分块结构处理不可分的函数 f。

值得注意的是，在给出问题式 (5.97) 时，唯一引入凸性的部分是 r_i 。其余部分没有引入凸性，可行域 $\mathcal{X}$ 不一定是凸集，f 也不一定是凸函数。

考虑上述问题式 (5.97)，我们所感兴趣的分块坐标下降法具有如下更新方式：按照 $\boldsymbol{x}_1$, $\boldsymbol{x}_2,\cdots,\boldsymbol{x}_s$ 的次序依次固定其他 $s-1$ 个变量块极小化 F，完成一个变量块的极小化后，其值便立即被更新到变量空间中，更新下一个变量块将使用每个变量最新的值。根据这种更新方式定义辅助函数

$$f_i^k(\boldsymbol{x}_i)=f\left(\boldsymbol{x}_1^k,\cdots,\boldsymbol{x}_{i-1}^k,\boldsymbol{x}_i,\boldsymbol{x}_{i+1}^{k-1},\cdots,\boldsymbol{x}_s^{k-1}\right)$$

其中 $\boldsymbol{x}_j^k$ 表示在第 k 次迭代中第 j 变量块的值，$\boldsymbol{x}_i$ 是函数的自变量。函数 f_i^k 表示在第 k 次迭代更新第 i 变量块时所需要考虑的目标函数的光滑部分。考虑第 i 变量块时前 $i-1$ 个变量块已经完成更新，因此上标为 k，而后面下标从 $i+1$ 起的变量仍为旧的值，因此上标为 $k-1$。

在每一步更新中，通常使用以下三种更新公式之一。

$$\boldsymbol{x}_i^k=\arg\min_{\boldsymbol{x}_i\in\mathcal{X}_i^k}\{f_i^k(\boldsymbol{x}_i)+r_i(\boldsymbol{x}_i)\} \tag{5.98}$$

$$\boldsymbol{x}_i^k=\arg\min_{\boldsymbol{x}_i\in\mathcal{X}_i^k}\{f_i^k(\boldsymbol{x}_i)+\frac{L_i^{k-1}}{2}\|\boldsymbol{x}_i-\boldsymbol{x}_i^{k-1}\|^2+r_i(\boldsymbol{x}_i)\} \tag{5.99}$$

$$\boldsymbol{x}_i^k=\arg\min_{\boldsymbol{x}_i\in\mathcal{X}_i^k}\left\{\left\langle\hat{g}_i^k,\boldsymbol{x}_i-\hat{\boldsymbol{x}}_i^{k-1}\right\rangle+\frac{L_i^{k-1}}{2}\|\boldsymbol{x}_i-\hat{\boldsymbol{x}}_i^{k-1}\|^2+r_i(\boldsymbol{x}_i)\right\} \tag{5.100}$$

其中 $L_i^k>0$ 为常数。

$$\mathcal{X}_i^k=\{\boldsymbol{x}\in\mathbb{R}^{n_i}\mid\left(\boldsymbol{x}_1^k,\cdots,\boldsymbol{x}_{i-1}^k,\boldsymbol{x}_i,\boldsymbol{x}_{i+1}^{k-1},\cdots,\boldsymbol{x}_s^{k-1}\right)\in\mathcal{X}\}$$

在更新公式 (5.100) 中，$\hat{\boldsymbol{x}}_i^{k-1}$ 采用外推定义：

$$\hat{\boldsymbol{x}}_i^{k-1}=\boldsymbol{x}_i^{k-1}+\omega_i^{k-1}\left(\boldsymbol{x}_i^{k-1}-\boldsymbol{x}_i^{k-2}\right)$$

其中 $\omega_i^k \geqslant 0$ 为外推的权重，$\hat{g}_i^k \stackrel{\text{def}}{=} \nabla f_i^k\left(\hat{\boldsymbol{x}}_i^{k-1}\right)$ 为外推点处的梯度。

算法 5.20 分块坐标下降法一般算法框架

Step 1 初始化。选择两组初始点 $\left(\boldsymbol{x}_1^{-1},\boldsymbol{x}_2^{-1},\cdots,\boldsymbol{x}_s^{-1}\right)=\left(\boldsymbol{x}_1^0,\boldsymbol{x}_2^0,\cdots,\boldsymbol{x}_s^0\right)$；
Step 2 for $k=1,2,\cdots$ do：
Step 3 　for $i=1,2,\cdots$ do：
Step 4 　使用式 (5.98) 或式 (5.99) 或式 (5.100) 对 $\boldsymbol{x}_i^k$ 进行更新；
Step 5 　end for；
Step 6 　if 满足停机条件 then；
Step 7 　返回 $\left(\boldsymbol{x}_1^k,\boldsymbol{x}_2^k,\cdots,\boldsymbol{x}_s^k\right)$，算法停止；
Step 8 　end if
Step 9 end for

【例 5.20】 给定函数 $f(x,y)=x^2-2xy+10y^2-4x-20y$，找到最佳参数，使目标函数 $f(x,y)$ 取得最优值。

解 实例代码 5.20 给出了解决上述问题的代码。

实例代码 5.20

```
import numpy as np
from matplotlib import pyplot as plt
def f(x, y):
    return x ** 2 - 2 * x * y + 10 * y ** 2 - 4 * x - 20 * y
def block_coordinate_descent(x_init, y_init, max_iter=100, alpha=0.01):
    x = x_init
    y = y_init
    x_star_history = []
    y_star_history = []
    for i in range(max_iter):
        #更新y坐标
        x = x - alpha * (2 * x - 2 * y - 4)
        y = y - alpha * (-2 * x + 20 * y - 20)
        #输出目标函数值
        if i % 10 == 0:
            print("迭代次数", i, "目标函数值:", f(x, y),"x的值:", x,"y的值:", y)
        #保存估计结果
        x_star_history.append(x)
        y_star_history.append(y)
    return x, y, x_star_history, y_star_history
#使用分块坐标下降法求解二元最优化问题
x_star, y_star, x_star_history, y_star_history = block_coordinate_descent(0, 0)
```

运行结果如下：

```
迭代次数:  0 目标函数值: -3.7872576000000002 x的值: 0.04 y的值: 0.20079999999999998
迭代次数:  10 目标函数值: -12.773671759903964 x的值: 0.5209008320687857 y的值:
    0.9483937364323709
```

```
迭代次数： 20 目标函数值：-14.999054001049842 x的值：0.9778111031566741 y的值：
    1.0707449867411292
迭代次数： 30 目标函数值：-16.511286308404948 x的值：1.3652409044378393 y的值：
    1.1202002925190786
迭代次数： 40 目标函数值：-17.56618356551587 x的值：1.6894448401970554 y的值：
    1.1559676030197978
迭代次数： 50 目标函数值：-18.302129031902485 x的值：1.9602948912538056 y的值：
    1.185259804765306
迭代次数： 60 目标函数值：-18.81553909626849 x的值：2.1865246835723546 y的值：
    1.2096645181928698
迭代次数： 70 目标函数值：-19.1737020526442 x的值：2.3754801170717386 y的值：
    1.2300417353774167
迭代次数： 80 目标函数值：-19.423561997693053 x的值：2.5333021209205 y的值：
    1.247060797799848
迭代次数： 90 目标函数值：-19.597868093097695 x的值：2.665120371391598 y的值：
    1.2612756199857231
```

从运行结果可以看出，当迭代次数为 90 时，得到目标函数最优值约为 −19.60，其中 x 的值约为 2.67，y 的值约为 1.26。

5.9.5 对偶近似点梯度法

对偶近似点梯度法（Dual Approximate Point Gradient Method，DAPG）是近年来新兴的优化算法之一，它首次在 1989 年由 Duchi 和 Hogan 提出。随后，DAPG 算法不断被学者们改进和完善，经过多年的研究和发展，已经得到了广泛应用，成为解决带有非负性约束条件优化问题的重要方法之一。DAPG 是将近似点梯度算法应用到对偶问题上的扩展。

对偶近似点梯度法主要考虑如下形式的问题

$$(P)\quad \min_{\boldsymbol{x}\in\mathbb{R}^n} f(\boldsymbol{x})+h(\boldsymbol{A}\boldsymbol{x}) \tag{5.101}$$

其中 f,h 都是闭凸函数，$\boldsymbol{A}\in\mathbb{R}^{m\times n}$ 为实数矩阵，通过引入约束 $\boldsymbol{y}=\boldsymbol{A}\boldsymbol{x}$ 可以写出与问题 (5.101) 等价的约束优化问题

$$\begin{aligned} \min\quad & f(\boldsymbol{x}) \\ \text{s.t.}\quad & \boldsymbol{y}=\boldsymbol{A}\boldsymbol{x} \end{aligned} \tag{5.102}$$

对约束 $\boldsymbol{y}=\boldsymbol{A}\boldsymbol{x}$ 引入乘子 $\boldsymbol{z}$，得到拉格朗日函数

$$\begin{aligned} L(\boldsymbol{x},\boldsymbol{y},\boldsymbol{x}) =& f(\boldsymbol{x})+f(\boldsymbol{y})-\boldsymbol{z}^T(\boldsymbol{y}-\boldsymbol{A}\boldsymbol{x}) \\ =& \left(f(\boldsymbol{x})+\left(\boldsymbol{A}^T\boldsymbol{z}\right)^T\boldsymbol{x}\right)+\left(h(\boldsymbol{y})-\boldsymbol{z}^T\boldsymbol{y}\right) \end{aligned}$$

利用共轭函数的定义，可计算拉格朗日对偶问题为

$$(D)\quad \max_{\boldsymbol{z}} \phi(\boldsymbol{z})=-f^*\left(-\boldsymbol{A}^T\boldsymbol{z}\right)-h^*(\boldsymbol{z}) \tag{5.103}$$

原始问题的对偶形式为式 (5.103)，通过对对偶问题式 (5.103) 的求解可以得到原始问

题式 (5.101) 的解。传统的对偶方法在解决大规模问题时遇到了困难，对偶近似点梯度法利用对偶问题所有的严格性质（如强对偶性和凸性），构造出有效的方法用于处理该问题。因此，对偶近似点梯度法结合了近似点法和梯度法的思想，在迭代过程中更新对偶变量和近似点，并逐步优化目标函数值。由于对偶问题通常具有较好的凸性质，对偶近似点梯度法可以更快地收敛到最优解。

考虑在对偶问题上应用近似点梯度算法，每次迭代更新如下

$$\boldsymbol{z}_{k+1} = \mathrm{prox}_{th^*}\left(\boldsymbol{z}_k + t\boldsymbol{A}\nabla f^*\left(-\boldsymbol{A}^T\boldsymbol{z}^k\right)\right) \tag{5.104}$$

这里注意对偶问题是取最大值，因此邻近算子内部应该取上升方向。引入变量 $\boldsymbol{x}_{k+1} = \nabla f^*\left(-\boldsymbol{A}^T\boldsymbol{z}_k\right)$，利用共轭函数的性质得 $-\boldsymbol{A}^T\boldsymbol{z}_k \in \partial f\left(\boldsymbol{x}_{k+1}\right)$。因此迭代式 (5.104) 等价于

$$\begin{aligned}\boldsymbol{x}_{k+1} &= \arg\min_{\boldsymbol{x}}\{f\left(\boldsymbol{x}\right) + \left(\boldsymbol{A}^T\boldsymbol{z}_k\right)^T\boldsymbol{x}\}\\ \boldsymbol{z}_{k+1} &= \mathrm{prox}_{th^*}\left(\boldsymbol{z}_k + t\boldsymbol{A}\boldsymbol{x}_{k+1}\right)\end{aligned} \tag{5.105}$$

迭代式 (5.105) 仅仅将 $\nabla f^*\left(-\boldsymbol{A}^T\boldsymbol{z}_k\right)$ 化成一个共轭函数的求解问题，本质上和迭代式 (5.104) 是一样的，下面提供另一种角度来理解对偶近似点梯度法。

在这里引入有关邻近算子和共轭函数的一个重要性质：Moreau 分解。

引理 5.5（Moreau 分解） 设 f 是定义在 $\mathbb{R}^n$ 上的适当闭凸函数，则对于任意的 $\boldsymbol{x} \in \mathbb{R}^n$，有

$$\boldsymbol{x} = \mathrm{prox}_f\left(\boldsymbol{x}\right) + \mathrm{prox}_f^*\left(\boldsymbol{x}\right)$$

或更一般地

$$\boldsymbol{x} = \mathrm{prox}_{\lambda f}\left(\boldsymbol{x}\right) + \lambda\mathrm{prox}_{\lambda^{-1}f^*}\left(\frac{\boldsymbol{x}}{\lambda}\right)$$

其中 $\lambda > 0$ 为任意正实数。

上述 Moreau 分解的结论表明：对任意的闭凸函数 f，空间 $\mathbb{R}^n$ 上的恒等映射总可以分解为两个函数 f 与 f^* 邻近算子的和。根据 Moreau 分解的一般形式（取 $\lambda = t, f = h^*$，并注意到 $h^{**} = h$），有

$$\begin{aligned}\boldsymbol{z}_{k+1} =& \mathrm{prox}_{th^*}\left(\boldsymbol{z}_k + t\boldsymbol{A}\boldsymbol{x}_{k+1}\right) + t\mathrm{prox}_{t^{-1}h}\left(\frac{\boldsymbol{z}^k}{t} + \boldsymbol{A}\boldsymbol{x}_{k+1}\right)\\ =& \boldsymbol{z}^{k+1} + t\mathrm{prox}_{t^{-1}h}\left(\frac{\boldsymbol{z}^k}{t} + \boldsymbol{A}\boldsymbol{x}_{k+1}\right)\end{aligned}$$

由此给出对偶近似点梯度法等价的针对原始问题的更新公式

$$\begin{aligned}\boldsymbol{x}_{k+1} &= \arg\min_{\boldsymbol{x}}\{f\left(\boldsymbol{x}\right) + \left(\boldsymbol{z}_k\right)^T\boldsymbol{A}\boldsymbol{x}\}\\ \boldsymbol{y}_{k+1} &= \mathrm{prox}_{t^{-1}h}\left(\frac{\boldsymbol{z}_k}{t} + \boldsymbol{A}\boldsymbol{x}_{k+1}\right)\\ &= \arg\min_{\boldsymbol{y}}\left\{h\left(\boldsymbol{y}\right) - \left(\boldsymbol{z}_k\right)^T\left(\boldsymbol{y} - \boldsymbol{A}\boldsymbol{x}^{k+1}\right) + \frac{t}{2}\|\boldsymbol{A}\boldsymbol{x}^{k+1} - \boldsymbol{y}\|^2\right\}\end{aligned}$$

$$z_{k+1} = z_k + t\left(Ax_{k+1} - y_{k+1}\right) \tag{5.106}$$

在这里写出约束优化问题式 (5.102) 的拉格朗日函数和增广拉格朗日函数

$$L\left(x, y, z\right) = f\left(x\right) + h\left(y\right) - z^T\left(y - Ax\right)$$

$$L_t\left(x, y, z\right) = f\left(x\right) + h\left(y\right) - z^T\left(y - Ax\right) + \frac{t}{2}\|y - Ax\|^2$$

则迭代公式 (5.106) 可以等价地写为

$$\begin{aligned} x_{k+1} &= \arg\min_{x} L\left(x, y_k, z_k\right) \\ y_{k+1} &= \arg\min_{y} L_t\left(x_{k+1}, y, z_k\right) \\ z_{k+1} &= z_k + t\left(Ax_{k+1} - y_{k+1}\right) \end{aligned} \tag{5.107}$$

迭代公式 (5.107) 又称为交替极小化方法。第一步迭代为在拉格朗日函数中关于 x 求极小，第二步迭代为在增广拉格朗日函数中关于 y 求极小，第三步迭代为更新拉格朗日乘子。

上述分析也表明，对偶近似梯度法等价于对原始问题式 (5.102) 使用交替极小化方法，若 f 可分，可将 x 的求解划分为几个独立子问题的求解；在 z 的更新中，步长可以为常数，或者由线搜索决定。

【例 5.21】 求解以下问题的最优解使目标函数达到最小值

$$\begin{aligned} \min_{x} \quad & \frac{1}{2}x^T P x + q^T x \\ \text{s.t.} \quad & Ax = b \end{aligned}$$

其中 $P = \begin{pmatrix} 4 & 1 \\ 1 & 2 \end{pmatrix}$，$q = \begin{pmatrix} -3 \\ -4 \end{pmatrix}$，$A = \begin{pmatrix} 1 & -1 \\ -1 & 1 \\ 1 & 1 \end{pmatrix}$，$b = \begin{pmatrix} 1 \\ -2 \\ 1 \end{pmatrix}$。

解 实例代码 5.21 给出了解决上述问题的代码。

实例代码 5.21

```
import numpy as np
import matplotlib.pyplot as plt
#定义参数
P = np.array([[4, 1], [1, 2]])
q = np.array([-3, -4])
A = np.array([[1, -1], [-1, 1], [1, 1]])
b = np.array([1, -2, 1])
#初始化对偶变量
y = np.zeros(A.shape[0])
#存储每次迭代得到的最优解
optimal_x_list = []
optimal_obj_list = []
#定义迭代次数和学习率
iterations = 100
```

```
learning_rate = 0.1
#迭代更新对偶变量和目标函数值
for i in range(iterations):
    #计算近似点
    x = np.linalg.solve(P, -q + A.T @ y)
    #计算梯度
    gradient = b - A @ x
    #更新对偶变量
    y = np.maximum(y + learning_rate * gradient, 0)
    #计算目标函数值
    obj_value = 0.5 * x.T @ P @ x + q.T @ x
    #存储最优解和目标函数值
    optimal_x_list.append(x)
    optimal_obj_list.append(obj_value)
#绘制目标函数值随迭代次数的变化曲线
plt.plot(range(iterations), optimal_obj_list)
plt.xlabel('Iterations')
plt.ylabel('Objective Value')
plt.show()
#输出最优解和目标函数值
optimal_x = optimal_x_list[-1]
optimal_obj = optimal_obj_list[-1]
print('Optimal solution:', optimal_x)
print('Optimal objective value:', optimal_obj)
```

运行结果如下:

```
Optimal solution: [1.24999416 0.25000973]
Optimal objective value: -1.250035028937738
```

从运行结果可以看出，得到目标函数最优值约为 -1.25，最优解约为 $\boldsymbol{x} = (1.25, 0.25)^T$，目标函数值随迭代次数变化如图 5.12 所示。

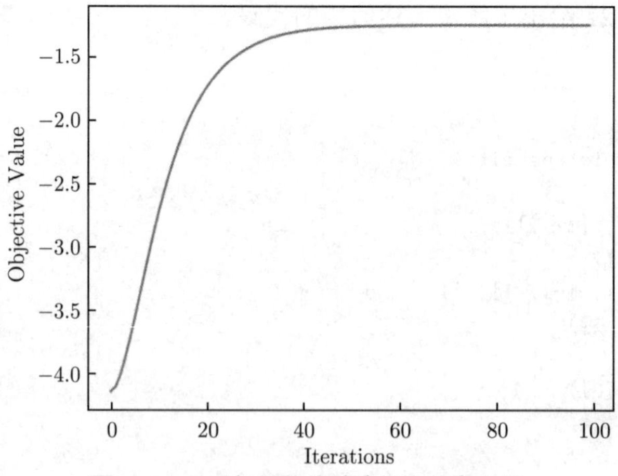

图 5.12　目标函数值随迭代次数变化图

本章小结

1. 拉格朗日乘子法是一种用于求解带有等式约束优化问题的方法，通过引入拉格朗日乘子，将带约束的优化问题转化为一个无约束优化问题，从而求解原问题的最优解，并且能够保证最优解满足约束条件。该法的缺点是在引入拉格朗日函数后，问题的维度会增加，从而增加了计算的复杂性。此外，对于存在不等式约束的问题，需要使用扩展的拉格朗日乘子法来处理。

2. 有约束优化问题最优性条件的推导是基于拉格朗日乘子法的思想，通过求解拉格朗日方程来判断解的最优性。这些条件为我们提供了判断解是否为最优解的依据，构造优化算法的理论基础。

3. 罚函数法通过引入罚函数来惩罚不满足约束条件的解，从而将有约束优化问题转化为无约束优化问题。包括外点罚函数法、内点罚函数法以及混合罚函数法。

4. 广义乘子法是一种求解带等式和不等式约束的优化问题的方法，它是拉格朗日乘子法的一种扩展形式，通过引入松弛变量和惩罚项来处理不等式约束，在实际应用中具有一定的灵活性和适用性。

5. 交替方向乘子法（ADMM）将原始问题转化为等价的带有增广变量的问题，并通过引入拉格朗日乘子来构建增广拉格朗日函数，采用交替更新原始变量和拉格朗日乘子的方式进行迭代求解，它是一种分布式算法，可以有效地处理大规模问题和分布式计算环境。

6. 可行方向法解决约束优化问题的主要步骤包括选择搜索方向和确定沿此方向移动的步长。搜索方向选择方式的不同就形成了不同的可行方向法，常用的有 Zoutendijk 可行方向法、TopkisVeinott 可行方向法等。

7. 投影算子法能够通过投影操作来保证解的可行性，并通过迭代更新来逐步逼近最优解。梯度投影法是投影算子法的一个经典应用，它在每次迭代中使用梯度下降法来更新解，并通过投影操作将解调整为满足约束条件的最接近点。简约梯度法适用于求解目标函数可微分以及带有各种类型正则化项的优化问题，其变体有 Wolfe 简约梯度法和广义简约梯度法。

8. 二次逼近法通过构建一个二次模型来近似目标函数，并在该二次模型上选择一个下降方向，以实现目标函数的下降，广泛应用于约束优化问题的求解。

9. 极大熵方法是基于极大熵原理推导出一个可微函数来逼近最大值函数的方法，该法可以使复杂问题简单化，应用较为广泛，也可用于预测。

10. 复合优化算法可以解决常见的大部分优化问题。针对非凸问题，适用的算法有近似点梯度法、分块坐标下降法等。Nesterov 加速算法和近似点算法在经过合适的变形后也可以推广到一些非凸问题上。对偶近似点梯度法是对偶问题的近似点梯度法的一种改进算法。在进行复合优化问题算法求解时，读者需要事先判断优化问题的种类，然后选择合适的算法进行求解。

习 题 5

1. 验证 $\boldsymbol{x}_1=(0,0)$，$\boldsymbol{x}_2=(1,1)$ 是否为非线性规划问题

$$\begin{aligned}\min\quad & f(\boldsymbol{x})=(x_1-2)^2+x_2^2\\ \text{s.t.}\quad & x_1-x_2^2\geqslant 0\\ & -x_1+x_2\geqslant 0\end{aligned}$$

的 KKT 点。

2. 写出以下约束优化问题

$$\begin{aligned}&\min f(\boldsymbol{x})=x_1^2+x_2^2\\ &\text{s.t. } x_1+x_2=1\end{aligned}$$

的外点罚函数，取罚参数为 μ。

3. 用内点罚函数法求解如下优化问题

（1）$\min\ f(\boldsymbol{x})=x_1^2-6x_1+2x_2+9$

$\text{s.t. } x_1\geqslant 3, x_2\geqslant 3$

（2）$\min\ f(\boldsymbol{x})=x_1^2+x_2^2$

$\text{s.t. } x_1+x_2\geqslant 1$

4. 用外点罚函数法求解以下优化问题

$$\begin{aligned}&\min f(\boldsymbol{x})=(x-1)^2\\ &\text{s.t. } x-2\leqslant 0\end{aligned}$$

取 $\sigma_1=0.5,\alpha=2,\varepsilon=10^{-4}$。

5. 用 Zoutendijk 可行方向法求解下面的问题

$$\begin{aligned}\min\quad & f(\boldsymbol{x})=\frac{1}{2}x_1^2-x_1x_2+x_2^2-2x_1\\ \text{s.t.}\quad & 3x_1+x_2\leqslant 3\\ & x_1\geqslant 0, x_2\geqslant 0\end{aligned}$$

其中初始值设为 $\boldsymbol{x}_0=(0,0)^T$，计算到 $\boldsymbol{x}_2$ 即可。

6. 用广义乘子法求解以下非线性优化问题

（1）$\min f(\boldsymbol{x})=x_1^2+x_2^2$

$\text{s.t. } h_1(\boldsymbol{x})=x_1+x_2-2=0$

（2）$\min f(\boldsymbol{x})=2x_1^2+x_2^2-x_1x_2$

$\text{s.t. } x_1+x_2-2\geqslant 0$

（3）$\min f(\boldsymbol{x})=\ln(x_1-x_2)$

$\text{s.t. } x_1-1\geqslant 0$

$x_1^2+x_2^2-4=0$

（4）$\min f(\boldsymbol{x})=x_1^2-6x_1+9+x_2$

$\text{s.t. } g_1(x)=x_1-3\geqslant 0$

$g_2(x)=x_2-3\geqslant 0$

（5）$\min\ f(\boldsymbol{x}) = x_1^2 + 2x_2^2 - x_1x_2 - 3x_1 - x_2$

s.t. $x_1 + x_2 \leqslant 5$

$3x_1 - x_2 \leqslant 2$

$x_1, x_2 \geqslant 0$

7. 分别使用 Wolfe 简约梯度法和 Zoutendijk 可行方向法求解如下问题

$$\begin{aligned} \min\quad & f(\boldsymbol{x}) = x_1^2 + x_2^2 - 2x_1 - 4x_2 + 6 \\ \text{s.t.}\quad & 2x_1 + x_2 \leqslant 1 \\ & x_1 + x_2 \leqslant 2 \\ & x_1, x_2 \geqslant 0 \end{aligned}$$

8. 用交替方向乘子法求解以下 LASSO 问题

$$\min_{\boldsymbol{\beta}} \frac{1}{2}||\boldsymbol{y} - \boldsymbol{X}\boldsymbol{\beta}||_2^2 + \lambda||\boldsymbol{\beta}||_1$$

第 6 章　凸优化方法

凸优化是将数学严谨与实际适用性相结合的桥梁，

并以简洁和自信的方式解决复杂问题

凸优化方法是一种重要的数学优化技术，用于解决具有凸目标函数和凸约束的优化问题，广泛运用于机器学习、信号处理、数据挖掘、网络优化、金融等各个领域。它提供了一种通用的数学框架，为实际问题的求解提供了可靠和有效的方法。凸优化问题具有良好的数学性质，局部最优解便是全局最优解。同时，凸优化方法可扩展性强，许多非凸优化问题可以转化为凸优化问题进行求解，要么等价地化归为凸优化问题，要么用凸优化问题去近似、逼近。典型凸优化问题如几何规划、整数规划等，它们本身是非凸的，但是可以借助凸优化手段来求解，极大地扩展了凸优化的应用范围。因此，凸优化方法不仅在理论上具有优势，而且在实践中也具有较好的应用前景。本章将详细介绍凸优化的基本概念、性质，以及线性规划、二次规划、整数规划、半正定规划等常见的凸优化问题及其求解方法。

6.1　凸　优　化

6.1.1　凸优化问题

凸优化问题（Convex Optimization Problem）的标准形式可表示为

$$\begin{aligned}
&\min\ f(\boldsymbol{x}) \\
&\text{s.t.}\ \ h_j(\boldsymbol{x})=0, \quad j=1,\ldots,p \\
&\qquad\ g_i(\boldsymbol{x})\leqslant 0, \quad i=1,\ldots,m
\end{aligned} \tag{6.1}$$

其中 $\boldsymbol{x}\in\mathbb{R}^n$ 为优化变量，要求目标函数 $f(\boldsymbol{x})$ 和不等式约束函数 $g_i(\boldsymbol{x})$ 为凸函数，等式约束函数 $h_j(\boldsymbol{x})$ 为仿射函数。

事实上，式 (6.1) 的不等式约束函数 g_i 是凸函数，满足不等式约束 $g_i(\boldsymbol{x})\leqslant 0$ 的 $\boldsymbol{x}$ 相当于是 g_i 的 0-下水平集，凸函数的下水平集是凸集，所以满足每个不等式约束的 $\boldsymbol{x}$ 的集合均是凸集，并且这些凸集的交集仍为凸集。对于等式约束，满足每个仿射函数的 $\boldsymbol{x}$ 的集合是凸集，其交集也是凸集。因此，同时考虑不等式约束和等式约束，可知凸优化问题的可行域也是凸集。

然而，有时给出的优化问题可能不满足上述式 (6.1) 条件，但可以通过适当化简写出等价的凸优化问题。例如

$$
\begin{aligned}
\min\ & f(\boldsymbol{x})=x_1^2+x_2^2 \\
\text{s.t.}\ & h_1(\boldsymbol{x})=(x_1+x_2)^2=0 \\
& g_1(\boldsymbol{x})=\frac{x_1}{(1+x_2^2)}\leqslant 0
\end{aligned}
$$

由两个约束函数可推出 $x_1+x_2=0$，$x_1\leqslant 0$，可知可行域是凸集。$f(\boldsymbol{x})$ 是凸函数，但这不是一个凸优化问题。因为其不等式约束函数不是凸函数，等式约束函数也不是仿射函数。经过化简，可以得到其等价的凸优化问题

$$
\begin{aligned}
\min\ & x_1^2+x_2^2 \\
\text{s.t.}\ & x_1+x_2=0 \\
& x_2\leqslant 0
\end{aligned}
$$

凸优化问题具有许多重要的性质，包括全局最优解的存在性、唯一性和稳定性。首先，凸优化问题的任意局部最优解也是全局最优解。这意味着我们可以通过找到任意一个局部最优解来解决整个问题，而不需要考虑其他可能的解。其次，对于凸优化问题，存在唯一的最优解。这意味着我们可以确切地找到问题的最优解，而不需要考虑多个可能的最优解。此外，凸优化问题对于问题数据的扰动具有稳定性。即使输入数据发生小的变化，最优解也不会发生剧烈的变化。这使得凸优化问题在实际应用中更具可靠性。

下面证明凸优化问题的基本性质：局部最优解也是全局最优解。

假设 $\boldsymbol{x}_*$ 是局部最优解，且存在一个可行点 $\boldsymbol{x}$，使得 $f(\boldsymbol{x})\leqslant f(\boldsymbol{x}_*)$。因为 $\boldsymbol{x}_*$ 是局部最优解，故存在 $\sigma>0$，有

$$
f(\boldsymbol{x}_*)=\inf\left\{f(\boldsymbol{y})\ \mid\ \boldsymbol{y}\ \text{是可行的},\ \|\boldsymbol{y}-\boldsymbol{x}_*\|_2\leqslant\sigma\right\}
$$

因为凸优化问题的可行域是凸集，对 $\forall\theta\in[0,1]$，$\boldsymbol{y}=\theta\boldsymbol{x}+(1-\theta)\boldsymbol{x}_*$ 都属于可行域。已知 $f(\boldsymbol{x})\leqslant f(\boldsymbol{x}_*)$，故 $\|\boldsymbol{x}-\boldsymbol{x}_*\|_2>\sigma$。令 $\theta=\dfrac{\sigma}{2\|\boldsymbol{x}-\boldsymbol{x}_*\|_2}$，可知 $\theta\in\left(0,\dfrac{1}{2}\right)$，则有

$$
\begin{aligned}
\|\boldsymbol{y}-\boldsymbol{x}_*\|_2&=\|-\theta\boldsymbol{x}_*+\theta\boldsymbol{x}\|_2\\
&=\|\theta(\boldsymbol{x}-\boldsymbol{x}_*)\|_2\\
&=\left\|\frac{\sigma}{2\|\boldsymbol{x}-\boldsymbol{x}_*\|_2}(\boldsymbol{x}-\boldsymbol{x}_*)\right\|_2\\
&=\frac{\sigma}{2\|\boldsymbol{x}-\boldsymbol{x}_*\|_2}\|(\boldsymbol{x}-\boldsymbol{x}_*)\|_2\\
&=\frac{\sigma}{2}<\sigma
\end{aligned}
$$

从而有 $f(\boldsymbol{y})\geqslant f(\boldsymbol{x}_*)$。根据凸函数性质

$$
f(\boldsymbol{y})=f(\theta\boldsymbol{x}+(1-\theta)\boldsymbol{x}_*)\leqslant\theta f(\boldsymbol{x})+(1-\theta)f(\boldsymbol{x}_*)<f(\boldsymbol{x}_*)
$$

这与上式矛盾。因此，证得凸优化问题中局部最优解是全局最优解。

6.1.2 等价的凸问题

一般地，可以通过一些有用的“技巧”来简化较为复杂的原始凸优化问题，保持问题凸性的转换包括消去等式约束、引入等式约束、引入松弛变量、上镜图形式以及最小化部分变量等。

1. 消去等式约束

在大多数凸优化问题中，等式约束实际上定义了一个超平面，可以将其表示为“通解 + 特解”的形式。因此，对于如下凸优化问题

$$\begin{aligned} &\min\ f(\boldsymbol{x}) \\ &\text{s.t.}\ \ g_i(\boldsymbol{x}) \leqslant 0, \quad i=1,\ldots,m \end{aligned}$$

等价于

$$\begin{aligned} &\min\ f(\boldsymbol{F}\boldsymbol{z}+\boldsymbol{x}_0) \\ &\text{s.t.}\ \ g_i(\boldsymbol{F}\boldsymbol{z}+\boldsymbol{x}_0) \leqslant 0, \quad i=1,\ldots,m \end{aligned}$$

其中 $\boldsymbol{x}_0$ 是 $\boldsymbol{A}\boldsymbol{x}=\boldsymbol{b}$ 的特解，$\boldsymbol{F}$ 的列可以生成 $\boldsymbol{A}$ 的零空间。

2. 引入等式约束

$$\begin{aligned} &\min f(\boldsymbol{A}_0\boldsymbol{x}+\boldsymbol{b}_0) \\ &\text{s.t.}\ \ g_i(\boldsymbol{A}_i\boldsymbol{x}+\boldsymbol{b}_i) \leqslant 0, \quad i=1,\cdots m \end{aligned}$$

若目标函数或约束函数具有 $g_i(\boldsymbol{A}_i\boldsymbol{x}+\boldsymbol{b}_i), \boldsymbol{A}_i \in \mathbb{R}^{k_i\times n}$ ，则可引入新的变量 $\boldsymbol{y}_i \in \mathbb{R}^{k_i}$，将 $g_i(\boldsymbol{A}_i\boldsymbol{x}+\boldsymbol{b}_i)$ 替换为 $g_i(\boldsymbol{y}_i)$，并添加等式约束 $\boldsymbol{y}_i=\boldsymbol{A}_i\boldsymbol{x}+\boldsymbol{b}_i$。则凸优化问题等价于

$$\begin{aligned} &\min f(\boldsymbol{y}) \\ &\text{s.t.}\ \ g_i(\boldsymbol{y}_i) \leqslant 0, \qquad i=1,\cdots,m \\ &\qquad \boldsymbol{y}_i=\boldsymbol{A}_i\boldsymbol{x}+b_i, \quad i=1,\cdots,m \end{aligned}$$

3. 引入松弛变量

比如对于线性不等式约束的优化问题

$$\begin{aligned} &\min\ f(\boldsymbol{x}) \\ &\text{s.t.}\ \ \boldsymbol{a}_i^T\boldsymbol{x} \leqslant b_i, \quad i=1,\ldots,m \end{aligned}$$

可以引入松弛因子 $\boldsymbol{s}_i$，得

$$\begin{aligned} &\min\ f(\boldsymbol{x}) \\ &\text{s.t.}\ \ \boldsymbol{a}_i^T\boldsymbol{x}+\boldsymbol{s}_i=b_i, \quad i=1,\ldots,m \\ &\qquad \boldsymbol{s}_i \geqslant 0, \qquad i=1,\ldots,m \end{aligned}$$

4. 上镜图形式

任意标准形式的凸优化问题都可以转化为以下形式

$$
\begin{aligned}
\min\ & t \\
\text{s.t.}\ & f(\boldsymbol{x}) - t \leqslant 0 \\
& g_i(\boldsymbol{x}) \leqslant 0, \quad i = 1, \ldots, m \\
& \boldsymbol{a}_i^T \boldsymbol{x} = b_i, \quad i = 1, \cdots, p
\end{aligned}
$$

此技巧将优化目标转化为约束函数，多用于一些典型凸优化问题的转化。

5. 最小化部分变量

最小化凸函数的部分变量将保持凸性不变。对于存在多个优化变量时，通过计算消去一些变量。例如

$$
\begin{aligned}
\min\ & f\left(x_1, x_2\right) \\
\text{s.t.}\ & g_i\left(x_1\right) \leqslant 0, \quad i = 1, \ldots, m
\end{aligned}
$$

等价于

$$
\begin{aligned}
\min\ & \tilde{f}\left(x_1\right) \\
\text{s.t.}\ & g_i\left(x_1\right) \leqslant 0, \quad i = 1, \ldots, m
\end{aligned}
$$

其中 $\tilde{f}\left(x_1\right) = \inf_{x_2} f\left(x_1, x_2\right)$。

6.1.3 最优性条件

讨论可微目标函数 $f(\boldsymbol{x})$ 的最优性条件。当 $f(\boldsymbol{x})$ 是可微凸函数时，根据凸函数一阶条件可知，对 $\boldsymbol{x}, \boldsymbol{y} \in \operatorname{dom} f$，有

$$
f(\boldsymbol{y}) \geqslant f(\boldsymbol{x}) + \nabla^T f(\boldsymbol{x})(\boldsymbol{y} - \boldsymbol{x}) \tag{6.2}
$$

令 $\mathcal{X}$ 为其可行域，即

$$
\mathcal{X} = \{\boldsymbol{x} | g_i(\boldsymbol{x}) \leqslant 0,\ i = 1, \cdots, m;\ h_j(\boldsymbol{x}) = 0,\ j = 1, \cdots, p\} \tag{6.3}
$$

令 $\boldsymbol{x}_*$ 是最优解，则对任意的 $\boldsymbol{x} \in \mathcal{X}$，满足 $f(\boldsymbol{x}) \geqslant f(\boldsymbol{x}_*) + \nabla^T f(\boldsymbol{x}_*)(\boldsymbol{x} - \boldsymbol{x}_*)$，并且 $f(\boldsymbol{x}) \geqslant f(\boldsymbol{x}_*)$。所以 $\boldsymbol{x}_*$ 是最优解的充要条件是对任意的 $\boldsymbol{x} \in \mathcal{X}$，有

$$
\nabla^T f(\boldsymbol{x}_*)(\boldsymbol{x} - \boldsymbol{x}_*) \geqslant 0 \Leftrightarrow -\nabla^T f(\boldsymbol{x}_*)(\boldsymbol{x} - \boldsymbol{x}_*) \leqslant 0 \tag{6.4}
$$

从几何上看，若 $\nabla f(\boldsymbol{x}_*) \neq 0$，则在 $\boldsymbol{x}_*$ 处，$-\nabla f(\boldsymbol{x}_*)$ 定义了可行域 $\mathcal{X}$ 的一个支撑超平面。在图 6.1 中，阴影部分为可行域 $\mathcal{X}$，虚线为 f 的等值曲线，$\boldsymbol{x}_*$ 为最优解，$-\nabla f(\boldsymbol{x}_*)$ 为 $\mathcal{X}$ 在 $\boldsymbol{x}_*$ 处的一个支撑超平面的法向量。

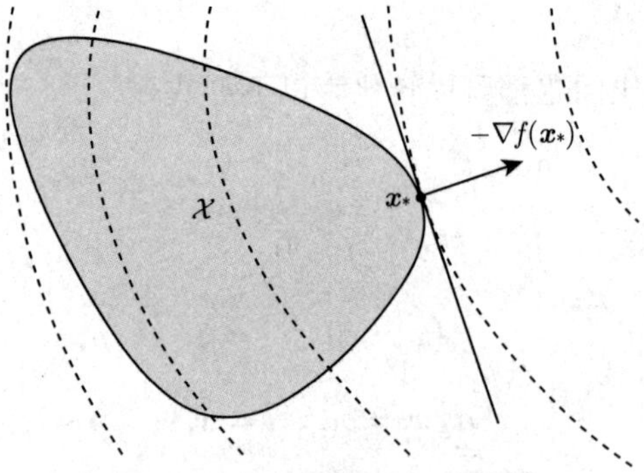

图 6.1 最优性条件的几何解释

进一步，讨论几个特殊凸优化问题的最优性条件。

1. 无约束凸优化问题

对于无约束凸优化问题

$$\min_{\boldsymbol{x}} \ f(\boldsymbol{x})$$

可行域就是 f 的定义域，所以 $\boldsymbol{x}_*$ 是最优解的充要条件为

$$\nabla f(\boldsymbol{x}_*) = 0 \tag{6.5}$$

事实上，因为 f 可微，所以其定义域是开集，因此与 $\boldsymbol{x}_*$ 足够近的点都可行，取 $\boldsymbol{x} = -t\nabla f(\boldsymbol{x}_*)$，$t \in \mathbb{R}$ 为很小的正数时，$\boldsymbol{x}$ 可行，于是有

$$\nabla f(\boldsymbol{x}_*)^T(\boldsymbol{x}-\boldsymbol{x}_*) = -t\nabla f(\boldsymbol{x}_*)^T\nabla f(\boldsymbol{x}_*) = -t\left\|\nabla f(\boldsymbol{x}_*)\right\|_2$$

若满足 $\nabla f(\boldsymbol{x}_*)^T(\boldsymbol{x}-\boldsymbol{x}_*) \geqslant 0$，则有 $\nabla f(\boldsymbol{x}_*) = 0$。

【例 6.1】 考虑关于凸函数 $f:\mathbb{R}^n \to \mathbb{R}$ 的无约束最小化问题

$$f(\boldsymbol{x}) = -\sum_{i=1}^{m}\log(b_i - \boldsymbol{a}_i^T\boldsymbol{x}),\ \mathrm{dom} f = \{\boldsymbol{x}|\boldsymbol{A}\boldsymbol{x} \prec \boldsymbol{b}\} \tag{6.6}$$

其中 $\boldsymbol{A}$ 的行向量为 $\boldsymbol{a}_1^T,\cdots,\boldsymbol{a}_m^T$。因为 f 为可微函数，则 $\boldsymbol{x}_*$ 为最优解的充要条件为

$$\boldsymbol{A}\boldsymbol{x}_* \prec \boldsymbol{b},\ \nabla f(\boldsymbol{x}_*) = \sum_{i=1}^{m}\frac{1}{\boldsymbol{b}_i - \boldsymbol{a}_i^T\boldsymbol{x}_*} = 0 \tag{6.7}$$

这里条件 $\boldsymbol{A}\boldsymbol{x} \prec \boldsymbol{b}$，即 $\boldsymbol{x} \in \mathrm{dom} f$。若 $\boldsymbol{A}\boldsymbol{x} \prec \boldsymbol{b}$ 不可行，则 f 的定义域为空。

2. 只含等式约束的凸优化问题

对于只含等式约束的凸优化问题

$$\begin{aligned} &\min\ f(\boldsymbol{x}) \\ &\text{s.t.}\ \ \boldsymbol{A}\boldsymbol{x} = \boldsymbol{b} \end{aligned} \tag{6.8}$$

其可行域为仿射的。设定义域非空，可行解 $\boldsymbol{x}$ 的最优性条件是对任意 $\boldsymbol{y}$ 属于可行域 $\{\boldsymbol{y} \mid \boldsymbol{A}\boldsymbol{y} = \boldsymbol{b}\}$，有

$$\nabla f(\boldsymbol{x})^T(\boldsymbol{y}-\boldsymbol{x}) \geqslant 0 \tag{6.9}$$

由于 $\boldsymbol{x}$、$\boldsymbol{y}$ 均为可行解，令 $\boldsymbol{y} = \boldsymbol{x} + \boldsymbol{\lambda}$，有 $\nabla f(\boldsymbol{x})^T\boldsymbol{\lambda} \geqslant 0$，$\forall\, \boldsymbol{\lambda} \in \mathcal{N}(\boldsymbol{A})$，其中 $\mathcal{N}(\boldsymbol{A})$

为矩阵 $\boldsymbol{A}$ 的零空间，即 $\boldsymbol{\lambda} \in \mathcal{N}(\boldsymbol{A})$ 等价于 $\boldsymbol{A}\boldsymbol{\lambda} = \boldsymbol{0}$。

若一个线性函数在子空间中非负，则其在子空间上恒等于零。于是，对于任意 $\boldsymbol{\lambda} \in \mathcal{N}(\boldsymbol{A})$，有 $\nabla f(\boldsymbol{x})^T \boldsymbol{\lambda} = 0$，即

$$\nabla f(\boldsymbol{x}) \perp \mathcal{N}(\boldsymbol{A}) \tag{6.10}$$

由 $\mathcal{N}(\boldsymbol{A})^{\perp} = \mathcal{R}(\boldsymbol{A}^T)$ 可知，最优性条件为 $\nabla f(\boldsymbol{x}) \in \mathcal{R}(\boldsymbol{A}^T)$，即存在 $\boldsymbol{\lambda} \in \mathbb{R}^p$，使得

$$\nabla f(\boldsymbol{x}) + \boldsymbol{A}^T \boldsymbol{\lambda} = 0 \tag{6.11}$$

最优性条件式 (6.11) 也可以由拉格朗日乘子法推导出。式 (6.8) 的拉格朗日函数为

$$L = f(\boldsymbol{x}) + \boldsymbol{\lambda}(\boldsymbol{A}\boldsymbol{x} - \boldsymbol{b})$$

令 $\dfrac{\partial L}{\partial \boldsymbol{x}} = 0$，有

$$\nabla f(\boldsymbol{x}) + \boldsymbol{A}^T \boldsymbol{\lambda} = 0$$

3. 对于非负象限的凸优化问题

对于非负象限的凸优化问题

$$\begin{aligned} &\min\ f(\boldsymbol{x}) \\ &\text{s.t.}\ \ \boldsymbol{x} \geqslant \boldsymbol{0} \end{aligned}$$

当 $\boldsymbol{x}_*$ 为最优解时，最优性条件为

$$\nabla f(\boldsymbol{x}_*)^T (\boldsymbol{x} - \boldsymbol{x}_*) \geqslant 0, \quad \forall\ \boldsymbol{x} \geqslant 0$$

而 $\nabla f(\boldsymbol{x}_*)^T (\boldsymbol{x} - \boldsymbol{x}_*) \geqslant 0$ 是 $\boldsymbol{x}$ 的线性函数，当 $\boldsymbol{x} \geqslant 0$ 时，若 $\nabla f(\boldsymbol{x}_*)^T < 0$，则函数无下界，即最优条件不能恒成立，因此 $\nabla f(\boldsymbol{x}_*)^T \geqslant 0$。于是最优条件可写为

$$\nabla f(\boldsymbol{x}_*)^T \boldsymbol{x} - \nabla f(\boldsymbol{x}_*)^T \boldsymbol{x}_* \geqslant 0, \quad \forall\ \boldsymbol{x} \geqslant 0$$

要使得上式恒成立，则要求 $-\nabla f(\boldsymbol{x}_*)^T \boldsymbol{x}_* \geqslant 0$，然而 $\nabla f(\boldsymbol{x}_*)^T \geqslant 0$，$\boldsymbol{x}_* \geqslant 0$，所以只能要求

$$\nabla f(\boldsymbol{x}_*)^T \boldsymbol{x}_* = 0$$

6.2 拟凸优化问题

6.2.1 拟凸函数

拟凸函数是凸集上的一类函数。若实值函数 f 的定义域 $\mathrm{dom} f$ 为凸集，且对任意的 α，其下水平集

$$\mathcal{S}_\alpha = \{\boldsymbol{x} \in \mathrm{dom} f \mid f(\boldsymbol{x}) \leqslant \alpha\}$$

为凸集，则函数 f 为拟凸函数（Quasiconvex Function）。

同理，若其上水平集

$$\{\boldsymbol{x} \in \mathrm{dom} f \mid f(\boldsymbol{x}) > \alpha\}$$

为凸集，则 f 为拟凹函数（Quasiconcave Function）。若其上水平集和下水平集同时是

凸集，则称 f 为拟线性函数（Quaslinear Function）。拟线性函数既是拟凸函数又是拟凹函数。

下面给出一个例子。在图 6.2 中，α-下水平区间 $[a,b]$ 和 β-下水平区间 $(-\infty,c]$ 均为凸集，故为拟凸函数，而 α-上水平区间 $(-\infty,a]\cup[b,+\infty)$ 显然不是凸集，故不是拟凹函数。

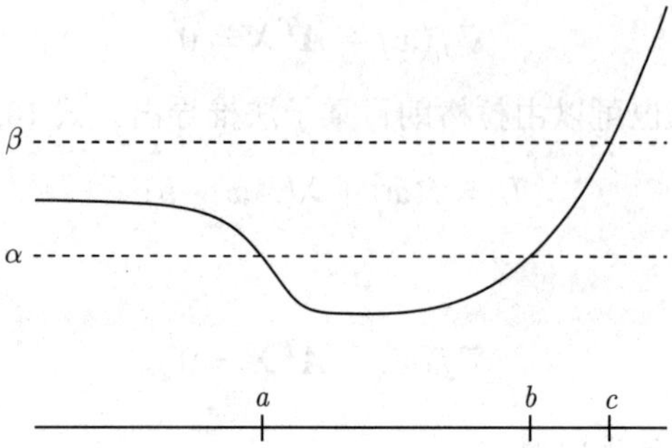

图 6.2　拟凸函数

6.2.2　拟凸优化问题

拟凸优化问题（Quasi Convex Optimization）的标准形式为

$$\begin{aligned}&\min f(\boldsymbol{x})\\&\text{s.t. } g_i(\boldsymbol{x})\leqslant 0,\qquad i=1,\cdots,m\\&\qquad \boldsymbol{a}_i^T\boldsymbol{x}=b_i,\qquad i=1,\cdots,p\end{aligned}$$

其中目标函数 $f(\boldsymbol{x})$ 为拟凸函数，约束函数 $g_i(\boldsymbol{x})$ 是凸函数，等式约束是仿射函数。

然而，拟凸优化问题的局部最优解不一定是全局最优解。同时，如果 $\boldsymbol{x}_*\in\mathcal{X}$，$\nabla f(\boldsymbol{x}_*)^T(\boldsymbol{x}-\boldsymbol{x}_*)>0$，$\forall\,\boldsymbol{x}\in\mathcal{X}\backslash\{\boldsymbol{x}_*\}$，根据拟凸性的一阶条件可得 $\boldsymbol{x}_*$ 是最优的。注意到，此条件仅仅是最优性的充分条件，而凸问题的最优性条件是充要条件。如图 6.3 所示，f 为 $\mathbb{R}$ 上的一个拟凸函数，$(x_*,f(x_*))$ 是局部最优解但不是全局最优解。此外，最优性条件 $f'(x)=0$ 对凸函数成立，而对拟凸函数不成立。

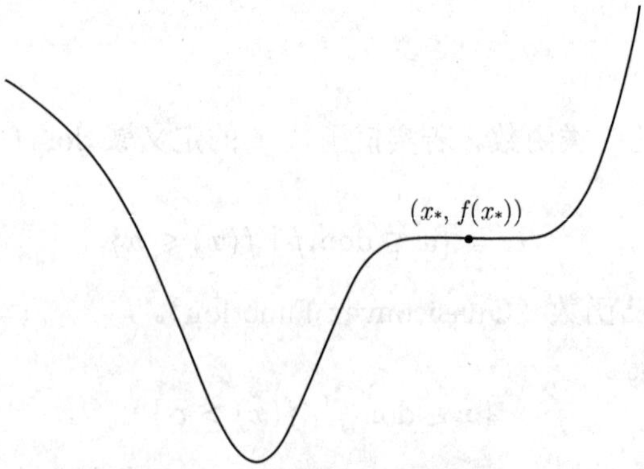

图 6.3　拟凸优化问题举例

解决拟凸优化问题的一般方法是用一组凸函数不等式表示拟凸函数的下水平集。选择一组凸函数 $\phi_t:\mathbb{R}^n\rightarrow\mathbb{R}$，$t\in\mathbb{R}$，满足

$$f(\boldsymbol{x})\leqslant t \iff \phi_t(\boldsymbol{x})\leqslant 0$$

即拟凸函数的 t-下水平集是凸函数 $\phi_t(\boldsymbol{x})$ 的 0-下水平集。对每个 $\boldsymbol{x}$，$\phi_t(\boldsymbol{x})$ 都是 t 的非增函数。当 t 固定时，每个 $\phi_t(\boldsymbol{x})$ 是 $\boldsymbol{x}$ 的凸函数。

例如，目标函数 $f(\boldsymbol{x})=p(\boldsymbol{x})/q(\boldsymbol{x})$，其中 $p(\boldsymbol{x})\geqslant 0$ 为凸函数，而 $q(\boldsymbol{x})>0$ 为凹函数，则可取 $\phi_t(\boldsymbol{x})$ 为

$$\phi_t(\boldsymbol{x})=p(\boldsymbol{x})-tq(\boldsymbol{x})$$

由于 $p(\boldsymbol{x})$ 是凸函数，$q(\boldsymbol{x})$ 是凹函数，但 $-q(\boldsymbol{x})$ 是凸函数，所以 $\phi_t(\boldsymbol{x})$ 是凸函数，并且满足

$$p(\boldsymbol{x})/q(\boldsymbol{x})\leqslant t \iff \phi_t(\boldsymbol{x})\leqslant 0$$

下面介绍通过可行性问题求解拟凸优化问题。设 t_* 是拟凸优化问题的最优值。构造以下凸可行性问题

$$\begin{aligned}
&\text{find} \ \boldsymbol{x}\\
&\text{s.t.} \ \ \phi_t(\boldsymbol{x})\leqslant 0\\
&\qquad g_i(\boldsymbol{x})\leqslant 0,\quad i=1,\cdots,m\\
&\qquad \boldsymbol{A}\boldsymbol{x}=\boldsymbol{b}
\end{aligned}\tag{6.12}$$

其中所有不等式约束函数都是凸的，而等式约束都是线性的。如果该凸可行性问题是可行的，则有 $t\geqslant t_*$，并且任意可行解 $\boldsymbol{x}$ 也是拟凸问题的可行解，并满足 $f(\boldsymbol{x})\leqslant t$；如果该凸可行性问题不可行，则 $t<t_*$。

解决拟凸优化问题的一个简单算法是：使用二分法并在每步中求解凸可行性问题。求解拟凸优化的二分法的基本思想是：存在一个区间，包含最优解，取区间的中点，判断最优解在上半区间还是下半区间，然后更新区间，不断将区间缩小为原来的一半，直到找到足够小的区间。

基于二分法求解拟凸优化的具体算法流程如下。

算法 6.1 基于二分法求解拟凸优化的一般算法框架

Step 1 给定 $l\leqslant t_*$，$u\geqslant t_*$，容许误差 $\epsilon>0$；
Step 2 重复以下步骤
Step 3 　$t:=(l+u)/2$；
Step 4 　求解凸可行性问题式 (6.12)；
Step 5 　如果问题可行，$u:=t$，否则 $l:=t$；
Step 6 若 $u-l\leqslant\epsilon$，终止迭代。

6.3 线性规划

6.3.1 线性规划

线性规划（Linear Program，LP）是一类特殊的数学优化问题，其目标函数和约束条件都是线性的。线性规划的一般形式为

$$\begin{aligned}\min\ & \boldsymbol{c}^T\boldsymbol{x}+d \\ \text{s.t.}\ & \boldsymbol{G}\boldsymbol{x} \preceq \boldsymbol{h} \\ & \boldsymbol{A}\boldsymbol{x}=\boldsymbol{b}\end{aligned} \tag{6.13}$$

其中“$\preceq$”表示向量的分量均非负，$\boldsymbol{G}\in\mathbb{R}^{m\times n}$，$\boldsymbol{A}\in\mathbb{R}^{p\times n}$，$\boldsymbol{c}$，$\boldsymbol{x}$ 是 n 维列向量，$\boldsymbol{h}$ 是 m 维列向量，$\boldsymbol{b}$ 是 p 维列向量。线性规划作为特殊的凸优化问题，其目标函数和约束函数均为仿射函数。此外，因其目标函数的常数 d 不影响最优解的集合，通常可省略。图 6.4 为线性规划的几何解释。其中，多面体 $\mathcal{P}$ 为可行域，目标函数 $\boldsymbol{c}^T\boldsymbol{x}$ 为线性函数，等值线为与 $\boldsymbol{c}$ 正交的超平面，最优解为 $\boldsymbol{x}_*$。

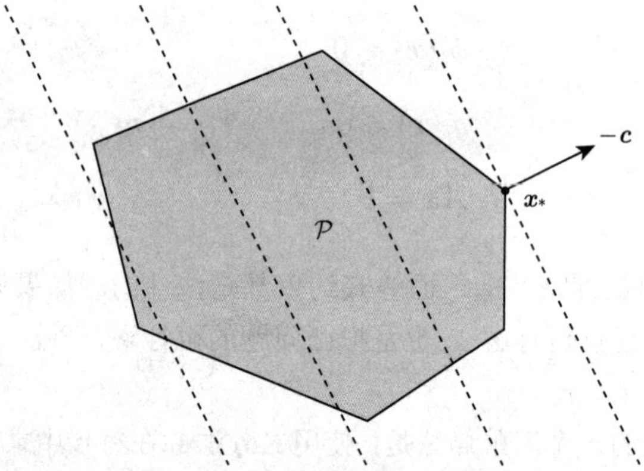

图 6.4 线性规划的几何解释

在实际中，我们考虑式 (6.13) 的两种特殊形式：标准型线性规划

$$\begin{aligned}\min\ & \boldsymbol{c}^T\boldsymbol{x} \\ \text{s.t.}\ & \boldsymbol{A}\boldsymbol{x}=\boldsymbol{b} \\ & \boldsymbol{x}\succeq 0\end{aligned} \tag{6.14}$$

其中 $\boldsymbol{x}\succeq 0$ 表示每个分量 $\boldsymbol{x}_i\geqslant 0, i=1,\cdots,n$。以及不等式线性规划

$$\begin{aligned}\min\ & \boldsymbol{c}^T\boldsymbol{x} \\ \text{s.t.}\ & \boldsymbol{A}\boldsymbol{x}\preceq \boldsymbol{b}\end{aligned} \tag{6.15}$$

下面给出几个线性规划问题的典型例子。

【例 6.2】（求解多面体的切比雪夫中心） 在一个多面体中寻找最大的欧氏球，用线性不等式描述的多面体为

$$\mathcal{P} = \{\boldsymbol{x} \in \mathbb{R}^n \mid \boldsymbol{a}_i^T\boldsymbol{x} \leqslant b_i, \quad i = 1, \cdots, m\}$$

解 多面体的切比雪夫中心为最大欧氏球的中心，是距离边界最远的点。欧氏球表示为

$$\mathcal{B} = \{\boldsymbol{x}_c + \boldsymbol{u} \mid \|\boldsymbol{u}\|_2 \leqslant r\}$$

球心 $\boldsymbol{x}_c \in \mathbb{R}^n$ 和半径 r 为此问题中的变量，此问题可表示为在 $\mathcal{B} \subseteq \mathcal{P}$ 的约束下最大化半径 r。

我们先考虑一个线性不等式 $\boldsymbol{a}_i^T\boldsymbol{x} \leqslant b_i$，这要求

$$\sup\{\boldsymbol{a}_i^T(\boldsymbol{x}_c + \boldsymbol{u}) \mid \|\boldsymbol{u}\|_2 \leqslant r\} \leqslant b_i$$

进一步简化为

$$\boldsymbol{a}_i^T\boldsymbol{x}_c + \sup\{\boldsymbol{a}_i^T\boldsymbol{u} \mid \|\boldsymbol{u}\|_2 \leqslant r\} \leqslant b_i$$

由于 $\sup\{\boldsymbol{a}_i^T\boldsymbol{u} \mid \|\boldsymbol{u}\|_2 \leqslant r\} = r\|\boldsymbol{a}_i\|_2$，有

$$\boldsymbol{a}_i^T\boldsymbol{x}_c + r\|\boldsymbol{a}_i\|_2 \leqslant b_i$$

这是一个关于 $\boldsymbol{x}_c$ 和 r 的线性不等式。因此，寻找多面体的切比雪夫中心等价于求解下面线性规划问题

$$\begin{aligned} &\min \ r \\ &\text{s.t.} \ \ \boldsymbol{a}_i^T\boldsymbol{x}_c + r\|\boldsymbol{a}_i\|_2 \leqslant b_i, \quad i = 1, \cdots, m \end{aligned}$$

实例代码 6.1 是基于线性规划求解多面体的切比雪夫中心的代码。

实例代码 6.1

```
from scipy import optimize
import numpy as np
from matplotlib import pyplot as plt
c = np.array([1,0,0])
A = np.array([[np.sqrt(2),1,1],[np.sqrt(2),1,1],[1,-1,0]])
b = np.array([1,1,0])
res = optimize.linprog(-c,A,b)
res.x
plt.plot([-1,0],[0,1],'b')
plt.plot([0,1],[1,0],'b')
plt.plot([-1,1],[0,0],'b')
r,x,y = res.x[0],res.x[2],res.x[1]
theta = np.arange(0,2*np.pi,0.01)
plt.plot(x+r*np.cos(theta),y+r*np.sin(theta),'r')
plt.plot(x,y,'k.')
plt.axis('equal')
```

输出结果如图 6.5 所示。

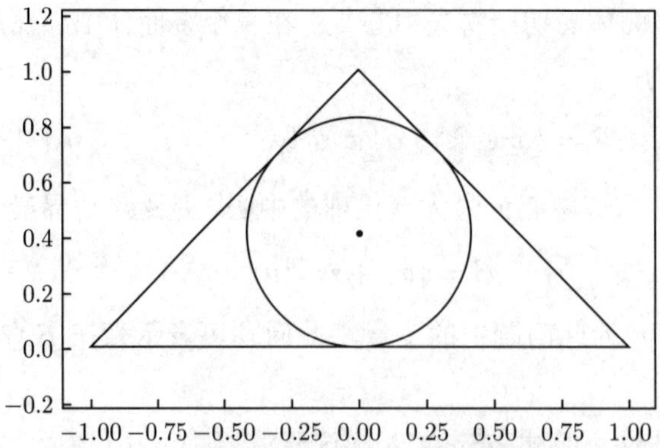

图 6.5 多面体 $\mathcal{P}$ 及求得的切比雪夫中心

【例 6.3】(种植问题) 一位农民承包了 6 块耕地共 300 亩，准备播种小麦、玉米、水果和蔬菜四种农产品，各种农产品的计划播种面积、每块土地种植不同农产品的单产收益如表 6.1 所示。问如何安排种植计划，可得到最大的总收益？

表 6.1 农产品播种面积与收益表

类别	单产收益（元/亩）						计划播种面积（亩）
	地块 1	地块 2	地块 3	地块 4	地块 5	地块 6	
小麦	500	550	630	1000	800	700	76
玉米	800	700	600	950	900	930	88
水果	1000	960	840	650	600	700	96
蔬菜	1200	1040	980	860	880	780	40
地块面积（亩）	42	56	44	39	60	59	

解 为得到最大总收益，需确定每块地种哪种作物，以及种多少，即由每亩地种的农产品决定。由题意设决策变量为 x_i, y_i, s_i, c_i，$i = 1,2,3,4,5,6$，分别表示地块 i 种的小麦、玉米、水果、蔬菜四种农产品亩数。则可得下面线性规划问题

$$
\begin{aligned}
\min\ & W = w_1 + w_2 + w_3 + w_4 + w_5 + w_6 \\
\text{s.t.}\ & x_1 + x_2 + x_3 + x_4 + x_5 + x_6 = 76 \\
& y_1 + y_2 + y_3 + y_4 + y_5 + y_6 = 88 \\
& s_1 + s_2 + s_3 + s_4 + s_5 + s_6 = 96 \\
& c_1 + c_2 + c_3 + c_4 + c_5 + c_6 = 40 \\
& x_1 + y_1 + s_1 + c_1 = 42 \\
& x_2 + y_2 + s_2 + c_2 = 56 \\
& x_3 + y_3 + s_3 + c_3 = 44 \\
& x_4 + y_4 + s_4 + c_4 = 39 \\
& x_5 + y_5 + s_5 + c_5 = 60 \\
& x_6 + y_6 + s_6 + c_6 = 59
\end{aligned}
$$

$$w_1 = 500x_1 + 800y_1 + 1000s_1 + 1200c_1$$

$$w_2 = 550x_2 + 700y_2 + 960s_2 + 1040c_2$$

$$w_3 = 630x_3 + 600y_3 + 840s_3 + 980c_3$$

$$w_4 = 1000x_4 + 950y_4 + 650s_4 + 860c_4$$

$$w_5 = 800x_5 + 900y_5 + 600s_5 + 880c_5$$

$$w_6 = 700x_6 + 930y_6 + 700s_6 + 780c_6$$

该题为典型的线性规划问题，实例代码 6.2 给出了求解该问题的代码。

实例代码 6.2

```
#导入pulp库，求最优解
import pulp
#导入numpy库
import numpy as np
from pprint import pprint
def transportation_problem(costs, x max, y max):
    row = len(costs)
    col = len(costs[0])
    prob = pulp.LpProblem('Transportation Proble', sense=pulp.LpMaximize)
    var = [[pulp.LpVariable(f'x{i}{j}', lowBound=0, cat=pulp.LpInteger)
for j in range(col)] for i in range(row)]
    flatten = lambda x: [y for l in x for y in flatten(l)] if type(x) is list
            else [x]
    #转为一维
    prob += pulp.lpDot(flatten(var), costs.flatten())
    for i in range(row):
       prob += (pulp.lpSum(var[i]) <= x max[i])
    for j in range(col):
       prob += (pulp.lpSum([var[i][j] for i in range(row)]) <= y max[j])
    prob.solve()
    return {'objective': pulp.value(prob.objective),
          'var': [[pulp.value(var[i][j]) for j in range(col)] for i in
          range(row)]}
#设置目标函数
costs = np.array([[500, 550, 630, 1000, 800, 700],
              [800, 700, 600, 950, 900, 930],
              [1000, 960, 840, 650, 600, 700],
              [1200, 1040, 980, 860, 880, 780]])
#设置约束条件
max plant = [76, 88, 96, 40]
max cultivation = [42, 56, 44, 39, 60, 59]
res = transportation_problem(costs, max plant, max cultivation)
print(f'最大值为{res["objective"]}')
print("各个变量的取值为: ")
pprint(res['var'])
```

实例代码 6.2 所求得的最大值为 284230，各个变量的取值为:

```
[[0.0, 0.0, 6.0, 39.0, 31.0, 0.0],
[0.0, 0.0, 0.0, 0.0, 29.0, 59.0],
[2.0, 56.0, 38.0, 0.0, 0.0, 0.0],
[40.0, 0.0, 0.0, 0.0, 0.0, 0.0]]
```

由上述运行结果可知，小麦在地块 3、地块 4 和地块 5 分别种植 6 亩、39 亩和 31 亩，其他地块不种植；玉米在地块 4 和地块 5 分别种植 29 亩和 59 亩，其他地块不种植；水果在地块 1、地块 2 和地块 3 分别种植 2 亩、56 亩和 38 亩，其他地块不种植；蔬菜在地块 1 种植 42 亩，其他地块不种植。此时总收益最大，为 284230 元。

【例 6.4】 靠近河流有两个化工厂，如图 6.6 所示，流经第一化工厂的河流流量为每天 500 万立方米，在两个工厂之间有一条河流，为每天 200 万立方米的直流。化工厂每天排放含有某种有害物质的工业污水 2 万立方米，第二化工厂每天排放这种工业污水 1.4 万立方米。从第一化工厂排出的工业污水流到第二化工厂以前，有 20% 可自然净化。根据环保要求，河流中工业污水的含量应不大于 0.2%。这两个工厂都需各自处理一部分工业污水。第一化工厂处理工业污水的成本是 1000 元/万立方米。第二化工厂处理工业污水的成本是 800 元/万立方米。问在满足环保要求的条件下，每厂各应处理多少工业污水，使这两个工厂总的处理工业污水费用最小？

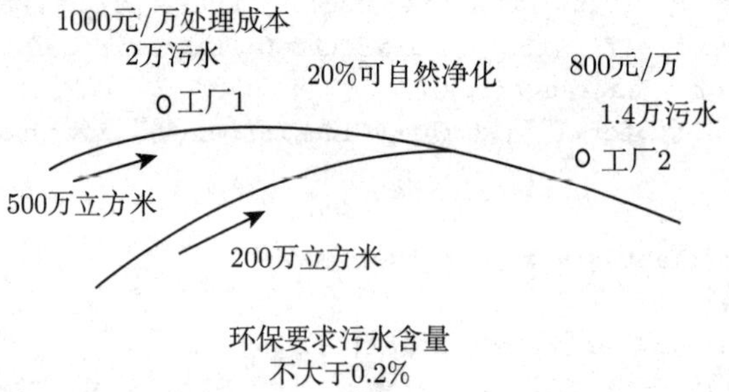

图 6.6　工厂示意图

解　设第一工厂处理污水量为 x_1，第二工厂处理污水量为 x_2。则目标函数和约束条件为

$$\min\ Z = 1000x_1 + 800x_2$$

$$\text{s.t.}\ \frac{(2-x_1)\times 0.8}{500} \leqslant 0.002$$

$$\frac{(2-x_1)\times 0.8 + (1.4-x_2)}{700} \leqslant 0.002$$

$$x_1 \leqslant 2$$

$$x_2 \leqslant 1.4$$

$$x_1, x_2 \geqslant 0$$

解决该问题的代码如实例代码 6.3 所示。

实例代码 6.3

```
import numpy as np
```

```
from scipy.optimize import linprog
#定义目标函数的系数
c = np.array([1000, 800])
#定义约束条件矩阵A和向量b
A = np.array([[-0.8, -1]])
b = np.array([-1.6])
#定义变量的边界
x_bounds = (1, 2)
y_bounds = (0, 1.4)
#求解线性规划问题
res = linprog(c, A_ub=A, b_ub=b, bounds=(x_bounds, y_bounds))
print("Optimal value:", res.fun)
print("Optimal solution:", res.x)
```

输出结果为:

```
Optimal value: 1640.0000000314835
Optimal solution: [1. 0.8]
```

由上述结果可知，在满足环保要求的条件下，第一工厂和第二工厂应分别处理 1 万立方米和 0.8 万立方米污水，才能使得这两个工厂总的处理工业污水费用最小，约为 1640 元。

6.3.2 单纯形法

单纯形法是求解线性规划问题中最常用、最有效的算法之一，其基本思想是从一个初始可行解开始，通过在可行解空间中不断移动单纯形的顶点来搜索更优的解。每次移动都会改变目标函数的值，并逐步接近最优解。单纯形法依赖于一个重要的性质：在一个线性规划问题的可行解空间中，最优解总是出现在顶点上。

单纯形法的具体步骤如下：

Step 1 初始可行解的选择。选择一个初始可行解是单纯形法的第一步。常用的方法包括人工选取初始解、使用辅助线性规划方法求解初始解，或使用启发式算法进行初步搜索。初始解的选择对最终的优化结果有一定的影响，因此需要考虑规划问题的特点来确定合适的初始解策略；

Step 2 入基变量的选择。在每一次迭代中，需要选择一个入基变量来增加目标函数的值。通常，选择使目标函数值增加最快的非基本变量作为入基变量。这可以通过计算目标函数的变化率来实现，选择变化率最大的变量作为入基变量；

Step 3 选择出基变量。出基变量的选择必须满足约束条件的有效性，也就是使得约束条件保持有效。通常使用单纯形法中的出基变量的指导数（入基变量与出基变量的比值）来选择出基变量，选择指导数为负值的变量作为出基变量；

Step 4 更新单纯形。交换入基变量和出基变量的角色，并更新单纯形的顶点位置，进行下一次迭代。通常用高斯消元法和基变换法来更新单纯形；

Step 5 判断终止条件。每一次迭代后判断是否满足终止条件。终止条件可以是目标函数的变化量小于一定阈值、约束条件的误差小于一定阈值，或者达到最大迭代次数等。当满足终止条件时算法终止，给出最优解或无可行解的结果。

那么，如何理解线性规划中的基变量和非基变量呢？线性规划的最优解只能在顶点处取到，所以单纯形法的思想就是从一个顶点出发，连续访问不同的顶点，在每一个顶点处检查是否有相邻的其他顶点能取到更优的目标函数值。线性规划的约束（等式或不等式）可以看作是超平面或半空间。可行域可看作是被这组约束或超平面和半空间围起来的区域。那么某一个顶点即为某组超平面的交点，这组超平面对应的约束就是在某一个顶点取到“=”号的约束，即为基。顶点对应的代数意义就是一组方程（取到等号的约束）的解。

下面通过一个具体实例介绍利用单纯形法求解线性规划问题。

【例 6.5】 利用单纯形法求解下面线性规划问题

$$
\begin{aligned}
\max\ & Z = 70x_1 + 30x_2 \\
\text{s.t.}\ & 3x_1 + 9x_2 \leqslant 540 \\
& 5x_1 + 5x_2 \leqslant 450 \\
& 9x_1 + 3x_2 \leqslant 720 \\
& x_1, x_2 \geqslant 0
\end{aligned}
$$

将其转化为线性规划问题的标准型

$$
\begin{aligned}
\max\ & Z = 70x_1 + 30x_2 \\
\text{s.t.}\ & 3x_1 + 9x_2 + x_3 = 540 \\
& 5x_1 + 5x_2 + x_4 = 450 \\
& 9x_1 + 3x_2 + x_5 = 720 \\
& x_1, x_2, x_3, x_4, x_5 \geqslant 0
\end{aligned}
$$

设单纯形法的可行域如图 6.7 所示，则单纯形法就是遍历 O、a、h、k、b 各点之后所得的最优解。

利用单纯形法求解线性规划数学模型，还需要将模型转化成标准型，标准型的条件如下：

（1）数学模型已经是标准型。

（2）约束方程组系数矩阵中含有至少一个单位子矩阵，对应的变量称为基变量，基的作用是得到初始基本可行解，该初始基本可行解通常是原点。

在大部分的问题中，通常通过引入松弛变量得到单位子矩阵，即使约束条件是等式约束，也可以引入 $x_i = 0$ 的松弛变量。此处通过引入松弛变量得到单位子矩阵，约束方程组的系数矩阵为

$$
\begin{array}{c}
\qquad\ \ x_1\ \ x_2\ \ x_3\ \ x_4\ \ x_5 \\
\boldsymbol{A} = \begin{pmatrix} 3 & 9 & 1 & 0 & 0 \\ 5 & 5 & 0 & 1 & 0 \\ 9 & 3 & 0 & 0 & 1 \end{pmatrix} = (\boldsymbol{a}_1, \boldsymbol{a}_2, \boldsymbol{a}_3, \boldsymbol{a}_4, \boldsymbol{a}_5)
\end{array}
$$

对应的单位子矩阵为

$$\boldsymbol{B}=\begin{pmatrix}1&0&0\\0&1&0\\0&0&1\end{pmatrix}=(\boldsymbol{a}_3,\boldsymbol{a}_4,\boldsymbol{a}_5)$$

(列标：$x_3\ x_4\ x_5$)

其中 x_3、x_4 和 x_5 为基变量，x_1 和 x_2 为非基变量。

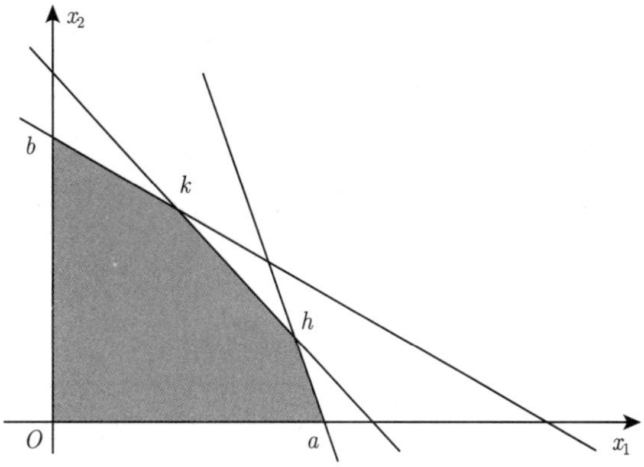

图 6.7 单纯形法可行域

（3）目标函数中不含基变量。基变量 x_3、x_4 和 x_5 是在约束方程中引进的变量，因此目标函数中没有这些基变量。

单纯形法的计算过程可以表示成单纯形表。将上面系数矩阵 $\boldsymbol{A}$ 和目标函数的变量系数写成单纯形表的形式，如表 6.2 所示。

表 6.2 单纯形表 I

说明	x_1	x_2	x_3	x_4	x_5	b	θ
目标函数系数	70	30					
约束 1	3	9	1			540	
约束 2	5	5		1		450	
约束 3	9	3			1	720	

具体计算过程如下：

（1）确定初始基本可行解 $\boldsymbol{x}$。原问题的标准型为

$$\begin{aligned}\max\ & Z=70x_1+30x_2\\ \text{s.t.}\ & 3x_1+9x_2+x_3=540\\ & 5x_1+5x_2+x_4=450\\ & 9x_1+3x_2+x_5=720\\ & x_1,x_2,x_3,x_4,x_5\geqslant 0\end{aligned}$$

表 6.2 中，令非基变量 $x_j=0$，则可直接得到基变量的取值，即 $x_3=540$，$x_4=450$，$x_5=720$，将非基变量 $x_j=0$ 代入目标函数，得 $Z=0$，初始基本可行解为

$$\boldsymbol{x}=(x_1,x_2,x_3,x_4,x_5)=(0,0,540,450,720)^T$$

$$Z=0$$

此时顶点位置是原点 O。

（2）判断当前点 $\boldsymbol{x}$ 是否为最优解。对于最大化问题，目标函数中非基变量的系数 $a_i \leqslant 0$ 时为最优解。而这里非基变量的系数 $a_1=70>0$，$a_2=30>0$，意味着在可行域内目标函数随着非基变量 x_1 和 x_2 的增大继续增大，所以此时的解不是最优解。

（3）基变量出基与非基变量入基。选择使目标函数 Z 变化最快的非基变量入基，即选择系数 a_i 最大且为正数的非基变量入基，即 x_1 入基，此时 $x_2=0$。从凸优化的角度来看，就是选择目标函数梯度最大的方向进行下一步的计算。

那么如何选择一个基变量出基呢？可以利用计算约束方程中常数项与 x_1 系数的比值 θ，选择最小的 θ 对应的约束方程的基变量出基，即 $\theta=\dfrac{b}{a_i}$，如表 6.3 所示。

表 6.3 单纯形表 II

目标和基变量	x_1	x_2	x_3	x_4	x_5	b	θ
Z	70	30					
x_3	3	9	1			540	180
x_4	5	5		1		450	90
x_5	9	3			1	720	80

因此，选择 x_5 出基，令非基变量 $x_j=0$，下面来重新计算新的单纯形表，如表 6.4 所示。

表 6.4 单纯形表 III

目标和基变量	x_1	x_2	x_3	x_4	x_5	b	θ
Z		20/3			−70/3	5600	
x_3		8	1		−1/3	300	
x_4		10/3		1	−5/9	50	
x_5	1	1/3			1/9	80	

约束方程的第 3 个式子对应的矩阵的行系数（9，3，0，0，1，720）除以约束方程第 3 个式子中 x_1 的系数 9，得新的矩阵系数为（1，1/3，0，0，1/9，80）。

对于约束方程中的第 1 个式子，如果要消去变量 x_1，则约束方程中的第 1 个式子对应的行系数（3，9，1，0，0，540）减去约束方程中的第 1 个式子中 x_1 的系数 3，乘以新的约束方程第 3 个式子对应的行系数（1，1/3，0，0，1/9，80），得到约束方程中的第 1 个式子的新系数（0，8，1，0，−1/3，300）。

通过数学表达式来推导上面过程。

x_1 入基后，约束方程的第 3 个式子变成

$$\text{s.t.}_3:\ x_1+\frac{1}{3}x_2+\frac{1}{9}x_5=80 \implies x_1=80-\frac{1}{3}x_2-\frac{1}{9}x_5$$

约束方程的第 1 个式子不变，即

$$\text{s.t.}_1:\ 3x_1+9x_2+x_3=540$$

根据消元法，消去约束方程第 1 个式子中的 x_1，则

$$3\times\left(80-\frac{1}{3}x_2-\frac{1}{9}x_5\right)+9x_2+x_3=540$$

$$\text{s.t.}_{1\text{new}}=\text{s.t.}_{1\text{old}}-3\times\text{s.t.}_3$$

同理得到新的目标函数和新的约束表达式。

（4）计算新的解 $\boldsymbol{x}$。令非基变量 $x_j=0$，求出基变量 $x_i=b_i$，得到基变量的值 $x_1=80$，$x_3=300$，$x_4=50$，即

$$\boldsymbol{x}=(x_1,x_2,x_3,x_4,x_5)=(80,0,300,50,0)^T$$

$$Z=5600$$

经过变换后，x_1 的值从 0 变成 80 称为入基，x_5 的值从 720 变成 0 称为出基。此时对应顶点为 a 点。

（5）判断当前解 $\boldsymbol{x}$ 是否最优。由于目标函数中 x_2 的系数仍然大于零，因此当前位置还不是最优，因为在可行域内随着 x_2 增大，目标函数还会增大。

（6）基变量出基与非基变量入基。在目标函数中，系数为正且最大的变量是 x_2，因此选择 x_2 入基，并计算 θ 选择出基变量，如表 6.5 所示。

表 6.5 单纯形表 IV

目标和基变量	x_1	x_2	x_3	x_4	x_5	b	θ
Z		20/3				−70/3	
x_3		8	1			−1/3	37.5
x_4		10/3		1		−5/9	15
x_1	1	1/3				1/9	240

经过计算，选择 x_4 出基，重新计算单纯形表，如表 6.6 所示。

表 6.6 单纯形表 V

目标和基变量	x_1	x_2	x_3	x_4	x_5	b	θ
Z		−2			−20/3	5600	
x_3			1	12/5	−5/3	180	
x_2		1		3/10	−1/6	15	
x_1	1			1/10	1/6	75	

（7）确定新的解 $\boldsymbol{x}$。令非基变量 $x_j=0$，求出基变量 $x_i=b$，得到基变量的值 $x_1=75$，$x_2=15$，$x_3=180$。

$$\boldsymbol{x}=(x_1,x_2,x_3,x_4,x_5)=(75,15,180,0,0)^T$$

$$Z=5700$$

经过变换后，x_2 的值从 0 变成 15 称为入基，x_4 的值从 50 变成 0 称为出基。此时基变量是 x_1、x_2 和 x_3，非基变量是 x_4 和 x_5，对应顶点为 h 点。

（8）判断当前解 $\boldsymbol{x}$ 是否最优。因为函数中所有变量的系数均小于 0，随着变量 x_4 和 x_5 变大目标函数会减小，所以当前解是最优解，即

$$\boldsymbol{x}=(x_1,x_2,x_3,x_4,x_5)=(75,15,180,0,0)^T$$

$$Z=5700$$

经过单纯形法的搜索，搜索路径是 $O—a—h$，而不是 $O—h—k—h$，最终得到最优解。

下面通过 Python 代码求解该问题。

实例代码 6.4

```
import pandas as pd
from pandas import DataFrame
import numpy as np
#定义线性规划求解函数
def lp_solver(matrix):
    """
    输入线性规划的矩阵，根据单纯形法求解线性规划模型
     max cx
    s.t. ax<=b
    矩阵形式是:
             b    x1   x2  x3  x4  x5
    obj   0.0 70.0 30.0 0.0 0.0 0.0
    x3  540.0  3.0  9.0 1.0 0.0 0.0
    x4  450.0  5.0  5.0 0.0 1.0 0.0
    x5  720.0  9.0  3.0 0.0 0.0 1.0
    第1行是目标函数的系数
    第2-4行是约束方程的系数
    第1列是约束方程的常数项
    obj-b 交叉，即第1行第1列的元素是目标函数的负值
    x3,x4,x5 是松弛变量，也是初始可行解
    :param matrix:
    :return:
    """
    #检验数是否大于0
    c = matrix.iloc[0, 1:]
    while c.max() > 0:
        #选择入基变量，目标函数系数最大的变量入基
        c = matrix.iloc[0, 1:]
        in_x = c.idxmax()
        #入基变量的系数
        in_x_v = c[in_x]
        #选择出基变量
        #选择正的最小比值对应的变量出基 min( b列/入基变量列)
        b = matrix.iloc[1:, 0]
        #选择入基变量对应的列
        in_x_a = matrix.iloc[1:][in_x]
        #得到出基变量
        out_x = (b / in_x_a).idxmin()
        #旋转操作
        matrix.loc[out_x, :] = matrix.loc[out_x, :] / matrix.loc[out_x, in_x]
        for idx in matrix.index:
            if idx != out_x:
                matrix.loc[idx, :] = matrix.loc[idx, :] - matrix.loc[out_x,
                                     :] * matrix.loc[idx, in_x]
        #索引替换（入基出基变量名称替换）
        index = matrix.index.tolist()
```

```
        i = index.index(out_x)
        index[i] = in_x
        matrix.index = index
    #输出结果
    print("最终的最优单纯形法是: ")
    print(matrix)
    print("目标函数值是: ", - matrix.iloc[0, 0])
    print("最优决策变量是: ")
    x_count = (matrix.shape[1] - 1) - (matrix.shape[0] - 1)
    X = matrix.iloc[0, 1:].index.tolist()[: x_count]
    for xi in X:
        print(xi, '=', matrix.loc[xi, 'b'])
#主程序代码
if _name_ == '_main_':
    #约束方程系数矩阵, 包含常数项
    matrix = pd.DataFrame(
        np.array([
            [0, 70, 30, 0, 0, 0],
            [540, 3, 9, 1, 0, 0],
            [450, 5, 5, 0, 1, 0],
            [720, 9, 3, 0, 0, 1]]),
        index=['obj', 'x3', 'x4', 'x5'],
        columns=['b', 'x1', 'x2', 'x3', 'x4', 'x5'])
    #调用前面定义的函数求解
    lp_solver(matrix)
```

运行结果为:

```
最终的最优单纯形法是:
        b  x1   x2  x3   x4        x5
obj -5700   0  0.0   0 -2.0 -6.666667
x3    180   0  0.0   1 -2.4  1.000000
x2     15   0  1.0   0  0.3 -0.166667
x1     75   1  0.0   0 -0.1  0.166667
目标函数值是: 5700
最优决策变量是:
x1 = 75
x2 = 15
```

6.3.3 线性分式规划

线性分式规划（Linear Fractional Programming，LFP）的一般形式为

$$\begin{aligned} &\min \ f(\boldsymbol{x}) \\ &\text{s.t.} \ \ \boldsymbol{Ax} = \boldsymbol{b} \\ &\qquad \boldsymbol{Gx} \preceq \boldsymbol{h} \end{aligned} \tag{6.16}$$

其目标函数

$$f(\boldsymbol{x}) = \frac{\boldsymbol{c}^T\boldsymbol{x} + u}{\boldsymbol{e}^T\boldsymbol{x} + v}, \quad \mathrm{dom}f = \{\boldsymbol{x} \mid \boldsymbol{e}^T\boldsymbol{x} + v > 0\}$$

是拟凸的，则线性分式规划是一个拟凸优化问题。

那么，如何将以上非凸优化问题转化为线性规划问题呢？我们不妨引入新变量将目标函数转化为线性函数，令

$$\boldsymbol{y}=\frac{\boldsymbol{x}}{\boldsymbol{e}^T\boldsymbol{x}+v},\quad z=\frac{1}{\boldsymbol{e}^T\boldsymbol{x}+v}$$

其中 $\boldsymbol{x}=\dfrac{\boldsymbol{y}}{z}$。将上面变换代入优化问题 (6.16) 可得如下等价的线性优化问题

$$\begin{aligned}\min\ & \boldsymbol{c}^T\boldsymbol{y}+uz\\ \text{s.t.}\ & \boldsymbol{e}^T\boldsymbol{y}+vz=1\\ & \boldsymbol{A}\boldsymbol{y}-\boldsymbol{b}z=\boldsymbol{0}\\ & \boldsymbol{G}\boldsymbol{y}-\boldsymbol{h}z\preceq\boldsymbol{0}\\ & z\geqslant 0\end{aligned}$$

其中 $\boldsymbol{y}$ 为优化变量。

6.4 整数规划

在实际问题中，要求最优解满足整数条件，或者问题的决策变量就是整数变量，这类问题称为整数规划（Integer Programming，IP）。其一般形式为

$$\begin{aligned}\min\ & \boldsymbol{c}^T\boldsymbol{x}\\ \text{s.t.}\ & \boldsymbol{A}\boldsymbol{x}\leqslant\boldsymbol{b}\\ & x_i\geqslant 0,\quad i=1,2,\cdots,n\\ & x_i\in Z,\quad i=1,2,\cdots,n\end{aligned}\tag{6.17}$$

其中 $\boldsymbol{A}\in\mathbb{R}^{m\times n},\boldsymbol{c}\in\mathbb{R}^n,\boldsymbol{b}\in\mathbb{R}^m$ 为给定的矩阵和向量，Z 为整数集合。

整数规划通常有三种类型，当所有变量均取整数值时称为纯整数规划，部分变量取整数值时称为混合整数规划。此外，还有一种特殊情况，即变量只取 0、1 两种数值，称为 0-1 规划。解决整数规划问题的常用方法有分支定界法、割平面法、隐枚举法以及匈牙利法等。

6.4.1 分支定界法

上个世纪 60 年代初 Land，Doig 和 Dakin 等人提出分支定界法，用于求解纯整数或混合整数线性规划问题。分支定界法的基本思路是将问题划分成一系列的子问题，每个子问题都是原问题的一个约束条件，然后对每个子问题进行求解，并对每个子问题的解进行优化，以寻找最优解。如果子问题的解次于当前最优解，则通过剪枝操作，排除这个子问题，从而减少搜索空间。

下面给出分支定界法求解整数规划问题的具体步骤：

Step 1 线性松弛。将整数规划问题转化为线性规划问题，并对其进行线性松弛。去掉变量的整数限制条件，将它们视为实数变量，得到一个松弛问题；

Step 2 若松弛问题的最优解满足整数要求，得到整数规划的最优解，否则转下一步；

Step 3 分支操作。任意选一个非整数解的变量 x_i，在松弛问题中加上约束 $x_i \leqslant [x_i]$ 及 $x_i \geqslant [x_i]+1$ 组成两个新的松弛问题，称为分支；

Step 4 定界。新的松弛问题具有特征：当原问题是求最大值时，目标值是分支问题的上界；当原问题是求最小值时，目标值是分支问题的下界；

Step 5 比较和剪枝。检查所有分支的解及目标函数值，若某分支的解是整数，并且目标函数值不小于其它分枝的目标值，则将其它分枝剪去不再计算，若还存在非整数解且目标值大于整数解的目标值，则需要继续分支，返回 Step 3 再检查，直到得到最优解。

需要注意的是，分支定界算法求解整数规划问题需要进行多轮分支和剪枝，直到搜索空间被遍历。同时，在实际应用中，为了提高算法效率，我们还可以利用启发式算法、割平面等技术来加速求解过程。

【例 6.6】 求解下面整数规划问题，使得目标函数 f 达到最大。

$$
\begin{aligned}
\max\ & f = 100x_0 + 150x_1 \\
\text{s.t.}\ & 2x_0 + x_1 \leqslant 10 \\
& 3x_0 + 6x_1 \leqslant 40 \\
& x_0, x_1 \geqslant 0 \\
& x_0, x_1 \text{为整数}
\end{aligned}
$$

解 通过实例代码 6.5 解决该问题。首先安装 gurobipy 包，具体为 pip install gurobipy。

实例代码 6.5

```
from gurobipy import *
import copy
import numpy as np
import matplotlib.pyplot as plt
import pandas as pd
## define initial linear relaxation problem of primal problem ##
initial_LP = Model('initial LP')
x = {}
for i in range(2):
   x[i] = initial_LP.addVar(lb=0,ub=GRB.INFINITY, vtype=GRB.CONTINUOUS,name = 'x_'+str(
        i))
initial_LP.setObjective(100*x[0]+150*x[1],GRB.MAXIMIZE)
initial_LP.addConstr(2*x[0]+x[1]<=10)
initial_LP.addConstr(3*x[0]+6*x[1]<=40)
initial_LP.optimize()
for var in initial_LP.getVars():
   print(var.Varname,'=',var.x)
```

```
# 2: get the optimal value; 4: infeasible or unbounded; 5: unbounded
initial_LP.status
class Node:
    def _init_(self):
        self.model = None
        #solution of sub-problem
        self.x_sol = {}
        #round integer of solution
        self.x_int_sol = {}
        #local bound of node, sub-problem
        self.local_LB = 0
        self.local_UB = np.inf
        #is integr solution
        self.is_integer = False
        #store branch variable
        self.branch_var_list = []
    #deep copy the whole node
    def deepcopy(node):
        new_node = Node()
        new_node.local_LB = 0
        new_node.local_UB = np.inf
        #solution of sub-problem
        new_node.x_sol = copy.deepcopy(node.x_sol)
        #round integer of solution
        new_node.x_int_sol = copy.deepcopy(node.x_int_sol)
        #do not copy, or that always use the same
        new_node.branch_var_list = []
        branch_var_list in sub-problem
        #deepcopy, or that the subproblem add all the new constraints
        sub-problem->infeasible
        #gurobi can deepcopy model
        new_node.model = node.model.copy()
        new_node.is_integer = node.is_integer
        return new_node
def branch_and_bound(initial_LP):
  ##store UB, LB and solution##
    trend_UB = []
    trend_LB =[]
    initial_LP.optimize()
    global_LB = 0
    global_UB = initial_LP.ObjVal
    eps = 1e-3
    incumbent_node = None
    Gap = np.inf
    ##branch and bound begins##
    Queue = []
    #create root node
    node = Node()
    node.local_LB = 0
    #trend_LB.append(node.local_LB)
```

```
#root node
node.local_UB = global_UB
#trend_UB.append(global_UB)
#gurobi can deepcopy model
node.model = initial_LP.copy()
node.model.setParam('OutputFlag',0)
Queue.append(node)
#cycle
cnt = 0
while(len(Queue)>0 and global_UB - global_LB >eps):
    cnt += 1
    #Use depth-first search, last in, first out
    pop: removes the last element element from a list and returns the
    value of that element
    current_node = Queue.pop()
    #solve the current node
    current_node.model.optimize()
    Solution_status = current_node.model.status
    #check the current solution(is_Integer, is_pruned)
    Is_Integer = True
    Is_pruned = False
    ##check whether the sub-problem is feasible##
    #2: get the optimal value
    if(Solution_status == 2):
       ##check whether the current solution is integer##
        for var in current_node.model.getVars():
            current_node.x_sol[var.VarName] = var.x
            print(var.VarName,'=',var.x)
            #round the fractional solution, round down
            current_node.x_int_sol[var.VarName] = (int)(var.x)
            if (abs((int)(var.x)-var.x)>= eps):
                #judge whether the solution is integer or not
                Is_Integer = False
                current_node.branch_var_list.append(var.VarName)
        #Update LB and UB
        ##is integer, incumbent##
        if(Is_Integer == True):
            current_node.local_LB = current_node.model.ObjVal
            current_node.local_UB = current_node.model.ObjVal
            current_node.is_integer = True
            if(current_node.local_LB > global_LB):
                global_LB = current_node.local_LB
                incumbent_node = Node.deepcopy(current_node)
        else:
            ##is not integer, then branch##
            Is_Integer = False
            current_node.local_UB = current_node.model.ObjVal
            if current_node.local_UB < global_LB:
                Is_pruned = True
                current_node.is_integer = False
```

```
            else:
                Is_pruned = False
                current_node.is_integer = False
                for var_name in current_node.x_int_sol.keys():
                    var = current_node.model.getVarByName(var_name)
                    current_node.local_LB += current_node.x_int_sol[var_name]*var.Obj
#round down the solution of parent node, calculate the objective value for LB
#Notice that round down the solution can still be feasible for our example
               ##update LB##
                if (current_node.local_LB > global_LB):
                    global_LB = current_node.local_LB
                    incumbent_node = Node.deepcopy(current_node)
                ##branch##
                branch_var_name = current_node.branch_var_list[0]
                left_var_bound = (int)(current_node.x_sol[branch_var_name])
                right_var_bound = (int)(current_node.x_sol[branch_var_name])+1
                #current two child nodes
                left_node = Node.deepcopy(current_node)
                right_node = Node.deepcopy(current_node)
                #add branching constraints
                temp_var = left_node.model.getVarByName(branch_var_name)
                left_node.model.addConstr(temp_var <= left_var_bound,name = '
                    branch_left_'+str(cnt))
                #lazy updation
                left_node.model.update()
                temp_var = right_node.model.getVarByName(branch_var_name)
                right_node.model.addConstr(temp_var >= right_var_bound,name = '
                    branch_right_'+str(cnt))
                left_node.model.update()
                Queue.append(left_node)
                Queue.append(right_node)
        ##prune by infeasibility##
        elif(Solution_status !=2):
            Is_Integer = False
            Is_pruned = True
        ##update Upper bound##
        temp_global_UB = 0
        for node in Queue:
            node.model.optimize()
            if(node.model.status == 2):
                if(node.model.ObjVal >=temp_global_UB):
                    temp_global_UB = node.model.ObjVal
        global_UB = temp_global_UB
        Gap = 100*(global_UB - global_LB)/global_LB
        print('Gap:',Gap,' %')
        trend_UB.append(global_UB)
        trend_LB.append(global_LB)
    print(' ---------------------------------- ')
    print(' Optimal solution found ')
    print(' ---------------------------------- ')
```

```
    print('Solution:', incumbent_node.x_int_sol)
    print('Obj:', global_LB)
    plt.figure()
    plt.plot( trend_LB , label="LB")
    plt.plot( trend_UB, label="UB")
    plt.xlabel('Iteration')
    plt.ylabel('Bound Update')
    #plt.title("Bound Update During Branch and Bound Procedure")
    plt.legend()
    plt.show()
    return incumbent_node, Gap
##Call branch and bound function##
#Notice that we use the linear relaxation of primal model as input parameter
incumbent_node, Gap = branch_and_bound(initial_LP)
```

运行结果为：

```
Solution: { 'x_0' : 1,  'x_1' : 6}
Obj: 1000.0
```

根据运行结果和图 6.8 可知，最优解为 $\boldsymbol{x}_* = (x_0, x_1)^T = (1,6)^T$。

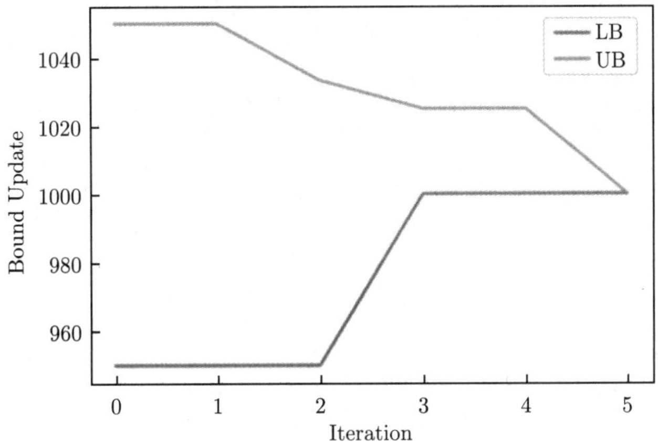

图 6.8　迭代过程图

【例 6.7】 有 n 种物品，物品 i 的重量为 w_i，价值为 v_i。假定所有物品的重量和价值都是非负的。背包所能承受的最大重量为 c。若限定每种物品只能选择 0 个或 1 个，则问题称为 0-1 背包问题。问题的优化模型表达为

$$\max\ Z = \sum_{i=1}^{n} v_i x_i$$

$$\text{s.t.}\ \sum_{i=1}^{n} w_i x_i \leqslant c$$

现已知背包容量 $c = 20$，表 6.7 中给定如下物品的重量和对应价值。求解此背包问题。

表 6.7 背包编号及价值

背包编号	重量 w	价值 v
1	6	1
2	5	2
3	4	3
4	1	7
5	2	8
6	3	9
7	9	6
8	8	5
9	7	4

解 解决该问题的 Python 代码见实例代码 6.6。

实例代码 6.6

```
#分支定界法
import numpy as np
class branchbound:
    #初始化赋值
    def __init__(self, w, v, c, cw, cp, bestx):
        self.w = np.array(w)
        self.v = np.array(v)
        self.c = c
        self.cw = cw
        self.cp = cp
        self.bestx = bestx
    def value_per(self):
        #求单位质量大小 并降序排列
        tempC = 0
        #得到单位价值矩阵
        per = self.v / self.w
        #排列单位价值矩阵
        sor = np.sort(per)
        #argsort()函数是将x中的元素从小到大排列，提取其对应的index(索引)
        index = np.argsort(per)
        list = []
        #储存单位价值的具体值
        for i in sor:
            list.append(i)
        #逆序转成降序排列
        list.reverse()
        list1 = []
        for i in index:
            #储存对应的索引
            list1.append(i)
        list1.reverse()
        index = np.array(list1)
        a = self.v.copy()
        b = self.w.copy()
        for i in range(self.v.size):
```

```
        a[i] = self.v[index[i]]
        b[i] = self.w[index[i]]
    #以下为排序后的拷贝修改处理
    self.v = a.copy()
    self.w = b.copy()
    return self.v, self.w, index
#定义上界函数，注意这里使用了树结构
def bound(self, i, node1):
    #剩余背包容量
    leftw = self.c - node1.currv
    bestbound = node1.currw
    while(i < self.v.size):
        if(self.w[i] < leftw):
            bestbound = bestbound + self.v[i]
            leftw = leftw - self.w[i]
            i += 1
        else:
            bestbound = bestbound + self.v[i] / self.w[i] * leftw
            break
    return bestbound
def branch_bound_method(self, ind):
    #优先队列
    list = []
    bestindex = set()
    list.append(node(0, 0, 0, None, -1))
    while(list != []):
        node1 = list.pop(0)
        if(node1.index < self.v.size):
            leftv = node1.currv + self.w[node1.index]
            leftw = node1.currw + self.v[node1.index]
            left = node(leftv, leftw, node1.index+1, node1, 1)
            left.flag = 1
            #计算当前左节点的价值上界
            left.up = self.bound(left.index, left)
            #如果左节点符合约束条件
            if(left.currv < self.c):
                #则加入到优先队列
                list.append(left)
                if(left.currw > self.bestx):
                    self.bestx = left.currw
                    if(left.currw == left.currw):
                        node2 = left
                        while(node2.flag != -1):
                            bestindex.add(ind[node2.index-1] + 1)
                            node2 = node2.father
            right = node(node1.currv, node1.currw, node1.index+1, node1, 0)
            right.flag = 0
            right.up = self.bound(right.index, right)
            if(right.up >= self.bestx):
                list.append(right)
```

```
        return self.bestx, bestindex
#定义树结点
class node:
    def _init_(self, v, w, index, father, flag):
        #该结点价值
        self.currv = v
        #该结点重量
        self.currw = w
        #对应物品虚拟层级索引
        self.index = index
        #结点价值上界
        self.up = 0
        #该结点的父节点
        self.father = father
        #代表取物品或不取该物品
        self.flag = flag
question = branchbound(w=[6, 5, 4, 1, 2, 3, 9, 8, 7], v=[1, 2, 3, 7, 8, 9, 6, 5, 4], c
    =20, cw = 0, cp = 0 ,bestx=0)
w, v, ind = question.value_per()
bestp, bestindex = question.branch_bound_method(ind)
print("最优解索引: ")
print(bestindex)
print("最大价值为: ")
print(bestp)
```

运行结果为:

```
最优解索引:
{3,4,5,6,7}
最大价值为:
33
```

由运行结果可以看到，最优选择的背包序号为 $\{3,4,5,6,7\}$，可以获取的最大价值为 33。

6.4.2 割平面法

R.E.Gomory 于 1958 年首次提出求解整数线性规划问题的割平面法，其适用于求解纯整数线性规划或混合整数线性规划问题。该方法的基本思想是先用单纯形法解松弛问题，若松弛问题的最优解是整数向量，则其为原问题的最优解，计算结束；若松弛问题的最优解的分量不全是整数，则对松弛问题增加一个线性约束条件（割平面条件），此约束将松弛问题的可行域割掉一块，且此非整数最优解恰在被割掉的区域内，而原问题的任何一个解都没有被割掉。将可行域被割掉一块的松弛问题视为原问题的一个改进的松弛问题，求解改进后的松弛问题，若其最优解是整数向量，则其即为原问题的最优解，计算结束；否则再增加一个割平面条件，形成再次改进的松弛问题并求解。如此割下去，通过不断求解逐次改进的松弛问题，直到得到的最优解是整数解。

割平面法的关键在于如何构造一个割平面，且保证切掉的部分不含有整数解。下面讨论割平面法的原理。

对于给定的整数规划问题，首先用单纯形方法求解其松弛问题，得到最优基本可行解 $\boldsymbol{x}_*$。设该最优解对应的基阵 $\boldsymbol{B}=(\boldsymbol{a}_{B1},\boldsymbol{a}_{B2},\cdots\boldsymbol{a}_{Bm})$，而 $x_{B1},x_{B2},\cdots,x_{Bm}$ 为 $\boldsymbol{x}_*$ 的基变量。设松弛问题的最后一张单纯形表对应的典式为

$$\begin{cases} f+\sum\limits_{j\in J}\gamma_j x_j=\bar{f} \\ x_{Bi}+\sum\limits_{j\in J}\bar{a}_{ij}x_j=\bar{b}_i, \quad i=1,2,\cdots,m \end{cases} \tag{6.18}$$

其中 $\mathcal{J}=\{j\mid x_j\text{为最优解}\boldsymbol{x}_*\text{的非基变量}\}$，即为非基变量的下标集。如果 $\bar{b}_i(i=1,2,\cdots,m)$ 均为整数，则得到整数规划问题的最优解 $\boldsymbol{x}_*$。否则至少有一个基变量不是整数，不妨设第 k 行的基变量 $x_{Bk}(1\leqslant k\leqslant m)$ 不是整数，则其对应的 $\bar{b}_k$ 也不是整数，它所在的约束方程为

$$x_{Bk}+\sum_{j\in J}\bar{a}_{kj}x_j=\bar{b}_k \tag{6.19}$$

将 $\bar{a}_{kj}$ 和 $\bar{b}_k$ 分解成一个整数和一个正的真分数之和。用取整符号 $[a]$ 表示不超过实数 a 的最大整数，如 $[2.1]=2$，$[5.6]=5$，$[8]=8$ 等，则

$$\begin{cases} \bar{a}_{kj}=[\bar{a}_{kj}]+d_{kj} \\ \bar{b}_k=[\bar{b}_k]+d_k \end{cases} \tag{6.20}$$

其中 d_{kj} 是 $\bar{a}_{kj}$ 的分数部分，有 $0\leqslant d_{kj}<1, j\in\mathcal{J}$；$d_k$ 是 $\bar{b}_k$ 的分数部分，有 $0<d_k<1$。由于式 (6.19) 中的变量非负，则

$$\sum_{j\in J}[\bar{a}_{kj}]x_j\leqslant\sum_{j\in J}\bar{a}_{kj}x_j \tag{6.21}$$

从而式 (6.19) 变为

$$x_{Bk}+\sum_{j\in J}[\bar{a}_{kj}]x_j\leqslant\bar{b}_k \tag{6.22}$$

式 (6.19) 减去式 (6.22)，得

$$\sum_{j\in J}\{\bar{a}_{kj}-[\bar{a}_{kj}]\}x_j\geqslant\bar{b}_k-[\bar{b}_k] \tag{6.23}$$

由式 (6.20)，得到线性约束

$$\sum_{j\in J}d_{kj}x_j\geqslant d_k \tag{6.24}$$

即为一个割平面。因它来源于单纯形表的第 k 行，故称为源于第 k 行的割平面条件。将割平面条件式 (6.24) 加到整数规划的松弛问题的约束中，则可以割掉松弛问题的最优基本可行解 $\boldsymbol{x}_*$，却不会割掉任意整数可行解。

为得到对应新的松弛问题的基本解，给式 (6.24) 两边同乘 -1，并引入松弛变量 s，则式 (6.24) 变为

$$-\sum_{j\in J}d_{kj}x_j+s=-d_k \tag{6.25}$$

这是一个超平面方程，称为割平面。

利用割平面法求解整数规划问题的步骤如下。

Step 1　用单纯形法求解整数规划问题的松弛问题。若松弛问题无最优解，整数规划问题也无最优解，则计算停止。若松弛问题有最优解 $\boldsymbol{x}_*$，且 $\boldsymbol{x}_*$ 为整数向量，则 $\boldsymbol{x}_*$ 为整数规划问题的最优解，计算停止。否则转 Step 2。

Step 2　求割平面方程。任选 $\boldsymbol{x}_*$ 的一个非整数分量 $\bar{b}_k(0 \leqslant k \leqslant m)$，由式 (6.25) 得到割平面方程

$$-\sum_{j\in J} d_{kj}x_j + s = -d_k$$

Step 3　将割平面方程加入到 Step 1 所得的最优单纯形表中，用对偶单纯形法求解这个新的松弛问题。若其最优解为整数解，则它是整数规划问题的最优解，计算停止，输出最优解；否则将这个最优解重新计为 $\boldsymbol{x}_*$，返回 Step 2，若对偶单纯形算法发现了对偶问题是无界的，此时原整数规划问题则是不可行的，计算停止。

【例 6.8】　用割平面法求解下列问题。

$$\begin{aligned}
\min\ & x_1 - 2x_2 \\
\text{s.t.}\ & x_1 + 3x_2 \leqslant 2 \\
& x_1 + x_2 \leqslant 4 \\
& x_1, x_2 \geqslant 0 \\
& x_1, x_2\text{为整数}
\end{aligned}$$

解　解决该问题的 Python 代码见实例代码 6.7。首先安装 pulp 包，具体为 pip install pulp。

实例代码 6.7

```
import pulp
#定义问题和变量
prob = pulp.LpProblem("Integer Linear Programming", pulp.LpMaximize)
x1 = pulp.LpVariable("x1", lowBound=0, cat="Integer")
x2 = pulp.LpVariable("x2", lowBound=0, cat="Integer")
#定义目标函数
prob += -1 * x1 + 2 * x2
#定义约束条件
prob += -x1 + 3*x2 <= 2
prob += 1 * x1 + 1 * x2 <= 4
#求解问题
prob.solve(pulp.PULP_CBC_CMD(msg=0))
#输出结果
print("Optimal solution found:")
print("x1 =", int(x1.varValue), ", x2 =", int(x2.varValue))
```

运行结果为：

```
Optimal solution found
x1 = 1, x2 = 1
```

由上述运行结果可知，最优解为 $\boldsymbol{x}_* = (x_1, x_2)^T = (1,1)^T$。

6.4.3 隐枚举法

隐枚举法主要用来解决 0-1 整数规划问题。由于 0-1 整数规划中变量只能取 0 或 1，于是取所有变量可能取值的一切组合解，然后从中比较得到最优解，即为隐枚举法。其计算函数值的次数为 2^n 次，其中 n 为变量个数，当 n 很大时该方法失效。

利用隐枚举法求解 0-1 整数规划问题的步骤如下。

Step 1　转化为 0-1 规划的标准形式。

（1）目标函数为 max 型。若原始目标函数为 min 型，则在其两边乘以 -1 转化为 max 型；

（2）目标函数系数为负。若为正，则令 $x_i = 1 - y_i$，再将目标函数以及约束条件对应转化；

（3）约束条件形式为“$\leqslant$”型。若为“$\geqslant$”型，则两边同乘以 -1；若是“$=$”型，则转化为两个“$\leqslant$”型不等式。例如将 $x = 2$ 转化为 $x \leqslant 2$ 和 $-x \leqslant -2$；

Step 2　令所有变量等于 0，看是否满足所有的约束条件，满足则结束，否则转下一步。

Step 3　令某个固定变量为 0 或 1，其他变量为自由变量，看是否满足条件。

（1）若不满足，结束分支，且当前解不是可行解；

（2）若满足，求出目标函数值，更新当前目标函数值的上界或下界，并继续分支。分支方法也是固定一个变量，其他变量为自由变量；

（3）直到所有都已经停止分支或所有自由变量都转化为固定变量，求解结束，并从中取最符合目标函数最大化的解。

【例 6.9】（配料问题）　制造商想要用鸡肉和牛肉两种材料来混合出猫粮。在满足猫粮所需要的蛋白质、脂肪、纤维、盐等营养成分的前提下，尽可能降低成本。营养成分约束如下：每克猫粮中，蛋白质大于 8%，脂肪大于 6%，纤维小于 2%，盐分小于 0.4%。每克鸡肉的成本是 0.013 元，牛肉的成本是 0.008 元。这两种肉每克含有的营养成分如表 6.8 所示（单位：克）。

表 6.8　两种肉每克含有的营养成分

所有肉类	蛋白质	脂肪	纤维	盐分
鸡肉	0.100	0.080	0.001	0.002
牛肉	0.200	0.100	0.005	0.005

解　根据题意得

$$
\begin{aligned}
\min\ & 0.013x_1 - 0.008x_2 \\
\text{s.t.}\ & x_1 + x_2 \geqslant 100 \\
& 0.1x_1 + 0.2x_2 \geqslant 8 \\
& 0.08x_1 + 0.1x_2 \geqslant 6
\end{aligned}
$$

$$0.001x_1 + 0.005x_2 \leqslant 2$$

$$0.002x_1 + 0.005x_2 \leqslant 0.4$$

求解该问题的 Python 代码见实例代码 6.8。

实例代码 6.8

```
from pulp import *
#建立问题
prob = LpProblem("Bleding Problem", LpMinimize)
#建立变量
x1 = LpVariable("ChickenPercent", 0, None, LpInteger)
x2 = LpVariable("BeefPercent", 0)
#设置目标函数
prob += 0.013*x1 + 0.008*x2, "Total Cost of Ingredients per can"
#施加约束
prob += x1 + x2 == 100, "PercentagesSum"
prob += 0.100*x1 + 0.200*x2 >= 8.0, "ProteinRequirement"
prob += 0.080*x1 + 0.100*x2 >= 6.0, "FatRequirement"
prob += 0.001*x1 + 0.005*x2 <= 2.0, "FibreRequirement"
prob += 0.002*x2 + 0.005*x2 <= 0.4, "SaltRequirement"
#求解
prob.solve()
#输出求解状态
print("Status:", LpStatus[prob.status])
#输出每个变量的最优值
for v in prob.variables():
   print(v.name, "=", v.varValue)
#输出目标函数值
print("Total Cost of Ingredients per can = ", value(prob.objective))
```

运行结果为:

```
Status: Optimal
BeefPercent = 57.0
ChickenPercent = 43.0
Total Cost of Ingredients per can = 1.015
```

由结果知，每克猫粮的最小化成本为 1.015 元，其中牛肉占 57%、鸡肉占 43%。

【例 6.10】（投资组合问题） 公司有 5 个项目被列入投资计划，各项目的投资额和预期投资收入（万元）如下表 6.9 所示。公司只有 600 万元的资金可用于投资，综合考虑各方面因素，需要保证：（1）项目 A、B、C 中必须且只能有一项被选中；（2）项目 C、D 中最多只能选中一项；（3）选择项目 E 的前提是项目 A 被选中。如何在上述条件下进行投资决策，使收益最大。

表 6.9 各项目投资额及预期收益

项目	A	B	C	D	E
投资额	210	300	100	130	260
投资收益	150	210	60	80	180

解 根据题意得，目标函数为

$$\max\ f(\boldsymbol{x}) = 150x_1 + 210x_2 + 60x_3 + 80x_4 + 180x_5$$

$$\begin{aligned}\text{s.t.}\ & 210x_1 + 300x_2 + 100x_3 + 130x_4 + 260x_5 \leqslant 600 \\ & x_1 + x_2 + x_3 = 1 \\ & x_3 + x_4 \leqslant 1 \\ & x_5 \leqslant x_1 \\ & x_i = 0, 1, \quad i = 1, \cdots, 5\end{aligned}$$

求解该问题的 Python 代码见实例代码 6.9。

实例代码 6.9

```
#导入pulp库
import pulp
#主程序
def main():
    #投资决策问题
    #公司现有5个拟投资项目,根据投资额、投资收益和限制条件,如何决策使收益最大。
    """
    问题建模:
        决策变量:
            x1~x5: 0/1 变量, 1 表示选择第 i 个项目, 0 表示不选择第 i 个项目
        目标函数:
            max fx = 150*x1 + 210*x2 + 60*x3 + 80*x4 + 180*x5
        约束条件:
            210*x1 + 300*x2 + 100*x3 + 130*x4 + 260*x5 <= 600
            x1 + x2 + x3 = 1
            x3 + x4 <= 1
            x5 <= x1
            x1,...,x5 = 0, 1
    """
    #定义问题, 求最大值
    InvestLP = pulp.LpProblem("Invest decision problem", sense=pulp.LpMaximize)
    x1 = pulp.LpVariable('A', cat='Binary')          #定义x1, A项目
    x2 = pulp.LpVariable('B', cat='Binary')          #定义x2, B项目
    x3 = pulp.LpVariable('C', cat='Binary')          #定义x3, C项目
    x4 = pulp.LpVariable('D', cat='Binary')          #定义x4, D项目
    x5 = pulp.LpVariable('E', cat='Binary')          #定义x5, E项目
    #设置目标函数f(x)
    InvestLP += (150*x1 + 210*x2 + 60*x3 + 80*x4 + 180*x5)
    #不等式约束
    InvestLP += (210*x1 + 300*x2 + 100*x3 + 130*x4 + 260*x5 <= 600)
    InvestLP += (x1 + x2 + x3 == 1)                  #等式约束
    InvestLP += (x3 + x4 <= 1)                       #不等式约束
    InvestLP += (x5 - x1 <= 0)                       #不等式约束
    InvestLP.solve()
```

```
    #输出求解状态
    print(InvestLP.name)
    #输出求解状态
    print("Status youcans:", pulp.LpStatus[InvestLP.status])
    for v in InvestLP.variables():
        #输出每个变量的最优值
        print(v.name, "=", v.varValue)
    #输出最优解的目标函数值
    print("Max f(x) =", pulp.value(InvestLP.objective))
    return
#Copyright 2023 shelly, XUPT
if _name_ == '_main_':
    main()
```

运行结果为：

```
Invest_decision_problem
Status youcans: Optimal
A = 1.0
B = 0.0
C = 0.0
D = 1.0
E = 1.0
Max f(x) = 410.0
```

由 0–1 规划模型的结果可知，选择 ADE 项目作为投资组合，可以满足限定条件并获得最大收益 410 万元。

6.4.4 匈牙利法

匈牙利法是一种在多项式时间内求解任务分配问题的组合优化算法，该算法推动了后来的原始对偶方法，一般也可用匈牙利法来求解指派问题。

指派问题的标准形式是：有 n 项任务，恰好 n 个人承担，第 i 人完成第 j 项任务的花费为 $c_{ij}(i,j=1,2,\cdots,n)$，要求确定人和事之间的一一对应的指派方案，使总花费最省。指派问题的系数矩阵为

$$\boldsymbol{C}=(c_{ij})_{n\times n}=\begin{pmatrix} c_{11} & c_{12} & \cdots & c_{1n} \\ c_{21} & c_{22} & \cdots & c_{2n} \\ \cdots & \cdots & \ddots & \cdots \\ c_{n1} & c_{n2} & \cdots & c_{nn} \end{pmatrix}$$

为建立标准指派问题的数学模型，引入 $n\times n$ 个 0-1 变量

$$x_{ij}=\begin{cases} 1, & \text{若指派第}i\text{人做第}j\text{事} \\ 0, & \text{若不指派第}i\text{人做第}j\text{事} \end{cases}$$

指派问题的数学模型可写成下面形式

$$\max\ z=\sum_{i=1}^{n}\sum_{j=1}^{n}c_{ij}x_{ij}$$

$$\text{s.t.}\ \sum_{i=1}^{n}x_{ij}=1,\quad j=1,\cdots,n \qquad (a)$$

$$\sum_{j=1}^{n}x_{ij}=1,\quad i=1,\cdots,n \qquad (b)$$

$$x_{ij}=0\text{或}1,\quad i,j=1,\cdots,n$$

其中约束条件 (a) 表示每件事必须只有一个人做，约束条件 (b) 表示每个人必做且只做一件事。指派问题有 $n!$ 个可行解。

匈牙利法求解的关键是利用指派问题最优解的一个性质：若从系数矩阵 $\boldsymbol{C}$ 的行（列）各元素中分别减去该行（列）的最小元素，得到新矩阵，则以新矩阵为系数矩阵求得的最优解和用原矩阵求得的最优解相同。利用此性质可使原系数矩阵变换为很多 0 元素的新矩阵，而最优解保持不变。

匈牙利算法求解指派问题的具体步骤如下。

Step 1　变换系数矩阵 $\boldsymbol{C}$。将 $\boldsymbol{C}$ 的每一行的各元素都减去本行的最小元素，每一列的元素都减去本列的最小元素，使变换后的系数矩阵各行各列均出现零元素。记变换后的系数矩阵为 $\boldsymbol{C}'=(c'_{ij})_{n\times n}$。

Step 2　找 $\boldsymbol{C}'$ 位于不同行、不同列的零元素。若 $\boldsymbol{C}'$ 的某行只有一个零元素，则将其圈起来，并将与其同列的其余零元素画 $\times$；若 $\boldsymbol{C}'$ 的某列只有一个零元素，则将其圈起来，并将与其同行其余零元素画 $\times$。如此重复，直至 $\boldsymbol{C}'$ 的所有零元素都被圈起来或画 $\times$ 为止。(当符合条件的零元素不唯一时，任选其一即可)。

令 $\boldsymbol{Q}=\{t_{ij}\mid c'_{ij}=0\text{被圈起来}\}$，若 $|\boldsymbol{Q}|=n$，则可得到问题的最优解 $x_{ij}=\begin{cases}1, & t_{ij}\in\boldsymbol{Q}\\ 0, & \text{其他}\end{cases}$，停止计算；否则，进行 Step 3。

Step 3　找出能覆盖 $\boldsymbol{C}'$ 中所有零元素的最小直线集合。

（1）若某行没有圈起来的零元素，则在此行打 ✓；

（2）在打 ✓ 的行中，对画 $\times$ 的零元素所在的列打 ✓；

（3）在打 ✓ 的列中，对圈起来的零元素所在的行打 ✓；

（4）如此重复，直到再也不存在可打 ✓ 的行、列为止；

（5）对未打 ✓ 的行画一横线，对打 ✓ 的列画一竖线，这些直线即为所求的直线集合。

令 $\boldsymbol{C}'$ 的未被直线覆盖的最小元素为 θ，将未被直线覆盖的元素所在的行的各元素都减去 θ，对画直线的列中各元素都加上这个元素。这样得到一个新矩阵，仍记为 $\boldsymbol{C}'$，返回 Step 2，如此循环，直到得到分配方案为止。为消除负元素，可将负元素所在的列（或行）的各元素都加上 θ。

【例 6.11】(指派问题) 某商业公司计划开办 5 家新商店，决定由 5 家建筑公司分别承建。已知建筑公司 $A_i(i=1,2,\cdots,5)$ 对新商店 $B_j(j=1,2,\cdots,5)$ 的建造费用的报价（万元）为 $c_{ij}(i,j=1,2,\cdots,5)$，如表 6.10 所示。商业公司应对 5 家建筑公司怎样分配建造任务，才能使总的建造费用最少？

表 6.10 五家建筑公司对新商店的建造费用报价

c_{ij}	B_1	B_2	B_3	B_4	B_5
A_1	4	8	7	15	12
A_2	7	9	17	14	10
A_3	6	9	12	8	7
A_4	6	7	14	6	10
A_5	6	9	12	10	6

解 由题意知，该问题为标准指派问题。设 0-1 变量

$$x_{ij}=\begin{cases}1, & \text{第}i\text{家建筑公司承包}j\text{商店}\\ 0, & \text{第}i\text{家建筑公司不承包}j\text{商店}\end{cases} \qquad i,j=1,2,3,4,5$$

设 z 为总建造费用，c_{ij} 表示第 i 家建筑公司承建第 j 家商店的费用，其中 $i,j=1,2,3,4,5$。则该问题为

$$\min\ z=\sum_{i=1}^{5}\sum_{j=1}^{5}c_{ij}x_{ij}$$

$$\begin{aligned}\text{s.t.}\quad & \sum_{i=1}^{5}x_{ij}=1, \quad j=1,2,3,4,5 \ \text{一家商店一家建筑公司}\\ & \sum_{j=1}^{5}x_{ij}=1, \quad i=1,2,3,4,5 \ \text{一家建筑公司一家商店}\\ & x_{ij}=0\text{或}1, \quad i,j=1,2,3,4,5\end{aligned}$$

求解该指派问题的 Python 代码如实例代码 6.10 所示。

实例代码 6.10

```
import numpy as np
#行归约
def smallizeRow(p, dim):
    min_row = np.zeros(dim)
    for i in range(0, dim):
        min_row[i] = min(p[i, :])
    for i in range(0, dim):
        p[i, :] = p[i, :] - min_row[i]
#列归约
def smallizeCol(p, dim):
    min_col = np.zeros(dim)
    for j in range(0, dim):
```

```
        min_col[j] = min(p[:, j])
    for j in range(0, dim):
        p[:, j] = p[:, j] - min_col[j]
#计算每行每列的0元素的个数
def countZero(p, row, col, dim):
    for i in range(0, dim):
        for j in range(0, dim):
            if( p[i, j] == 0) :
                row[i,0] = row[i, 0] + 1;
                col[0, j] = col[0, j] + 1;
#对0元素进行标记
def markZero(p, row, col, visited, dim):
    #检查行
    for i in range(0, dim):
        for j in range(0,dim):
            if(row[i, 0] == 1):
            #若该元素为0，且未被圆括号标记，且未被双引号标记，再进行访问操作
                    if(p[i ,j] == 0 and visited[i, j] != 1 and visited[i, j] != -1):
                        visited[i, j] = 1;
                        row[i, 0] -= 1
                        col[0, j] -= 1
                        for m in range(0, dim):
                            if(p[m, j] == 0 and visited[m, j] != 1 and visited[m, j] != -1):
                                visited[m, j] = -1
                                row[m, 0] -= 1
                                col[0, j] -= 1
    #检查列
    for j in range(0, dim):
        if(col[0, j] == 1):
            for i in range(0, dim):
                if(p[i ,j] == 0 and visited[i, j] != 1 and visited[i, j] != -1):
                    visited[i, j] = 1
                    col[0, j] -= 1
                    row[i, 0] -= 1
                    for m in range(0, dim):
                        if(p[i, m] == 0 and visited[i, m] != 1 and visited[i, m] != -1):
                            visited[i, m] = -1
                            row[i, 0] -= 1
                            col[0, m] -= 1
    #对多行多列存在两个及两个以上的标记为0的操作
    for i in range(0, dim):
        if (row[i, 0] >= 2 ):
            for j in range(0, dim):
                if(p[i ,j] == 0 and visited[i, j] != 1 and visited[i, j] != -1):
                    visited[i, j] = 1;
                    row[i, 0] -= 1
                    col[0, j] -= 1
                    for m in range(0, dim):
                        if(p[m, j] == 0 and visited[m, j] != 1 and visited[m, j] != -1):
                            visited[m, j] = -1
```

```
                    row[m, 0] -= 1
                    col[0, j] -= 1
                for n in range(0, dim):
                    if(p[i, n] == 0 and visited[i, n] != 1 and visited[i, n] != -1):
                        visited[i, n] = -1
                        row[i , 0] -= 1
                        col[0, n] -= 1
    for j in range(0, dim):
        if(col[0, j] >= 2):
            for i in range(0, dim):
                if(p[i ,j] == 0 and visited[i, j] != 1 and visited[i, j] != -1):
                    visited[i, j] = 1
                    col[0, j] -= 1
                    row[i, 0] -= 1
                    for m in range(0, dim):
                        if(p[i, m] == 0 and visited[i, m] != 1 and visited[i, m] != -1):
                            visited[i, m] = -1
                            row[i, 0] -= 1
                            col[0, m] -= 1
                    for n in range(0, dim):
                        if(p[n, j] == 0 and visited[n, j] != 1 and visited[n, j] != -1):
                            visited[n, j] = -1
                            row[n, 0] -= 1
                            col[0, j] -= 1
#找出最小元素便于更新矩阵
def drawline(p, visited, marked_row, marked_col, dim):
    tempmin = 10000
    #不相关元素进行标记，便于之后的最小元素的选择
    drawline = np.zeros((dim, dim))
    #检查行是否有被圆括号标记的0元素
    flag = np.zeros(dim)
    for i in range(0, dim):
        for j in range(0, dim):
            if(visited[i][j] == 1):
                flag[i] = 1
    for i in range(0, dim):
        if(flag[i] == 0):
            marked_row[i, 0] =1
            for m in range(0, dim):
                if(p[i][m] == 0):
                    marked_col[0, m] = 1;
                    for n in range(0, dim):
                        if(visited[n][m] == 1):
                            marked_row[n, 0] = 1
    for i in range(0, dim):
        if marked_row[i, 0] == 0 :
            drawline[i, :] = 1
        if marked_col[0, i] == 1:
            drawline[:, i] = 1
    for i in range(0, dim):
```

```
        for j in range(0, dim):
            if drawline[i, j] != 1 and p[i, j]!= 0 and p[i, j] < tempmin:
                tempmin = p[i, j]
    return tempmin
#更新矩阵便于第二次迭代寻找完全分配
def updata(p, marked_row, tempmin, dim):
    for i in range(0, dim):
        if marked_row[i] == 1:
            p[i, :] = p[i, :] - tempmin
    # print(p)
    for i in range(0, dim):
        for j in range(0, dim):
            if p[i, j] < 0 :
                p[:, j] = p[:, j] + tempmin
if _name_ == '_main_':
    #数组维度
    dim = 5
    #原始数组
    p = np.array([4, 8, 7, 15, 12, 7, 9, 17, 14, 10, 6, 9, 12, 8, 7, 6, 7, 14, 6, 10, 6,
        9, 12, 10, 6])
    p = p.reshape((dim, dim))
    #记录原始数组值
    q = p.copy()
    print("原始矩阵为: \n",p)
    #标记是否已找到完全分配
    flag = 0
    #行列归约
    smallizeRow(p, dim)
    smallizeCol(p, dim)
    print("归约后矩阵为: \n", p)
    while(flag == 0):
        #统计每行0的个数
        row = np.zeros((dim, 1))
        #统计每列0的个数
        col = np.zeros((1, dim))
        #标记0元素的被访问类型，当访问次数标记为1时，表示括号，-1为双引号
        visited = np.zeros((dim, dim))
        #标记打勾的行与列
        marked_row = np.zeros((dim, 1))
        marked_col = np.zeros((1, dim))
        #标记是否完全分配，当count=5时表示已完全分配
        count = 0
        solution = 0
        countZero(p, row, col, dim)
        markZero(p, row, col, visited, dim)
        print("迭代标记矩阵为: \n", visited)
        tempmin = drawline(p, visited, marked_row, marked_col, dim)
        updata(p, marked_row, tempmin, dim)
        print("迭代后的矩阵为: \n", p)
        for i in range(0, dim):
```

```
            for j in range(0, dim):
                if visited[i, j] == 1:
                    count += 1
                    solution += q[i, j]
        if count == dim:
            flag = 1
            print("the best solution is : ", solution )
            break
        print("再次迭代求完全分配")
```

运行结果如下:

```
原始矩阵为:
 [[ 4  8  7 15 12]
 [ 7  9 17 14 10]
 [ 6  9 12  8  7]
 [ 6  7 14  6 10]
 [ 6  9 12 10  6]]
归约后矩阵为:
 [[ 0  3  0 11  8]
 [ 0  1  7  7  3]
 [ 0  2  3  2  1]
 [ 0  0  5  0  4]
 [ 0  2  3  4  0]]
迭代标记矩阵为:
 [[-1.  0.  1.  0.  0.]
 [ 1.  0.  0.  0.  0.]
 [-1.  0.  0.  0.  0.]
 [-1.  1.  0. -1.  0.]
 [-1.  0.  0.  0.  1.]]
迭代后的矩阵为:
 [[ 1  3  0 11  8]
 [ 0  0  6  6  2]
 [ 0  1  2  1  0]
 [ 1  0  5  0  4]
 [ 1  2  3  4  0]]
再次迭代求完全分配
迭代标记矩阵为:
 [[ 0.  0.  1.  0.  0.]
 [ 1. -1.  0.  0.  0.]
 [-1.  0.  0.  0. -1.]
 [ 0. -1.  0.  1.  0.]
 [ 0.  0.  0.  0.  1.]]
迭代后的矩阵为:
 [[ 2  4  0 11  9]
 [ 0  0  5  5  2]
 [ 0  1  1  0  0]
 [ 2  1  5  0  5]
 [ 1  2  2  3  0]]
再次迭代求完全分配
```

```
迭代标记矩阵为：
 [[ 0.  0.  1.  0.  0.]
 [-1.  1.  0.  0.  0.]
 [ 0.  0.  0. -1. -1.]
 [ 0.  0.  0.  1.  0.]
 [ 0.  0.  0.  0.  1.]]
迭代后的矩阵为：
 [[ 3  4  0 12 10]
 [ 1  0  5  6  3]
 [ 0  0  0  0  0]
 [ 2  0  4  0  5]
 [ 1  1  1  3  0]]
再次迭代求完全分配
迭代标记矩阵为：
 [[ 0.  0.  1.  0.  0.]
 [ 0.  1.  0.  0.  0.]
 [ 1. -1. -1. -1. -1.]
 [ 0. -1.  0.  1.  0.]
 [ 0.  0.  0.  0.  1.]]
迭代后的矩阵为：
 [[ 3  4  0 12 10]
 [ 1  0  5  6  3]
 [ 0  0  0  0  0]
 [ 2  0  4  0  5]
 [ 1  1  1  3  0]]
the best solution is : 34
```

由上述结果可知，该问题的最优指派方案为公司 A_1 承建 B_3 商店，公司 A_2 承建 B_2 商店，公司 A_3 承建 B_1 商店，公司 A_4 承建 B_4 商店，公司 A_5 承建 B_5 商店，才能使得总建造费用最少，为 $7+9+6+6+6=34$ 万元。

6.5 二次规划

二次规划（Quadratic Programming，QP）是一种数学优化问题，其目标函数是二次函数，约束条件是线性的。由于二次规划比较简单，便于求解，且一些非线性优化问题可以转化为求解一系列的二次规划问题，因此有必要研究二次规划问题的求解方法。

6.5.1 二次规划

二次规划的一般形式为

$$\begin{aligned}\min\ & \frac{1}{2}\boldsymbol{x}^T\boldsymbol{P}\boldsymbol{x}+\boldsymbol{q}^T\boldsymbol{x}+r\\ \text{s.t.}\ & \boldsymbol{A}\boldsymbol{x}=\boldsymbol{b}\\ & \boldsymbol{G}\boldsymbol{x}\succeq\boldsymbol{h}\end{aligned} \tag{6.26}$$

其中 $\boldsymbol{P} \in \mathcal{S}_+^n$，$\boldsymbol{G} \in \mathbb{R}^{m\times n}$，$\boldsymbol{A} \in \mathbb{R}^{p\times n}$，目标函数为凸二次函数，约束函数为仿射函数。此外，取 $\boldsymbol{P}=0$ 时，式 (6.26) 为二次规划的特例——线性规划。

实际上，二次规划是在一个凸多面体上最小化一个凸二次函数，如图 6.9 所示。其中多面体 $\mathcal{P}$ 为可行域，虚线为目标函数 $f(\boldsymbol{x})$ 的等值线，最优解为 $\boldsymbol{x}_*$。

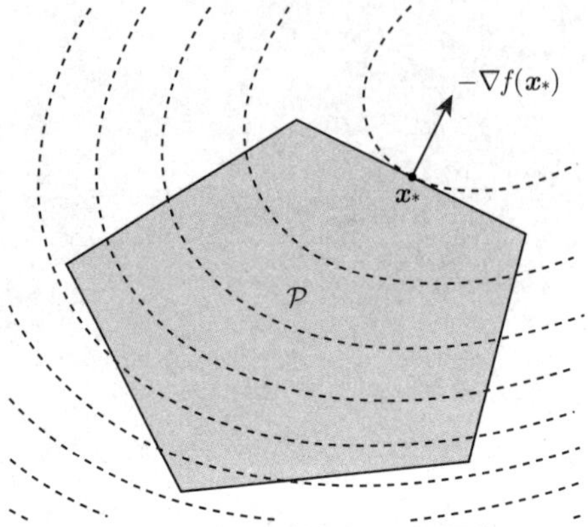

图 6.9　二次规划的几何解释

下面介绍两个二次规划的典型例子。

1. 最小二乘回归

凸二次函数的最小化问题

$$\min_{\boldsymbol{x}} \quad \|\boldsymbol{A}\boldsymbol{x}-\boldsymbol{b}\|_2^2 = \boldsymbol{x}^T\boldsymbol{A}^T\boldsymbol{A}\boldsymbol{x} - 2\boldsymbol{b}^T\boldsymbol{A}\boldsymbol{x} + \boldsymbol{b}^T\boldsymbol{b} \tag{6.27}$$

为一个无约束的二次规划。其解析解为 $\boldsymbol{x} = \boldsymbol{A}^\dagger\boldsymbol{b}$，其中 $\boldsymbol{A}^\dagger$ 为矩阵 $\boldsymbol{A}$ 的广义逆。

当增加线性不等式约束后，此问题称为约束回归或约束最小二乘。此时问题无解析解。下面给出具有变量上下界约束的回归问题

$$\begin{aligned} \min \quad & \|\boldsymbol{A}\boldsymbol{x}-\boldsymbol{b}\|_2^2 \\ \text{s.t.} \quad & l_i \leqslant x_i \leqslant u_i, \qquad i=1,\cdots,n \end{aligned} \tag{6.28}$$

这也是一个二次规划问题。

2. 多面体间的距离

设 $\mathbb{R}^n$ 上存在两个多面体 $\mathcal{P}_1 = \{\boldsymbol{x} \mid \boldsymbol{A}_1\boldsymbol{x} \succeq \boldsymbol{b}_1\}$ 和 $\mathcal{P}_2 = \{\boldsymbol{x} \mid \boldsymbol{A}_2\boldsymbol{x} \succeq \boldsymbol{b}_2\}$，多面体之间的欧氏距离定义为

$$\operatorname{dist}(\mathcal{P}_1,\mathcal{P}_2) = \inf\{\|\boldsymbol{x}_1-\boldsymbol{x}_2\|_2 \mid \boldsymbol{x}_1 \in \mathcal{P}_1, \boldsymbol{x}_2 \in \mathcal{P}_2\}$$

若两多面体相交，则距离为零。

基于下面二次规划问题

$$\begin{aligned} \min \ & \|\boldsymbol{x}_1-\boldsymbol{x}_2\|_2^2 \\ \text{s.t.} \ & \boldsymbol{A}_1\boldsymbol{x}_1 \succeq \boldsymbol{b}_1,\ \boldsymbol{A}_2\boldsymbol{x}_2 \succeq \boldsymbol{b}_2 \end{aligned}$$

得到 $\mathcal{P}_1$ 和 $\mathcal{P}_2$ 之间的距离，其中优化变量为 $\boldsymbol{x}_1, \boldsymbol{x}_2 \in \mathbb{R}^n$。

当且仅当其中一个多面体为空时，此问题是不可行的。该问题的最优解为零的充要条件是多面体相交，此时最优解 $\boldsymbol{x}_1$ 和 $\boldsymbol{x}_2$ 相等，且为 $\mathcal{P}_1$ 和 $\mathcal{P}_2$ 的交点；否则 $\boldsymbol{x}_1$ 和 $\boldsymbol{x}_2$ 分别为 $\mathcal{P}_1$ 和 $\mathcal{P}_2$ 中彼此最接近的点。

【例 6.12】 运用二次规划求多面体 $\mathcal{P}_1$

$$\begin{pmatrix} 1 & 1 \\ 1 & -1 \\ -1 & 0 \end{pmatrix} \times \begin{pmatrix} y \\ x \end{pmatrix} \preceq \begin{pmatrix} 1 \\ 1 \\ 0 \end{pmatrix}$$

和多面体 $\mathcal{P}_2$

$$\begin{pmatrix} 0 & -1 \\ -1 & 1 \\ 1 & 1 \end{pmatrix} \times \begin{pmatrix} y \\ x \end{pmatrix} \preceq \begin{pmatrix} -2 \\ 2 \\ 4 \end{pmatrix}$$

之间的距离。

解 实例代码 6.11 给出了运用二次规划求解多面体 $\mathcal{P}_1$ 与 $\mathcal{P}_2$ 之间距离的代码。

实例代码 6.11

```
import numpy as np
import matplotlib.pyplot as plt
from cvxopt import solvers,matrix
P = matrix(2*np.array([[1.0,0.0,-1.0,0.0],[0.0,1.0,0.0,-1.0]]).T\
@np.array([[1.0,0.0,-1.0,0.0],[0.0,1.0,0.0,-1.0]]))
q = matrix(np.zeros(4,float))
constraint1 = np.array([[1.0,1.0],[1.0,-1.0],[-1.0,0.0]])
constraint2 = np.array([[0.0,-1.0],[-1.0,1.0],[1.0,1.0]])
G1 = np.hstack((constraint1,np.zeros((3,2),float)))
G2 = np.hstack((np.zeros((3,2),float),constraint2))
G = matrix(np.vstack((G1,G2)))
h = matrix(np.array([1.0,1.0,0.0,-2.0,2.0,4.0]))
sol = solvers.qp(P,q,G,h)
print(sol['x'])
plt.plot([-1,0],[0,1],'b')
plt.plot([0,1],[1,0],'b')
plt.plot([-1,1],[0,0],'b')
plt.plot([2,2],[0,2],'b')
plt.plot([2,3],[0,1],'b')
plt.plot([2,3],[2,1],'b')
plt.plot([sol['x'][1],sol['x'][0],sol['x'][0],sol['x'][1]],'r--')
plt.axis('equal')
plt.show()
```

求得的最优解为 $(0.0005, 1.0000, 0.0006, 2.0000)^T$，$\mathcal{P}_1$ 与 $\mathcal{P}_2$ 相距最近的两个点近似为 $(1, 0)$ 和 $(2, 0)$。图 6.10 展示了多面体 $\mathcal{P}_1$ 与 $\mathcal{P}_2$ 及相距最近的两个点。

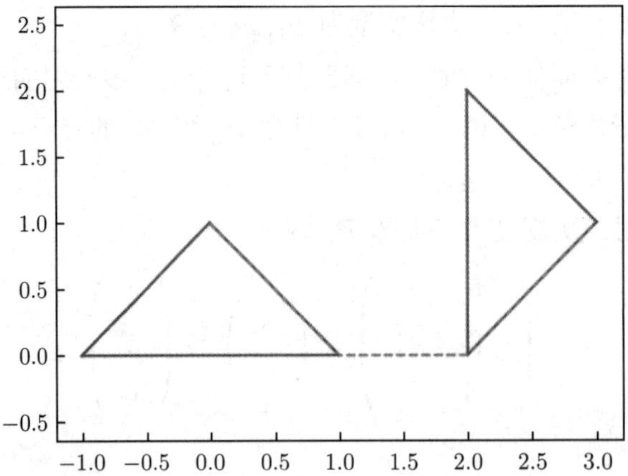

图 6.10　两个多面体及其相距最近的两个点

6.5.2　二次约束二次规划

上节中介绍二次规划的不等式约束为线性约束，然而，当不等式约束为凸二次函数时，拓展为二次约束二次规划（Quadratically Constrained Quadradic Program，QCQP），其一般形式为

$$\begin{aligned} \min\ & \frac{1}{2}\boldsymbol{x}^T\boldsymbol{P}_0\boldsymbol{x}+\boldsymbol{q}_0^T\boldsymbol{x}+r_0 \\ \text{s.t.}\ & \boldsymbol{A}\boldsymbol{x}=\boldsymbol{b} \\ & \frac{1}{2}\boldsymbol{x}^T\boldsymbol{P}_i\boldsymbol{x}+\boldsymbol{q}_i^T\boldsymbol{x}+r_i\leqslant 0,\quad i=1,\cdots,m \end{aligned} \tag{6.29}$$

其中可行域是多面体与若干椭球相交的部分。一般地，若对 $\forall i$，$\boldsymbol{P}_i\succeq\boldsymbol{0}$，则 QCQP 问题是凸的；若 $\boldsymbol{P}_i\succ\boldsymbol{0}$, $i=1,\cdots,m$，则 QCQP 问题是 m 个椭球交集上的二次最小化问题，且仿射集为 $\{\boldsymbol{x}\mid\boldsymbol{A}\boldsymbol{x}=\boldsymbol{b}\}$；若 $\boldsymbol{P}_i=\boldsymbol{0}$, $i=1,\cdots,m$，则 QCQP 问题退化为二次规划问题；若 $\boldsymbol{P}_i=0$, $i=0,1,\cdots,m$，则 QCQP 问题退化为线性规划问题；对于 $\forall\, i=0,\cdots,m$，由于

$$\frac{1}{2}\boldsymbol{x}^T\boldsymbol{P}_i\boldsymbol{x}+\boldsymbol{q}_i^T\boldsymbol{x}+r_i=\|\boldsymbol{A}_i\boldsymbol{x}+\boldsymbol{b}_i\|_2^2-(\boldsymbol{f}_i^T\boldsymbol{x}+d_i)^2$$

对上述问题的定义域内 $\forall\boldsymbol{x}$，有 $\boldsymbol{f}_0=\boldsymbol{0}_n$，且 $\boldsymbol{f}_i^T\boldsymbol{x}+d_i>0$，则式 (6.29) 等价于

$$\begin{aligned} \min\ & \|\boldsymbol{A}_0\boldsymbol{x}+\boldsymbol{b}_0\|_2 \\ \text{s.t.}\ & \|\boldsymbol{A}_i\boldsymbol{x}+\boldsymbol{b}_i\|_2\leqslant\boldsymbol{f}_i^T\boldsymbol{x}+d_i,\ i=1,\cdots,m \\ & \boldsymbol{A}\boldsymbol{x}=\boldsymbol{b} \end{aligned} \tag{6.30}$$

或考虑上镜图形式

$$\begin{aligned} \min\ & t \\ \text{s.t.}\ & \|\boldsymbol{A}_0\boldsymbol{x}+\boldsymbol{b}_0\|_2\leqslant t \\ & \|\boldsymbol{A}_i\boldsymbol{x}+\boldsymbol{b}_i\|_2\leqslant\boldsymbol{f}_i^T\boldsymbol{x}+d_i,\quad i=1,\cdots,m \\ & \boldsymbol{A}\boldsymbol{x}=\boldsymbol{b} \end{aligned} \tag{6.31}$$

这是一个二次锥规划问题，下节我们会详细介绍。

【例 6.13】 优化下面问题，寻找一个最佳的参数 x_1 和 x_2 使得目标函数达到最小。

$$\min\ x_1^2 + 2x_2^2 - 2x_1x_2 - 4x_2$$

$$\text{s.t.}\ x_1^2 + x_2^2 \leqslant 1$$

$$x_1 - x_2 \geqslant 0$$

解 实例代码 6.12 给出了解决上述二次约束二次规划问题的代码。

实例代码 6.12

```
#导入需要的包
import cvxpy as cp
import numpy as np
import matplotlib.pyplot as plt
#定义变量
x = cp.Variable(2)
#定义需要优化的问题
#生成优化问题中的各个变量数据
Q0 = np.array([[1, -1], [-1, 2]])
q0 = np.array([0, -4])
Q1 = np.array([[1, 0], [0, 2]])
q1 = np.zeros(2)
r1 = -1
A = np.array([[1, -1]])
b = np.zeros(1)
#写出优化问题的表达式
objective = cp.Minimize(cp.quad_form(x, Q0) + q0.T @ x)
constraints = [cp.quad_form(x, Q1) + q1.T @ x + r1 <= 0,
             A @ x >= b]
prob = cp.Problem(objective, constraints)
#求解问题
result = prob.solve()
#输出结果
print("最优解为:", x.value)
print("最优目标函数值为:", result)
#绘制等高线图，展示最优点的位置
x1 = np.linspace(-1.5, 1.5, 100)
x2 = np.linspace(-1.5, 1.5, 100)
X1, X2 = np.meshgrid(x1, x2)
F = Q0[0, 0]*X1**2 + (Q0[1, 1]-Q0[0, 1])*X1*X2 + Q0[1, 1]*X2**2+ q0[0]*X1 + q0[1]*X2
#写出内点迭代函数
G1 = X1**2 + X2**2 - 1
G2 = X1 - X2
fig, ax = plt.subplots()
ax.set_aspect('equal')
#绘制等高线图来表示问题的几何形状
ax.contour(X1, X2, F, levels=np.logspace(0, 3, 10))
ax.contour(X1, X2, G1, colors='blue', linestyles='--')
```

```
ax.contour(X1, X2, G2, colors='green', linestyles=':')
ax.plot(x.value[0], x.value[1], marker='*', color='red')
plt.show()
```

代码运行结果如下：

```
最优解为: [0.57735027 0.57735027]
最优目标函数值为: -1.9760677434179157
```

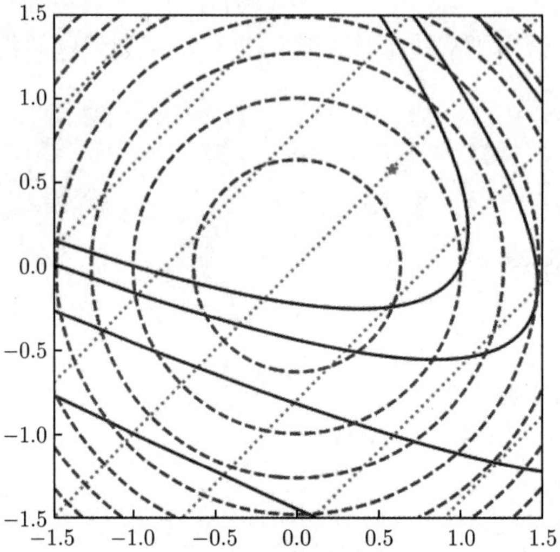

图 6.11　学习过程图

由运行结果可知，最优目标函数值为 -1.9761，最优解为 $\boldsymbol{x}_* = (0.5774, 0.5774)^T$。图 6.11 为上述优化问题的学习过程图，黑色实线表示目标函数的等高线，虚线和点线分别表示约束条件 $x_1^2 + x_2^2 \leqslant 1$ 和 $x_1 - x_2 \geqslant 0$ 的边界，星号为最优解 $\boldsymbol{x}_*$。

6.5.3　二次锥规划

二次锥规划（Second-Order Cone Programming，SOCP）是在仿射空间与有限维的二次锥的笛卡尔积的交集上最小化或最大化线性函数的问题。许多常见的凸优化问题都可转化为二次锥规划问题，包括线性规划、二次规划以及二次约束二次规划等。

二次锥规划的一般形式为

$$\begin{aligned}
&\min \ \boldsymbol{f}^T\boldsymbol{x} \\
&\text{s.t.} \ \ \boldsymbol{F}\boldsymbol{x} = \boldsymbol{g} \\
&\qquad \|\boldsymbol{A}_i\boldsymbol{x} + \boldsymbol{b}_i\|_2 \leqslant \boldsymbol{c}_i^T\boldsymbol{x} + d_i, \quad i = 1, \cdots, m
\end{aligned} \tag{6.32}$$

其中 $\boldsymbol{x} \in \mathbb{R}^n$ 为优化变量，$\boldsymbol{A}_i \in \mathbb{R}^{n_i \times n}$，$\boldsymbol{F}_i \in \mathbb{R}^{p \times n}$。此外，将如下形式的约束

$$\|\boldsymbol{A}\boldsymbol{x} + \boldsymbol{b}\|_2 \leqslant \boldsymbol{c}^T\boldsymbol{x} + d$$

称为二次锥约束。此外，当 $\boldsymbol{c}_i = \boldsymbol{0}, i = 1, \cdots, m$ 时，二次锥规划问题等价于二次约束二次规划问题；当 $\boldsymbol{A}_i = \boldsymbol{0}, i = 1, \cdots, m$ 时，二次锥规划问题退化为线性规划问题。

【例 6.14】 求解二次锥规划问题

$$
\begin{aligned}
&\min\ x_3 \\
&\text{s.t.}\ \ x_1+x_2=1 \\
&\qquad \boldsymbol{x}\in\mathbb{L}^3=\{\boldsymbol{x}\mid\sqrt{x_1^2+x_2^2}\leqslant x_3\}
\end{aligned}
$$

解 实例代码 6.13 给出了解决上述二次锥规划问题的代码。

实例代码 6.13

```
import numpy as np
def objective(x):
    return x[2]
def constraint(x):
    return x[0] + x[1] - 1
def constraint_norm(x):
    return np.linalg.norm(x[:2]) - x[2]
#定义参数和初始解
max_iterations = 100
tolerance = 1e-6
x = np.array([0, 1, 0])
step_size = 0.1
#迭代求解
iterations = []
objective_values = []
for i in range(max_iterations):
    prev_x = np.copy(x)
    #更新x3
    x[2] += step_size
    #使用投影操作来满足约束条件
    while constraint(prev_x) > tolerance or constraint_norm(x) > tolerance:
        x[:2] = prev_x[:2] + step_size * (1 - prev_x[2]) * np.array([1, 1])
        x[2] = np.sqrt(prev_x[0]**2 + prev_x[1]**2)
    #计算目标函数值
    obj_value = objective(x)
    #保存迭代结果
    iterations.append(i + 1)
    objective_values.append(obj_value)
    #判断是否收敛
    if np.linalg.norm(prev_x - x) < tolerance:
        break
#输出最优解和目标函数值
x1_opt, x2_opt, x3_opt = x
print("最优解:")
print("x1 =", x1_opt)
print("x2 =", x2_opt)
print("x3 =", x3_opt)
print("目标函数值:", obj_value)
```

代码运行结果如下:

```
最优解:
x1 = 0
x2 = 1
x3 = 1
目标函数值: 1
```

由运行结果可知，$x_1 = 0, x_2 = 1, x_3 = 1$，最优解为 1。

【例 6.15】 求解二次锥规划问题

$$
\begin{aligned}
&\min \ x_0 + x_1 \\
&\text{s.t.} \ \sqrt{(x_0 - 1)^2 + x_1^2} \leqslant 1 + \frac{\sqrt{2}}{2} \\
&\qquad x_0 \geqslant 0
\end{aligned}
$$

解 实例代码 6.14 给出了解决上述二次锥规划问题的代码。

实例代码 6.14

```
#导入需要的包
import cvxpy as cp
import numpy as np
#生成目标问题的数据
n = 2
c = np.array([1, 1])
G = np.array([[1, 0], [0, 1]])
h = np.array([-1-np.sqrt(2)/2, 0])
#定义解SOCP问题的函数
x = cp.Variable(n)
problem = cp.Problem(cp.Minimize(c.T @ x),
                [cp.SOC(h.T @ x + 1, G @ x)] +
                [x[0] >= 0])
problem.solve()
#输出结果
print("The optimal value is", problem.value)
print("A solution x is")
print(x.value)
```

代码运行结果如下：

```
The optimal value is -0.9999999992540317
A solution x is
[2.59100649e-10 -1.00000000e+00]
```

由上述运行结果得到该问题的最优解 $\boldsymbol{x}_*$ 为 $(2.5910e-10, -1)$。

6.5.4 鲁棒线性规划

鲁棒线性规划（Robust Linear Programming，RLP）是一种扩展的线性规划问题，旨在解决不确定条件下的最优决策问题。在传统线性规划中，假设所有参数都是确定的，但在实际应用中，参数常常存在不确定性，例如测量误差、模型假设不准确等。鲁棒线性规划考虑到这种不确定性，通过引入不确定性集合来描述参数可能的取值范围。

不等式形式的线性规划为

$$
\begin{aligned}
&\min\ \boldsymbol{c}^T\boldsymbol{x}\\
&\text{s.t.}\ \ \boldsymbol{a}_i^T\boldsymbol{x}\leqslant b_i,\quad i=1,\cdots,m
\end{aligned}
$$

在许多实际情况中，参数 $\boldsymbol{c}$、$\boldsymbol{a}_i$ 以及 b_i 中均含有一些不确定性变化。为方便起见，假设 $\boldsymbol{c}$ 和 b_i 是固定的，且已知 $\boldsymbol{a}_i$ 在给定的椭球中，有

$$
\boldsymbol{a}_i\in\mathcal{E}_i=\{\bar{\boldsymbol{a}}_i+\boldsymbol{P}_i\boldsymbol{u}\mid\|\boldsymbol{u}\|_2\leqslant 1\}
$$

其中 $\boldsymbol{P}_i\in\mathbb{R}^{n\times n}$。则得到如下鲁棒线性规划

$$
\begin{aligned}
&\min\ \boldsymbol{c}^T\boldsymbol{x}\\
&\text{s.t.}\ \ \boldsymbol{a}_i^T\boldsymbol{x}\leqslant b_i,\ \forall\boldsymbol{a}_i\in\mathcal{E}_i,\ i=1,\cdots,m
\end{aligned}
\tag{6.33}
$$

可将鲁棒线性约束 $\boldsymbol{a}_i^T\boldsymbol{x}\leqslant b_i$，$\forall\boldsymbol{a}_i\in\mathcal{E}_i$ 表示为

$$
\sup\{\boldsymbol{a}_i^T\boldsymbol{x}\mid\boldsymbol{a}_i\in\mathcal{E}\}\leqslant b_i
$$

上式左端可表示为

$$
\begin{aligned}
\sup\{\boldsymbol{a}_i^T\boldsymbol{x}\mid\boldsymbol{a}_i\in\mathcal{E}_i\}&=\bar{\boldsymbol{a}}_i^T\boldsymbol{x}+\sup\{\boldsymbol{u}^T\boldsymbol{P}_i^T\boldsymbol{x}\mid\|\boldsymbol{u}\|_2\leqslant 1\}\\
&=\bar{\boldsymbol{a}}_i^T\boldsymbol{x}+\|\boldsymbol{P}_i^T\boldsymbol{x}\|_2
\end{aligned}
$$

因此，鲁棒线性约束可表示为

$$
\bar{\boldsymbol{a}}_i^T\boldsymbol{x}+\|\boldsymbol{P}_i^T\boldsymbol{x}\|_2\leqslant b_i
$$

显然，其为二次锥约束。进而可将鲁棒线性规划式 (6.33) 表示为二次锥规划

$$
\begin{aligned}
&\min\ \boldsymbol{c}^T\boldsymbol{x}\\
&\text{s.t.}\ \ \bar{\boldsymbol{a}}_i^T\boldsymbol{x}+\|\boldsymbol{P}_i^T\boldsymbol{x}\|_2\leqslant b_i,\quad i=1,\cdots,m
\end{aligned}
$$

此处添加的正则化项可避免 $\boldsymbol{x}$ 在参数 $\boldsymbol{a}_i$ 的不确定性方向上变得过大。

下面考虑一个古典线性规划问题——混合问题。

【例 6.16】（混合问题） 有一个工厂要把四种原料混合之后，制造一种产品。原料包含三种成分，成分 1 在 20% 以上，成分 2 在 30% 以上，成分 3 在 20% 以上。各原料成分的含有比例如表 6.11 所示。原料单价每吨分别是 5、6、8、20 万元。那么，如何混合原料使得制造产品的费用最小？

表 6.11 各原料成分含有比例

成分	1	2	3
原料 1	25	15	20
原料 2	30	30	10
原料 3	15	65	5
原料 4	10	5	80

解 用线性规划对混合问题进行建模有

$$
\begin{aligned}
\min \quad & \sum_{i=1}^{4} p_i x_i \\
\text{s.t.} \quad & \sum_{i=1}^{4} x_i = 1 \\
& \sum_{i=1}^{4} a_{ik} x_i \geqslant LB_k, \quad k = 1,2,3 \\
& x_i \geqslant 0, \quad i = 1,2,3,4
\end{aligned} \tag{6.34}
$$

其中原料 i 的价格是 p_i，在原料 i 中包含成分 k 的比率为 a_{ik}，产品中应包含成分 k 的比率的下限为 LB_k。原料 i 的混合比率的变量为 x_i。

然而，在实际应用中，原料里包含成分的比率能够精确确定的情况极少，经常存在误差。因此，我们考虑原料 i 中包含成分 k 的比率 a_{ik} 存在误差 e_{ik}。此外，还需在一定范围内定义此误差，考虑

$$
\sum_{i=1}^{4} e_{ik}^2 \leqslant \epsilon^2
$$

其中 ϵ 为限制误差的参数。

考虑上述误差，式 (6.34) 中的约束条件 $\sum\limits_{i=1}^{4} e_{ik}^2 \leqslant \epsilon^2$ 可重新表示为

$$
\sum_{i=1}^{4} (a_{ik} + e_{ik}) x_i \geqslant LB_k
$$

从而得

$$
\min \left\{ \sum_{i=1}^{4} (a_{ik} + e_{ik}) x_i : \sum_{i=1}^{4} e_{ik}^2 \leqslant \epsilon^2 \right\} \geqslant LB_k
$$

或

$$
\min \left\{ \sum_{i=1}^{4} e_{ik} x_i : \sum_{i=1}^{4} e_{ik}^2 \leqslant \epsilon^2 \right\} \geqslant LB_k - \sum_{i=1}^{4} a_{ik} x_i
$$

式中左边 min 表示在四次元的半径为 ϵ 的球上对线性函数 $\sum\limits_{i=1}^{4} e_{ik} x_i$ 进行最小化，变量为 e_{ik}。

为简化问题，考虑在二次元的半径为 1 的球（圆）上对线性函数 $e_1 v_1 + e_2 v_2$ 进行最小化，如图 6.12 所示。

在圆上使得 $e_1 v_1 + e_2 v_2$ 最小的点 (e_1, e_2) 满足

$$
(e_1, e_2) = -1 \times \frac{(v_1, v_2)}{\sqrt{v_1^2 + v_2^2}}
$$

进而推广到此问题中，可得线性函数在球上的最优解为

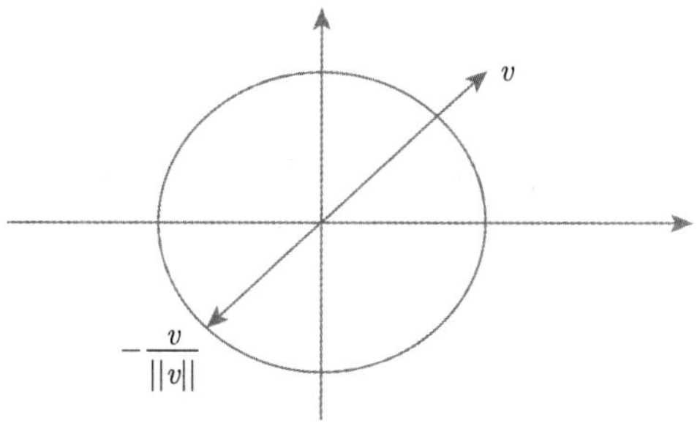

图 6.12 半径为 1 的圆

$$e_{ik} = \epsilon \times \frac{x_i}{\|\boldsymbol{x}\|_2}, \quad i = 1, 2, 3, 4$$

由于 $\|\boldsymbol{x}\|_2 = \sqrt{\sum\limits_{i=1}^{4} x_i^2}$，则约束为

$$\min\left\{\sum_{i=1}^{4} e_{ik}x_i \mid \sum_{i=1}^{4} e_{ik}^2 \leqslant \epsilon^2\right\} = \epsilon \sum_{i=1}^{4} \frac{x_i^2}{\|\boldsymbol{x}\|_2} = -\epsilon\|\boldsymbol{x}\|_2$$

于是式 (6.34) 中含有误差的约束可表示为二次锥约束

$$\epsilon\|\boldsymbol{x}\|_2 \leqslant -LB_k + \sum_{i=1}^{4} a_{ik}x_i$$

化简后，鲁棒优化问题用二次锥优化表示为

$$\begin{aligned} \min \quad & \sum_{i=1}^{4} p_i x_i \\ \text{s.t.} \quad & \sum_{i=1}^{4} x_i = 1 \\ & \sqrt{\epsilon^2 \sum_{i=1}^{4} x_i^2} \leqslant LB_k + \sum_{i=1}^{4} a_{ik}x_i, \quad k = 1, 2, 3 \\ & x_i \geqslant 0, \quad i = 1, 2, 3, 4 \end{aligned} \tag{6.35}$$

其中若 $\epsilon = 0$，则式 (6.35) 等价于式 (6.34)。而对于式 (6.35) 的求解，可调用 Python 语言中 Gurobi 的 API 进行求解，如实例代码 6.15 所示。

实例代码 6.15

```
from gurobipy import *
def prodmix(I,K,a,p,epsilon,LB):
    """
    prodmix: robust production planning using soco
    Parameters:
        I - set of materials
```

```
        K - set of components
        a[i][k] - coef. matrix
        p[i] - price of material i
        LB[k] - amount needed for k
    Returns a model, ready to be solved.
    """
    model = Model("robust product mix")
    x,rhs = {},{}
    for i in I:
        x[i] = model.addVar(vtype="C", name="x(%s)"%i)
    for k in K:
        rhs[k] = model.addVar(vtype="C", name="rhs(%s)"%k)
    model.update()
    model.addConstr(quicksum(x[i] for i in I) == 1)
    for k in K:
        model.addConstr(rhs[k] == -LB[k] + quicksum(a[i, k] * x[i] for i in I))
        model.addConstr(quicksum(epsilon * epsilon * x[i] * x[i] for i in I) <= rhs[k] *
            rhs[k])
    model.setObjective(quicksum(p[i] * x[i] for i in I), GRB.MINIMIZE)
    model.update()
    model._data = x, rhs
    return model
def make_data():
    a = {(1, 1): .25, (1, 2): .15, (1, 3): .2,
         (2, 1): .3, (2, 2): .3, (2, 3): .1,
         (3, 1): .15, (3, 2): .65, (3, 3): .05,
         (4, 1): .1, (4, 2): .05, (4, 3): .8
         }
    epsilon = 0.01 # 0.02
    I, p = multidict({1: 5, 2: 6, 3: 8, 4: 20})
    K, LB = multidict({1: .2, 2: .3, 3: .2})
    return I, K, a, p, epsilon, LB
I,K,a,p,epsilon,LB = make_data()
model = prodmix(I,K,a,p,epsilon,LB)
model.optimize()
print("obj:",model.ObjVal)
x,rhs = model._data
for i in I:
    print(i,x[i].X)
```

运行结果如下：

```
Optimize a model with 4 rows, 7 columns and 19 nonzeros
Model fingerprint: 0x150bff0a
Model has 3 quadratic constraints
Coefficient statistics:
  Matrix range     [5e-02, 1e+00]
  QMatrix range    [1e-04, 1e+00]
  Objective range  [5e+00, 2e+01]
  Bounds range     [0e+00, 0e+00]
  RHS range        [2e-01, 1e+00]
```

```
Presolve time: 0.00s
Presolved: 16 rows, 15 columns, 39 nonzeros
Presolved model has 3 second-order cone constraints
Ordering time: 0.00s
Barrier statistics:
 AA' NZ: 1.200e+02
 Factor NZ: 1.360e+02
 Factor Ops: 1.496e+03 (less than 1 second per iteration)
 Threads: 1
                Objective                Residual
Iter       Primal          Dual         Primal    Dual     Compl     Time
   0   7.13581248e+00 7.13581248e+00 3.02e-03 4.41e+00 6.21e-01 0s
   1   7.24996209e+00 7.10900316e+00 1.48e-04 1.87e-13 3.67e-02 0s
   2   7.50452875e+00 7.42260480e+00 1.62e-10 3.56e-13 4.31e-03 0s
   3   7.48123220e+00 7.47857894e+00 3.17e-16 4.58e-13 1.40e-04 0s
   4   7.47905803e+00 7.47894197e+00 2.07e-15 9.98e-12 6.11e-06 0s
   5   7.47895078e+00 7.47894989e+00 3.74e-14 7.71e-11 4.68e-08 0s
Barrier solved model in 5 iterations and 0.00 seconds (0.00 work units)
Optimal objective 7.47895078e+00
obj: 7.47895078355617
1 0.5318090514815231
2 0.05353055223324892
3 0.3162071427388744
4 0.09845325354190329
```

由运行结果可知，将原料 1、原料 2、原料 3 以及原料 4 分别以 53%、5%、32% 以及 10% 的比例混合，可以使得制造产品的费用达到最小值 7.4790 万元。此外，感兴趣的读者可尝试考虑当 $\epsilon > 0$ 时，求得式 (6.34) 与式 (6.35) 的最优解以及目标函数值，感受两者的差别。

【例 6.17】 假设要考虑股票最优投资比例

$$\max \quad \sum_{i=1}^{n} p_i x_i - \phi \sum_{i=1}^{n} \sigma_i^2 x_i^2$$

$$\text{s.t.} \quad \sum_{i=1}^{n} x_i = 1, \quad x_i \geqslant 0$$

其中 σ_i 为 i 类股票回报的标准差，ϕ 是控制风险和回报之间交易的一个参数，p 是回报率的期望，x 为决策变量，代表每只股票投资比例，用参数 $\phi = 5$ 来平衡投资的回报期望和风险。且已知

$$p_i = 1.15 + \frac{0.05}{150} \times i, \quad \sigma_i = \frac{0.05}{450} \times \sqrt{2 \times i \times n \times (n+1)}$$

解 实例代码 6.16 给出了解决上述问题的代码。

实例代码 6.16

```
#导入模块
from gurobipy import *
try:
    #设定鲁棒模型
```

```
    m = Model("RO")
    σ = []                              #确定常数
    p = []
    Γ = []
    for n in range(1,151):
        σ.append(0.05/450*(2*n*150*151)**0.5)
        p.append(1.15+n*0.05/150)
        Γ.append(5)
    #添加变量
    x = m.addVars(150,lb=0,name='x')
    z = m.addVar(name='z')
    Q = m.addVars(150,name='Q')
    mm = m.addVars(150,name='m')
    px = sum(p[i]*x[i] for i in range(150))
    QC =sum(Q[i] for i in range(150))
    #添加鲁棒约束条件
    m.addConstrs((z<=px-mm[i]*Γ[i]-QC for i in range(150)),name='first')
    m.addConstrs((mm[i]+Q[i]>= [i]*x[i] for i in range(150)),name='second')
    m.addConstr(sum(x[i] for i in range(150))==1,name='third')
    #设定决策函数
    m.setObjective(z,GRB.MAXIMIZE)
    #输出模型
    m.write ("RO.lp")
    #调用solve函数模型求解
    m.optimize()
except GurobiError as e:
    print('Error code ' + str(e.errno) + ": " + str(e))
except AttributeError:
    print('Encountered an attribute error')
```

运行结果如下：

```
Optimize a model with 301 rows, 451 columns and 45900 nonzeros
Model fingerprint: 0xa49f66a7
Coefficient statistics:
  Matrix range       [2e-02, 5e+00]
  Objective range    [1e+00, 1e+00]
  Bounds range       [0e+00, 0e+00]
  RHS range          [1e+00, 1e+00]
Presolve time: 0.03s
Presolved: 301 rows, 451 columns, 45900 nonzeros
Iteration  Objective      Primal Inf.  Dual Inf.    Time
      0    8.0000000e+30 1.500000e+32 8.000000e+00   0s
    178    1.1708896e+00 0.000000e+00 0.000000e+00   0s
Solved in 178 iterations and 0.06 seconds (0.03 work units)
Optimal objective 1.170889649e+00
```

由运行结果可知，经过 178 次迭代之后，得到目标函数的最优值为 1.170889649。

6.6 几何规划

几何规划（Geometric Program，GP）的目标函数和约束条件均由广义多项式构成，是一类特殊的非线性规划，一般不是凸优化问题，较难求解。那么，如何将几何规划问题转化成凸优化问题并对其进行求解？这是接下来我们要讨论并解决的问题。

对于 $x_i > 0, a_i \in \mathbb{R}, i = 1, \cdots, n$，称 $cx_1^{a_1}x_2^{a_2}\cdots x_n^{a_n}$ 为关于 $\boldsymbol{x}$ 的单项式，多个单项式的和 $f(\boldsymbol{x}) = \sum\limits_{k=1}^{K} c_k x_1^{a_{1k}}x_2^{a_{2k}}\cdots x_n^{a_{nk}}$ 称为关于 $\boldsymbol{x}$ 的多项式。几何规划是关于单项式和多项式的优化问题，其标准形式为

$$\begin{aligned}
\min\ & f_0(\boldsymbol{x}) \\
\text{s.t.}\ & h_i(\boldsymbol{x}) = 1, \quad i = 1, \cdots, p \\
& f_i(\boldsymbol{x}) \leqslant 1, \quad i = 1, \cdots, m
\end{aligned} \tag{6.36}$$

其中 $f_0, \cdots, f_m$ 为多项式，$h_1, \cdots, h_p$ 为单项式，其定义域为 $\mathcal{D} = \mathbb{R}^n_{++}$，隐式约束为 $\boldsymbol{x} \succ 0$。

一般地，几何规划不是凸优化问题，然而，可通过变量代换等方法将其转换为凸问题。定义变量 $y_i = \ln x_i$，则 $x_i = e^{y_i}$。若 $f(\boldsymbol{x}) = cx_1^{a_1}x_2^{a_2}\cdots x_n^{a_n}$，则

$$\begin{aligned}
f(\boldsymbol{x}) &= f(e^{y_1}, \cdots, e^{y_n}) \\
&= c(e^{y_1})^{a_1}\cdots(e^{y_n})^{a_n} \\
&= e^{\boldsymbol{a}^T\boldsymbol{y}+b}
\end{aligned} \tag{6.37}$$

其中 $b = \log c$。变量变换 $y_i = \ln x_i$ 将单项式转化成一个仿射函数的指数函数。

同样，对于多项式

$$f(\boldsymbol{x}) = \sum_{k=1}^{K} c_k x_1^{a_{1k}}x_2^{a_{2k}}\cdots x_n^{a_{nk}}$$

有

$$f(\boldsymbol{x}) = \sum_{k=1}^{K} e^{\boldsymbol{a}_k^T\boldsymbol{y}+b_k}$$

其中 $\boldsymbol{a}_k = (a_{ik}, \cdots, a_{nk})$，$b_k = \log c_k$。通过变量变换将多项式转化成仿射函数的指数和。

下面，我们尝试用新变量 $\boldsymbol{y}$ 将几何规划式 (6.36) 等价表示为

$$\begin{aligned}
\min\ & \sum_{k=1}^{K_0} e^{\boldsymbol{a}_{0k}^T\boldsymbol{y}+b_{0k}} \\
\text{s.t.}\ & e^{\boldsymbol{g}_i^T\boldsymbol{y}+h_i} = 1, \quad i = 1, \cdots, p \\
& \sum_{k=1}^{K_i} e^{\boldsymbol{a}_{ik}^T\boldsymbol{y}+b_{ik}} \leqslant 1, \quad i = 1, \cdots, m
\end{aligned} \tag{6.38}$$

其中 $\boldsymbol{a}_{ik} \in \mathbb{R}^n, i=1,\cdots,m$; $\boldsymbol{g}_i \in \mathbb{R}^n, i=1,\cdots,p$ 。对式 (6.38) 取对数，得

$$\begin{aligned}
\min\ & \tilde{f}_0(\boldsymbol{y}) = \log\left(\sum_{k=1}^{K_0} e^{\boldsymbol{a}_{0k}^T\boldsymbol{y}+b_{0k}}\right) \\
\text{s.t.}\ & \tilde{h}_i(\boldsymbol{y}) = \boldsymbol{g}_i^T\boldsymbol{y} + h_i = 0,\ \ i=1,\cdots,p \\
& \tilde{g}_i(\boldsymbol{y}) = \log\left(\sum_{k=1}^{K_i} e^{\boldsymbol{a}_{ik}^T\boldsymbol{y}+b_{ik}}\right) \leqslant 0,\ \ i=1,\cdots,m
\end{aligned} \tag{6.39}$$

其中函数 $\tilde{f}_i$ 和 $\tilde{g}_i$ 为凸函数，$\tilde{h}_i$ 为仿射函数，所以这是一个凸优化问题，称其为凸优化形式的几何规划。

需注意多项式几何规划式 (6.36) 等价于凸形式的几何规划式 (6.39)。此外，若多项式的目标函数和约束函数都只有一项，则凸优化的几何规划式 (6.39) 退化为线性规划。因此可将几何规划看作线性规划的推广。

下面介绍一个几何规划的典型例子：Frobenius 范数的对角化伸缩。

对于矩阵 $\boldsymbol{M} \in \mathbb{R}^{n\times n}$ 和将 $\boldsymbol{u}$ 映射到 $\boldsymbol{y} = \boldsymbol{M}\boldsymbol{u}$ 的线性函数。通过坐标的伸缩变换将变量转化为 $\tilde{\boldsymbol{u}} = \boldsymbol{D}\boldsymbol{u}$, $\tilde{\boldsymbol{y}} = \boldsymbol{D}\boldsymbol{y}$, 其中 $\boldsymbol{D}$ 为对角阵且 $D_{ii} > 0$。在新坐标下，有 $\tilde{\boldsymbol{y}} = \boldsymbol{D}\boldsymbol{M}\boldsymbol{D}^{-1}\tilde{\boldsymbol{u}}$。

考虑使用一种伸缩尺度使得矩阵 $\boldsymbol{D}\boldsymbol{M}\boldsymbol{D}^{-1}$ 变小，通过 Frobenius 范数的平方度量矩阵的大小，有

$$\begin{aligned}
\|\boldsymbol{D}\boldsymbol{M}\boldsymbol{D}^{-1}\|_F^2 &= \operatorname{tr}((\boldsymbol{D}\boldsymbol{M}\boldsymbol{D}^{-1})^T(\boldsymbol{D}\boldsymbol{M}\boldsymbol{D}^{-1})) \\
&= \sum_{i,j=1}^{n} (\boldsymbol{D}\boldsymbol{M}\boldsymbol{D}^{-1})_{ij}^2 \\
&= \sum_{i,j=1}^{n} \frac{M_{ij}^2 d_i^2}{d_j^2}
\end{aligned}$$

其中 $\boldsymbol{D} = \operatorname{diag}(\boldsymbol{d}) = \operatorname{diag}(d_1, d_2, \cdots, d_n)$。该问题为关于 $\boldsymbol{d}$ 的多项式，则通过 $\boldsymbol{d}$ 来最小化 Frobenius 范数的问题是一个无约束几何规划

$$\min \sum_{i,j=1}^{n} \frac{M_{ij}^2 d_i^2}{d_j^2}$$

其中变量为 $\boldsymbol{d}$，该几何规划中指数为 0，2，-2。

【例 6.18】 设有一个圆柱体罐，其高度为 3，底面半径为 2。现需要在这个罐内放置一个最大体积的圆锥形容器，使得其顶点位于罐的中心，并且其底面与罐壁相切。求该圆锥形容器的底面半径和高度。

解 由题意知罐底半径 $r = 2$，罐的高度 $h = 3$。设体积最大的圆锥形容器半径为 x_0，高度为 x_1，则此问题可以转化为

$$\min\ \frac{1}{3}\pi \times x_0^2 \times x_1$$

$$\text{s.t.}\quad x_0^2 + x_1^2 = r^2$$

$$2x_0 \times \frac{1}{\sqrt{3}} + x_1 = h$$

$$0 \leqslant x_0 \leqslant r \times \cos\frac{\pi}{6}$$

$$0 \leqslant x_1 \leqslant h$$

实例代码 6.17 给出了解决上述问题的代码。

实例代码 6.17

```
import numpy as np
from scipy.optimize import minimize
from mpl_toolkits.mplot3d import Axes3D
import matplotlib.pyplot as plt
#罐底半径
r = 2
#罐的高度
h = 3
#目标函数
def objective(x):
    return -(1/3) * np.pi * x[0]**2 * x[1]
#约束条件，共3个式子。核心约束只有前面两个相关 x[0] 和 y[1]
def constraint(x):
    return [
        x[0]**2 + x[1]**2 - r**2,
        x[1] + 2*x[0]/np.sqrt(3) - h
    ]
def bounds():
    x_min, x_max = 1e-6, r*np.cos(np.pi/6)
    y_min, y_max = 1e-6, h
    #变量范围约束
    return ((x_min, x_max), (y_min, y_max))
#初始值猜测
x0 = np.array([r*np.cos(np.pi/6)/2, h/2])
result = minimize(objective, x0, method='SLSQP', bounds=bounds(), constraints={'fun':
     constraint, 'type': 'eq'})
#解凸优化问题
x, y = result.x
print(f"最大体积为 {abs(objective(result.x)):.4f}")
print(f"底面半径为 {x:.4f}")
#输出结果
print(f"高度为 {y:.4f}")
fig = plt.figure(figsize=(6, 6))
#3D图形化
ax = fig.add_subplot(111, projection='3d')
z_cyl = np.linspace(0, h, 100)
theta_cyl = np.linspace(0, 2*np.pi, 100)
Z_cyl, Theta_cyl = np.meshgrid(z_cyl, theta_cyl)
```

```
X_cyl = r * np.cos(Theta_cyl)
Y_cyl = r * np.sin(Theta_cyl)
#圆柱体
ax.plot_surface(X_cyl, Y_cyl, Z_cyl, alpha=0.5)
z_cone = np.linspace(0, y, 100)
theta_cone = np.linspace(0, 2*np.pi, 100)
Z_cone, Theta_cone = np.meshgrid(z_cone, theta_cone)
R_cone = (y - Z_cone) * x / y
X_cone = R_cone * np.cos(Theta_cone)
Y_cone = R_cone * np.sin(Theta_cone)
#圆锥体
ax.plot_surface(X_cone, Y_cone, Z_cone, alpha=0.5)
plt.show()
```

运行结果如下：

```
最大面积为 2.5188
底面半径为 1.2372
高度为 1.5714
```

由运行结果可知满足条件的圆锥形容器半径为 1.2372，高度为 1.5714，最大面积为 2.5188，几何立体图如图 6.13 所示。

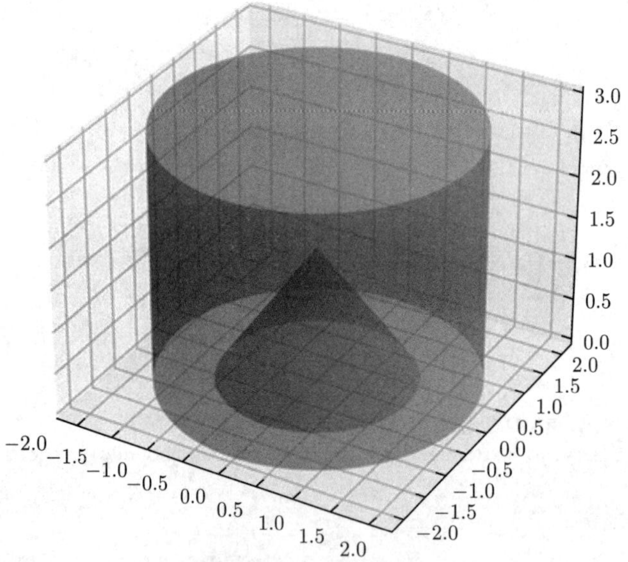

图 6.13　几何立体图

6.7　带广义不等式约束凸优化问题

考虑以向量值为不等式约束函数，且使用广义不等式，则得到标准型凸优化问题式 (6.1) 的一个推广——带广义线性不等式约束的标准型凸优化问题

$$\min \ f_0(\boldsymbol{x})$$

$$
\begin{aligned}
\text{s.t.}\quad & \boldsymbol{A}\boldsymbol{x} = \boldsymbol{b} \\
& f_i(\boldsymbol{x}) \preceq K_i, \quad i = 1, \cdots, m
\end{aligned} \tag{6.40}
$$

其中 $f_0 : \mathbb{R}^n \to \mathbb{R}, K_i \subseteq \mathbb{R}^{k_i}$ 为点锥，$f_i : \mathbb{R}^n \to \mathbb{R}^{k_i}$ 为 K_i-凸锥。当 $K_i = \mathbb{R}_+, i = 1, \cdots, m$ 时，式 (6.40) 退化为标准型凸优化问题式 (6.1)。

带广义线性不等式约束凸优化问题具有一般凸优化问题的很多性质。因此，通常可将其看作常规的凸优化问题求解。

6.7.1 锥规划问题

锥规划问题（Conic Programming，CP）是最简单的带广义线性不等式约束凸优化问题，其形式为

$$
\begin{aligned}
\min\ & \boldsymbol{c}^T \boldsymbol{x} \\
\text{s.t.}\ & \boldsymbol{A}\boldsymbol{x} = \boldsymbol{b} \\
& \boldsymbol{F}\boldsymbol{x} + \boldsymbol{g} \preceq_K \boldsymbol{0}
\end{aligned} \tag{6.41}
$$

其目标函数为线性函数，且不等式约束函数为仿射函数，称其为 K-凸锥。当 K 为非负象限时，锥规划问题退化为线性规划问题。因此可将锥规划问题看作线性规划的推广。类似于线性规划，标准型锥规划问题为

$$
\begin{aligned}
\min\ & \boldsymbol{c}^T \boldsymbol{x} \\
\text{s.t.}\ & \boldsymbol{A}\boldsymbol{x} = \boldsymbol{b} \\
& \boldsymbol{x} \succeq_K \boldsymbol{0}
\end{aligned} \tag{6.42}
$$

以及不等式形式的锥规划问题为

$$
\begin{aligned}
\min\ & \boldsymbol{c}^T \boldsymbol{x} \\
\text{s.t.}\ & \boldsymbol{F}\boldsymbol{x} + g \preceq_K \boldsymbol{0}
\end{aligned} \tag{6.43}
$$

6.7.2 半正定规划

当 K 为 $\mathbb{S}_+^k$ 时，半正定 $k \times k$ 矩阵联合锥问题称为半正定规划（Semi-Definite Programming，SDP），其形式为

$$
\begin{aligned}
\min\quad & \boldsymbol{c}^T \boldsymbol{x} \\
\text{s.t.}\quad & \boldsymbol{A}\boldsymbol{x} = \boldsymbol{b} \\
& x_1 \boldsymbol{F}_1 + \cdots + x_n \boldsymbol{F}_n + \boldsymbol{G} \preceq \boldsymbol{0}
\end{aligned} \tag{6.44}
$$

其中 $\boldsymbol{G}, \boldsymbol{F}_1, \cdots, \boldsymbol{F}_n \in \mathbb{S}^k, \boldsymbol{A} \in \mathbb{R}^{p \times n}$。此处不等式为线性矩阵不等式。若矩阵 $\boldsymbol{G}, \boldsymbol{F}_1, \cdots, \boldsymbol{F}_n$ 均为对角阵，则该线性矩阵不等式等价于 n 个线性不等式，半正定规划式 (6.44) 退化为线性规划。

类似于线性规划，标准型 SDP 具有对变量 $\boldsymbol{X} \in \mathbb{S}^n$ 的线性等式约束和非负矩阵约束

$$
\begin{aligned}
\min \quad & \operatorname{tr}(\boldsymbol{C}\boldsymbol{X}) \\
\text{s.t.} \quad & \operatorname{tr}(\boldsymbol{A}_i\boldsymbol{X}) = b_i, \quad i = 1, \cdots, p \\
& \boldsymbol{X} \succeq 0
\end{aligned} \tag{6.45}
$$

其中 $\boldsymbol{G}, \boldsymbol{A}_1, \cdots, \boldsymbol{A}_p \in \mathbb{S}^n$ ，且 $\operatorname{tr}(\boldsymbol{C}\boldsymbol{X}) = \sum\limits_{i,j=1}^{n} \boldsymbol{C}_{ij}\boldsymbol{X}_{ij}$ 为 $\mathbb{S}^n$ 上的实值线性函数。此外，在线性规划和 SDP 的标准型中，目标函数均为变量的线性函数，且变量有 p 个线性等式约束和一个非负约束。

不等式形式的 SDP 只有一个线性矩阵不等式约束，不含等式约束，其形式为

$$
\begin{aligned}
\min \quad & \boldsymbol{c}^T\boldsymbol{x} \\
\text{s.t.} \quad & x_1\boldsymbol{A}_1 + \cdots + x_n\boldsymbol{A}_n \preceq \boldsymbol{B}
\end{aligned} \tag{6.46}
$$

其中 $\boldsymbol{x} \in \mathbb{R}^n$，$\boldsymbol{B}, \boldsymbol{A}_1, \cdots \boldsymbol{A}_n \in \mathcal{S}^k$，$\boldsymbol{c} \in \mathbb{R}^n$。

半正定规划作为一类特殊的矩阵优化问题，具有异于经典线性与非线性优化问题的特点：其约束集合不是多面体。此外在实际应用方面，半正定规划被广泛应用于工程、经济学等领域。下面介绍一些典型例子。

1. 极小化最大特征值

设一个以 z 为参数的对称矩阵 $\boldsymbol{M}(z)$，若要极小化最大特征值，其最终目标是选取一个 z，使得 $\boldsymbol{M}(z)$ 的最大特征值最小，即

$$
\min_{z \in \mathbb{R}^m} \ \lambda_{\max}(\boldsymbol{M}(z)) \tag{6.47}
$$

其上镜图形式为

$$
\begin{aligned}
& \min \ t \\
& \text{s.t.} \ \ t \geqslant \lambda_{\max}(\boldsymbol{M}(z))
\end{aligned} \tag{6.48}
$$

其中 t 和 z 均为自变量。通常在实际中 $\boldsymbol{M}(z)$ 线性依赖于 z，即

$$
\boldsymbol{M}(z) = \boldsymbol{A}_0 + \sum_{i=1}^{m} z_i\boldsymbol{A}_i
$$

其中 $\boldsymbol{A}_0, \boldsymbol{A}_1, \cdots, \boldsymbol{A}_m$ 为对称矩阵。事实上，当 $\boldsymbol{M}(z)$ 为 z 的上述线性映射时，问题式 (6.48) 等价于一个半正定规划。

2. 最大割问题的半正定规划松弛

令 G 为一个无向图，其节点集合为 $\mathcal{V} = \{1, 2, \cdots, n\}$，边的集合为 $\mathcal{E}$。令边 $(i, j) \in \mathcal{E}$ 上的权重为 $w_{ij} = w_{ji}$，并设 $w_{ij} \geqslant 0$, $(i, j) \in \mathcal{E}$。最大割问题旨在寻找节点集合 $\mathcal{V}$ 的一个子集 $\mathcal{S}$，使得 $\mathcal{S}$ 与其补集 $\bar{\mathcal{S}}$ 之间相连边的权重之和最大。

若 $j \in \mathcal{S}$，则令 $x_j = -1$；否则，令 $x_j = 1$。最大割问题可以描述为如下整数规划问题

$$
\min \ \frac{1}{4}\sum_{i=1}^{n}\sum_{j=1}^{n} w_{ij}(1 - x_i x_j)
$$

$$\text{s.t.}\quad x_j \in \{-1,1\},\quad j=1,2,\cdots,n$$

令 $\boldsymbol{Y}=\boldsymbol{x}\boldsymbol{x}^T$，其中 $Y_{ij}=x_i x_j$，$i=1,\cdots,n$，$j=1,\cdots,n$。

令 $\boldsymbol{W}=(w_{ij})\in\mathcal{S}^n$，定义 $\boldsymbol{C}=-\frac{1}{4}(\text{Diag}(\boldsymbol{W}_1)-\boldsymbol{W})$ 为图 G 的拉普拉斯矩阵的 $-\frac{1}{4}$，则最大割问题等价于

$$\begin{aligned}
&\min\ \frac{1}{4}\sum_{i=1}^{n}\sum_{j=1}^{n}w_{ij}-\boldsymbol{W}\boldsymbol{Y}\\
&\text{s.t.}\quad x_j\in\{-1,1\},\quad j=1,2,\cdots,n\\
&\qquad \boldsymbol{Y}=\boldsymbol{x}\boldsymbol{x}^T
\end{aligned}$$

其中第一部分约束等价于 $Y_{ij}=1, j=1,2,\cdots,n$，得

$$\begin{aligned}
&\min\ \frac{1}{4}\sum_{i=1}^{n}\sum_{j=1}^{n}w_{ij}-\boldsymbol{W}\boldsymbol{Y}\\
&\text{s.t.}\quad Y_{ij}=1,\quad j=1,2,\cdots,n\\
&\qquad \boldsymbol{Y}=\boldsymbol{x}\boldsymbol{x}^T
\end{aligned}$$

注意到，矩阵 $\boldsymbol{Y}=\boldsymbol{x}\boldsymbol{x}^T$ 为一个半正定矩阵，且 $\text{rank}(\boldsymbol{Y})=1$。若对这一条件进行松弛，即去除条件 $\text{rank}(\boldsymbol{Y})=1$，则得到如下最大割问题的 SDP 松弛问题

$$\begin{aligned}
&\min\ \frac{1}{4}\sum_{i=1}^{n}\sum_{j=1}^{n}w_{ij}-\boldsymbol{W}\boldsymbol{Y}\\
&\text{s.t.}\quad Y_{ij}=1,\quad j=1,2,\cdots,n\\
&\qquad \boldsymbol{Y}\succeq 0
\end{aligned}\tag{6.49}$$

问题式 (6.49) 为原最大割问题的一个松弛，因此它们并不等价。并且松弛问题为最大割问题提供了一个上界，即

$$\text{最大割问题}\leqslant\text{松弛问题}$$

事实上，可证明下面不等式成立

$$0.08786\times\text{松弛问题}\leqslant\text{最大割问题}\leqslant\text{松弛问题}$$

这个结果证明 SDP 松弛问题的最优值与最大割这一 NP 问题的最优值相差不超过 13%。

【例 6.19】 运用 Python 程序求解上述最大割问题。

解 实例代码 6.18 给出了 SDP 求解最大割问题的程序，其中有 5 个节点，如图 6.14 所示。

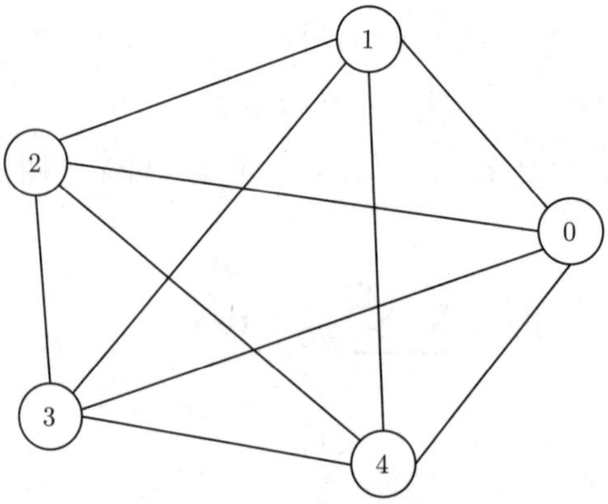

图 6.14　最大割问题示意图

实例代码 6.18

```
import networkx as nx
import numpy as np
import cvxpy as cp
#邻接矩阵
w = np.array([[0,3,2,4,1],
[3,0,3,4,1],
[2,3,0,1,1],
[4,4,1,0,2],
[1,1,1,2,0]])
G = nx.Graph(w)
position = nx.circular_layout(G)
nx.draw_networkx_nodes(G,position,node_color='r')
nx.draw_networkx_edges(G,position)
nx.draw_networkx_labels(G,position)
C = w
X = cp.Variable((5,5),symmetric=True)
#算子>>表示矩阵不等式
constraints = [X>>0]
constraints += [cp.diag(X)==np.ones(5)]
prob = cp.Problem(cp.Minimize(cp.trace(C @ X)),constraints)
prob.solve(solver=cp.CVXOPT)
print('最优值是：',prob.value)
print('最优解X是：')
print(X.value)
```

所得的最优值为 -20.1334，最优解 $\boldsymbol{X}$ 为：

```
[[ 1.          0.59829309 -0.83092504 -0.88634962 0.82789529]
 [ 0.59829309 1.        -0.9429549 -0.90130154 0.94474659]
 [-0.83092504 -0.9429549 1.        0.99410527 -0.99998527]
 [-0.88634962 -0.90130154 0.99410527 1.     -0.99350263]
 [ 0.82789529 0.94474659 -0.99998527 -0.99350263 1.  ]]
```

从结果可以看出节点 0，1，4 应该被分为一类，节点 2，3 应该被分为另外一类。

6.8 向量优化问题

在 6.7 节中我们对标准优化问题式 (6.1) 进行扩展，使其约束函数包含向量。本节主要考虑目标函数为向量的优化问题。

广义向量优化问题为

$$\begin{aligned} \min \quad & (\text{关于}K)f(\boldsymbol{x}) \\ \text{s.t.} \quad & g_i(\boldsymbol{x}) \leqslant 0, \quad i = 1, \cdots, m \\ & h_i(\boldsymbol{x}) = 0, \quad i = 1, \cdots, p \end{aligned} \tag{6.50}$$

其中优化变量为 $\boldsymbol{x} \in \mathbb{R}^n$，$K \subseteq \mathbb{R}^q$ 为实锥，目标函数为 $f : \mathbb{R}^n \to \mathbb{R}^q$，不等式约束函数 $g_i : \mathbb{R}^n \to \mathbb{R}$。该问题与标准优化问题式 (6.1) 的唯一不同在于此处的目标函数在 $\mathbb{R}^q$ 上取值，且含有用来比较目标值的正常锥 K。

我们将标准优化问题式 (6.1) 也称作标量优化问题。若向量优化问题式 (6.50) 的目标函数 f 为 K-凸函数，不等式约束函数 $g_1, \cdots, g_m$ 为凸函数，且等式约束函数 $h_1, \cdots, h_p$ 为仿射函数，则将其称为凸向量优化问题。

向量优化问题旨在寻找一个目标函数值在 K 锥上最优，即最小。然而，向量优化问题的目标函数是向量，向量并不一定是可比较的，因此需要分情况考虑。类似最小元和极小元，在向量优化问题中有两种情况，即最优解和 Pareto 最优解。可行点处目标函数值的集合

$$\mathcal{O} = \{f(\boldsymbol{x}) \mid \exists \boldsymbol{x} \in \mathcal{D}, f_i(\boldsymbol{x}) \leqslant 0, \quad i = 1, \cdots, m, \quad h_i(\boldsymbol{x}) = 0, \quad i = 1, \cdots, p\} \subseteq \mathbb{R}^q$$

称为可达目标值集合。若该集合中有最小元，即有可行解 $\boldsymbol{x}$ 使得对于所有可行的 $\boldsymbol{y}$ 都有 $f(\boldsymbol{x}) \preceq_K f(\boldsymbol{y})$，则称 $\boldsymbol{x}$ 对于问题式 (6.50) 是最优的，且称 $f(\boldsymbol{x})$ 为该问题的最优值；若 $\boldsymbol{x}_*$ 为最优解，则在 $\boldsymbol{x}_*$ 处的目标值 $f(\boldsymbol{x})$ 优于或等于可行域内任意一点的目标值。

当且仅当 $\boldsymbol{x}_*$ 是可行的且满足

$$\mathcal{O} \subseteq f(\boldsymbol{x}_*) + K \tag{6.51}$$

则点 $\boldsymbol{x}_*$ 是最优的。集合 $f(\boldsymbol{x}_*)$ 的值优于或等于集合 $f(\boldsymbol{x}_*) + K$，式 (6.51) 表明每一个可达的值都落在该集合中。

然而，当可达目标值集合中不含最小元时，问题不含最优解与最优值。此时，可达值集合的极小元发挥着重要作用。若 $f(\boldsymbol{x})$ 为可达集合 $\mathcal{O}$ 的极小元，则称可行解 $\boldsymbol{x}$ 为 Pareto 最优，同时称 $f(\boldsymbol{x})$ 为向量优化问题式 (6.50) 的一个 Pareto 最优值。因此，点 $\boldsymbol{x}$ 是 Pareto 最优的，若 $\boldsymbol{x}$ 为可行点，则任何比 $\boldsymbol{x}$ 好或相等的可行解 $\boldsymbol{y}$ 均与 $\boldsymbol{x}$ 有相同的目标值。

当且仅当点 $\boldsymbol{x}$ 是可行的，且

$$(f(\boldsymbol{x}) - K) \cap \mathcal{O} = \{f(\boldsymbol{x})\} \tag{6.52}$$

则点 $\boldsymbol{x}$ 是 Pareto 最优的。集合 $f(\boldsymbol{x}) - K$ 的值优于或等于集合 $f_0(\boldsymbol{x})$，因此条件式 (6.52) 表明唯一比 $f(\boldsymbol{x})$ 好或相等的可达值就是其本身。

一个向量优化问题可以有很多 Pareto 最优值和解。若 $\mathcal{P}$ 为 Pareto 最优值的集合，则

$$\mathcal{P} \subseteq \mathcal{O} \cap \boldsymbol{bd}\mathcal{O}$$

即每一个 Pareto 最优值都是位于可达目标值集合边界上的可达目标值。

【例 6.20】 实现具有两个约束的双目标优化问题，其优化模型如下：

$$\begin{aligned}
\min\ & f_1(\boldsymbol{x}) = 100(x_1^2 + x_2^2) \\
\max\ & f_2(\boldsymbol{x}) = -(x_1 - 1)^2 - x_2^2 \\
\text{s.t.}\ & h_1(\boldsymbol{x}) = 2(x_1 - 0.1)(x_1 - 0.9) \leqslant 0 \\
& h_2(\boldsymbol{x}) = 20(x_1 - 0.4)(x_1 - 0.6) \geqslant 0 \\
& -2 \leqslant x_1 \leqslant 2 \\
& -2 \leqslant x_2 \leqslant 2
\end{aligned}$$

解 实例代码 6.19 给出了解决上述优化问题的代码。

实例代码 6.19

```
import numpy as np
import matplotlib.pyplot as plt
plt.rc('font', family='serif')
#定义两个自变量 x1 与 x2, 分别在[-2, 2]区间内等间距抽取500个点
X1, X2 = np.meshgrid(np.linspace(-2, 2, 500), np.linspace(-2, 2, 500))
#目标函数 f1 与 f2 的定义
F1 = 100 * (X1**2 + X2**2)
F2 = (X1 - 1)**2 + X2**2
#约束定义
G1 = 2 * (X1[0] - 0.1) * (X1[0] - 0.9)
G2 = 20 * (X1[0] - 0.4) * (X1[0] - 0.6)
levels = np.array([0.02, 0.1, 0.25, 0.5, 0.8])
plt.figure(figsize=(7, 5))
#绘制 f1 的等高图
CS = plt.contour(X1, X2, F1, 10*levels, colors='black', alpha=0.5)
CS.collections[0].set_label("$f_1(x)$")
#绘制 f2 的等高图
CS = plt.contour(X1, X2, F2, levels, linestyles="dashed", colors='black', alpha=0.5)
CS.collections[0].set_label("$f_2(x)$")
#绘制约束 g1, 以绿色线条显示, 并将满足Pareto最优集合以点划线显示, 其余用虚线显示
plt.plot(X1[0], G1, linewidth=2.0, color="green", linestyle='dotted')
plt.plot(X1[0][G1<0], G1[G1<0], label="$g_1(x)$",linestyle='-.', color="green")
#绘制约束 g2, 以蓝色线条显示, 并将满足Pareto最优集合以实线+圆圈标记显示, 其余用虚线显示
plt.plot(X1[0], G2, linewidth=2.0, color="blue", linestyle='dotted')
plt.plot(X1[0][X1[0]>0.6],G2[X1[0]>0.6],label="$g_2(x)$",linewidth=1,marker='o',
    markersize=1, color="blue")
plt.plot(X1[0][X1[0]<0.4],G2[X1[0]<0.4],linewidth=1,marker='o',markersize=1,color="blue
    ")
#绘制求解的最优化问题的Pareto前沿, 以橘黄色显示
```

```
plt.plot(np.linspace(0.1, 0.4, 100), np.zeros(100), linewidth=3.0, color="orange")
plt.plot(np.linspace(0.6, 0.9, 100), np.zeros(100), linewidth=3.0, color="orange")
#设置x、y轴的显示范围及其坐标名称
plt.xlim(-0.5, 1.5);plt.ylim(-0.5, 1)
plt.xlabel("$x_1$");plt.ylabel("$x_2$")
#显示图例
plt.legend(loc="upper center", bbox_to_anchor=(0.5, 1.12), ncol=4, fancybox=True, shadow
    =False)
plt.tight_layout()
```

运行结果如下图 6.15 所示。

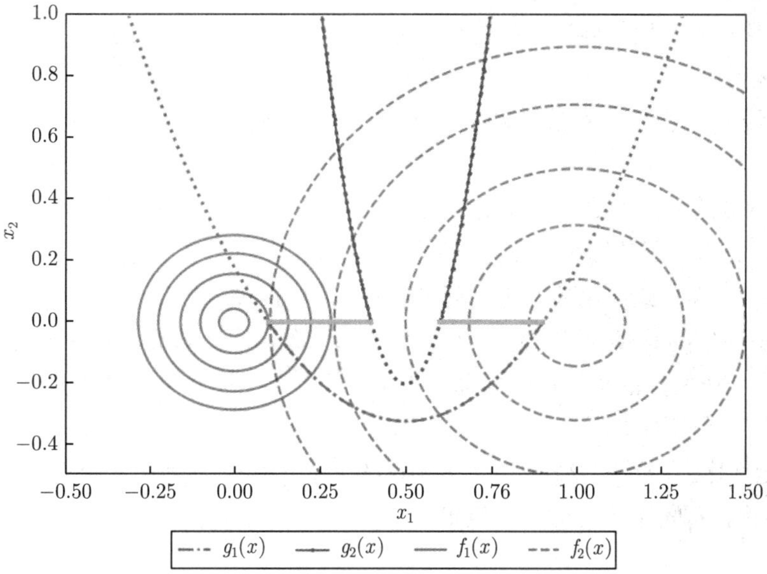

图 6.15　运行结果

由运行结果可以看出，所有的 Pareto 最优解都有一个共同点，即 $x_1 \in (0,1), x_2 = 0$。最优的 Pareto 集合为 $\mathcal{P} = \{(x_1, x_2) \mid (0.1 \leqslant x_1 \leqslant 0.4) \cup (0.6 \leqslant x_1 \leqslant 0.9) \cap x_2 = 0\}$。

本章小结

凸优化作为优化方法论中的特例，在实际应用中具有重要应用。与一般情形的优化问题相比，凸优化问题的求解较为简单。凸优化应用于很多学科领域，诸如自动控制系统、信号处理、通讯和网络、电子电路设计、数据分析和建模、统计学（最优化设计）以及金融学。

1. 凸优化是在最小化（最大化）的优化要求下，目标函数是凸函数且约束条件所形成的可行域集合是一个凸集的优化方法，因此凸优化的判定条件为：(1) 函数定义域是凸集；(2) 目标函数是凸函数。此外，凸优化问题具有一个重要的性质，即其任意局部最优解也是全局最优解。

2. 拟凸优化问题的局部最优解不是全局最优解。拟凸优化问题可以转化为凸可行性问题来求解。

3. 线性规划的目标函数和约束函数均为线性函数。单纯形法是求解线性规划问题最常用、最有效的算法之一。此外，线性分式规划是一个拟凸优化问题，可将其转化为线性规划来求解。

4. 整数规划通常有三种类型：纯整数规划、混合整数规划以及 0-1 规划。一般通过分支定界法、割平面法、隐枚举法以及匈牙利法等求解整数规划问题。

5. 二次规划的目标函数是二次函数，约束条件是线性函数。当不等式约束为凸二次函数时，问题拓展为二次约束二次规划。在实际应用中，可将一些非线性优化问题转化为一系列二次规划问题来求解。

6. 许多常见的凸优化问题，如线性规划、二次规划以及二次约束二次规划等都可转化为二次锥规划问题。

7. 鲁棒线性规划是一种扩展的线性规划问题，主要用来解决在不确定条件下的最优决策问题。

8. 几何规划的目标函数和约束条件均由广义多项式构成，是一种特殊的非线性规划，其较难求解，一般通过变量代换将几何规划转化为凸优化问题来求解。

9. 带有广义不等式约束的凸优化问题中最典型的有锥规划问题和半正定规划问题。锥规划问题中最简单的是线性锥规划问题，其目标函数为线性函数，不等式约束为仿射函数；半正定规划是一类特殊的矩阵优化问题，其异于经典线性规划和非线性优化问题，半正定规划的约束集合不是多面体。

10. 向量优化问题旨在寻找一个目标函数值在 K 锥上最优。在向量优化问题中，每一个 Pareto 最优值都是位于可达目标值集合边界上的可达目标值。

习 题 6

1. 试判断下列非线性规划是否为凸优化问题。

(1)
$$\begin{aligned} \min\ & f(\boldsymbol{x}) = x_1^2 + x_2^2 + 8 \\ \text{s.t.}\ & x_1 - x_2 \geqslant 0 \\ & -x_1 - x_2^2 = -2 \\ & x_1, x_2 \geqslant 0 \end{aligned}$$

(2)
$$\begin{aligned} \min\ & f(\boldsymbol{x}) = x_1^2 - x_2^2 + x_3^2 - x_1x_2 \\ \text{s.t.}\ & x_1^2 + x_2^2 \leqslant 4 \\ & 5x_1^2 + x_3 = 10 \\ & x_j \geqslant 0, \quad j = 1, 2, 3 \end{aligned}$$

2. 设 $\mathcal{S} \subseteq \mathbb{R}^n$ 为非空凸集，证明凸优化 $\min\limits_{\boldsymbol{x} \in \mathcal{S}} f(\boldsymbol{x})$ 的任意局部最优解必是全局最优解。

3. 设 $g_i : \mathbb{R}^n \to \mathbb{R}$，$i = 1, 2, \cdots, m_1$ 和 $h_i : \mathbb{R}^n \to \mathbb{R}$，$i = m_1 + 1, \cdots, m$ 都是线性函数，证明下面的约束问题

$$\begin{aligned} \min\ & f(\boldsymbol{x}) = \sum_{k=1}^{n} x_k^2 \\ \text{s.t.}\ & g_i(\boldsymbol{x}) \geqslant 0, \quad i \in \mathcal{I} = \{1, \cdots, m_1\} \end{aligned}$$

$$h_j(\boldsymbol{x}) = 0, \quad j \in \mathcal{E} = \{m_1+1, \cdots, m\}$$

是凸优化问题。

4. 设 $\mathcal{S} \subseteq \mathbb{R}^n$ 为非空凸集，f 具有一阶连续偏导数的凸函数，证明：$\bar{\boldsymbol{x}}$ 是问题 $\min\limits_{\boldsymbol{x}\in\mathcal{S}} f(\boldsymbol{x})$ 的最优解的充要条件是 $\nabla f(\bar{\boldsymbol{x}})^T(\boldsymbol{x}-\bar{\boldsymbol{x}}) \geqslant 0, \forall \boldsymbol{x} \in \mathcal{S}$。

5. 对下列线性规划问题，找出所有的基解，基可行解，并求出最优解和最优值。

（1）
$$\begin{aligned} \min\ & z = 5x_1 - 2x_2 + 3x_3 - 6x_4 \\ \text{s.t.}\ & x_1 + 2x_2 + 3x_3 + 4x_4 = 7 \\ & 2x_1 + x_2 + x_3 + 2x_4 = 3 \\ & x_1, x_2, x_3, x_4 \geqslant 0 \end{aligned}$$

（2）
$$\begin{aligned} \min\ & z = x_1 + x_2 - 2x_3 + x_4 - x_5 \\ \text{s.t.}\ & x_1 + x_2 + x_3 + x_4 = 1 \\ & -x_1 + 2x_2 + x_5 = 4 \\ & x_i \geqslant 0, \quad i = 1,2,3,4,5 \end{aligned}$$

6. 用割平面法求解下列整数规划。

（1）
$$\begin{aligned} \min\ & z = 2x_1 - x_2 \\ \text{s.t.}\ & x_1 - 3x_2 \leqslant 1 \\ & x_1 + x_2 \leqslant 4 \\ & x_1, x_2 \geqslant 0, \quad x_1, x_2 \in Z \end{aligned}$$

（2）
$$\begin{aligned} \min\ & z = -12x_1 + 9x_2 \\ \text{s.t.}\ & 2x_1 + x_2 \leqslant 10 \\ & -x_1 + 5x_2 \leqslant 6 \\ & 3x_1 - 2x_2 \leqslant 3 \\ & x_1, x_2 \geqslant 0, \quad x_1, x_2 \in Z \end{aligned}$$

7. 用分支定界法求解下列整数规划问题。

$$\begin{aligned} \max\ & z = x_1 + 5x_2 \\ \text{s.t}\ & 3x_1 + 4x_2 \leqslant 11 \\ & 7x_1 + 6x_2 \leqslant 42 \\ & x_1, x_2 \geqslant 0, x_1, x_2 \in Z \end{aligned}$$

8. 求解下列 0-1 规划问题。

（1）
$$\begin{aligned} \min\ & z = -2x_1 + x_2 + 3x_3 - 5x_4 \\ \text{s.t.}\ & x_1 - 3x_2 + x_3 - 5x_4 \leqslant 1 \\ & x_2 + x_3 \geqslant 2 \\ & x_1 + x_2 - x_3 + x_4 \leqslant 3 \\ & x_j = 0 \text{或} 1, \quad j = 1,2,3,4 \end{aligned}$$

（2）
$$\begin{aligned} \min\ & z = x_1 - x_2 + x_3 \\ \text{s.t.}\ & -x_1 + x_2 - x_3 \leqslant 2 \\ & 4x_1 + x_2 + 2x_3 \geqslant 3 \\ & x_1 - 7x_2 + x_3 \leqslant 0 \\ & x_j = 0 \text{ 或 } 1,\ j = 1,2,3 \end{aligned}$$

第 7 章　最小二乘问题

最小二乘法是数据拟合和参数估计的基石，
它帮助我们从数据中找到最佳拟合的模型

最小二乘模型是一种常见的优化模型，其目标是通过最小化误差的平方和来寻找最佳的参数或变量取值。它在实际问题中的应用非常广泛，例如回归分析中的线性回归问题、参数估计问题、数据拟合问题等，都可以转化为最小二乘模型来求解。此外，最小二乘模型还可以应用于信号处理中的滤波、图像处理中的图像恢复和拟合、优化问题中的目标函数最小化等。通过最小二乘模型求解优化问题可以提供可靠的解决方案，同时最小二乘法也具有良好的数学性质和理论基础，使得问题求解变得相对简单和可靠。因此，在实际应用中，最小二乘模型经常被应用于优化和求解各种问题。本章介绍最小二乘问题的基本形式以及线性和非线性最小二乘问题的求解方法。

7.1　最小二乘问题的基本形式

最小二乘法最早可以追溯到 19 世纪早期。1801 年新年的晚上，意大利天文学家皮亚齐发现了第一颗小行星（后来被命名为谷神星），跟踪观测 40 天后，这颗行星却不见了。天文学界对这一发现看法不一，争论数月未见分晓。这件事引起了德国数学家高斯的注意，高斯根据皮亚齐的观测数据，利用最小二乘法算出了谷神星的轨道形状，并推算出它将于何时何地再次出现。1801 年的最后一天深夜，奥地利天文学家奥伯斯，在高斯预言的时间里用望远镜对准了高斯指出的那片天空，果然奇迹般地发现了那颗谷神星。高斯使用的最小二乘法在 1809 年发表于他的著作《天体运动论》中。

在一些科学研究和工程计算中，经常需要研究变量之间的函数关系 $y = f(\boldsymbol{x})$。但对于函数 $f(\boldsymbol{x})$ 而言，我们不知道具体的解析表达式，只能通过观测和实验得到一组数据 $(\boldsymbol{x}_i, y_i), (i = 1, 2, 3, \cdots, m)$。我们希望能通过这组数据得到变量之间的函数关系，解决这个问题通常使用的方法就是插值或者拟合。

插值（Interpolation）即寻找一个比较简单的函数 $C(\boldsymbol{x})$ 使得

$$C(\boldsymbol{x}_i) = y_i, \quad i = 1, 2, 3 \cdots, m$$

此时函数 $C(\boldsymbol{x})$ 必须要严格地通过每一个数据点。例如单变元情况，如图 7.1 所示。

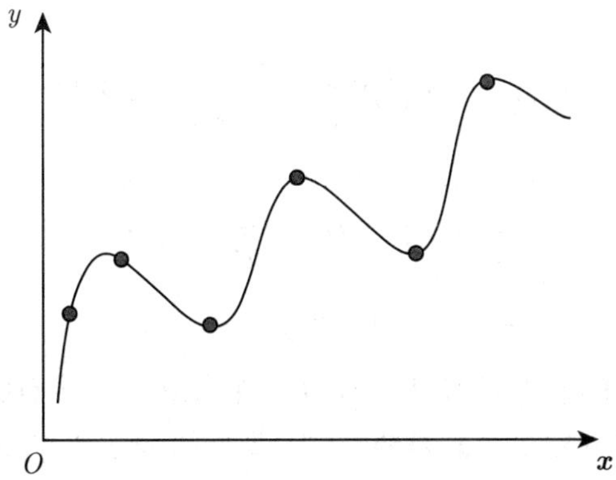

图 7.1 插值图

拟合（Fitting）旨在寻找一个函数 $N(\boldsymbol{x})$，但是不要求函数曲线严格通过每一个数据点，只要求在给定点上的误差按某种标准最小即可。例如单变元情况，如图 7.2 所示。

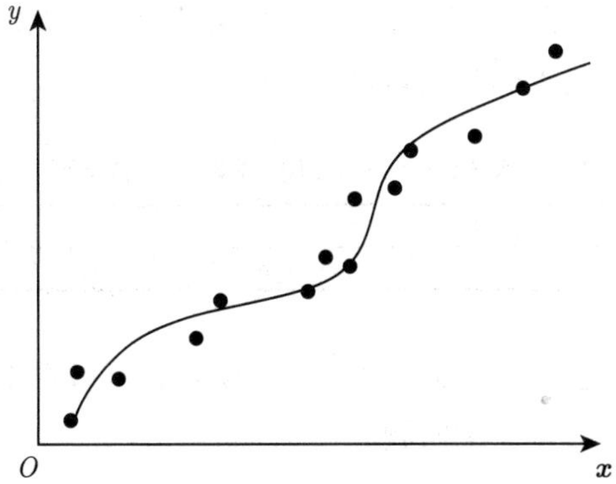

图 7.2 拟合图

当数据点非常多或采集的数据存在误差时，拟合的方法更为合理。采用不同的范数可以得到不同的曲线拟合类型，其中最常用的是 L_2 范数。用 L_2 范数作为标准误差进行曲线拟合的方法便称为最小二乘法，它使数据点到曲线的误差平方和达到最小。

设某系统中，输入数据 $\boldsymbol{x}$ 与输出数据 $\boldsymbol{y}$ 之间大致服从如下函数关系：

$$\boldsymbol{y} = f(\boldsymbol{x}, \boldsymbol{\beta}) \tag{7.1}$$

其中 $\boldsymbol{\beta} \in \mathbb{R}^n$ 为待定参数，经数据采集获得观测数据 $(\boldsymbol{x}_1, y_1), (\boldsymbol{x}_2, y_2), \cdots, (\boldsymbol{x}_m, y_m)$。一般地，$m \gg n$。最小二乘问题（Least Square Problem）就是使得模型输出值和实际观测值的误差平方和

$$\sum_{i=1}^{m}(y_i - f(\boldsymbol{x}_i, \boldsymbol{\beta}))^2$$

达到最小，来求解参数 $\boldsymbol{\beta}$ 的估计值。

定义函数 $r_i(\boldsymbol{\beta}) = y_i - f(\boldsymbol{x}_i, \boldsymbol{\beta}),\ i = 1, 2, \cdots, m$ ，并记

$$\boldsymbol{r}(\boldsymbol{\beta}) = (r_1(\boldsymbol{\beta}), r_2(\boldsymbol{\beta}), \cdots, r_m(\boldsymbol{\beta}))^T$$

则最小二乘问题可表述为

$$\min_{\boldsymbol{\beta}\in\mathbb{R}^n} \ [\boldsymbol{r}(\boldsymbol{\beta})]^T\boldsymbol{r}(\boldsymbol{\beta}) = \min_{\boldsymbol{\beta}\in\mathbb{R}^n} \ \|\boldsymbol{r}\,(\boldsymbol{\beta})\,\|^2$$

通常写为

$$\min_{\boldsymbol{\beta}\in\mathbb{R}^n} \ \frac{1}{2}[\boldsymbol{r}(\boldsymbol{\beta})]^T\boldsymbol{r}(\boldsymbol{\beta}) = \min_{\boldsymbol{\beta}\in\mathbb{R}^n} \ \frac{1}{2}\|\boldsymbol{r}\,(\boldsymbol{\beta})\,\|^2 \tag{7.2}$$

在没有特别说明时，本章 $\|\cdot\|$ 指向量的 L_2 范数。

如果最小二乘问题中的模型函数估计准确，那么最小二乘问题的最优值接近零，因此 $\boldsymbol{r}(\boldsymbol{\beta})$ 称作残差函数。若 $f(\boldsymbol{x})$ 关于 $\boldsymbol{x}$ 是线性的，即函数表达式 $f(\boldsymbol{x})$ 是线性的，则称该问题为线性最小二乘问题（Linear Least Squares Problem）；否则称该问题为非线性最小二乘问题（Nonlinear Least Squares Problem）。

为了能更加直观的理解最小二乘问题，我们举一个简单例子。

人们认为父母的身高会决定孩子的身高，那么能否建立父母的平均身高与成年儿子身高的关系，并根据父亲、母亲的平均身高推出成年儿子的身高呢？下面表 7.1 给出了 6 个家庭的父母平均身高以及成年儿子的身高数据。

表 7.1　父母平均身高以及成年儿子的身高数据

父母平均身高 x(cm)	155	160	165	170	175	180
成年儿子身高 y(cm)	158	164	168	175	178	188

将表 7.1 中的数据点画在坐标系中，如图 7.3 所示，可以看出数据点 (x, y) 呈现出线性关系，则此问题可看作线性最小二乘问题。

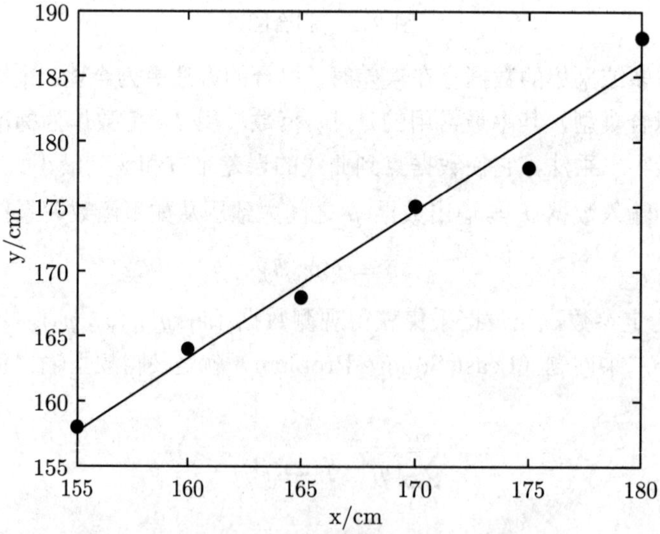

图 7.3　父母平均身高与成年儿子身高的散点图

假设父母平均身高 x 与成年儿子身高 y 之间服从如下函数关系

$$y = f(x) = a + bx$$

使得函数值与观测值的误差平方和最小，则有

$$\min \sum_{i=1}^{6}(y_i - a - bx_i)^2$$

因此，可以求得 a 和 b 的值，即得到拟合函数 $y = f(x)$ 的表达式。所以通过实验数据可以利用父母双方的平均身高来预测未来成年儿子的身高。

最小二乘模型是线性回归和非线性回归的基础方法之一。它常用于处理线性或非线性方程组问题，尤其是在观测数据带有噪声的情况下。通过建立最小二乘模型，我们可以对线性或非线性系统进行优化拟合。特别地，当噪声服从高斯分布时，最小二乘问题的解对应于原问题的最大似然估计解。这是因为高斯分布具有可加性误差并且满足正态性假设，最小二乘法在这种情况下可以提供对参数的最优估计。需要注意的是，最小二乘问题并不仅限于处理高斯噪声，在其他噪声分布下也可以使用。然而，当噪声服从高斯分布时，最小二乘法的解具有线性性、无偏性、有效性（最小方差性）等一些优良的统计性质，使其在许多实际应用中被广泛采用。

7.2 线性最小二乘问题的求解

线性最小二乘问题是优化问题理论和算法的重要组成部分，也是计算数学领域的一类经典问题。对于线性最小二乘问题，有许多经典的解法，包括最小二乘法、LDLT 分解、Cholesky 分解、QR 分解法、奇异值分解法等。这些方法既可以提供精确的解析解，也可以通过迭代算法来求解。此外，还有一些快速的算法和技巧，如正规方程法、广义逆法等，用于处理大规模的线性最小二乘问题。

对于线性最小二乘问题，$f_i(\boldsymbol{x})$ 是 $\boldsymbol{x}$ 的线性函数时，$f_i(\boldsymbol{x})$ 可以表示为

$$f_i(\boldsymbol{x}) = b_i - \boldsymbol{a}_i^T \boldsymbol{x}$$

其中 $\boldsymbol{a}_i^T = (a_{i1}, a_{i2}, \cdots, a_{in})$ 为 n 维向量，$\boldsymbol{x} = (x_1, x_2, \cdots, x_n)^T$，$b_i \in \mathbb{R}^1$ 为标量，$i = 1, 2, \cdots, m$。

误差函数可以表示为

$$f(\boldsymbol{x}) = \boldsymbol{b} - \boldsymbol{A}\boldsymbol{x}$$

其中 $\boldsymbol{A} = (\boldsymbol{a}_1, \boldsymbol{a}_2, \cdots, \boldsymbol{a}_m)^T \in \mathbb{R}^{m\times n}$，$\boldsymbol{b} = (b_1, b_2, \cdots, b_m)^T \in \mathbb{R}^m$，从而线性最小二乘问题为

$$\min_{\boldsymbol{x}\in\mathbb{R}^n} f(\boldsymbol{x}) = \min_{\boldsymbol{x}\in\mathbb{R}^n} \frac{1}{2}\|\boldsymbol{b} - \boldsymbol{A}\boldsymbol{x}\|^2 \tag{7.3}$$

线性最小二乘问题式 (7.3) 等价于求解 $\boldsymbol{x}_{LS}$ 使得下式成立

$$\|\boldsymbol{b} - \boldsymbol{A}\boldsymbol{x}_{LS}\| = \min_{\boldsymbol{x}\in\mathbb{R}^n} \|\boldsymbol{b} - \boldsymbol{A}\boldsymbol{x}\|$$

此时，称 $\boldsymbol{x}_{LS}$ 为最小二乘解或者极小解。

定理 7.1 $\boldsymbol{x}_{LS}$ 是最小二乘问题 $\min\limits_{\boldsymbol{x}\in\mathbb{R}^n} \frac{1}{2}\|\boldsymbol{b} - \boldsymbol{A}\boldsymbol{x}\|^2$ 极小解的充分必要条件是 $\boldsymbol{x}_{LS}$ 为方程组 $\boldsymbol{A}^T\boldsymbol{A}\boldsymbol{x} = \boldsymbol{A}^T\boldsymbol{b}$ 的解，该方程组也称为最小二乘问题的法方程。

证明 将 $\|\boldsymbol{b}-\boldsymbol{A}\boldsymbol{x}\|^2$ 按范数展开，得

$$\min\ f(\boldsymbol{x})=\frac{1}{2}\boldsymbol{x}^T\boldsymbol{A}^T\boldsymbol{A}\boldsymbol{x}-\boldsymbol{b}^T\boldsymbol{A}\boldsymbol{x}+\frac{1}{2}\boldsymbol{b}^T\boldsymbol{b}$$

这是一个以对称矩阵 $\boldsymbol{A}^T\boldsymbol{A}$ 为二阶 Hessian 矩阵的二次函数的无约束极小化问题。由于矩阵 $\boldsymbol{A}^T\boldsymbol{A}$ 至少半正定，则该问题的最优解也是全局最优解，即 $\boldsymbol{x}_{LS}$ 为问题的最优解，如果 $m\leqslant n$，则必有 $\|\boldsymbol{b}-\boldsymbol{A}\boldsymbol{x}_{LS}\|=0$；如果 $m>n$，则 $\|\boldsymbol{b}-\boldsymbol{A}\boldsymbol{x}_{LS}\|$ 不一定为零。当向量 $\boldsymbol{b}$ 属于矩阵 $\boldsymbol{A}$ 的像空间 $\mathcal{R}(\boldsymbol{A})=\{\boldsymbol{y}\mid\boldsymbol{y}=\boldsymbol{A}\boldsymbol{x},\ \forall\boldsymbol{x}\in\mathbb{R}^n\}$，则存在 $\boldsymbol{x}_{LS}\in\mathbb{R}^n$ 使 $\|\boldsymbol{b}-\boldsymbol{A}\boldsymbol{x}_{LS}\|=0$，否则问题的最优值不为零。

由于线性最小二乘问题式 (7.3) 是一个无约束二次目标函数的优化问题，又因为二次函数 f 是凸的，故 $\boldsymbol{x}_{LS}$ 是极小解，等价于

$$\nabla f(\boldsymbol{x}_{LS})=\boldsymbol{A}^T(\boldsymbol{A}\boldsymbol{x}_{LS}-\boldsymbol{b}) \tag{7.4}$$

根据无约束最优化问题最优解的一阶必要条件，问题的最优解是方程组

$$\boldsymbol{A}^T\boldsymbol{A}\boldsymbol{x}=\boldsymbol{A}^T\boldsymbol{b} \tag{7.5}$$

的解，式 (7.5) 称为法方程或正规方程。

如果记矩阵 $\boldsymbol{A}=(\boldsymbol{a}_1,\boldsymbol{a}_2,\cdots,\boldsymbol{a}_n),\boldsymbol{a}_i\in\mathbb{R}^m,i=1,2,\cdots,n$ ，则求最小二乘问题等价于求 $\{\boldsymbol{a}_i\}_{i=1}^n$ 的线性组合使之与向量 $\boldsymbol{b}$ 之差的 L_2 范数达到最小。这时可分为两种情况：第一种是 $\{\boldsymbol{a}_i\}_{i=1}^n$ 线性无关，即矩阵 $\boldsymbol{A}$ 列满秩；第二种是 $\{\boldsymbol{a}_i\}_{i=1}^n$ 线性相关，即 $\boldsymbol{A}$ 是亏秩的。

此时求解线性最小二乘问题可分为两种情况，第一种是矩阵 $\boldsymbol{A}$ 的列线性无关，即 $\boldsymbol{A}$ 为列满秩矩阵，则矩阵 $\boldsymbol{A}^T\boldsymbol{A}$ 正定，方程组式 (7.5) 的解唯一且可以表示为

$$\boldsymbol{x}_{LS}=\left(\boldsymbol{A}^T\boldsymbol{A}\right)^{-1}\boldsymbol{A}^T\boldsymbol{b} \tag{7.6}$$

第二种为矩阵 $\boldsymbol{A}$ 的列线性相关，即 $\boldsymbol{A}$ 为亏秩，此时方程组 (7.5) 的解不唯一。

线性最小二乘问题的解 $\boldsymbol{x}_{LS}$ 也可以称为线性方程组

$$\boldsymbol{A}\boldsymbol{x}=\boldsymbol{b},\ \ \boldsymbol{A}\in\mathbb{R}^{m\times n},\boldsymbol{b}\in\mathbb{R}^m \tag{7.7}$$

的最小二乘解，即 $\boldsymbol{x}_{LS}$ 在残差 $\boldsymbol{r}(\boldsymbol{x})=\boldsymbol{b}-\boldsymbol{A}\boldsymbol{x}$ 的 L_2 范数最小意义下满足方程组。

当 $m>n$ 时，方程组式 (7.7) 为超定方程组或者矛盾方程组；当 $m=n$ 时，称为适定方程组；当 $m<n$ 时，称为欠定方程组或者亚定方程组。

定理 7.2 对任意的 $\boldsymbol{A}\in\mathbb{R}^{m\times n}$ 和 $\boldsymbol{b}\in\mathbb{R}^m$，线性最小二乘问题式 (7.3) 存在全局最优解，而且有唯一最优解的充要条件是矩阵 $\boldsymbol{A}$ 列满秩。

证明 线性最小二乘问题式 (7.3) 的目标函数关于 $\boldsymbol{x}$ 为二次凸函数。根据无约束优化问题存在全局最优解的充分必要条件，其最优解满足

$$\boldsymbol{A}^T\boldsymbol{A}\boldsymbol{x}=\boldsymbol{A}^T\boldsymbol{b} \tag{7.8}$$

而由 $\boldsymbol{A}^T\boldsymbol{b}\in\mathcal{R}(\boldsymbol{A}^T)=\mathcal{R}(\boldsymbol{A}^T\boldsymbol{A})$ 知，满足式 (7.8) 的 $\boldsymbol{x}$ 是存在的，从而式 (7.3) 有最优解。若矩阵 $\boldsymbol{A}$ 列满秩，则 $\boldsymbol{A}^T\boldsymbol{A}$ 非奇异，式 (7.8) 有唯一解，从而式 (7.3) 有唯一解。显然，逆命题也是成立的，当矩阵 $\boldsymbol{A}$ 列不满秩时，则线性方程组式 (7.8) 有多个解。

7.2.1 满秩线性最小二乘问题

如果线性最小二乘问题方程组中的 $\boldsymbol{A} \in \mathbb{R}^{m\times n}(m \geqslant n)$ 为列满秩矩阵，称为满秩线性最小二乘问题，故 $\boldsymbol{A}^T\boldsymbol{A}$ 为对称正定矩阵。此时，最小二乘问题的法方程 $\boldsymbol{A}^T\boldsymbol{A}\boldsymbol{x} = \boldsymbol{A}^T\boldsymbol{b}$ 存在唯一解，在矩阵 $\boldsymbol{A}$ 满秩的情况下，可以采用直接求解法，通过法方程求得 $\boldsymbol{x}_{LS} = (\boldsymbol{A}^T\boldsymbol{A})^{-1}\boldsymbol{A}^T\boldsymbol{b}$ 即为唯一的最小二乘解。

但是为了提高效率通常使用 LDLT 分解、Cholesky 分解、QR 分解和奇异值分解（Singular Value Decomposition，SVD）等方法。下面介绍这 4 种方法求解满秩最小二乘问题的基本原理以及实现操作。

1. LDLT 分解

LDLT 分解原理是对称矩阵 $\boldsymbol{C}$ 可以分解成一个下三角矩阵 $\boldsymbol{L}$ 和一个对角矩阵 $\boldsymbol{D}$ 以及一个下三角矩阵 $\boldsymbol{L}$ 的转置 $\boldsymbol{L}^T$ 三个矩阵相乘的形式，即

$$\boldsymbol{C} = \boldsymbol{L}\boldsymbol{D}\boldsymbol{L}^T = \begin{pmatrix} 1 & 0 & \cdots & 0 \\ l_{21} & 1 & \cdots & 0 \\ \vdots & \vdots & \ddots & \vdots \\ l_{n1} & l_{n2} & \cdots & 1 \end{pmatrix} \begin{pmatrix} d_1 & 0 & \cdots & 0 \\ 0 & d_2 & \cdots & 0 \\ \vdots & \vdots & \ddots & \vdots \\ 0 & 0 & \cdots & d_n \end{pmatrix} \begin{pmatrix} 1 & l_{21} & \cdots & l_{n1} \\ 0 & 1 & \cdots & l_{n2} \\ \vdots & \vdots & \ddots & \vdots \\ 0 & 0 & \cdots & 1 \end{pmatrix}$$

由矩阵 $\boldsymbol{C}$ 的分解可以得知，$\boldsymbol{C}^T = \boldsymbol{C}$，即 $\boldsymbol{C}$ 的转置等于矩阵 $\boldsymbol{C}$ 本身。

使用 LDLT 分解求解满秩线性最小二乘问题的算法框架如下。

算法 7.1 LDLT 分解求解线性最小二乘问题的一般算法框架

Step 1 定义矩阵 $\boldsymbol{C} = \boldsymbol{A}^T\boldsymbol{A}$，$\boldsymbol{d} = \boldsymbol{A}^T\boldsymbol{b}$；
Step 2 对矩阵 $\boldsymbol{C} = \boldsymbol{A}^T\boldsymbol{A}$ 做 LDLT 分解，$\boldsymbol{C} = \boldsymbol{A}^T\boldsymbol{A} = \boldsymbol{L}\boldsymbol{D}\boldsymbol{L}^T$；
Step 3 令 $\boldsymbol{y} = \boldsymbol{L}^T\boldsymbol{x}$，原目标函数变为 $\boldsymbol{L}\boldsymbol{D}\boldsymbol{y} = \boldsymbol{d}$；
Step 4 求解 $\boldsymbol{L}\boldsymbol{D}\boldsymbol{y} = \boldsymbol{d}$ 得到 $\boldsymbol{y}$，然后求解 $\boldsymbol{y} = \boldsymbol{L}^T\boldsymbol{x}$ 得到最小二乘解 $\boldsymbol{x}_{LS}$。

【例 7.1】 求解 $\boldsymbol{A}\boldsymbol{x} = \boldsymbol{b}$ 的最小二乘解，其中

$$\boldsymbol{A} = \begin{pmatrix} 3 & 3 & 4 \\ 4 & -1 & 2 \\ 0 & 4 & 1 \end{pmatrix},\ \boldsymbol{b} = \begin{pmatrix} 1 \\ 0 \\ 0 \end{pmatrix}$$

解 采用 LDLT 分解求解。计算 $\boldsymbol{C} = \boldsymbol{A}^T\boldsymbol{A} = \begin{pmatrix} 25 & 5 & 20 \\ 5 & 26 & 14 \\ 20 & 14 & 21 \end{pmatrix}$，$\boldsymbol{d} = \boldsymbol{A}^T\boldsymbol{b} = \begin{pmatrix} 3 \\ 3 \\ 4 \end{pmatrix}$。

对矩阵 $\boldsymbol{C} = \boldsymbol{A}^T\boldsymbol{A}$ 做 LDLT 分解，有

$$\boldsymbol{C} = \boldsymbol{L}\boldsymbol{D}\boldsymbol{L}^T = \begin{pmatrix} 1 & 0 & 0 \\ 0.2 & 1 & 0 \\ 0.8 & 0.4 & 1 \end{pmatrix} \begin{pmatrix} 25 & 0 & 0 \\ 0 & 25 & 0 \\ 0 & 0 & 1 \end{pmatrix} \begin{pmatrix} 1 & 0.2 & 0.8 \\ 0 & 1 & 0.4 \\ 0 & 0 & 1 \end{pmatrix}$$

可得

$$
\boldsymbol{LDy} = \begin{pmatrix} 1 & 0 & 0 \\ 0.2 & 1 & 0 \\ 0.8 & 0.4 & 1 \end{pmatrix} \begin{pmatrix} 25 & 0 & 0 \\ 0 & 25 & 0 \\ 0 & 0 & 1 \end{pmatrix} \boldsymbol{y} = \begin{pmatrix} 3 \\ 3 \\ 4 \end{pmatrix} = \boldsymbol{d}
$$

解得 $\boldsymbol{y} = (0.12, 0.096, 0.64)^T$，则有

$$
\boldsymbol{y} = \begin{pmatrix} 0.12 \\ 0.096 \\ 0.64 \end{pmatrix} = \boldsymbol{L}^T \boldsymbol{x} = \begin{pmatrix} 1 & 0.2 & 0.8 \\ 0 & 1 & 0.4 \\ 0 & 0 & 1 \end{pmatrix} \boldsymbol{x}
$$

由上式可解出 $\boldsymbol{x} = (-0.36, -0.16, 0.64)^T$，即为最小二乘解。

利用 Python 代码实现计算最小二乘解的过程见实例代码 7.1。

实例代码 7.1

```
import numpy as np
#定义LDLT分解函数
def LDLT(amatrix):
    if len(np.shape(amatrix)) != 2 or np.shape(amatrix)[0]!=np.shape(amatrix)[1]:
        print("error shape")
        return
    for i in range(np.shape(amatrix)[0]):
        for j in range(np.shape(amatrix)[1]):
            if amatrix[i][j] != amatrix[j][i]:
                print("The input matrix should be symmetric")
                return
    n = np.shape(amatrix)[0] #dimension of matrix
    l = np.eye(n)
    d = np.zeros((n,n))
    for k in range(n):
        if k == 0:
            d[k][k] = amatrix[k][k]
            if d[k][k] == 0:
                print('error matrix type with 0 sequential principal minor determinant')
                return
            for m in range(n):
                l[m][k] = amatrix[m][k]/d[k][k]
        else:
            temp_sum1 = 0
            for m in range(k):
                temp_sum1 += amatrix[k][m]*l[k][m]
            d[k][k] = amatrix[k][k] - temp_sum1
            for j in range(k+1,n):
                temp_sum2 = 0
                for m in range(k):
                    temp_sum2 += amatrix[j][m]*l[k][m]
                amatrix[j][k] = amatrix[j][k] - temp_sum2
                l[j][k] = amatrix[j][k]/d[k][k]
```

```
    print("l")
    print(l)
    print('d')
    print(d)
    return l,d
a = np.array([[3, 3, 4], [4, -1, 2], [0, 4, 1]])
b = np.array([[1],[0],[0]])
d = a.T @ b
c = a.T@ a
#通过引入自定义LDLT分解函数求解
l, di = LDLT(c)
b = l@di
y = np.linalg.solve(b, d)
x = np.linalg.solve(l.T, y)
print('x')
print(x)
```

运行结果如下：

```
l
[[1.  0.  0. ]
 [0.2 1.  0. ]
 [0.8 0.4 1. ]]
d
[[25.  0.  0.]
 [ 0. 25.  0.]
 [ 0.  0.  1.]]
x
[[-0.36]
 [-0.16]
 [ 0.64]]
```

根据运行结果可得最小二乘解为 $\boldsymbol{x} = (-0.36, -0.16, 0.64)^T$。

2. Cholesky 分解法

Cholesky 分解是 LDLT 分解的一种特殊形式，其中 $\boldsymbol{D}$ 为单位矩阵。正定对称矩阵 $\boldsymbol{C}$ 可以分解成一个下三角矩阵 $\boldsymbol{L}$ 和其转置 $\boldsymbol{L}^T$ 相乘的形式，即

$$\boldsymbol{C} = \boldsymbol{L}\boldsymbol{L}^T = \begin{pmatrix} l_{11} & 0 & \cdots & 0 \\ l_{21} & l_{22} & \cdots & 0 \\ \vdots & \vdots & \ddots & \vdots \\ l_{n1} & l_{n2} & \cdots & l_{nn} \end{pmatrix} \begin{pmatrix} l_{11} & l_{21} & \cdots & l_{n1} \\ 0 & l_{22} & \cdots & l_{n2} \\ \vdots & \vdots & \ddots & \vdots \\ 0 & 0 & \cdots & l_{nn} \end{pmatrix}$$

利用 Cholesky 分解的算法框架如下。

算法 7.2 Cholesky 分解求解线性最小二乘问题的一般算法框架

Step 1 定义矩阵 $\boldsymbol{C} = \boldsymbol{A}^T\boldsymbol{A}$，$\boldsymbol{d} = \boldsymbol{A}^T\boldsymbol{b}$;

Step 2 对 n 阶对称矩阵 $\boldsymbol{C} = \boldsymbol{A}^T\boldsymbol{A}$ 做 Cholesky 分解，有 $\boldsymbol{C} = \boldsymbol{A}^T\boldsymbol{A} = \boldsymbol{L}\boldsymbol{L}^T$;

Step 3 令 $\boldsymbol{y} = \boldsymbol{L}^T\boldsymbol{x}$，原目标函数变为 $\boldsymbol{L}\boldsymbol{y} = \boldsymbol{d}$;

Step 4 求解 $\boldsymbol{L}\boldsymbol{y} = \boldsymbol{d}$ 得到 $\boldsymbol{y}$，然后求解 $\boldsymbol{y} = \boldsymbol{L}^T\boldsymbol{x}$ 得到最小二乘解 $\boldsymbol{x}_{LS}$。

【例 7.2】 采用 Cholesky 分解求解例 7.1。

解 计算 $\boldsymbol{C}=\boldsymbol{A}^T\boldsymbol{A}=\begin{pmatrix}25 & 5 & 20\\ 5 & 26 & 14\\ 20 & 14 & 21\end{pmatrix}$，$\boldsymbol{d}=\boldsymbol{A}^T\boldsymbol{b}=\begin{pmatrix}3\\3\\4\end{pmatrix}$。对矩阵 $\boldsymbol{C}=\boldsymbol{A}^T\boldsymbol{A}$ 做 Cholesky 分解

$$\boldsymbol{C}=\boldsymbol{L}\boldsymbol{L}^T=\begin{pmatrix}5 & 0 & 0\\ 1 & 5 & 0\\ 4 & 2 & 1\end{pmatrix}\begin{pmatrix}5 & 1 & 4\\ 0 & 5 & 2\\ 0 & 0 & 1\end{pmatrix}$$

可得

$$\boldsymbol{L}\boldsymbol{y}=\begin{pmatrix}5 & 0 & 0\\ 1 & 5 & 0\\ 4 & 2 & 1\end{pmatrix}\boldsymbol{y}=\begin{pmatrix}3\\3\\4\end{pmatrix}=\boldsymbol{d}$$

解得 $\boldsymbol{y}=(0.6,0.48,0.64)^T$，则有

$$\boldsymbol{y}=\begin{pmatrix}0.6\\0.48\\0.64\end{pmatrix}=\boldsymbol{L}^T\boldsymbol{x}=\begin{pmatrix}5 & 1 & 4\\ 0 & 5 & 2\\ 0 & 0 & 1\end{pmatrix}\boldsymbol{x}$$

由上式可解出最小二乘解 $\boldsymbol{x}=(-0.36,-0.16,0.64)^T$。

实例代码 7.2 调用 Cholesky 分解函数来求解线性最小二乘问题。

实例代码 7.2

```
import numpy as np
#定义数据点
A = np.array([[3,3,4],[4,-1,2],[0,4,1]])
b = np.array([[1],[0],[0]])
d = A.T @ b
C = A.T @ A
L = np.linalg.cholesky (C)
y = np.linalg.solve(L, d)
x = np.linalg.solve(L.T, y)
print(x)
```

运行结果如下：

```
[[-0.36]
 [-0.16]
 [ 0.64]]
```

由运行结果可得最小二乘解为 $\boldsymbol{x}=(-0.36,-0.16,0.64)^T$。

【例 7.3】 求解 $\boldsymbol{A}\boldsymbol{x}=\boldsymbol{b}$ 的最小二乘解，其中

$$\boldsymbol{A}=\begin{pmatrix}2 & 5 & -6\\ 4 & 13 & -19\\ -6 & -3 & -6\end{pmatrix},\ \boldsymbol{b}=\begin{pmatrix}10\\19\\-30\end{pmatrix}$$

解　计算 $\boldsymbol{C}=\boldsymbol{A}^T\boldsymbol{A}=\begin{pmatrix}56 & 80 & -52\\ 80 & 203 & -259\\ -52 & -259 & 433\end{pmatrix}$，$\boldsymbol{d}=\boldsymbol{A}^T\boldsymbol{b}=\begin{pmatrix}276\\ 387\\ -241\end{pmatrix}$。对矩阵 $\boldsymbol{C}=\boldsymbol{A}^T\boldsymbol{A}$ 做 Cholesky 分解

$$\boldsymbol{C}=\boldsymbol{L}\boldsymbol{L}^T=\begin{pmatrix}7.4833 & 0 & 0\\ 10.6904 & 9.4188 & 0\\ -6.9488 & -19.6112 & 0.3405\end{pmatrix}\begin{pmatrix}7.4833 & 10.6904 & -6.9488\\ 0 & 9.4188 & -19.6112\\ 0 & 0 & 0.3405\end{pmatrix}$$

可得

$$\boldsymbol{L}\boldsymbol{y}=\begin{pmatrix}7.4833 & 0 & 0\\ 10.6904 & 9.4188 & 0\\ -6.9488 & -19.6112 & 0.3405\end{pmatrix}\boldsymbol{y}=\begin{pmatrix}276\\ 387\\ -241\end{pmatrix}=\boldsymbol{d}$$

可以解得 $\boldsymbol{y}=(36.8821,-0.7735,0.3405)^T$，则有

$$\boldsymbol{y}=\begin{pmatrix}36.8821\\ -0.7735\\ 0.3405\end{pmatrix}=\boldsymbol{L}^T\boldsymbol{x}=\begin{pmatrix}7.4833 & 10.6904 & -6.9488\\ 0 & 9.4188 & -19.6112\\ 0 & 0 & 0.3405\end{pmatrix}\boldsymbol{x}$$

由上式可解出 $\boldsymbol{x}=(3,2,1)^T$，即为最小二乘解。

实例代码 7.3 给出了求解该问题的 Python 代码。

实例代码 7.3

```
import numpy as np
#定义数据点
A = np.array([[2,5,-6],[4,13,-19],[-6,-3,-6]])
b = np.array([[10],[19],[-30]])
d = A.T @ b
C = A.T @ A
L = np.linalg.cholesky(C)
print(L)
y = np.linalg.solve(L, d)
x = np.linalg.solve(L.T, y)
print(x)
```

运行结果如下：

```
[[ 7.48331477 0.          0.        ]
 [ 10.69044968 9.41882613 0.        ]
 [ -6.94879229 -19.61117905 0.34050261]]
[[3.]
 [2.]
 [1.]]
```

由运行结果可得该问题的最小二乘解为 $\boldsymbol{x}=(3,2,1)^T$。

3. QR 分解

从理论上看，法方程非常完美，它将线性最小二乘问题转化成线性方程组的求解问题。但从数值计算的角度来看，法方程往往具有病态性，而且计算 $\boldsymbol{A}^T\boldsymbol{A}$ 会放大数值误差，使计算结果的准确度受很大影响。因此讨论用 QR 分解（正交分解）求解线性最小二乘问题。

QR 分解将矩阵 $\boldsymbol{A}$ 分解成一个标准正交方阵 $\boldsymbol{Q}$ 和一个上三角矩阵的乘积，如图 7.4 所示。

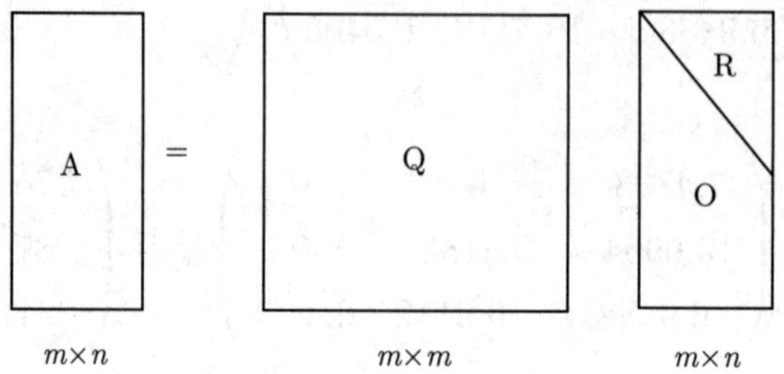

图 7.4　QR 分解示意图

考虑线性方程组 $\boldsymbol{Ax}=\boldsymbol{b}$，其中 $\boldsymbol{A}\in\mathbb{R}^{m\times n}(m\geqslant n)$ 列满秩，$\boldsymbol{b}\in\mathbb{R}^m$，那么设矩阵 $\boldsymbol{A}$ 的 QR 分解为

$$\boldsymbol{A}=\boldsymbol{Q}\begin{pmatrix}\boldsymbol{R}\\ \boldsymbol{O}_{(m-n)\times n}\end{pmatrix}$$

其中 $\boldsymbol{Q}$ 是 m 阶的正交矩阵，$\boldsymbol{R}$ 是 n 阶的上三角矩阵。

将 $\boldsymbol{Q}$ 分块，即 $\boldsymbol{Q}=(\boldsymbol{Q}_1,\boldsymbol{Q}_2)$，$\boldsymbol{Q}_1\in\mathbb{R}^{m\times n}$，$\boldsymbol{Q}_2\in\mathbb{R}^{m\times(m-n)}$，于是有

$$\begin{aligned}\|\boldsymbol{b}-\boldsymbol{Ax}\|^2&=\left\|\boldsymbol{b}-\boldsymbol{Q}\begin{pmatrix}\boldsymbol{R}\\ \boldsymbol{O}\end{pmatrix}\right\|^2=\left\|\boldsymbol{Q}^T\boldsymbol{b}-\begin{pmatrix}\boldsymbol{R}\\ \boldsymbol{O}\end{pmatrix}\right\|^2\\&=\left\|\begin{pmatrix}\boldsymbol{Q}_1^T\\ \boldsymbol{Q}_2^T\end{pmatrix}\boldsymbol{b}-\begin{pmatrix}\boldsymbol{R}\\ \boldsymbol{O}\end{pmatrix}\right\|^2=\left\|\begin{pmatrix}\boldsymbol{Q}_1^T\boldsymbol{b}-\boldsymbol{Rx}\\ \boldsymbol{Q}_2^T\boldsymbol{b}\end{pmatrix}\right\|^2\\&=\|\boldsymbol{Q}_1^T\boldsymbol{b}-\boldsymbol{Rx}\|^2+\|\boldsymbol{Q}_2^T\boldsymbol{b}\|^2\end{aligned}$$

其中第二个等号用到了 L_2 范数的正交不变性。

因此，$\boldsymbol{x}_{LS}$ 是线性最小二乘问题解的充分必要条件为

$$\boldsymbol{Rx}_{LS}=\boldsymbol{Q}_1^T\boldsymbol{b}$$

则有

$$\boldsymbol{Ax}=\boldsymbol{b}\Longleftrightarrow\boldsymbol{Q}\begin{pmatrix}\boldsymbol{R}\\ \boldsymbol{O}\end{pmatrix}\boldsymbol{x}=\boldsymbol{b}\Longleftrightarrow\begin{pmatrix}\boldsymbol{R}\\ \boldsymbol{O}\end{pmatrix}\boldsymbol{x}=\boldsymbol{Q}^T\boldsymbol{b}$$

当矩阵 $\boldsymbol{A}$ 列满秩时，$\boldsymbol{R}$ 的秩也是 n，它是非奇异方阵，因此这个线性方程组的解存在且唯一。并且它是个上三角形线性方程组，可以用回代法求解。QR 分解的优点在于不会放

大矩阵 $\boldsymbol{A}$ 的误差。

用 QR 分解求解线性最小二乘问题的算法框架如下。

算法 7.3 QR 分解求解满秩线性最小二乘问题的一般算法框架

Step 1 对系数矩阵 $\boldsymbol{A}$ 做 QR 分解

$$\boldsymbol{A}=\boldsymbol{Q}\begin{pmatrix}\boldsymbol{R}\\ \boldsymbol{O}_{(m-n)\times n}\end{pmatrix}$$

Step 2 取 $\boldsymbol{R}\in\mathbb{R}^{m\times n}$ 的上部矩阵 $\boldsymbol{R}_1\in\mathbb{R}^{n\times n}$，取 $\boldsymbol{C}\in\mathbb{R}^m$ 的前 n 个分量组成子向量 $\boldsymbol{C}_1\in\mathbb{R}^n$；

Step 3 回代求解 $\boldsymbol{R}_1\boldsymbol{x}=\boldsymbol{C}_1$ ，得到最小二乘解 $\boldsymbol{x}_{LS}$。

【例 7.4】 采用 QR 分解求解例 7.1。

解 矩阵 $\boldsymbol{A}$ 用 Householder 变换作正交分解 $\boldsymbol{A}=\boldsymbol{QR}$，其中

$$\boldsymbol{Q}=\begin{pmatrix}0.6&0.8&0\\0.48&-0.36&0.8\\0&0.8&-0.6\end{pmatrix},\ \boldsymbol{R}=\begin{pmatrix}5&1&4\\0&5&2\\0&0&1\end{pmatrix}$$

计算 $\boldsymbol{C}=\boldsymbol{Q}^T\boldsymbol{b}=(0.6,0.48,0.64)^T$，因为矩阵 $\boldsymbol{A}$ 是方阵，直接进行回代求解。

求解上三角方程组 $\boldsymbol{Rx}=\boldsymbol{C}$，有

$$\begin{pmatrix}5&1&4\\0&5&2\\0&0&1\end{pmatrix}\begin{pmatrix}x_1\\x_2\\x_3\end{pmatrix}=\begin{pmatrix}0.6\\0.48\\0.64\end{pmatrix}$$

故可以求出方程组的最小二乘解 $\boldsymbol{x}_{LS}=(-0.36,-0.16,0.64)^T$。

通过调用 Numpy 中矩阵计算模块 linalg 的 QR 函数来求解该问题，见实例代码 7.4。

实例代码 7.4

```
import numpy as np
#定义数据点
A = np.array([[3,3,4],[4,-1,2],[0,4,1]])
b = np.array([[1],[0],[0]])
Q,R = np.linalg.qr(A)
C = Q.T@b
x = np.linalg.solve(R, C)
print(x)
```

运行结果如下：

```
[[-0.36]
 [-0.16]
 [ 0.64]]
```

因此，根据实例代码 7.4 可以求出最小二乘解为 $\boldsymbol{x}_{LS}=(-0.36,-0.16,0.64)^T$。

【例 7.5】 采用 QR 分解求解方程组 $\boldsymbol{Ax}=\boldsymbol{b}$，其中

$$
\boldsymbol{A}=\begin{pmatrix} \frac{1}{2} & \frac{1+\sqrt{2}}{2} & \frac{\sqrt{2}}{2} \\ \frac{1}{2} & \frac{1}{2} & \frac{\sqrt{2}}{2} \\ \frac{1}{2} & \frac{1}{2} & -\frac{\sqrt{2}}{2} \\ \frac{1}{2} & \frac{1-\sqrt{2}}{2} & -\frac{\sqrt{2}}{2} \end{pmatrix},\ \boldsymbol{b}=\begin{pmatrix} 2 \\ -2 \\ 0 \\ 2 \end{pmatrix}
$$

解 对 $\boldsymbol{A}$ 用 Householder 变换作正交分解 $\boldsymbol{A}=\boldsymbol{QR}$，其中

$$
\boldsymbol{Q}=\begin{pmatrix} \frac{1}{2} & \frac{1}{\sqrt{2}} & 0 & \frac{1}{2} \\ \frac{1}{2} & 0 & \frac{1}{\sqrt{2}} & -\frac{1}{2} \\ \frac{1}{2} & 0 & -\frac{1}{\sqrt{2}} & -\frac{1}{2} \\ \frac{1}{2} & -\frac{1}{\sqrt{2}} & 0 & \frac{1}{2} \end{pmatrix},\ \boldsymbol{R}=\begin{pmatrix} 1 & 1 & 0 \\ 0 & 1 & 1 \\ 0 & 0 & 1 \\ 0 & 0 & 0 \end{pmatrix}
$$

计算 $\boldsymbol{C}=\boldsymbol{Q}^T\boldsymbol{b}=(1,0,-\sqrt{2},3)^T$，取矩阵 $\boldsymbol{R}$ 的上部 3×3 矩阵

$$
\boldsymbol{R}_1=\begin{pmatrix} 1 & 1 & 0 \\ 0 & 1 & 1 \\ 0 & 0 & 1 \end{pmatrix},\ \boldsymbol{C}_1=(1,0,-\sqrt{2})^T
$$

求解上三角方程组 $\boldsymbol{R}_1\boldsymbol{x}=\boldsymbol{C}_1$，得出方程组的最小二乘解为

$$
\boldsymbol{x}=(1-\sqrt{2},\sqrt{2},-\sqrt{2})^T
$$

实例代码 7.5 给出了求解该问题的 Python 代码实现。

实例代码 7.5

```
import numpy as np
#定义数据点
A=np.array([[0.5,(1+2**0.5)/2,(2**0.5)/2],[0.5,0.5,2**0.5/2],
[0.5,0.5,-(2**0.5)/2],[0.5, (1-(2**0.5))/2, -(2**0.5)/2]])
print(A)
b = np.array([[2],[-2],[0],[2]])
Q,R = np.linalg.qr(A)
C = Q.T@b
x = np.linalg.solve(R, C)
print('x\n',x)
```

运行结果如下：

```
[[ 0.5         1.20710678 0.70710678]
 [ 0.5         0.5         0.70710678]
 [ 0.5         0.5        -0.70710678]
 [ 0.5        -0.20710678 -0.70710678]]
```

```
x
[[-0.41421356]
 [ 1.41421356]
 [-1.41421356]]
```

由运行结果得该问题的最小二乘解为 $\boldsymbol{x} = (-0.41121356, 1.41421356, -1.41421356)^T$ 。

4. 奇异值分解

矩阵的奇异值分解在最优化问题、特征值问题、最小二乘问题及广义逆问题中有着巨大的作用，SVD 分解将 QR 分解推广到任意的实矩阵，不要求矩阵可逆，也不要求方阵。奇异值和特征值有相似的重要意义，都是为了提取出矩阵的主要特征。

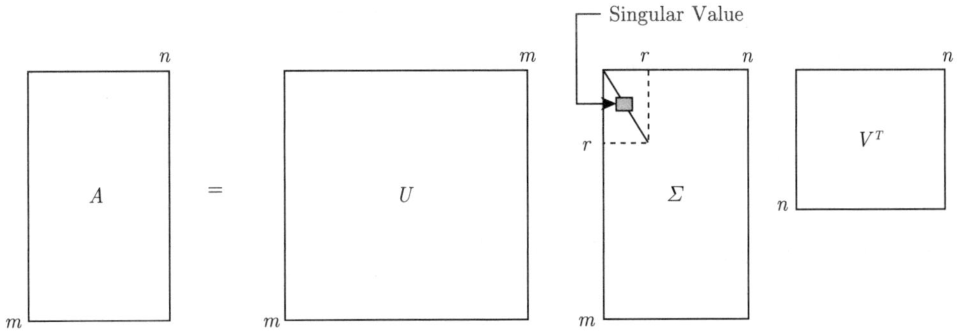

图 7.5　SVD 分解示意图

假设 $\boldsymbol{A}$ 是一个 $m \times n$ 阶矩阵，则存在一个 m 阶正交矩阵 $\boldsymbol{U}$、非负对角阵 $\boldsymbol{\Sigma}$ 和 n 阶正交矩阵 $\boldsymbol{V}$ 使得

$$\boldsymbol{A} = \boldsymbol{U\Sigma V}^T = \boldsymbol{U}\begin{pmatrix} \boldsymbol{\Sigma}_r & \boldsymbol{O} \\ \boldsymbol{O} & \boldsymbol{O} \end{pmatrix}\boldsymbol{V}^T$$

其中 $\boldsymbol{\Sigma}_r = \mathrm{diag}\{\sigma_1, \sigma_2, \cdots, \sigma_r\}$ ，$\sigma_i > 0(i = 1, 2, \cdots, r)$ 为矩阵 $\boldsymbol{A}$ 的正奇异值；$\boldsymbol{U} \in \mathbb{R}^{m\times m}$ 和 $\boldsymbol{V} \in \mathbb{R}^{n\times n}$ 均为正交阵，有

$$\boldsymbol{A}^{-1} = \boldsymbol{V}\begin{pmatrix} \boldsymbol{\Sigma}_r^{-1} & \boldsymbol{O} \\ \boldsymbol{O} & \boldsymbol{O} \end{pmatrix}\boldsymbol{U}^T$$

则列满秩最小二乘问题的唯一解是 $\boldsymbol{x} = \boldsymbol{A}^{-1}\boldsymbol{b}$，于是有

$$\boldsymbol{x}_* = \boldsymbol{V}\mathrm{diag}\left(\frac{1}{\sigma_1}, \frac{1}{\sigma_2}, \dots, \frac{1}{\sigma_n}\right)(\boldsymbol{U}^T\boldsymbol{b}) \tag{7.9}$$

计算中最小奇异值 σ_n 接近 0 时，可将 $\dfrac{1}{\sigma_n}$ 置为 0。

【例 7.6】　运用 SVD 分解求解例 7.1。

解　对矩阵 $\boldsymbol{A}$ 做 SVD 分解 $\boldsymbol{A} = \boldsymbol{U\Sigma V}^T$，其中

$$\boldsymbol{U} = \begin{pmatrix} -0.8170 & 0.0827 & -0.5707 \\ -0.4471 & -0.7159 & 0.5363 \\ -0.3642 & 0.6933 & 0.6218 \end{pmatrix}, \quad \boldsymbol{\Sigma} = \begin{pmatrix} 7.1018 & 0 & 0 \\ 0 & 4.5797 & 0 \\ 0 & 0 & 0.7687 \end{pmatrix}$$

$$\boldsymbol{V}=\begin{pmatrix}-0.5969 & -0.5711 & 0.5635\\ -0.4873 & 0.8160 & 0.3108\\ -0.6373 & -0.0890 & -0.7654\end{pmatrix}$$

计算最小二乘解 $\boldsymbol{x}_{LS}$, 有

$$\begin{aligned}\boldsymbol{x}_{LS}&=\boldsymbol{V}\operatorname{diag}\left(\frac{1}{\sigma_1},\frac{1}{\sigma_2},\dots,\frac{1}{\sigma_n}\right)(\boldsymbol{U}^T\boldsymbol{b})=\boldsymbol{V}\boldsymbol{\Sigma}^{-1}\boldsymbol{U}^T\boldsymbol{b}\\&=\begin{pmatrix}-0.36 & 0.52 & 0.4\\ -0.16 & 0.12 & 0.4\\ 0.64 & -0.48 & -0.6\end{pmatrix}\begin{pmatrix}1\\0\\0\end{pmatrix}\\&=\begin{pmatrix}-0.36\\-0.16\\0.64\end{pmatrix}\end{aligned}$$

故求出方程组的最小二乘解 $\boldsymbol{x}_{LS}=(-0.36,-0.16,0.64)^T$。

实例代码 7.6 通过调用 numpy.linalg 模块中的 svd 函数对矩阵进行奇异值分解。

实例代码 7.6

```
import numpy as np
#定义数据点
A = np.array([[3,3,4],[4,-1,2],[0,4,1]])
print(A)
b = np.array([[1],[0],[0]])
U,D,VT = np.linalg.svd(A)
print(D)
y = U.T @ b
D_inv = np.diag(1/D)
x = VT.T @ D_inv @y
print(x)
```

运行结果如下：

```
[[ 3 3  4]
 [ 4 -1 2]
 [ 0 4  1]]
[7.10181587 4.57966888 0.76866397]
[[-0.36]
 [-0.16]
 [ 0.64]]
```

由运行结果可知，原方程组的最小二乘解 $\boldsymbol{x}_{LS}=(-0.36,-0.16,0.64)^T$。

7.2.2 亏秩线性最小二乘问题

若矩阵 $\boldsymbol{A}$ 是亏秩的，则线性最小二乘问题式 (7.3) 有无穷多个解，此时引入矩阵的广义逆，可以得到线性最小二乘问题极小解的通解。为此，首先介绍广义逆的概念。

定义 7.1 设 $\boldsymbol{A}\in\mathbb{R}^{m\times n}$，如果矩阵 $\boldsymbol{G}\in\mathbb{R}^{n\times m}$ 满足以下四个矩阵方程：

（1）$\boldsymbol{AGA}=\boldsymbol{A}$；

（2）$\boldsymbol{XGX}=\boldsymbol{G}$；

（3）$(\boldsymbol{AG})^T=\boldsymbol{AG}$；

（4）$\boldsymbol{GA}^T=\boldsymbol{GA}$。

则称 $\boldsymbol{G}$ 是矩阵 $\boldsymbol{A}$ 的广义逆（Moore-Penrose 逆），记为 $\boldsymbol{G}=\boldsymbol{A}^{\dagger}$。

定理 7.3 线性方程组 $\boldsymbol{Ax}=\boldsymbol{b},\boldsymbol{A}\in\mathbb{R}^{m\times n},\boldsymbol{b}\in\mathbb{R}^m$，则

（1）$\boldsymbol{Ax}=\boldsymbol{b}$ 有解的充分必要条件是 $\boldsymbol{AA}^{\dagger}\boldsymbol{b}=\boldsymbol{b}$；

（2）若 $\boldsymbol{Ax}=\boldsymbol{b}$ 有解，$\boldsymbol{A}^{\dagger}\boldsymbol{b}$ 是它的一个特解，其全部解（通解）是

$$\boldsymbol{x}=\boldsymbol{A}^{\dagger}\boldsymbol{b}+\left(\boldsymbol{I}-\boldsymbol{A}^{\dagger}\boldsymbol{A}\right)\boldsymbol{y},\quad \forall\boldsymbol{y}\in\mathbb{R}^n$$

定理 7.4 线性方程组 $\boldsymbol{Ax}=\boldsymbol{b},\boldsymbol{A}\in\mathbb{R}^{m\times n},\boldsymbol{b}\in\mathbb{R}^m$，则

（1）法方程 $\boldsymbol{A}^T\boldsymbol{Ax}=\boldsymbol{A}^T\boldsymbol{b}$ 恒有解；

（2）法方程的通解是 $\boldsymbol{x}=\boldsymbol{A}^{\dagger}\boldsymbol{b}+\left(\boldsymbol{I}-\boldsymbol{A}^{\dagger}\boldsymbol{A}\right)\boldsymbol{y},\quad \forall\boldsymbol{y}\in\mathbb{R}^n$；

（3）$\boldsymbol{x}=\boldsymbol{A}^{\dagger}\boldsymbol{b}$ 是方程组的最小二乘解，即解集合中 L_2 范数 $\|\cdot\|$ 最小的解，又称为极小范数解；

（4）当 $\boldsymbol{A}\in\mathbb{R}^{m\times n}$ 是列满秩矩阵，则满秩最小二乘问题存在唯一解 $\boldsymbol{x}=\boldsymbol{A}^{\dagger}\boldsymbol{b}$。

对于亏秩的线性最小二乘问题，QR 分解仍然成立，但是生成的上三角矩阵 $\boldsymbol{R}$ 是奇异的，会有多个向量 $\boldsymbol{x}$ 给出残差的最小值，因此 QR 分解找不出唯一解。针对这种情况，通常选择范数最小的解作为最终解。

SVD 分解不仅可以解决满秩最小二乘问题，最重要的是可以解决亏秩最小二乘问题（$\text{rank}(\boldsymbol{A})=r<n$）。$\boldsymbol{A}$ 秩亏的情况下，只能使用 SVD 分解方法，其他方法将失效。

对任意一个线性方程组 $\boldsymbol{Ax}=\boldsymbol{b}$，若矩阵 $\boldsymbol{A}$ 是亏秩的，由定理 7.3 和定理 7.4 可知它的解可以用广义逆统一表示成一般形式。广义逆可以用奇异值分解的方法求解，设秩为 $r(r\geqslant 1)$ 的矩阵 $\boldsymbol{A}$ 的奇异值分解为

$$\boldsymbol{A}=\boldsymbol{U}\begin{pmatrix}\boldsymbol{\Sigma}_r & \boldsymbol{O}\\ \boldsymbol{O} & \boldsymbol{O}\end{pmatrix}\boldsymbol{V}^T$$

其中 $\boldsymbol{\Sigma}_r=\text{diag}\{\sigma_1,\sigma_2,\cdots,\sigma_r\}$，$\sigma_1\geqslant\sigma_2\geqslant\cdots\geqslant\sigma_r>0$ 为矩阵 $\boldsymbol{A}$ 的正奇异值；$\boldsymbol{U}=(u_1,u_2,\cdots,u_m)$ 和 $\boldsymbol{V}=(v_1,v_2,\cdots,v_n)$ 为正交阵，则矩阵 $\boldsymbol{A}$ 的广义逆为

$$\boldsymbol{A}^{\dagger}=\boldsymbol{V}\begin{pmatrix}\boldsymbol{\Sigma}_r^{-1} & \boldsymbol{O}\\ \boldsymbol{O} & \boldsymbol{O}\end{pmatrix}\boldsymbol{U}^T$$

且亏秩最小二乘问题的解是 $\boldsymbol{x}=\boldsymbol{A}^{\dagger}\boldsymbol{b}$，有如下结论

$$\boldsymbol{x}=\boldsymbol{A}^{\dagger}\boldsymbol{b}=\boldsymbol{V}\begin{pmatrix}\boldsymbol{\Sigma}_r^{-1} & \boldsymbol{O}\\ \boldsymbol{O} & \boldsymbol{O}\end{pmatrix}\boldsymbol{U}^T=\sum_{i=1}^{r}\frac{\boldsymbol{u}_i^T\boldsymbol{b}}{\sigma_i}\boldsymbol{v}_i \tag{7.10}$$

利用广义逆，便可以求解线性最小二乘问题方程组，无论其是否有解。当有解时，其解 $\|\boldsymbol{x}\|=\min\limits_{\boldsymbol{Ax}=\boldsymbol{b}}\|\boldsymbol{x}\|$ 称为极小范数解；当无解时，其解 $\|\boldsymbol{x}\|=\min\limits_{\|\boldsymbol{Ax}-\boldsymbol{b}\|}\|\boldsymbol{x}\|$ 称为极小范数最小二乘解。

用 SVD 分解求解线性最小二乘问题的算法框架如下。

算法 7.4 SVD 分解求解线性最小二乘问题的算法框架

Step 1 对矩阵 $\boldsymbol{A}$ 进行奇异值分解，得 $\boldsymbol{A}=\boldsymbol{U\Sigma V}^T$；

Step 2 利用矩阵广义逆概念，计算 $\boldsymbol{x}=\sum_{i=1}^{r}\dfrac{\boldsymbol{u}_i^T\boldsymbol{b}}{\sigma_i}\boldsymbol{v}_i$，得到最小二乘解 $\boldsymbol{x}_{LS}$。

【例 7.7】 用 SVD 分解求解 $\boldsymbol{Ax}=\boldsymbol{b}$ 的最小二乘解，其中

$$\boldsymbol{A}=\begin{pmatrix}1&3&5&-4&0\\1&3&2&-2&1\\1&-2&1&-1&-1\\1&-4&1&1&-1\\1&2&1&-1&1\end{pmatrix},\ \boldsymbol{b}=\begin{pmatrix}1\\-1\\3\\3\\-1\end{pmatrix}$$

解 对矩阵 $\boldsymbol{A}$ 做 SVD 分解 $\boldsymbol{A}=\boldsymbol{U\Sigma V}^T$，其中

$$\boldsymbol{U}=\begin{pmatrix}-0.7760&-0.3816&-0.3940&-0.2511&0.1841\\-0.4847&0.1003&0.4504&0.0986&-0.7365\\0.0175&-0.5420&-0.0441&0.8390&3.3475e-17\\0.2774&-0.7323&0.4113&-0.4573&-0.0921\\-0.2926&0.1191&0.6861&0.1191&0.6444\end{pmatrix}$$

$$\boldsymbol{\Sigma}=\begin{pmatrix}8.8323&0&0&0&0\\0&5.0136&0&0&0\\0&0&1.4218&0&0\\0&0&0&0.9130&0\\0&0&0&0&0\end{pmatrix}$$

$$\boldsymbol{V}=\begin{pmatrix}-0.1425&-0.2865&0.7805&0.3816&-0.3780\\-0.6241&0.6797&-0.0110&-0.0745&-0.3780\\-0.5488&-0.5710&-0.0113&-0.6105&-1.4956e-16\\0.5238&0.2027&0.3128&-0.6663&-0.3780\\-0.1214&0.2980&0.5411&-0.1796&0.7559\end{pmatrix}$$

计算最小二乘解 $\boldsymbol{x}_{LS}$，有

$$\boldsymbol{x}_{LS}=\boldsymbol{V}\mathrm{diag}\left(\frac{1}{\sigma_1},\frac{1}{\sigma_2},\dots,\frac{1}{\sigma_n}\right)(\boldsymbol{U}^T\boldsymbol{b})=\boldsymbol{VD}^{-1}\boldsymbol{U}^T\boldsymbol{b}$$

$$=\boldsymbol{V}\begin{pmatrix}0.1132&0&0&0&0\\0&0.1995&0&0&0\\0&0&0.7033&0&0\\0&0&0&1.0953&0\\0&0&0&0&0\end{pmatrix}\boldsymbol{U}^T\boldsymbol{b}$$

$$= (0.2858, -0.7144, 0.0001, -0.7143, -0.5715)^T$$

故可以求出方程组的最小二乘解为

$$\boldsymbol{x}_{LS} = (0.2858, -0.7144, 0.0001, -0.7143, -0.5715)^T$$

通过调用 numpy.linalg 模块中的 svd 函数可以求解该亏秩最小二乘问题，具体代码见实例代码 7.7。

实例代码 7.7

```
import numpy as np
#定义数据矩阵
A = np.array([[1,3,5,-4,0],[1,3,2,-2,1],[1,-2,1,-1,-1],[1,-4,1,1,-1],[1,2,1,-1,1]])
b = np.array([[1],[-1],[3],[3],[-1]])
U,D,VT = np.linalg.svd(A)
#求解矩阵A的秩
r = np.linalg.matrix_rank(A)
#提取前r个奇异值
D1 = D[:r]
D_inv = np.diag(np.append(1/D1,[0],axis=0))
y = U.T @ b
x = VT.T @ D_inv @y
print(x)
```

运行结果如下：

```
[[ 2.85714286e-01]
 [-7.14285714e-01]
 [ 4.92661467e-16]
 [-7.14285714e-01]
 [-5.71428571e-01]]
```

由运行结果可知该问题的最小二乘解为 $\boldsymbol{x} = (0.2857, -0.71429, 4.9266\times 10^{-16}, -0.7143, -0.5714)$。

7.2.3 迭代法求解线性最小二乘问题

对于线性最小二乘问题式 (7.3)，通常采用 QR 分解、SVD 分解等方法来求解，但这些方法需要已知矩阵 $\boldsymbol{A}$ 的秩，会增加问题的规模，所以在不知道 $\boldsymbol{A}$ 的秩的情况下，迭代法也是一种有效的方法。

对于求解线性方程组式 (7.7) 的最小二乘解，线性方程组的迭代法则程序设计简单，适于计算机自动计算的同时有效利用矩阵的稀疏性大量减少了内存消耗。通过逐步逼近得到方程近似的解，好的迭代法比直接法具有计算量更小且计算误差容易控制的优点，因此在大规模问题上至今仍主要使用迭代法求解。

设 $\boldsymbol{A} \in \mathbb{R}^{m\times n}$，$\boldsymbol{b} \in \mathbb{R}^m$，求解 $\boldsymbol{A}^T\boldsymbol{A}\boldsymbol{x} = \boldsymbol{A}^T\boldsymbol{b}$ 等价于求 $\boldsymbol{x} \in \mathbb{R}^n$，$\boldsymbol{r} \in \mathbb{R}^m$，使得

$$\boldsymbol{r} + \boldsymbol{A}\boldsymbol{x} = \boldsymbol{b}, \quad \boldsymbol{A}^T\boldsymbol{r} = \boldsymbol{0} \tag{7.11}$$

成立。将 $\boldsymbol{A}$，$\boldsymbol{r}$，$\boldsymbol{b}$ 分块表示为

$$\boldsymbol{A}=\begin{pmatrix}\boldsymbol{A}_1\\ \boldsymbol{A}_2\end{pmatrix},\ \boldsymbol{r}=\begin{pmatrix}\boldsymbol{r}_1\\ \boldsymbol{r}_2\end{pmatrix},\ \boldsymbol{b}=\begin{pmatrix}\boldsymbol{b}_1\\ \boldsymbol{b}_2\end{pmatrix}$$

其中 $\boldsymbol{A}_1\in\mathbb{R}^{n\times n}$ 是非奇异的，$\boldsymbol{A}_2\in\mathbb{R}^{(m-n)\times n}$，$\boldsymbol{r}_1\in\mathbb{R}^n$，$\boldsymbol{r}_2\in\mathbb{R}^{(m-n)}$，$\boldsymbol{b}_1\in\mathbb{R}^n$，$\boldsymbol{b}_2\in\mathbb{R}^{(m-n)}$。

求解满足式 (7.11) 的 $\boldsymbol{x}\in\mathbb{R}^n$，$\boldsymbol{r}\in\mathbb{R}^m$，等价于 $\bar{\boldsymbol{A}}\boldsymbol{y}=\bar{\boldsymbol{b}}$，其中

$$\bar{\boldsymbol{A}}=\begin{pmatrix}\boldsymbol{A}_1 & \boldsymbol{0} & \boldsymbol{I}_n\\ \boldsymbol{A}_2 & \boldsymbol{I}_{m-n} & \boldsymbol{0}\\ \boldsymbol{0} & \boldsymbol{A}_2^T & \boldsymbol{A}_1^T\end{pmatrix}\in\mathbb{R}^{(m+n)\times(m+n)},\ \bar{\boldsymbol{b}}=\begin{pmatrix}\boldsymbol{b}_1\\ \boldsymbol{b}_2\\ \boldsymbol{0}\end{pmatrix}\in\mathbb{R}^{m+n},\ \boldsymbol{y}=\begin{pmatrix}\boldsymbol{x}\\ \boldsymbol{r}_2\\ \boldsymbol{r}_1\end{pmatrix}\in\mathbb{R}^{m+n}$$

对 $\bar{\boldsymbol{A}}$ 作自然分解 $\bar{\boldsymbol{A}}=\boldsymbol{D}-\boldsymbol{L}-\boldsymbol{U}$，其中

$$\boldsymbol{L}=-\begin{pmatrix}\boldsymbol{0} & \boldsymbol{0} & \boldsymbol{0}\\ \boldsymbol{A}_2 & \boldsymbol{0} & \boldsymbol{0}\\ \boldsymbol{0} & \boldsymbol{A}_2^T & \boldsymbol{0}\end{pmatrix},\ \boldsymbol{U}=-\begin{pmatrix}\boldsymbol{0} & \boldsymbol{0} & \boldsymbol{I}_n\\ \boldsymbol{0} & \boldsymbol{0} & \boldsymbol{0}\\ \boldsymbol{0} & \boldsymbol{0} & \boldsymbol{0}\end{pmatrix},\ \boldsymbol{D}=\operatorname{diag}\left(\boldsymbol{A}_1,\boldsymbol{I}_{m-n},\boldsymbol{A}_1^T\right)$$

Jacobi 迭代格式为

$$\boldsymbol{y}^{(k+1)}=\boldsymbol{B}_J\boldsymbol{y}^{(k)}+\boldsymbol{G},\quad k=0,1,2,\ldots$$

其中

$$\boldsymbol{B}_J=\boldsymbol{I}-\boldsymbol{D}^{-1}\bar{\boldsymbol{A}}=\begin{pmatrix}\boldsymbol{0} & \boldsymbol{0} & -\boldsymbol{A}_1^{-1}\\ -\boldsymbol{A}_2 & \boldsymbol{0} & \boldsymbol{0}\\ \boldsymbol{0} & -\boldsymbol{A}_1^{-T}\boldsymbol{A}_2^T & \boldsymbol{0}\end{pmatrix},\quad \boldsymbol{G}=\boldsymbol{D}^{-1}\bar{\boldsymbol{b}}=\begin{pmatrix}\boldsymbol{A}_1^{-1}\boldsymbol{b}_1\\ \boldsymbol{b}_2\\ \boldsymbol{0}\end{pmatrix}$$

【例 7.8】 利用 Jacobi 迭代法求解线性方程组 $\boldsymbol{A}\boldsymbol{x}=\boldsymbol{b}$，其中

$$\boldsymbol{A}=\begin{pmatrix}8 & -1 & 1\\ 2 & 10 & -1\\ 1 & 1 & -5\end{pmatrix},\ \boldsymbol{b}=\begin{pmatrix}1\\ 4\\ 3\end{pmatrix}$$

令 $\boldsymbol{x}$ 的初始值为 $\boldsymbol{x}=(0,0,0)^T$。

解 自定义 Jacobi 函数来利用迭代法求解该问题，具体代码见实例代码 7.8。

实例代码 7.8

```
import numpy as np
#e为误差
def Jacobi(A,b,x,e,times=100):
    length, width = np.shape(A)
    D = np.mat(np.diag(np.diag(A)))
    L = np.triu(A, 1)
    U = np.tril(A, -1)
    J = -D.I * (L + U)
    H = np.eye(length) - D.I * A
    eig,_ = np.linalg.eig(H)
    spectral_radius = max(abs(eig))
    if spectral_radius < 1:
        print('此方程组收敛,谱半径为',round(spectral_radius,5))
```

```
        x0=x
        x = J * x + D.I * b
        k = 1
        while k < times:
            if abs(np.max(abs(x-x0), axis=0))>e:
                x0=x
                x = J * x + D.I * b
                k += 1
            else:
                print('当精度为', e, '时,Jacobi在%d次内收敛' % k)
                break
        print('Jacobi迭代解为\n', x)
B = np.mat([[8,-1,1],[2,10,-1],[1,1,-5]])
b = np.mat('1;4;3')
x = np.mat('0;0;0')
e = 0.001
times = 100
Jacobi(B,b,x,e,times)
```

运行结果为:

```
此方程组收敛,谱半径为 0.22658
当精度为 0.001 时,Jacobi在6次内收敛
Jacobi迭代解为
 [[ 0.22499375]
  [ 0.30557225]
  [-0.493813 ]]
```

由运行结果可知，利用 Jacobi 迭代法求得原方程组的最优解为 $\boldsymbol{x} = (0.2250, 0.3056, 0.4938)^T$。

7.3 非线性最小二乘问题的求解

非线性最小二乘问题是一类特殊的无约束优化问题。我们需要定义一个非线性函数来描述模型与观测数据之间的关系，并通过最小化残差的平方和来寻找最优解。求解非线性最小二乘问题的常用方法包括优化算法和迭代方法。优化算法则利用数学优化理论和算法，通过寻找残差平方和的最小值来确定最优解，常用的优化算法包括梯度下降法、拟牛顿法等。迭代方法通过不断迭代更新参数值，使得残差逐渐减小，直到达到最优解。常见的迭代方法有 Gauss-Newton 法、Levenberg-Marquardt 法、Dog-Leg 法等。

考虑非线性最小二乘问题的一般形式

$$f(\boldsymbol{x}) = \frac{1}{2}\sum_{j=1}^{m} r_j^2(\boldsymbol{x}), \tag{7.12}$$

其中 $r_j : \mathbb{R}^n \to \mathbb{R}$ 是光滑函数，并且假设 $m \geqslant n$，我们称 r_j 为残差。定义残差向量 $\boldsymbol{r} : \mathbb{R}^n \to \mathbb{R}^m$ 为

$$r(x) = (r_1(x), r_2(x), \cdots, r_m(x))^T$$

则函数 $f(x)$ 可以写为 $f(x) = \dfrac{1}{2}[r(x)]^T r(x) = \dfrac{1}{2}\|r(x)\|^2$。

问题 (7.12) 是一个无约束优化问题，给出 $f(x)$ 的梯度和 Hessian 矩阵

$$\nabla f(x) = g(x) = J(x)^T r(x) \tag{7.13}$$

$$\nabla^2 f(x) = G(x) = J(x)^T J(x) + \sum_{i=1}^{m} r_i(x)\nabla^2 r_i(x) \tag{7.14}$$

其中 $J(x) \in \mathbb{R}^{m\times n}$ 是函数 $r(x)$ 在 x 处的 Jacobi 矩阵。$\nabla^2 f(x)$ 分为两部分，分别为 $J(x)^T J(x)$ 和 $S(x) = \sum\limits_{i=1}^{m} r_i(x)\nabla^2 r_i(x)$ ，其中

$$J(x) = (\nabla r_1(x), \nabla r_2(x), \cdots, \nabla r_m(x))^T = \begin{pmatrix} \dfrac{\partial r_1(x)}{\partial x_1} & \dfrac{\partial r_1(x)}{\partial x_2} & \cdots & \dfrac{\partial r_1(x)}{\partial x_n} \\ \dfrac{\partial r_2(x)}{\partial x_1} & \dfrac{\partial r_2(x)}{\partial x_2} & \cdots & \dfrac{\partial r_2(x)}{\partial x_n} \\ \vdots & \vdots & \ddots & \vdots \\ \dfrac{\partial r_m(x)}{\partial x_1} & \dfrac{\partial r_m(x)}{\partial x_2} & \cdots & \dfrac{\partial r_m(x)}{\partial x_n} \end{pmatrix}$$

非线性最小二乘问题的目标函数可以表示为多个函数平方和的无约束优化问题，即

$$\min_{x\in\mathbb{R}^n} f(x) = \frac{1}{2}[r(x)]^T r(x) = \frac{1}{2}\sum_{i=1}^{m} r_i^2(x) \tag{7.15}$$

其中 $r_i : \mathbb{R}^n \to \mathbb{R}$ 连续可微，$i = 1, 2, \cdots, m$。

作为一个无约束最优化问题，对非线性最小二乘问题可以用一般的无约束优化方法求解。但是由于问题结构的特殊性，可以利用其特殊的结构设计更加有效的求解方法。

$r(x)$ 是关于 x 的非线性函数，因为非线性导致无法直接写出其导数形式，无法准确求解函数的全局最优解，因此通过迭代法求解目标函数的局部最小值，并设法跳出局部最优找到全局最优解，故非线性最小二乘问题可以使用最速下降法来求解。

$f(x)$ 可以使用 Taylor 展开一阶近似

$$f(x + \lambda d) = f(x) + \nabla f(x)\cdot(\lambda d) + o(\lambda d)$$

于是有

$$\lim_{\lambda\to 0} \frac{f(x) - f(x + \lambda d)}{\lambda\|d\|} = -\left\|\frac{\nabla f(x) d}{\|d\|}\right\| = -\nabla f(x)\cos\theta$$

其中 θ 是向量 d 和向量 $\nabla f(x)$ 的夹角。

由此可见，当 $\theta = \pi$ 时，$f(x)$ 下降最快，即 $d_k^{sd} = -\nabla f(x)$ 是最快的下降方向。

采用 $x_{k+1} = x_k + \lambda d_k^{sd}$ 的方式迭代的最速下降法实际上收敛较慢，它的优点在于收敛速度稳定。

7.3.1 Gauss-Newton 法

Gauss-Newton 法（高斯一牛顿法）是求解非线性最小二乘问题的经典方法，可以将其看作是结合了线搜索的牛顿法的变形。我们知道，牛顿法每次迭代都需要解线性方程组

$$\nabla^2 f(\boldsymbol{x})\boldsymbol{d} = -\nabla f(\boldsymbol{x})$$

利用无约束优化问题的牛顿算法，可得到如下迭代过程

$$\boldsymbol{x}_{k+1} = \boldsymbol{x}_k - (\boldsymbol{J}_k^T\boldsymbol{J}_k + \boldsymbol{S}_k)^{-1}\boldsymbol{J}_k^T\boldsymbol{r}_k$$

其中 $\boldsymbol{J}_k = \boldsymbol{J}(\boldsymbol{x}_k)$，$\boldsymbol{S}_k = \boldsymbol{S}(\boldsymbol{x}_k)$，$\boldsymbol{r}_k = \boldsymbol{r}(\boldsymbol{x}_k)$。

在标准假设下，容易证明算法的收敛性质。考虑到 $\boldsymbol{S}(\boldsymbol{x})$ 中 $\nabla^2\boldsymbol{r}_k(\boldsymbol{x})$ 的计算量较大，不易求出，而且对于数据拟合问题，残差函数 $\boldsymbol{r}(\boldsymbol{x})$ 的最优值很小或接近于 0，忽略这一项，便可以得到非线性最小二乘问题的 Gauss-Newton 法，直接使用 $[\boldsymbol{J}(\boldsymbol{x})]^T\boldsymbol{J}(\boldsymbol{x})$ 作为 Hessian 矩阵的近似矩阵来求解 Newton 方程。

故非线性最小二乘问题的 Gauss-Newton 法为

$$\boldsymbol{x}_{k+1} = \boldsymbol{x}_k + \lambda_k\boldsymbol{d}_k^{gn}$$

其中下降方向 $\boldsymbol{d}_k^{gn}$ 满足

$$(\boldsymbol{J}_k)^T\boldsymbol{J}_k\boldsymbol{d}_k^{gn} = -(\boldsymbol{J}_k)^T\boldsymbol{r}_k$$

上述方程正是法方程的形式，若矩阵 $\boldsymbol{J}_k$ 列满秩，则有

$$\boldsymbol{d}_k^{gn} = -(\boldsymbol{J}_k^T\boldsymbol{J}_k)^{-1}\boldsymbol{J}_k^T\boldsymbol{r}_k$$

可确定 $\boldsymbol{d}_k^{gn}$ 是下降方向。

为了方便理解，我们将求解线性最小二乘问题的方法进行了展开，Gauss-Newton 法每一步的运算量来自计算残差向量 $\boldsymbol{r}_k$ 和 Jacobi 矩阵 $\boldsymbol{J}_k$，和其他算法相比，它的计算量较小。若 $\boldsymbol{J}_k$ 是满秩矩阵，则 Gauss-Newton 法得到的方向 $\boldsymbol{d}_k^{gn}$ 总是一个下降方向，原因在于

$$(\boldsymbol{d}_k^{gn})^T\nabla f(\boldsymbol{x}_k) = (\boldsymbol{d}_k^{gn})^T(\boldsymbol{J}_k)^T\boldsymbol{r}_k = -\|\boldsymbol{J}_k\boldsymbol{d}_k^{gn}\|^2 < 0$$

这是 Gauss-Newton 法的优点，Gauss-Newton 法使用一个半正定矩阵近似牛顿矩阵，可以获得较好的下降方向。引入线搜索过程，便得到非线性最小二乘问题的下降算法。在一致性假设条件下，该算法具有全局收敛性。

Gauss-Newton 法的框架如算法 7.5 所示。

算法 7.5 Gauss-Newton 法的一般算法框架

Step 1 给定初始迭代点 $\boldsymbol{x}_0$ 和精度 ε，令 $k := 0$；

Step 2 计算残差向量 $\boldsymbol{r}_k$ 和 Jacobi 矩阵 $\boldsymbol{J}_k$；

Step 3 通过 $(\boldsymbol{J}_k)^T\boldsymbol{J}_k\boldsymbol{d}_k^{gn} = -(\boldsymbol{J}_k)^T\boldsymbol{r}_k$，确定下降方向 $\boldsymbol{d}_k$；

Step 4 使用精确或非精确一维搜索方法求一维步长 λ_k；

Step 5 如果 $\|\boldsymbol{J}_k^T\boldsymbol{r}_k\| < \varepsilon$，则停止计算，否则令 $\boldsymbol{x}_{k+1} := \boldsymbol{x}_k + \lambda_k\boldsymbol{d}_k$，$k := k+1$，转 Step 2。

定理 7.5 设最小二乘问题式 (7.15) 的水平集 $\mathcal{L}(\boldsymbol{x}_0) = \{\boldsymbol{x} \in \mathbb{R}^n | f(\boldsymbol{x}) \leqslant f(\boldsymbol{x}_0)\}$ 有界，$\boldsymbol{r}(\boldsymbol{x})$ 及 $\boldsymbol{J}(\boldsymbol{x})$ 在水平集 $\mathcal{L}(\boldsymbol{x}_0)$ 上 Lipschitz 连续，且 $\boldsymbol{J}(\boldsymbol{x})$ 在水平集 $\mathcal{L}(\boldsymbol{x}_0)$ 上满足正则性条

件，即存在 $\eta>0$，使得对任意的 $\boldsymbol{x}\in\mathcal{L}(\boldsymbol{x}_0)$

$$\|\boldsymbol{J}(\boldsymbol{x})\boldsymbol{y}\|\geqslant\gamma\|\boldsymbol{y}\|,\quad\forall\boldsymbol{y}\in\mathbb{R}^n$$

则 Wolfe 步长规则下的 Gauss-Newton 算法产生的点列 $\{\boldsymbol{x}_k\}$ 满足

$$\lim_{k\to\infty}\boldsymbol{J}_k^T\boldsymbol{r}_k=0$$

从而，算法产生迭代点列 $\{\boldsymbol{x}_k\}$ 的任一聚点为式 (7.15) 的稳定点。

证明该算法的收敛性需要用到如下命题结果。

命题 7.1 设目标函数 $f(\boldsymbol{x})$ 在 $\mathbb{R}^n$ 上连续可微有下界且梯度函数 $\nabla f(\boldsymbol{x})$ 在水平集 $\mathcal{L}(\boldsymbol{x}_0)=\{\boldsymbol{x}\in\mathbb{R}^n|f(\boldsymbol{x})\leqslant f(\boldsymbol{x}_0)\}$ 上 Lipschitz 连续，则 Wolfe 步长规则下的下降算法产生的点列 $\{\boldsymbol{x}_k\}$ 满足

$$\sum_{k=1}^{\infty}\|\boldsymbol{g}_k\|^2\cos^2(\boldsymbol{d}_k,-\boldsymbol{g}_k)<\infty$$

证明 由正则性题设，对任意的 $\boldsymbol{x}\in\mathcal{L}(\boldsymbol{x}_0)$，$\boldsymbol{J}(\boldsymbol{x})$ 列满秩，从而 $\boldsymbol{J}(\boldsymbol{x})^T\boldsymbol{J}(\boldsymbol{x})$ 正定，$\boldsymbol{d}^{gn}(\boldsymbol{x})$ 为 $\boldsymbol{x}$ 点的下降方向。

由水平集 $\mathcal{L}(\boldsymbol{x}_0)$ 的有界性，$\boldsymbol{r}(\boldsymbol{x})$ 及 $\boldsymbol{J}(\boldsymbol{x})$ 在水平集 $\mathcal{L}(\boldsymbol{x}_0)$ 上 Lipschitz 连续性，存在 $M,L>0$，使对任意的 $\boldsymbol{x},\boldsymbol{y}\in\mathcal{L}(\boldsymbol{x}_0)$ 和 $i=1,2,\cdots,n$ 成立

$$|\boldsymbol{r}_i(\boldsymbol{x})|\leqslant M,\qquad\|\nabla\boldsymbol{r}_i(\boldsymbol{x})\|\leqslant M$$

$$|\boldsymbol{r}_i(\boldsymbol{x})-\boldsymbol{r}_i(\boldsymbol{y})|\leqslant L\|\boldsymbol{x}-\boldsymbol{y}\|,\qquad\|\nabla\boldsymbol{r}_i(\boldsymbol{x})-\nabla\boldsymbol{r}_i(\boldsymbol{y})\|\leqslant L\|\boldsymbol{x}-\boldsymbol{y}\|$$

故存在 $\beta>0$ 使对任意的 $\boldsymbol{x}\in\mathcal{L}(\boldsymbol{x}_0)$，$\|\boldsymbol{J}(\boldsymbol{x})\|\leqslant\beta$，由此推出，$\nabla f(\boldsymbol{x})$ 在 $\mathcal{L}(\boldsymbol{x}_0)$ 上 Lipschitz 连续。

记 θ_k 为 $\boldsymbol{d}_k^{gn}$ 与目标函数负梯度方向的夹角，由正则性条件得

$$\cos\theta_k=-\frac{\boldsymbol{r}_k^T\boldsymbol{J}_k\boldsymbol{d}_k^{gn}}{\|\boldsymbol{d}_k^{gn}\|\|\boldsymbol{J}_k^T\boldsymbol{r}_k\|}=\frac{\|\boldsymbol{J}_k\boldsymbol{d}_k^{gn}\|^2}{\|\boldsymbol{d}_k^{gn}\|\|\boldsymbol{J}_k^T\boldsymbol{J}_k\boldsymbol{d}_k^{gn}\|}$$

$$\geqslant\frac{\eta^2\|\boldsymbol{d}_k^{gn}\|^2}{\beta^2\|\boldsymbol{d}_k^{gn}\|^2}=\frac{\eta^2}{\beta^2}>0$$

由命题 7.1 得证定理 7.5。

若 Gauss-Newton 算法采用单位步长，则有如下的收敛速度估计。

定理 7.6 设单位步长规则下的 Gauss-Newton 法产生的点列 $\{\boldsymbol{x}_k\}$ 收敛到式 (7.15) 的局部极小值 $\boldsymbol{x}_*$，且 $\boldsymbol{J}(\boldsymbol{x})^T\boldsymbol{J}(\boldsymbol{x})$ 正定。则当 $\boldsymbol{J}(\boldsymbol{x})^T\boldsymbol{J}(\boldsymbol{x})$，$\boldsymbol{S}(\boldsymbol{x})$，$(\boldsymbol{J}(\boldsymbol{x})^T\boldsymbol{J}(\boldsymbol{x}))^{-1}$ 在点 $\boldsymbol{x}_*$ 的邻域内 Lipschitz 连续时，对于充分大的 k 有

$$\|\boldsymbol{x}_{k+1}-\boldsymbol{x}_*\|\leqslant\left\|(\boldsymbol{J}(\boldsymbol{x}_*)^T\boldsymbol{J}(\boldsymbol{x}_*))^{-1}\right\|\|\boldsymbol{S}(\boldsymbol{x}_*)\|\|\boldsymbol{x}_k-\boldsymbol{x}_*\|+o(\|\boldsymbol{x}_k-\boldsymbol{x}_*\|^2)$$

证明 存在 $\delta>0$ 及正数 α，β，γ 使得对任意的 $\boldsymbol{x},\boldsymbol{y}\in\mathcal{N}(\boldsymbol{x}_*,\delta)$

$$\begin{cases} \left\|\boldsymbol{J}(\boldsymbol{x})^T\boldsymbol{J}(\boldsymbol{x})-\boldsymbol{J}(\boldsymbol{y})^T\boldsymbol{J}(\boldsymbol{y})\right\| \leqslant \alpha\|\boldsymbol{x}-\boldsymbol{y}\| \\ \|\boldsymbol{S}(\boldsymbol{x})-\boldsymbol{S}(y)\| \leqslant \beta\|\boldsymbol{x}-\boldsymbol{y}\| \\ \left\|\left(\boldsymbol{J}(\boldsymbol{x})^T\boldsymbol{J}(\boldsymbol{x})\right)^{-1}-\left(\boldsymbol{J}(\boldsymbol{y})^T\boldsymbol{J}(\boldsymbol{y})\right)^{-1}\right\| \leqslant \gamma\|\boldsymbol{x}-\boldsymbol{y}\| \end{cases} \tag{7.16}$$

令 $\boldsymbol{h}_k=\boldsymbol{x}_k-\boldsymbol{x}_*$，$\boldsymbol{s}_k=\boldsymbol{x}_{k+1}-\boldsymbol{x}_k$。由于 $f(\boldsymbol{x})$ 二阶连续可微，点列 $\{\boldsymbol{x}_k\}$ 收敛到 $\boldsymbol{x}_*$，故对充分大的 k 有

$$\begin{aligned} \mathbf{0}=g\left(\boldsymbol{x}_*\right) &= g\left(\boldsymbol{x}_k\right)-\boldsymbol{G}\left(\boldsymbol{x}_k\right)\boldsymbol{h}_k+o\left(\|\boldsymbol{h}_k\|^2\right) \\ &= \boldsymbol{J}_k^T\boldsymbol{r}_k-\left(\boldsymbol{J}_k^T\boldsymbol{J}_k+\boldsymbol{S}_k\right)\boldsymbol{h}_k+o\left(\|\boldsymbol{h}_k\|^2\right) \end{aligned}$$

两边同时左乘 $(\boldsymbol{J}_k^T\boldsymbol{J}_k)^{-1}$ 并整理，得

$$-\boldsymbol{s}_k-\boldsymbol{h}_k-(\boldsymbol{J}_k^T\boldsymbol{J}_k)^{-1}\boldsymbol{S}_k\boldsymbol{h}_k+\boldsymbol{J}_k^T\boldsymbol{J}_k)^{-1}o(\|\boldsymbol{h}_k\|^2)=\mathbf{0}$$

即有

$$\boldsymbol{x}_{k+1}-\boldsymbol{x}_*=-(\boldsymbol{J}_k^T\boldsymbol{J}_k)^{-1}\boldsymbol{S}_k\boldsymbol{h}_k+(\boldsymbol{J}_k^T\boldsymbol{J}_k)^{-1}o(\|\boldsymbol{h}_k\|^2)$$

两边取 L_2 范数可得

$$\|\boldsymbol{x}_{k+1}-\boldsymbol{x}_*\| \leqslant \left\|(\boldsymbol{J}_k^T\boldsymbol{J}_k)^{-1}\boldsymbol{S}_k\right\|\|\boldsymbol{x}_k-\boldsymbol{x}_*\|+\|(\boldsymbol{J}_k^T\boldsymbol{J}_k)^{-1}\|o(\|\boldsymbol{x}_k-\boldsymbol{x}_*\|^2) \tag{7.17}$$

接下来将式 (7.17) 中的 $(\boldsymbol{J}_k^T\boldsymbol{J}_k)^{-1}$ 和 $\boldsymbol{S}_k$ 用点 $\boldsymbol{x}_*$ 的对应项替换。由于 $(\boldsymbol{J}(\boldsymbol{x})^T\boldsymbol{J}(\boldsymbol{x}))^{-1}$ 在 $\boldsymbol{x}_*$ 处连续，故当 k 充分大时，有

$$\|(\boldsymbol{J}_k^T\boldsymbol{J}_k)^{-1}\| \leqslant 2\|(\boldsymbol{J}(\boldsymbol{x}_*)^T\boldsymbol{J}(\boldsymbol{x}_*))^{-1}\| \tag{7.18}$$

则式 (7.17) 可以写为

$$\|\boldsymbol{x}_{k+1}-\boldsymbol{x}_*\| \leqslant \|(\boldsymbol{J}_k^T\boldsymbol{J}_k)^{-1}\boldsymbol{S}_k\|\|\boldsymbol{x}_k-\boldsymbol{x}_*\|+o(\|\boldsymbol{x}_k-\boldsymbol{x}_*\|^2) \tag{7.19}$$

由式 (7.16) 和式 (7.18) 可得

$$\begin{aligned} &\left\|\left(\boldsymbol{J}_k^T\boldsymbol{J}_k\right)^{-1}\boldsymbol{S}_k-\left(\boldsymbol{J}\left(\boldsymbol{x}_*\right)^T\boldsymbol{J}\left(\boldsymbol{x}_*\right)\right)^{-1}\boldsymbol{S}\left(\boldsymbol{x}_*\right)\right\| \\ \leqslant &\left\|\left(\boldsymbol{J}_k^T\boldsymbol{J}_k\right)^{-1}\right\|\|\boldsymbol{S}_k-\boldsymbol{S}\left(\boldsymbol{x}_*\right)\|+\left\|\left(\boldsymbol{J}_k^T\boldsymbol{J}_k\right)^{-1}-\left(\boldsymbol{J}\left(\boldsymbol{x}_*\right)^T\boldsymbol{J}\left(\boldsymbol{x}_*\right)\right)^{-1}\right\|\|\boldsymbol{S}\left(\boldsymbol{x}_*\right)\| \\ \leqslant &2\beta\|\left(\boldsymbol{J}\left(\boldsymbol{x}_*\right)^T\boldsymbol{J}\left(\boldsymbol{x}_*\right)\right)^{-1}\|\|\boldsymbol{x}_k-\boldsymbol{x}_*\|+\gamma\|\boldsymbol{S}\left(\boldsymbol{x}_*\right)\|\|\boldsymbol{x}_k-\boldsymbol{x}_*\| \\ = &o\left(\|\boldsymbol{x}_k-\boldsymbol{x}_*\|\right) \end{aligned}$$

从而由式 (7.19) 可得

$$\|\boldsymbol{x}_{k+1}-\boldsymbol{x}_*\| \leqslant \left\|\left(\boldsymbol{J}\left(\boldsymbol{x}_*\right)^T\boldsymbol{J}\left(\boldsymbol{x}_*\right)\right)^{-1}\right\|\|\boldsymbol{S}\left(\boldsymbol{x}_*\right)\|\|\boldsymbol{x}_k-\boldsymbol{x}_*\|+o\left(\|\boldsymbol{x}_k-\boldsymbol{x}_*\|^2\right)$$

上述结论表明，若残差函数 $\boldsymbol{r}(\boldsymbol{x})$ 的线性度较高或者最优值较小，则 $\boldsymbol{S}(\boldsymbol{x}_*)\approx 0$，从而 Gauss-Newton 算法有着较快的收敛速度。否则，由于 $\boldsymbol{G}(\boldsymbol{x})=\nabla^2 f(\boldsymbol{x})$ 省略了 $\boldsymbol{S}(\boldsymbol{x})$ 这一项，导致 Gauss-Newton 法难以获得好的数值效果。

【例 7.9】 用 Gauss-Newton 法求解非线性最小二乘问题

$$\min_{\boldsymbol{x}\in\mathbb{R}^n} f(\boldsymbol{x}) = e^{\boldsymbol{x}^2} - \boldsymbol{x}$$

解 实例代码 7.9 给出了利用 Gauss-Newton 法求解该问题的 Python 代码，并且绘制了函数曲线图、迭代次数图和收敛图。

实例代码 7.9

```
#加载模块
import math
import matplotlib.pyplot as plt
#显示中文为黑体
plt.rcParams['font.sans-serif']=['SimHei']
#显示负号
plt.rcParams['axes.unicode_minus']=False
#定义需要求解的函数
def f(x):
    return math.exp(x**2) - x
#求出一阶导数
def df(x):
    return 2 * x * math.exp(x**2) - 1
#求出二阶导数
def ddf(x):
    return 4 * x**2 * math.exp(x**2) + 2 * math.exp(x**2)
#定义高斯牛顿法进行迭代的函数
def gauss_newton(x0, epsilon):
    x_list = [x0]
    y_list = [f(x0)]
    while abs(df(x0)) >= epsilon:
        x1 = x0 - df(x0) / ddf(x0)
        x_list.append(x1)
        y_list.append(f(x1))
        x0 = x1
    return x_list, y_list
#设置初始值和收敛精度
x0 = 2
epsilon = 0.001
#调用高斯牛顿方法进行求解
x_list, y_list = gauss_newton(x0, epsilon)
#绘制函数图像和迭代过程
plt.figure(figsize=(10, 4))
plt.subplot(1, 3, 1)
x = range(0, 10, 1)
y = [f(_x) for _x in x]
plt.plot(x, y, 'b-', label=r'$f(x)$')
plt.legend()
plt.xlabel('x')
plt.ylabel('y')
plt.title('Function')
plt.grid(True)
plt.subplot(1, 3, 2)
```

```
plt.plot(x_list, y_list, 'ro-', label='Iterations')
plt.legend()
plt.xlabel('x')
plt.ylabel('y')
plt.title('Iterations')
plt.grid(True)
#绘制收敛曲线
plt.subplot(1, 3, 3)
x = range(len(y_list))
plt.plot(x, y_list, 'go-', label='Convergence Curve')
plt.legend()
plt.xlabel('Iteration Times')
plt.ylabel('f(x)')
plt.title('Convergence Curve')
plt.grid(True)
#绘制矢量图
%config InlineBackend.figure_format='svg'
#显示图像
plt.show()
#输出最后的求解结果
print("极小值 x = {:.3f}".format(x_list[-1]))
print("函数值 y = {:.3f}".format(y_list[-1]))
```

代码运行结果为:

```
极小值 x = 0.419
函数值 y = 0.773
```

从图 7.6 可以看出，利用 Gauss-Newton 法求解，算法很快达到收敛。

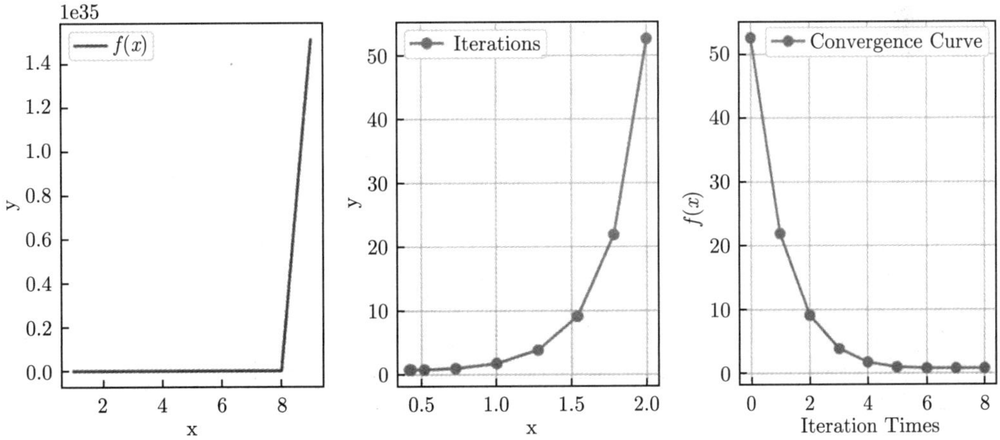

图 7.6　函数、迭代与收敛曲线图

【例 7.10】 给定目标函数

$$f(\boldsymbol{x})=\begin{pmatrix} x_1e^{-x_2t_1}-y_1 \\ x_1e^{-x_2t_2}-y_2 \\ \vdots \\ x_1e^{-x_2t_n}-y_n \end{pmatrix}$$

其中 $\boldsymbol{x}=(x_1,x_2)$ 是需要求解的未知参数，t_i 和 y_i 分别是观察到的数据点的时间和响应值。目标函数的含义是通过最小化残差向量的平方和找到最优的参数 $\boldsymbol{x}$。同时观测到数据集 $\{(0.0,2.0),(1.0,1.0),(2.0,0.5),(3.0,0.3),(4.0,0.2),(5.0,0.1)\}$，通过最小化残差向量的平方和来找到最优的参数。

解 定义 Gauss-Newton 算法函数求解该问题的代码见实例代码 7.10。

实例代码 7.10

```
import numpy as np
#定义Gauss-Newton 算法函数
def gauss_newton(f, J, x0, y, max_iter=100, tol=1e-6):
    x = x0
    for i in range(max_iter):
        r = f(x)
        Jx = J(x)
        A = np.dot(Jx.T, Jx)
        b = np.dot(Jx.T, r)
        dx = np.linalg.solve(A, -b)
        x = x + dx
        if np.linalg.norm(dx) < tol:
            break
    return x
#定义目标函数
def f(x):
    return np.array([
        x[0] * np.exp(-x[1] * t) - y for t, y in zip(data[:, 0], data[:, 1])
    ])
#定义Jacobi矩阵
def J(x):
    return np.array([
        [np.exp(-x[1] * t), -x[0] * t * np.exp(-x[1] * t)] for t, y in zip(data[:, 0],
            data[:, 1])
    ])
#导入观测数据
data = np.array([
    [0.0, 2.0],
    [1.0, 1.0],
    [2.0, 0.5],
    [3.0, 0.3],
    [4.0, 0.2],
    [5.0, 0.1],
])
#定义初始解x0
x0 = np.array([1.0, 1.0])
#调用gauss_newton函数进行数据拟合
x = gauss_newton(f, J, x0, data)
#输出x
print(x)
```

运行结果为:

```
[1.98551061 0.65843374]
```

根据运行结果可知参数的最优解为 $\boldsymbol{x} = (1.9855, 0.6854)^T$。

7.3.2 Levenberg-Marquardt 法

Gauss-Newton 法是一个经典的处理非线性最小二乘问题的方法，它在迭代过程中要求矩阵 $\boldsymbol{J}(\boldsymbol{x})$ 列满秩，而这一条限制了它的应用。为了克服这个困难，Levenberg 提出了一种新方法，但未受重视。后来，Marquardt 又重新提出，并在理论上进行了探讨，得到 Levenberg-Marquardt（L-M）法。随后，Fletcher 对其实现策略进行了改进，得到了 Levenberg-Marquardt-Fletcher（LMF）法。Moré又将 L-M 方法与信赖域方法相结合，建立了带信赖域的 L-M 方法。

对于 Gauss-Newton 方向，$\boldsymbol{d}^{gn} = -(\boldsymbol{J}(\boldsymbol{x})^T\boldsymbol{J}(\boldsymbol{x}))^{-1}\boldsymbol{J}(\boldsymbol{x})^T\boldsymbol{r}(\boldsymbol{x})$，容易验证它是下述凸二次规划问题的最优解

$$\min_{\boldsymbol{d}\in\mathbb{R}^n} \frac{1}{2}\|\boldsymbol{r}(\boldsymbol{x}) + \boldsymbol{J}(\boldsymbol{x})\boldsymbol{d}\|^2$$

也就是说，Gauss-Newton 法的方向是通过极小化向量值函数 $\boldsymbol{r}(\boldsymbol{x}+\boldsymbol{d})$ 在 $\boldsymbol{x}$ 点的线性近似得到。Gauss-Newton 算法在迭代过程中要求矩阵 $\boldsymbol{J}_k$ 列满秩，这限制了它的应用。为了克服这个困难，可采用 L-M 法，当 $\|\boldsymbol{d}\|$ 较小时，近似效果较好，在目标函数中添加一个正则项 $\mu\|\boldsymbol{d}\|^2$ 以阻止 $\|\boldsymbol{d}\|$ 过大，它通过下述优化模型来得到搜索方向

$$\boldsymbol{d}_k = \min_{\boldsymbol{d}} \|\boldsymbol{J}_k\boldsymbol{d} + \boldsymbol{r}_k\|^2 + \mu_k\|\boldsymbol{d}\|^2$$

其中 $\mu_k > 0$。

根据最优性条件知其最优解 $\boldsymbol{d}_k^{lm}$ 满足

$$(\boldsymbol{J}_k^T\boldsymbol{J}_k + \lambda_k\boldsymbol{I})\boldsymbol{d}_k^{lm} + \boldsymbol{J}_k^T\boldsymbol{r}_k = 0$$

可求出

$$\boldsymbol{d}_k^{lm} = -\left(\boldsymbol{J}_k^T\boldsymbol{J}_k + \mu_k\boldsymbol{I}\right)^{-1}\boldsymbol{J}_k^T\boldsymbol{r}_k \tag{7.20}$$

是 $f(\boldsymbol{x})$ 在 $\boldsymbol{x}_k$ 处的下降方向，这样便可以得到非线性最小二乘问题的 L-M 算法。$\boldsymbol{d}_k^{lm}$ 为在第 k 次循环 L-M 算法的下降方向，因此可以得到

$$\boldsymbol{x}_{k+1} = \boldsymbol{x}_k + \boldsymbol{d}_k^{lm}$$

所以我们发现，当 μ 接近于 0 时，$\boldsymbol{d}_k^{lm} \approx \boldsymbol{d}_k^{gn}$，L-M 算法近似于 Gauss-Newton 算法；当 μ 很大时，$\boldsymbol{d}_k^{lm} = -\dfrac{1}{\mu}\left(-\boldsymbol{J}_k^T\boldsymbol{r}_k\right)$，L-M 算法近似于最速下降法。因此，L-M 算法称为 Gauss-Newton 算法与最速下降法的结合。

令 $\Delta = \|\boldsymbol{d}^{lm}\|$，则利用约束优化问题的最优性条件，$\boldsymbol{d}^{lm}$ 为如下信赖域子问题的最优解

$$\min\{\|\boldsymbol{J}(\boldsymbol{x})\boldsymbol{d} + \boldsymbol{r}(\boldsymbol{x})\|^2 \mid \boldsymbol{d}\in\mathbb{R}^n,\quad \|\boldsymbol{d}\| \leqslant \Delta\}$$

前面提到的 μ 为 Lagrange 乘子，$\boldsymbol{d}$ 为迭代中的下降方向。

由于 $\boldsymbol{d}^{lm}$ 的值与 μ 有关，故记为 $\boldsymbol{d}(\mu)$。矩阵 $(\boldsymbol{J}(\boldsymbol{x})^T\boldsymbol{J}(\boldsymbol{x})+\mu\boldsymbol{I}^{-1})$ 对向量 $\boldsymbol{J}(\boldsymbol{x})^T\boldsymbol{r}(\boldsymbol{x})$ 作用后会改变其长度和方向。对此，有如下结论。

性质 7.1 $\|\boldsymbol{d}(\mu)\|$ 关于 $\mu>0$ 单调不增，且当 $\mu\to\infty$ 时，$\|\boldsymbol{d}(\mu)\|\to 0$。

证明 首先

$$\frac{\partial\left\|\boldsymbol{d}(\mu)\right\|^2}{\partial\mu}=2\boldsymbol{d}(\mu)^T\frac{\partial\boldsymbol{d}(\mu)}{\partial\mu} \tag{7.21}$$

由式 (7.20) 可知

$$\left(\boldsymbol{J}(\boldsymbol{x})^T\boldsymbol{J}(\boldsymbol{x})+\mu\boldsymbol{I}\right)\boldsymbol{d}(\mu)=-\boldsymbol{J}(\boldsymbol{x})^T\boldsymbol{r}(\boldsymbol{x})$$

两边关于 μ 求导，得

$$\boldsymbol{d}(\mu)+\left(\boldsymbol{J}(\boldsymbol{x})\boldsymbol{J}(\boldsymbol{x})+\mu\boldsymbol{I}\right)\boldsymbol{d}(\mu)\frac{\partial\boldsymbol{d}(\mu)}{\partial\mu}=0$$

有

$$\frac{\partial\boldsymbol{d}(\mu)}{\partial\mu}=-\left(\boldsymbol{J}(\boldsymbol{x})^T\boldsymbol{J}(\boldsymbol{x})+\mu\boldsymbol{I}\right)^{-1}\boldsymbol{d}(\mu) \tag{7.22}$$

代入到式 (7.21) 可得

$$\frac{\partial\left\|\boldsymbol{d}(\mu)\right\|^2}{\partial\mu}=-2\boldsymbol{d}(\mu)^T(\boldsymbol{J}(\boldsymbol{x})^T\boldsymbol{J}(\boldsymbol{x})+\mu\boldsymbol{I})^{-1}\boldsymbol{d}(\mu)$$

从而有

$$\frac{1}{\|\boldsymbol{d}(\mu)\|}\boldsymbol{d}(\mu)^T(\boldsymbol{J}(\boldsymbol{x})^T\boldsymbol{J}(\boldsymbol{x})+\mu\boldsymbol{I})^{-1}\boldsymbol{d}(\mu)<0. \tag{7.23}$$

因此有 $\|\boldsymbol{d}(\mu)\|$ 关于 μ 单调不增，由式 (7.20) 可得当 $\mu\to\infty$ 时，$\|\boldsymbol{d}(\mu)\|\to 0$。

当矩阵 $\boldsymbol{J}(\boldsymbol{x})^T\boldsymbol{J}(\boldsymbol{x})$ 接近奇异时，用 Gauss-Newton 算法得到的搜索方向的模 $\|\boldsymbol{d}^{gn}\|$ 是相当大的，所以引入参数 μ 可避免这种情形。

性质 7.2 $\boldsymbol{d}(\mu)$ 与 $-\boldsymbol{g}(\boldsymbol{x})$ 的夹角 θ 关于 $\mu>0$ 单调不增，其中

$$\boldsymbol{g}(\boldsymbol{x})=\nabla\left(\frac{1}{2}\boldsymbol{r}(\boldsymbol{x})^T\boldsymbol{r}(\boldsymbol{x})\right)=\boldsymbol{J}(\boldsymbol{x})^T\boldsymbol{r}(\boldsymbol{x})$$

证明 根据向量夹角余弦的定义

$$\begin{aligned}\frac{\partial\cos\theta}{\partial\mu}&=\frac{\partial}{\partial\mu}\left(\frac{-\boldsymbol{g}(\boldsymbol{x})^T\boldsymbol{d}(\mu)}{\|\boldsymbol{d}(\mu)\|}\|\boldsymbol{g}(\boldsymbol{x})\|\right)\\&=\frac{-\boldsymbol{g}(\boldsymbol{x})^T\dfrac{\partial\boldsymbol{d}(\mu)}{\partial\mu}\|\boldsymbol{d}(\mu)\|\|\boldsymbol{g}(\boldsymbol{x})\|+\boldsymbol{g}(\boldsymbol{x})^T\boldsymbol{d}(\mu)\|\boldsymbol{g}(\boldsymbol{x})\|\dfrac{\partial\|\boldsymbol{d}(\mu)\|}{\partial\mu}}{\|\boldsymbol{d}(\mu)\|^2\|\boldsymbol{g}(\boldsymbol{x})\|^2}\end{aligned} \tag{7.24}$$

利用式 (7.20)、式 (7.22) 和式 (7.23)，将上式中的分子展开可得

$$\|\boldsymbol{d}(\mu)\|\|\boldsymbol{g}(\boldsymbol{x})\|\boldsymbol{g}(\boldsymbol{x})^T\left(\boldsymbol{J}(\boldsymbol{x})^T\boldsymbol{J}(\boldsymbol{x})+\mu\boldsymbol{I}\right)^{-1}\boldsymbol{d}(\mu)$$

$$
\begin{aligned}
& -\boldsymbol{g}(\boldsymbol{x})^T\boldsymbol{d}(\mu)\|\boldsymbol{g}(\boldsymbol{x})\|\boldsymbol{d}(\mu)^T\left(\boldsymbol{J}(\boldsymbol{x})^T\boldsymbol{J}(\boldsymbol{x})+\mu\boldsymbol{I}\right)^{-1}\frac{\boldsymbol{d}(\mu)}{\|\boldsymbol{d}(\mu)\|}\\
= & -\|\boldsymbol{g}(\boldsymbol{x})\|\|\boldsymbol{d}(\mu)\|\boldsymbol{g}(\boldsymbol{x})^T\left(\boldsymbol{J}(\boldsymbol{x})^T\boldsymbol{J}(\boldsymbol{x})+\mu\boldsymbol{I}\right)^{-2}\boldsymbol{g}(\boldsymbol{x})\\
& +\|\boldsymbol{g}(\boldsymbol{x})\|\boldsymbol{g}(\boldsymbol{x})^T\left(\boldsymbol{J}(\boldsymbol{x})^T\boldsymbol{J}(\boldsymbol{x})+\mu\boldsymbol{I}\right)^{-1}\boldsymbol{g}(\boldsymbol{x})\boldsymbol{g}(\boldsymbol{x})^T\left(\boldsymbol{J}(\boldsymbol{x})^T\boldsymbol{J}(\boldsymbol{x})+\mu\boldsymbol{I}\right)^{-3}\frac{\boldsymbol{g}(\boldsymbol{x})}{\|\boldsymbol{d}(\mu)\|}\\
= & \frac{\|\boldsymbol{g}(\boldsymbol{x})\|}{\|\boldsymbol{d}(\mu)\|}\Big(-\boldsymbol{g}(\boldsymbol{x})^T\left(\boldsymbol{J}(\boldsymbol{x})^T\boldsymbol{J}(\boldsymbol{x})+\mu\boldsymbol{I}\right)^{-2}\boldsymbol{g}(\boldsymbol{x})\boldsymbol{g}(\boldsymbol{x})^T\left(\boldsymbol{J}(\boldsymbol{x})^T\boldsymbol{J}(\boldsymbol{x})+\mu\boldsymbol{I}\right)^{-2}\boldsymbol{g}(\boldsymbol{x})\\
& +\boldsymbol{g}(\boldsymbol{x})^T\left(\boldsymbol{J}(\boldsymbol{x})^T\boldsymbol{J}(\boldsymbol{x})+\mu\boldsymbol{I}\right)^{-1}\boldsymbol{g}(\boldsymbol{x})\boldsymbol{g}(\boldsymbol{x})^T\left(\boldsymbol{J}(\boldsymbol{x})^T\boldsymbol{J}(\boldsymbol{x})+\mu\boldsymbol{I}\right)^{-3}\boldsymbol{g}(\boldsymbol{x})\Big)^2
\end{aligned}
$$

由于 $\boldsymbol{J}^T(\boldsymbol{x})\boldsymbol{J}(\boldsymbol{x})$ 半正定，故存在正交阵 $\boldsymbol{Q}$ 使得

$$
\boldsymbol{Q}^T\boldsymbol{J}(\boldsymbol{x})\boldsymbol{J}(\boldsymbol{x})\boldsymbol{Q}=\mathrm{diag}(\lambda_1,\lambda_2,\cdots,\lambda_n)
$$

其中 $\lambda_1\geqslant\lambda_2\geqslant\cdots\geqslant\lambda_n\geqslant 0$ 。

记 $v_i=\left(\boldsymbol{Q}^T\boldsymbol{g}(\boldsymbol{x})\right)_i$，则有

$$
\begin{aligned}
\boldsymbol{g}(\boldsymbol{x})^T\left(\boldsymbol{J}(\boldsymbol{x})^T\boldsymbol{J}(\boldsymbol{x})+\mu\boldsymbol{I}\right)^{-1}\boldsymbol{g}(\boldsymbol{x}) &= \sum_{i=1}^n\frac{1}{\lambda_i+\mu}v_i^2\\
\boldsymbol{g}(\boldsymbol{x})^T\left(\boldsymbol{J}(\boldsymbol{x})^T\boldsymbol{J}(\boldsymbol{x})+\mu\boldsymbol{I}\right)^{-2}\boldsymbol{g}(\boldsymbol{x}) &= \sum_{i=1}^n\frac{1}{(\lambda_i+\mu)^2}v_i^2\\
\boldsymbol{g}(\boldsymbol{x})^T\left(\boldsymbol{J}(\boldsymbol{x})^T\boldsymbol{J}(\boldsymbol{x})+\mu\boldsymbol{I}\right)^{-3}\boldsymbol{g}(\boldsymbol{x}) &= \sum_{i=1}^n\frac{1}{(\lambda_i+\mu)^3}v_i^2
\end{aligned}
$$

这样，式 (7.24) 的分子

$$
\begin{aligned}
& \frac{\|\boldsymbol{g}(\boldsymbol{x})\|}{\|\boldsymbol{d}(\mu)\|}\left(-\left(\sum_{i=1}^n\frac{v_i^2}{(\lambda_i+\mu)^2}\right)^2+\left(\sum_{i=1}^n\frac{v_i^2}{\lambda_i+\mu}\right)\left(\sum_{i=1}^n\frac{v_i^2}{(\lambda_i+\mu)^3}\right)\right)\\
= & \frac{\|\boldsymbol{g}(\boldsymbol{x})\|}{\|\boldsymbol{d}(\mu)\|}\sum_{i=1}^n\sum_{j=1}^n\left(\frac{-v_i^2v_j^2}{(\lambda_i+\mu)^2(\lambda_j+\mu)^2}+\frac{v_i^2v_j^2}{(\lambda_i+\mu)(\lambda_j+\mu)^3}\right)\\
= & \frac{\|\boldsymbol{g}(\boldsymbol{x})\|}{2\|\boldsymbol{d}(\mu)\|}\sum_{i=1}^n\sum_{j=1}^n\frac{v_i^2v_j^2}{(\lambda_i+\mu)^3(\lambda_j+\mu)^3}\Big(-2(\lambda_i+\mu)(\lambda_j+\mu)\\
& +(\lambda_i+\mu)^2+(\lambda_j+\mu)^2\Big)\geqslant 0
\end{aligned}
$$

从而 $\boldsymbol{d}(\mu)$ 与 $-\boldsymbol{g}(\boldsymbol{x})$ 的夹角 θ 关于 $\mu>0$ 单调不增。

该结论说明，当 $\mu>0$ 逐渐增大时，搜索方向 $\boldsymbol{d}(\mu)$ 逐渐偏向于最速下降方向。实际上，当 $\mu\to\infty$ 时，$\boldsymbol{d}(\mu)$ 与负梯度方向趋于一致，则有如下性质。

性质 7.3 设 $\boldsymbol{x}\in\mathbb{R}^n$ 为非线性最小二乘问题式 (7.15) 的非稳定点。则对于任意的 $\rho\in(0,1)$，存在 $\hat{\mu}>0$，使对任意的 $\mu\geqslant\hat{\mu}$

$$
\left\langle\frac{-\boldsymbol{g}(\boldsymbol{x})}{\|\boldsymbol{g}(\boldsymbol{x})\|},\frac{\boldsymbol{d}(\mu)}{\|\boldsymbol{d}(\mu)\|}\right\rangle\geqslant\rho
$$

证明 对任意发散到 $+\infty$ 的正数列 $\{\mu_k\}$，数列 $\left\{\dfrac{\boldsymbol{d}(\mu_k)}{\boldsymbol{d}\|(\mu_k)\|}\right\}$ 有界，故有收敛子列，设

$$\lim_{k\to\infty}\frac{\boldsymbol{d}(\mu_k)}{\|\boldsymbol{d}(\mu_k)\|}=\hat{\boldsymbol{d}}\neq 0 \tag{7.25}$$

由 $\boldsymbol{d}(\mu_k)$ 的定义

$$-\frac{\boldsymbol{g}(\boldsymbol{x})}{\|\boldsymbol{g}(\boldsymbol{x})\|}=\frac{\left(\boldsymbol{J}(\boldsymbol{x})^T\boldsymbol{J}(\boldsymbol{x})+\mu_k\boldsymbol{I}\right)\boldsymbol{d}\left(\mu_k\right)}{\|(\boldsymbol{J}(\boldsymbol{x})^T\boldsymbol{J}(\boldsymbol{x})+\mu_k\boldsymbol{I})\,\boldsymbol{d}\left(\mu_k\right)\|}$$

$$=\frac{\boldsymbol{J}(\boldsymbol{x})^T\boldsymbol{J}(\boldsymbol{x})\dfrac{\boldsymbol{d}\left(\mu_k\right)}{\mu_k\left\|\boldsymbol{d}\left(\mu_k\right)\right\|}+\dfrac{\boldsymbol{d}\left(\mu_k\right)}{\left\|\boldsymbol{d}\left(\mu_k\right)\right\|}}{\left\|\boldsymbol{J}(\boldsymbol{x})^T\boldsymbol{J}(\boldsymbol{x})\dfrac{\boldsymbol{d}\left(\mu_k\right)}{\mu_k\left\|\boldsymbol{d}\left(\mu_k\right)\right\|}+\dfrac{\boldsymbol{d}\left(\mu_k\right)}{\left\|\boldsymbol{d}\left(\mu_k\right)\right\|}\right\|}$$

令 $k\to\infty$ 得

$$\frac{\boldsymbol{g}(\boldsymbol{x})}{\|\boldsymbol{g}(\boldsymbol{x})\|}=\hat{\boldsymbol{d}}$$

结合式 (7.25) 可得

$$\left\langle\frac{-\boldsymbol{g}(\boldsymbol{x})}{\|\boldsymbol{g}(\boldsymbol{x})\|},\frac{\boldsymbol{d}(\mu_k)}{\|\boldsymbol{d}(\mu_k)\|}\right\rangle=1$$

由极限的保号性可知，该命题成立。

除了上述性质外，参数 μ 的引入还可以使搜索方向的计算趋于稳定，从而使 L-M 方法的数值效果优于 Gauss-Newton 方法。

性质 7.4 $(\boldsymbol{J}(\boldsymbol{x})^T\boldsymbol{J}(\boldsymbol{x})+\mu\boldsymbol{I})$ 的条件数 k 关于 μ 单调不增。其中

$$k=\|(\boldsymbol{J}(\boldsymbol{x})^T\boldsymbol{J}(\boldsymbol{x})+\mu\boldsymbol{I})\|\|(\boldsymbol{J}(\boldsymbol{x})^T\boldsymbol{J}(\boldsymbol{x})+\mu\boldsymbol{I})^{-1}\|$$

证明 由于 $\boldsymbol{J}^T(\boldsymbol{x})\boldsymbol{J}(\boldsymbol{x})$ 半正定，故存在正交阵 $\boldsymbol{Q}$，使得

$$\boldsymbol{Q}^T\boldsymbol{J}(\boldsymbol{x})\boldsymbol{J}(\boldsymbol{x})\boldsymbol{Q}=\operatorname{diag}(\lambda_1,\lambda_2,\cdots,\lambda_n)$$

其中 $\lambda_1\geqslant\lambda_2\geqslant\cdots\geqslant\lambda_n\geqslant 0$ 。根据定义，矩阵 $\boldsymbol{J}(\boldsymbol{x})^T\boldsymbol{J}(\boldsymbol{x})+\mu\boldsymbol{I}$ 的条件数为 $\dfrac{\lambda_1+\mu}{\lambda_n+\mu}$，由

$$\frac{\partial}{\partial\mu}\left(\frac{\lambda_1+\mu}{\lambda_n+\mu}\right)=\frac{\lambda_n-\lambda_1}{(\lambda_n+\mu)^2}\leqslant 0$$

可知 $(\boldsymbol{J}(\boldsymbol{x})^T\boldsymbol{J}(\boldsymbol{x})+\mu\boldsymbol{I})$ 的条件数关于 μ 单调不增。

对于任意的 $\mu>0$，$\boldsymbol{d}(\mu)$ 是下降方向。但是如果采用单位步长，目标函数值未必下降。根据性质 7.1、性质 7.2 和性质 7.3，如果将参数 μ 适当增大可实现这一要求，从而有如下定理。

定理 7.7 设 $\boldsymbol{x}\in\mathbb{R}^n$ 为非线性最小二乘问题 (7.15) 的非稳定点。则对任意的 $\sigma\in(0,1)$，存在 $\hat{\mu}>0$，使对任意的 $\mu\geqslant\hat{\mu}$

$$f(\boldsymbol{x}+\boldsymbol{d}(\mu))\leqslant f(\boldsymbol{x})+\sigma\left\langle\boldsymbol{g}(\boldsymbol{x}),\boldsymbol{d}(\mu)\right\rangle$$

证明 由性质 7.3，对于非稳定点 $\boldsymbol{x}$ 和 $\rho_1 \in (0,1)$，存在 $\hat{\mu}_1 > 0$，使得对于任意的 $\mu \geqslant \hat{\mu}_1$

$$\left\langle \frac{-\boldsymbol{g}(\boldsymbol{x})}{\|\boldsymbol{g}(\boldsymbol{x})\|}, \frac{\boldsymbol{d}(\mu)}{\|\boldsymbol{d}(\mu)\|} \right\rangle \geqslant \rho_1 \tag{7.26}$$

其次，由 Cauchy-Schwarz 不等式，对于任意的 $\mu > 0$，恒有

$$\begin{aligned} \frac{\|\boldsymbol{d}(\mu)\|}{\|\boldsymbol{g}(\boldsymbol{x})\|} &= \frac{\|\boldsymbol{d}(\mu)\|^2}{\|\boldsymbol{g}(\boldsymbol{x})\|\|\boldsymbol{d}(\mu)\|} \leqslant \frac{\|\boldsymbol{d}(\mu)\|^2}{|\langle \boldsymbol{g}(\boldsymbol{x}), \boldsymbol{d}(\mu)\rangle|} \\ &= \frac{\|\boldsymbol{d}(\mu)\|^2}{\boldsymbol{d}(\mu)^T \left(\boldsymbol{J}^T\boldsymbol{J} + \mu \boldsymbol{I}\right) \boldsymbol{d}(\mu)} \\ &\leqslant \frac{\|\boldsymbol{d}(\mu)\|^2}{\mu\|\boldsymbol{d}(\mu)\|^2} = \frac{1}{\mu} \end{aligned}$$

即

$$\|\boldsymbol{d}(\mu)\| \leqslant \frac{1}{\mu}\|\boldsymbol{g}(\boldsymbol{x})\| \tag{7.27}$$

从而对任意的 $\delta > 0$，存在 $\hat{\mu}_2 \geqslant \hat{\mu}_1$，对于任意的 $\mu \geqslant \hat{\mu}_2$，$\|\boldsymbol{d}(\mu)\| \leqslant \delta$。

令

$$M = \max\left\{\|\boldsymbol{G}(\boldsymbol{y})\| \mid \boldsymbol{y} \in \mathcal{N}(\boldsymbol{x}, \delta)\right\}$$

其中 $\boldsymbol{G}(\boldsymbol{y})$ 为目标函数在 $\boldsymbol{y}$ 点的 Hessian 矩阵。则根据式 (7.27)，存在 $\hat{\mu}_3 \geqslant \hat{\mu}_2$，使得对任意的 $\mu \geqslant \hat{\mu}_3$

$$\|\boldsymbol{d}(\mu)\| \leqslant \min\left\{\frac{2(1-\sigma)\rho_1}{M}\|\boldsymbol{g}(\boldsymbol{x})\|, \delta\right\}$$

结合式 (7.26)，对于任意的 $\mu \geqslant \hat{\mu}_3$，存在 $\tau \in (0,1)$，使得

$$\begin{aligned} f(\boldsymbol{x} + \boldsymbol{d}(\mu)) &= f(\boldsymbol{x}) + \boldsymbol{d}(\mu)^T\boldsymbol{g}(\boldsymbol{x}) + \frac{1}{2}\boldsymbol{d}(\mu)^T\boldsymbol{G}(\boldsymbol{x} + \tau\boldsymbol{d}(\mu))\boldsymbol{d}(\mu) \\ &\leqslant f(\boldsymbol{x}) + \boldsymbol{d}(\mu)^T\boldsymbol{g}(\boldsymbol{x}) + \frac{M}{2}\|\boldsymbol{d}(\mu)\|^2 \\ &\leqslant f(\boldsymbol{x}) + \boldsymbol{d}(\mu)^T\boldsymbol{g}(\boldsymbol{x}) + (\sigma - 1)\langle \boldsymbol{g}(\boldsymbol{x}), \boldsymbol{d}(\mu)\rangle \\ &= f(\boldsymbol{x}) + \sigma\langle \boldsymbol{g}(\boldsymbol{x}), \boldsymbol{d}(\mu)\rangle \end{aligned}$$

取 $\hat{\mu} = \hat{\mu}_3$，命题结论得证。

通过上述结论，对任意非稳定点 $\boldsymbol{x}$，存在 $\mu > 0$，使得

$$f(\boldsymbol{x} + \boldsymbol{d}(\mu)) \leqslant \boldsymbol{f}(\boldsymbol{x}) + \sigma\left\langle \boldsymbol{g}(\boldsymbol{x}), \boldsymbol{d}(\mu)\right\rangle$$

但在每一次迭代时，需要对参数 μ 多次试探才能得到满足上述条件的 μ 值。于是，Fletcher 利用信赖域半径的调整策略来调整参数 μ，建立了非线性最小二乘问题的 LMF 方法。LMF 方法的关键是在迭代过程中如何调整参数 μ_k。

首先，基于 $f(\boldsymbol{x}_k+\boldsymbol{d}_k)$ 在 $\boldsymbol{x}_k$ 点附近的线性近似定义二次函数

$$l_k(\boldsymbol{d})=\frac{1}{2}\|\boldsymbol{r}_k+\boldsymbol{J}_k\boldsymbol{d}\|^2=f(\boldsymbol{x}_k)+(\boldsymbol{J}_k^T\boldsymbol{r}_k)^T\boldsymbol{d}+\frac{1}{2}\boldsymbol{d}_k^T(\boldsymbol{J}_k^T\boldsymbol{J}_k)\boldsymbol{d} \tag{7.28}$$

它是目标函数在 $\boldsymbol{x}_k$ 点的 Gauss-Newton 模型，而且它与目标函数 $f(\boldsymbol{x}_k+\boldsymbol{d}_k)$ 的近似度与 $\|\boldsymbol{d}_k\|$ 有关。

对于给定的 μ_k，根据式 (7.20) 计算 $\boldsymbol{d}_k^{lm}$，并考虑增量

$$\Delta l_k=l_k(\boldsymbol{d}_k)-l_k(\boldsymbol{0})=(\boldsymbol{J}_k^T\boldsymbol{r}_k)^T\boldsymbol{d}_k^{lm}+\frac{1}{2}\boldsymbol{d}_k^{lm\,T}(\boldsymbol{J}_k^T\boldsymbol{J}_k)\boldsymbol{d}_k^{lm}$$

$$\Delta f_k=f(\boldsymbol{x}_k+\boldsymbol{d}_k^{lm})-f(\boldsymbol{x}_k)=f(\boldsymbol{x}_{k+1})-f(\boldsymbol{x}_k)$$

和其比值

$$\gamma_k=\frac{\Delta f_k}{\Delta l_k}=\frac{f(\boldsymbol{x}_{k+1})-f(\boldsymbol{x}_k)}{l(\boldsymbol{d}_k^{lm})-l(\boldsymbol{0})}=\frac{f(\boldsymbol{x}_k+\boldsymbol{d}_k^{lm})-f(\boldsymbol{x}_k)}{(\boldsymbol{J}_k^T\boldsymbol{r}_k)^T\boldsymbol{d}_k^{lm}+\frac{1}{2}\boldsymbol{d}_k^{lm\,T}(\boldsymbol{J}_k^T\boldsymbol{J}_k)\boldsymbol{d}_k^{lm}} \tag{7.29}$$

γ_k 称为增益比。在第 k 步，先给出一个试探值 μ_k，计算 $\boldsymbol{d}_k^{lm}$。如果该 $\boldsymbol{d}_k^{lm}$ 使得 $\gamma_k>0$，则令 $\boldsymbol{x}_{k+1}=\boldsymbol{x}_k+\boldsymbol{d}_k$，并根据 γ_k 的值对 μ_k 进行调整得到 μ_{k+1}；否则增大 μ_k，重新计算 $\boldsymbol{d}_k^{lm}$，重复上述过程，完成 LMF 算法的一次迭代过程。

那么如何根据 γ_k 的值对 μ_k 进行调整呢？一般地，当 γ_k 接近 1 时，二次函数 $l_k(\boldsymbol{d})$ 在点 $\boldsymbol{x}_k$ 处拟合目标函数较好，那么用 Gauss-Newton 算法求解最小二乘问题也较好。换句话讲，用 L-M 方法求解非线性最小二乘问题时，参数 μ 应取的小一些，也就是在下一次迭代时需要缩小 μ 的值，反过来，当 γ_k 接近 0 时，从信赖域角度分析，二次函数 $l_k(\boldsymbol{d})$ 在信赖域

$$\{\boldsymbol{d}\in\mathbb{R}^n \mid \|\boldsymbol{d}\|\leqslant\Delta_k=\|\boldsymbol{d}_k\|\}$$

内拟合目标函数较差，需要缩小 $\boldsymbol{d}_k^{lm}$ 的模长，以确保二次模型与原函数有较好的近似，即需要增大参数 μ_k 的取值来限制 $\boldsymbol{d}_k^{lm}$ 的模长；而当 γ_k 既不接近 1 也不接近 0 时，认为参数 μ_k 选取较为恰当，不需要调整。通常 γ_k 的临界值为 0.25 和 0.75，由此，可以得到关于参数 μ_k 的更新规则

$$\mu_{k+1}=\begin{cases}0.1\mu_k, & \gamma_k>0.75\\ \mu_k, & 0.25\leqslant\gamma_k\leqslant 0.75\\ 10\mu_k, & \gamma_k<0.25\end{cases}$$

在实际中，我们选择一阶近似、二阶近似并不是在所有定义域都满足，而是在 $[\boldsymbol{x}-\varepsilon,\boldsymbol{x}+\varepsilon]$ 作用域内满足这个近似条件。

当 γ_k 较大时，表明 $f(\boldsymbol{x}_k+\boldsymbol{d}_k)$ 的二阶近似 $l_k(\boldsymbol{d}_k)$ 比 $f(\boldsymbol{x}_k+\boldsymbol{d}_k)$ 更加接近于 $f(\boldsymbol{x}_k)$，因此可以得知二阶近似比较好，可以减小 μ_k ，采用更大的迭代步长，接近于 Gauss-Newton 法来达到更快的收敛。

而当 γ_k 较小时，表明采取的二阶近似较差。因此通过增大 μ_k，采用更小的步长，接近

于最速下降法来得到更加稳定的迭代。

下面介绍另外一种较好的阻尼系数 μ_k 随着 γ_k 选择的策略。

首先给定初始值 $\boldsymbol{A}_0 = \boldsymbol{J}_0^T\boldsymbol{J}_0 = \boldsymbol{J}(\boldsymbol{x}_0)^T\boldsymbol{J}(\boldsymbol{x}_0)$ ，$\mu_0 = \tau \times \max\{a_{ii}\}$，$i = 1, 2, \cdots, n$，$v_0 = 2$，算法对 τ 取值不敏感，其中 τ 可以任意取值，μ 值的迭代选取过程如下

$$\begin{cases} u := \max\left\{\dfrac{1}{3}, 1-(2\gamma-1)^3\right\}, \quad v := 2, & \text{if } \gamma > 0, \\ u := u \times v, \quad v := 2 \times v, & \text{else} \end{cases}$$

L-M 算法的框架如下。

算法 7.6 L-M 方法的一般算法框架

Step 1 给定初始化参数 μ_0 及初始迭代点 $\boldsymbol{x}_0$。令 $k := 0$；

Step 2 计算残差向量 $\boldsymbol{r}_k$ 和 Jacobi 矩阵 $\boldsymbol{J}_k$；

Step 3 通过 $\boldsymbol{d}_k^{lm} = -\left(\boldsymbol{J}_k^T\boldsymbol{J}_k + \mu_k\boldsymbol{I}\right)^{-1}\boldsymbol{J}_k^T\boldsymbol{r}_k$ 确定下降方向 $\boldsymbol{d}_k^{lm}$；

Step 4 根据式 (7.29) 计算增益比 γ_k；

Step 5 if $\gamma_k > 0.75, \mu_{k+1} = 0.1\mu_k$

else if $\gamma_k < 0.25, \mu_{k+1} = 10\mu_k$

else $\mu_{k+1} = \mu_k$, 乘子参数不变；

Step 6 if $\gamma_k > \eta$，$\boldsymbol{x}_{k+1} := \boldsymbol{x}_k + \boldsymbol{d}_k^{lm}$；

Step 7 判断算法是否收敛，若不收敛，$k := k+1$，转 Step 2，否则结束。

需要说明的是，算法 7.6 中参数 η 可以取大于 0 的值来改善收敛效果。

单位步长的 LMF 方法在每迭代一步时需要多次求解一个线性方程组来获取新的迭代点，从而带来大的计算量。考虑到对任意的 $\mu > 0$，$\boldsymbol{d}_k^{lm}(\mu)$ 是目标函数在 $\boldsymbol{x}_k$ 点的下降方向，对其进行线搜索产生新的迭代点，这就得到带线搜索的 L-M 方法。对于该算法，如果采用 Armijo 步长规则，则有如下收敛性质。

定理 7.8 设 Armijo 步长规则 $(\beta = 1, \sigma, \gamma \in (0,1))$ 下的 L-M 方法产生无穷迭代点列 $\{\boldsymbol{x}_k\}$。若 $\{\boldsymbol{x}_k, \mu_k\}$ 的聚点 $\{\boldsymbol{x}_*, \mu_*\}$ 满足 $((\boldsymbol{J}_*)^T\boldsymbol{J}_* + \mu_*\boldsymbol{I})$ 正定，则 $\nabla f(\boldsymbol{x}_*) = 0$。

证明 设收敛于 $\boldsymbol{x}_*$ 的子列 $\{\boldsymbol{x}_{k_j}\}$ 满足

$$\boldsymbol{J}_{k_j}^T\boldsymbol{J}_{k_j} \to (\boldsymbol{J}_*)^T\boldsymbol{J}_*,\ \mu_{k_j} \to \mu_*$$

若 $\nabla f(\boldsymbol{x}_*) \neq 0$，则

$$\boldsymbol{d}_{k_j} \to \boldsymbol{d}_* = -((\boldsymbol{J}_*)^T\boldsymbol{J}_* + \mu_*\boldsymbol{I})^{-1}(\boldsymbol{J}_*)^T\boldsymbol{r}_*$$

且 $\boldsymbol{d}_*$ 是 $\boldsymbol{x}_*$ 的下降方向。所以对于 $\gamma \in (0,1)$，存在非负整数 m_* 使得

$$f(\boldsymbol{x}_* + \gamma^{m_*}\boldsymbol{d}_*) < f(\boldsymbol{x}_*) + \sigma\gamma^{m_*}\nabla f(\boldsymbol{x}_*)^T\boldsymbol{d}_*$$

由 Armijo 步长规则，$m_* \geqslant m_{k_j}$，所以有

$$\begin{aligned} f\left(\boldsymbol{x}_{k_j+1}\right) &= f\left(\boldsymbol{x}_{k_j} + \gamma^{m_{k_j}}\boldsymbol{d}_{k_j}\right) \\ &\leqslant f\left(\boldsymbol{x}_{k_j}\right) + \sigma\gamma^{m_{k_j}}\nabla f_{k_j}^T\boldsymbol{d}_{k_j} \\ &\leqslant f\left(\boldsymbol{x}_{k_j}\right) + \sigma\gamma^{m_*}\nabla f_{k_j}^T\boldsymbol{d}_{k_j} \end{aligned}$$

即对于充分大的 j

$$f(\boldsymbol{x}_{k_j+1}) \leqslant f(\boldsymbol{x}_{k_j}) + \sigma\gamma^{m_*}\nabla f_{k_j}^T \boldsymbol{d}_{k_j}$$

由于函数值数列 $\{f(\boldsymbol{x}_k)\}$ 单调下降并收敛到 $f(\boldsymbol{x}_*)$，对上式两边关于 k 求极限得

$$f(\boldsymbol{x}_*) \leqslant f(\boldsymbol{x}_*) + \sigma\gamma^{m_*}\nabla f(\boldsymbol{x}_*)^T \boldsymbol{d}_{k_j}$$

这与 $(\nabla f(\boldsymbol{x}_*))^T \boldsymbol{d}_* < 0$ 矛盾，所以有 $\nabla f(\boldsymbol{x}_*) = 0$。

定理 7.9 对于最小二乘问题 (7.15)，设 $\boldsymbol{r}(\boldsymbol{x})$ 二阶连续可微，并设 Armijo 步长规则下 LM 方法产生的点列 $\{\boldsymbol{x}_k\}$ 收敛到 (7.15) 的局部最优解 $\boldsymbol{x}_*$，且 $\mu_k \to 0$。若 $(\boldsymbol{J}_*)^T\boldsymbol{J}_*$ 非奇异，矩阵 $\left(\frac{1}{2} - \sigma\right)(\boldsymbol{J}_*)^T\boldsymbol{J}_* - \frac{1}{2}\boldsymbol{S}_*$ 正定，则当 k 充分大时，$\alpha_k = 1$，且

$$\lim_{k\to\infty}\sup \frac{\|\boldsymbol{x}_{k+1} - \boldsymbol{x}_*\|}{\|\boldsymbol{x}_k - \boldsymbol{x}_*\|} \leqslant \|((\boldsymbol{J}_*)^T\boldsymbol{J}_*)^{-1}\|\|\boldsymbol{S}(\boldsymbol{x}_*)\|$$

证明 要证明 $\alpha_k = 1$，只需要证明对于充分大的 k

$$f(\boldsymbol{x}_k + \boldsymbol{d}_k) - f(\boldsymbol{x}_k) \leqslant \sigma \boldsymbol{g}_k^T \boldsymbol{d}_k$$

对于任意的 $k > 0$，由中值定理可知存在 $\zeta_k \in (0,1)$，使得

$$f(\boldsymbol{x}_k + \boldsymbol{d}_k) - f(\boldsymbol{x}_k) = \boldsymbol{g}_k^T \boldsymbol{d}_k + \frac{1}{2}\boldsymbol{d}_k^T \boldsymbol{G}(\boldsymbol{x}_k + \zeta_k \boldsymbol{d}_k)\boldsymbol{d}_k$$

因此，只需要证明

$$-(1-\sigma)\boldsymbol{g}_k^T \boldsymbol{d}_k - \frac{1}{2}\boldsymbol{d}_k^T \boldsymbol{G}(\boldsymbol{x}_k + \zeta_k \boldsymbol{d}_k)\boldsymbol{d}_k \geqslant 0$$

由式 (7.20) 可得

$$\begin{aligned}
&-(1-\sigma)\boldsymbol{g}_k^T \boldsymbol{d}_k - \frac{1}{2}\boldsymbol{d}_k^T \boldsymbol{G}\left(\boldsymbol{x}_k + \zeta_k \boldsymbol{d}_k\right)\boldsymbol{d}_k \\
=&(1-\sigma)\boldsymbol{d}_k^T\left(\boldsymbol{J}_k^T\boldsymbol{J}_k + \mu_k \boldsymbol{I}\right)\boldsymbol{d}_k - \frac{1}{2}\boldsymbol{d}_k^T \boldsymbol{G}\left(\boldsymbol{x}_k + \zeta_k \boldsymbol{d}_k\right)\boldsymbol{d}_k \\
=&(1-\sigma)\boldsymbol{d}_k^T\boldsymbol{J}_k^T\boldsymbol{J}_k\boldsymbol{d}_k + (1-\sigma)\mu_k\|\boldsymbol{d}_k\|^2 - \frac{1}{2}\boldsymbol{d}_k^T\left(\boldsymbol{J}_k^T\boldsymbol{J}_k + \boldsymbol{S}_k\right)\boldsymbol{d}_k \\
&+ \frac{1}{2}\boldsymbol{d}_k^T\left(\boldsymbol{G}\left(\boldsymbol{x}_k\right) - \boldsymbol{G}\left(\boldsymbol{x}_k + \zeta_k\boldsymbol{d}_k\right)\right)\boldsymbol{d}_k \\
=&\left(\frac{1}{2} - \sigma\right)\boldsymbol{d}_k^T\boldsymbol{J}_k^T\boldsymbol{J}_k\boldsymbol{d}_k + (1-\sigma)\mu_k\|\boldsymbol{d}_k\|^2 - \frac{1}{2}\boldsymbol{d}_k^T\boldsymbol{S}_k\boldsymbol{d}_k \\
&+ \frac{1}{2}\boldsymbol{d}_k^T\left(\boldsymbol{G}\left(\boldsymbol{x}_k\right) - \boldsymbol{G}\left(\boldsymbol{x}_k + \zeta_k\boldsymbol{d}_k\right)\right)\boldsymbol{d}_k \\
=&\boldsymbol{d}_k^T\left(\left(\frac{1}{2} - \sigma\right)\boldsymbol{J}_k^T\boldsymbol{J}_k - \frac{1}{2}\boldsymbol{S}_k\right)\boldsymbol{d}_k \\
&+ \boldsymbol{d}_k^T\left((1-\sigma)\mu_k\boldsymbol{I} + \frac{1}{2}\left(\boldsymbol{G}\left(\boldsymbol{x}_k\right) - \boldsymbol{G}\left(\boldsymbol{x}_k + \zeta_k\boldsymbol{d}_k\right)\right)\right)\boldsymbol{d}_k
\end{aligned}$$

对最后一个式子，当 k 充分大时，前一项非负。由于 $\mu_k > 0$，利用 $\boldsymbol{x}_k \to \boldsymbol{x}_*$ 和 $\boldsymbol{G}(\boldsymbol{x})$

的连续性可以得知，当 k 充分大时，后一项也是非负的。故 k 充分大时，$\alpha_k=1$，从而有

$$\begin{aligned}
\boldsymbol{x}_{k+1}-\boldsymbol{x}_* =&\boldsymbol{x}_k-\boldsymbol{x}_*-\left(\boldsymbol{J}_k^T\boldsymbol{J}_k+\mu_k\boldsymbol{I}\right)^{-1}\boldsymbol{g}_k\\
=&-\left(\boldsymbol{J}_k^T\boldsymbol{J}_k+\mu_k\boldsymbol{I}\right)^{-1}\left(\boldsymbol{g}_k-\boldsymbol{G}_k\left(\boldsymbol{x}_k-\boldsymbol{x}_*\right)\right)\\
&+\left(\boldsymbol{J}_k^T\boldsymbol{J}_k+\mu_k\boldsymbol{I}\right)^{-1}\left(\left(\boldsymbol{J}_k^T\boldsymbol{J}_k+\mu_k\boldsymbol{I}\right)\left(\boldsymbol{x}_k-\boldsymbol{x}_*\right)-\boldsymbol{G}_k\left(\boldsymbol{x}_k-\boldsymbol{x}_*\right)\right)\\
=&-\left(\boldsymbol{J}_k^T\boldsymbol{J}_k+\mu_k\boldsymbol{I}\right)^{-1}\left(\boldsymbol{g}_k-\boldsymbol{g}\left(\boldsymbol{x}_*\right)-\boldsymbol{G}_k\left(\boldsymbol{x}_k-\boldsymbol{x}_*\right)\right)\\
&+\left(\boldsymbol{J}_k^T\boldsymbol{J}_k+\mu_k\boldsymbol{I}\right)^{-1}\left(\mu_k\boldsymbol{I}-\boldsymbol{S}_k\right)\left(\boldsymbol{x}_k-\boldsymbol{x}_*\right)\\
=&-\left(\boldsymbol{J}_k^T\boldsymbol{J}_k+\mu_k\boldsymbol{I}\right)^{-1}\int_0^1\left(\boldsymbol{G}\left(\boldsymbol{x}_*+\tau\left(\boldsymbol{x}_k-\boldsymbol{x}_*\right)\right)-\boldsymbol{G}_k\right)\left(\boldsymbol{x}_k-\boldsymbol{x}_*\right)\mathrm{d}\tau\\
&+\left(\boldsymbol{J}_k^T\boldsymbol{J}_k+\mu_k\boldsymbol{I}\right)^{-1}\left(\mu_k\boldsymbol{I}-\boldsymbol{S}_k\right)\left(\boldsymbol{x}_k-\boldsymbol{x}_*\right)
\end{aligned}$$

由 $\mu_k\to 0$，$\boldsymbol{x}_k\to\boldsymbol{x}_*$ 和 $\boldsymbol{G}(\boldsymbol{x})$ 的连续性，则有

$$\lim_{k\to\infty}\sup\frac{\|\boldsymbol{x}_{k+1}-\boldsymbol{x}_*\|}{\|\boldsymbol{x}_k-\boldsymbol{x}_*\|}\leqslant\|((\boldsymbol{J}_*)^T\boldsymbol{J}_*)^{-1}\|\|\boldsymbol{S}(\boldsymbol{x}_*)\|$$

证毕。

对于 L-M 方法，参数 μ 的取值对于算法的效率影响较大：若 μ 的取值过大，根据性质 7.2，搜索方向的下降性较小，从而使算法的效率降低；若 μ 的取值过小，根据性质 7.4，子问题式 (7.20) 的条件数较大，从而造成算法的不稳定。目前尚未找到有效的 μ 值取法。但如果非线性最小二乘问题的最优值近似为零，则 $\mu_k=\|\boldsymbol{r}(\boldsymbol{x}_k)\|^2$ 是一个具有自适应性质的理想取值。特别地，对非线性方程组问题，Yamashita 和 Fukushima 对该参数取值方式下的 L-M 方法，在误差界条件下建立了二阶超线性收敛性。

【例 7.11】 利用 L-M 方法拟合函数 $y(x)=\exp(ax^2+bx+c)$ 中的参数 a,b,c，真实参数值分别为 1，3，2。

解 实例代码 7.11 给出了求解该问题的 Python 实现。

实例代码 7.11

```
import numpy as np
from numpy import matrix as mat
from matplotlib import pyplot as plt
import random
n = 100
#这个是需要拟合的函数y(x)的真实参数
a1, b1, c1 = 1, 3, 2
#产生包含噪声的数据
h = np.linspace(0, 1, n)
y = [np.exp(a1 * i ** 2 + b1 * i + c1) + random.gauss(0, 4) for i in h]
#转变为矩阵形式
y = mat(y)
#需要拟合的函数，abc是包含三个参数的一个矩阵[[a],[b],[c]]
def Func(abc, iput):
```

```
    a = abc[0, 0]
    b = abc[1, 0]
    c = abc[2, 0]
    return np.exp(a * iput ** 2 + b * iput + c)
#对函数求偏导
def Deriv(abc, iput, n):
    x1 = abc.copy()
    x2 = abc.copy()
    x1[n, 0] -= 0.000001
    x2[n, 0] += 0.000001
    p1 = Func(x1, iput)
    p2 = Func(x2, iput)
    d = (p2 - p1) * 1.0 / (0.000002)
    return d
#Jacobi矩阵
J = mat(np.zeros((n, 3)))
#f(x) 100*1 误差
fx = mat(np.zeros((n, 1)))
fx_tmp = mat(np.zeros((n, 1)))
#参数初始化
xk = mat([[0.8], [2.7], [1.5]])
lase_mse = 0
step = 0
u, v = 1, 2
conve = 100
while (conve):
    mse, mse_tmp = 0, 0
    step += 1
    for i in range(n):
        #注意不能写成y - Func,否则发散
        fx[i] = Func(xk, h[i]) - y[0, i]
        mse += fx[i, 0] ** 2
        for j in range(3):
            #数值求导
            J[i, j] = Deriv(xk, h[i], j)
    #范围约束
    mse /= n
    #3*3
    H = J.T * J + u * np.eye(3)
    #注意这里有一个负号,和fx=Func-y的符号要对应
    dx = -H.I * J.T * fx
    xk_tmp = xk.copy()
    xk_tmp += dx
    for j in range(n):
        fx_tmp[i] = Func(xk_tmp, h[i]) - y[0, i]
        mse_tmp += fx_tmp[i, 0] ** 2
    mse_tmp /= n
    q = (mse - mse_tmp) / ((0.5 * dx.T * (u * dx - J.T * fx))[0, 0])
    if q > 0:
        s = 1.0 / 3.0
```

```
        v = 2
        mse = mse_tmp
        xk = xk_tmp
        temp = 1 - pow(2 * q - 1, 3)
        if s > temp:
            u = u * s
        else:
            u = u * temp
    else:
        u = u * v
        v = 2 * v
        xk = xk_tmp
    print("step = %d,abs(mse-lase_mse) = %.8f" % (step, abs(mse - lase_mse)))
    if abs(mse - lase_mse) < 0.000001:
        break
    #记录上一个mse的位置
    lase_mse = mse
    conve -= 1
print(xk)
#用拟合好的参数画图
z = [Func(xk, i) for i in h]
plt.figure(0)
plt.scatter(h,np.array(y)[0],s = 4)
plt.plot(h, z, 'r')
plt.show()
```

运行结果为:

```
step = 1,abs(mse-lase_mse) = 6599.80282716
step = 2,abs(mse-lase_mse) = 3360.10834891
step = 3,abs(mse-lase_mse) = 9741.94011551
step = 4,abs(mse-lase_mse) = 196.58549992
step = 5,abs(mse-lase_mse) = 3.57671486
step = 6,abs(mse-lase_mse) = 0.00020491
step = 7,abs(mse-lase_mse) = 0.00000002
[[0.83917225]
 [3.26749396]
 [1.89584671]]
```

由运行结果可知，迭代 7 次后，参数值收敛到真实值，表 7.2 为参数迭代表。此外，拟合图如图 7.7 所示。

表 7.2　参数迭代表

Step	abs(mse-lase_mse)
1	6514.83709504
2	2466.67287214
3	8829.83309450
4	135.04773656
5	3.25607347
6	0.00016557
7	0.00000000

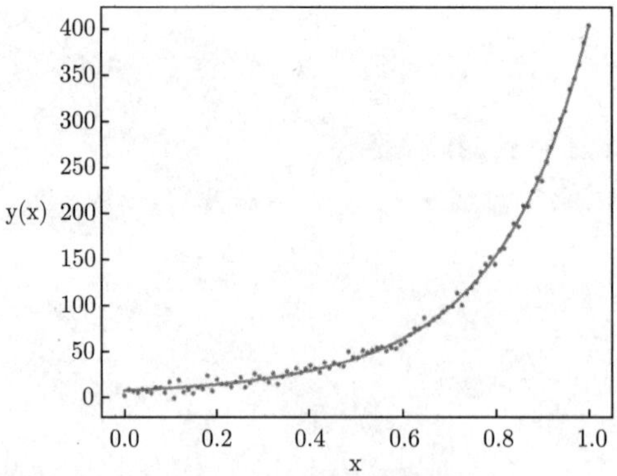

图 7.7 数据拟合图

【例 7.12】 利用 Levenberg-Marquardt 算法拟合函数

$$F(\boldsymbol{x}) = a + be^{c\boldsymbol{x}}$$

其中 a, b, c 的真实值为 0.625，1.33，-0.5，且实验中的 $\boldsymbol{x}, \boldsymbol{y}$ 数据为函数生成。

解 此问题可由实例代码 7.12 和实例代码 7.13 实现。首先生成相关的实验数据，见实例代码 7.12。

实例代码 7.12

```
#通过定义函数生成制表符分隔的x, y数据
#Import all of the necessary python libraries:
from pylab import *
import matplotlib.pyplot as plt
import itertools# itteration tools for writedat() defined below
import sys
cur_version = sys.version_info
#Create some empty lists to work with:
x = []
y = []
xx = []
yy = []
#Create a numpy array of the independent variable x:
x = linspace(-5,5, num=13)
def F(x):
    return 0.625+1.33*exp(-0.5*x);
#Function to write formatted tab-delimited x,y data
def writedat(filename, x, y, xprecision=8, yprecision=8):
   with open(filename,'w') as f:
       for a, b in zip(x, y):
            print("%.*g\t%.*g" % (xprecision, a, yprecision, b), file=f)
#Create array of function values for each x:
y = F(x)
#Write the data to data.txt:
writedat("data.txt", x, y)
infile = "data.txt"
#Check to make sure the data was written correctly:
```

```
try:
    data = open(infile, "r")# Get array out of input file
except:
    print ("Cannot find input file; Please try again.")
    sys.exit(0)
#Close the input file:
close(infile)
#Parse the x,y pairs into two lists:
if cur_version[0]==3:# This is necesary due to the change in the type
    for line in data: #Separate the x,y data by splitting at the white space (tab).
        xx.append(list(map(float, (line).split()))[0])
        yy.append(list(map(float, (line).split()))[1])
#This is necesary due to the change in the type
if cur_version[0]==2:
#Separate the x,y data by splitting at the white space (tab).
    for line in data:
        xx.append(map(float, (line).split())[0])
        yy.append(map(float, (line).split())[1])
#Recast the data lists into numpy arrays for plotting:
xx = array(xx)
yy = array(yy)
#Plot the data:
plt.plot(xx, yy, 'go', label='data')
plt.title("Experimental Data")
plt.xlabel('x')
plt.ylabel('F(x)')
#Show a grid
grid(True)
#Show the plot
plt.show()
```

由以上代码可得到实验数据的图像如图 7.8 所示。

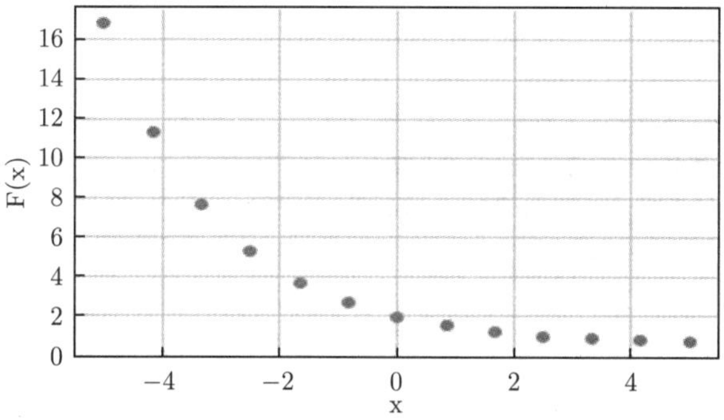

图 7.8　实验数据散点图

通过调用 scipy.optimize 中的 lesssq 函数使用 L-M 方法解决该问题，具体的 Python 实现见实例代码 7.13。

实例代码 **7.13**

```
from pylab import *
import sys
from scipy.optimize import leastsq
import matplotlib.pyplot as plt
import time #to allow time stamp on output
#Test for Python version:
cur_version = sys.version_info
#Create empty lists:
x = []
y = []
#Set the desired resolution:
#DPI.Fine for EPS, but should use higher for PNG.
res = 72
#Defaults to PNG
#plottype = ''
#Comment this out for PNG output.
plottype = 'EPS'
infile = "data.txt" try:
    #get array out of input file except:
    data = open(infile, "r")
except:
    print ("Cannot find input file; Please try again.")
#Reset file pointer to the beginning
data.seek(0)
linecount = 0
#Read the data from the input file:
#This is necesary due to the change in the type
if cur_version[0]==3:
    for line in data:
        linedat = list(map(float, line.split()))
        x.append(linedat[0])
        y.append(linedat[1])
        linecount += 1
else:
    for line in data:
        x.append(map(float, line.split())[0])
        y.append(map(float, line.split())[1])
        linecount += 1
xx = array(x)
yy = array(y)
xmax = max(xx)
xmin = min(xx)
ymax = max(yy)
ymin = min(yy)
#Close the input file:
close(infile)
#Define the model:
def F(r,z):
    return z[0]+z[1]*exp(z[2]*r)
```

```
#Define the residual function:
def rez(z, yy, r):
    return yy - F(r,z)
#Initial guess
x0=[1,1,-1]
#Find the best values:
output = leastsq(rez, x0, args=(yy, xx), full_output=1)
#Squared deviations
err2 = output[2]['fvec']*output[2]['fvec']
#Unbiased uncertainty estimate
sig = sqrt(sum(err2)/(len(err2)-3))
#Optimal parameters
a = output[0][0]
b = output[0][1]
c = output[0][2]
#Print the solutions and the standard error:
print ("a = ",a)
print ("b = ",b)
print ("c = ",c)
print ("standard error = ", sig)
#Create a list of the optimal parameters:
coeffs = [a,b,c]
#Plot the model and the data for comparision:
plt.plot(xx, F(xx, coeffs), 'r-', label='model')
plt.plot(xx, yy, 'go', label='data')
legend = plt.legend(loc='upper right', shadow=True, fontsize='large')
xlabel('x')
ylabel('F(x)')
plt.annotate(r"$\sigma$ = "+'{: 3.2e}'.format(sig),xy=(xmax*0.7,ymax*0.75))
grid(True)
#Put a nice background color on the legend:
legend.get_frame().set_facecolor('#00FFCC')
#Add date and time in plot title:
loctime = time.asctime(time.localtime(time.time()))
#Save graph:
#if plottype=='PNG' or plottype=='':#Default to PNG
#Save plot as PNG:
#plotname = infile.split('.')[0]+"model"+loctime+".PNG"
#plt.savefig(plotname,format='png', dpi=res)
#else:# Save plot as EPS:
#plotname = infile.split('.')[0]+"model"+loctime+".EPS"
#plt.savefig(plotname,format='eps', dpi=res)
#Show the plot
plt.show()
```

通过运行以上代码可得参数拟合结果如下：

```
a = 0.6250000299237987
b = 1.3299999426376148
c = -0.5000000069573454
standard error = 1.5950489387022612e-07
```

得到拟合图如 7.9 所示。

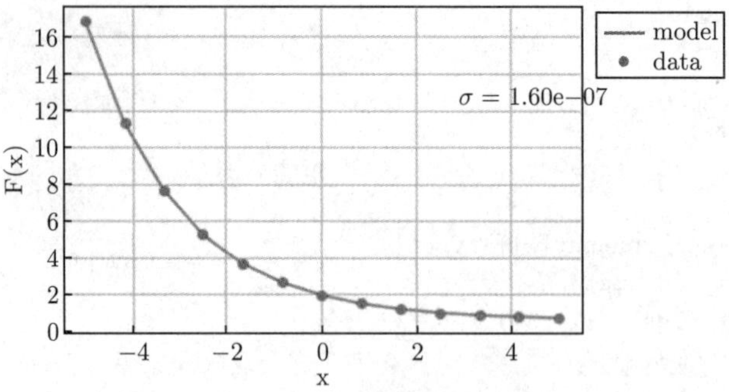

图 7.9　原始数据及拟合图

【例 7.13】 Antoine 公式是化学工程测试中提出的简单公式，可以在实践中使用。

$$\log P = A - \frac{B}{T + C}$$

其中 P 为蒸汽压，T 是温度，A, B, C 是特定于此方程的 Antoine 常数。我们从表 7.3 的温度和蒸汽压数据来确定 Antoine 公式的参数 A, B, C。

表 7.3　温度与蒸汽压数据

温度 T(℃)	压力 P(kPa)	温度 T(℃)	压力 P(kPa)
64.51	101.325	77.90	167.6395461
66.14	107.9911184	81.48	190.4243388
67.83	115.283852	84.01	208.0095592
69.58	123.2431974	87.53	234.6607007
71.29	131.4691875	92.39	276.0039671
73.16	140.9750724	100.00	352.4910099
75.36	152.8807599		

解　设定初始值为 (1,1,1)，利用实例代码 7.14 来求解。

实例代码 7.14

```
import numpy as np
import matplotlib.pyplot as plt
from scipy.optimize import leastsq
#输入问题中的初始条件
T=np.array([64.51,66.14,67.83,69.58,71.29,73.16,75.36,77.9,81.48,84.
01,87.53,92.39,100.])
P=np.array([101.325,107.9911184,115.283852,123.2431974,131.4691875,
140.9750724,152.8807599,167.6395461,190.4243388,208.0095592,
234.6607007,276.0039671,352.4910099])
#使用def语句输入Antoine表达式
def theoreticalValue(beta):
    Pcal=10**(beta[0]+beta[1]/(T+beta[2]))
return Pcal
#定义残差
def objectiveFunction(beta):
```

```
    r = P - theoreticalValue(beta)
return r
#Levenberg-Marquardt方法
initialValue = np.array([1,1,1])
betaL = leastsq(objectiveFunction,initialValue,maxfev=1000)
print('Levenberg-Marquardt{0}'.format(betaL))
plt.figure()
plt.plot(T, P,'o')
plt.plot(T, theoreticalValue(betaL[0]),'-')
plt.xlabel('T (℃)')
plt.ylabel('P (kPa)')
plt.legend(['Row data', 'Levenberg-Marquardt'])
plt.show()
```

运行结果如下：

```
RuntimeWarning: Number of calls to function has reached maxfev = 1000. warnings.warn(
    errors[info][0], RuntimeWarning)
Levenberg-Marquardt(array([ -9.00659517, -8561.09300943, -840.55641093]), 5)
```

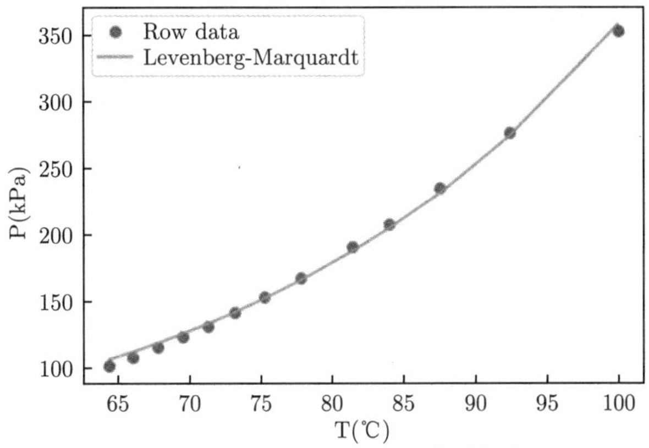

图 7.10 原始数据及 L-M 方法拟合图

由运行结果可知，虽然输出显示警告语句，但还是显示了输出结果和图形的结果。显示 Warning 语句是因为即使 minimumeq 函数指定的计算数达到 1000，它也没有收敛。从计算结果和拟合图来看，L-M 方法可以在一定程度上拟合，而且 L-M 方法容易收敛。

7.3.3 Dog-Leg 法

Dog-Leg 法是 Gauss-Newton 法和最速下降法的混合方法。

Gauss-Newton 法通过求解如下等式得到迭代方向和步长

$$\nabla^2 f(\boldsymbol{x})\boldsymbol{d}^{gn} = -\nabla f(\boldsymbol{x}) = \boldsymbol{J}^T\boldsymbol{J}\boldsymbol{d}^{gn} = -\boldsymbol{J}^T\boldsymbol{r}$$

最速下降法则使用负梯度方向作为迭代方向

$$\boldsymbol{d}^{sd} = -\nabla f(\boldsymbol{x}) = -\boldsymbol{g} = -\boldsymbol{J}^T\boldsymbol{r}$$

假设 $f(\boldsymbol{x_k}+\lambda_k\boldsymbol{d}_k^{sd})\approx f(\boldsymbol{x}_k)+\lambda_k\boldsymbol{J}_k\boldsymbol{d}_k^{sd}$ ，令

$$\begin{aligned}F(\boldsymbol{x}_k+\lambda\boldsymbol{d}_k^{sd})&\approx\frac{1}{2}\|f(\boldsymbol{x}_k)+\lambda_k\boldsymbol{J}_k\boldsymbol{d}_k^{sd}\|^2\\&=F(\boldsymbol{x}_k)+\lambda\boldsymbol{d}_k^{sd^T}\boldsymbol{J}_k^Tf(\boldsymbol{x}_k)+\frac{1}{2}\lambda_k^2\|\boldsymbol{J}_k\boldsymbol{d}_k^{sd}\|^2\end{aligned}$$

为了使得 $F(\boldsymbol{x}_k+\lambda_k\boldsymbol{d}_k^{sd})$ 最小，对 λ_k 求导可得

$$\lambda_k=-\frac{\boldsymbol{d}_k^{sd^T}\boldsymbol{J}_k^Tf(\boldsymbol{x}_k)}{\|\boldsymbol{J}_k\boldsymbol{d}_k^{sd}\|^2}=\frac{\|\boldsymbol{g}_k\|^2}{\|\boldsymbol{J}_k\boldsymbol{g}_k\|^2}$$

有两种情况，如果采用 Gauss-Newton 法，则 $\boldsymbol{x}_{k+1}-\boldsymbol{x}_k=\boldsymbol{d}_k^{gn}$；如果采用最速下降法，则 $\boldsymbol{x}_{k+1}-\boldsymbol{x}_k=\lambda_k\boldsymbol{d}_k^{sd}$。

Dog-Leg 方法是一种信赖域方法。信赖即为在 $\|\boldsymbol{d}_k\|\leqslant\Delta$ 范围内，$F(\boldsymbol{x}_k)+\lambda\boldsymbol{d}_k{}^T\boldsymbol{J}_k^Tf(\boldsymbol{x}_k)+\frac{1}{2}\lambda_k^2\|\boldsymbol{J}_k\boldsymbol{d}_k\|^2$ 能够较好的近似，因此不管我们选择 Gauss-Newton 还是最速下降法，必须满足 $\|\boldsymbol{d}_k^{gn}\|\leqslant\Delta$ 以及 $\|\lambda_k\boldsymbol{d}_k^{sd}\|\leqslant\Delta$，二阶近似才能较好成立。

Dog-Leg 的迭代方向 $\boldsymbol{d}_k^{dl}$ 和 $\boldsymbol{d}_k^{gn}$、$\lambda_k\boldsymbol{d}_k^{sd}$、$\Delta$ 有如下关系：

$$\begin{cases}\text{if}\quad\|\boldsymbol{d}_k^{gn}\|\leqslant\Delta, & \boldsymbol{d}_k^{dl}=\boldsymbol{d}_k^{gn}\\ \text{else if}\ \|\lambda_k\boldsymbol{d}_k^{sd}\|\geqslant\Delta, & \boldsymbol{d}_k^{dl}=\frac{\Delta}{\|\boldsymbol{d}_k^{sd}\|}\boldsymbol{d}_k^{sd}\\ \text{else}\quad \boldsymbol{d}_k^{dl}=\lambda_k\boldsymbol{d}_k^{sd}+\beta_k(\boldsymbol{d}_k^{gn}-\lambda_k\boldsymbol{d}_k^{sd})\end{cases}$$

可以选择 β 使得 $\|\boldsymbol{d}_k^{dl}\|=\Delta$。

$\boldsymbol{d}_k^{dl}$ 和 $\boldsymbol{d}_k^{gn}$、$\lambda_k\boldsymbol{d}_k^{sd}$ 以及 Δ 之间的关系示意图如图 7.11 所示。

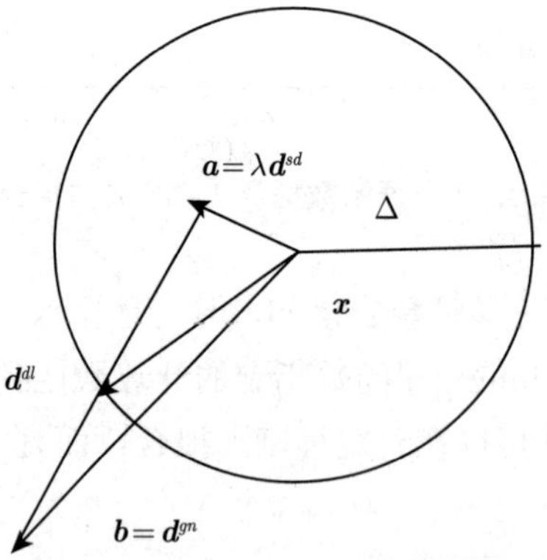

图 7.11　Dog-Leg 法示意图

通过图 7.11 可以发现，还需确定参数 β_k。令

$$\begin{aligned}\boldsymbol{c}&=\boldsymbol{a}^T(\boldsymbol{b}-\boldsymbol{a})\\ \psi(\beta)&=\|\boldsymbol{a}+\beta(\boldsymbol{b}-\boldsymbol{a})\|^2-\Delta^2\\&=\|\boldsymbol{b}-\boldsymbol{a}\|^2\beta^2+2\boldsymbol{c}\beta+\|\boldsymbol{a}\|-\Delta^2\end{aligned}$$

于是有

$$\begin{cases}\beta_k = \left(-\boldsymbol{c}+\sqrt{\boldsymbol{c}^2+\|\boldsymbol{b}-\boldsymbol{a}\|^2(\Delta^2-\|\boldsymbol{a}\|^2)}\right), & \boldsymbol{c}\leqslant 0\\ \beta_k = (\Delta^2-\|\boldsymbol{a}\|^2)\,/\left(\boldsymbol{c}+\sqrt{\boldsymbol{c}^2+\|\boldsymbol{b}-\boldsymbol{a}\|^2(\Delta^2-\|\boldsymbol{a}\|^2)}\right), & \boldsymbol{c}>0\end{cases}$$

实际中如何更新置信区间半径？继续选择增益比 $\gamma_k = \dfrac{\Delta f_k}{\Delta l_k} = \dfrac{f(\boldsymbol{x}_{k+1})-f(\boldsymbol{x}_k)}{l(\boldsymbol{d}_k^{dl})-l(0)}$，则有如下结论

$$\begin{cases}\text{if } \rho > 0.75, & \Delta := \max\{\Delta, 3\times\|h_{dl}\|\}\\ \text{if } \rho < 0.25, & \Delta := \Delta/2\end{cases}$$

综上所述，Dog-Leg 法的一般算法框架如下。

算法 7.7 Dog-Leg 法的一般算法框架

Step 1 初始化 Δ_0 及初始迭代点 $\boldsymbol{x}_0$ 和 $\epsilon_1,\epsilon_2,\epsilon_3$。令 $k:=0$;

Step 2 求解梯度 $\boldsymbol{g}_k = \boldsymbol{J}_k^T f_k$;

Step 3 if $\|\boldsymbol{g}_k\|\leqslant\epsilon_1$，break

  else if $\|f(\boldsymbol{x}_k)\|\leqslant\epsilon_3$，break

  else 转 Step 4;

Step 4 if 令信半径半径 $\Delta_k\leqslant\epsilon_2(\|\boldsymbol{x}_k\|+\epsilon_2)$，break

  else 计算 $\boldsymbol{d}_k^{gn}$ 和 $\boldsymbol{d}_k^{sd}$，计算最速下降法的迭代步长 $\alpha=\frac{\|\boldsymbol{g}\|^2}{\|\boldsymbol{J}(\boldsymbol{x})\boldsymbol{g}\|^2}$，转 Step 5;

Step 5 if $\|\boldsymbol{d}_k^{gn}\|\leqslant\Delta$，$\boldsymbol{d}_k^{dl}=\boldsymbol{d}_k^{gn}$

  else if $\|\lambda_k\boldsymbol{d}_k^{sd}\|\geqslant\Delta$，$\boldsymbol{d}_k^{dl}=\frac{\Delta}{\|\boldsymbol{d}_k^{sd}\|}\boldsymbol{d}_k^{sd}$

  else $\boldsymbol{d}_k^{dl}=\lambda_k\boldsymbol{d}_k^{sd}+\beta_k(\boldsymbol{d}_k^{gn}-\lambda_k\boldsymbol{d}_k^{sd})$;

Step 6 if $\|\boldsymbol{d}_k^{dl}\|\leqslant\epsilon(\|\boldsymbol{x}_k\|+\epsilon_2)$，break

  else $\boldsymbol{x}_{new}=\boldsymbol{x}_k+\boldsymbol{d}_k^{dl}$，计算增益比 γ_k;

Step 7 if $\gamma_k>0$，$\boldsymbol{x}_{k+1}=\boldsymbol{x}_{new}$

  if $\gamma_k>0.75$，$\Delta_{k+1}=\max\{\Delta_k, 3\times\|h_{dl}\|\}$

  else if $\gamma_k<0.25$，$\Delta_{k+1}=\Delta_k/2$;

Step 7 判断算法是否收敛，若不收敛，$k:=k+1$，转 Step 2，否则结束。

对于 $\epsilon_1,\epsilon_2,\epsilon_3$ 可以选取任意小的值，如 10^{-12}，作为迭代的终止条件，其值的选取对最终的收敛结果影响不大。

【例 7.14】 给定一个函数 $f(x,y)=100(y-x^2)^2+(1-x)^2$，初始点为 $(-1.5,0.5)$，计算 $\min f(x,y)$。

解 利用 Dog-Leg 法求解该问题的 Python 实现见实例代码 7.15。

实例代码 7.15

```
import numpy as np
import matplotlib.pyplot as plt
#定义所需计算的函数表达式
def func(x, y):
    return (1 - x) ** 2 + 100 * (y - x * x) ** 2
```

```
#计算函数的梯度
def gfun(x, y):
    g = [[-2 * (1 - x) - 400 * (y - x * x) * x, 200 * (y - x * x)]]
    g = np.array(g)
    return g.T
#定义q函数
def qfun(x,y,d):
    d = np.array(d)
    fk = func(x,y)
    gk = gfun(x,y)
    gk_T = gk.reshape(1,gk.shape[0])
    Gk = Bfun(x,y)
    d_T = d.reshape(1,d.shape[0])
    q = fk + np.matmul(gk_T, d) + 0.5 * np.matmul(np.matmul(d_T, Gk), d)
    return q
#计算Hessen矩阵
def Bfun(x, y):
    return np.array([[2 - 400 *(y - x * x) + 800 * x * x, -400 * x],
                [-400 * x, 200]])
#计算Hessen的逆矩阵
def inverse_B(x,y):
    B = Bfun(x, y)
    return np.linalg.inv(B)
def Dogleg(x, y, delta):
    B = Bfun(x,y)
    B_inv = np.linalg.inv(B)
    g = gfun(x,y)
    g_T = g.reshape(1,g.shape[0])
    #计算PB
    PB = -1 * np.matmul(B_inv, g)
    #计算PB的转置，方便计算tao
    PB_T = PB.reshape(1,PB.shape[0])
    #计算PU
    gTg = np.matmul(g_T, g)
    gTBg = np.matmul(g_T, np.matmul(B, g))
    PU = -1 * (gTg / gTBg) * g
    #计算PU转置，方便计算tao
    PU_T = PU.reshape(1, PU.shape[0])
    #计算PB的范数
    PB_norm = np.linalg.norm(PB)
    #计算PU的范数
    PU_norm = np.linalg.norm(PU)
    #为后面的计算tao简便计算
    PB_U = PB - PU
    PB_U_norm = np.linalg.norm(PB_U)
    #开始判断条件得到步长pk
    if PB_norm <= delta:
        tao = 2
```

```
    elif PU_norm >= delta:
        tao = delta / PU_norm
    else:
        factor = np.matmul(PU_T, PB_U) * np.matmul(PU_T, PB_U)
    tao = -2 * np.matmul(PU_T, PB_U) + 2 * np.math.sqrt(factor - PB_U_norm * PB_U_norm
         * (PU_norm * PU_norm - delta * delta))
        tao = tao / (2 * PB_U_norm * PB_U_norm) + 1
    if 0 < tao <= 1:
        pk = tao * PU
    elif 1 < tao <= 2:
        pk = PU + (tao - 1) * (PB - PU)
    return pk
def TrueRegion(x,y):
    #给出初始坐标点与相关系数
    delta = 20
    k = 0
    #计算初始的函数梯度范数
    #终止判别条件中的epsilon
    epsilon = 1e-9
    maxk = 5000
    #设置终止判断，判断函数fun的梯度的范数是不是比epsilon小
    while True:
        g_norm = np.linalg.norm(gfun(x, y))
        if g_norm < epsilon:
            return x,y
            break
        #利用DogLeg方法求解子问题迭代步长dk
        dk = Dogleg(x,y, delta)
        x_new = x + dk[0][0]
        y_new = y + dk[1][0]
        fun_k = func(x, y)
        fun_new = func(x_new, y_new)
        r = (fun_k - fun_new) / (qfun(x, y, [[0],[0]]) - qfun(x, y, dk))
        if r < 0.25:
            delta = delta / 4
        elif r > 0.75 and np.linalg.norm(dk) == delta:
            delta = 2 * delta
        else:
            pass
        if r <= 0:
            pass
        else:
            x = x_new
            y = y_new
            k = k + 1
TrueRegion(-1.5, 0.5)
```

运行结果如下：

```
(0.9999999999999112, 0.9999999999997528)
```

7.3.4 大残量问题的拟牛顿法

前三个小节分别介绍了 Gauss-Newton 法、Levenbery-Marquardt 法和 Dog-Leg 法，这三个算法对于小残量的最小二乘问题都十分有效。但是在大残量问题中，因为 Hessian 矩阵 $\boldsymbol{G}(\boldsymbol{x})$ 的第二部分 $\boldsymbol{S}(\boldsymbol{x})$ 的作用是不可忽视的，所以只采用 $\boldsymbol{J}_k^T\boldsymbol{J}_k$ 作为第 k 步迭代的 Hessian 矩阵近似会产生较大的误差。在这种情况下，Gauss-Newton 法、Levenbery-Marquardt 法和 Dog-Leg 法很大可能会失效。我们可以将非线性最小二乘问题式 (7.15) 当成一般的无约束问题利用牛顿法和拟牛顿法来求解。但是对于很多问题而言，每个残差量的 Hessian 矩阵 $\nabla^2 r_i(\boldsymbol{x})$ 不容易求出，所以使用牛顿法效率会很低；直接使用拟牛顿法对 Hessian 矩阵 $\boldsymbol{G}(\boldsymbol{x}) = \nabla^2 f(\boldsymbol{x})$ 进行近似又会忽略最小二乘问题的特殊结构。

Hessian 矩阵的表达式 (7.14) 说明 $\boldsymbol{G}(\boldsymbol{x}) = \nabla^2 f(\boldsymbol{x})$ 由两部分组成：一部分容易求出，但是不够精确；另一部分较难求出，但是又是必不可少的。因此，分成两部分处理，对于容易求出的部分直接保留 Gauss-Newton 矩阵 $\boldsymbol{J}^T(\boldsymbol{x})\boldsymbol{J}(\boldsymbol{x})$，对于较难求出的部分可以利用拟牛顿法进行近似。这便是求解大残量问题的思路，同时考虑了最小二乘问题的 Hessian 矩阵结构和计算量，是一种混合的近似方法。

我们使用 $\boldsymbol{C}_k$ 表示 $\nabla^2 f(\boldsymbol{x}_k)$ 的近似矩阵，即有

$$\boldsymbol{C}_k = \boldsymbol{J}_K^T\boldsymbol{J}_k + \boldsymbol{B}_k \tag{7.30}$$

其中 $\boldsymbol{B}_k$ 是 Hessian 矩阵第二部分 $\boldsymbol{S}(\boldsymbol{x}) = \sum\limits_{i=1}^m \boldsymbol{r}_i(\boldsymbol{x})\nabla^2\boldsymbol{r}_i(\boldsymbol{x})$ 的近似。现在问题的关键就在于如何构造矩阵 $\boldsymbol{B}_k$，在建立拟牛顿法时，构造拟牛顿法格式有两步：

（1）找出拟牛顿条件；

（2）根据拟牛顿条件来构造拟牛顿矩阵的低秩更新。

但是我们构造的矩阵 $\boldsymbol{B}_k$ 仅仅只是拟牛顿矩阵 $\boldsymbol{C}_k$ 的一部分，不满足割线条件 $\nabla f(\boldsymbol{x}_{k+1}) - \nabla f(\boldsymbol{x}_k) = \boldsymbol{B}_{k+1}(\boldsymbol{x}_{k+1} - \boldsymbol{x}_k)$，我们的目标是使 $\boldsymbol{B}_{k+1}$ 和 Hessian 矩阵第二部分尽可能地近似，即满足

$$\boldsymbol{B}_{k+1} \approx \boldsymbol{S}(\boldsymbol{x}_{k+1}) = \sum_{i=1}^m \boldsymbol{r}_i(\boldsymbol{x}_{k+1})\nabla^2\boldsymbol{r}_i(\boldsymbol{x}_{k+1})$$

由一阶 Taylor 展开得知，$\boldsymbol{B}_{k+1}$ 应该尽可能保留原来 Hessian 矩阵的性质，即

$$\begin{aligned}
\boldsymbol{B}_{k+1}\boldsymbol{s}_k &\approx \left(\sum_{j=1}^m \boldsymbol{r}_j\left(\boldsymbol{x}_{k+1}\right)\nabla^2\boldsymbol{r}_j\left(\boldsymbol{x}_{k+1}\right)\right)\boldsymbol{s}_k \\
&= \sum_{j=1}^m \boldsymbol{r}_j\left(\boldsymbol{x}_{k+1}\right)\left(\nabla^2\boldsymbol{r}_j\left(\boldsymbol{x}_{k+1}\right)\right)\boldsymbol{s}_k \\
&\approx \sum_{j=1}^m \boldsymbol{r}_j\left(\boldsymbol{x}_{k+1}\right)\left(\nabla\boldsymbol{r}_j\left(\boldsymbol{x}_{k+1}\right) - \nabla\boldsymbol{r}_j\left(\boldsymbol{x}_k\right)\right) \\
&= \left(\boldsymbol{J}_{k+1}\right)^{\mathrm{T}}\boldsymbol{r}_{k+1} - \left(\boldsymbol{J}_k\right)^{\mathrm{T}}\boldsymbol{r}_{k+1}
\end{aligned}$$

其中 $\boldsymbol{s}_k = \boldsymbol{x}_{k+1} - \boldsymbol{x}_k$，令 $\overline{\boldsymbol{y}}_k = \boldsymbol{J}_{k+1}^T \boldsymbol{r}_{k+1} - \boldsymbol{J}_k^T \boldsymbol{r}_{k+1}$，则 $\boldsymbol{B}_{k+1}$ 满足的拟牛顿条件为

$$\boldsymbol{B}_{k+1}\boldsymbol{s}_k = \overline{\boldsymbol{y}}_k \tag{7.31}$$

要注意，此时的 $\overline{\boldsymbol{y}}_k$ 并不是原来的 $\boldsymbol{y}_k = \nabla f(\boldsymbol{x}_{k+1}) - \nabla f(\boldsymbol{x}_k)$。

有了拟牛顿条件式 (7.31)，就可以使用之前的拟牛顿法来构造了，构造过程详见前文。

本章小结

实际应用中的最优化问题，大多数是线性或非线性最小二乘问题，其目标是通过最小化残差的平方和来寻找最佳的参数或变量取值。最小二乘模型在参数估计、系统辨识以及预测预报等众多领域都有着广泛的应用。本章分别介绍了最小二乘问题的基本形式、线性最小二乘问题的求解方法和非线性最小二乘问题的求解方法。

1. 线性最小二乘问题是优化问题理论和算法的重要组成部分，也是计算数学领域的一类经典问题。线性最小二乘问题又可分为满秩线性最小二乘问题和亏秩线性最小二乘问题。

2. 满秩线性最小二乘问题可以用直接求解法来求解，为了提高计算效率，可以采用 LDLT 分解、Cholesky 分解、QR 分解和奇异值分解等方法；亏秩线性最小二乘问题由于其特殊性，通过奇异值分解方法来计算矩阵的广义逆进行求解。

3. 为了避免增加问题的计算规模，常常采用迭代法来求解线性最小二乘问题。好的迭代法比直接法具有计算量更小且计算误差容易控制的优点，因此在大规模问题的求解上主要使用迭代法。

4. 非线性最小二乘问题是一类特殊的无约束优化问题。我们需要定义一个非线性函数来描述模型与观测数据之间的关系，并通过最小化残差的平方和来寻找最优解。本章介绍了 Gauss-Newton 法、Levenberg-Marquardt 法、Dog-Leg 法和大残量问题下的拟牛顿法。

5. Gauss-Newton 法是求解非线性最小二乘问题的经典方法，其充分利用了最小二乘问题的结构，由函数的一阶导数信息形成 Gauss-Newton 矩阵，直接构造了函数二阶导数矩阵的近似，再用牛顿法的迭代格式求问题的最优解。

6. 为了克服 Gauss-Newton 法的局限，在目标函数中添加一个正则项来得到较好的近似结果，即 Levenberg-Marquardt 方法，它也被称为 Gauss-Newton 算法与最速下降法的结合。若利用信赖域半径的调整策略来调整参数，则有非线性最小二乘问题的 LMF 方法。LMF 方法的关键是在迭代过程中如何调整参数。

7. Dog-Leg 法也是 Gauss-Newton 法和最速下降法的混合方法，并且是一种信赖域方法。

8. 大残量问题的求解思路是对于 Hessian 矩阵的表达式，可以分为两部分处理，对容易求出的部分直接保留 Gauss-Newton 矩阵，对较难求出的部分利用拟牛顿法进行近似。

习 题 7

1. 已知 $\boldsymbol{A}=\begin{pmatrix}2 & 2 & 3\\ 4 & 7 & 7\\ -2 & 4 & 5\end{pmatrix}$，$\boldsymbol{b}=\begin{pmatrix}3\\ 1\\ -7\end{pmatrix}$，用 QR 分解编程求解线性方程组 $\boldsymbol{Ax}=\boldsymbol{b}$ 的最小二乘解。

2. 已知 $\boldsymbol{A}=\begin{pmatrix}1 & 2 & 3\\ 2 & 3 & 4\\ 3 & 4 & 6\end{pmatrix}$，$\boldsymbol{b}=\begin{pmatrix}1\\ -1\\ 2\end{pmatrix}$，用 SVD 分解编程求解线性方程组 $\boldsymbol{Ax}=\boldsymbol{b}$ 的最小二乘解。

3. 已知 $\boldsymbol{A}=\begin{pmatrix}2 & -1 & 0\\ -1 & 2 & -1\\ 0 & -1 & 2\end{pmatrix}$，$\boldsymbol{b}=\begin{pmatrix}3\\ -3\\ 1\end{pmatrix}$，用 Cholesky 分解编程求解线性方程组 $\boldsymbol{Ax}=\boldsymbol{b}$ 的最小二乘解。

4. 用 Gauss-Newton 法重新求解例 7.13。

5. 用 Levenberg-Marquardt 法仿照例 7.11 计算其他指数函数的参数值。

第 8 章　实例应用

成功优化的关键是在尝试解决问题之前先理解问题

最优化方法是机器学习中模型训练的基础，它通过找到最合适的参数来使得模型的目标函数达到最优。本章为读者介绍机器学习中的一些典型问题，涵盖了回归、分类、聚类、降维等常见问题，详细阐述了线性回归、支持向量机、主成分分析、奇异值分解、非负矩阵分解等具体问题，并解释了如何将它们转化为优化问题，这些优化技术在数据分析、机器学习和模式识别等领域中具有广泛的应用。通过本章的学习，读者将能够更好地理解机器学习问题的本质，并掌握如何使用优化方法来解决这些问题。同时，基于 Python 编程语言实现的实例，有助于帮助读者在理解模型的基础上更好地进行实践应用，并掌握如何使用优化方法来解决这些问题。

8.1　回归模型

在现实生活中，我们常常需要根据已有的信息或知识来对未知事物做出预测。在机器学习中，回归模型（Regression Model）用于预测输入变量（自变量）和输出变量（因变量）之间的关系，特别是当输入变量的值发生变化时，输出变量的值随之发生的变化。诸多领域的预测任务都可以转化为回归问题，比如，在商务领域，回归可作为市场趋势预测、产品质量管理、客户满意度调查以及投资风险分析的工具。

8.1.1　概述

回归问题分为学习和预测两个过程（见图 8.1）。首先给定一个训练数据集

$$\mathcal{D}=\{(\boldsymbol{x}_1,y_1),(\boldsymbol{x}_2,y_2),\cdots,(\boldsymbol{x}_m,y_m)\}$$

其中 $\boldsymbol{x}_i=(x_{i1},x_{i2},\cdots,x_{id})\in\mathbb{R}^d$ 是输入，$y_i\in\mathbb{R}$ 是对应的输出，$i=1,2,\cdots,m$。学习系统基于训练数据构建一个模型，即 $\boldsymbol{y}=f(\boldsymbol{x})$；对新的输入 $\boldsymbol{x}_{m+1}$，预测系统根据学习的模型 $\boldsymbol{y}=f(\boldsymbol{x})$ 确定相应的输出 y_{m+1}。

建立回归模型时，f 的选取范围非常重要，实际上它决定了我们需要使用什么类别的模型来拟合观测数据。给定观测数据 $(\boldsymbol{x}_i,y_i)$，我们总能利用插值的方式构造出 f，使得 $f(\boldsymbol{x}_i)=y_i$，$i=1,2,\cdots,m$。这种拟合的方式误差为零，但它是否是一个好的模型呢？一个好的模型需要有比较良好的预测能力（或称为泛化能力），即我们需要将 f 作用到测试集数

据上，计算其预测误差。虽然比较复杂的 f 可以几乎完美地拟合观测到的数据，但其预测能力可能比较差，这也就是所谓的“过拟合”现象。反之，若 f 形式过于简单，求解之后其并不能完全解释 $\boldsymbol{x}$ 和 $\boldsymbol{y}$ 之间的依赖关系，在已经观测的数据和预测的数据上都有较大的误差，这就是所谓“欠拟合”现象。一个好的模型需要兼顾两方面，即在观测的数据上有比较小的误差，同时又具有简单的形式。

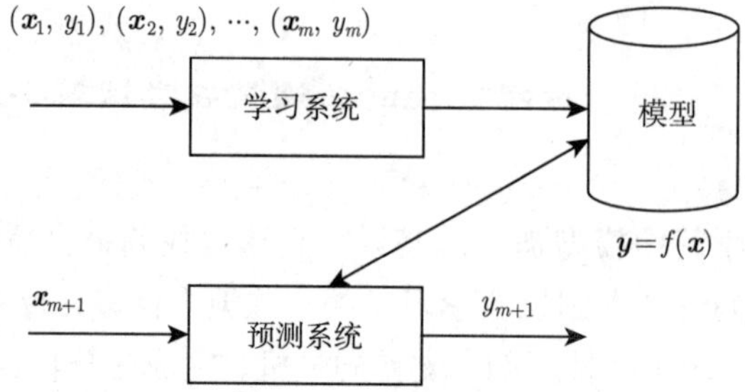

图 8.1　回归问题

函数 f 取值于函数空间中，为了缩小 f 的范围，一般会将其进行参数化，即 $\boldsymbol{y} = f(\boldsymbol{x})$ 改写为

$$\boldsymbol{y} = f(\boldsymbol{x}, \boldsymbol{w})$$

其中 $f(\boldsymbol{x}, \boldsymbol{w})$ 的含义是 f 以 $\boldsymbol{w} \in \mathbb{R}^n$ 为参数，通过选取不同的 $\boldsymbol{w}$ 得到不同的 f。参数化的重要意义在于其将 f 选取的范围缩小到了有限维空间 $\mathbb{R}^n$ 中，求解函数 f 的过程实际上就是求解参数 $\boldsymbol{w}$ 的过程。

8.1.2　线性回归模型

在带参数的回归模型中，最简单的模型是线性回归模型。设 $(\boldsymbol{x}_i, y_i)$ 为观测到的自变量和响应变量，且不同数据点相互独立，则对每个数据点，试图学习到线性回归模型式 (8.1)，使得 $f(\boldsymbol{x}_i) \approx y_i$。

$$f(\boldsymbol{x}_i) = \boldsymbol{w}^T \boldsymbol{x}_i + b \tag{8.1}$$

如何确定 $\boldsymbol{w}$ 和 b? 显然，关键在于衡量 $f(\boldsymbol{x})$ 与 y 之间的差别。均方误差是回归任务中最常用的性能度量，因此令均方误差最小化，即

$$\begin{aligned}(\boldsymbol{w}_*, b_*) &= \arg\min_{\boldsymbol{w},b} \sum_{i=1}^{m} (f(\boldsymbol{x}_i) - y_i)^2 \\ &= \arg\min_{\boldsymbol{w},b} \sum_{i=1}^{m} (y_i - \boldsymbol{w}\boldsymbol{x}_i - b)^2\end{aligned} \tag{8.2}$$

均方误差有非常好的几何意义，它对应常用的欧氏距离。基于均方误差最小化来进行模型求解的方法称为最小二乘法。在线性回归中，最小二乘法就是试图找到一条直线，使所有样本到直线上的欧氏距离之和最小。

求解 $\boldsymbol{w}$ 和 b 使得 $E_{(\boldsymbol{w},b)} = \sum\limits_{i=1}^{m} (y_i - \boldsymbol{w}\boldsymbol{x}_i - b)^2$ 最小化的过程，称为线性回归模型的最小

二乘参数估计。为了便于讨论，我们把 $\boldsymbol{w}$ 和 b 写成向量形式 $\hat{\boldsymbol{w}} = (\boldsymbol{w}; b)$，相应地，把数据集 $\mathcal{D}$ 表示为一个 $m \times (d+1)$ 大小的矩阵 $\boldsymbol{X}$，其中每行对应于一个数据点，该行前 d 个元素对应于数据点的 d 个变量，最后一个元素恒为 1，即

$$\boldsymbol{X} = \begin{pmatrix} x_{11} & x_{12} & \cdots & x_{1d} & 1 \\ x_{21} & x_{22} & \cdots & x_{2d} & 1 \\ \vdots & \vdots & \ddots & \vdots & \vdots \\ x_{m1} & x_{m2} & \cdots & x_{md} & 1 \end{pmatrix} = \begin{pmatrix} \boldsymbol{x}_1^T & 1 \\ \boldsymbol{x}_2^T & 1 \\ \vdots & \vdots \\ \boldsymbol{x}_m^T & 1 \end{pmatrix}$$

再把输出也写成向量形式 $\boldsymbol{y} = (y_1, y_2, \cdots, y_m)$，则类似于式 (8.2)，有

$$\hat{\boldsymbol{w}}_* = \arg\min_{\hat{\boldsymbol{w}}} (\boldsymbol{y} - \boldsymbol{X}\hat{\boldsymbol{w}})^T (\boldsymbol{y} - \boldsymbol{X}\hat{\boldsymbol{w}}) \tag{8.3}$$

采用最小二乘法求解优化问题式 (8.3)。令 $E_{\hat{\boldsymbol{w}}} = (\boldsymbol{y} - \boldsymbol{X}\hat{\boldsymbol{w}})^T(\boldsymbol{y} - \boldsymbol{X}\hat{\boldsymbol{w}})$，关于 $\hat{\boldsymbol{w}}$ 求导得

$$\frac{\partial E_{\hat{\boldsymbol{w}}}}{\partial \hat{\boldsymbol{w}}} = 2\boldsymbol{X}^T(\boldsymbol{X}\hat{\boldsymbol{w}} - \boldsymbol{y}) \tag{8.4}$$

当 $\boldsymbol{X}^T\boldsymbol{X}$ 为满秩矩阵或正定矩阵时，令式 (8.4) 为零可得

$$\hat{\boldsymbol{w}}_* = (\boldsymbol{X}^T\boldsymbol{X})^{-1}\boldsymbol{X}^T\boldsymbol{y} \tag{8.5}$$

其中 $(\boldsymbol{X}^T\boldsymbol{X})^{-1}$ 是矩阵 $\boldsymbol{X}^T\boldsymbol{X}$ 的逆矩阵。令 $\hat{\boldsymbol{x}}_i = (\boldsymbol{x}_i; 1)$，则最终得到线性回归模型为

$$f(\hat{\boldsymbol{x}}_i) = \hat{\boldsymbol{x}}_i^T(\boldsymbol{X}^T\boldsymbol{X})^{-1}\boldsymbol{X}^T\boldsymbol{y} \tag{8.6}$$

最小二乘法使得导数为 0 不一定能求出最优的解析解，现给出求解优化问题式 (8.3) 的梯度下降算法。

算法 8.1 梯度下降法求解线性回归模型的一般框架

输入：$\mathcal{D} = \{(\boldsymbol{x}_1, y_1), (\boldsymbol{x}_2, y_2), \cdots, (\boldsymbol{x}_m, y_m)\}$，学习率 λ，迭代次数 t。

过程：

1. 中心化 $\boldsymbol{x}_i \leftarrow \dfrac{\boldsymbol{x}_i - \boldsymbol{x}_i(\min)}{\boldsymbol{x}_i(\max) - \boldsymbol{x}_i(\min)}$；
2. 损失函数 $L(\hat{\boldsymbol{w}}) = \frac{1}{m}(\boldsymbol{y} - \boldsymbol{X}\hat{\boldsymbol{w}})^T(\boldsymbol{y} - \boldsymbol{X}\hat{\boldsymbol{w}})$；
3. 计算梯度 $\nabla_{\hat{\boldsymbol{w}}} L(\hat{\boldsymbol{w}}) = \nabla_{\hat{\boldsymbol{w}}}(\frac{1}{m}(\boldsymbol{y} - \boldsymbol{X}\hat{\boldsymbol{w}})^T(\boldsymbol{y} - \boldsymbol{X}\hat{\boldsymbol{w}})) = \frac{2}{m}\boldsymbol{X}^T(\boldsymbol{X}\hat{\boldsymbol{w}} - \boldsymbol{y})$；
4. for $t = 1, 2, \cdots$ 最大更新迭代次数；
5. $\hat{\boldsymbol{w}} \leftarrow \hat{\boldsymbol{w}} - \lambda \nabla_{\hat{\boldsymbol{w}}} L(\hat{\boldsymbol{w}})$；
6. end for；

输出：$\hat{\boldsymbol{w}}_*$。

【例 8.1】（房价预测问题） 房价受众多因素的影响，如面积、开发商品质、所在地区便利程度和所在学区等。我们希望拟合出房价和众多因素的关系，进而对未知的房价进行预测。现已知某地区有关房价数据的面积、开发商品质两个变量，请拟合线性回归模型用于预测房价。房价数据信息如表 8.1 所示。

表 8.1　房价数据信息表

面积（平方米）	开发商品质	房价（百万元）
100	0.8	405
60	0.6	260
90	0.2	465
120	0.5	600
150	0.8	750
170	0.6	780
110	0.5	500
200	0.5	930
250	0.5	999
220	0.6	780
30	0.4	149
70	0.9	350
80	0.8	404
140	0.9	650
95	0.5	500

解　采用最小二乘法求解模型未知参数，如实例代码 8.1 所示。

实例代码 8.1

```
import numpy as np
x = np.array([[100, 0.8],[ 60, 0.6],[ 90, 0.2],[120, 0.5],[150, 0.8],[170, 0.6],[110,
    0.5],[200, 0.5],[250, 0.5],[220, 0.6],[ 30, 0.4],[ 70, 0.9],[ 80, 0.8],[140, 0.9],[
     95, 0.5]])
y = [405, 260, 465, 600, 750, 780, 500, 930, 999, 780, 149, 350, 404, 650, 500]
one = np.ones((len(x),1))
#将特征数据和全1的向量拼接
x = np.concatenate((x, one),axis=1)
#数据的前10个作为训练集
x_train = x[:10]
y_train = y[:10]
#数据的后5个作为测试集
x_test = x[10:]
y_test = y[10:]
#定义基于最小二乘求解的线性回归函数
class LinearRegression_multi:
    def_init_(self, param=None):
       self.param = param
    def fit(self, x, y):
       self.a = np.linalg.pinv(x.T.dot(x)).dot(x.T).dot(y)
    def predict(self, x):
       return np.dot(x, self.a)
LR_multi = LinearRegression_multi()
#基于训练数据拟合模型
LR_multi.fit(x_train,y_train)
pred_y_train = LR_multi.predict(x_train)
#在训练数据上对比预测结果和真实值的差异
#测试数据上的预测情况
pred_y_test = LR_multi.predict(x_test)
```

可以得到测试集和训练集上的预测结果：

```
print(pred_y_train)
[ 458.46351477 323.85213879 459.85796583 551.25814462 642.6583234
  729.08071779 514.41918289 845.96983843 1030.16464707 913.27552642]
print(pred_y_test)
[226.07972454 341.57439412 384.78559131 599.44712621 459.1607403]
```

也可利用梯度下降法求解例 8.1，通过实例代码 8.2 得到拟合模型和预测结果。

实例代码 8.2

```
import numpy as np
x = np.array([[100, 0.8],[ 60, 0.6],[ 90, 0.2],[120, 0.5],[150, 0.8],[170, 0.6],[110,
    0.5],[200, 0.5],[250, 0.5],[220, 0.6],[ 30, 0.4],[ 70, 0.9],[ 80, 0.8],[140, 0.9],[
     95, 0.5]])
y = [405, 260, 465, 600, 750, 780, 500, 930, 999, 780, 149, 350, 404, 650, 500]
#中心化
x_normed = (x - x.min(axis=0)) / (x.max(axis=0) - x.min(axis=0))
one = np.ones((len(x),1))
#将特征数据和全1的向量拼接
x = np.concatenate((x_normed, one),axis=1)
#数据的前10个作为训练集
x_train = x[:10]
y_train = y[:10]
#数据的后5个作为测试集
x_test = x[10:]
y_test = y[10:]
#定义基于梯度下降法求解线性回归函数
class LinearRegression_gd:
    def_int_(self, param=None):
        self.param = param
    def gradientDescent(self, x, y, alpha, iteration):
        m = len(x)
        self.w = np.zeros(x.shape[1])
        for i in range(iteration):
            gradient = 2/m * np.dot(x.T, (np.dot(x, self.w) - y))
            self.w = self.w - alpha * gradient
        cost = 2/m * (np.dot(x, self.w) - y).T.dot(np.dot(x, self.w) - y)
        print('cost', cost)
        return cost
    def predict(self, x):
        return np.dot(x, self.w)
LR_gd = LinearRegression_gd()
LR_gd.gradientDescent(x_train, y_train, alpha = 0.5, iteration = 200)
pred_y_train = LR_gd.predict(x_train)
pred_y_test = LR_gd.predict(x_test)
print(Pred_y_train)
print(Pred_y_test)
```

可以得到测试集和训练集上的预测结果：

```
print(pred_y_train)
```

```
[ 458.46003736 323.85546708 459.87016421 551.26142753 642.65269086
729.07930477 514.42289683 845.96967312 1030.16232662 913.27195826]
print(pred_y_test)
[226.0894275 341.56966901 384.78297597 599.4393839 459.16510078]
```

8.1.3 正则化线性回归模型

现实任务中，式 (8.5) 中的 $\boldsymbol{X}^T\boldsymbol{X}$ 往往不是可逆矩阵。例如，变量个数远超过样本数，导致

$$\min_{\boldsymbol{w}} \sum_{i=1}^{m}(y_i - \boldsymbol{w}^T\boldsymbol{x}_i)^2 \tag{8.7}$$

很容易陷入过拟合。为了缓解过拟合问题，式 (8.7) 中引入正则化项。若使用 L_2 范数正则化，则有

$$\min_{\boldsymbol{w}} \sum_{i=1}^{m}(y_i - \boldsymbol{w}^T\boldsymbol{x}_i)^2 + \lambda||\boldsymbol{w}||_2^2 \tag{8.8}$$

其中正则化参数 $\lambda > 0$。式 (8.8) 称为岭回归（Ridge Regression）。由于正则项的存在，目标函数式 (8.8) 是强凸函数，解的性质得到改善，能显著降低过拟合的风险。

如果希望得到的解 $\boldsymbol{w}$ 是稀疏的，则考虑引入 L_1 范数正则项，有

$$\min_{\boldsymbol{w}} \sum_{i=1}^{m}(y_i - \boldsymbol{w}^T\boldsymbol{x}_i)^2 + \lambda||\boldsymbol{w}||_1 \tag{8.9}$$

式 (8.9) 称为 LASSO（Least Absolute Shrinkage and Selection Operator）问题。LASSO 问题通过惩罚参数的 L_1 范数来控制解的稀疏性，如果 $\boldsymbol{w}$ 是稀疏的，那么预测值 y_i 只和 $\boldsymbol{x}_i$ 的部分元素有关。因此，数据点原有的 d 个特征中，对预测起作用的特征对应于 $\boldsymbol{w}$ 的分量不为 0，LASSO 模型起到了特征提取的功能。

8.2 支持向量机

支持向量机（Support Vector Machine，SVM）是一种二分类模型。它的基本模型是定义在特征空间上的间隔最大的线性分类器，间隔最大使它有别于感知机。支持向量机学习方法根据训练数据是否线性可分这一标准分为线性可分支持向量机（Linear Support Vector Machine in Linearly Separable Case）和非线性支持向量机（Non-linear Support Vector Machine）。本节重点介绍线性可分支持向量机。

给定训练样本集

$$\mathcal{D} = \{(\boldsymbol{x}_1, y_1), (\boldsymbol{x}_2, y_2), \cdots, (\boldsymbol{x}_m, y_m)\}$$

其中 $\boldsymbol{x}_i \in \mathbb{R}^d$ 是第 i 个样本点，$y_i \in \{-1, 1\}$ 为 $\boldsymbol{x}_i$ 的类标记，$i = 1, 2, \cdots, m$。当 $y_i = 1$ 时，称 $\boldsymbol{x}_i$ 是正例（正类）；当 $y_i = -1$ 时，称 $\boldsymbol{x}_i$ 是负例（负类）。假设训练数据集是线性可分的。

分类学习的基本目标是基于训练数据集 $\mathcal{D}$ 在样本空间中找到一个划分超平面，将正负两类样本分开。但能将训练样本分开的划分超平面可能有很多，如图 8.2 所示，我们应该去找哪一个呢？

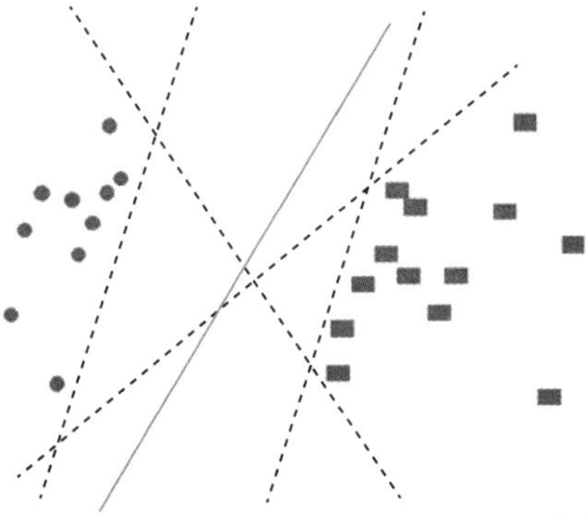

图 8.2 存在多个划分超平面将两类训练样本分开

直观上看，应该去找位于两类训练样本“正中间”的划分超平面，数据点距此平面的距离都比较远，例如图 8.2 中实线表示的，因为该划分超平面对训练样本局部干扰的“容忍”性最高。例如，由于训练集的局限性或噪声的因素，训练集外的样本可能比图 8.2 中的训练样本更接近两个类的分隔界，这将使许多划分超平面出现错误，而实线的超平面受影响最小。换言之，使用这个超平面建立的二分类模型会有比较好的鲁棒性。

在样本空间中，划分超平面可通过如下线性方程来描述：

$$\boldsymbol{w}^T\boldsymbol{x}+b=0 \tag{8.10}$$

其中 $\boldsymbol{w}=(w_1,w_2,\cdots,w_d)$ 为法向量，决定了超平面的方向；b 为位移项，决定了超平面与原点之间的距离。显然，划分超平面可被法向量 $\boldsymbol{w}$ 和位移 b 确定，下面我们将其记为 $(\boldsymbol{w},b)$。样本空间中任意点 $\boldsymbol{x}$ 到超平面的距离可写为

$$d=\frac{|\boldsymbol{w}^T\boldsymbol{x}+b|}{||\boldsymbol{w}||_2}$$

如果这个超平面 $(\boldsymbol{w},b)$ 能将训练样本正确分类，即对于 $(\boldsymbol{x}_i,y_i)\in\mathcal{D}$，有

$$y_i(\boldsymbol{w}^T\boldsymbol{x}_i+b)>0,\quad i=1,2,\cdots,m$$

为了寻找理想的超平面 $\boldsymbol{w}^T\boldsymbol{x}+b=0$ 来分离数据点，我们要求两类数据中的点到该超平面的最小距离尽可能大。于是建立如下的原始模型

$$\begin{aligned}\max_{\boldsymbol{w},b,\gamma}\quad & \gamma\\ \text{s.t.}\quad & \frac{y_i\left(\boldsymbol{w}^T\boldsymbol{x}_i+b\right)}{\|\boldsymbol{w}\|_2}\geqslant\gamma,\quad i=1,2,\cdots,m\end{aligned} \tag{8.11}$$

式 (8.11) 中 γ 的含义是明显的，它表示所有样本点到超平面 $\boldsymbol{w}^T\boldsymbol{x}+b=0$ 距离的最小值，而目标是将其最大化。接下来我们对问题式 (8.11) 进行等价转化，使得其形式更加自然。注意到问题式 (8.11) 中的约束等价于

$$y_i\left(\boldsymbol{w}^T\boldsymbol{x}_i+b\right)\geqslant\gamma\|\boldsymbol{w}\|_2,\quad i=1,2,\cdots,m$$

而以相同的倍数对 $\boldsymbol{w}$ 和 b 进行缩放不会影响该问题的约束和目标函数。根据这一特点将问题式 (8.11) 的可行域缩小，强制取 $||\boldsymbol{w}||_2=\dfrac{1}{\gamma}$，则该问题等价于

$$\begin{aligned}\max_{\boldsymbol{w},b,\gamma} \quad & \gamma \\ \text{s.t.} \quad & y_i\left(\boldsymbol{w}^T\boldsymbol{x}_i+b\right) \geqslant \gamma\|\boldsymbol{w}\|_2, \quad i=1,2,\cdots,m \\ & \|\boldsymbol{w}\|_2=\frac{1}{\gamma}\end{aligned}$$

最终消去变量 γ 以及约束 $||\boldsymbol{w}||_2=\dfrac{1}{\gamma}$ 得到优化问题

$$\begin{aligned}\min_{\boldsymbol{w},b} \quad & \tfrac{1}{2}||\boldsymbol{w}||_2^2 \\ \text{s.t.} \quad & y_i(\boldsymbol{w}^T\boldsymbol{x}_i+b) \geqslant 1, \quad i=1,2,\cdots,m\end{aligned} \tag{8.12}$$

注意到问题式 (8.12) 是一个凸二次规划问题，利用求解凸二次规划的最优化算法求解得 $\hat{\boldsymbol{w}}$ 和 $\hat{b}$。

【例 8.2】 有线性可分数据集，如表 8.2 所示。现拟合 SVM 模型对数据集进行划分。

表 8.2　线性可分数据集

特征 1	特征 2	类标签	特征 1	特征 2	类标签
−2.23	−1.0	−1	1.62	3.05	1
−2.06	−1.58	−1	3.15	2.29	1
0.22	−2.12	−1	1.58	2.45	1
−1.18	−2.82	−1	2.93	3.04	1
−1.44	−1.55	−1	1.13	2.5	1
−0.5	−1.76	−1	0.73	1.06	1
−0.92	−1.47	−1	1.22	2.91	1
−0.71	−4.54	−1	2.18	1.41	1
−1.52	−2.22	−1	2.12	2.2	1
−2.45	−2.62	−1	1.04	1.90	1
−1.31	−2.07	−1	−0.64	3.57	1
−3.81	−1.72	−1	1.60	3.34	1
−2.93	−1.88	−1	0.52	0.73	1
−1.19	−2.51	−1	4.25	1.86	1
−0.76	−0.79	−1	0.37	2.02	1
−4.00	−1.89	−1	1.95	1.74	1
−3.08	−1.99	−1	3.56	0.85	1
−1.96	−1.37	−1	3.19	1.37	1
−0.78	−2.87	−1	2.93	3.32	1
−2.87	−2.07	−1	1.82	1.68	1

解　基于实例代码 8.3 拟合 SVM 模型对数据集进行划分。

实例代码 8.3

```
import matplotlib.pyplot as plt
import mglearn
import numpy as np
from sklearn.svm import LinearSVC
X = np.array([[-2.23,- 1.0], [-2.06,-1.58], [0.22,-2.12], [-1.18,-2.82], [-1.44,-1.55],
    [-0.5,-1.76], [-0.92,-1.47],[-0.71,-4.54], [-1.52,-2.22], [-2.45,-2.62],
    [-1.31,-2.07], [-3.81,-1.72], [-2.93,-1.88], [-1.19,-2.51],[-0.76,-0.79],
```

```
    [-4.,-1.89], [-3.08,-1.99], [-1.96,-1.37], [-0.78,-2.87], [-2.87,-2.07],
    [1.62,3.05],[3.15,2.29], [1.58,2.45], [2.93,3.04], [1.13,2.5], [0.73,1.06],
    [1.22,2.91], [2.18,1.41], [2.12,2.2],[1.04,1.9], [-0.64,3.57], [1.6,3.34],
    [0.52,0.73], [4.25,1.86], [0.37,2.02], [1.95,1.74], [3.56,0.85],[3.19,1.37],
    [2.93,3.32], [1.82,1.68]])
y=np.array([-1,-1,-1,-1,-1,-1,-1,-1,-1,-1,-1,-1,-1,-1,-1,-1,-1,-1,-1,
      -1,1,1,1,1,1,1,1,1,1,1,1, 1,1,1,1,1,1,1,1,1,1])
mglearn.discrete_scatter(X[:, 0], X[:, 1], y)
plt.xlabel("x1")
plt.ylabel("x2")
plt.show()
linear_svm = LinearSVC().fit(X, y)
mglearn.plots.plot_2d_separator(linear_svm, X)
mglearn.discrete_scatter(X[:, 0], X[:, 1], y)
plt.xlabel("x1")
plt.ylabel("x2")
plt.show()
w, b = linear_svm.coef_, linear_svm.intercept_
```

得到划分超平面的法向量和位移

```
print(w, b)
[[0.51291249 0.61628702]] [0.06403049]
```

故对该数据集拟合 SVM 模型得到的划分超平面为

$$0.51291249x_1 + 0.61628702x_2 + 0.06403049 = 0$$

划分超平面如图 8.3 所示。

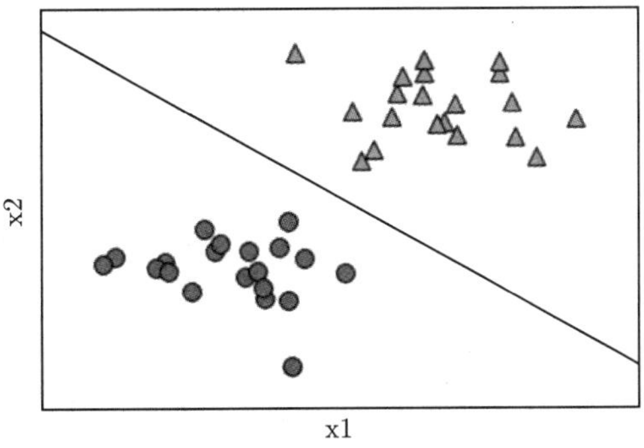

图 8.3 线性可分支持向量机

8.3 主成分分析

主成分分析（Principal Component Analysis，PCA）是一种常用的无监督学习方法，这一方法利用正交变换把由线性相关变量表示的观测数据转化为少数几个由线性无关变量表示的数据，线性无关的变量称为主成分。主成分的个数通常小于原始变量的个数，所以主成分分析是一种降维方法。它提供了一种将高维空间中的点在低维空间中表达的方法，是数据分析的有力工具，也常用于一些机器学习方法的预处理。

8.3.1 基本思想

首先考虑这样一个问题：对于正交属性空间中的样本点，如何用一个超平面（直线的高维推广）对所有样本进行恰当的表达？

容易想到，若存在这样的超平面，则应具有如下性质：

（1）最大可分性：样本点在这个超平面上的投影能尽可能分开；

（2）最近重构性：样本点到这个超平面的距离都足够近。

有趣的是，基于最大可分性和最近重构性，能分别得到主成分分析的两种等价推导。先从最大可分性来推导。

给定数据 $\boldsymbol{a}_i \in \mathbb{R}^p$，$i = 1, 2, \cdots, n$，其中 n 表示样本数，定义 $\boldsymbol{A} = (\boldsymbol{a}_1, \boldsymbol{a}_2, \cdots, \boldsymbol{a}_n)$。在不失一般性的情况下，对数据样本进行中心化（均值为 0）。主成分分析的思想是寻找样本点方差最大的若干方向构成的子空间，之后将数据点投影到该子空间内来实现降维。图 8.4 给出了 $\mathbb{R}^2$ 中的一组数据点，可以看出数据点沿着方向 x_1 的变化最大。在这个例子中，主成分分析方法就是确定黑色实线，然后将数据点投影到 x_1 来降维。下面介绍其对应的最优化问题。

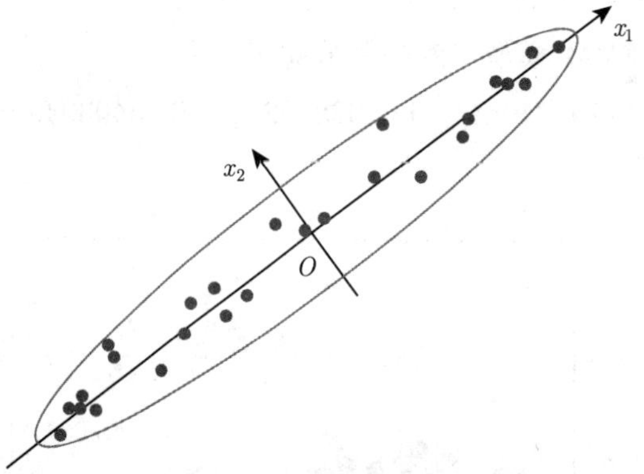

图 8.4　主成分分析图

假设我们想要将 $\mathbb{R}^p$ 中的数据点集 $\{\boldsymbol{a}_i\}_{i=1}^n$ 投影到 $\mathbb{R}^p$ 的一个 d 维子空间（$d < p$）中，记 $\boldsymbol{X} \in \mathbb{R}^{p\times d}$ 为该子空间的标准正交基形成的列正交矩阵。易知，数据点 $\boldsymbol{a}_i$ 在 $\boldsymbol{X}$ 张成的子空间的投影为 $\mathcal{P}_{\boldsymbol{X}}(\boldsymbol{a}_i) \stackrel{\text{def}}{=} \boldsymbol{X}\boldsymbol{X}^T\boldsymbol{a}_i$。根据主成分分析的基本思想，我们需要寻找最优的 $\boldsymbol{X}$，使得投影后的数据点集 $\{\mathcal{P}_{\boldsymbol{X}}(\boldsymbol{a}_i)\}$ 的方差最大。根据零均值假设，投影后数据点集的协方差矩阵为

$$\frac{1}{n}\sum_{i=1}^{n}\boldsymbol{X}\boldsymbol{X}^T\boldsymbol{a}_i(\boldsymbol{X}\boldsymbol{X}^T\boldsymbol{a}_i)^T = \frac{1}{n}\boldsymbol{X}\boldsymbol{X}^T\boldsymbol{A}\boldsymbol{A}^T\boldsymbol{X}\boldsymbol{X}^T$$

而多元分布的方差大小可由协方差矩阵的迹来刻画，因此，得到优化问题

$$\begin{aligned} \max \quad & \operatorname{tr}\left(\boldsymbol{X}^T\boldsymbol{A}\boldsymbol{A}^T\boldsymbol{X}\right) \\ \text{s.t.} \quad & \boldsymbol{X}^T\boldsymbol{X} = \boldsymbol{I} \end{aligned} \tag{8.13}$$

其中利用了矩阵 $\mathrm{tr}(\cdot)$ 的性质

$$\mathrm{tr}\left(\boldsymbol{X}\boldsymbol{X}^T\boldsymbol{A}\boldsymbol{A}^T\boldsymbol{X}\boldsymbol{X}^T\right) = \mathrm{tr}\left(\boldsymbol{X}^T\boldsymbol{A}\boldsymbol{A}^T\boldsymbol{X}\boldsymbol{X}^T\boldsymbol{X}\right) \xlongequal{\boldsymbol{X}^T\boldsymbol{X}=\boldsymbol{I}} \mathrm{tr}\left(\boldsymbol{X}^T\boldsymbol{A}\boldsymbol{A}^T\boldsymbol{X}\right)$$

下面从重构误差的角度来理解主成分分析模型。原数据点 $\boldsymbol{a}_i$ 与基于投影重构的样本点 $\mathcal{P}_{\boldsymbol{X}}(\boldsymbol{a}_i)$ 之间的距离为 $||\boldsymbol{X}\boldsymbol{X}^T\boldsymbol{a}_i - \boldsymbol{a}_i||_2$。定义所有点的重构误差平方和为

$$\begin{aligned}\sum_{i=1}^{n}\left\|\boldsymbol{X}\boldsymbol{X}^T\boldsymbol{a}_i - \boldsymbol{a}_i\right\|_2 &= \left\|\boldsymbol{X}\boldsymbol{X}^T\boldsymbol{A} - \boldsymbol{A}\right\|_F^2 \\ &= -\,\mathrm{tr}\left(\boldsymbol{X}^T\boldsymbol{A}\boldsymbol{A}^T\boldsymbol{X}\right) + \mathrm{tr}\left(\boldsymbol{A}^T\boldsymbol{A}\right) \\ &\propto -\,\mathrm{tr}\left(\boldsymbol{X}^T\boldsymbol{A}\boldsymbol{A}^T\boldsymbol{X}\right)\end{aligned} \tag{8.14}$$

根据最近重构性，式 (8.14) 应被最小化，即求解优化问题

$$\begin{aligned}\min &\quad -\,\mathrm{tr}\left(\boldsymbol{X}^T\boldsymbol{A}\boldsymbol{A}^T\boldsymbol{X}\right) \\ \text{s.t.} &\quad \boldsymbol{X}^T\boldsymbol{X} = \boldsymbol{I}\end{aligned} \tag{8.15}$$

显然，式 (8.13) 与式 (8.15) 等价。

8.3.2 优化求解

对式 (8.13) 或式 (8.15) 使用拉格朗日乘子法进行优化求解。此处以式 (8.15) 为例。

式 (8.15) 的拉格朗日函数为

$$L = -\mathrm{tr}(\boldsymbol{X}^T\boldsymbol{A}\boldsymbol{A}^T\boldsymbol{X}) - \lambda(\boldsymbol{X}^T\boldsymbol{X} - \boldsymbol{I})$$

其中 λ 是拉格朗日乘子。L 关于 $\boldsymbol{X}$ 求导，并令 $\dfrac{\partial L}{\partial \boldsymbol{X}} = 0$，有

$$-2\boldsymbol{A}\boldsymbol{A}^T\boldsymbol{X} - 2\lambda\boldsymbol{X} = 0$$

得

$$\boldsymbol{A}\boldsymbol{A}^T\boldsymbol{x}_i = \lambda_i\boldsymbol{x}_i \tag{8.16}$$

于是,只需对协方差矩阵 $\boldsymbol{A}\boldsymbol{A}^T$ 进行特征分解,将求得的特征值排序:$\lambda_1 \geqslant \lambda_2 \geqslant \cdots \geqslant \lambda_d$,再取前 d' 个特征值，其对应的特征向量构成矩阵 $\boldsymbol{X}_* = (\boldsymbol{x}_1, \boldsymbol{x}_2, \cdots, \boldsymbol{x}_{d'})$。这就是主成分分析的解。PCA 算法如下所示。

算法 8.2 PCA 方法的一般算法框架

输入：样本集 $\boldsymbol{A} = (\boldsymbol{a}_1, \boldsymbol{a}_2, \cdots, \boldsymbol{a}_n)$，低维空间维数 d'。

过程:

1. 中心化：$\boldsymbol{a}_i \leftarrow \boldsymbol{a}_i - \dfrac{1}{n}\sum_{i=1}^{n}\boldsymbol{a}_i$；
2. 计算样本的协方差矩阵 $\boldsymbol{A}\boldsymbol{A}^T$；
3. 对协方差矩阵 $\boldsymbol{A}\boldsymbol{A}^T$ 进行特征值分解；
4. 取最大的 d' 个特征值所对应的特征向量 $\boldsymbol{x}_1, \boldsymbol{x}_2, \cdots, \boldsymbol{x}_{d'}$；

输出：投影矩阵 $\boldsymbol{X}_* = (\boldsymbol{x}_1, \boldsymbol{x}_2, \cdots, \boldsymbol{x}_{d'})$。

降维后低维空间的维数 d' 通常是事先指定的，或通过在 d' 值不同的低维空间中对 k 近邻分类器（或其他分类器）进行交叉验证来选取较好的 d' 值。对 PCA，还可从重构的角度设置一个重构阈值，例如 $t=95\%$，然后选取使下式成立的最小 d' 值：

$$\frac{\sum_{i=1}^{d'}\lambda_i}{\sum_{i=1}^{d}\lambda_i}\geqslant t \tag{8.17}$$

【例 8.3】（PCA 降维）　已知鸢尾花数据是 4 维，共包含三类样本，其部分数据如表 8.3 所示。现使用 PCA 算法对鸢尾花数据进行降维。

表 8.3　鸢尾花数据集部分展示

萼片长度	萼片宽度	花瓣长度	花瓣宽度	类别
5.1	3.5	1.4	0.2	Iris-setosa
4.9	3.0	1.4	0.2	Iris-setosa
4.7	3.2	1.3	0.2	Iris-setosa
4.6	3.1	1.5	0.2	Iris-setosa
5.0	3.6	1.4	0.2	Iris-setosa

解　通过实例代码 8.4 对鸢尾花数据进行降维。

实例代码 8.4

```
from sklearn.decomposition import PCA          #加载PCA算法包
from sklearn.datasets import load_iris         #加载鸢尾花的数据集并导入函数
import matplotlib.pyplot as plt                #加载matplotlib用于数据的可视化
data = load_iris()                             #以字典的形式加载鸢尾花的数据集
y = data.target                                #y表示数据集中的标签
X = data.data                                  #X表示数据集中的数据
pca = PCA(n_components=2)                      #加载PCA算法，设置降维后主成分数量为2
reduced_X = pca.fit_transform(X)               #对原始数据进行降维
red_x, red_y = [], []                          #按类别对降维的数据保存，#第一类数据点
blue_x, blue_y = [], []                        #第二类数据点
green_x, green_y = [], []                      #第三类数据点
for i in range(len(reduced_X)):                #降维数据的可视化
    if y[i] == 0:                              #第一类数据点的散点图，下同
        red_x.append(reduced_X[i][0])
        red_y.append(reduced_X[i][1])
    elif y[i] == 1:
        blue_x.append(reduced_X[i][0])
        blue_y.append(reduced_X[i][1])
    else:
        green_x.append(reduced_X[i][0])
        green_y.append(reduced_X[i][1])
plt.scatter(red_x, red_y, c='r', marker='x')
plt.scatter(blue_x, blue_y, c='b', marker='D')
plt.scatter(green_x, green_y, c='g', marker='.')
```

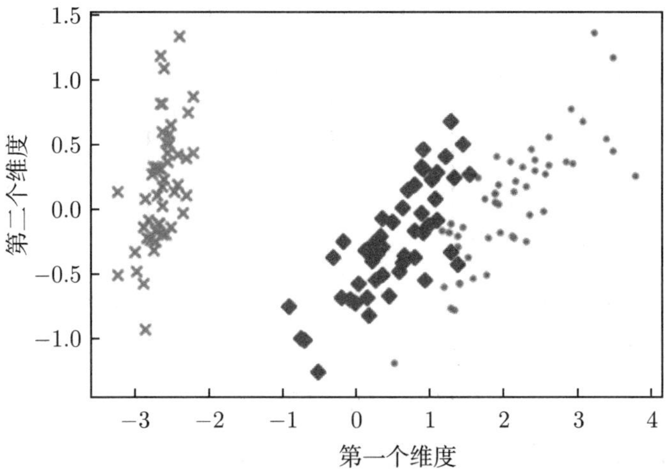

图 8.5 PCA 对鸢尾花数据降维的分类结果

从图 8.5 可以直观的看出，基于 PCA 算法鸢尾花数据集的维数由 4 维降至 2 维，2 维的数据仍能够清晰地分成三类，说明 PCA 在发现数据的基本结构方面具有一定的优越性，不仅能削减数据的维度，降低分类任务的工作量，还能保证分类的质量。

8.4 奇异值分解

奇异值分解是一种矩阵因子分解方法，是线性代数的概念，在统计学习中的主成分分析、潜在语义分析以及图像处理、数据压缩降噪等领域被广泛运用，成为解决统计问题的重要工具。

矩阵的奇异值分解一定存在，且不唯一。奇异值分解可以看作是矩阵数据压缩的一种方法，即用因子分解的方式近似地表示原始矩阵，这种近似是在平方损失意义下的最优近似。

8.4.1 定义与定理

定义 8.1（奇异值分解） 非零实矩阵 $\boldsymbol{A} \in \mathbb{R}^{m\times n}$ 表示为以下三个实矩阵乘积形式

$$\boldsymbol{A} = \boldsymbol{U\Sigma V}^T \tag{8.18}$$

称为矩阵 $\boldsymbol{A}$ 的奇异值分解，其中 $\boldsymbol{U}$ 是 m 阶正交矩阵（$\boldsymbol{UU}^T = \boldsymbol{I}$），$\boldsymbol{V}$ 是 n 阶正交矩阵（$\boldsymbol{VV}^T = \boldsymbol{I}$），对角矩阵 $\boldsymbol{\Sigma} = \mathrm{diag}(\sigma_1, \sigma_2, \cdots, \sigma_p)$，$p = \min(m, n)$。$\sigma_i$ 为矩阵 $\boldsymbol{A}$ 的奇异值，$\sigma_1 \geqslant \sigma_2 \geqslant \cdots \geqslant \sigma_p \geqslant 0$。$\boldsymbol{U}$ 的列向量称为左奇异向量，$\boldsymbol{V}$ 的列向量称为右奇异向量。

下面看一个奇异值分解的例子。

【例 8.4】 给定一个 5×4 矩阵 $\boldsymbol{A}$

$$\boldsymbol{A} = \begin{pmatrix} 1 & 0 & 0 & 0 \\ 0 & 0 & 0 & 4 \\ 0 & 3 & 0 & 0 \\ 0 & 0 & 0 & 0 \\ 2 & 0 & 0 & 0 \end{pmatrix}$$

它的奇异值分解由三个矩阵的乘积 $\boldsymbol{U\Sigma V}^T$ 给出，矩阵 $\boldsymbol{U}$、$\boldsymbol{\Sigma}$、$\boldsymbol{V}^T$ 分别为

$$\boldsymbol{U}=\begin{pmatrix}0&0&\sqrt{0.2}&0&\sqrt{0.8}\\1&0&0&0&0\\0&1&0&0&0\\0&0&0&1&0\\0&0&\sqrt{0.8}&0&-\sqrt{0.2}\end{pmatrix},\quad \boldsymbol{\Sigma}=\begin{pmatrix}4&0&0&0\\0&3&0&0\\0&0&\sqrt{5}&0\\0&0&0&0\\0&0&0&0\end{pmatrix},\quad \boldsymbol{V}^T=\begin{pmatrix}0&0&0&1\\0&1&0&0\\1&0&0&0\\0&0&1&0\end{pmatrix}$$

注意到，矩阵 $\boldsymbol{\Sigma}$ 是对角矩阵，对角线外的元素都是 0，对角线上的元素非负，按降序排列。矩阵 $\boldsymbol{U}$ 和 $\boldsymbol{V}$ 是正交矩阵，它们与各自的转置矩阵相乘是单位矩阵，即

$$\boldsymbol{UU}^T=\boldsymbol{I}_5,\quad \boldsymbol{VV}^T=\boldsymbol{I}_4$$

矩阵的奇异值分解不是唯一的。在此例中如果选择 $\boldsymbol{U}$ 为

$$\bar{\boldsymbol{U}}=\begin{pmatrix}0&0&\sqrt{0.2}&\sqrt{0.4}&-\sqrt{0.4}\\1&0&0&0&0\\0&1&0&0&0\\0&0&0&\sqrt{0.5}&\sqrt{0.5}\\0&0&\sqrt{0.8}&-\sqrt{0.1}&\sqrt{0.1}\end{pmatrix}$$

而 $\boldsymbol{\Sigma}$ 与 $\boldsymbol{V}$ 不变，那么 $\bar{\boldsymbol{U}}\boldsymbol{\Sigma V}^T$ 也是 $\boldsymbol{A}$ 的一个奇异值分解。

任意给定一个实矩阵，其奇异值分解是否一定存在呢？答案是肯定的，下面的奇异值分解基本定理会给予保证。

定理 8.1（奇异值分解基本定理） 若 $\boldsymbol{A}$ 为 $m\times n$ 实矩阵，则 $\boldsymbol{A}$ 的奇异值分解存在

$$\boldsymbol{A}=\boldsymbol{U\Sigma V}^T \tag{8.19}$$

其中 $\boldsymbol{U}$ 是 m 阶正交矩阵，$\boldsymbol{V}$ 是 n 阶正交矩阵，$\boldsymbol{\Sigma}$ 是 $m\times n$ 矩形对角矩阵，其对角线元素非负，且按降序排列。

8.4.2 奇异值分解的计算

矩阵的奇异值分解可以通过求对称矩阵 $\boldsymbol{A}^T\boldsymbol{A}$ 的特征值和特征向量得到。$\boldsymbol{A}^T\boldsymbol{A}$ 的特征向量构成正交矩阵 $\boldsymbol{V}$ 的列；$\boldsymbol{A}^T\boldsymbol{A}$ 的特征值 λ_j 的平方根为奇异值 σ_j，即

$$\sigma_j=\sqrt{\lambda_j},\quad j=1,2,\cdots,n$$

对其由大到小排列作为对角线元素，构成对角矩阵 $\boldsymbol{\Sigma}$；求正奇异值对应的左奇异向量，再求扩充的 $\boldsymbol{A}^T$ 的标准正交基，构成正交矩阵 $\boldsymbol{U}$ 的列。从而得到 $\boldsymbol{A}$ 的奇异值分解 $\boldsymbol{A}=\boldsymbol{U\Sigma V}^T$。

给定 $m\times n$ 矩阵 $\boldsymbol{A}$，可以按照上面的叙述写出矩阵奇异值分解的计算步骤：

Step 1 首先求 $\boldsymbol{A}^T\boldsymbol{A}$ 的特征值和特征向量。

计算对称矩阵 $\boldsymbol{W}=\boldsymbol{A}^T\boldsymbol{A}$。求解特征方程

$$(\boldsymbol{W}-\lambda\boldsymbol{I})\boldsymbol{x}=\boldsymbol{0}$$

得到特征值 $\lambda_j(j=1,2,\cdots,n)$，并将特征值由大到小排列

$$\lambda_1 \geqslant \lambda_2 \geqslant \cdots \geqslant \lambda_n \geqslant 0$$

将特征值代入特征方程求得对应的特征向量。

Step 2　求 n 阶正交矩阵 $\boldsymbol{V}$。

将特征向量单位化，得到单位特征向量 $\boldsymbol{v}_1, \boldsymbol{v}_2, \cdots, \boldsymbol{v}_n$，构成 n 阶正交矩阵 $\boldsymbol{V}$

$$\boldsymbol{V} = \begin{pmatrix} \boldsymbol{v}_1 & \boldsymbol{v}_2 & \cdots & \boldsymbol{v}_n \end{pmatrix}$$

Step 3　求 $m \times n$ 对角矩阵 $\boldsymbol{\Sigma}$。

计算 $\boldsymbol{A}$ 的奇异值

$$\sigma_j = \sqrt{\lambda_j}, \quad j = 1, 2, \cdots, n$$

构造 $m \times n$ 矩形对角矩阵 $\boldsymbol{\Sigma}$，主对角线元素是奇异值，其余元素是零，

$$\boldsymbol{\Sigma} = \mathrm{diag}(\sigma_1, \sigma_2, \cdots, \sigma_n)$$

Step 4　求 m 阶正交矩阵 $\boldsymbol{U}$。

对 $\boldsymbol{A}$ 的前 r 个正奇异值，令

$$\boldsymbol{u}_i = \frac{1}{\sigma_i}\boldsymbol{A}\boldsymbol{v}_i, \quad i = 1, 2, \cdots, r$$

得到

$$\boldsymbol{U}_1 = \begin{pmatrix} \boldsymbol{u}_1, & \boldsymbol{u}_2, & \cdots, & \boldsymbol{u}_r \end{pmatrix}$$

求 $\boldsymbol{A}^T$ 的零空间的一组标准正交基 $\{\boldsymbol{u}_{r+1}, \boldsymbol{u}_{r+2}, \cdots, \boldsymbol{u}_m\}$，令

$$\boldsymbol{U}_2 = \begin{pmatrix} \boldsymbol{u}_{r+1}, & \boldsymbol{u}_{r+2}, & \cdots, & \boldsymbol{u}_m \end{pmatrix}$$

并令

$$\boldsymbol{U} = \begin{pmatrix} \boldsymbol{U}_1, & \boldsymbol{U}_2 \end{pmatrix}$$

Step 5　得到奇异值分解。

$$\boldsymbol{A} = \boldsymbol{U}\boldsymbol{\Sigma}\boldsymbol{V}^T$$

【例 8.5】　试求矩阵

$$\boldsymbol{A} = \begin{pmatrix} 1 & 5 & 7 & 6 & 1 \\ 2 & 1 & 10 & 4 & 4 \\ 3 & 6 & 7 & 5 & 2 \end{pmatrix}$$

的奇异值分解。

解　利用 Numpy 库中的 np.linalg.svd 函数进行奇异值分解，该函数有三个返回值：左奇异矩阵、奇异值矩阵、右奇异矩阵。实现代码见实例代码 8.5。

实例代码 8.5

```
import numpy as np
A = np.array([[1,5,7,6,1],[2,1,10,4,4],[3,6,7,5,2]])                    #创建矩阵A
```

```
U,Sigma,VT = np.linalg.svd(A)          #利用np.linalg.svd()函数直接进行奇异值分解
Print(U)
Print(Sigma)
Print(VT)
```

实现代码所求得的 $\boldsymbol{U}$、$\boldsymbol{\Sigma}$ 和 $\boldsymbol{V}$ 分别为:

```
print(U)                                                              #输出U矩阵
[[-0.55572489 0.40548161 -0.72577856]
  [-0.59283199 -0.80531618 0.00401031]
  [-0.58285511 0.43249337 0.68791671]]
print(Sigma)                                                          #输出奇异值
[18.53581747 5.0056557 1.83490648]
print(VT)                                                             #输出V矩阵的转置
[[-0.18828164 -0.37055755 -0.74981208 -0.46504304 -0.22080294]
  [ 0.01844501 0.76254787 -0.4369731 0.27450785 -0.38971845]
  [ 0.73354812 0.27392013 -0.12258381 -0.48996859 0.36301365]
  [ 0.36052404 -0.34595041 -0.43411102 0.6833004 0.30820273]
  [-0.5441869 0.2940985 -0.20822387 -0.0375734 0.7567019 ]]
```

【例 8.6】 试用 SVD 对图 8.6 中的汽车原始图片进行压缩。

图 8.6　汽车原始图

解 通过实例代码 8.6 实现对图 8.6 中原始图片的压缩。

实例代码 8.6

```
import matplotlib.pyplot as plt
import matplotlib.image as mpimg
import numpy as np
img_eg = mpimg.imread(“路径\\car.jpg”)
print(img_eg.shape)                          #运行结果: (366,628,3)
img_temp = img_eg.reshape(366, 628 * 3)      #将图片数据转化为二维矩阵
U,Sigma,VT = np.linalg.svd(img_temp)         #进行奇异值分解
sval_nums = 10                               #取前10个奇异值
img_restruct1=    (U[:,0:sval_nums]).dot(np.diag(Sigma[0:sval_nums])).dot(VT[0:sval_nums
    ,:])
img_restruct1 = img_restruct1.reshape(366,628,3)
sval_nums = 50                               #取前50个奇异值
img_restruct2= (U[:,0:sval_nums]).dot(np.diag(Sigma[0:sval_nums])).dot(VT[0:sval_nums
    ,:])
img_restruct2 = img_restruct2.reshape(366,628,3)
sval_nums = 100                              #取前100个奇异值
```

```
img_restruct3= (U[:,0:sval_nums]).dot(np.diag(Sigma[0:sval_nums])).dot(VT[0:sval_nums
    ,:])
img_restruct3 = img_restruct3.reshape(366,628,3)
fig, ax = plt.subplots(nrows=1, ncols=3)       #展示压缩后的图片
ax[0].imshow(img_restruct1.astype(np.uint8))
ax[0].set(title = "10")
ax[1].imshow(img_restruct2.astype(np.uint8))
ax[1].set(title = "50")
ax[2].imshow(img_restruct3.astype(np.uint8))
ax[2].set(title = "100")
plt.show()
```

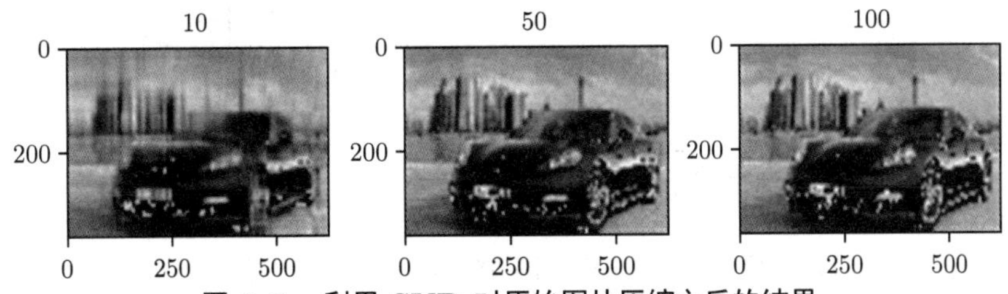

图 8.7 利用 SVD 对原始图片压缩之后的结果

利用 SVD 对原始图片压缩之后的结果如图 8.7 所示。图 8.7 中，SVD 压缩过程中提取的奇异值个数从左至右依次为 10、50 以及 100。可以直观地看出，取 50 或 100 个奇异值即可较好的重构图片，相对于原始图片的 368 个特征值节约了大量的储存空间。

8.5 非负矩阵分解

机器学习领域中的特征提取算法，例如主成分分析、奇异值分解、独立成分分析（Independent Component Analysis，ICA）等，其目标函数对应的优化问题本质上可以被视作一种特定约束的矩阵分解问题。由于各类数据（图像、时序信息、图信号等）多以矩阵形式存在，直接对该类数据进行处理分析可能会导致可解释性缺失，同样也会面临大规模数据造成的维数灾难问题，需对该类数据进行分解处理，即通过不同的矩阵分解方法得到其相应的低维空间表示矩阵。然而，PCA、SVD 以及 ICA 等方法学习的低维空间表示矩阵元素可正可负，不能保证原始数据的非负性，这在实际问题中往往是没有意义的。例如图像数据中不可能出现负值的像素点，文档统计中的负值无法解释等。Lee 和 Seung 于 1999 年发表在《Nature》杂志上的论文中提出了一种新的矩阵分解思想——非负矩阵分解（Non-negative Matrix Factorization，NMF），即在算法分解过程中所有元素均为非负性约束条件下的矩阵分解方法。该方法通过对分解后的矩阵施加额外的非负约束，将原始图像矩阵重构为一系列非负性基图像的纯加性组合，该过程符合"局部构成整体"的人脑感知过程，具有更明确的物理意义。

8.5.1 问题描述

若一个矩阵的所有元素非负，则称该矩阵为非负矩阵，若 $\boldsymbol{X}$ 是非负矩阵，记作 $\boldsymbol{X} \geqslant 0$。

给定一个非负矩阵 $\boldsymbol{X} \geqslant 0$，找到两个非负矩阵 $\boldsymbol{U} \geqslant 0$ 和 $\boldsymbol{V} \geqslant 0$，使得

$$\boldsymbol{X} \approx \boldsymbol{U}\boldsymbol{V}^T \tag{8.20}$$

即将非负矩阵 $\boldsymbol{X}$ 分解为两个非负矩阵 $\boldsymbol{U}$ 和 $\boldsymbol{V}$ 的乘积的形式，称为非负矩阵分解。

假设非负矩阵 $\boldsymbol{X}$ 是 $m \times n$ 矩阵，非负矩阵 $\boldsymbol{U}$ 和 $\boldsymbol{V}$ 分别为 $m \times k$ 和 $n \times k$ 矩阵，$k < \min(m, n)$，所以非负矩阵分解是对原矩阵的压缩。

由式 (8.20) 知，矩阵 $\boldsymbol{X}$ 的第 j 列向量 $\boldsymbol{x}_j$ 满足

$$\begin{aligned}\boldsymbol{x}_j \approx \boldsymbol{U}{\boldsymbol{v}_j}^T = (\boldsymbol{u}_1, \boldsymbol{u}_2, \cdots, \boldsymbol{u}_k)\begin{pmatrix} v_{j_1} \\ v_{j_2} \\ \vdots \\ v_{j_k} \end{pmatrix} \\ = \sum_{l=1}^{k} v_{j_l}\boldsymbol{u}_l, \quad j = 1, 2, \cdots, n\end{aligned} \tag{8.21}$$

其中 $\boldsymbol{v}_j$ 是矩阵 $\boldsymbol{V}$ 的第 j 行，$\boldsymbol{u}_l$ 是矩阵 $\boldsymbol{U}$ 的第 l 列，v_{j_l} 是 $\boldsymbol{v}_j$ 的第 l 个元素，$l = 1, 2, \cdots, k$。

式 (8.21) 表示矩阵 $\boldsymbol{X}$ 的第 j 列 $\boldsymbol{x}_j$ 可以由矩阵 $\boldsymbol{U}$ 的 k 个列 $\boldsymbol{u}_l$ 的线性组合逼近，线性组合的系数是矩阵 $\boldsymbol{V}^T$ 第 j 列 $\boldsymbol{v}_j$ 的元素。这里矩阵 $\boldsymbol{U}$ 的列向量为一组基，矩阵 $\boldsymbol{V}^T$ 的列向量为线性组合系数。称 $\boldsymbol{U}$ 为基矩阵，$\boldsymbol{V}$ 为系数矩阵。非负矩阵分解旨在用较小的基向量、系数向量来表示较大的数据矩阵，一种常见的重构过程可以公式化为 Frobenius 范数优化问题，目标函数为

$$\begin{aligned}\min_{\boldsymbol{U},\boldsymbol{V}} \quad & \mathcal{O} = ||\boldsymbol{X} - \boldsymbol{U}\boldsymbol{V}^T||_F^2 + \alpha||\boldsymbol{U}||_F^2 + \beta||\boldsymbol{V}||_F^2 \\ \text{s.t.} \quad & \boldsymbol{U} \geqslant 0, \boldsymbol{V} \geqslant 0\end{aligned} \tag{8.22}$$

8.5.2 优化求解

目标函数式 (8.22) 同时针对待估参数矩阵 $\boldsymbol{U}$ 和 $\boldsymbol{V}$ 时是非凸函数，难以获得全局最优解。为此，采用乘性迭代方法，并利用 KKT 互补松弛条件施加非负性约束，给出一种获得局部最优解的交替迭代算法。

目标函数式 (8.22) 的拉格朗日函数为

$$\begin{aligned}L &= ||\boldsymbol{X} - \boldsymbol{U}\boldsymbol{V}^T||_F^2 + \alpha||\boldsymbol{U}||_F^2 + \beta||\boldsymbol{V}||_F^2 - \mathrm{tr}(\boldsymbol{\Lambda}_1\boldsymbol{U}^T) - \mathrm{tr}(\boldsymbol{\Lambda}_2\boldsymbol{V}^T) \\ &= \mathrm{tr}(\boldsymbol{X}^T\boldsymbol{X} + \boldsymbol{V}\boldsymbol{U}^T\boldsymbol{U}\boldsymbol{V}^T - 2\boldsymbol{X}^T\boldsymbol{U}\boldsymbol{V}^T) + \alpha\mathrm{tr}(\boldsymbol{U}^T U) + \beta\mathrm{tr}(\boldsymbol{V}^T\boldsymbol{V}) \\ &\quad - \mathrm{tr}(\boldsymbol{\Lambda}_1\boldsymbol{U}^T) - \mathrm{tr}(\boldsymbol{\Lambda}_2\boldsymbol{V}^T)\end{aligned} \tag{8.23}$$

满足 KKT 条件

$$\begin{aligned}\boldsymbol{\Lambda}_1 \odot \boldsymbol{U} = 0 \\ \boldsymbol{\Lambda}_2 \odot \boldsymbol{V} = 0\end{aligned} \tag{8.24}$$

其中 $\odot$ 表示矩阵的 Hadamard 积。在此基础上，依次更新求解 $\boldsymbol{U}$ 和 $\boldsymbol{V}$，具体求解的更新规则如下。

（1）保持 $\boldsymbol{V}$ 不变，更新 $\boldsymbol{U}$

对式 (8.23) 关于 $\boldsymbol{U}$ 求偏导，结合 Hadamard 积和迹的性质，即

$$(\boldsymbol{A}\odot\boldsymbol{B})^T=\boldsymbol{A}^T\odot\boldsymbol{B}^T,\quad \boldsymbol{O}\odot\boldsymbol{O}\odot\boldsymbol{A}=\boldsymbol{O}\odot\boldsymbol{A}$$

$$\mathrm{tr}\left[\left(\boldsymbol{O}^T\odot\boldsymbol{A}^T\right)(\boldsymbol{O}\odot\boldsymbol{A})\right]=\mathrm{tr}\left[\boldsymbol{A}^T(\boldsymbol{O}\odot\boldsymbol{O}\odot\boldsymbol{A})\right]$$

则有

$$\begin{aligned}\frac{\partial L}{\partial \boldsymbol{U}}=&\frac{\partial \mathrm{tr}(\boldsymbol{V}\boldsymbol{U}^T\boldsymbol{U}\boldsymbol{V}^T-2\boldsymbol{X}^T\boldsymbol{U}\boldsymbol{V}^T)+\alpha\mathrm{tr}(\boldsymbol{U}^T\boldsymbol{U})-\mathrm{tr}(\Lambda_1\boldsymbol{U}^T)}{\partial \boldsymbol{U}}\\ =&2(\boldsymbol{U}\boldsymbol{V}^T\boldsymbol{V}-\boldsymbol{X}\boldsymbol{V}+\alpha\boldsymbol{U})-\boldsymbol{\Lambda}_1\end{aligned}\tag{8.25}$$

令 $\dfrac{\partial L}{\partial \boldsymbol{U}}=0$ 得

$$\boldsymbol{\Lambda}_1=2(\boldsymbol{U}\boldsymbol{V}^T\boldsymbol{V}-\boldsymbol{X}\boldsymbol{V}+\alpha\boldsymbol{U})\tag{8.26}$$

结合式 (8.24) 和式 (8.26)，有

$$(\boldsymbol{U}\boldsymbol{V}^T\boldsymbol{V}-\boldsymbol{X}\boldsymbol{V}+\alpha\boldsymbol{U})\odot\boldsymbol{U}=0\tag{8.27}$$

从而得 $\boldsymbol{U}$ 的更新规则

$$\boldsymbol{U}_{ij}\leftarrow\boldsymbol{U}_{ij}\sqrt{\frac{(\boldsymbol{X}\boldsymbol{V})_{ij}}{(\boldsymbol{U}\boldsymbol{V}^T\boldsymbol{V}+\alpha\boldsymbol{U})_{ij}}}\tag{8.28}$$

（2）保持 $\boldsymbol{U}$ 不变，更新 $\boldsymbol{V}$

对式 (8.23) 关于 $\boldsymbol{V}$ 求偏导，则有

$$\begin{aligned}\frac{\partial L}{\partial \boldsymbol{V}}=&\frac{\partial \mathrm{tr}(\boldsymbol{V}\boldsymbol{U}^T\boldsymbol{U}\boldsymbol{V}^T-2\boldsymbol{X}^T\boldsymbol{U}\boldsymbol{V}^T)+\beta\mathrm{tr}(\boldsymbol{V}^T\boldsymbol{V})-\mathrm{tr}(\boldsymbol{\Lambda}_2\boldsymbol{V}^T)}{\partial \boldsymbol{V}}\\ =&2(\boldsymbol{V}\boldsymbol{U}^T\boldsymbol{U}-\boldsymbol{X}^T\boldsymbol{U}+\beta\boldsymbol{V})-\boldsymbol{\Lambda}_2\end{aligned}\tag{8.29}$$

令 $\dfrac{\partial L}{\partial \boldsymbol{V}}=0$ 得

$$\boldsymbol{\Lambda}_2=2(\boldsymbol{V}\boldsymbol{U}^T\boldsymbol{U}-\boldsymbol{X}^T\boldsymbol{U}+\beta\boldsymbol{V})\tag{8.30}$$

同理，可得 $\boldsymbol{V}$ 的更新规则为

$$\boldsymbol{V}_{ij}\leftarrow\boldsymbol{V}_{ij}\sqrt{\frac{(\boldsymbol{X}^T\boldsymbol{U})_{ij}}{(\boldsymbol{V}\boldsymbol{U}^T\boldsymbol{U}+\beta\boldsymbol{V})_{ij}}}\tag{8.31}$$

综上，依次根据式 (8.28) 和式 (8.31) 交替迭代更新 $\boldsymbol{U}$ 和 $\boldsymbol{V}$ 完成优化问题式 (8.22) 的求解。下面叙述基于乘法更新规则的非负矩阵分解迭代算法。

算法 8.3 非负矩阵分解的一般算法框架

输入：非负矩阵 $\boldsymbol{X}$，基的个数 k，迭代次数 t，精度 ε_0、ε_1。

过程：

1. 初始化：随机生成基矩阵 $\boldsymbol{U}_0$ 和系数矩阵 $\boldsymbol{V}_0$；
2. for $t=1,2,\cdots$ 最大更新迭代次数
3. 根据式 (8.28) 更新 $\boldsymbol{U}_{t+1}$，保持 $\boldsymbol{V}$ 固定；
4. 根据式 (8.31) 更新 $\boldsymbol{V}_{t+1}$，保持 $\boldsymbol{U}$ 固定；
5. if $\left\|\boldsymbol{U}_{t+1}\boldsymbol{V}_{t+1}^T-\boldsymbol{U}_t\boldsymbol{V}_t^T\right\|_F^2/\left\|\boldsymbol{U}_t\boldsymbol{V}_t^T\right\|_F^2\leqslant\varepsilon_0$ and $|\mathcal{O}_{t+1}-\mathcal{O}_t|/\mathcal{O}_t\leqslant\epsilon_1$
6. break
7. end if
8. end for

输出：基矩阵 $\boldsymbol{U}_{t+1}$ 和系数矩阵 $\boldsymbol{V}_{t+1}$。

8.5.3 收敛性证明

由于目标函数式 (8.22) 关于 $\boldsymbol{U}$ 和 $\boldsymbol{V}$ 是联合非凸的，算法 8.3 无法保证获得全局最优解。因此可以证明算法 8.3 是局部收敛的，采用标准辅助函数法证明更新规则式 (8.28) 和式 (8.31) 的收敛性。

拉格朗日函数 $L(\boldsymbol{U})$ 的辅助函数 $G(\boldsymbol{U},\boldsymbol{U}_t)$ 满足

$$G(\boldsymbol{U},\boldsymbol{U})=L(\boldsymbol{U}),\quad G(\boldsymbol{U},\boldsymbol{U}_t)\geqslant L(\boldsymbol{U}) \tag{8.32}$$

取 $\boldsymbol{U}_{t+1}$ 使得

$$\boldsymbol{U}_{t+1}=\arg\min_{\boldsymbol{U}}G(\boldsymbol{U},\boldsymbol{U}_t) \tag{8.33}$$

有

$$L(\boldsymbol{U}_{t+1})\leqslant G(\boldsymbol{U}_{t+1},\boldsymbol{U}_t)\leqslant G(\boldsymbol{U}_t,\boldsymbol{U}_t)\leqslant L(\boldsymbol{U}_t) \tag{8.34}$$

成立，易知 $L(\boldsymbol{U})$ 是单调递减的。

下面利用辅助函数分两步证明更新规则的收敛性。

Step 1 找到一个合适的辅助函数。

用到两个不等式

$$z\geqslant 1+\log z,\quad \forall z\geqslant 0 \tag{8.35}$$

$$\sum_{i=1}^{m}\sum_{j=1}^{k}\frac{(\boldsymbol{A}\boldsymbol{S}'\boldsymbol{B})_{ij}\boldsymbol{S}_{ij}^2}{\boldsymbol{S}'_{ij}}\geqslant\operatorname{tr}(\boldsymbol{S}^T\boldsymbol{A}\boldsymbol{S}\boldsymbol{B})$$
$$\forall\boldsymbol{A}\in\mathbb{R}_+^{m\times m},\quad\boldsymbol{B}\in\mathbb{R}_+^{k\times k},\quad\boldsymbol{S}'\in\mathbb{R}_+^{m\times k},\quad\boldsymbol{S}\in\mathbb{R}_+^{m\times k} \tag{8.36}$$

其中式 (8.36) 的证明详见（Chris et.al.，2006）。

在目标函数式 (8.22) 中，剔除无关项，保留与 $\boldsymbol{U}$ 有关的项，有

$$
\begin{aligned}
&\operatorname{tr}(\boldsymbol{V}\boldsymbol{U}^T\boldsymbol{U}\boldsymbol{V}^T - 2\boldsymbol{X}^T\boldsymbol{U}\boldsymbol{V}^T) + \alpha\operatorname{tr}(\boldsymbol{U}^T\boldsymbol{U}) \\
=& \operatorname{tr}(\boldsymbol{U}^T\boldsymbol{U}\boldsymbol{V}^T\boldsymbol{V} - 2\boldsymbol{U}^T\boldsymbol{X}\boldsymbol{V}) + \alpha\operatorname{tr}(\boldsymbol{U}^T\boldsymbol{U})
\end{aligned} \tag{8.37}
$$

构造辅助函数

$$
\begin{aligned}
G(\boldsymbol{U},\boldsymbol{U}_t) =& -2\sum_{i,j}\left(\boldsymbol{X}\boldsymbol{V}_{ij}\boldsymbol{U}_{tij}\left(1+\log\frac{\boldsymbol{U}_{ij}}{\boldsymbol{U}_{tij}}\right)\right) \\
&+\sum_{i,j}\frac{(\boldsymbol{U}_t\boldsymbol{V}^T\boldsymbol{V})_{ij}\boldsymbol{U}_{ij}^2}{\boldsymbol{U}_{tij}} + \alpha\sum_{i,j}\frac{\boldsymbol{U}_{tij}\boldsymbol{U}_{ij}^2}{\boldsymbol{U}_{tij}}
\end{aligned} \tag{8.38}
$$

结合不等式 (8.35) 和式 (8.36)，可以直观地看出式 (8.38) 是式 (8.37) 的辅助函数，即满足式 (8.32) 的两个条件。下一步寻找 $\boldsymbol{U}_{t+1}$，使其满足式 (8.33)。

Step 2　通过求解式 (8.38) 的全局最小值获得 $\boldsymbol{U}_{t+1}$。

首先，有

$$
\frac{\partial G(\boldsymbol{U},\boldsymbol{U}_t)}{\partial \boldsymbol{U}_{ij}} = -2(\boldsymbol{X}\boldsymbol{V})_{ij}\frac{\boldsymbol{U}_{tij}}{\boldsymbol{U}_{ij}} + 2\frac{(\boldsymbol{U}_t\boldsymbol{V}^T\boldsymbol{V})_{ij}\boldsymbol{U}_{ij}}{\boldsymbol{U}_{tij}} + 2\alpha\boldsymbol{U}_{ij} \tag{8.39}
$$

令 $\dfrac{\partial G(\boldsymbol{U},\boldsymbol{U}_t)}{\partial \boldsymbol{U}_{ij}} = 0$ ，则有

$$
(\boldsymbol{X}\boldsymbol{V})_{ij}\frac{\boldsymbol{U}_{tij}}{\boldsymbol{U}_{t+1,ij}} = \left(\frac{(\boldsymbol{U}_t\boldsymbol{V}^T\boldsymbol{V})_{ij}}{\boldsymbol{U}_{tij}} + \alpha\right)\boldsymbol{U}_{t+1,ij} \tag{8.40}
$$

进一步得

$$
\boldsymbol{U}_{t+1,ij} = \boldsymbol{U}_{tij}\sqrt{\frac{(\boldsymbol{X}\boldsymbol{V})_{ij}}{(\boldsymbol{U}_t\boldsymbol{V}^T\boldsymbol{V}+\alpha\boldsymbol{U}_t)_{ij}}} \tag{8.41}
$$

即为 $\boldsymbol{U}$ 的更新规则式 (8.28)。类似地，可证得 $\boldsymbol{V}$ 的更新规则式 (8.31)。

【例 8.7】（基于 NMF 的人脸图像特征提取）　已知 Olivetti 人脸数据共 400 个，每个数据是 64×64 大小。由于 NMF 分解得到的 $\boldsymbol{U}$ 矩阵相当于从原始矩阵中提取的特征，现利用 NMF 对 400 个人脸数据进行特征提取。

解　基于 Python 的 Sklearn 库，调用 sklearn.decomposition.NMF 函数加载 NMF 算法，主要参数有：n_components——用于指定分解后矩阵的维度 k；init——$\boldsymbol{U}$ 和 $\boldsymbol{V}$ 的初始化方式，默认为 nndsvdar。通过设置 k 的大小设置提取特征的数目。在本例中设置 $k=6$，随后将提取的特征以图像的形式展示出来，完整代码如实例代码 8.7 所示。

实例代码 8.7

```
#加载matplotlib用于数据的可视化
import matplotlib.pyplot as plt
from sklearn import decomposition                    #加载PCA算法包
#加载Olivetti人脸数据集导入函数
from sklearn.datasets import fetch_olivetti_faces
#加载RandomState用于创建随机种子
from numpy.random import RandomState
```

```
n_row, n_col = 2, 3                                      #设置图像展示时的排列情况
n_components = n_row * n_col                             #设置提取的特征的数目
image_shape = (64, 64)                                   #设置人脸数据图片的大小
data_set = fetch_olivetti_faces(shuffle=True, random_state=RandomState(0))
faces = data_set.data                                    #加载人脸数据
def plot_gallery(title, images, n_col=n_col, n_row=n_row):
    #创建图片，并指定图片大小（英寸）
    plt.figure(figsize=(2. * n_col, 2.26 * n_row))
    plt.suptitle(title, size=16)                         #设置标题及字号大小
    for i, comp in enumerate(images):
          plt.subplot(n_row, n_col, i + 1)               #选择绘制的子图
          vmax = max(comp.max(), -comp.min())
       plt.imshow(comp.reshape(image_shape), cmap=plt.cm.gray,
          #归一化并以灰度图形式显示
          interpolation='nearest', vmin=-vmax, vmax=vmax)
       plt.xticks(())                                    #去除子图的坐标轴标签
       plt.yticks(())
       #对子图位置及间隔调整
       plt.subplots_adjust(0.01, 0.05, 0.99, 0.94, 0.04, 0.)
       [plot_gallery( "First centered Olivetti faces" , faces[:n_components])]
#创建特征提取的对象NMF，使用PCA作为对比
estimators = [
    ('Eigenfaces - PCA using randomized SVD',
     decomposition.PCA(n_components=6, whiten=True)),
    ('Non-negative components - NMF',
     decomposition.NMF(n_components=6, init='nndsvda', tol=5e-3)
     ]
#降维后数据点的可视化
for name, estimator in estimators:
    print( "Extracting the top %d %s..." % (n_components, name))
    print(faces.shape)
    estimator.fit(faces)
    components_ = estimator.components_
    plot_gallery(name, components_[:n_components])
plt.show()
```

特征提取结果如下图 8.8 所示。从图 8.8 可以直观地看出，相比 PCA 方法，NMF 算法提取特征具有更高的准确性。

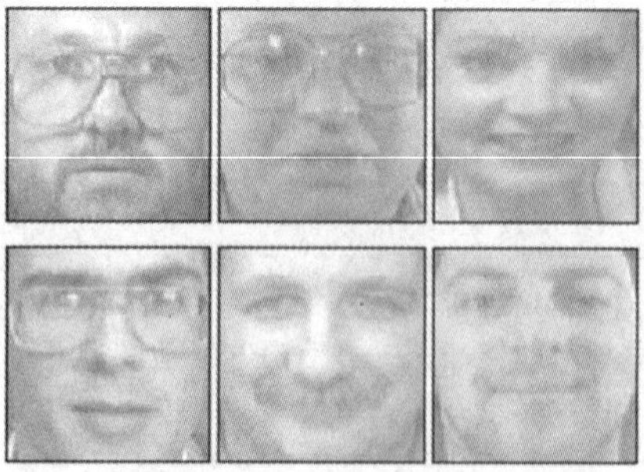

First centered Olivetti faces

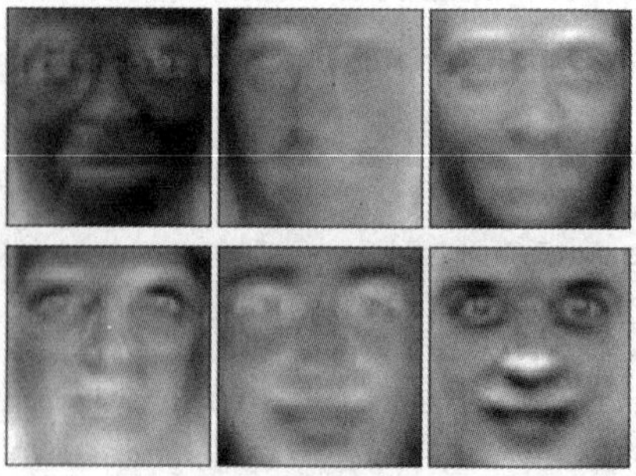

Eigenfaces-PCA using randomized SVD

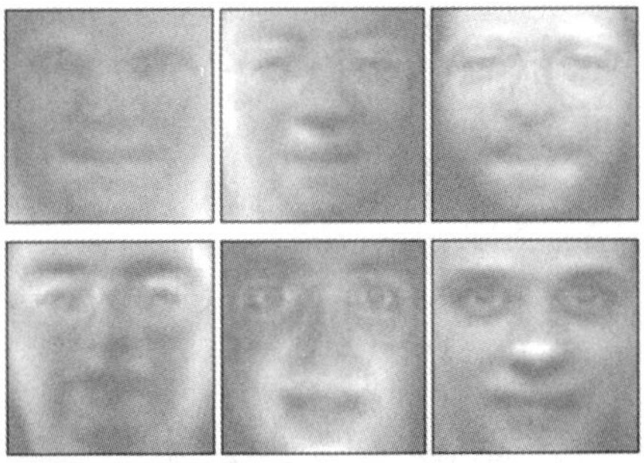

图 8.8　NMF 和 PCA 进行人脸特征提取对比图

本章小结

1. 回归模型用于预测输入变量（自变量）和输出变量（因变量）之间的关系，其中最简单的模型是线性回归模型，若使用 L_2 范数正则化，则为岭回归；若考虑 L_1 范数稀疏正则化，则为 LASSO 回归。回归模型求解未知参数的优化算法有：最小二乘法以及梯度下降法等。

2. 支持向量机根据训练数据是否线性可分这一标准分为线性可分支持向量机和非线性支持向量机，其中线性可分支持向量机是一个凸二次规划问题，可利用求解凸二次规划的最优化算法求解未知参数。

3. 主成分分析作为一种经典的降维方法，其基本思想源于方差最大可分性或者误差最近重构性。

4. 矩阵的奇异值分解一定存在，且不唯一。

5. 非负矩阵分解旨在用较小的基向量、系数向量来表示较大的数据矩阵，可将其看作 Frobenius 范数优化问题，并采用乘性迭代方法获得局部最优解、采用标准辅助函数法证明解的收敛性。

参 考 文 献

[1] 张贤达. 矩阵分析与应用 [M]. 北京: 清华大学出版社, 2013.
[2] 刘浩洋, 户将, 李勇锋等. 最优化: 建模、算法与理论 [M]. 北京: 高等教育出版社,2020.
[3] 董付国. Python 程序设计基础与应用 [M]. 北京: 机械工业出版社, 2018.
[4] 苏振裕. Python 最优化算法实战 [M]. 北京: 北京大学出版社, 2020.
[5] 黄平. 最优化理论与方法 [M]. 北京: 清华大学出版社, 2009.
[6] 朱经浩, 殷俊锋等. 运筹数学方法基础 [M]. 上海: 同济大学出版社, 2014.
[7] 赫孝良, 葛照强. 最优化与最优控制 [M]. 西安: 西安交通大学出版社, 2009.
[8] 孙文瑜, 徐成贤, 朱德通. 最优化方法 [M]. 北京: 高等教育出版社, 2004.
[9] 王宜举, 修乃华. 非线性最优化理论与方法 [M]. 北京: 科学出版社, 2016.
[10] 许国根, 赵后随, 黄智勇. 最优化方法及其 MATLAB 实现 [M]. 北京: 北京航空航天大学出版社, 2018.
[11] 马昌凤. 最优化方法及其 Matlab 程序设计 [M]. 北京: 科学出版社, 2010.
[12] 赖炎连, 贺国平. 最优化方法 [M]. 北京: 清华大学出版社, 2008.
[13] 李航. 统计学习方法 [M]. 北京: 清华大学出版社, 2012.
[14] Boyd S, Vandenberghe L. Convex Optimization[M]. Cambridge University Press, 2004.(中译本：凸优化. 王书宁、许鋆、黄晓霖等译. 北京: 清华大学出版社, 2013)
[15] 渐令，梁锡军. 最优化模型与算法：基于 Python 实现 [M]. 北京: 电子工业出版社, 2022.
[16] Giuseppe C. Calafiore, Laurent El Ghaoui. Optimization Models[M]. Cambridge University Press, 2014.(中译本：最优化模型：线性代数模型、凸优化模型及应用. 薄立军译. 北京：机械工业出版社, 2022.)
[17] 朱经浩, 殷俊锋. 运筹数学方法基础 [M]. 上海: 同济大学出版社, 2014.
[18] 周志华. 机器学习 [M]. 北京: 清华大学出版社, 2015.
[19] Stephen B, Neal P, Eric C, et al. Distributed Optimization and Statistical Learning via the Alternating Direction Method of Multipliers[J]. Foundations and trends in machine learning, 2010,3(1).1-126
[20] Rao S S. Engineering Optimization Theory and Practice[M]. John Wiley & Sons, Inc, 2019.
[21] Lu Y, Yang J. Notes on Low-rank Matrix Factorization[J]. arXiv preprint arXiv:1507.00333, 2015.
[22] Ding C, Tao L, Wei P, et al. Orthogonal nonnegative matrix tri-factorizations for clustering[C]. Proceedings of the Twelfth ACM SIGKDD International Conference on Knowledge Discovery and Data Mining, Philadelphia, PA, USA, 2006:126-135.
[23] Boyd S, Parikh N, Chu E, et al. Distributed Optimization and Statistical Learning via the Alternating Direction Method of Multipliers[J]. Foundations & Trends in Machine Learning, 2010,3(1):1-122.